M. G. VORONKOV / G. I. ZELCHAN / E. LUKEVITZ

Silizium und Leben

M. G. VORONKOV
G. I. ZELCHAN
E. LUKEVITZ

SILIZIUM UND LEBEN

Biochemie, Toxikologie und Pharmakologie der Verbindungen des Siliziums

Bearbeitet und herausgegeben von

PROF. DR. KLAUS RÜHLMANN
Dresden

Mit 4 Abbildungen und 29 Tabellen

AKADEMIE-VERLAG · BERLIN · 1975

М. Г. Воронков, Г. И. Зелчан, Э. Я. Лукевиц
„Кремний и Жизнь"
Übersetzt von A. Ju. Wolkonski

Erschienen im Akademie-Verlag, 108 Berlin, Leipziger Str. 3—4

Lizenznummer: 202 · 100/491/75
Einband + Schutzumschlag Nina Striewski
Gesamtherstellung: VEB Druckhaus „Maxim Gorki", 74 Altenburg
Bestellnummer: 761 882 8 (6239) · LSV 1205
Printed in GDR
EVP 48,—

VORWORT ZUR RUSSISCHSPRACHIGEN AUSGABE

> In der heutigen Zeit ist eine enge Verflechtung verschiedener Fachgebiete die Voraussetzung für eine weitere Entwicklung der Wissenschaften.
>
> *A. Szent-Györgyi*

Man ist heute allgemein der Meinung, daß das Silizium keine wesentliche Rolle in den Lebensprozessen der höheren Tiere und des Menschen spielt. Darum wird es gewöhnlich auch nicht zu den biophilen Elementen gezählt [*I* — 1583]*). Aus dem gleichen Grunde enthält die Mehrzahl von Hand- und Lehrbüchern der biologischen, physiologischen und pharmakologischen Chemie sowie der Physiologie und Anatomie der Pflanzen, Tiere und des Menschen keine Angaben über die Anwesenheit und Verteilung des Siliziums in den Organismen, über seine Rolle bei den Lebensprozessen und über seine biologische Wirkung. Bestenfalls sind diesen Fragen einige wenige Zeilen gewidmet. [*I* — 2, 531, 608, 621, 672, 1153, 1583]. Selbst diejenigen Autoren, die eine gewisse biochemische Bedeutung des Siliziums anerkennen, ordnen es höchstens unter den gelegentlich vorkommenden Elementen ein und stellen es in eine Reihe mit Bor und Brom [*I* — 1583].

Die weitverbreitete Meinung von der biologischen Indifferenz der anorganischen und organischen Siliziumverbindungen konnte entstehen, weil zahlreiche und ganz verschiedenartige aus ihnen gewonnene Materialien (Glas, Keramik und andere Silikate, Silikone usw.) in den verschiedensten Bereichen der menschlichen Tätigkeit praktisch angewendet werden, wobei sie sich in ständigem oder zumindest häufigem unmittelbaren Kontakt mit dem menschlichen Organismus befinden. Darüber hinaus war seit langem bekannt, daß sich die in der Natur vorkommenden Siliziumverbindungen mit allen auf der Erde lebenden Organismen nicht nur in ständigem äußeren Kontakt befinden, sondern zusammen mit der Nahrung, mit Wasser und sogar mit der Atemluft auch unmittelbar in ihren Organismus aufgenommen werden, ohne dabei eine merklich schädigende Wirkung auszuüben. Nur im Zusammenhang mit der Silikose, einer Berufserkrankung, wurde eine biologische Wirkung des Siliziumdioxids, und zwar in diesem Fall eine negative, anerkannt.

Wir möchten mit unserem Buch die Aufmerksamkeit möglichst breiter Kreise von Wissenschaftlern, die in den verschiedenen Bereichen der Chemie, der Biologie, der Medizin und der Agrochemie tätig sind, auf eines der Probleme lenken, die für die Naturwissenschaft unserer Tage von besonderem Interesse sind. Wir

*) *I* — vgl. Literaturverzeichnis zum ersten Teil, *II* — vgl. Literaturverzeichnis zum zweiten Teil

nennen dieses Problem kurz, umfassend und etwas populärwissenschaftlich „Silizium und Leben“ oder wissenschaftlich exakter „Silizium in biologischen Systemen“. Genauer gesagt, spiegeln die beiden Titel — auf den ersten Blick recht anspruchsvoll und vielverheißend — nicht nur ein Problem wider, sondern eine ganze Problematik, d. h. einen breiten Kreis von zumeist noch ungelösten Fragen über die Rolle der Siliziumverbindungen in der lebenden Natur und ihren Einfluß auf den Organismus.

Den gegenwärtigen Stand des Problems „Silizium und Leben“ kann man am treffendsten mit den Worten GOETHES charakterisieren: „Dann hat er die Teile in seiner Hand, fehlt, leider! nur das geistige Band“.

Die Literatur, die sich mit den in diesem Buch angesprochenen Fragen beschäftigt, ist außerordentlich umfangreich (in diesem Buch sind mehr als 5000 Literaturstellen zitiert), tatsächlich aber fehlt bis jetzt das Band, das die Flut von Einzeltatsachen, Beobachtungen und Hypothesen verknüpft. Und bekanntlich ist ja die Zahl der Hypothesen immer umgekehrt proportional der Klarheit in einer Frage.

Man kann nicht sagen, daß es keine Versuche gegeben hat, die einzelnen Beobachtungen über die Rolle des Siliziums in biologischen Systemen zu verallgemeinern. So sind in den letzten Jahren in der wissenschaftlichen Literatur einige (aber bei weitem nicht erschöpfende) Übersichtsartikel erschienen, die der Biochemie, Toxikologie und Pharmakologie der Siliziumverbindungen sowie der Anwendung siliziumorganischer Verbindungen in der Medizin, der Pharmazie und der Kosmetik gewidmet sind [*I* — 8, 56, 162, 454, 455, 648, 1406, 1450, 2026, 2212, 2215, 2298, 2369; *II* — 1, 2, 6, 54, 63, 74, 75a, 99, 102, 125, 127, 177, 191, 262, 306a, 314, 360, 367, 376a, 376b, 419, 465—471, 756, 764, 789, 821, 853, 853a, 871a, 900, 1000, 1019, 1075, 1103, 1219, 1222, 1252, 1253, 1292, 1325—1328, 1336, 1339—1341, 1346, 1349, 1351, 1500, 1501, 1503, 1511, 1531, 1548, 1577, 1626, 1629—1631, 1671, 1724, 1860, 1865, 1882, 1897, 1902a, 1963]. Aber nur in zwei Arbeiten [*II* — 54, 821], von denen noch dazu eine von den Autoren dieses Buches stammt, wurde der Versuch unternommen, alle mit dem Thema im Zusammenhang stehenden Fragen in ihrer Gesamtheit zu betrachten.

Die nun vorgelegte Monographie stellt eine systematische und kritische Übersicht über die bis zum heutigen Tag gesammelten Fakten dar, die in unmittelbarer Beziehung zu dem genannten Problemkreis stehen. Wir haben versucht, sie von einem einheitlichen Gesichtspunkt aus und nach Möglichkeit umfassend zu betrachten. Dazu wurde ein umfangreiches Literaturmaterial gesichtet, das in zahlreichen, größtenteils schwer zugänglichen chemischen, biologischen, medizinischen, landwirtschaftlichen, geologischen und anderen Zeitschriften und Sonderausgaben verstreut war. Unser Anliegen war zunächst, dem Leser, der für diese oder jene im Buch berührte Frage Interesse zeigen sollte, die ziemlich zeit- und kraftraubende Suche nach den notwendigen Informationen zu ersparen, im weiteren aber auch, ihm zu zeigen, wie zahlreich und breit die Lücken in unseren heutigen Erkenntnissen und wie groß, vielversprechend und geradezu aufregend die Perspektiven weiterer eingehenderer Untersuchungen sind.

Manchem mag der Standpunkt der Autoren in einigen Fällen voreingenommen erscheinen. Wir möchten das jedoch unserer Begeisterung für die Idee einer wesentlichen biologischen Bedeutung der Siliziumverbindungen und der Notwendigkeit einer möglichst raschen Entwicklung der „biosiliziumorganischen Chemie" und der „Siliziumtherapie" zuschreiben. Wir würden uns freuen, wenn wir auch die Leser von der Notwendigkeit einer intensiven Entwicklung dieser neuen Wissenschaftsgebiete überzeugen könnten, um wenigstens einen Teil unseres Interesses und unserer Hoffnungen auf sie zu übertragen. Es ist selbstverständlich, daß ein wesentlicher Fortschritt bei der Lösung der Probleme, denen die vorliegende Monographie gewidmet ist, nur durch langjährige Arbeit vieler Wissenschaftler ganz verschiedener Fachgebiete erzielt werden kann. Doch wir möchten hoffen, daß schon allein das Kennenlernen des hier zusammengetragenen Tatsachenmaterials viele fruchtbare Ideen weckt und die Triebfeder zur Durchführung neuer, interessanter Untersuchungen wird.

Die Monographie besteht aus zwei Teilen: Im ersten wird das Vorkommen sowie die biologische Rolle von Siliziumverbindungen in Lebewesen behandelt. Diesen Teil mußten wir mit einem Kapitel beginnen, das dem Silizium in der anorganischen Natur gewidmet ist. Dieses Kapitel soll als eine sehr kurze, jedoch notwendige Einführung zu dem Hauptanliegen der Monographie dienen. In den weiteren Kapiteln des ersten Teiles wird dann der Versuch unternommen, die mannigfaltigen Probleme der Biochemie des Siliziums einschließlich der auf den ersten Blick phantastisch anmutenden Möglichkeiten, wie z. B. der eines „Lebens auf Siliziumbasis", zusammenzufassen. Nach der Erörterung der möglichen Rolle der Siliziumverbindungen bei der Entstehung des Lebens auf dem einzigen uns bekannten Bioplaneten, der Erde, werden die bisherigen Erkenntnisse über den Siliziumgehalt und die Bedeutung des Siliziums in niederen Organismen, höheren Pflanzen und Tieren und schließlich im Menschen behandelt. Ein Spezialkapitel ist den Beziehungen zwischen dem Metabolismus einiger Siliziumverbindungen und einer Reihe pathologischer Vorgänge im menschlichen und tierischen Organismus (Arteriosklerose, Krebs, Tuberkulose, Kropf usw.) sowie den Alterungsprozessen gewidmet.

Im zweiten Teil des Buches wird die Toxikologie anorganischer und organischer Siliziumverbindungen, die biologische Aktivität siliziumorganischer Verbindungen sowie das Problem der therapeutischen Anwendung von Siliziumverbindungen behandelt. An dieser Stelle werden auch die Arbeitsergebnisse der Autoren der vorliegenden Monographie mitgeteilt, die verschiedene Typen siliziumorganischer Verbindungen mit antiblastischer, antisklerotischer, antikoagulierender, analeptischer, bakterizider, fungizider, hypotensiver, ganglienblockierender, psychotroper, antipyretischer, narkotischer, zoozider, chemosterilisierender oder insektizider Wirkung und siliziumorganische Insect-Repellents entwickelt haben. Die Autoren synthetisierten weiterhin siliziumorganische Monomere, die auf der Oberfläche verschiedener Materialien beständige Bioschutzschichten bilden. In dem Abschnitt über die Toxizität des Siliziumdioxids werden nur die wichtigsten Arbeiten der umfangreichen Silikoseliteratur erwähnt. Leser, die detailliertere

Kenntnisse über diese Berufserkrankung (Diagnose, Pathogenese, klinische pathologisch-anatomische Ergebnisse experimenteller Untersuchungen, sowie Bekämpfungs- und Vorbeugungsmethoden) erwerben möchten, sollten die in diesem Buch zitierten, diesen Problemen speziell gewidmeten Monographien und Übersichten zu Rate ziehen.

Die Anwendungsmöglichkeiten für die siliziumorganischen Polymeren (Silikone) in der Medizin werden ebenfalls nur kurz gestreift. Die zu diesem Problem angegebene Bibliographie ist jedoch weitgehend vollständig. Eine ausführliche Auswertung der gesamten angegebenen Literatur über die Anwendung von Silikonen in Medizin und Kosmetik soll Gegenstand einer besonderen Arbeit werden.

Im ersten Teil der Monographie, der von M. G. Voronkov und G. I. Seltschan stammt, werden Literaturangaben verwendet, die im wesentlichen bis zum 1. Januar 1970 veröffentlicht wurden. (Nach Chemical Abstracts, Bibliography of Agriculture, Biological Abstracts und nach Referativny shurnal „Chemie" und „Biologie".)

Im zweiten Teil, der von E. Lukevitz (10. Abschnitt des Kapitels VI. und 1. Abschnitt des Kapitels VII. gemeinsam mit M. G. Voronkov) stammt, ist die Literatur bis zum 1. Mai 1970 (Chemical Abstracts) bzw. bis 1. August 1970 (Index Medicus und RAPRA ABSTRACTS) ausgewertet worden.

Wir sind den Lesern für alle kritischen Bemerkungen dankbar, die weitere Untersuchungen in der von uns eingeschlagenen Richtung fördern können.

M. G. Voronkov, G. I. Zelchan, E. Lukevitz

[2572] Воронков, М. Г.: Вестн. АН СССР, **1972**, № II, 58.

[2573] Воронков, М. Г., Платонова, А. Т.: Химия и жизнь, **1973**, № 2, 16.

[2574] Adams, P. B.: New Scient., 41, 25 (1969).

[2575] Bowen, H. J. M.: Trace Elements in Biochemistry. London—New York, 1966.

[2576] Frieden, E.: Sci. Amer., **227**, 52, 59 (1972).

[2577] Horne, R. A.: Marine Chemistry. The Structure of Water and the Chemistry of the Hydrosphere. New York—London—Sydney—Toronto, 1969.

[2578] Organic Geochemistry. Methods and Results, ed. by G. Eglinton and M. T. J. Murphy. Berlin—Heidelberg—New York, 1969.

[2579] Rasche-Jahn, B.: Staub, **1954**, 404.

[2580] Takahashi, E.: Kyoto Daigaku Shokuryo Kagaku Kenkyusho Hokoku, **1970**, No. 33, 61.

[2581] Voronkov, M. G.: Kagaku, **28**, 213 (1973).

[2582] Voronkov, M. G.: Chemistry in Britain, **9**, 411 (1973).

[2582a] Wannagat, U.: Mitt. Techn. Univ. Carolo-Wilhelmina Braunschweig, **6**, H. 2/3, 11 (1971).

VORWORT DER AUTOREN ZUR DEUTSCHSPRACHIGEN AUSGABE

Es war unser Anliegen, mit dem Buch „*Silizium und Leben*" die Aufmerksamkeit möglichst vieler Chemiker, Biologen und Mediziner auf die in Theorie und Praxis gleich bedeutungsvollen Probleme der Rolle des Siliziums in biologischen Systemen und der Wechselwirkungen zwischen lebenden Organismen und den Verbindungen dieses Elementes zu lenken.

Seit dem Erscheinen unseres Buches in russischer Sprache sind nun zwei Jahre vergangen, in denen die Fortschritte auf diesem Gebiet alle unsere Erwartungen übertroffen haben. Das Silizium, das bis vor kurzem — zumindest für die höherentwickelten Organismen — noch nicht zu den biophilen Elementen gezählt wurde, wird heute durchaus als ein „Element des Lebens" anerkannt.

Es konnte gezeigt werden, daß sein Fehlen im Futter oder im Trinkwasser das Wachstum von Tieren hemmt und zu Erkrankungen führt. In der UdSSR wurde die antiödematöse Wirkung bestimmter siliziumorganischer Verbindungen entdeckt, es wurden siliziumorganische Präparate gewonnen, die das Wachstum der Haare und der Wolle von Tieren in erstaunlichem Maße verstärken und Fungizide entwickelt, deren Aktivität die der Antibiotika übertrifft (Arbeiten der Autoren dieses Buches und ihrer Mitarbeiter). In den USA wurden bereits siliziumorganische Zoozide zur Bekämpfung von Nagetieren eingesetzt, es wurde die östrogene Wirkung von Methylphenylzyklosiloxanen aufgefunden und der Metabolismus siliziumorganischer Verbindungen eingehend untersucht. Auf dem III. Internationalen Symposium über siliziumorganische Verbindungen, das 1972 in Madison (USA) stattfand, wurde erstmals neben einem Plenarvortrag von M. G. Voronkov auch eine Reihe von Sektionsvorträgen gehalten, die der biologischen Aktivität siliziumorganischer Verbindungen gewidmet waren. 1973 wurde in Riga die erste Doktorarbeit verteidigt, die sich speziell mit der Synthese und Untersuchung biologisch aktiver, stickstoffhaltiger siliziumorganischer Verbindungen befaßte (E. Lukevitz).

In der UdSSR begann man über die Formierung eines neuen Gebietes der siliziumorganischen Chemie: der „Biosiliziumorganischen Chemie" zu diskutieren (M. G. Voronkov).

Während dieser Zeit erschienen tausende neuer Publikationen, die zum Thema „Silizium und Leben" gehören. Aus diesem Grunde wurde für die deutsche Ausgabe eine zusätzliche Bibliographie vorbereitet, die alle Arbeiten umfaßt, die bis zum Jahre 1973 publiziert wurden. Das Literaturverzeichnis ist alphabetisch geordnet. Zuerst werden die Arbeiten sowjetischer und bulgarischer Autoren (kyrillisches Alphabet) aufgeführt, danach alle anderen (lateinisches Alphabet). In die zweite Gruppe wurden auch die japanischen, chinesischen und koreanischen Quellen einbezogen, wobei die Namen der Autoren und die Titel der Zeitschriften in lateinischer Transskription angegeben sind.*)

Wir freuen uns, daß die erste Übersetzung unseres Buches in dem Land erscheinen kann, in dem erstmals natürlich vorkommende siliziumorganische Verbindungen isoliert wurden, in dem einige Ester der Orthokieselsäure viele Jahrzehnte lang klinisch angewendet wurden und in dem die therapeutische Nutzung siliziumhaltiger Pflanzen seit langem empfohlen wird. Auf der Grundlage der Forschungsergebnisse unserer Arbeitsgruppe ist nun bereits mit der systematischen pharmazeutischen Untersuchung stickstoffhaltiger siliziumorganischer Verbindungen begonnen worden.

Wir sind überzeugt, daß die deutsche Ausgabe die weitere Entwicklung der Forschungen auf dem Gebiet der Biosiliziumorganischen Chemie, sowie die Lösung der vielen noch offenen Fragen, die mit der Rolle des Siliziums in lebenden Organismen verbunden sind, beschleunigen wird.

Wir wollen die Gelegenheit nutzen, um allen Lesern, die ihre Meinung zu der russischen Ausgabe unseres Buches geäußert haben und besonders Herrn Prof. Dr. K. Rühlmann und seinen Kollegen, die die Herausgabe des Buches in deutscher Sprache ermöglicht haben, herzlich zu danken.

Irkutsk — Riga, August 1973 *Die Autoren*

*) Um dem Leser das Eindringen in die neueste Literatur zu erleichtern, sind die Literaturstellen der zusätzlichen Bibliographie jeweils den Kapiteln zugeordnet, auf die sie sich inhaltlich beziehen. In den Literaturangaben bedeuten: M. — Москва, Л. — Ленинград, ПБ. — Петербург, Пгр. — Петроград, СПБ. — Санкт Петербург.

Zur weiteren Erhöhung der Aktualität wird der deutschen Ausgabe die Übersetzung eines Plenarvortrages beigefügt, der von M. G. Voronkov anläßlich des 24. JUPAC-Kongresses 1973 in Hamburg gehalten wurde.

VORWORT DES HERAUSGEBERS ZUR DEUTSCHSPRACHIGEN AUSGABE

Oft haben Bücher, in denen die Ergebnisse und Erkenntnisse neuer Forschungsgebiete zur rechten Zeit zusammengefaßt wurden, außerordentlich befruchtend auf die Weiterentwicklung dieser Gebiete gewirkt. So förderte ALEXANDER VON HUMBOLDTS Enzyklopädie „*Kosmos*" alle Zweige der Naturwissenschaften in hohem Maße, und so legte MARCELIN BERTHELOTS 1860 erschienene „*Chimie Organique fondée sur la Synthèse*" den Grundstein zu einer raschen und breiten Entwicklung der modernen Organischen Chemie. Möge dem vorliegenden Buch von M. G. VORONKOV, G. I. ZELCHAN und E. LUKEVITZ, in dem die heutigen Erkenntnisse über die Wechselbeziehungen zwischen den Verbindungen des Siliziums und den Lebensprozessen zusammengetragen sind, ein ähnlich erfolgreiches Schicksal beschieden sein. Möge es „*ein Licht in der Natur entzünden, das bei seinem Aufflammen alle Grenzgebiete, die den Kreis unserer gegenwärtigen Kenntnis umschließen, erfaßt und erhellt, und damit alles, was jetzt noch ganz verborgen, enthüllt und ans Tageslicht bringt*" (F. BACON)*).

Als Versuch einer umfassenden Naturkunde des Siliziums berührt das Buch Bereiche der Astronomie, Geologie, Archäologie, der Botanik und Zoologie, der Physiologie, der Medizin und Veterinärmedizin und der Chemie. Aus diesem Grunde war es dem Herausgeber nicht möglich, den gesamten Text sachkundig zu bearbeiten. Er war daher gezwungen, Kollegen aus den verschiedensten Wissensbereichen um Hilfe zu bitten, die in allen Fällen bereitwillig gewährt wurde. Besonders herzlicher Dank gebührt Frau *Dr. I. Göbel*, Frl. *L. Probst* und den Herren *Dr. B. A. Astapov, Prof. Dr. H. Bochow, W. Dirnens, Prof. Dr. H. Göring, Dr. S. Grunert, Prof. Dr. H. G. Herbst, Dr. D. B. Herrmann, Prof. Dr. Th. Hiepe, Dr. H. Schmidt, Dr. H. Schneider* und *Prof. Dr. W. Vent*, die alle Wesentliches zur sachgerechten Übertragung des Originals in die deutsche Sprache beigetragen haben.**)

Dresden, Dezember 1973 *Prof. Dr. K. Rühlmann*

*) zit. nach J. D. BERNAL, „*Die Wissenschaft in der Geschichte*"

**) Um die Frische und den ursprünglichen Eindruck des Originals zu erhalten, wurden Text und Anordnung des Stoffes auch an den Stellen nicht geändert, an denen die zugrundeliegende Systematik nicht mit den deutschen Gepflogenheiten übereinstimmt.

INHALT

Erster Teil

Silizium in der Natur

Kapitel I

SILIZIUM IN DER ANORGANISCHEN NATUR

Das Element Silizium zeichnet sich durch seine außerordentliche Bedeutung im Weltall aus.

V. I. Vernadski

In der zweiten Hälfte des 20. Jahrhunderts begannen viele traditionelle irdische Probleme kosmische Maßstäbe anzunehmen. Das trifft auch für das bedeutungsvollste dieser Probleme, das Problem des Lebens zu, dessen kosmische Aspekte in einem Buch, das der Rolle von Siliziumverbindungen in Lebensprozessen gewidmet ist, kaum zu umgehen sind. Das als Epigraph zu diesem Kapitel zitierte Wort des hervorragenden sowjetischen Geochemikers Akademiemitglied V. I. Vernadski [117] beschränkt sich keinesfalls allein auf die anorganische Natur. Doch gerade um das zu beweisen, muß zunächst die Bedeutung des Siliziums für die uns umgebende anorganische Welt, und zwar nicht nur auf der Erde, sondern auch in den unendlichen Weiten des Weltalls, untersucht werden.

1. Die Bildung des Siliziums im Weltall

Schon 1923 postulierte Akademiemitglied A. E. Fersman [578] in Übereinstimmung mit den Arbeiten von Saha [2132—2135], daß alle kosmischen Körper aus den gleichen Elementen zusammengesetzt seien. Und in der Gegenwart besteht über die Einheitlichkeit der elementaren Zusammensetzung des Alls sowie der Grundzüge der Entstehung kosmischer Körper kein Zweifel mehr. Die Grundlage für die Bildung der Elemente und somit auch des Siliziums im Weltenraum sind die Kernreaktionen, die im Sterninneren ablaufen [44, 72, 344, 345, 585, 854, 866]. Die „Ursubstanz" des Weltraumes war offenbar der Wasserstoff, aus dem auch die ersten Sterne bestanden. Im Ergebnis thermonuklearer Reaktionen wandelte sich der Wasserstoff in Helium um. Mit dem Verbrauch des Wasserstoffs erhöhte sich die Sterntemperatur infolge der Gravitationskompression, wodurch Reaktionen unter Teilnahme von Heliumkernen (Fusion von α-Teilchen) möglich wurden. Die Umsetzung des Heliums führte zur Bildung von Sternkernen, die hauptsächlich die Isotopen ^{12}C, ^{16}O, ^{20}Ne enthielten.

Bei der weiteren Kompression der Sterne und der Erhöhung ihrer Temperatur bis auf ca. 10^9 °K begannen die C-, O- und Ne-Kerne zu zerfallen

$$^{20}Ne + \gamma \rightarrow {}^{16}O + {}^{4}He,$$
$$^{12}C + {}^{12}C \rightarrow {}^{20}Ne + {}^{4}He. \qquad (1)$$

Auf diese Weise entstanden günstige Bedingungen für die Realisierung des „α-Prozesses“ [72, 854], bei dem α-Teilchen- oder Heliumkerne durch Neon und schwerere Kerne*) eingefangen werden.

$$^{20}Ne + {}^{4}He \rightarrow {}^{24}Mg + \gamma \tag{2}$$

Nachdem sich eine genügende Menge ^{24}Mg gebildet hatte, lief die Reaktion

$$^{24}Mg + {}^{4}He \rightarrow {}^{28}Si + \gamma \tag{3}$$

ab, die die Primärquelle für das Silizium ist. Ein Teil des auf diese Weise gebildeten Siliziums wurde jedoch im weiteren für die Bildung von ^{32}S, ^{36}Ar und ^{40}Ca verbraucht. Mit diesen Stufen endete der α-Prozeß.

In untergeordnetem Maße liefen wohl auch andere Siliziumbildungsreaktionen ab [44, 868]

$$^{12}C + {}^{16}O \rightarrow {}^{27}Si + n$$

$$^{16}O + {}^{16}O \rightarrow {}^{28}Si + {}^{4}He$$

$$^{25}Mg + {}^{4}He \rightarrow {}^{28}Si + n$$

$$^{26}Mg + {}^{4}He \rightarrow {}^{29}Si + n$$

$$^{16}O + {}^{16}O \rightarrow {}^{30}Si + 2{}^{1}H.$$

Alle diese Prozesse, die zur Bildung der Elemente in den Sternen führten, laufen natürlich auch heute noch ununterbrochen ab. Sie sind die Quelle der ständigen Stoffevolution im Weltenraum. Der Untergang von Sternen infolge einer Explosion (der sogenannte Supernova-Ausbruch) führt zu einer diffusen Verteilung der Sternmaterie im Kosmos. Dort kann sie nach einiger Zeit als Ausgangsmaterial für die Bildung neuer Sterne dienen, die nun schon am Anfang ihrer Entwicklung alle Elemente enthalten, wobei jedoch das Hauptelement des Weltraumes, der Wasserstoff, überwiegt. Das oben angegebene Schema der Kernreaktionen trifft daher im wesentlichen auch für diese Sterne zu. Die Mehrzahl der einer Untersuchung zugänglichen Sterne, unter ihnen auch die Sonne, entsprechen in der Zusammensetzung diesen Typen. Ausschließlich aus Wasserstoff oder Helium bestehende Sterne kommen wahrscheinlich nur in den entferntesten Gebieten des Weltalls vor. Aus diesem Grunde unterscheidet sich die Elementarzusammensetzung der kosmischen Objekte im erforschten Bereich des Weltraums kaum von der durchschnittlichen Elementarzusammensetzung des Weltalls.

Die Elementumwandlung unter irdischen Bedingungen war einst das mit Hingabe angestrebte Ziel der Alchemisten. Auch das Silizium erregte ihr Interesse. So hielt der Engländer BROWN 1841 auf einer Sitzung der Edinburgher

*) In den vorangegangenen Entwicklungsstufen war die Sterntemperatur für den Ablauf dieser Reaktionen nicht hoch genug.

königlichen Gesellschaft einen Vortrag über die „*Umwandlung von Kohlenstoff in Silizium beim Erhitzen von Paracyan*". Doch sowohl die Ergebnisse von BROWN als auch die aller anderen Alchemisten, die sich mit der Elementumwandlung beschäftigten, erwiesen sich als falsch [1763].

[2583] CAMERON, A. G. W., GILBERT, A., HANSEN, C. J., TRURAN, J. W.: Proc. Conf. Nucleosynth., New York, 1968, p. 121.

[2584] MUELLER, E. A.: In: Abundance Determinations from the Stellar Spectra. 26th Symp. Int. Astron. Union. London, 1966, p. 171.

2. Die Verbreitung des Siliziums im Weltraum

Das Silizium kommt in drei stabilen Isotopen vor: ^{28}Si, ^{29}Si und ^{30}Si, deren %-Gehalt auf der Erde 92,18, 4,71 und 3,12% beträgt [2070]. Daneben sind 5 radioaktive Isotope bekannt [181]: ^{25}Si (Halbwertszeit — 0,3 sec) [199], ^{26}Si (1,7 sec), ^{27}Si (4,14 sec), ^{31}Si (2,62 Std.) und ^{32}Si (~710 Jahre) [2311]. In der Skala der relativen Häufigkeit der Elemente im Weltraum nimmt das Silizium den siebenten Platz ein [2317] (Tab. 1).

Tabelle 1

Häufigkeitsverteilung der Elemente im Weltraum [2317]

Element	lg N	N*)
H	10,60	$4,00 \cdot 10^{10}$
He	9,49	$3,08 \cdot 10^{9}$
O	7,33	$2,14 \cdot 10^{7}$
Ne	6,93	$8,60 \cdot 10^{6}$
N	6,82	$6,60 \cdot 10^{6}$
C	6,56	$3,54 \cdot 10^{6}$
Si	6,00	$1,00 \cdot 10^{6}$
Mg	5,96	$9,12 \cdot 10^{5}$
Fe	5,78	$6,00 \cdot 10^{5}$
S	5,57	$3,75 \cdot 10^{5}$
Ar	5,18	$1,50 \cdot 10^{5}$
Al	4,98	$9,48 \cdot 10^{4}$

*) N = relative Häufigkeit (als Bezugsgröße wurde $N = 1,00 \cdot 10^{6}$ für Silizium festgelegt)

Zu den am besten untersuchten kosmischen Objekten gehören die Sterne und in erster Linie unsere Sonne. Die Häufigkeitsverteilung der Elemente auf diesen Weltraumkörpern [43, 44, 1817] unterscheidet sich kaum von den Durchschnittswerten des Kosmos (vgl. Tab. 1). Dazu soll noch bemerkt werden, daß in einigen Arbeiten Magnesium [392, 907, 1427], Schwefel [96, 392, 1427], Eisen [392] oder

Argon [593, 2123] in der Häufigkeitsreihe der Elemente in den Sternen vor dem Silizium angeordnet wird.

Es gibt jedoch auch Sterne mit einer anormalen chemischen Zusammensetzung, so ist z. B. der Siliziumgehalt in einigen magnetischen Sternen der Klasse A 10- bis 25mal so hoch wie in den normalen Sternen [853, 855]. In den Sternenspektren können außer den Linien des neutralen und des ionisierten elementaren Siliziums auch Bänder beobachtet werden, die seinen zweiatomigen Verbindungen SiH, SiF und SiN (die Anwesenheit der letzteren beiden ist noch nicht eindeutig bewiesen) zugeordnet werden können [383]. Die chemische Zusammensetzung der Nebel und der interstellaren Materie sollte den Durchschnittswerten im Kosmos am besten entsprechen [44, 820]. Da ihre genaue Untersuchung jedoch sehr schwierig ist, sind die Angaben über ihre chemische Zusammensetzung, z. B. über den Gehalt an Silizium [647, 820, 1475] nur wenig zuverlässig. Siliziumkerne kommen auch in der kosmischen Strahlung vor [44, 230, 584, 797, 1582]. Dabei ist die relative Häufigkeit von Atomkernen schwerer als Helium, unter anderem auch von Silizium, in der kosmischen Strahlung größer, als es die kosmischen Durchschnittswerte erwarten lassen sollten [1592].

Trotzdem unser Sonnensystem Beobachtungen noch am ehesten zugänglich ist, wurde die chemische Zusammensetzung seiner Körper mit Ausnahme von Erde, Mond, Sonne und Meteoriten nur wenig erforscht. Die Zusammensetzung der Planeten, mit Ausnahme der Erde, und ihrer Trabanten, außer dem Mond, ist weitgehend unbekannt, weil die spektroskopischen Untersuchungen lediglich die Identifizierung einiger Komponenten ihrer Atmosphäre gestatten. Es wird angenommen [2051], daß die Zusammensetzung der Planeten der Erdgruppe — Merkur, Venus, Mars — im wesentlichen der der Erde gleicht. Daraus sollte folgen, daß auch sie zahlreiche Siliziumverbindungen enthalten.

Einen raschen Fortschritt in der Erforschung der Planeten und ihrer Trabanten verspricht die Entwicklung der Kosmonautik. Schon heute sind uns die Ergebnisse der ersten chemischen Analysen der Mondoberfläche [146, 659, 1424, 1426, 2406—2409], die mit Hilfe der automatischen Stationen vom Typ Surveyor durchgeführt wurden, bekannt, und darüber hinaus Vollanalysen einiger Proben von Oberflächengesteinen des Mondes, die von den Besatzungen der Weltraumschiffe Apollo 11 (Juli 1969), Apollo 12 (November 1969) und von der automatischen Station Luna 16 [147, 659, 1035] zur Erde gebracht wurden. Die Analysen zeigen, daß die Gesteine der Mondoberfläche durchschnittlich 19 Gewichts-% Silizium bzw. 41 Gewichts-% SiO_2*) enthalten.

Zu den bislang nicht untersuchten Weltraumkörpern unseres Sonnensystems gehören die Asteroiden und die Kometen. Es wird angenommen, daß die Kometen aus gefrorenen Gasen mit geringen Beimengungen an Steinteilchen und Staub bestehen. Es gibt eine Hypothese, nach der die Asteroiden, die den Gürtel zwischen der Mars- und Jupiterbahn bilden, die Reste des explodierten Planeten Phaeton sind. Bei Zusammenstößen untereinander zerfallen die Asteroiden weiter, und die

*) Siehe auch B. Mason, W. G. Nelson, „*The Lunar Rocks*", New York 1970.

gebildeten kleinen Bruchstücke können als Meteoriten auf die Erde gelangen, sobald sie in deren Gravitationsfeld geraten. Träfe diese Hypothese zu, so könnte man aus den Analysen der auf die Erde gelangten Meteoriten Rückschlüsse auf die Zusammensetzung der Asteroiden ziehen. Die Berechnung der Bahn des großen Sichote-Alin-Meteoriten, der am 12. Februar 1947 in die Ussuritaiga stürzte, hat ergeben, daß sich ihr Aphel im Bereich des Asteroidengürtels befindet [580]. Seiner Zusammensetzung nach gehört dieser Meteorit zur Klasse der Eisenmeteoriten, die im allgemeinen nur wenig Silizium enthalten (0,001%) [610]. Noch genauer konnte man die Bahn des Meteoriten Příbram berechnen, der am 7. April 1959 in der ČSSR niederging und dabei gleichzeitig von zwei Punkten aus fotografiert wurde. Auch dieser Meteorit stammte aus dem Asteroidengürtel. Er gehört zu den Steinmeteoriten des Chondrit-Typs [394, 881]. Bruchstücke von Asteroiden und Reste zerfallener Kometenkerne bilden die Meteoritenmaterie des Weltraums, die Teilchen mit kleinsten Durchmessern bis zu Brocken mit 100 m Durchmesser enthält. Beim Eindringen in die Erdatmosphäre verbrennen die kleinen Teilchen und können als Sternschnuppen (Mikrometeore) beobachtet werden. Die spektroskopische Analyse ihrer Lichtblitze ist jedoch schwierig, und die Möglichkeit zur quantitativen Bestimmung ihrer Zusammensetzung kaum gegeben. In den Spektren der Sternschnuppen hat man neben den Linien der verbreiteten Metalle auch Siliziumlinien [44, 97, 338] nachweisen können. Die größeren Meteoriten dagegen verbrennen in der Atmosphäre nicht vollständig. Bis vor kurzem waren sie die einzigen kosmischen Körper, die einer unmittelbaren chemischen Analyse zugänglich waren. Aus diesem Grunde sind die Angaben über Meteorite besonders vollständig und auch zuverlässig. In der durchschnittlichen Elementarzusammensetzung der Meteorite nimmt das Silizium den zweiten Platz nach dem Sauerstoff ein [394]. Es ist der wichtigste Bestandteil der Eisen-Stein-Pallasite (8,06 Gewichts-% Si) und der verbreiteten Steinmeteoriten (21 Gewichts-% Si) [333]. Es wird angenommen [2423], daß man von der Zusammensetzung der Steinmeteorite (Chondrite) auf die mittlere chemische Zusammensetzung des Weltalls schließen kann. Die relative Häufigkeit der in den Meteoriten enthaltenen Siliziumisotope unterscheidet sich nicht von der Isotopenzusammensetzung des irdischen Siliziums [333, 394, 593, 841, 2384]. Die wichtigsten siliziumhaltigen Mineralien in Meteoriten sind Quarz, Tridymit, Cristobalit, Olivin, Pyroxen, Plagioklas und Serpentin, die aus Siliziumdioxid, Magnesium-, Eisen-, Kalzium- und Aluminiumsilikaten bestehen [333, 394]. Die Enstatit-Chondrite enthalten auch eine gewisse Menge elementares Silizium in Form einer Legierung mit Nickel und Eisen [2087).

Offenbar kommt Silizium in allen kosmischen Objekten vor. Es ist somit ein unerläßlicher Bestandteil der Weltraummaterie, möglicherweise mit Ausnahme der entferntesten und noch völlig unerforschten Gebiete des Weltraumes, in denen die Entwicklung der Urmaterie noch nicht zur Bildung von Silizium geführt hat. Entsprechend seiner Verbreitung im Weltraum muß Silizium zu den Hauptelementen des Weltalls gezählt werden [578].

[2585] Иванов, А. В., Флоренский, К. П.: Астрон. Вестн., **5**, 6 (1971).
[2586] Beck, F., Yiou, F.: Astrophys. Lett., **1**, 75 (1968).
[2587] Bidelman, W. P.: Proc. Conf. Nucleosynth., New York, 1968, p. 63.
[2588] Biswas, S.: Proc. Colloq. Cosmic Ray Stud. Relat. Recent Develop. Astron. Astrophys., Bombay, 1969, p. 45.
[2589] Cameron, A. G. W.: Proc. Colloq. Cosmic Ray Stud. Relat. Recent Develop. Astron. Astrophys., Bombay, 1969, p. 1.
[2590] Ehmann, W. D., Morgan, J. W.: Proc. Apollo 11 Lunar Sci. Conf., New York, 1970, p. 1071.
[2591] Ehmann, W. D., Morgan, J. W.: Science, **167**, 528 (1970).
[2592] Epstein, S., Taylor, H. P., Jr.: Science, **167**, 533 (1970).
[2593] Gehrke, C. W., Zumwalt, R. W., Aue, W. A., Stalling, D. L., Duffield, A., Kvenvolden, K. A., Ponnamperuma, C.: Proc. Apollo 11 Lunar Sci. Conf., New York, 1970, p. 1845.
[2594] Gehrke, C. W., Zumwalt, R. W., Aue, W. A., Stalling, D. L., Rash, J. J.: J. Chromatogr., **54**, 169 (1971).
[2595] Gilman, R. C.: Astrophys. J., **155**, 185 (1969).
[2596] Guthrie, B. N. G.: Publ. Roy. Observ., Edinburgh, **6**, No. 1 (1967).
[2597] Guthrie, B. N. G.: Publ. Roy. Observ., Edinburgh, **6**, 145 (1967).
[2598] Kvenvolden, K. A., Chang, S., Smith, J. W., Flores, J., Pering, K., Saxinger, C., Woeller, F., Keil, K., Berger, I. A., Ponnamperuma, C.: Proc. Apollo 11 Lunar Sci. Conf., New York, 1970, p. 1813.
[2599] Lund, N., Peters, B., Cowsik, R., Pal, Y.: Phys. Lett., B **31**, 553 (1970).
[2600] Maas, R. W., Ney, E. P., Woolf, N. J.: Astrophys. J., **160**, L 101 (1970).
[2601] Reynolds, J. H., Verhoogen, J.: Geochim. et cosmochim. acta, **3**, 224 (1953).

3. Der Siliziumgehalt der Erde

Der Siliziumgehalt unseres Planeten ist bedeutend höher als der durchschnittliche Siliziumgehalt des Weltraumes. Im Verlaufe des Evolutionsprozesses hat die Erde die primären Gasbestandteile [140, 142] verloren. Infolgedessen hat der Gehalt an festen Bestandteilen prozentual zugenommen. Der Siliziumgehalt in der festen Erdmaterie ist ungewöhnlich hoch: Insgesamt enthält die Erde 13,84 Gewicht-% Silizium [44], das damit nur den Elementen Sauerstoff und Eisen (unter der Annahme, daß der Kern der Erde aus Eisen besteht), den Vortritt läßt. Man ist heute der Ansicht, daß der Erdkern hauptsächlich aus Eisen und Nickel besteht. Daneben hält sich jedoch auch die Annahme, daß er aus Silikaten aufgebaut ist [291, 330, 348, 365, 2051, 2052], die unter dem ungeheuren Druck von $\sim 10^6$ Atmosphären metallische Eigenschaften bekommen. Es wird auch die Möglichkeit in Betracht gezogen, daß im eisernen Erdkern elementares Silizium enthalten ist [1743], wobei man annimmt, daß dessen Bewegung die Ursache des Erdmagnetismus sein könnte [2086]. Die mittlere Erdschicht — der Mantel — besteht, wie man heute mit Bestimmtheit weiß, aus Silikatgesteinen. Möglicherweise entspricht die Zusammensetzung der Chondrit-Meteoriten, die 18,0 Gewichts-% Silizium enthalten, ungefähr der Zusammensetzung des Erdmantels [143]. Bei der Erörterung der Frage nach der Entstehung und Entwicklung des Lebens auf unserem Planeten ist die Erdkruste oder die Lithosphäre, genauer gesagt, deren obere, Untersuchungen zugängliche Schicht, die zur Biosphäre gehört, von größtem Interesse [121]. Der Siliziumgehalt der Lithosphäre ist doppelt so hoch wie der mittlere Siliziumgehalt der gesamten Erde (vgl. Tab. 2).

Tabelle 2

Die wichtigsten Elemente der Lithosphäre [141]

Element	Menge des Elementes in der Lithosphäre	
	in Atom-%	in Gewichts-%
O	58,00	47,20
Si	20,00	27,60
Al	6,60	8,80
H	3,00	0,15
Na	2,40	2,64
Fe	2,00	5,10
Ca	2,00	3,60
Mg	2,00	2,10
K	1,40	2,60
Ti	0,25	0,60
C	0,15	0,10

Der Gehalt der Erdkruste an Silizium ist höher als der an allen anderen Elementen (ohne Sauerstoff) zusammengenommen [44, 113, 138, 144, 489, 579, 593, 1175, 1176, 1789, 1976, 2359]. 87% der Lithosphäre wie die Basalt-, Granit- und Sedimentgesteine bestehen aus SiO_2 oder Silikaten [489]. Bis heute sind mehr als 800 verschiedene Siliziummineralien bekannt geworden [366, 509].

Ein besonders wichtiger Teil der Biosphäre ist der „Boden“ — die fruchtbare Oberflächenschicht des Festlandes von Kontinenten und Inseln. Er zeichnet sich durch einen noch höheren Gehalt an Silizium (33 Gewichts-%) als die Lithosphäre im ganzen aus [139, 366]. In manchen Böden beträgt der SiO_2-Gehalt 85%.

Im Unterschied zur Lithosphäre enthält die Hydrosphäre der Erde nur wenig Silizium. Das hängt mit der geringen Löslichkeit der Siliziumverbindungen im Wasser zusammen. Die chemische Zusammensetzung der Hydrosphäre wird von den Ozeanen und Meeren bestimmt, die den Hauptteil der Hydrosphäre bilden. Das Silizium, dessen Konzentration in den Gewässern der Erde durchschnittlich 5 mg/l beträgt, nimmt in der Hydrosphäre unter den anderen Elementen nur einen bescheidenen 13. Rang ein [145, 489]. Die Hauptmenge des Siliziums in der Hydrosphäre liegt in Form gelöster Kieselsäure vor. Ein kleinerer Anteil (ungefähr 1/20 bis 1/25) ist kolloidal im Wasser gelöst, und zwar in Form von Schlamm oder biogener amorpher Kieselsäure sowie in Form von kristallinen Silikaten und von Quarz aus terrigenen Vorkommen [88, 362]. Die Konzentration des SiO_2 nimmt im Ozeanwasser mit der Tiefe und in der Oberflächenschicht vom Äquator zu höheren Breiten hin zu [212].

Die SiO_2-Konzentration in den Flüssen, die die Hauptlieferanten des Siliziums für die Ozeane sind, ist doppelt so hoch wie die in den Meeren: die Flußgewässer der Erde enthalten durchschnittlich 13,1 mg/l SiO_2 [1708]. Die SiO_2-Menge kann in kalten unterirdischen Gewässern bis auf 20—40 mg/l und in heißen Quellen bis auf 200—300 mg/l (in Einzelfällen bis auf 500 mg/l) ansteigen [87, 2501].

Geringe Mengen an Siliziumverbindungen enthält sogar die Atmosphäre, und zwar in Form von Staub, der in der Luft ständig anwesend ist. Die Hauptmenge des siliziumhaltigen Staubes stammt von den Gesteinen der Erdoberfläche. Dazu kommt noch der Staub aus vulkanischen Quellen und kosmischer Meteoritenstaub [50, 294, 489, 581, 609]. Selbst die Stratosphäre enthält $0{,}11 \cdot 10^{-15}$ g/cm^3 Silizium [1467]. Eine erhöhte Siliziumkonzentration in der Atmosphäre wird über Industriezentren beobachtet [1853, 2327]. Die Staubteilchen in der Luft bilden die Kondensationskeime der Niederschläge [1415, 1606—1608]. Darum enthalten auch das Regenwasser und der Schnee stets neben anderen Bestandteilen Silizium, dessen Konzentration einige Milligramm pro Liter betragen kann [175, 177, 363, 534, 1088]. Manchmal, bei größeren Staubkonzentrationen in der Luft können die Niederschläge sogar gefärbt sein (siehe z. B. [2093]).

[2602] Альтшулер, Л. В., Симаков, Т. В., Трунин, Р. Ф.: Изв. АН СССР, физ. Земли, **1968**, 3.
[2603] Виленский, В. Д., Емельянов, В. В.: Ат. энерг., **25**, **444** (1968).
[2604] Bassett, D. R., Boucher, E. A., Zettlemoyer, A. C.: J. Colloid and Interface Sci., **34**, 436 (1970).
[2605] Gregor, B.: Nature, **219**, 360 (1968).
[2606] Handa, B. K.: Tellus, **21**, 95 (1969).
[2607] Ignacio Villalobos, C.: Geol. met., **8**, 99 (1967).
[2608] Somayajulu, B. L. K.: Proc. Indian Acad. Sci., Sect. A, **69**, 338 (1969).

4. Die praktische Bedeutung des Siliziums und seiner Verbindungen

Den Beginn der praktischen Verwendung von Siliziumverbindungen sollte man wohl schon in der Steinzeit suchen. In den vielen Jahrtausenden, die der Steinzeit mit ihren Steinwerkzeugen folgten, hat sich die Anwendungsbreite der Werkstoffe auf Silikatbasis zunächst nur wenig erweitert: sie wurden zum Bau von Gebäuden und zur Herstellung von Tongeschirr verwendet. Doch dann wurde lange vor unserer Zeit ein besonders bemerkenswertes und universell anwendbares durch Menschenhand geschaffenes Material entwickelt — das Silikatglas. Seit dieser Zeit begannen die künstlich hergestellten anorganischen Siliziumverbindungen und die aus ihnen gewonnenen Werkstoffe schnell in die unterschiedlichsten Bereiche des menschlichen Lebens einzudringen. Sie bildeten die Grundlage der ältesten Industriezweige. In unseren Tagen ist die besondere praktische Bedeutung von Silikat- und Quarzglas, von Porzellan, Keramik und Steingut, der zahlreichen natürlichen und synthetischen Silikate, des Silikagel, der Silizide und besonders der Silikatbaumaterialien, der mengenmäßig bedeutendsten Industrieprodukte, gar nicht zu überschätzen. In immer stärkerem Maße wird auch das Silizium selbst wegen seiner Halbleitereigenschaften in der modernen Technik genutzt.

Die langjährigen Forschungsarbeiten auf dem Gebiet der vor mehr als einem Jahrhundert in den chemischen Laboratorien entwickelten siliziumorganischen Verbindungen ermöglichten die Synthese der unikale Eigenschaften besitzenden polymeren siliziumorganischen Verbindungen — der Silikone, die eine breite praktische Anwendung in allen Zweigen der heutigen Technik und Volkswirtschaft, von der Kosmonautik und Elektronik bis hin zur Nahrungsmittelindustrie, gefunden haben.

In den letzten 25 Jahren erlebte die siliziumorganische Chemie ihre Renaissance. Die in dieser Zeit durchgeführten umfangreichen wissenschaftlichen und anwendungstechnischen Forschungen zeigten die Vielfalt der nützlichen Eigenschaften auf, die man in Zukunft von den organischen und elementorganischen Siliziumverbindungen erwarten kann. Ungeachtet dieser Erfolge ist die Annahme berechtigt, daß wir schon in kürzester Zeit eine neue Etappe in der Entwicklung der Siliziumchemie erwarten können. Dabei geht es um die Untersuchung von Verbindungen dieses Elements, die entweder eine wesentliche Rolle in den Lebensprozessen spielen oder in bestimmter Weise auf lebende Organismen einwirken können. Diesen Verbindungen sind die nächsten Kapitel unserer Monographie gewidmet.

Kapitel II

„LEBEN AUF SILIZIUMBASIS" UND DIE ROLLE DER SILIZIUMVERBINDUNGEN BEI DER ENTSTEHUNG DES LEBENS

Um wirklich erschöpfend zu wissen, was das Leben ist, müßten wir alle seine Erscheinungsformen durchgehen, von der niedrigsten bis zur höchsten.

F. Engels, „Anti-Dühring"

[2609] Шкловский, И. С.: Вселенная, жизнь, разум. 3-е изд., Москва, 1973.
[2610] CALVIN, M.: Chemical Evolution. Oxford, 1969.

1. Leben auf der Grundlage von Siliziumverbindungen

Der Gedanke, daß das Leben nicht nur eine irdische Erscheinung ist, war schon im alten Griechenland weit verbreitet. Die Mileter hatten schon im 6. Jahrhundert vor unserer Zeitrechnung das Leben zu den unerläßlichen ursprünglichen Eigenschaften der Materie gezählt [414]. Die Ansichten der altgriechischen Materialisten zu dieser Frage gehen deutlich aus den Zeilen eines bekannten Gedichtes des Römers Lucretius Carus (LUKREZ) *„Über die Natur der Dinge"* hervor: *„Man muß unbedingt anerkennen, daß es im Weltall auch noch andere Erden, andere menschliche Stämme und andere Tiere gibt"* [367, S. 1074–1076]. Der große Denker des 16. Jahrhunderts, Giordano BRUNO schrieb in seinem Werk *„Über die Unendlichkeit, das All und die Welten": „Es existieren ... unzählige Sonnen, unzählige Erden, die sich um eine Sonne wie unsere sieben Planeten um unsere Sonne drehen"* und weiter: *„Der vernünftige und lebhafte Geist kann sich nicht vorstellen, daß alle diese unzähligen Welten ... ohne Bewohner wären, die uns ähnlich oder sogar besser wären ..."* [99, S. 131 und 160].

In unserer Zeit haben sich die Gedanken von Giordano BRUNO trotz des Fehlens direkter Beweise überall durchgesetzt. Da sich tatsächlich alle von den Astronomen entdeckten Erscheinungen in der unendlichen Weite des Universums vielfach wiederholen, hegt man heute keinen Zweifel mehr daran, daß nicht nur unsere Sonne, sondern auch die Mehrzahl der anderen Sterne Planetensysteme besitzen [2131], unter denen sich Planeten mit erdähnlichen physikalischen Bedingungen befinden [842]. Die Wahrscheinlichkeit für die Existenz von Planeten, auf denen Bedingungen herrschen, die die Entstehung des Lebens ermöglichen, beträgt immerhin einige Prozent [189]. Nach vorsichtigen Berechnungen kann man allein in unserer Galaxis mindestens 100000 erdähnliche Planeten vermuten. Mit Hilfe der leistungsstärksten Fernrohre gelingt es heute, etwa 100 Mill. Galaxien wahrzunehmen. Damit könnte es ungefähr 10^{13} erdähnliche Planeten geben [571] — und das allein in dem Teil des Weltraumes, der unseren Beobachtungen zugänglich ist. Auf einigen dieser Planeten könnte das Leben in irgendeiner Form existieren. Möglicherweise war oder ist es bereits vorhanden oder es kann noch irgendwann entstehen (die Lebenserscheinungen sind im All ja nicht nur räumlich sondern auch zeitlich getrennt)*). Darum darf man wohl kaum annehmen, daß sich das Leben nur auf unserer Erde herausgebildet und weiterentwickelt hat [184], denn unter dieser Annahme müßte die Biogenese als Zufallserscheinung angesehen werden. Berechnungen der Wahrscheinlichkeit für eine zufällige Entstehung des Lebens haben ergeben, daß das Leben nicht existieren dürfte (die Wahrscheinlichkeit für seine Entstehung ist praktisch gleich null) [390]. Da das jedoch im Gegensatz zur Wirklichkeit steht, muß das Leben als eine gesetzmäßige Erscheinung, d. h. als die höchste Entwicklungsform der Materie betrachtet werden, die zu jeder Zeit und an jedem Ort verwirklicht wird, wenn die entsprechenden Bedingungen gegeben sind. Die Entstehung des Lebens (Biogenese) wird damit zu einem Teil des gesamten Entwicklungsprozesses der Natur, und die Aufgabe der Wissenschaft besteht darin, die allgemeinen Gesetzmäßigkeiten dieser Entwicklung auf der Erde und auch auf anderen Weltraumkörpern zu erschließen [412].

Die ungeheure Vielfalt der möglichen physikalischen Bedingungen auf anderen Planeten führte zu der Vermutung, daß es Leben im Weltraum auch in anderen Formen als auf der Erde geben kann (siehe z. B. [80, 470]). Dabei ist nicht ausgeschlossen, daß das Eiweiß auch unter den irdischen Bedingungen zwar das optimale, nicht aber das allein mögliche Lebenssubstrat ist [2008].

In der utopischen Literatur sind wir schon an die Fiktion gewöhnt, daß im Weltraum auch die Verbindungen des Siliziums, das in diesen Fällen das Hauptelement des irdischen Lebens — den Kohlenstoff — ersetzt, die Grundlage für eine lebende Materie abgeben können. Bereits der berühmte russische Revolutionär und Gelehrte M. A. Morosov [391] schildert in seiner Erzählung „*Die Zeitalter des Lebens*“ [1910] eine ferne Vergangenheit, in der ein Ozean von geschmolzenem Quarz auf der Erde wütete, sich Quarzwolken in der Atmosphäre zusammenzogen, und das aus Tonen und Aluminiumkarbiden bestehende Festland von menschenähnlichen Wesen bewohnt war, in deren Adern ein Blut aus geschmolzenem Quarz floß. Dieses Thema ist ja auch der heutigen science-fiction-Literatur nicht fremd [6]. Ein typisches Beispiel für die utopische Literatur der letzten Zeit ist der Roman von A. Mejerov „*Der fliederfarbene Kristall*“, in dem lebende Wesen beschrieben werden, deren Organismus im wesentlichen aus Siliziumverbindungen besteht [381], oder auch die Erzählung von A. Dneprov „*Der*

*) Dabei ist die Wahrscheinlichkeit für die Entwicklung denkender Wesen und vollwertiger Zivilisationen sicher wirklich sehr gering [61]. Nach vorsichtigen Schätzungen kann es durchaus möglich sein, daß es auf den 10^{13} Planeten mit erdähnlichen Bedingungen wegen des Fehlens der entsprechenden, für die Anthropogenese günstigen Bedingungen oder wegen des Unterganges früher entstandener Zivilisationen außer den Menschen zur Zeit tatsächlich keine denkenden Wesen gibt. Trotzdem wird in der letzten Zeit auch dem Problem „außerirdische Zivilisationen“ beträchtliche Aufmerksamkeit geschenkt [157, 189, 382, 482, 2237].

tönerne Gott“, in der über Versuche zur Umwandlung von Pflanzen, Tieren und Menschen in siliziumorganische Wesen berichtet wird [239].

Doch nur wenigen ist bekannt, daß diese Phantasien ein gewisses wissenschaftliches Fundament besitzen und daß die Möglichkeit eines Lebens auf der Grundlage von Siliziumverbindungen nicht nur die Aufmerksamkeit der Autoren von utopischen Romanen und science-fiction-Erzählungen erregt hat. Diesem Problem wurden auch Arbeiten von bekannten Wissenschaftlern in seriösen wissenschaftlichen Zeitschriften gewidmet. So stellte REYNOLDS [2069] im Jahre 1909 die Hypothese von der Existenzmöglichkeit eines „Hochtemperaturprotoplasmas“ auf, das statt des Kohlenstoffs Silizium, statt des Stickstoffs Phosphor und statt des Sauerstoffs Schwefel enthält. Der Schöpfer dieser Hypothese zweifelte nicht daran, daß das Silizium als Element der organischen Chemie eine weitaus größere Rolle spielen könnte als bislang angenommen wurde. Diese Frage wird auch in unseren eigenen Arbeiten [530, 599, 1091, 2004] diskutiert. Am umfassendsten ist das Problem des „Lebens auf Siliziumbasis“ in einem Buch des englischen Wissenschaftlers FIRSOFF [582] behandelt worden. Es war ja seit langem bekannt, daß das Silizium dank der strukturellen Ähnlichkeit seiner Elektronenhülle mit der des Kohlenstoffs eine Reihe von Verbindungen bildet, die in ihrem räumlichen Bau den analogen Kohlenstoffverbindungen entsprechen, jedoch etwas temperaturbeständiger sind. Aus diesem Grunde kann das Silizium als ein möglicher Vertreter des Kohlenstoffs in einer bei höheren Temperaturen lebensfähigen Materie betrachtet werden. Man kann ebenso annehmen, daß dabei Stickstoff durch Phosphor und Sauerstoff durch Schwefel ersetzt wird. Als Lösungsmittel für derartige Verbindungen wird das Phosphorsulfid P_4S_3 in Betracht gezogen, das bei 173° schmilzt und bei 407° siedet. FIRSOFF hat weiterhin angenommen, daß ein Leben auf der Grundlage von Siliziumverbindungen bei hohen Drucken und Temperaturen (sogar über 1000°) möglich sein könnte. Unter diesen Bedingungen sollten die komplizierten starren Siliziumstrukturen labil und reaktionsfähig werden. Selbstverständlich gibt es keine vollständige Analogie zwischen Silizium und Kohlenstoff. So ist es zum Beispiel in der Siliziumchemie nicht möglich, längere Ketten mit Si—Si-Bindungen aufzubauen. Ebenso gibt es keine Siliziumanaloga von Benzol oder anderen Verbindungen mit Doppelbindungen. Statt aus reinen Siliziumketten könnten die Makromoleküle einer lebenden Materie jedoch auch aus Si—O—Si- oder Si—N—Si-Segmenten aufgebaut sein. Außerdem erfordert ein Leben bei hohen Temperaturen ja nicht unbedingt einen völligen Ausschluß von Kohlenstoff aus der Zusammensetzung der lebenden Systeme. So könnte in ihnen Kohlenstoff zusammen mit Silizium vorliegen, so wie das Silizium unter irdischen Bedingungen in lebenden Organismen, die hauptsächlich aus Kohlenstoffverbindungen bestehen, enthalten ist. FIRSOFF ist der Meinung, daß die Frage nach der Möglichkeit eines Lebens bei hohen Temperaturen, das auf Silizium und eventuell Schwefel und Phosphor an Stelle von Sauerstoff und Stickstoff basiert, weitere Untersuchungen wert sei. Im Gegensatz dazu meint jedoch TAUBE [2356], daß Verbindungen, die weder Wasserstoff, Sauerstoff noch Kohlenstoff enthalten, als Baumaterial für bestimmte Formen des Lebens nicht geeignet sind.

Diskutiert man allein die quantitative Seite dieser Frage, so gibt es sicher keine Einwände gegen die Hypothese von Reynolds und Firsoff. Wie in Kapitel I gezeigt wurde, gibt es auch außerhalb der Erde mehr als genug Silizium für den Aufbau einer lebenden Materie (besonders, wenn man die Möglichkeit der Existenz von Planeten berücksichtigt, die ebensoviel Silizium enthalten könnten wie die Erde), obwohl es im Weltraum durchschnittlich 3,5mal mehr Kohlenstoff- als Siliziumatome gibt (dabei sollte man daran denken, daß im Erdmantel auf jedes Kohlenstoffatom — Grundelement des Lebens auf der Erde — 133 Siliziumatome kommen).

Da jedoch auch die qualitative Seite dieser Frage Berücksichtigung finden muß, stießen alle derartigen Theorien auf eine scharfe Kritik, die jedoch wegen ihrer Einseitigkeit verwundert. Die extremen Varianten der Hypothese von der Möglichkeit eines „Lebens auf Siliziumbasis", das heißt der Möglichkeit eines vollständigen Ersatzes von Kohlenstoff in den lebenden Strukturen durch Silizium (was offenbar wirklich in das Gebiet der Utopie gehört) grundsätzlich ablehnend, ziehen einige Autoren den Schluß, daß das Silizium als Basis des Lebens überhaupt ungeeignet sei (vgl. z. B. [250] und [283]). Zum Beispiel zählt Wald drei Hauptursachen auf [570, 2462], die es dem Silizium verbieten sollen, die Rolle eines Trägers des Lebens zu spielen: „*Erstens bildet es so wie mit sich selbst auch mit anderen Elementen wesentlich schwächere Bindungen aus als der Kohlenstoff. Zweitens führt sein Unvermögen Doppelbindungen zu knüpfen, zur Bildung von langkettigen inerten Polymeren mit ausschließlich kovalenten Einfachbindungen, wodurch es aus dem Stoffkreislauf der Natur nahezu vollständig ausgeschlossen wird. Drittens genügt allein schon die Unbeständigkeit der Siliziumverbindungen in Gegenwart von Sauerstoff, Ammoniak oder Wasser zum Beweis dafür, daß Silizium als Baumaterial für lebende Systeme ungeeignet ist*" [570, S. 10].

Wenn man auch die phantastischen Varianten der soeben betrachteten Hypothesen ablehnt, sollte man aber doch anerkennen, daß sie einen gewissen rationellen Kern besitzen. Selbstverständlich ist es schwer, sich ein lebendes System vorzustellen, das auf Basis des Siliziums aufgebaut ist und absolut keinen Kohlenstoff enthält. Die gegenwärtigen Vorstellungen über die Bildung der Elemente schließen die Möglichkeit der Existenz größerer Weltraumkörper, die Silizium jedoch keinen Kohlenstoff enthalten, ja auch aus. Aus diesem Grunde ist ein völliges Fehlen des Kohlenstoffs in der Zusammensetzung lebender Organismen von vornherein unwahrscheinlich. Aus dem gleichen Grunde ist ja auch in den Organismen unserer Erde, die aus Kohlenstoffverbindungen aufgebaut sind, stets Silizium anwesend, worauf in den nächsten Kapiteln ausführlich eingegangen wird. In einigen Mikroorganismen und Pflanzen ist der Siliziumgehalt außerordentlich hoch, und das Silizium spielt in diesen Organismen biochemisch bestimmt eine Rolle. Nun kann man sicher nicht verneinen, daß unter bestimmten Bedingungen die biochemische Bedeutung des Siliziums größer werden kann. Möglicherweise geschieht das bei Erhöhung der Temperatur der Umgebung, weil dadurch die Löslichkeit der Siliziumverbindungen im Wasser zunimmt und somit ein verstärkter Silizium-Stoffwechsel im Organismus möglich wird. Die in den äußeren

Teilen der Organismen abgelagerten Siliziumverbindungen könnten dann die Rolle eines Wärmeschutzpanzers spielen, der die Innenorgane vor einer Überhitzung (oder einer Unterkühlung) und zugleich vor mechanischen Einwirkungen schützt. Man könnte sogar annehmen, daß sich im Falle einer genügend langsamen Erhöhung der Temperatur (wie das gewöhnlich für kosmische Prozesse charakteristisch ist)*) auch die irdischen Lebewesen den wesentlich ungünstigeren Existenzbedingungen durch eine Erhöhung des Siliziumgehaltes in ihrem Organismus anpassen würden**).

Möglicherweise ist dieser Zusammenhang auch für den hohen Siliziumgehalt der Diatomeen, der ältesten Bewohner der Erde, verantwortlich. Zur Zeit ihrer Entstehung war die Temperatur der Erdoberfläche bedeutend höher als in der Gegenwart. Auch die rezenten Diatomeen können ja, z. B. in Geysiren, bei Temperaturen von 83—85° leben [485]. Im Zusammenhang damit sollte man weiterhin beachten, daß sich viele tropische Pflanzen oder in heißen Quellen lebende Bakterien durch einen hohen Siliziumgehalt auszeichnen. An sich ist es doch verwunderlich, daß einige Bakterien auf lange Zeit Temperaturen bis 170° aushalten können, obgleich das Eiweiß schon bei Temperaturen oberhalb 60° irreversibel koaguliert.

Von dem Gesagten ausgehend, kann man sich leicht vorstellen, daß im Weltraum Planeten mit relativ hoher Oberflächentemperatur existieren, die von Lebewesen bewohnt sind, in denen die Siliziumverbindungen gegenüber den Kohlenstoffverbindungen dominieren und bei denen folglich das Silizium Hauptelement des Lebens ist. Wenn man die Frage so betrachtet, nimmt der utopische Charakter der zur Diskussion stehenden Hypothesen doch beträchtlich ab und die Suche nach triftigen Argumenten zu ihrer Widerlegung wird ziemlich schwer. Wir glauben sicher, daß nichtirdische Organismen, in denen das Silizium Hauptelement des Lebens ist, früher oder später der Gegenstand exobiologischer Forschungen sein werden. Uns scheinen auch die oben aufgeführten Argumente von WALD nicht genügend fundiert zu sein. Denn erstens sind die Si—Si-Bindungen, wie schon gesagt, für die Siliziumchemie nicht so charakteristisch wie die C—C-Bindungen für die organische Chemie. Trotzdem können aus Si—Si-Bindungen aufgebaute Makromoleküle bei Einführung geeigneter Substituenten hohe Molgewichte erreichen, eine beträchtliche chemische (darunter auch gegen Oxydationsmittel) und thermische Beständigkeit zeigen und dabei trotzdem eine ausreichende Reaktionsfähigkeit (wie die der Eiweißmakromoleküle) besitzen. Außerdem ist die Bindungsenergie der Si—C-Bindung nur um ein Weniges geringer als die der C—C-Bindung, und die Si—O-Bindung ist sogar viel stabiler als die C—O-Bindung.

*) Auf der Erde könnte das während der klimatischen Kataklysmen geschehen, die durch die Jahreszeiten des galaktischen Jahres, das ungefähr 188 Millionen Erdjahren entspricht, bedingt sind. Die Erhöhung der Erdtemperatur für die Zukunft wäre auch infolge einer Energieexplosion möglich.

**) So weiß man schon heute, daß die Kieselsäure die Phosphorsäure aus einer Reihe lebenswichtiger Verbindungen, z. B. aus der Ribonukleinsäure, verdrängen kann [2200].

Zweitens ist die chemische Trägheit der Polymeren, die aus Siloxaneinheiten (Si—O—Si)*) aufgebaut sind, kein Grund für den Ausschluß des Siliziums aus einem biologischen Stoffkreislauf, da ja andere Siliziumpolymeren mit Si—N—Si-, Si—S—Si-, Si—O—P-, Si—N—C-, Si—O—C- und ähnlichen Gruppierungen (sowie auch mit Si—Si-Bindungen), die sich durch eine größere Reaktionsfreudigkeit auszeichnen, an metabolischen Prozessen teilnehmen könnten. Die Siloxanpolymeren (besonders die dreidimensionalen) stünden den Organismen dann als stabilere Siliziumverbindungen z. B. für Gerüststrukturen zur Verfügung.

Drittens schließlich gibt es unter den siliziumorganischen Verbindungen mehr als genug, die sowohl gegen Wasser als auch gegen Sauerstoff stabil sind. Im Prinzip kann man sich auf Siliziumbasis aufgebaute Makromoleküle vorstellen, die beispielsweise aus Si—N—Si-, Si—S—Si- und ähnlichen Gruppierungen bestehen, wobei die Makroketten mehr oder weniger reaktionsfähige Atome oder Gruppen (Wasserstoff, Halogene und andere) als Substituenten tragen. Diese Systeme könnten wie die organischen Verbindungen des Kohlenstoffs eine unendliche Vielfalt von Strukturen entwickeln und zu metabolischen Umwandlungen durchaus geeignet sein. Unter bestimmten nichtirdischen Bedingungen könnten solche hochmolekularen Gebilde als Träger des Lebens fungieren, wenn uns auch derart weitgehende Schlußfolgerungen doch noch etwas verfrüht erscheinen. Der Wahrheit zuliebe müssen wir außerdem zugeben, daß unsere Spekulationen über die Möglichkeit eines „Lebens auf Siliziumbasis" bis heute noch nicht einmal indirekt bestätigt wurden. Im Gegenteil: in einigen Meteoriten wurden kompliziert gebaute organische Verbindungen [106, 286, 333, 394, 1876, 2424], unter anderem auch Aminosäuren [103, 1479] nachgewiesen. Silizium-Kohlenstoff- oder andere mehr oder weniger kompliziert gebaute Silizium—Verbindungen, mit Ausnahme von Silikatmineralien, wurden dagegen in Meteoriten bislang noch nicht gefunden. Diese Fakten lassen erwarten, daß die Suche nach einem „Siliziumlebewesen" zum mindesten in unserem Sonnensystem wahrscheinlich ohne Erfolg bleiben wird.

Jedoch gibt es auch eine Theorie über ein irdisches „Leben auf Siliziumbasis" [485, 877, 1314, 1965, 2009, 2209 bis 2215]. Ihre Autoren sind der Meinung, daß sich die chemische Protoorganisation des Lebens auf der Erde auf die Siliziumverbindungen stützte, weil der Charakter des Urmilieus im wesentlichen durch das Silizium geprägt wurde. Der Kohlenstoff gelangte erst im Ergebnis sekundärer Prozesse und unter Verdrängung des Siliziums in die chemischen Strukturen der Protoorganismen. Die Quelle für den Kohlenstoff sei das Kalziumkarbonat gewesen, das im Verlauf der Entwicklung als ein wesentlicher Bestandteil in die Organismen eingebaut wurde und bei der Bildung der Skelettstrukturen mit dem SiO_2 zu konkurrieren begann. Diese Konkurrenz kann man bei der Evolution der lebenden Materie leicht verfolgen, denn einige der einfachsten Protozoen bauen ihr

*) Die in der Literatur vorherrschende Meinung von der hohen chemischen Passivität der Siloxanpolymeren und -oligomeren wurde durch die Untersuchungen eines der Autoren dieser Monographie überzeugend widerlegt [169].

Skelett aus Kalzium-, die anderen aus Siliziumverbindungen auf. Aus SiO_2 bestehende Skelette sind besonders charakteristisch für die Fossilien. Beim Übergang zu höheren Organismen nimmt die Bedeutung des Kalziums ständig zu, die des Siliziums dagegen ab. So spielt zum Beispiel das Silizium in den Stengeln von Getreidearten noch eine wichtige Rolle — es sichert ihre Festigkeit, während es in den Skeletten der höheren Tiere seine Bedeutung vollkommen verloren und dem Kalzium überlassen hat. Da die Bedeutung des Siliziums bei der Evolution von den einfachsten zu den höheren Organismen ständig abnimmt, sollte die Extrapolation dieser Beziehung auf die Protoorganismen zu der Schlußfolgerung führen, daß das Silizium die Grundlage des Lebens in der Epoche seiner Entstehung war.

[2611] Anon.: Sci. News Lett., **1960**, **342**.

2. Die Rolle der Siliziumverbindungen bei der Entstehung des Lebens

Wenn man nun „aus den Wolken auf die Erde zurückkehrend“ die vage Hypothese von der Existenz kosmischer „Siliziumorganismen“ beiseite läßt und auch die Vermutungen negiert, daß das Leben unserer Erde auf der Grundlage von Siliziumverbindungen entstanden sei, so kann man doch in keiner Weise anzweifeln, daß das Silizium nicht nur in der anorganischen Natur als Hauptelement auftritt. Dafür spricht allein schon die Tatsache, daß etwa 10 Milliarden Tonnen Silizium in die metabolischen Zyklen der lebenden Materie einbezogen sind [117].

In die Gruppe der biophilen Elemente wurde das Silizium erstmals von Bertrand [785] und Vernadski [111, 120] eingeordnet. Später wurde es sogar zu den 12 Hauptelementen der Organismen (doch wohl nur der pflanzlichen) gezählt [1433]. Unter Berücksichtigung der Tatsache, daß die Gewebe höherer Tiere nur einen vergleichbar geringen Siliziumgehalt besitzen, zählen einige Autoren dieses Element zu den Mikroelementen [162] oder zu den verbreiteten Mikroelementen [2421].*)

In den lebenden Organismus gelangt das Silizium zusammen mit der Nahrung und dem Wasser, in dem die Löslichkeit von amorphem SiO_2 100 mg/l beträgt [8]. Auch durch die Atmungsorgane wird das Silizium mit dem Staub, der in der Luft stets anwesend ist, aufgenommen. Durch die Wanderung der Siliziumverbindungen im Organismus kommt es zu ihrer Akkumulation in vielen Geweben und zu ihrer Beteiligung an metabolischen Prozessen. Man kann heute mit Sicherheit sagen, daß das Silizium nicht nur in allen lebenden Organismen vorhanden ist [113, 121], sondern für sie sogar ein notwendiges Element darstellt [1356]. Die Frage lautet nun: besitzt das Silizium bei der Entstehung des Lebens auf der Erde nicht auch dann eine Bedeutung, wenn es feststeht, daß das Leben von

*) Einer Arbeit von Vinogradov zufolge [137] enthält die lebende Materie durchschnittlich $2 \cdot 10^{-1}$ % Silizium (siehe auch [129, 1217, 2155]), was sogar eine Zuordnung des Siliziums zu den Makroelementen rechtfertigen würde [127].

Anfang an auf Kohlenstoff beruhte. Die Begründer der heute allgemein anerkannten Biogenese-Theorie Oparin [407–410] und Haldane [1229, 1230] sind der Meinung, daß die lebende Materie in der anorganischen Natur abiotisch in den Urozeanen entstanden ist. Dabei spielten Siliziumverbindungen eine wesentliche, wenn nicht sogar entscheidende Rolle (diese Idee wurde schon vor einem halben Jahrhundert ausgesprochen [2438]). Für die Bildung der ersten komplizierten organischen Moleküle war die Konzentration der Ausgangsstoffe im Meerwasser zu gering. Im Zusammenhang mit Untersuchungen über die Adsorptionsfähigkeit der in der Natur vorkommenden Mineralien wurde vermutet [1747], daß die notwendige Konzentration der Reaktanten an der Oberfläche von Mineralteilchen in erster Linie bei SiO_2 und den Silikaten erreicht werden konnte, wobei diese Substanzen nicht nur die organischen Verbindungen aus den verdünnten wäßrigen Lösungen adsorbierten, sondern zugleich auch deren weitere Umwandlungen katalysierten [77, 78, 410, 626, 775, 777, 1895]. Bernal [77, 81, 775, 777, 776] betrachtet den Ton, der in der Natur sehr verbreitet ist, als einen für derartige Prozesse sehr geeigneten Katalysator. In einer seiner späteren Arbeiten untersucht Bernal die Rolle der Tonmineralien bei der Biopoese [79]. Er kommt zu der Schlußfolgerung, daß in den Tonmineralien auch chromatographische Trennprozesse der Moleküle, aus denen sich später die lebende Materie bildete, ablaufen konnten. Dabei entwickelten sich ausgedehnte kompliziert zusammengesetzte Schichtsysteme mit einer weitgehenden Differenzierung und Segregation der Materie, was sicher eine der Voraussetzungen für die weiteren Prozesse der Entstehung des Lebens war.

Nach Ansicht anderer Autoren entstand das Leben nicht in den Meeren und Ozeanen, sondern an der Oberfläche verwitterter Primärgesteine oder im Bodenschlamm ausgetrockneter Festlandsgewässer [73, 74, 125, 442, 587–590]. Dieses Milieu diente nicht nur als Katalysator, sondern schützte die entstandenen organischen Strukturen zugleich vor der zerstörenden Wirkung der ultravioletten Strahlung. Die Hypothese von der politopen Biopoese [75] geht sozusagen einen Kompromiß ein und postuliert, daß sich das Leben in Form mannigfaltiger Keime sowohl an der Oberfläche des Festlandes und in den oberen Schichten der Verwitterungskruste als auch in den seichten Kontinentalgewässern und in den Lagunen der Meere bildete. Auch diese Annahme basiert auf der außerordentlichen Bedeutung der Siliziummineralien bei der abiotischen Synthese komplizierter organischer Stoffe. Die Grundlage für alle diese Hypothesen bildet die bekannte Fähigkeit der Tonmineralien, organische Verbindungen zu adsorbieren (Chemisorption), sowie deren Umwandlungen zu katalysieren und zu steuern [1264]. Die katalytischen Eigenschaften von SiO_2 und Silikaten bei derartigen Prozessen konnten experimentell bestätigt werden. So bildeten sich aus einer Mischung von NH_3, CH_4, H_2O und CO unter der Einwirkung kurzwelliger UV-Strahlung Alanin und andere Aminosäuren. Wie bei der Photolyse von auf Alumosilikaten oder Silikaten adsorbierten Ammoniak- oder Wassermolekülen gezeigt werden konnte, ist die Photoaktivierung der Reaktionen von NH_3 und H_2O mit Methan offenbar auch bei langwelligerer UV-Strahlung möglich [546].

Bei der Bildung von Aminosäuren aus Lösungen von Formaldehyd und Ammoniumnitrat unter der Wirkung von UV-Strahlung zeigen Adsorptionskatalysatoren wie optisch aktiver Quarz, Bentonit und Kaolinit deutlich eine steuernde Wirkung. Durch ihre Anwesenheit verändert sich die qualitative und quantitative Zusammensetzung der gebildeten Aminosäuregemische merklich im Vergleich zur Zusammensetzung von Reaktionsgemischen, die keine Adsorbentien enthielten [416].

Nach AKABORI [626] bildeten sich Protoeiweiße aus Formaldehyd, Ammoniak und Zyanwasserstoff, wobei zunächst Aminoazetonitril entstand, das an der Tonoberfläche zu Polyglyzin polymerisierte. Daß dieser Prozeß möglich ist, wurde kürzlich experimentell bewiesen [9].

Im Zusammenhang mit den in der letzten Zeit erzielten Erfolgen bei der Polypeptidsynthese an fester Phase [1805, 2265] kann auch an eine Eignung von SiO_2 und den Silikaten für solche Zwecke gedacht werden, so daß die Annahme, daß an ihrer Oberfläche in der vorbiologischen Epoche Reaktionen der Polypeptid- und Polynukleotidsynthese ablaufen konnten [648], wohl durchaus berechtigt ist.

Doch damit sind die Möglichkeiten für eine Mitwirkung von Siliziumverbindungen bei der Entstehung des Lebens auf der Erde im oben gesagten Sinne noch bei weitem nicht erschöpft. Eine noch größere Bedeutung könnten die Siliziumverbindungen für die Realisierung der ersten asymmetrischen Synthese besessen haben [302, 409, 410, 411, 413, 414, 551]. BERNAL [775] ist der Ansicht, daß sich die optische Aktivität, die für die organischen Verbindungen des lebenden Organismus charakteristisch ist, im Verlauf der Syntheseprozesse an der Oberfläche asymmetrischer Quarzkristalle herausgebildet habe. In den 30er Jahren konnte gezeigt werden [2192, 2193, 2194, 2290], daß stereoselektive Synthesen auf optisch aktivem Quarz mit aufgetragenen metallischen Katalysatoren möglich sind. GLABUNOVSKI und TERENTIEV [296, 298, 449, 450, 547, 548, 549, 550, 553] realisierten in Weiterführung dieser Untersuchungen nicht nur die Zersetzung eines der Antipoden in einem Razemat, sondern darüber hinaus eine absolut stereoselektive Synthese aus optisch inaktiven Stoffen. Weiterhin wurde von ihnen erstmalig eine stereoselektive Synthese bei Normaltemperatur durchgeführt [547, 552] und der Mechanismus der stereoselektiven katalytischen Wirkung des optisch aktiven Quarzes untersucht [295, 301, 424].

Die stereoselektive katalytische Wirkung des Quarzes zeigt sich jedoch nicht nur in Gegenwart darauf aufgetragener Katalysatoren. Quarz selbst besitzt ein deutlich selektives Adsorptionsvermögen gegenüber Verbindungen, die eine Molekül- oder Kristallasymmetrie aufweisen [297, 298]. Zwar gelang es nicht, razemische Gemische optisch aktiver Säuren an einer Quarzoberfläche zu trennen [1300], jedoch konnte beobachtet werden, daß Links- bzw. Rechtsquarz einen deutlich orientierenden Einfluß beim Aufwachsen hemiedrischer Kristalle von Aminosäuren (Epitaxie) ausüben kann [2218, 2219, 2220]. Dabei wurde festgestellt, daß an der Oberfläche des optisch aktiven Quarzes mit einem bestimmten Drehsinn bevorzugt das optische Isomere mit entgegengesetztem Drehsinn adsorbiert wird.

Die Hypothese von einer entscheidenden Rolle des Quarzes bei der Bildung der ersten optisch aktiven organischen Stoffe scheint jedoch nicht genügend begründet [303]. Denn in Wirklichkeit ist es doch so, daß die optisch aktiven Quarzkristalle in der Natur stets von der gleichen Menge enantiomorpher Kristalle begleitet werden [46, 352, 353], so daß die Reaktionen bei der Bildung organischer Stoffe nicht zum Vorherrschen eines der optischen Isomeren führen sollten. Nach VOLKENSTEIN [168] sind die thermodynamisch bedingten Schwankungen in den Konzentrationen der reinen Antipoden, die man in Quarzvorkommen beobachtet haben will, die eigentliche Grundlage für die Entstehung der optischen Aktivität organischer Stoffe. Bei der Untersuchung vieler Quarzvorkommen wurde jedoch nur in einem einzigen Fall das Vorherrschen linksdrehender Kristalle eindeutig nachgewiesen [155]. Diesen Widerspruch kann man vielleicht dadurch lösen, daß man weitere Faktoren, die die Bildung nur einer Form asymmetrischer organischer Moleküle begünstigen, hinzuzieht. Einer dieser Faktoren ist zweifellos das zirkular polarisierte Licht, das in reflektiertem Sonnenlicht enthalten ist [551].

Es wurde sogar angenommen, daß die Kieselsäure in biologischen Prozessen als asymmetrisches Agens wirksam werden kann. Zur Bestätigung dieser Hypothese wurde Kieselsäure untersucht, die aus dem Feldschachtelhalm *Equisetum arvense,* dem Süßwasserschwamm *Euspongia* und dem japanischen Tiefseeschwamm *Hyalonema sieboldi* isoliert wurde [2195]. Es mußte jedoch festgestellt werden, daß die aus diesen Organismen gewonnene Kieselsäure keine optische Aktivität besitzt und keine selektive Adsorption zeigt. Schon im vorigen Jahrhundert wurde gefunden, daß auch die aus Diatomeen gewonnene Kieselsäure keine optische Aktivität besitzt [713]. Eine große Anzahl von Arbeiten beschäftigte sich mit der Untersuchung der Adsorptionsfähigkeit von Siliziummineralien gegenüber organischen Stoffen. An Silikate werden zahlreiche organische Verbindungen sehr leicht adsorbiert [729, 1162, 1609, 1745, 1784]. Das gilt besonders für Alkohole, Glykole [824, 1330, 1744, 1746], Amine [644, 817, 1064, 1066, 1078, 1161, 1202, 1265, 1305, 1306, 1959] und Aminosäuren [2297], Zucker [1356, 1361, 1366, 2520] und Nukleinsäuren [821, 928, 1099, 1189, 2005]. An Silikagel werden auch Vitamine gut adsorbiert [1624].

Besonders leicht lassen sich Eiweißstoffe an Siliziummineralien adsorbieren; so konnten Eiweißstoffe aus dem Ei [1698, 1874, 2386, 2519] und aus anderen Naturprodukten [94, 1342, 1360, 1509, 1848, 1904, 2230, 2292, 2293] gut an Silikagel und Quarz adsorbiert werden. Auch an Tonmineralien können Proteine adsorbiert werden [998, 999, 1065, 1067, 1961, 1962, 2348]. Sehr eingehend wurde die Adsorption von Fermenten an Siliziummineralien untersucht [603, 622, 623, 636, 1008, 1309, 1586, 1644, 1699, 1764, 1765, 1766, 1767, 2172, 2387, 2425, 2499, 2566, 2567]. Sogar für die Abtrennung von Viren hat man ihre Adsorption an Kieselsäure benutzt [965, 2085]. Schon im vorigen Jahrhundert konnte man beobachten, daß Gelatine beim Zusatz von Kieselsäure selbst bei hoher Feuchtigkeit nicht verdirbt [2368].

Für die Adsorption der organischen Stoffe an Siliziummineralien werden elektrostatische Kräfte, VAN-DER-WAALSsche Kräfte, und Wasserstoffbindungen [729, 824, 1202, 1305] verantwortlich gemacht.

Die besondere Fähigkeit des Silikagels und der Silikate, Aminosäuren, Kohlenwasserstoffe und andere Naturstoffe zu adsorbieren, läßt die Vermutung zu, daß diese Siliziumverbindungen nicht nur bei der Entstehung sondern auch bei der Weiterentwicklung der irdischen Protoorganismen eine bedeutsame Rolle gespielt haben. An der Oberfläche dieser Sorbentien konnte sich die notwendige Konzentration an Nahrungsstoffen herausbilden, selbst wenn ihr Gehalt in dem umgebenden wäßrigen Milieu nur gering war. In diesem Zusammenhang konnte experimentell nachgewiesen werden [1069], daß ein auf Kaolinit oder Bentonit frisch adsorbiertes Protein besonders leicht von Bakterien aufgenommen wird, und daß die Adsorption von Nahrungsstoffen an Tonoberflächen das Wachstum und die Entwicklung einer Reihe von Bakterien beschleunigt [1068]. Von besonderem Interesse für die Lösung des Problems der Entstehung des Lebens auf der Erde erscheinen die Untersuchungen an spezifisch adsorbierenden Silikagelen [430, 446], die in den 30er Jahren von POLJAKOV begonnen [175, 179, 445, 447, 448] und von DICKEY [1000, 1001, 1983] und anderen Autoren [46, 299, 300, 730, 759, 760, 761, 762, 778, 957, 958, 959, 1061, 1062, 1063, 1231, 1854, 2456, 2457, 2458, 2459, 2460, 2461] weitergeführt wurden. In der letzten Zeit konnten die Untersuchungen von PATRIKEJEVA [5, 58, 424, 425, 426, 427, 429, 431] Wesentliches zu dieser Problematik beitragen. In den genannten Arbeiten wurde gezeigt, daß Silikagel, das sich in Anwesenheit einer bestimmten organischen Verbindung bildet, nach der Entfernung dieses Stoffes ein spezifisches Adsorptionsvermögen für eben diese Verbindung besitzt. Anders gesagt, es entwickelt im Gegensatz zu anderen in der Natur vorhandenen anorganischen Gelen ein „Gedächtnis“ in dem Sinne, wie es in der Kybernetik verstanden wird [429]. Das Wesen dieser Erscheinung erklärt man gewöhnlich durch „Abdrücke“ oder „Matrizen“, die an der Oberfläche des Silikagels durch die Moleküle des organischen „Musters“ hinterlassen wurden und deren geometrische Form der Molekülform entspricht [58, 424, 445, 447, 448, 762, 1231]. Einige Forscher nehmen an, daß die spezifischen Adsorptionseigenschaften des auf diese Weise geprägten Silikagels auch durch kleine nichtextrahierbare Rückstände der „Muster“-Moleküle hervorgerufen werden können [1001, 1854].

Die Fähigkeit der Kieselsäuregele, ein „Gedächtnis“ zu entwickeln, könnte eine wesentliche Rolle im Prozeß der Bildung der lebenden Materie gespielt haben [424, 425] (vgl. auch [1750]). Ein auf die beschriebene Weise geprägtes Silikagel katalysiert z. B. die Polykondensation von Aminosäureestern zu linearen Polypeptiden, d. h., es übernimmt die Rolle einer spezifischen Matrix für diese Reaktionen [427]. Mit Silikagelen, die in Anwesenheit optisch aktiver Verbindungen gebildet wurden, lassen sich Razematgemische trennen [300, 425, 426, 958, 959]. Es ist durchaus möglich, daß derartige Vorgänge eine Bedeutung bei der Entstehung optisch aktiver organischer Verbindungen in der vorbiologischen Epoche hatten [299].

Besonders wichtig ist, daß derart geprägtes Silikagel sein „Gedächtnis“ auch unter Bedingungen beibehält, unter denen die organischen Verbindungen selbst bereits zerfallen. Somit konnten in diesem frühen Zeitalter, die auf dem Silikagel verbliebenen Negative oder Matrizen mit Hilfe spezifischer Adsorptionen die ursprüngliche Molekülkombination wiederholen, selbst wenn die adsorbierten organischen Verbindungen durch starke Sonnenstrahlung, vulkanische Tätigkeit, eine erhöhte Aktivität kosmischer Strahlung oder durch andere ungünstige Naturbedingungen zerstört worden waren. Möglicherweise war dieses Phänomen einer der Faktoren, die die Entwicklung der organischen Materie in Richtung auf die Bildung immer komplizierterer Verbindungen lenkten — ein Prozeß, dessen Endergebnis schließlich die Entstehung des Lebens war. Dieser Mechanismus könnte sogar zur interplanetaren Verbreitung des Lebens beitragen (Panspermie — ohne Übertragung lebender Materie). Der Gedanke, daß spezifische Adsorptionen von Aminosäuren und Polypeptiden, eventuell im Gemisch mit anderen Stoffen auf kodierten archaischen Gesteinen Forschern in der Zukunft gestatten könnten, irdische Protoorganismen wieder zu beleben, erscheint heutzutage gar nicht mehr so phantastisch.

Selektiv adsorbierende Silikagele besitzen oft auch eine bemerkenswerte biologische Wirksamkeit [428, 429]: Silikagel, das in Anwesenheit der Bakterie *Bac. mycoides* gebildet wurde, beschleunigt, wie übrigens auch Linksquarz, deren Wachstum. In Gegenwart dieses Gels erhöht sich auch die Wachstumsgeschwindigkeit von Hefen der Gattung Candida.

Am Schluß dieses Kapitels sollen als Kuriosum noch die Experimente von Bastian [736 bis 739] erwähnt werden. 1914 behauptete Bastian allen Ernstes, daß es ihm gelungen sei, die Urzeugung lebender Organismen in einem isolierten sterilen Milieu, das kolloidale Kieselsäure und Ammoniumphosphat enthielt, zu beobachten. Bei der Zugabe von Glukose zu dieser Lösung hätten sich angeblich Organismen gebildet und vermehrt. Bastian veröffentlichte sogar Mikrophotografien dieser Gebilde, die an Hefe der Gattung Torula, Pilze der Gattung Oospora oder einige Bakterien erinnerten. Doch an der „Urzeugung“ zweifelten selbst die Augenzeugen der Versuche Bastians [1074]. Die Geschichte fand erst nach einigen Jahren ihr Ende: Eine Wiederholung der Experimente von Bastian zeigte, daß die beobachteten Gebilde, die an Mikroorganismen erinnerten, in Wahrheit Kieselsäureniederschläge auf den abgestorbenen Körpern von Pilzen waren, die vor der Sterilisation in dem Milieu gelebt hatten [1847, 1946, 1947, 1963].

[2612] Баратова, Л. А., Гольданский, В. И., Косыгин, М. Ю., Ямпольский, П. А.: Биохимия, **35**, 1216 (1970).
[2613] Высоцкий, З. З., Данилов, В. И., Стрелко, В. В.: Успехи соврем. биол., **63**, 362 (1967).
[2614] Гольданский, В. И., Игнатович, Т. Н., Косыгин, М. Ю., Ямпольский, П. А.: ДАН СССР, **207**, 218 (1972).
[2615] Митрофанова, А. Н., Полторак, О. М.: Вестн. МГУ (сер. 2, химия), **1973**, 278.
[2616] Хорикова, Е. С., Шериев, А. В., Полторак, О. М.: Вестн. МГУ (сер. 2, химия), **1969**, № 6, 12.
[2617] Шериев, А. В., Полторак, О. М.: Вестн. МГУ (сер. 2, химия), **1970**, № 1, 18.

[2618] DAVIS, A. R., NIERLICH, D. P.: Arch. Biochem. Biophys., **150**, 126 (1972).
[2619] HOLT, P. F., BOWCOTT, J. E. L.: Biochem. J., **53**, Suppl. XXXIII (1953).
[2620] LYNN, K. R.: Radiat. Res., **51**, 265 (1972).
[2621] MALIK, W. U., ARORA, J. P. S.: J. Electroanal. Chem. Interfacial Electrochem., **24**, 459 (1970).
[2622] N. V. Organon. FR-Pat. 1592965 (1970); C. A., **74**, 75386s (1971).
[2623] SLAWSON, V., MEAD, J. F.: J. Lipid Res., **13**, 143 (1972).

Kapitel III

SILIZIUM IN NIEDEREN ORGANISMEN

Es besteht kein Zweifel daran, daß kein lebender Stoff und kein Organismus ohne Silizium existieren kann.

V. I. Vernadski

Ende des 18. Jahrhunderts wurde erstmals Silizium in lebenden Organismen aufgefunden. Im Jahre 1789 berichtete ABILDGAARD [620] über die Anwesenheit von SiO_2 in Schwämmen. Die ersten Angaben über das Vorkommen von SiO_2 in Pflanzen stammen aus dem Jahre 1790, als RUSSEL [2124] den im Bambus vorkommenden „Tabaschir" beschrieb. Bald erschienen weitere Arbeiten, in denen das Vorkommen von SiO_2 in Pflanzen erwähnt wurde [1754, 1808]. Doch schon vor diesen Veröffentlichungen war bekannt, daß SiO_2 in der Asche einiger Pflanzen gefunden werden kann [130]. Die ersten Angaben über die chemische Elementarzusammensetzung von Organismen, u. a. auch über ihren Siliziumgehalt, finden sich in einem Buch von HUMBOLDT, das 1793 in lateinischer Sprache [1380] erschien und ein Jahr später in einer deutschen Übersetzung herauskam [1381]. In dieser Monographie wurden u. a. die Untersuchungen des Autors über das Vorkommen von SiO_2 in Pflanzen niedergelegt. Übersichtswerke über die chemische Zusammensetzung lebender Organismen, die auch Angaben über den SiO_2-Gehalt enthalten, wurden 1814 von JOHN [1440], 1829 von FECHNER [1082], 1843 von LIEBIG [1690] und 1871 bis 1880 von WOLFF [2529] und im 20. Jahrhundert von CZAPEK [960], JUNK [2328] und MITOLO [1819] veröffentlicht. Die größte Bedeutung auf diesem Gebiet besitzt zweifellos das umfangreiche Werk von VINOGRADOV, das in den Jahren 1935 bis 1944 erschien [130, 131, 135]. Das betrifft im besonderen die englische Übersetzung [2444], die eine verbesserte und erweiterte Bibliographie enthält. Das Werk ist der Elementarzusammensetzung der Meeresorganismen gewidmet und umfaßt auch die wichtigsten Silizium anreichernden Organismen. Sehr wertvoll ist auch das Kapitel über den SiO_2-Gehalt lebender Organismen in dem Buch von ILER [8]. Die erste Übersicht, die speziell der Rolle des Siliziums in der lebenden Natur gewidmet war, wurde 1925 von LEMAY und JALOUSTRE [1657] veröffentlicht. Seitdem erschien noch eine ganze Reihe weiterer, jedoch weniger erschöpfender Zusammenfassungen, die neben anderen Problemen auch die Frage nach der Rolle des Siliziums in lebenden Organismen berühren [451, 452, 490, 2252, 2108]. Ein eingehenderes Interesse an den Problemen der Biochemie des Siliziums entwickelte sich in der zweiten Hälfte unseres Jahrhunderts, als eine Reihe von Übersichtsarbeiten erschien, in denen ein Teil der in diesem Buch zitierten Literaturangaben zusammenfassend verallgemeinert wurde [454, 455, 648, 1087, 1450, 2212, 2215].

Tief überzeugt davon, daß das Silizium eine wesentliche Rolle in der lebenden Natur spielt, war VERNADSKI. Das zeigen die Worte, die diesem Kapitel als Epigraph vorangestellt wurden [117]. Auch einige andere Autoren zählen das Silizium zu den Elementen, die in allen lebenden Organismen vorkommen [2421, 2472]. VERNADSKI [113, 121] teilte die lebenden Organismen ihrem Siliziumgehalt entsprechend in drei Kategorien ein: 1. „Silizium-Organismen", die mehr als 10% Silizium enthalten*), 2. an Silizium reiche Organismen, die 1–2% Silizium enthalten und 3. die gewöhnlichen Organismen, die nur 10^{-1}–10^{-3}% Silizium enthalten. Die Mehrzahl der Silizium-Organismen gehört den niederen, erdgeschichtlich sehr alten Klassen der lebenden Natur an und kommt im Meerwasser vor. Zu ihnen gehören die Diatomeen (*Bacillariophyceae*), die Silikoflagellaten (*Silicoflagellineae*), die Sonnentierchen (*Heliozoa*), die Foraminiferen (*Foraminiferae*), die Kieselschwämme (*Poriferae*) und die Strahlentierchen (*Radiolariae*). Fast alle Meeresorganismen sind in der Lage, Silizium in größerem oder geringerem Maße aus Meerwasser anzureichern (d. h., sie wirken als „Siliziumakkumulatoren" [114]), wobei dieses Element für ihr Bestehen von sehr großer Bedeutung ist.

1. Bakterien

Die Bakterien gehören zu den ältesten Organismen der Erde. Sie wurden schon in Ablagerungen des Praekambrium gefunden, die 3 Milliarden Jahre alt sind [725, 2171]. Die chemische Elementarzusammensetzung der Bakterien ist noch wenig erforscht. Zusammenfassungen früherer Arbeiten haben CZAPEK [960] und FULMER [851] veröffentlicht. Die Anwesenheit von Silizium wurde in vielen der untersuchten Arten, wie zum Beispiel *Micrococcus roseus*, *Escherichia coli*, *Bacillus cereus*, *Bac. subtilis*, *Bac. pyocyanes*, *Sarcina citrea*, *Serratia marcescens*, *Azotomonas insolita*, *Acetobacter spec.* eindeutig nachgewiesen [130, 643, 1081, 1481, 1596, 1752, 1753, 1804, 2102, 2203, 2113]. Gewöhnlich überschreitet der Siliziumgehalt in den Bakterien 0,1% ihrer Trockenmasse nicht. In den Sporen von *Bac. cereus* sind jedoch 1,05% [2113] enthalten und in der Asche von *Acetobacter* beträgt der SiO_2-Gehalt sogar 7,76% [2102]**).

Schon lange vermutete man, daß Mikroorganismen in bestimmter Weise am Prozeß der Zersetzung von Gesteinen und Alumosilikaten im Boden beteiligt sind. Auch VERNADSKI war davon überzeugt [112, 115, 117, 119]. Tatsächlich konnte später bewiesen werden, daß die Oberflächenschicht von Gesteinen durch die Tätigkeit von Mikroorganismen [190], in erster Linie von Bakterien [327, 328, 467, 2037] zerstört wird. Lange Zeit jedoch blieb die Frage ungeklärt, welche

*) Nach den neuesten Angaben [2444] enthalten die Silizium-Organismen weniger Silizium.

**) In der letzten Zeit wurde gefunden, daß Silizium auch in Viren enthalten ist [1079, 1080, 2070].

Mikroorganismen im einzelnen für die Zersetzung der Silikate verantwortlich sind. Erstmals, schon gegen Ende des vorigen Jahrhunderts, beobachtete EGUNOV [248] die Bildung von SiO_2 als Folge einer Bakterientätigkeit. Beim Studium der Veränderungen von Seeschlamm unter Einwirkung von Bakterien beobachtete er, daß sich an den Wänden der Reagenzgläser ein dünner, ringförmiger SiO_2-Film bildete. Einige Jahre später beobachtete auch NADSON [395] ähnliche Erscheinungen bei Versuchen mit einer Kultur von *Proteus vulgaris*. Im Jahre 1912 fand BASSALIK im Darm von Regenwürmern Bakterien, die in der Lage waren, Alumosilikate abzubauen [733, 735]. Einige weitere Hinweise auf die Existenz von Silikatbakterien gab es in den Arbeiten der 30er Jahre [218, 848, 849, 850, 1964, 2366].

Systematische Studien an Organismen, die Silikate abbauen, wurden von ALEXANDROV und anderen sowjetischen Wissenschaftlern durchgeführt [12, 13, 403, 502]. ALEXANDROV nannte die von ihm untersuchten Mikroorganismen *Bacillus mucilaginosus subsp. nova siliceus* [32]. Andere Autoren halten dagegen eine Zuordnung zu der Art *Bac. krzemieniewski* für richtiger [1546, 1547].

Diese Bakterien, die im Boden auf Granit und anderen Silikatgesteinen oder -mineralien leben, bauen die Silikate und Alumosilikate wahrscheinlich unter Einbeziehung des von ihnen aufgenommenen Siliziums in metabolische Prozesse ab [21, 22, 32, 68, 193, 200, 315, 404, 539, 558, 2361, 2362, 2445]. Selbst Glas können Bakterien als Siliziumquelle benutzen [2362]. Man vermutet dabei [260, 261, 262], daß das Kalium in Alumosilikaten unter Bildung siliziumorganischer Verbindungen durch ein organisches Radikal ersetzt werden kann.

Die Silikatbakterien vermögen beim Abbau von Apatiten, Phosphoriten und sogar Graniten in einen gewissem Grade auch Phosphorsäure freizusetzen [21, 30, 2362]. Dieser Prozeß wird offensichtlich durch die Anwesenheit von Alumosilikaten in diesen Gesteinen und Mineralien begünstigt. So leiden nach den Angaben einiger Autoren [537] Silikatbakterien in Medien, die allein Apatit und Phosphorit als Phosphorquelle enthalten, unter P_2O_5-Mangel.

Die silikatabbauenden Bakterien können in geringem Maße auch Stickstoff aufnehmen und aus diesem Grunde in stickstofffreien Medien existieren. Dabei wird jedoch nicht der volle Entwicklungszyklus durchlaufen, z. B. sind die Organismen unter diesen Bedingungen nicht in der Lage, Sporen zu bilden [21, 22, 404, 536, 557, 2362]. Die Frage nach den Energiequellen für den Stoffwechsel der Silikatbakterien ist noch nicht endgültig geklärt. Die ursprüngliche Annahme, daß die Bakterien die bei der Zerlegung von Kaolin freiwerdende Energie nutzen [25, 28, 29] ist jedoch auf Widerspruch gestoßen [284, 285].

Beim Abbau der unlöslichen kaliumhaltigen Alumosilikate durch Silikatbakterien wird Kalium in einer der pflanzlichen Verdauung zugänglichen Form freigesetzt [13, 15, 16, 17, 35, 38, 39, 337, 556]. Früher war man der Ansicht, daß die Silikatbakterien, die aus den Alumosilikaten weniger als 5—10% Kalium in Freiheit setzen, keinen wesentlichen Einfluß auf die Pflanzenversorgung mit Kalium haben könnten [261, 535, 540, 555, 556]. Diese Schlußfolgerung wurde jedoch später widerlegt. Die Ursache dafür, daß in Laborversuchen nur unbedeutende Mengen Kalium freigesetzt wurden, war eine Vergiftung der Bakterien durch angereicherte Stoffwechselprodukte (Metaboliten), denn bei einem periodischen Wechsel der Kulturflüssigkeit spalten die Silikatbakterien mehr als 50% K_2O ab [38, 39, 262].

Diese Eigenschaft der Silikatbakterien gestattet ihre Verwendung als bakterielle Düngemittel, die Kalidüngemittel mit Erfolg ersetzen können [14, 18, 20, 258, 324, 336, 399]. Durch bakterielle Düngemittel kann der Sommerweizenertrag um 56—105% und der Maisertrag um 34—50% erhöht werden [21]. Die Anwendung bakterieller Düngemittel liefert bessere Ergebnisse als der Einsatz von Kalidüngemitteln, da das Kalium, das dem Boden mit Düngemitteln zugeführt wird, von den Pflanzen nur in der Anfangsperiode der Entwicklung aufgenommen werden kann, im weiteren jedoch für sie unzugänglich ist. Die Kieselbakterien dagegen können infolge der gleichmäßigen ununterbrochenen Versorgung der Pflanzen mit Kalium*) und vielleicht in einem gewissen Maße auch mit Phosphor und Stickstoff die Fruchtbarkeit des Bodens kontinuierlich steigern. Außerdem wird durch die Gabe von Kieselbakterien ganz allgemein die Menge an Bodenbakterien erhöht [20, 21, 22, 27, 76].

Über die Anwendung von Kieselbakterien als Düngemittel gibt es sehon eine umfangreiche Literatur [29, 33, 34, 36, 37, 82, 101, 242, 259, 325, 332, 342, 387, 388, 435, 457, 475, 476, 483, 538, 545, 561, 597, 2446]. So wurde festgestellt, daß bakterielle Düngemittel die Erträge bei Auberginen [37], Kohl [29, 393], Kartoffeln [24, 26, 27, 29, 257, 380, 583], Eibisch oder Gambohanf [26, 27, 29], Hanf [564—566], Mais [21, 22, 24, 27, 29, 31, 85, 202, 203, 257, 318, 319, 320, 380, 458, 459, 1115], Zwiebeln [29, 37], Luzerne [27], Hafer [27, 29, 380], Obstbäumen [812], Sonnenblumen [24, 27, 29], Tomaten [24, 26, 27, 29, 37, 256, 257], Hirse [260], Weizen [21, 22, 24, 26, 27, 29, 31, 260, 380], Reis [26, 27], Roggen [31], Futter- [380] und Zuckerrüben [156, 380], Baumwolle [18—20, 22, 24, 27, 240], Linsen [27] und Gerste [380, 558] erhöhen.

Die Silikatbakterien erhöhen zudem die Widerstandsfähigkeit der Pflanzen gegen Krankheiten [24, 27, 331, 559, 560, 576]. Zum Beispiel wirken sie gegen phytopathogene Pilze [76], weiterhin senken sie z. B. den Befall des Maises mit Blasenkornbrand, des Reises mit Fusarium (Weißähre), des Winterweizens mit Getreiderost und schützen die Gurken vor Sklerotinie. Die Anwendung von Silikatbakterien als Düngemittel verändert auch die chemische Zusammensetzung der Pflanzen. So treten deutliche Änderungen in der Zusammensetzung der Asche auf (z. B. erhöht sich der Anteil an Phosphor und Kalium). Auch die chemische Zusammensetzung der Früchte [368] kann sich ändern. Es wird sogar behauptet, daß Kieselbakterien in der Lage seien, die Entwicklung der Silikose in den Lungen zu hemmen [379].

Mit großer Wahrscheinlichkeit kann man annehmen, daß die Kieselbakterien die ersten Organismen waren, die sich auf dem Festland ansiedelten. Durch sie

*) Die Silikatbakterien setzen dabei auch das Kalium der zugeführten Düngemittel wieder frei, das zunächst vom Boden gebunden worden war [156].

wurden die Silikate der Erdkruste angegriffen und damit Bedingungen geschaffen, die das Auftreten anderer Lebewesen begünstigten. Diese Annahme kann durch die Tatsache bestätigt werden, daß Flechten, Moose und Algen gut auf Steinen gedeihen, was ohne die Tätigkeit von Kieselbakterien, die die auf den Steinen wachsenden Pflanzen mit Kalium, Phosphor und Stickstoff versorgen, unmöglich wäre [22, 23].

Im Boden kommen auch noch andere Bakterien vor, die Silikate zerstören können. Sie gehören einer nichtidentifizierten Art aus der Gattung *Pseudomonas* an [1024, 1025, 2475]. Diese Mikroorganismen vermögen Glukose in 2-Ketoglukonsäure umzuwandeln, die leicht Chelatkomplexe mit Metallsalzen bildet. Die Bildung der Ketoglukonsäure ermöglicht diesen Bakterien den Abbau von Kalzium-, Eisen- und anderen Metall-Silikaten, die dabei aus dem kristallinen in den amorphen Zustand übergehen. Auch die Phosphorbakterien, die Kalium aus Silikatmineralien wie Biotit, Phlogopit, Glaukonit und Hydroglimmer herauslösen und die Stickstoffbakterien, die Kalium aus Biotit freisetzen können [538] sowie *Bacillus extorquens* [734] besitzen die Fähigkeit, Silikate abzubauen.

Derartige Bodenbakterien können Silikatmineralien [1913], Glas [1912] und sogar Silikonkautschuk [2197] zerstören. Es wurde vermutet, daß nahezu alle schleimbildenden Bakterien unlösliche Silikatmineralien (und auch andere anorganische Verbindungen) abbauen können [48, 912]. Doch nicht nur die Bakterien, sondern in gewissem Maße auch die Aktinomyzeten und Pilze [54] besitzen die Fähigkeit, Alumosilikate zu zerstören.

In Verbindung damit wird in neuerer Zeit die Meinung, daß der Abbau von Alumosilikaten eine spezifische Eigenschaft nur der Kieselbakterien sei, angezweifelt [284, 461, 538] und empfohlen, sie nicht als die einzigen darauf spezialisierten Mikroorganismen zu betrachten, sondern nur als eine der Bakteriensippen, die Kalium aus Alumosilikaten herauszulösen vermögen [329].

Einige Bakterien, wie z. B. *Staphylococcus aureus* und *Pseudomonas pyocyanea* [269], werden von Glasoberflächen stark adsorbiert [270, 386, 2569]. Ebenso werden Bakteriophagen leicht aus sauren Pufferlösungen an Silikagel adsorbiert [757]. Die Adsorption von Mikroorganismen an festen kieselsäurehaltigen Oberflächen (z. B. Bodenteilchen) ist in der Natur eine recht allgemeine Erscheinung. Sie übt einen großen Einfluß auf die Lebenstätigkeit der Mikroorganismen aus, indem sie den Metabolismus der Mikrobenzellen zu beschleunigen oder zu verlangsamen vermag [271, 1068].

In begrenztem Umfang beziehen auch *Bac. subtilis*, *Escherichia coli* [1278] sowie die Bodenbakterien der Gruppe *Azotobacter* [816, 1505] das Silizium in ihren Metabolismus ein. Bei den letzteren kann Silizium das Molybdän ersetzen, das für die Fixierung von Stickstoff aus der Luft notwendig ist [816] und zur besseren Phosphorassimilation beitragen [2564].

Besonders interessant ist das Bodenbakterium *Proteus mirabilis* [1279—1287], in dessen Stoffwechsel das Silizium Phosphor ersetzen kann, was bei den Stickstoffbakterien nicht möglich ist. Bei der Züchtung des *Proteus mirabilis* in phosphatfreien siliziumhaltigen Medien wird der Phosphor, der im Organismus der Bakterien normalerweise enthalten ist, durch Silizium ersetzt und ausgeschieden. Aus den aufgenommenen Silikaten synthetisieren die Bakterien siliziumorganische Verbindungen, die nicht nur Si—O—C-, sondern auch Si—C- und Si—N—C-Bindungen*) enthalten.

Das Silizium gelangt in Form von Silikationen oder in Form einer Verbindung mit Phosphoglyzerinaldehyd in die Zellwände. Dort wird es teilweise in Mineralform eingebaut, zum größten Teil jedoch über Stickstoffatome (d. h. über Si—N-Bindungen) an Proteine, Aminosäuren oder Aminozucker gebunden. Gleichzeitig gelangt ein Teil des Siliziums in Form von Silikationen in die intrazellulären Flüssigkeiten. Im weiteren verbindet sich ein Teil des von den Zellwänden absorbierten Siliziums mit Kohlenhydraten (über Si—O—C-Bindungen), der Rest mit anderen Bestandteilen der Zelle. Dabei kann Phosphor durch Silizium ersetzt werden. Die bei der Spaltung der energiereichen Phosphate freiwerdende Energie wird unmittelbar zur Bindung des Siliziums genutzt. Wenn die Konzentration der Silizium-Zucker-Ester eine bestimmte Höhe erreicht, gelangen sie in die intrazellulären Flüssigkeiten, wobei auch der zuvor direkt aufgenommene Anteil anorganischer Siliziumverbindungen an Zucker gebunden wird. Dabei bilden sich verschiedene siliziumorganische Verbindungen, darunter auch solche mit Si—C-Bindungen und unlösliche Siliziumpolymere.

Wie Versuche mit zellfreien Auszügen des Bakterium *Proteus mirabilis* zeigten [1288—1291], beruht der Prozeß der Aufnahme des Siliziums (das als Silikatanion absorbiert wird) auf den gleichen allgemeinen Prinzipien wie die Aufnahme von Ca^{2+}-, Sr^{2+}-, Mg^{2+}- oder PO_4^{3-}-Ionen durch die Bakterien. Die Aufnahme des Siliziums ist mit der Atmung verbunden und verläuft über zwei Stufen. In der ersten Stufe wird das Substrat oxydiert, in der zweiten erfolgt eine Anreicherung des Substrats, wodurch der Austausch von Phosphor gegen Silizium begünstigt wird. Die Hauptmenge (92%) des gebundenen Siliziums liegt in Form wasserlöslicher, in Alkohol-Äther-Gemisch jedoch unlöslicher Verbindungen vor [1291].

Die Siliziumverbindungen können in Abhängigkeit von den äußeren Bedingungen, von der Art des Organismus und der Natur der entstandenen Stoffe auf die Lebensprozesse der Bakterien sowohl eine stimulierende [711, 1510, 1665 2033, 2452, 2453,] als auch eine inhibierende (vgl. den zweiten Teil dieses Buches) Wirkung ausüben. In einer Reihe von Fällen bleiben sie auch indifferent [955, 1060, 1277, 2095]. Unter diesen Umständen kann Silikagel als Kulturmedium für mikrobiologische Untersuchungen verwendet werden.**) Im Vergleich zu Agar-Agar und anderen organischen Medien besitzt Silikagel eine Reihe von Vorteilen. Es kann leicht in relativ reiner Form hergestellt werden. Seine physikalischen Eigen-

*) Bis zum Jahre 1963 wurden in lebenden Organismen ausschließlich siliziumorganische Verbindungen mit Si—O—C-Gruppierungen gefunden. Die prinzipielle Möglichkeit der Bildung siliziumorganischer Verbindungen mit Si—N—C- und Si—C-Bindungen bei der Umsetzung von Tonmineralien oder Silikagel mit organischen Verbindungen wurde jedoch bereits Ende der 50er Jahre in Erwägung gezogen [995—997, 2467].

**) Vgl. [808, 1002, 1220, 1243, 1244, 1315, 1316, 1393, 1394, 1534, 1542, 1544, 1605, 1653, 1719, 1861, 1866, 1942, 2053, 2096, 2253, 2272, 2273, 2294, 2295, 2357, 2360, 2526].

schaften können gut kontrolliert werden, es übersteht längere und intensive Erwärmung, es wird weder von Mikroorganismen noch von chemischen Reagentien zerstört, und die anorganische Natur des Mediums gestattet es, die Wirkung verschiedener Nahrungszusätze bequem festzustellen.

Eine weitere interessante Eigenschaft der verbreiteten Bodenbakterien *Bac. mycoides*, darf nicht unbeachtet bleiben. Ihre Kolonien, die sich auf Nährböden entwickeln, erinnern in der Form an Spiralnebel. Dabei können die Spiralen dieser „Galaxien" sowohl im Uhrzeigersinn (Rechts-Form) als auch im Gegenuhrzeigersinn (Links-Form) orientiert sein. Die überwiegende Mehrzahl der Böden wird von der Links-Form besiedelt. In einigen Gebieten, in denen sich noch eine Reliktflora und -fauna aus dem Tertiär erhalten hat, herrscht dagegen die Rechts-Form der Bakterien vor. Ein in Anwesenheit der Rechts- oder der Links-Form von *Bac. mycoides* gebildetes Silikagel besitzt die Fähigkeit, Racematgemische optischer Isomeren zu trennen [424—426, 429].

[2624] Александров, В. Г.: Доклады ВАСХНИЛ, **1958**, № 7, 43.

[2625] Александров, В. Г.: В. сб.: Бактеріальні добрива та їх застосування. Київ, 1959, ст. 149.

[2626] Александров, В. Г., Витушко, А. И.: В сб.: Материалы научной конференции по агрономии Одесского сельскохозяйственного института. Одесса, 1970, стр. 153.

[2627] Александров, В. Г., Терновська, М.: Мікробіологічний журнал, **25**, № 1, 8 (1963).

[2628] Александров, В. Г., Терновская, М. И.: В сб.: Резервы повышения культуры земледелия в степи УССР. Киев, 1964, стр. 109.

[2629] Александров, В. Г., Терновская, М. И.: В сб.: Материалы научной конференции по агрономии Одесского сельскохозяйственного института. Одесса, 1970, стр. 79.

[2630] Бабак, Н. М., Пресман, Л. М.: Труды Молдавского НИИ орошаемого земледелия и овощеводства, **10**, Кишинев, 1969, стр. 115.

[2631] Березова, Е. Ф.: В сб.: Получение и применение бактериальных удобрений. Киев, 1958, стр. 238.

[2632] Березова, Е. Ф.: В сб.: Бактериальные удобрения. М., 1964, стр. 3.

[2633] Виноградов, Е. Я.: Здравоохр. Казахстана, **1968**, № 6, 49.

[2634] Виноградов, Е. Я., Полетаев, С. Д., Четверкин, В. А., Коппель, В. Н.: Здравоохр. Казахстана, **1970**, № 10, 51.

[2635] Дунин, М. С.: Защита растений от вредителей и болезней, **1959**, № 5, 29.

[2636] Жарикова, Г. Г., Маркелова, С. И., Бобкова, Т. С., Ландау, Н. С., Смолина, Г. С., Силаев, А. Б.: Прикл. биохимия и микробиол., **7**, 236 (1971).

[2637] Завьялов, Н. В., Борбеков, Н. Л., Корнеева, В. Д., Чуносова, В. Н.: Эффективность применения удобрений в Кабардино-Балкарской АССР. Нальчик, 1965, стр. 52.

[2638] Ильев, И. П.: Использование апатитового концентрата и силикатных бактерий при компостировании навоза. Автореф. канд. дисс., Одесса, 1966.

[2639] Ильев, И. П.: Научные труды аспирантов. Одесский сельскохозяйственный институт. Вып. I. Растениеводство. Одесса, 1967, стр. 73.

[2640] Ильев, И. П.: Труды Красноярского НИИ сельского хозяйства, 5. Красноярск, 1969, стр. 81.
[2641] Кварацхелия, М. Т., Беляева, В. Л.: Бюлл. научно-техн. инф. сельскохоз. микробиол., **1962**, № 2, 15.
[2642] Кварацхелия, М. Т., Беляева, В. Л.: Микробиология, **31**, 216 (1962).
[2643] Косарева, В. К.: В сб.: Бактеріальні добрива та їх застосування. Київ, 1959, ст. 161.
[2644] Красильников, Н. А.: Микробы-активаторы и жизнь растений. М., 1958.
[2645] Красильников, Н. А.: Труды совещ. по вопросам бактериальных удобрений. Киев, 1958, стр. 11.
[2646] Кривченко, В. И.: Повышение у озимой пшеницы устойчивости к бурой ржавчине на основе улучшения питания с применением силикатных бактерий. Автореф. канд. дисс., Л., 1958.
[2647] Кривченко, В. И.: Труды ВНИИ защиты растений, вып. 10. Л., 1958, стр. 125.
[2648] Кривченко, В. И.: Бюлл. научно-техн. информ. Северо-Осетинского сельскохоз. инст., **1960**, № 2, 26.
[2649] Кутузова, Р. С.: Микробиология, **38**, 714 (1969).
[2650] Матусевич, В. Ф., Дмитриев, А. Ф.: Здравоохр. Казахстана, **1970**, № 5, 18.
[2651] Матусевич, В. Ф., Полетаев, С. Д., Шапиро, Б. М., Виноградов, Е. Я.: Биологическая профилактика силикоза. Целиноград, 1968.
[2652] Мельник, К. К.: Труды Сахалинского комплексного научно-исслед. инст., вып. 17. Южно-Сахалинск, 1966, стр. 131.
[2653] Мельниченко, Р. К.: В сб.: Вопросы гигиены труда и професиальных заболеваний в горнорудной и металлургической промышленности. Киев, 1963, стр. 15.
[2654] Мишустин, Е. Н.: Микроорганизмы и продуктивность земледелия. М., 1972.
[2655] Мокриевич, Г. Л., Игнатович, Г. М.: В сб.: Применение микроэлементов в сельском хозяйстве и медицине. Рига, 1959, стр. 215.
[2656] Мухитдинов, М. Ф.: Повышение эффективности бактериальных удобрений под помидоры и капусту путем комплексного их применения. Автореф. канд. дисс., Куйбышев, 1964.
[2657] Рождественский, В. А.: Сборник научных трудов Каменец-Подольского сельскохоз. инст., 2. Каменец-Подольск, 1958, стр. 141.
[2658] Рождественский, В. А.: Некоторые особенности силикатных бацилл. Автореф. канд. дисс., Харьков, 1959.
[2659] Рождественський, В. О.: Мікробіологічний журнал, **23**, № 4, 1.
[2660] Терновська, М. І.: Мікробіологічний журнал, **22**, № 2, 58 (1960).
[2661] Терновская, М. И.: Сборник научных трудов Одесского сельскохоз. инст. Агрономия. Виноградарство и плодоовощеводство. Одесса, 1968, стр. 96.
[2662] Тищенко, Г. М., Синявська, Л. А.: В сб.: Бактеріальні добрива та їх застосування. Київ, 1959, ст. 171.
[2663] Фомин, А. Е.: Краткий отчет Института земледелия Юго-Востока СССР за 1950 год. Саратов, 1951, стр. 118, 122, 124.
[2664] Цюруна, И. Г.: Почвоведение, **1964**, № 3, 46.
[2665] Чантурия, Н., Какулия, М.: Труды Инст. защиты растений АН ГрузССР, **16**, 213 (1964).
[2666] Четверкин, В. А., Виноградов, Е. Н.: Лаб. дело, **1972**, 247.
[2667] Шевцова, І.: Вісник Київ. унів., 1958, № 1, сер. біол., вип. 2, ст. 81.

[2668] Шевцова, I. I.: Вісник Київ. унів., 1961, № 4, сер. біол., вип. 2, ст. 69.
[2669] Agbim, N. N.: Diss. Abstr. Int., B **32**, 6155 (1972).
[2670] Allison, A. C., D'Arcy, H. P.: Brit. J. Exp. Pathol., **49**, 465 (1968).
[2671] Bălan, N., Georgescu, C., Luburici, C., Dimofte, N., Vălulescu, C., Boti, D.: Lucrări ştiinţ. Centr. exp. ingrăşăm. bacter. Bucureşti, 1960, p. 183.
[2672] Creach, O., Entressangles, B., Colobert, L.: Biochim. Biophys. Acta, **116**, 80 (1968).
[2673] Creach, O., Girault, J. P., Bellaton, P., Bourganel, J., Foutages, R.: Ann. Inst. Pasteur, **118**, 785 (1970).
[2674] Holzapfel, L.: Naturwiss., **42**, 255 (1955).
[2675] Kaneshiro, T., Marr, A. G.: J. Lipid Res., **3**, 148 (1963).
[2676] Marshall, K. C., Stout, R., Mitchell, R.: J. Gen. Microbiol., **68**, 337 (1971).
[2677] Salmon, J.: Comt. rend. Soc. biol., **144**, 715 (1950).
[2678] Shapiro, M., Ignoffo, C. M.: J. Invertebr. Pathol., **17**, 449 (1971).
[2679] Smith, W. K.: Proc. Soc. Appl. Bacteriol., **14**, 139 (1951).
[2680] Tomescu, E., Bălan, N., Condur, M.: Lucrări ştiinţ. Centr. exp. ingrăşăm. bacter., 2. Bucureşti, 1961, p. 177.

2. Algen

2.1. Diatomeen

Die Diatomeen (*Bacillariophyceae*), die zu den verbreitetsten Gruppen von Organismen auf der Erde gehören, entwickelten sich vor ungefähr 120 Millionen Jahren. Sie zählen annähernd 15000 Arten [339]. Die Diatomeen sind gewöhnlich einzellige braun gefärbte Organismen, die eine Größe von 3—200 μ besitzen [2522]. Besonders verbreitet sind die Diatomeen in den Meeren und Ozeanen, wo sie nahezu die Hälfte der Gesamtmasse an organischer Materie verkörpern, die auf der Erde pro Jahr synthetisiert wird [60, 646, 2291]. Doch auch im Süßwasser und sogar auf dem Festland kommen Diatomeen vor [196, 420]. Am häufigsten sind diese Algen im kalten Wasser der Arktis oder Antarktis anzutreffen, wo ihre Zahl zwischen einer Million und einer Milliarde Zellen pro m^3 Wasser schwankt [313]. Das Phytoplankton besteht hauptsächlich aus Diatomeen. Nach Berechnungen von Vernadski [116] ist die maximale Fortpflanzungsgeschwindigkeit der Diatomeen so groß, daß sie in 16,8 Tagen die Oberfläche der gesamten Erde lückenlos bedecken könnten. Die Diatomeen zeichnen sich dadurch aus, daß sie in ihrem Organismus Siliziumverbindungen verarbeiten können, um daraus ihre Panzerhüllen, oft in wunderschönen Formen, aufzubauen. Die Vielfalt der Formen ihrer Panzer bildet die Grundlage für die Klassifizierung der Diatomeen. Die Anwesenheit von SiO_2 in der Asche der Plankton-Diatomeen hatte in der ersten Hälfte des vorigen Jahrhunderts erstmalig Kützing*) (siehe [1036]) festgestellt. Seine Angaben wurden später von Ehrenberg [1036—1038, 1040] und Bailey [713] bestätigt. Die erste quantitative SiO_2-Bestimmung in Diatomeen verdanken wir Schmidt [2165]. Weitere

*) Er hielt sie allerdings für Infusorien.

quantitative Analysen der Asche von Diatomeen aus dem Meeresplankton stammen von HENSEN [1310] und ANDERSON (siehe [1870]). Die älteren Beobachtungen über Diatomeen und ihre chemische Zusammensetzung sind in zahlreichen Übersichtsartikeln zusammengefaßt worden [130, 132, 909, 910, 1126, 1383, 1568, 1618, 2444]. Auch die gegenwärtige Literatur ist reich an Übersichtsarbeiten, die dem Siliziumgehalt der Diatomeen und der Bedeutung des Siliziums für diese Organismen gewidmet sind [1678, 1681, 1684].

Einige Übersichtsartikel fassen die Ergebnisse elektronenmikroskopischer Untersuchungen über die Struktur der Kieselpanzer von Diatomeen zusammen [992, 1296, 1297, 1303, 1940].

Die bislang veröffentlichten quantitativen Angaben über den Siliziumgehalt einzelner Diatomeen sind dagegen nicht allzu zahlreich. Zum Teil beruht das auf der Schwierigkeit einzelne Arten, ja sogar einzelne Gattungen von Diatomeen aus dem Gesamtphytoplankton abzutrennen, zum Teil darauf, daß in der letzten Zeit die Aufmerksamkeit der Bearbeiter mehr der Rolle und dem Metabolismus der Siliziumverbindungen in den Diatomeen als deren Gesamtgehalt an Silizium gilt. In einer Reihe von Fällen wurden Ergebnisse von Siliziumbestimmungen veröffentlicht, die jedoch nicht Angaben für die einzelnen Arten, sondern für das Diatomeenplankton insgesamt betreffen [133, 829, 830, 1870, 2165, 2443]. Die zur Zeit vorhandenen analytischen Angaben, deren Hauptteil in Tab. 3 zusam-

Tabelle 3

SiO_2-Gehalt von Diatomeen

Art	SiO_2-Gehalt (in %)		Literatur
	auf Trockenmasse bezogen	auf Asche bezogen	
Centricae			
Coscinodiscus concinnus		96,16	[2099]
Melosira baicalensis	47,70		[174, 177]
Melosira granulta		$> 21{,}00$	[151]
Sceletonema	23,54		[132, 134]
Rhizosolenia	40,96—49,90		[132, 134]
Rhizosolenia	50,60		[1310]
Rhizosolenia calcar avic		$> 21{,}00$	[151]
Rhizosolenia hebetata		$\gg 21{,}00$	[150]
Biddulphia sinensis		96,80	[2099]
Chaetoceros curvisetus		$> 21{,}00$	[151, 152]
Pennatae			
Fragilaria	30,78		[795]
Asterionella	49,48		[2500]
Navicula pelliculosa	4—22		[1675]
Thalassionema nitzschioides		21,40	[152]
Nitzschia seriata		$> 21{,}00$	[151]

mengestellt ist, geben daher nur ein sehr unvollständiges Bild vom Siliziumgehalt der Diatomeen.

Die chemische Zusammensetzung der Diatomeen unterscheidet sich stark von der Zusammensetzung anderer Algen. Diatomeen enthalten bis 90 und mehr Prozent Wasser. Ihre Trockenmasse bildet bis 71% Asche, die nahezu ausschließlich (96—99%) aus SiO_2 besteht [130, 174]. Das entspricht ungefähr 3% SiO_2 bzw. 1—1,5% Silizium, bezogen auf das Lebendgewicht. In den Diatomeen ist Silizium das dominierende Element, wenn man von Sauerstoff und Wasserstoff absieht. Der Gehalt an Silizium übertrifft bei weitem den an Kohlenstoff. Die Diatomeen stellen also tatsächlich irdische Vertreter eines „Lebens auf Siliziumbasis" dar.

Die im Norden vorkommenden Formen der Diatomeen besitzen einen höheren SiO_2-Gehalt [1999], und die Süßwasserdiatomeen enthalten weniger SiO_2 als die Meeresdiatomeen [60].

Die SiO_2-Menge in einzelnen Zellen der Diatomeen hängt von der Gesamtzahl der Zellen in der Population und der Fortpflanzungsgeschwindigkeit ab. Bei großen Populationen und hohen Fortpflanzungsgeschwindigkeiten nimmt der SiO_2-Gehalt in den Zellen ab [1460, 1675, 1734]. Als mögliche Ursache für die Abnahme des Siliziumgehaltes wird die Absonderung eines Stoffes angesehen, der die Aufnahme des Siliziums durch die Diatomeenzellen inhibiert.

Die Hauptmenge des Siliziums befindet sich in den Panzerschalen der Diatomeen, die zu 95% aus SiO_2 bestehen [420]. Die Dicke der Panzer beträgt 0,02 bis 2,25 μ. Das spezifische Gewicht liegt bei 2,07 [42, 1042, 1675]. Der Panzer wird aus zwei nicht zusammenwachsenden Hälften aufgebaut, die wie Schachtel und Deckel aufeinanderpassen. Diatomeen der Klasse *Centricae* haben eine leichte Hülle, die Vertreter der Klasse *Pennatae* schwerere. Die schwerste Hülle besitzen einige Formen der *Pennatae* [135].

Wie aus elektronenmikroskopischen Untersuchungen [992, 1297, 1303, 1304] hervorgeht, besitzen die Panzer der Diatomeen einen sehr komplizierten Aufbau. Sie bestehen aus Poren, Stegen, Strahlen, Kanten und anderen Strukturelementen, die wunderbare Erscheinungsformen in unendlicher Vielfalt bilden.

Der Panzer der Diatomeen besteht aus sehr reinem hydratisiertem, amorphem SiO_2 [420, 1471, 1472, 2099, 2191]. Röntgenuntersuchungen deuten jedoch auf die Anwesenheit von kristallinem SiO_2 in Form von α-Quarz hin. Die Siliziumpanzer sind von einer organischen Schicht umgeben [1019, 1020, 2062, 2063] die man Hyalin nannte [707] und von der man annahm, daß sie aus Zellulose [2484] oder aus Pektin besteht [993, 1571, 1672, 1694, 1695, 1776, 2082]. In Wirklichkeit besitzt diese Schicht eine komplizierte chemische Zusammensetzung [936, 1486, 2065], deren Natur noch nicht aufgeklärt werden konnte. Innerhalb dieser organischen Membran [2061, 2062, 2064], die wahrscheinlich eine ganz besondere Bedeutung für die Physiologie der Diatomeen besitzt [1027], wird der Siliziumpanzer aufgebaut.

Bei der Zellteilung der Diatomeen entstehen zunächst innerhalb der Zelle neue protoplasmatische Gebilde, von denen jedes eine Hälfte der ursprünglichen

Tabelle 4

SiO_2-Menge in Diatomeen (pro Einzelzelle)

Art	SiO_2-Menge pro Einzelzelle (in g)
Fragilariaceae	
Asterionella formosa	$6{,}5 \cdot 10^{-8}$
Fragilaria fenestrata	9,0
Diatoma elongata	12,0
Tabellaria fenestrata	18,7
Synedra acus augustissima	57,0
Synedra ulua danica	100,0
Discaceae	
Melosira granulata	8,0
Melosira italica	15,0
Melosira islandica helvetica	27,0
Cyclotella glomerata	10,0
Cyclotella melosiroides	35,0
Cyclotella socialis	47,0
Cyclotella comta	90,0
Cyclotella bodanica	150,0
Stephanodiscus astraea	400,0

Schale benutzt, während es die andere Hälfte neu aufbaut [1678]. Bei der geschlechtlichen Fortpflanzung der Diatomeen verlassen die Auxosporen die Mutterzelle und entwickeln erst dann ihren eigenen Siliziumpanzer, der sich im Aussehen von dem der Mutterzelle unterscheiden kann [2061]. Die Verkieselung der Wände der neuen Zellen geschieht im Laufe von nur 10—20 Minuten. Bringt man die Zellen der Diatomee *Achnanthes longipes* in ein hypertonisches Medium (das den intrazellulären Druck erhöht), so wird das Zytoplasma zusammengepreßt, wobei es sich von den Wänden löst und einen neuen Siliziumpanzer ausbildet [1617].

Einige Diatomeenarten können bei Abwesenheit von Silizium Zellen ohne eine Siliziumhülle ausbilden [708, 709, 1302, 2303, 2506, 2507, 2521]. Dabei wird keine Abnahme der Lebensfähigkeit der Zellen beobachtet. Sie sind sogar in der Lage, sich fortzupflanzen [709]. Derartige Sonderfälle, die noch einer Erklärung bedürfen, setzen jedoch die große Bedeutung des Siliziums für die Diatomeen in keiner Weise grundsätzlich herab.

Man kann also sagen, daß das Silizium für die Diatomeen zur Aufrechterhaltung der normalen Lebensprozesse unbedingt notwendig ist [707, 858, 1736, 2078, 2080, 2081]. Ein SiO_2-Mangel im Nährboden verlangsamt das Wachstum der Diatomeen [916, 1145, 1255, 1256]. Seine Abwesenheit verhindert im allgemeinen jegliche weitere Entwicklung [1341, 2079].

Die von den Diatomeen aufgenommene Kieselsäure, die hauptsächlich zum

Aufbau der Panzerschalen verwendet wird, kann auch als Thermoisolator wirken und dank ihrer Sorptionseigenschaften aktiv am Stoffwechsel zwischen Protoplasma und Umgebung teilnehmen und auf diese Weise eine günstige Zusammensetzung der von der Zelle aufgenommenen Nährlösung gewährleisten [60, 485]. Die Hülle besitzt ein negatives Membranpotential und ist daher in der Lage, positive Ionen, Makromoleküle oder Kolloide anzuziehen [1151].

Das Silizium nimmt somit nicht nur am Aufbau des Skeletts der Diatomeen, sondern auch an deren allgemeinem Stoffwechsel [608, 931—935, 1268, 1680, 2126, 2488, 2489, 2492, 2495] teil. Dabei ist man der Meinung, daß ein kleiner Teil des in der Diatomeenzelle insgesamt vorhandenen Siliziums unmittelbar mit den Proteinen des Zytoplasmas verbunden ist [2080, 2490, 2495]. Das konnte kürzlich durch Untersuchungen mit Hilfe des radioaktiven Siliziumisotops ^{31}Si experimentell bestätigt werden [931].

Durch eine SiO_2-Mangelernährung der Diatomeenkulturen werden nach 5 bis 7 Stunden selbst bei Überschuß anderer Nährstoffe die Prozesse der CO_2-Bindung, der Sauerstoffentwicklung, der Phosphorassimilation (mit ^{32}P untersucht) und der Synthese von Nukleinsäuren, Proteinen, Kohlenhydraten und Pigmenten verlangsamt oder völlig inhibiert. Nach Zugabe von Silizium zu der Nährlösung leben die metabolischen Prozesse sofort wieder auf. Die in der Zelle noch einige Zeit nach Erschöpfung des SiO_2-Vorrates in der Nährlösung ablaufenden Stoffwechselvorgänge werden durch das Silizium aufrechterhalten, das eine Bindung mit dem Zytoplasma eingegangen war. Die Bildung des SiO_2-Skeletts ist mit einer Abnahme des Nukleosidtriphosphatgehaltes in der Zelle verbunden, was auf einen Energieverbrauch beim Ablauf der Prozesse des Siliziumstoffwechsels schließen läßt [932, 933].

Von besonderem Interesse scheint der Befund, daß das dem Silizium folgende Element der IV. Hauptgruppe — das Germanium — bei Diatomeen und auch bei höheren Pflanzen (nicht jedoch bei Bakterien und Pilzen) ganz spezifisch auf den Stoffwechsel einwirkt: Es unterdrückt das Wachstum dieser Organismen und hemmt die Aufnahme von Silizium sowie andere metabolische Prozesse [1679, 2489, 2490, 2495]. Die Wirkung der Germaniumverbindungen kann man dadurch erklären, daß der allgemeine Stoffwechsel der Diatomeen eng mit dem Metabolismus der Siliziumverbindungen gekoppelt ist*).

Man kann vermuten, daß bei der Aufnahme des Siliziums Verbindungen der Zellmembran oder Fermente mitwirken, die Sulfhydrylgruppen (—SH) enthalten, weil Verbindungen wie Glutathion, Cystein oder Methionin die Assimilation des Siliziums durch die Diatomeenzellen nach Hemmung der Zellen durch Behandeln mit destilliertem Wasser wieder in Gang setzen können [1670, 1671, 1678].

Cyanid-, Fluorid-, Jodacetat-, Arsenit-, Azid- und Fluoracetat-Ionen inhibieren die Aufnahme des Siliziums, wenn sie in Konzentrationen angewendet werden, wie sie zur vollständigen Hemmung der Atmungsprozesse notwendig

*) Vor kurzem wurde gefunden, daß die Entwicklung von Diatomeen, die unter Ausschluß von Silizium aufgewachsen waren, durch Germanium nicht inhibiert wird [2493].

sind [1673]. Das sollte eigentlich für einen aeroben Charakter der Siliziumassimilation sprechen, jedoch hat die Inhibierung der Aufnahme des Siliziums durch destilliertes Wasser und $CdCl_2$ keinen Einfluß auf den Atmungsprozeß der Diatomeen [1671].

Borosilikate vermögen das normale Wachstum von Zellen der Diatomeen *Cyclotella cryptica* und *Navicula pelliculosa*, deren Stoffwechsel durch destilliertes Wasser inhibiert wurde, wieder in Gang zu setzen. Sie sind somit die ersten kohlenstofffreien Wuchsstoffe [2494].

Die Geschwindigkeit der Entwicklung von Diatomeen hängt von der SiO_2- bzw. Silikat-Konzentration im Wasser ab [213, 214, 493, 838, 901, 927, 1259, 1260, 1458, 1459, 1524, 1674, 1733, 1734, 1985, 2304]. Die günstigste SiO_2-Konzentration liegt bei 0,4—0,5 mg/*l*. Eine Abnahme der Konzentration auf 0,2 mg/*l* [1252] verhindert die weitere Vermehrung der Diatomeen. Sehr hohe SiO_2-Konzentrationen erwiesen sich jedoch ebenfalls als ungünstig [901].

Die Diatomeen können für ihren Stoffwechsel nicht nur die im Wasser gelösten Siliziumverbindungen ausnutzen, sondern auch suspendierte unlösliche Alumosilikat-(Kaolin)-Partikel, die sie abbauen und deren SiO_2 sie aufnehmen [110, 112, [117, 148, 951, 1869]. An diesen Prozessen sind wahrscheinlich Fermente beteiligt [1524]. Jedoch vermögen die Diatomeen nur niedermolekulare Kieselsäuren aufzunehmen (solche, die mit Ammoniummolybdat gelb gefärbte Siliziummolybdate bilden können) [1678]. In künstlichen Medien für Diatomeenkulturen kann Tetraäthoxysilan als Siliziumquelle dienen. Seine Hydrolyseprodukte reagieren zwar nicht mit Ammoniummolybdat, können jedoch von den Diatomeen aufgenommen werden [1179]. Die Methylkieselsäure erwies sich dagegen als unbrauchbar für die Diatomeen [1670, 1678].

Die Diatomeen sind in der Lage, dem Wasser so wirksam Silizium zu entziehen [109], daß sich die SiO_2-Konzentration in Gewässern zur Zeit ihrer Massenentwicklung stark verringert. Tatsächlich sind die beobachteten Saisonschwankungen des SiO_2-Gehaltes von Naturgewässern im wesentlichen mit dem Entwicklungsprozeß der Diatomeen gekoppelt [51, 173, 177, 194, 214, 274, 312, 354, 378, 586, 667, 669, 670, 676—679, 940, 1043, 1248, 1312, 1385, 1573, 1627, 1720, 1734, 1735, 1801, 2029, 2469, 2470, 2561]. Die merkliche Verringerung des Siliziumgehaltes im Wasser führt schließlich zu einer Unterbrechung der Diatomeenentwicklung. Danach wird der Siliziumgehalt aus den Hüllen der abgestorbenen Diatomeen wieder regeneriert. Ein Teil des Siliziums (20—30%) geht wieder in Lösung [177, 1178, 1200, 1461, 1677], der unlösliche Rest setzt sich in Form eines SiO_2-Schlamms, dessen Menge mit der Entwicklung des Phytoplanktons zunimmt, langsam auf dem Boden ab [595].

Die Fähigkeit der Diatomeen, Silizium anzureichern, kann zu einer Verstärkung der Radioaktivität führen, wenn Abwässer von Atomreaktoren, die radioaktive Siliziumisotope enthalten, in Naturgewässer gelangen [1299].

Zu den Diatomeen gehört auch die Alge *Phaeodactylum tricornutum*, die an *Nitzschia closterium* erinnert, sich von den typischen Diatomeen jedoch dadurch unterscheidet, daß bei ihr nur die eine Hälfte des Panzers aus SiO_2 aufgebaut ist

[1682]. Im Zusammenhang damit hat man für diese Alge eine spezielle Klasse *Phaeodactylineae* geschaffen, die nur aus einer einzigen Art besteht [1676]. Die Zellen von *Phaeodactylum tricornutum* enthalten 0,4—0,5% SiO_2 (bezogen auf die Trockenmasse).

Zur Vertiefung unserer Kenntnisse über die Bildung der SiO_2-Skelette in den Diatomeen sollten die Mechanismen der folgenden Prozesse genauer untersucht werden [1678]:

a) die Aufnahme der Kieselsäure aus dem umgebenden Medium,

b) die Anhydrokondensation der Kieselsäure unter Bildung von Silikagelteilchen,

c) die Ablagerung der submikroskopischen SiO_2-Teilchen in der Zellmembran unter Bildung bestimmter Strukturen und Muster und

d) der Schutz der gebildeten Siliziumskelette vor der Wiederauflösung durch die metabolischen Prozesse in der lebenden Zelle.

2.2. Andere Algen

Über den Siliziumgehalt und die Bedeutung des Siliziums für den Stoffwechsel bei anderen Algengruppen ist relativ wenig veröffentlicht worden. Bestenfalls wurden einige Angaben über quantitative SiO_2-Bestimmungen gemacht, oftmals erschienen jedoch auch nur Hinweise auf die Anwesenheit von Silizium in den entsprechenden Algen. Seit dem Erscheinen der Übersichten von VINOGRADOV [130, 135] sind nur wenige neue Fakten zu diesem Problemkreis bekannt geworden. Untersuchungen über die physiologische Rolle des Siliziums in diesen Algen fehlen bis heute völlig.

Flagellaten, die zu den Organismen des Plankton gehören, enthalten in einigen Fällen mehr Silizium als die Diatomeen [680]. Echte „Silizium-Organismen“ sind z. B. die *Silicoflagellatae*, deren Skelett aus SiO_2 aufgebaut ist [130, 1378, 1678, 1999]. Die im Norden vorkommenden Sippen unterscheiden sich von den im Süden vorkommenden durch ein feiner strukturiertes Skelett. Bei den Algen der Gattung *Distephanus* gibt es Links- und Rechts-Formen des Siliziumskeletts [1377]. Quantitative Siliziumbestimmungen wurden bei diesen Organismen noch nicht vorgenommen. Siliziumskelette von Silicoflagellaten finden sich auch in fossilen Vorkommen [977].

Sowohl die Gehäuse als auch die stacheligen Oberflächenstrukturen der Algen aus der Ordnung *Chrysomonadales* (Klasse *Chrysophyceae*) enthalten bedeutende Mengen SiO_2 [60]. Ein Vertreter dieser Klasse, die Alge *Mallomonas mirabilis*, enthält pro Zelle $40 \cdot 10^{-8}$ g SiO_2 [1042]. Ihre aus Silizium aufgebauten Skelette haben eine komplizierte Struktur, die an den Aufbau der Panzer von Diatomeen erinnert [1109, 1250, 1251, 1777, 2330]. Die Schuppenhüllen sind aus einzelnen kleinen SiO_2-Elementen mit einem Durchmesser von ungefähr 10 nm zusammengesetzt [1379]. In der Gattung *Mallomonas* und *Synura* kommen jedoch auch Formen vor, die keine Siliziumhülle besitzen [1249, 2260].

Die Hülle der Algen aus den Klassen der Dinoflagellaten oder Peridineen (*Dinophyceae*) ist aus einer organischen Substanz aufgebaut, in die jedoch SiO_2-Elemente eingelagert sind [130, 792]. Die bisher bekannten Werte über den SiO_2-Gehalt dieser Algen sind in Tab. 5 [1809] zusammengestellt.

Tabelle 5

SiO_2-Gehalt von Algen

Art	SiO_2-Gehalt (in %)		Literatur
	auf Trockenmasse bezogen	auf Asche bezogen	
1	2	3	4
Flagellatae			
Dinoflagellatae			
Ceratium tripos	3,00		[830]
Noctiluca miliaris		6,0	[152]
Cyanophyceae			
Aphanizomenon flos-aquae		2—3	[152]
Microcystis aeruginosa	0,69—1,61		[135]
„ „	0,11—4,61		[132]
„ „	0,06		[795]
„ „		6,00	[152]
Chlorophyceae			
Cladophora glomerata		10,60	[1989]
„ „		26,69	[2176]
Enteromorpha compressa		5,11	[2439]
„ „		1,80	[1818]
Enteromorpha intestinalis		10,25	[2439]
Halimeda monile	1,90		[910]
Monostroma nitidum	0,15		[1770]
Solenia attenuata		19,53	[130]
Ulva enteromorpha		5,03	[1865]
Ulva lactata		2,38	[1865]
Ulva latissima		23,68	[130]
Ulva pertusa		1,70	[1818]
Valonia utricularis		26,61	[130]
Vaucheria dichotoma f. marina		25,39	[130]
Rhodophyceae			
Amphiroa fragilissima	2,82		[910]
Ceramium rubrum		1,05	[2439]
Delesseria sanguinea		0,30	[2439]
Furcellaria fastigiata		2,75	[2439]
Goniolithon acropetum	0,06		[910]

Tabelle 5 (Fortsetzung)

Art	SiO_2-Gehalt (in %) auf Trockenmasse bezogen	auf Asche bezogen	Literatur
1	2	3	4
Gracilaria armata		15,37	[1865]
Gracilaria confervoides		14,60	[960]
Laurenica obtusa		6,60	[1865]
Lithophyllum craspedium	0,03		[910]
Liagora viscida		0,34	[1865]
Lithophyllum kaiseri	0,18		[1703]
Lithophyllum pallescens	1,01		[910]
Lithophyllum proboscideum	8,38		[1703]
Lithothamnium kaiseri	0,02		[1703]
Lithothamnium ramulosum	1,91		[2465]
Phyllophora nervosa	0,39		[211]
Polisiphonia elongata		3,15	[1105]
Phaeophyceae			
Ascophyllum nodosum		3,09	[130]
„ „		0,41	[655]
„ „ im Durchschnitt		1,20	[130]
Chorda fluminis		4,37	[2439]
Cladostephus verticillatus		10,0	[1865]
Cystoseira sp.		19,47	[1865]
Ecklonia buccinalis		4,05	[1105]
Fucus serratus		1,46	[1198]
„ „		0,38	[2204]
„ „ im Durchschnitt		0,99	[130]
Fucus vesiculosus		16,55	[130]
„ „		11,00	[1105]
„ „		7,69	[1428]
„ „		2,69	[1778]
„ „		0,70	[655]
„ „		0,27	[2204]
„ „ im Durchschnitt		4,49	[130]
Laminaria digitata		3,10	[1778]
„ „		0,48	[1105]
„ „ im Durchschnitt		1,32	[130]
Laminaria saccharina		1,14	[1778]
„ „		0,56	[2204]
„ „ im Durchschnitt		0,67	[130]
Sargassum bacciferum		1,63	[1105]
Sargassum vulgare		5,85	[1865]
Padina pavonia		9,63	[1865]

Man vermutet, daß auch bei den Algen, z. B. bei *Chilomonas paramecium* aus der Klasse der Kryptomonaden der Stoffwechsel der Siliziumverbindungen mit dem Atmungsprozeß gekoppelt ist [1790].

Die Blaualgen (*Cyanophyceae*) besitzen eine Hülle aus organischer Materie, die manchmal SiO_2, größtenteils jedoch $CaCO_3$ enthält [135, 1545]. Aus diesem Grunde schwankt der Siliziumgehalt bei den verschiedenen Arten stark (vgl. Tab. 5). Bei Blaualgen, die in heißen Quellen vorkommen, ist er besonders hoch (bis 27,22% auf Asche bezogen) [2419]. Das ist ein weiterer Hinweis darauf, daß das Silizium, das sich in den Hüllen von Organismen befindet, als Thermoisolator wirken kann. Zu den *Cyanophyceae* zählt man auch die fossile Hornsubstanz, die sogenannte „Collenia", die strukturell diesen Algen ähnelt, und die bedeutende Mengen SiO_2 enthält [130, 908, 1210]. Nach der Ansicht einiger Autoren [908] handelt es sich bei der Collenia um die Reste fossiler siliziumhaltiger Organismen.

Die Entwicklungszyklen der Blaualgen rufen, ähnlich wie die der Diatomeen, saisonbedingte Schwankungen im Siliziumgehalt der Gewässer hervor [170].

Die Grünalgen (*Chlorophyceae*) kommen im Gegensatz zu den Diatomeen überwiegend in tropischen Meeren vor. Ihr Siliziumgehalt soll relativ hoch sein (siehe Tab. 5). Man sollte jedoch diese Ergebnisse sehr kritisch werten, da nahezu alle Angaben über einen hohen Siliziumgehalt bei Grünalgen aus dem vorigen Jahrhundert stammen. Nach neueren Bestimmungen übersteigt der Siliziumgehalt dieser Algen 2% (auf Asche bezogen) nicht. Halbquantitative spektroskopische Bestimmungen [2464] ergaben noch niedrigere Werte. Die beträchtlichen Differenzen zwischen den Ergebnissen älterer und neuerer SiO_2-Bestimmungen fallen hier besonders auf, weil die Analysen an ein und derselben Art vorgenommen wurden. Möglicherweise sind die zu hohen Werte durch Fremdeinschlüsse im SiO_2 zustande gekommen [130].

Grünalgen bevorzugen Lebensmedien mit geringem Siliziumgehalt. Bereits eine SiO_2-Konzentration von über 4 mg/*l* wirkt ungünstig auf ihre Entwicklung ein [901]. Im Gegensatz zu den Diatomeen werden diese Algen durch GeO_2 in ihrer Entwicklung nicht gehemmt [2489]. Das in ihnen enthaltene Silizium findet sich hauptsächlich in der Zellwand [1814], die außer amorpher Kieselsäure auch kleine Mengen α-Quarz enthält [827, 1974].

Rotalgen (*Rhodophyceae*). Auch die Angaben über einen hohen Siliziumgehalt der Rotalgen sind offenbar nicht korrekt. Nach neueren Untersuchungen beträgt der SiO_2-Gehalt in diesen Algen nur Bruchteile von Prozenten. Außer den in Tab. 5 zusammengefaßten Daten über den Siliziumgehalt in Rotalgen gibt es einige weitere Angaben [700, 2464]. In fossilen Formen beträgt der Siliziumgehalt 10^{-2}% [377]. Durch Siliziumverbindungen werden die Prozesse der Photosynthese in Rotalgen beschleunigt [1418].

Die Braunalgen (*Phaeophyceae*) sind die größten Vertreter der niederen Pflanzen. Sie können eine Länge von einigen hundert Metern erreichen (Laminarien). Neuere Angaben über den Siliziumgehalt in Braunalgen gibt es nur wenig [1974]. Die überwiegende Zahl der Arbeiten stammt aus dem vorigen Jahrhundert [107, 763, 1171, 2221, 2487]. Angaben, nach denen der Siliziumgehalt von Braunalgen 5% übersteigt, wurden von den gleichen Autoren gemacht, die auch für andere Algen zu hohe SiO_2-Werte veröffentlicht haben. Das läßt auf Fehler in der Methodik der Siliziumbestimmung oder bei der Vorbereitung der Proben schließen. Der SiO_2-Gehalt der Braunalgen zeigt Saisonschwankungen. So enthält der Stengel der *Laminaria digitata* im Frühling 1,42% SiO_2 (auf Asche berechnet), im Herbst jedoch nur 0,34% [655].

[2681] Журавлев, М. В.: Изв. АН АзССР, **1954**, № 4, 25.
[2682] Кочиков, В. Н.: В сб.: Океанологические исследования, № 19. М., 1968, стр. 215.
[2683] Кривопалова, Е. Ф.: Гидрохим. матер., **49**, 135 (1969).
[2684] Семенова, Н. И.: В сб.: Гидробиология и рыбное хозяйство Псковско-Чудского озера. Таллин, 1966, стр. 71.
[2685] Строганов, Н. С., Хоботьев, В. Г., Колосова, Л. В., Кагина, М. А.: Авт. свид. 208374 (1967); C. A., **68**, 117091a (1968).
[2686] Туряница, А. И., Салай, М. М.: Мікробіологічний журнал, **33**, 513 (1971).
[2687] Федоров, В. Д., Семин, В. А.: Океанология, **10**, 318 (1970).
[2688] Федоров, В. Д., Семин, В. А., Максимов, В. Н., Богоров, В. Г.: ДАН СССР, **175**, 220 (1967).
[2689] Atkins, W. R. G.: J. Marine Biol. Assoc., **31**, 489 (1953).
[2690] Armstrong, F. A. J.: J. Marine Biol. Assoc., **34**, 223 (1955).
[2691] Berland, B. R., Bonin, D. J., Laborde, P. L., Maestrini, S. Y.: Mar. Biol., **13**, 338 (1972).
[2692] Boleyn, B. J.: Arch. Mikrobiol., **81**, 169 (1972).
[2693] Bozniak, E. G., Kennedy, L. L.: Can. J. Bot., **46**, 1259 (1968).
[2694] Darley, W. M.: Diss. Abstr. Int., B **30**, 519 (1969).
[2695] Darley, W. M., Volcani, B. E.: Exp. Cell Res., **58**, 334 (1969).
[2696] Darley, W. M., Volcani, B. E.: Methods Enzymol., **23** (Pt. A), 85 (1971).
[2697] Grant, B. R.: Austral. J. Mar. Freshwater Res., **22**, 49 (1971).
[2698] Harker, R. J.: Science, **173**, 235 (1971).
[2699] Higashi, S., Ito, Y.: Mem. Fac. Educ. Shiga Univ. Nat. Sci., **21**, 52 (1971).
[2700] Kilham, P.: Limnol. and Oceanogr., **16**, 10 (1971).
[2701] Lin, C. K.: Hydrobiologia, **39**, 321 (1972).
[2702] Müller-Häckel, A.: Oikos, **16**, 232 (1965).
[2703] Schelske, C. L., Stoermer, E. F.: Science, **173**, 423 (1971).
[2704] Schelske, C. L., Stoermer, E. F.: Spec. Symp. Amer. Soc. Limnol. Oceanogr., **1**, 157 (1972).
[2705] Schott, F., Ehrhardt, M.: Kiel. Meeresforsch., **25**, 272 (1969).
[2706] Seenayya, G.: Hydrobiologia, **39**, 247 (1972).
[2707] Singh, C. S.: J. Scient. Res. Banaras Hindu Univ., **16**, 201 (1965/1966).
[2708] Stosch, H. A. von, Kowallik, K.: Österr. bot. Z., **116**, 454 (1969).
[2709] Sullivan, C. W.: Diss. Abstr. Int., B **32**, 5295 (1972).
[2710] Sze, P., Kingsbury, J. M.: J. Phycol., **8**, 25 (1972).
[2711] Toman, M., Rozsival, M.: Preslia, **25**, No. 1, 43 (1953).
[2712] Wang, W.-C., Evans, R. L.: Limnol. and Oceanogr., **14**, 941 (1969).

3. Pilze

Schon 1796 fand WESTRUMB [2497], daß Bierhefe SiO_2 enthält. Noch ältere Bestimmungen des SiO_2-Gehaltes von Pilzen werden in der Zusammenstellung von WOLFF [2529] und in einigen anderen Übersichtsarbeiten erwähnt [851, 960, 1093, 2071]. Die SiO_2-Menge in der Asche von Hefe schwankt im allgemeinen von Spuren bis zu 1,8% [233, 769, 852, 1136, 1481, 1596, 1821]. Dagegen bestimmte LIEBIG [1692] den SiO_2-Gehalt der Asche von Hefe zu 14,36%. Die Pilze anderer Klassen, wie z. B. *Polyphorus, Elaphomyces, Mycobacterium, Polysaccum* und *Aspergillus* enthalten alle annähernd die gleiche SiO_2-Menge (0,5—2,33%) [674, 1127, 1416, 2167]. Lediglich *Tuber Cibarium* scheint eine Ausnahme zu bilden. In diesem Pilz wurden 10% SiO_2 (berechnet auf Asche) gefunden [891].

Nach einer Angabe von VINOGRADOV [128] beträgt der Siliziumgehalt von Pilzen 0,02—0,04% bezogen auf Frischgewicht, bzw. ungefähr 10% bezogen auf Asche [510]. Schon im vorigen Jahrhundert wurde die Meinung geäußert, daß das Silizium kein zufälliger sondern vielmehr ein für die Lebensvorgänge notwendiger Bestandteil der Pilze ist. Diese Vermutung konnte durch eine Reihe von Fakten bestätigt werden [954, 2055]. So begünstigt Kieselsäure das Wachstum von *Aspergillus niger* [1899]. Beim Zusatz von Natriumsilikat zu einer Kultur von *Aspergillus niger* nimmt das Trockengewicht des Pilzes beträchtlich zu [2074]. Pilze, die mit SiO_2-haltigem Wasser aufwachsen, enthalten bis 24,9% SiO_2, bezogen auf die Trockenmasse [1368]. Die Fähigkeit von *Aspergillus niger*, Quarz aufzunehmen, konnte röntgenographisch nachgewiesen werden [1359]. Einige Arten der Aktinomyceten, wie z. B. *Streptomyces*, können Silikongummi als Nahrungsquelle nutzen [865]. Die Pilze sind in der Lage, unlösliche natürlich vorkommende Silikatmineralien abzubauen und dabei Silizium (und auch Kalium) aufzunehmen [54, 461, 1055, 1056, 1301]. Solche Hefen leben z. B. gern auf Glimmer-Mineralien und verändern diese im Prozeß ihrer Lebenstätigkeit [420].

Den Metabolismus der Siliziumverbindungen sowie deren Bedeutung für die allgemeinen Stoffwechselprozesse des Schimmelpilzes *Aspergillus niger* untersuchte HOLZAPFEL [1358, 1362, 1363, 1368]. Dabei wurde festgestellt, daß 20,4% des von dem Pilz aufgenommenen SiO_2 in wasserlöslicher Form vorliegen. Das Wachstum des Myzels in einem siliziumhaltigen Medium wird bei Abwesenheit von Phosphorsäure durch Belüften des Bodens beschleunigt. Ein ähnlicher Effekt wurde durch Zugabe von fein verteiltem Quarz in Gegenwart von Kohlenhydraten (Glukose und Galaktose) erzielt. Die stimulierende Wirkung der Siliziumverbindungen hängt von der Geschwindigkeit der Sauerstoffzuführung ab. Die Stärke der Siliziumaufnahme wiederum bestimmt den Stickstoffgehalt des Pilzes und auch die von ihm gebildete Kohlenhydratmenge. Die Entwicklung der Pilze (und Bakterien) wird durch Germaniumverbindungen nicht inhibiert. Offensichtlich unterscheidet sich der Siliziumstoffwechsel in diesen Organismen grundlegend von dem der Diatomeen und der höheren Pflanzen [2489].

[2713] Парина, О. В., Патрикеев, В. В., Лысенко, С. В.: Микробиология, **41**, 164 (1972).
[2714] Geuther, R.: Physiol. Ökol. Biochem. Keimungen, Mater. Int. Symp., **2**. Greifswald, 1967, S. 887.
[2715] Oliveira, J. F. dos S., Sousa, M. F.: Rev. cienc. agron., ser. A, **3**, 33 (1970).

4. Flechten

Die Flechten (*Lichenes*) verkörpern eine eigenartige Symbiose zwischen Algen und Pilzen. Sie wurden als einheitliche Organismen aufgefaßt und haben spezielle Namen erhalten, die unabhängig von den Namen des Pilzes und der Alge sind. Die Flechten haben sich ungünstigen Lebensbedingungen angepaßt und vermögen sogar auf kahlen Steinen oder Bergen zu gedeihen.

Die Flechten siedeln sich gern auf Glimmer und Feldspäten an, nicht jedoch auf Quarz*) [420, 440, 612, 703, 706]. Sie können Mineralien und andere Gesteine sowohl mechanisch [439, 440, 1129] als auch chemisch [249, 439, 440, 701—706, 1188, 1800] abbauen. Die Hyphen der Flechten, die in Risse im Stein eindringen, brechen dabei kleine Steinpartikel los, die von den Hyphenfäden umhüllt werden und nun eine chemische Zersetzung durch die Einwirkung der abgesonderten organischen Säuren erleiden. Aus dem so abgebauten Gestein ziehen die Flechten die für sie notwendigen Mineralstoffe, wobei die primären Gesteine in tonige Substanzen umgewandelt werden [7, 1188]. Es wird angenommen, daß die Flechten ebenso wie die Diatomeen in der Lage sind, auch Kaoline abzubauen [439, 440].

Von anderer Seite wird bezweifelt, daß die Flechten Silikatmineralien unmittelbar zerlegen können und angenommen, daß diese Eigenschaft wirklich nur für Kieselbakterien charakteristisch ist [22, 23]. Die Flechten nutzen nach Ansicht dieser Autoren nur die Abbauprodukte, die durch die Tätigkeit der Bakterien aus den Mineralien gebildet wurden.

Schon die ersten chemischen Analysen der Asche von Flechten [1560, 2373, 2417] ergaben einen relativ hohen SiO_2-Gehalt, der durch weitere Untersuchungen bestätigt wurde [7, 49, 86, 351, 438, 439, 1499, 2525]. Die Asche der Flechte *Parmelia*, die auf Granitgneisen wächst, enthält 15,70% SiO_2, die von *Gyrophora decussata* (auf Diorit) 17,83%, von *Gyrophora cylindrica* (auf Granit) 14,69%, und die von *Cetraria islandica* auf Diorit 2,42% und auf Granit 10,73% SiO_2**). Die Menge der von Flechten aufgenommenen Kieselsäure ändert sich nicht

*) Eine Mitteilung über die korrodierende Wirkung von Flechten auf Quarz [2286] konnte nicht bestätigt werden.

**) Ganz besonders hohe Werte für den SiO_2-Gehalt der Flechtenasche werden in den Arbeiten [2215] und [2373] angegeben, nämlich: *Cetraria islandica* — 41,60—46,56%, *Cladonia rangiferina* — 44,62—70,34%, *Gyrophora pustulata* — 60,92—61,30%, *Parmelia paretina* — 64,65—68,46%, *Ramalina fraxinea* — 13,9—58,7%, *Variolaria dealbata* — 67,8%.

nur in Abhängigkeit von der Flechtenart, sondern auch in Abhängigkeit von der Art des Mineralangebots.

[2716] GALUN, M., MARTON, K., BEHR, L.: Arch. Mikrobiol., **83**, 189 (1972).
[2717] ISKANDAR, I. K., SYERS, J. K.: J. Soil Sci., **23**, 255 (1972).

5. Protozoen

Zu den ältesten Organismen, die in den Schiefern des Präkambriums gefunden werden, gehören die Protozoen (*Protozoa*) [411]. Zahlreiche Vertreter dieser primitivsten Klasse der Lebewesen enthalten in ihrem Organismus bedeutende Mengen Silizium [726, 1388]. Zu den Protozoen gehören vor allem die Foraminiferen (*Foraminifera*), die Radiolarien (*Radiolaria*), die Sonnentierchen (*Heliozoa*) und die Infusorien (*Infusoria*). Bislang gibt es nur wenig Literaturangaben über den Siliziumgehalt der Protozoen. Insbesondere fehlen quantitative Angaben. So trägt Tab. 6 nur fragmentarischen Charakter.

Tabelle 6

SiO_2-Gehalt der Schalen von Protozoen (*Protozoa*)

Art	SiO_2-Gehalt (in %) (auf Asche bezogen)	Literatur
Foraminifera		
Sandforaminiferen		
Cyclammina lancellata	84,80	[825]
Haplophragmina latidorsatum	76,10	[825]
Hyperammina friabili	93,63	[825]
Rhabdommina abyssorum	94,70	[825]
Kalkforaminiferen		
Aphistegina lessonii	0,30	[825]
Globigerina bulloides	1,36—1,83	[825]
Globigerina dubia	2,00	[1049]
Globigerinoides cacculifera	2,50—3,60	[1049]
Globorotalia menardii	1,00	[1049]
Operculina complanata	0,90	[825]
Orbiculina adunca	0,11	[910]
Orbitolites complanata	0,11—0,58	[825]
Sphaeroidina dehiscens	8,89	[910]
Tinoporus baculatus	0,03	[910]
Radiolaria		
Acanthometra pellucidium	30,60	[2174]

Etwas mehr als über die anderen „Silizium-Organismen" dieser Klasse ist über die Foraminiferen — einzellige im Meer vorkommende Organismen von 0,1—1 mm Größe — bekannt. Ihre Systematik richtet sich nach der chemischen

Zusammensetzung ihrer Schalen. So unterscheidet man Chitin-, Sand-, Kalk- und SiO_2-Foraminiferen. Andererseits werden sie auch in agglutinierende (deren Schalen aus mit einem Bindemittel gebundenem fremden Material bestehen) und nicht-agglutierende (der Schalen aus Absonderungen des Organismus aufgebaut sind) eingeteilt [495]. Die Schalen der SiO_2-Foraminiferen [887, 917, 1313, 1987] bestehen hauptsächlich aus SiO_2 und einem organischen Stoff. Eine SiO_2- oder Chitin-SiO_2-Schale ist für die Vertreter der Familie *Silicotextulinidae* charakteristisch. Ähnliche Schalen haben auch einige *Miliolidae*, die in großer Meerestiefe leben. Bei vielen fossilen Foraminiferen hat sich die SiO_2-Hülle jedoch möglicherweise erst infolge sekundärer Vorgänge im Verlauf der Versteinerungsprozesse gebildet [495]. Die genaue chemische Natur der Kieselsäure, die in den Hüllen dieser Foraminiferen vorliegt, ist noch nicht restlos aufgeklärt. Man nimmt an, daß die Kieselsäure in diesen Hüllen in Form von Opal $SiO_2 \cdot n\,H_2O$, früher auch als Pseudoquarz bezeichnet [1987], vorliegt [130, 135]. Eine gewisse Menge SiO_2 enthalten auch die Kalkhüllen der Foraminiferen (vgl. Tab. 6).

Agglutinierende Foraminiferen, zu denen auch die Sandforaminiferen gehören, benutzen als Baumaterial für ihre Hüllen Quarzteilchen, Sandkörnchen, Glimmer, Teilchen von Schwämmen, Hüllen abgestorbener Foraminiferen, Skelette von Diatomeen usw. Aus diesem Grunde ist der SiO_2-Gehalt in den Schalen der Sandforaminiferen sehr hoch, was jedoch nicht mit biochemischen Prozessen zusammenhängt. Das Bindemittel für die Agglutinierung wird aus dem Protoplasma der Foraminiferen abgesondert. Es ist ein Gemisch aus organischen Stoffen (Mukopolysacchariden) und mineralischen Bestandteilen, unter denen (für einige Foraminiferen-Gattungen) auch SiO_2 Hauptbestandteil sein kann [1269]. Zu diesen Foraminiferen gehören die Gattungen *Hyperaminoides* und *Rzehakina* und die Familien *Involutinidae*, *Textulariidae* und *Paramiliolidae* [495]. In dieser Gruppe kommen auch Organismen vor, die Übergangsformen zwischen den Sand- und den SiO_2-Foraminiferen sind, z. B. *Ammochilostoma paneiolaculata*, *Allogramiinae*, *Nebela* u. a. [130, 683, 2072]. In den Hüllen einiger agglutinierender Foraminiferen wurde ein Alumosilikat (Phillipsit) der Formel $(K_2Ca)Al_2Si_4O_{12} \cdot 4{,}5H_2O$ gefunden [135].

Eine weitere Gruppe von Silizium-Organismen aus dem Unterreich *Protozoa* sind die Radiolarien, die schöne, feinstrukturierte Skelette aus SiO_2 besitzen [861, 862, 1390, 1864]. Unter den Radiolarien sind Formen anzutreffen, die ihr Skelett durch Verkitten fester Mineralteilchen mit von ihnen ausgeschiedener Kieselsäure aufbauen [814]. Die einzelnen Elemente der Skelette von Radiolarien verhalten sich bei der Behandlung mit Fluß- oder Schwefelsäure nicht gleich, z. B. wird der innere Teil der Stacheln sehr leicht abgebaut, der äußere jedoch nur schwer [2174]. Nicht alle Radiolarien besitzen SiO_2-Skelette [814, 828, 862, 1864]. So besteht die Hülle von *Acanthometra pellucidium* beispielsweise aus einem Kalzium-Alumosilikat (vgl. 130). Es gibt sogar Radiolarien, wie z. B. *Podactinelius sessilis*, die ein Skelett aus $SrSO_4$ aufbauen [862, 1864].

Über die chemische Zusammensetzung der Sonnentierchen ist nur wenig bekannt. Bei einigen *Heliozoa*-Arten fand man Skelette aus SiO_2 [130, 1176, 2189].

Das gleiche gilt auch für die Infusorien: so enthält z. B. das Skelett der *Ophyroscolecidae* Kieselsäure [2479].

[2718] Cachon, J., Cachon, M.: Compt. rend., D **272**, 1652 (1971).
[2719] Tapley, S.: Mar. Sediments, **5**, 30 (1969).

6. Andere niedere Tiere

Schwämme (*Porifera*): Innerhalb dieses sehr alten Tierstammes, dessen Reste schon in den Schiefern des Präkambriums gefunden werden können [166, 411], gibt es zahlreiche Silizium-Organismen, deren inneres Skelett aus SiO_2-Nadeln besteht. Dazu gehören die Kiesel- und die Kieselhornschwämme, deren Siliziumgehalt mehr als 90% (in der Asche) beträgt (Tab. 7).

Die Schwämme waren überhaupt die ersten irdischen Organismen, in denen — schon gegen Ende des 18. Jahrhunderts — Silizium gefunden wurde [620]. Qualitative Siliziumbestimmungen in Schwämmen wurden später von einer ganzen Reihe Autoren durchgeführt [1111, 1263, 2202, 2486]. Nach ihren Untersuchungen teilte man schon Anfang des vorigen Jahrhunderts die Schwämme in solche mit SiO_2- und solche mit Kalknadeln ein [1196].

In der Gruppe der Kieselhornschwämme (*Cornacuspongiae*) kommen Arten mit hohem (über 90%), jedoch auch andere mit sehr niedrigem (unter 1%) SiO_2-Gehalt vor. Ordnet man die Schwämme dieser Gruppe entsprechend der Menge der Kieselnadeln in ihrem Skelett an, so ergibt sich mit abnehmender Menge die folgende Reihe: *Reniera* → *Pachychalina* → *Chalina* → *Euspongia* [1815] (bei *Euspongia* verschwinden sie völlig). In der angegebenen Reihenfolge nimmt auch der Gesamt-SiO_2-Gehalt in den Schwämmen ab [130]. Hier liegt der seltene Fall vor, daß die Bedeutung und die Funktion des Siliziums in der Stammesentwicklung der Organismen einer Klasse völlig verloren geht.

Typische Silizium-Organismen sind auch die Vertreter der Schwammklassen *Tetraxonidae* und *Hexactinellidae*, die bis 65 bzw. 88% SiO_2 in der Trockenmasse und über 95% in der Asche enthalten. Ein derartig hoher Siliziumgehalt ist für diese Organismen unbedingt notwendig, da sie in Tiefen des Meeres anzutreffen sind, in denen nur kieselsäurehaltige Skelette der auflösenden Wirkung des Meereswassers widerstehen können [130]. Es wurde ein Schwamm gefunden, der ein in zwei Schichten aufgebautes Kalk-Kieselsäure-Skelett besitzt [1541], sowie ein Schwamm mit Nadeln in Form von Röhren, die mit einem Kieselsäuregel gefüllt sind [987], dessen Anwesenheit jedoch bislang nicht chemisch nachgewiesen werden konnte. In der wäßrigen Flüssigkeit in den Nadeln können auch andere Stoffe, z. B. Urate [791] enthalten sein. Der Kalkschwamm *Leucandra johnstonii* besitzt verkümmerte Kieselnadeln [1034].

Die Nadeln der Kieselschwämme bestehen aus amorpher Kieselsäure mit verschiedenem Hydrationsgrad, d. h. aus Opal $SiO_2 \cdot nH_2O$ mit $n = 0{,}2-0{,}5$ [130, 860, 1788, 2188, 2269, 2375, 2376, 2454]. Die Beimengungen anderer Stoffe sind unbedeutend. Zum Beispiel enthalten die Nadeln des Kiesel-Hornschwammes *Ephdatia fluviatilis* 98,3% SiO_2 in der Trockenmasse, die des Hexactinelliden *Hyalonema thomsonii* 97,6% [1472]. In den Schwämmen der Klasse *Hexactinellidae* liegt die Kieselsäure der Nadeln in kristalliner Form (Quarz) vor [130, 2054]. Die im Baikalsee lebenden Schwämme spielen, wie die Diatomeen, eine wesentliche Rolle im geochemischen SiO_2-Zyklus [171, 177].

Tabelle 7

SiO_2-Gehalt von niederen Tieren

Art	SiO_2-Gehalt (in %)		Literatur
	auf Trockenmasse bezogen	auf Asche bezogen	
1	2	3	4
Porifera			
Cornacuspongidae			
Chondrocladia alaskensis		93,35	[910]
Esperiopsis quatsinoesis		92,45	[910]
Gelliodes grandis		88,28	[910]
Halichondria panicea		87,93	[910]
Hircinia tipica		68,56	[984]
Phakelia grandis		94,69	[910]
Reniera flava	37,32	70,85	[984]
Spinosella sororia v. crispa	3,08	40,53	[910]
Tetraxonidae			
Geodia baretti		94,90	[554]
Geodia gigas		70,35	[984]
Geodia mesotriaena v. pachana		98,08	[910]
Geodia placenta		92,42	[860]
Suberites domunculus		87,32	[130, 945]
Suberites suberera		96,25	[910]
Tethya gravata		91,74	[910]
Hexactinellidae			
Bathydorus uncifer		94,64	[910]
Euplectella speciosa		99,18	[910]
Monographis chuni		81,10	[130]
im Baikalsee vorkommende Schwämme			
Baicalospongia bacilifera	31,81		[171]
Baicalospongia intermedia	26,65		[171]
Lubomirskia baicalensis	13,59		[171]
Lubomirskia abeatina	29,10		[171]
Swarzewshia popylacia	29,00		[171]

Tabelle 7 (Fortsetzung)

Art	SiO_2-Gehalt (in %) auf Trockenmasse bezogen	SiO_2-Gehalt (in %) auf Asche bezogen	Literatur
1	2	3	4
Bryozoa			
Catanicella margaritacea		1,15	[910]
Cellepora incrassata		0,20	[910]
Eschara foliacea		0,31	[2465]
Flustra membranacea truncata		4,82	[910]
Frondipora verrucosa		1,42	[910]
Holoporella albirostris		0,59	[910]
Lepralia pallasiana		5,52	[910]
Lepralia rosterigera		0,38	[910]
Lepralia sp.		2,58	[2465]
Microporella grisea		0,18	[910]
Schizoporella unicornis		2,66	[910]
Brachiopoda			
Inarticulata			
Discinisca lamellosa		0,85	[910]
Glottidia pyramidata		0,49	[910]
Lingula anatina		0,91	[910]
Lingula ovalis		0,17	[1322]
Articulata			
Laqueus californicus		0,18	[910]
Rhynchonella psittacea		0,15	[910]
Terebratula cubensis		0,06	[910]
Terebratulina septentrionalis		0,52	[910]
Waldheimia cranium		0,60	[2164]

Bis heute gibt es nur eine einzige Untersuchung über die physiologische Rolle des Siliziums im Organismus von Schwämmen [1457]. Zum Studium der Nadelbildung wurde der Kiesel-Hornschwamm *Spongiella lacustris* in einem künstlichen natriumsilikathaltigen oder siliziumfreien Nährmedium aufgezogen. Dabei zeigte sich, daß die Nadeln vom Protoplasma abgesondert werden und durch SiO_2-Ablagerungen auf ihrer Oberfläche wachsen.

Cölenteraten (*Coelenterata*). Zu diesem Tierstamm gehören u. a. die Süßwasserpolypen der Gattung *Hydra*, die Quallen, die Korallenpolypen und die Aktinien. Die ersten SiO_2-Bestimmungen bei Cölenteraten stammen aus der Mitte des vorigen Jahrhunderts [961, 2246]. Hauptsächlich wurden Korallen untersucht [130, 910], die bis 1,7% SiO_2 (bezogen auf Asche) enthalten, in einem Fall auch eine Meduse [2439], bei der 2,8% SiO_2 (Aschegehalt) gefunden wurden. Silizium-Organismen wurden bei den Cölenteraten bislang nicht beobachtet.

Moostierchen (*Bryozoa*) sind im Meer weit verbreitet. Sie leben in Kolonien und erinnern rein äußerlich an Algen. Jedes Individuum scheidet eine (oft urnenförmige) Hülle ab, die aus Kalziumkarbonat oder einem hornähnlichen Eiweißstoff besteht [123]. Jedoch enthalten die Bryozoen auch gewisse Mengen SiO_2 (vgl. Tab. 7).

Die Armfüßer (*Brachiopoda*) sind ebenfalls Meerestiere. Sie besitzen zwei harte Schalen (Bauch- und Rückenschale). Diese Schalen können aus kohlensaurem (bei den *Articulata*) oder phosphorsaurem (bei den *Inarticulata*) Kalk bestehen. Der Siliziumgehalt im Organismus der Brachiopoden ist gering (siehe Tab. 7 und [910, 915]).

[2720] Elvin, D. W.: Exp. Cell Res., 72, 551 (1972).
[2721] Jewell, M. E.: Ecol. Monogr., 5, 461 (1935).

7. Die Bedeutung der niederen Organismen für die Geochemie des Siliziums

Silizium gehört zu den Elementen in der Natur, die einem ständigen Kreislauf unterworfen sind [117, 145, 366, 1597, 2241]. In diesem Kreislauf spielen Lebewesen und in erster Linie die niederen Organismen eine Hauptrolle.

Der biochemische Zyklus des Siliziums beginnt mit der Verwitterung der kristallinen Gesteine und der Bildung des Bodens. Früher hielt man die Verwitterung im wesentlichen für einen physikalischen Prozeß. Arbeiten sowjetischer Wissenschaftler [1422] konnten jedoch zeigen, daß die Verwitterung in der Hauptsache auf der biochemischen Wirkung von Organismen beruht [441, 444, 1339, 2467]. Die Bildung des Bodens beginnt mit dem Einwirken lebender Organismen auf die kristallinen Gesteine [7]. Wie in früheren Kapiteln beschrieben, können Bakterien, Pilze, Algen und auch Flechten Silikatmineralien zerlegen. Im folgenden sollen diese Organismen noch einmal und zwar als Faktoren der biologischen Verwitterung der Gesteine erwähnt werden.

Eine wichtige Rolle in der Geochemie des Siliziums spielen die Bakterien [40, 48, 112, 115, 165, 190, 192, 327, 328, 851, 1775], insbesondere die sogenannten „Kieselbakterien" [13, 22, 54, 403, 461, 502]. Sie zerstören die Silikate und setzen daraus SiO_2, Kalium und andere Elemente der Mineralien in löslicher und von den Pflanzen aufnehmbarer Form in Freiheit. Auf diese Weise konnten sich die Bakterien als erste Lebewesen auf dem Festland entwickeln, wobei sie zugleich die für die Entstehung anderer niederer Pflanzen notwendigen Bedingungen schufen. Die geochemische Tätigkeit der Bakterien ist jedoch noch wenig erforscht. Konkrete Untersuchungen über die Rolle der Bakterien in der Geochemie des Siliziums fehlen nahezu völlig.

Es ist möglich, daß bei der biologischen Verwitterung auch Pilze mitwirken, die in der Lage sind, Silikate abzubauen [54, 190, 420, 1055, 1056, 1301, 1862, 1863]. Auf welche Weise sie an diesen Prozessen teilhaben, ist jedoch noch weitgehend unklar. Zur Zeit glaubt man, daß Algen, insbesondere die Diatomeen, die nicht nur zahlreich in Salz- und Süßwassergewässern vorkommen, sondern auch feuchte Felsen, Strandsand und andere Festlandbereiche bewohnen, den Verwitterungsprozeß besonders beschleunigen. Ihre Fähigkeit, im Wasser aufgeschlämmte Tonteilchen abzubauen, wurde schon erwähnt. Diatomeen sowie Blau- und Grünalgen können auch Festlandtone abbauen [91, 92, 115, 117, 190, 191, 420, 443]. Eine weitere Gruppe niederer Organismen, die am Abbau primärer Silikatgesteine beteiligt ist, bilden die Flechten [7, 49, 86, 349, 420, 439, 440, 611, 612], die Mineralien sowohl mechanisch als auch chemisch abbauen können. Da die Flechten ständig von Bakterien und Algen begleitet werden, wurde angenommen [22, 23, 443], daß diese Mikroorganismen den ersten Angriff auf das Gestein ausführen und die Flechten dann die dabei gebildeten Zerfallsprodukte weiter aufschließen. Zur Klärung dieser Frage sind jedoch noch weitere Untersuchungen notwendig.

Die aus siliziumhaltigen Mineralien freigesetzte Kieselsäure wird von den eben erwähnten niederen Pflanzen unmittelbar aufgenommen und kehrt nach einer Reihe von Stoffwechselprozessen in Form sekundärer Mineralien in den Boden zurück [7, 57, 190, 191, 420, 439, 440, 443, 444, 612]. Viele unbeständige Mineralien wären längst von der Erde verschwunden, wenn sie nicht ständig von Lebewesen resynthetisiert würden [442]. Derartige sekundäre Bodenmineralien biogener Herkunft sind die Tonbestandteile Montmorillonit, Beidellit, Glimmer, Muskovit, Hydroglimmer sowie Zeolithe, wasserhaltiger Quarz und andere. Ein anderer Typ sekundärer Mineralien entsteht aus den Skeletten der Diatomeen. Die Anreicherung von Kieselsäure durch Algen kann zur Bildung sogenannter „Takirow“ führen — unfruchtbarer Böden ohne höhere Vegetation mit einem hohem Kieselsäuregehalt in den oberen Schichten [89, 90, 472]. Auch in Salzböden beruht der Kreislauf des Siliziums im wesentlichen auf der Lebenstätigkeit der Diatomeen [309, 602, 809].

Ein Teil der amorphen Kieselsäure, die sich beim Zerfall abgestorbener niederer Organismen bildet, wird von höheren Pflanzen aufgenommen, womit ein neuer Zyklus des Siliziums beginnt. Ein anderer Teil wird ausgewaschen, gelangt in Flüsse und wird in die Seen und Meere weitergetragen. Außer dieser gelösten biogenen Kieselsäure führen die Flüsse in Form von Schlamm auch kleine Teilchen unlöslicher Silikate und Alumosilikate sowie Quarzpartikel mit sich in die Meere [360, 362, 668]. In den Ozeanen, Meeren und Seen läuft dann ein weiterer — mengenmäßig der größte — Zyklus des Siliziums ab.

Die Ausfällung der Kieselsäure aus dem Meerwasser, in dem ihre Konzentration sehr gering ist, geschieht wohl ausschließlich auf biogene Weise [98, 114, 553]. Nur einige Autoren nehmen an, daß daneben auch eine chemische Ausfällung des kolloidal gelösten SiO_2 durch Elektrolyte, durch Adsorption an Tonteilchen oder andere Fällungsmethoden vorkommt [109, 366, 1247]. Tatsächlich konnte experimentell gezeigt werden [1247], daß frisch hergestellte Hydroxide von Aluminium, Eisen, Magnesium und anderen Elementen selbst aus ungesättigten Lösungen bis zu 90% Kieselsäure ausfällen können. Gegen diese Annahme spricht jedoch, daß die Kieselsäure in den rezenten Meeres- und Seenablagerungen ausschließlich in Form von abgestorbenen Organismen gefunden wird, was auf einen ausschließlich biogenen Charakter des Fällungsprozesses schließen läßt [533].

Die Aufnahme und Anreicherung der Kieselsäure aus der Lösung sowie aus dem Tonschlamm der Gewässer bewirken niedere Organismen, die ihr Skelett aus SiO_2 aufbauen [10, 11, 52, 109, 114, 118, 145, 149, 171, 176, 177, 361, 366, 794, 941, 1045, 1046, 1047, 1187, 1199, 1201, 1387, 1685, 2241]. Eine Hauptrolle in diesem Prozeß spielen die Diatomeen. Mit abnehmender Bedeutung für die Anreicherung des Siliziums folgen die Radiolarien, die Kieselschwämme und die Silikoflagellaten [361].

Diatomeen können 70—80% des Siliziums aus den Gewässern herausholen, unabhängig davon, ob es gelöst oder in Form von Silikatschlamm vorliegt [145]. Die Überreste abgestorbener Diatomeen bilden dann in den Gewässern Aufschlämmungen amorpher Kieselsäure, die wie auch die Organismen lebender Diatomeen als Nahrung für andere Silizium-Organismen dienen [359, 484, 485]. Die letztgenannten spielen ebenso wie die Diatomeen selbst eine bedeutende Rolle bei der Anreicherung des Siliziums (z. B. die Schwämme des Baikalsees) [171]. Die Gesamtmenge amorpher Kieselsäure, die sich in Form von Aufschlämmungen in Meeren und Ozeanen befindet, ist ausschließlich biogener Herkunft: 70% davon bestehen aus Diatomeen-Skeletten, 30% aus Skeletten von Radiolarien und Nadeln von Schwämmen [362]. VINOGRADOV [145] zieht auch die Möglichkeit in Betracht, daß sich im Meerwasser siliziumorganische Verbindungen befinden, die beim Zerfall der Gewebe siliziumanreichernder Organismen frei wurden. Eine Zunahme der SiO_2-Menge im Ozean, z. B. als Ergebnis der Tätigkeit von Vulkanen, bewirkt eine sprunghafte Steigerung der Entwicklung von Silizium-Organismen und damit eine Zunahme der Menge an kieselsäurehaltigen Ablagerungen auf dem Grunde der Gewässer [1252].

Die Körper abgestorbener Silizium-Organismen werden allmählich mineralisiert und setzen sich als Schlamm am Boden der Gewässer ab. Auf dem Wege dorthin werden sie jedoch auch zum Teil gelöst, zum Teil von anderen Organismen aufgenommen und somit in den Kreislauf des Siliziums zurückgeführt [10, 114, 878]. Die Hauptmenge des biogenen SiO_2 scheidet jedoch aus dem Kreislauf des Siliziums aus und bildet mächtige Ablagerungen (Diatomit, Glaukonit und Radiolarienschlamm, Jaspis, Chalcedon u. a.), die letzten Endes alle aus Skeletten von Silizium-Organismen bestehen [10, 64, 114, 115, 357, 358, 361, 366, 384, 473, 486, 826, 1092, 1222, 2028]. Die Zuwachsrate an biogener Kieselsäure beträgt in den pelagischen Ozeanablagerungen $1{,}9 \cdot 10^{14}$ g/Jahr und ihr Volumen erreicht hunderttausende km^3 [115, 857]. Die SiO_2-Ablagerungen bedecken 6,7% der Fläche des Atlantischen, 14,7% der Fläche des Stillen und 20,4% der Fläche des Indischen Ozeans [2321].

In den meisten Fällen bestehen die kieselsäurehaltigen Ablagerungen auf dem Grunde der Meere aus Resten der Diatomeen [63—65, 201, 252—255, 500]. Das trifft für 70—75% aller SiO_2-Ablagerungen zu [361]. Diese Diatomeen-Ablagerungen befinden sich hauptsächlich in den kälteren Gewässern in der Nähe der Polgebiete [114, 118]. In den Ablagerungen tropischer und subtropischer Meeresteile überwiegen die Skelette der Radiolarien [114], die zusammen mit den Diatomeen nicht weniger als 98—99% aller SiO_2-Ablagerungen bilden [361]. Aus Nadeln der Kieselschwämme und Skeletteile anderer Silizium-Organismen bestehen nur 1—2% der SiO_2-Ablagerungen. An einigen Stellen jedoch spielen die Nadeln der Kieselschwämme eine wesentliche Rolle [171, 305, 306, 373—376, 434]. Nadeln von Schwämmen und Skelette von Diatomeen kommen häufig in größerer Menge auch in Böden vor [567, 572, 614, 834, 835, 873, 1651, 1652, 1897, 2013, 2207, 2261, 2264].

Bedeutende Siliziummengen befinden sich in Kaustobiolithen, wie z. B. dem Erdöl (die Asche des Erdölkokses enthält bis zu 15% SiO_2) [355, 396, 574, 594, 2329, 2431]. Die Herkunft des Siliziums im Erdöl ist noch nicht geklärt. Es kann z. B. aus Einlagerungsgesteinen oder aus den Bohrwässern stammen [275], jedoch kann man auch die Möglichkeit, daß das Erdöl siliziumorganische Verbindungen enthält, nicht ausschließen.

[2722] Горецкий, Ю. К.: Труды ВНИИ минерального сырья, вып. 177. М., 1945, стр. 44.
[2723] Зайцева, Е. Д.: ДАН СССР, **99**, 289 (1954).
[2724] Лисицын, А. П., Богданов, Ю. А.: В сб.: Океанологические исследования, № 18. М., 1968, стр. 5.
[2725] Нахшина, Е. П.: Гидрохим. метер., **48**, 14 (1968).
[2726] Умахонова, Н. С.: Сборник научных сообщений Дагестанского университета, Кафедра химии, вып. 6. Махачкала, 1969, стр. 49.
[2727] Amit, O.: Chem. Geol., **5**, 121 (1969).
[2728] Calvert, S. E.: Nature, **219**, 919 (1968).
[2729] Kamatani, A.: Mar. Biol., **8**, 89 (1971).
[2730] Kobayashi, J. — In: Chem. Environ. Aquatic Habitat (Proc. Int. Biol. Programme Symp.). Amsterdam, 1967, p. 41.
[2731] Murray, H. H., Gravenor, C. P.: Science, **118**, 25 (1953).
[2732] Robertson, R. H. S., Twedily, A. E.: Clay Minerals Bull., **2**, No. 9, 7 (1953).
[2733] Schrader, H.-J.: Science, **174**, 55 (1971).
[2734] Smyk, B.: Postepy Mikrobiol., **9**, 121 (1970).
[2735] Sudo, T.: Ganseki Kobutsu Kosho Gakkaishi, **63**, 186 (1970).
[2736] Wollast, R., de Broeu, F.: Geochim. Cosmochim. Acta, **35**, 613 (1971).
[2737] Zajic, J. E.: Microbial Biogeochemistry. New York—London, 1969.

Kapitel IV

SILIZIUM IN DER PFLANZENWELT

Die Tatsachen. die mit den bekannten Theorien nicht zu erklären sind, sind für die Wissenschaft besonders wertvoll, denn vor allem ihre Bearbeitung fördert die weitere Entwicklung.

A. M. Butlerov

Der größte Teil der Untersuchungen, die der Rolle des Siliziums in der lebenden Natur gewidmet sind, bezieht sich auf höhere Pflanzen. Seitdem man Ende des 18. Jahrhunderts entdeckte, daß Pflanzen Silizium enthalten können, ist eine enorme Anzahl von Arbeiten auf diesem Gebiet durchgeführt worden (zur Zeit nähert sich die Zahl der Veröffentlichungen der Tausend). Im 19. Jahrhundert wurden hauptsächlich analytische Daten über die Zusammensetzung der Asche von Pflanzen, insbesondere über ihren Siliziumgehalt, veröffentlicht. Das hing mit der Entwicklung der Landwirtschaft und der Einführung der Mineraldüngung zusammen. In unserem Jahrhundert wendet sich die Aufmerksamkeit in steigendem Maße der Aufklärung der spezifischen Rolle jeden Elementes im Stoffwechsel der Pflanzen zu. Auch das Silizium wurde immer häufiger Gegenstand derartiger Untersuchungen. Zur Zeit wird die Bedeutung des Siliziums für den Stoffwechsel der Pflanzen schon von vielen Wissenschaftlern anerkannt. Trotzdem wird diese Frage in den Lehrbüchern und Monographien der Biochemie und Physiologie der Pflanzen gewöhnlich mit Stillschweigen übergangen. Bestenfalls werden diesem Problem einige Worte gewidmet [608, 1465]. Das kann wohl damit erklärt werden, daß die experimentellen Ergebnisse in der Literatur weit verstreut sind, so daß eine Verallgemeinerung und eine theoretische Zusammenfassung sehr erschwert wird. Dazu kommt, daß viele Fragen noch unklar und fern der Lösung sind. Eine entsprechende Beachtung fanden die Probleme der Siliziumbiochemie in den Pflanzen erstmalig in den Monographien von Humboldt [1380, 1381], Molisch [1843, 1844] und besonders Czapek [960]. Die letztgenannte Arbeit enthält zudem eine für die damalige Zeit vollständige Übersicht über den Silizium-Gehalt und die Rolle der Siliziumverbindungen im Stoffwechsel der Pflanzen.

Später wurde eine Reihe von Versuchen zur Verallgemeinerung des vorliegenden experimentellen Materials unternommen, jedoch wurden dabei meist nur wenige Arbeiten berücksichtigt. Heute stehen nun schon zahlreiche Übersichtsarbeiten zum Problem der Siliziumbiochemie in Pflanzen [455, 924, 1022, 1554, 1555, 1568, 1660, 1683, 1994, 2042, 2279, 2298] sowie einige Arbeiten [128, 130, 454, 648, 783, 818, 832, 1690, 1726, 1798, 2276], die Teilgebiete dieser Frage berühren, zur Verfügung. Dabei geben die Arbeiten [8] und [1450] den gegenwärtigen Stand der Entwicklung wohl am besten wieder. In einer dieser Arbeiten ist die Bibliographie aller Veröffentlichungen zwischen 1957 und 1966, die der Bedeutung des Siliziums für die Pflanzenernährung gewidmet sind, enthalten [926]. Im Quellennachweis der Arbeit [185] werden einige Angaben zu der bis 1952 erschienenen sowjetischen Literatur über die Rolle des Siliziums in Pflanzen gemacht.

[2738] Baumeister, W.: Mineralstoffe und Pflanzenwachstum. Stuttgart 1954, S. 41, 156.
[2739] Knickmann, E.: Z. org. Landbau, 2, 29 (1965).
[2740] Ponnaiya, B. W. X.: Madras Agr. J., 56, No. 2, 49 (1969).
[2741] Takahashi, E.: J. Agr. Res. Quart., 3, No. 3, 1 (1968).

1. Silizium in höheren Pflanzen

Man nimmt an, daß das Vorkommen von Silizium in Pflanzen in den Jahren 1790 bis 1792 im Zusammenhang mit den Untersuchungen über den Tabaschir — eine amorphe, von Bambus abgesonderte Kieselsäure — entdeckt wurde [1754, 1755, 1808, 2124]. Die praktische Nutzung der von Pflanzen abgesonderten Kieselsäure hat jedoch eine noch viel ältere Geschichte. So war der Tabaschir schon im alten China und Indien bekannt, wo er als Arzneimittel verwendet wurde. Die an Silizium reichste Pflanze, der Schachtelhalm, wurde schon seit langem zur Geschirreinigung und zum Polieren von Holz benutzt [8, 1125], und die kieselsäurereiche Asche der Pflanze *Moquilea* wurde von den Indianern Brasiliens bei der Keramikherstellung schon seit alten Zeiten dem Ton zugesetzt [1700, 1726].

Die ersten Siliziumbestimmungen in Pflanzen stammen von Humboldt [1380], Vauquelin [2434] und Davy [967]. Im Jahre 1804 erschien ein Buch von Saussure [2153], in dem die Ergebnisse zahlreicher Kieselsäurebestimmungen in den verschiedensten Pflanzen zusammengestellt waren. Im 19. Jahrhundert wuchs die Zahl der Analysen, die die Anwesenheit von Silizium in Pflanzen bestätigten, schnell an, weil Silizium von da an zu den Standardelementen gerechnet wurde, die in der Pflanzenasche bestimmt wurden. Das sehr umfangreiche experimentelle Material wurde in den Arbeiten [1082], [1693] und [2529] systematisch zusammengefaßt. Neuere Angaben sind in den Übersichtsartikeln [1702], [1819] und [2328] enthalten. In der letzten Zeit wurde der Siliziumgehalt zahlreicher pflanzlicher Objekte spektrophotometrisch bestimmt [969, 1875, 2143].

Der Kieselsäuregehalt der wichtigsten Vertreter siliziumanreichernder Pflanzen ist in der Tab. 8 angegeben.

Über weitere Siliziumbestimmungen in Pflanzen vgl.: *Bryophyta*-Moose [7, 49, 351, 1028, 2392], *Lycopsida* — Bärlappgewächse [950, 1261, 1905, 2094], *Equisetaceae* — Schachtelhalmgewächse [822, 1028, 1150, 1224, 1395, 1988, 2089, 2104, 2258, 2296, 2312, 2313], *Filices* — Farne [282, 508, 1332, 2017, 2429], *Coniferales* — Kiefernartige [244, 466, 746, 755, 781, 948, 949, 1465, 1658, 1687, 1791, 2057, 2350, 2401, 2414, 2429, 2349, 2525].

Dicotyledoneae — Zweikeimblättrige. *Aceraceae* (Ahorngewächse) [232, 244, 385, 1212, 2047]; *Apocynaceae* (Hundsgiftgewächse) [1693]; *Aquifoliaceae* (Stechpalmengewächse) [879, 1693]; *Araliaceae* (Araliengewächse) [1331, 2429]; *Betu-*

Tabelle 8

SiO_2-Gehalt von höheren Pflanzen

Art	SiO_2-Gehalt (in %)		Literatur
	auf Trockenmasse bezogen	auf Asche bezogen	
1	2	3	4
Bryophyta — Moose			
Fontinalis antipyretica		24,53	[904]
Hypnum schreberi		14,79	[2529]
Hylocomium triquetrum		23,00	[2529]
Metzgeria furcata — Bandartiges Lebermoos		27,30	[1718]
Polytrichum commune, im Juni		16,30	[1497]
Polytrichum commune, im Oktober		45,40	[1497]
Sphagnum cuspidatum		39,92	[1693]
Pteridophyta — Gefäß-Sporenpflanzen			
Lycopsida (Bärlappähnliche) — Bärlappgewächse			
Lycopodium (= *Diphasium*) *alpinum* — Alpen-Flachbärlapp		10,24	[902, 903]
Lycopodium cernuum		30,25	[903]
Lycopodium chamaecyparissum		11,82	[1693]
Lycopodium clavatum — Keulen-Bärlapp		13,94	[1693]
Lycopodium (= *diphasium*) *complanatum* — Gemeiner Flachbärlapp		10,06	[2215]
Selaginella spinulosa (= *selaginoides*) — dorniger Moosfarn		6,67	[902, 903]
Equisetaceae — Schachtelhalmgewächse			
Equisetum arvense — Acker-Schachtelhalm		62,02	[2239]
		41,40	[1693]
„	0,37	6,19	[1726, 1780, 1781]
„		40,00—76,00	[2215]
Equisetum hiemale (*hyemale*) — Winter-Schachtelhalm		73,23	[2239]
„		70,00—96,00	[2215]
Equisetum limosum (= *fluviatile*) — Teich-Schachtelhalm		50,22	[2215]
Equisetum maximum (= *telmateia*) — Riesen-Schachtelhalm		63,95	[902, 903]
Equisetum palustre — Sumpf-Schachtelhalm		59,09	[2239]

Tabelle 8 (Fortsetzung)

Art	SiO$_2$-Gehalt (in %)		Literatur
	auf Trockenmasse bezogen	auf Asche bezogen	
1	2	3	4
Equisetum pratense — Wiesen-Schachtelhalm		58,32	[2239]
Equisetum silvaticum (*sylvaticum*) — Wald-Schachtelhalm		58,52	[2239]
Equisetum telmateia — Riesen-Schachtelhalm		70,64	[2529]
„		6615,	[1693]
„	5,40	31,08	[1726, 1780, 1781]
Filices — Farne			
Asplenium trichomanes — Braunstieliger Streifenfarn		35,64	[1693]
Athyrium filix-femina — Gemeiner Frauenfarn	4,09	35,75	[1331]
Blechnum spicant — Rippenfarn	3,00	27,15	[1331]
Cyathea serra		12,65	[903]
Dryopteris linnaeana — Wurmfarn	3,75	35,05	[1331]
Dryopteris phegopteris (= *Phegopteris sonnectilis*) — Buchenfarn	2,74	27,85	[1331]
Ophioglossum vulgatum — Gemeine Natternzunge		3,58	[950]
Osmunda spicant — Königsfarn		53.00	[1693]
Pteridium aquilinum — Adlerfarn	4,76	68,8	[232, 1166]
„		49,85	[1374]
Pteris aquilina — Adlerfarn		43,65	[1693]
Coniferales — Kiefernartige			
Abies alba — Weiß-Tanne, Nadeln		50,00	[2057]
Abies pectinata — Weißtanne, Nadeln		8,15	[960]
Abies pectinata, Holz		10,87	[1693]
Abies pectinata, Rinde		14,47	[2529]
Abies pectinata, Samen		11,71	[1693]
Larix decidua — Europäische Lärche, Holz		11,00	[960]
Larix decidua, Nadeln		84,34	[960]
Larix decidua, Samen		0,20	[102]
Picea excelsa — Gemeine Fichte, Rotfichte, Holz	0,17	44,32	[402]

Tabelle 8 (Fortsetzung)

Art	SiO_2-Gehalt (in %)		Literatur
	auf Trockenmasse bezogen	auf Asche bezogen	
1	2	3	4
Picea excelsa, Rinde	0,13	39,30	[102, 2529]
Picea excelsa, Nadeln	0,75	70,07	[102, 960]
Pinus cembra — Zirbelkiefer, Arve, Samen		0,31	[1654]
Pinus maritima — Strandkiefer, Holz		9,18	[1102]
Pinus montana (= *mugo*) — Berg-Kiefer, Latsche, Rinde		17,36	[2529]
Pinus silvestris (= *sylvatica*) — Wald-Kiefer, Föhre, Nadeln	0,24	9,61	[102, 402]
Pinus silvestris, Holz		32,56	[1693]
Pinus silvestris, Rinde		30,30	[1693]
Taxus — Eibe, Nadeln		8,36	[244]
Dicotyledoneae — Zweikeimblättrige			
Betulaceae — Birkengewächse			
Alnus — Erle, Holz		5,00	[781]
Betula alba — Weiß-Birke, Holz		2,89—12,23	[1693]
Betula alba, Rinde		16,96	[1693]
Betula alba, Blätter		2,26	[1693]
Betula ermani, Blätter		1,70	[282]
Betula ermani, Wurzeln		5,45	[282]
Carpinus betulus — Hainbuche, Weißbuche, Blätter		13,31	[437]
Corylus avellana — Gemeine Hasel, Blätter	1,55	11,30	[2047, 2153]
Corylus avellana, Herbstlaub	3,55		[232]
Corylus avellana, Äste		22,00	[2153]
Bixaceae			
Bixa orellana — Orleanstrauch, Samen		12,63	[1693]
Boraginaceae — Borretschgewächse			
Borago officinalis — Borretsch, Gurkenkraut		11,21	[1693]
Echium vulgare — Gemeiner Natterkopf		26,46	[1693]
Lithospermum officinale — Echter Steinsame	8,11	27,68	[2529, 1726]
Myosotis arvensis — Acker-Vergißmeinnicht		19,50	[1693]

Tabelle 8 (Fortsetzung)

Art	SiO₂-Gehalt (in %) auf Trockenmasse bezogen	auf Asche bezogen	Literatur
1	2	3	4
Symphytum officinale — Gemeiner Beinwell		21,22	[1693]
Cannabinaceae (= *Cannabaceae*) — Hanfgewächse			
Cannabis sativa — Kultur-Hanf, Samen		14,04	[1693]
Cannabis sativa, Stengel und Blätter		22,10	[1693]
Humulus lupulus — Gemeiner Hopfen, Gesamtpflanze		21,50	[1693]
Humulus lupulus, Blätter		10,40—29,35	[1693]
Humulus lupulus, Blüten		17,88—19,60	[1693]
Humulus lupulus, Zapfen		9,99—25,80	[1693]
Caryophyllaceae — Nelkengewächse		2,04—10,66	[1331, 1693]
Chenopodiaceae — Gänsefußgewächse		0,19—11,74	[197, 1693]
Compositae — Korbblütengewächse			
Artemisia santonica — Beifuß		31,65	[1693]
Artemisia meyeriana	3,26		[197]
Centaurea nigra — Schwarze Flockenblume		19,22	[1693]
Cichorium endivia — Endivie		24,62	[1693]
Cichorium intybus — Gemeine Wegwarte, Zichorie, Wurzel		12,75	[1693]
Cynara scolymus — Artischocke, Blätter		17,25	[1693]
Filago germanica (= *vulgaris*) — Deutsches Filzkraut		21,58	[1693]
Helianthus amnuus — Sonnenblume		11,58	[1693]
Helianthus tuberosus — Topinambur, Erdbirne		24,94	[1693]
Lactuca sativa — Grüner Salat, Sproß		20,23	[1693]
Silybium marianum — Mariendistel		12,80	[2418]
Convolvulaceae — Windengewächse			
Convolvulus arvensis — Ackerwinde		12,80	[1693]
Crassulaceae — Dickblattgewächse			
Sedum reflexum — Felsenfetthenne, Tripmadam		12,88	[1693]
Sedum telephium — Rötliche Fetthenne, Wurzeln		12,20	[1693]
Cruciferae — Kreuzblütengewächse			
Armoracia rusticana — Meerrettich		7,20	[2529]

Tabelle 8 (Fortsetzung)

Art	SiO_2-Gehalt (in %) auf Trockenmasse bezogen	auf Asche bezogen	Literatur
1	2	3	4
Brassica napus — Kohlrübe, Blätter		11,32	[1693]
Brassica napus, Rübe		8,51	[1693]
Brassica napus var. oleifera — Raps, Stroh		1,00—17,12	[1693]
Brassica napus var. oleifera, Samen		0,40—5,99	[1693]
Brassica oleracea var. gongyloides, Kohlrabi, Blätter		9,57	[1693]
Capsella bursa pastoris — Hirtentäschelkraut		10,41	[1693]
Lèpidum sativum — Garten-Kresse		14,46	[1693]
Raphanus sativus — Garten-Rettich, Radieschen, Wurzelknollen		8,17	[2529]
Raphanus sativus, trockenes Laub		8,22	[2529]
Cucurbitaceae — Kürbisgewächse			
Cucumis sativus — Gurke		6,61—7,12	[1693]
Dipsacaceae — Kardengewächse			
Scabiosa arvensis — Acker-Skabiose		12,68	[1693]
Ericaceae — Heidekrautgewächse			
Calluna vulgaris — Heidekraut, Besenheide	1,35—1,69		[1331, 1332]
,,		48,08	[1693]
Erica carnea (= *herbacea*) — Schnee-Heide		12,38	[1693]
Erica ciliaris		35,22	[1693]
Erica cinerea — Grau-Heide		27,79	[1693]
Erica tetralix — Glocken-Heide		48,35	[1693]
Vaccinium myrtillus — Heidelbeere, Blaubeere, Blätter		1,75—4,79	[282]
Vaccinium myrtillus, Wurzeln		5,0—6,5	[282]
Eucommiaceae			
Eucommia ulmoides, Blätter	4,5—12,2		[215]
Euphorbiaceae — Wolfsmilchgewächse			
Euphorbia amygdaloidea — Mandel-Wolfsmilch		14,16	[1693]
Euphorbia helioscopia — Sonnenwend-Wolfsmilch		15,06	[1693]
Mercurialis annua — Einjähriges Bingelkraut		9,07	[1693]

Tabelle 8 (Fortsetzung)

Art	SiO_2-Gehalt (in %)		Literatur
	auf Trockenmasse bezogen	auf Asche bezogen	
1	2	3	4
Fagaceae — Buchengewächse			
Fagus silvatica (= *sylvatica*) — Gemeine Buche, Rot-Buche, Holz		10,04	[960]
Fagus silvatica, Rinde		17,97	[1693]
Fagus silvatica, Blätter	1,06	9,40	[2047, 437]
Fagus silvatica, Blätter 16. V.		1,2	[2415]
Fagus silvatica, Blätter 18. VII.		13,4	[2415]
Fagus silvatica, Blätter 14. X.		20,7	[2415]
Fagus silvatica, Blätter 24. XI.		24,4	[2415]
Quercus robur — Stiel-Eiche, Kernholz		11,54	[960]
Quercus robur, Blätter	1,65	14	[232, 466]
Quercus robur, Blätter		19,80	[244]
Hippocastanaceae — Roßkastaniengewächse			
Aesculus hippocastanum — Gemeine Roßkastanie, Frühjahrslaub		1,76	[1693]
Aesculus hippocastanum, Herbstlaub		13,91	[1693]
Hydrocaryaceae — Wassernußgewächse			
Trapa natans — Wassernuß	5,53	28,00	[2529, 1726]
Juglandaceae — Walnußgewächse			
Juglans regia — Echte Walnuß		83,30	[2415]
Juglans regia, Holz		2,86	[1693]
Juglans regia, Rinde		2,67	[1693]
Juglans regia, Blätter		2,02	[1693]
Juglans regia, Nuß und Nußschale		14,43	[1693]
Labiatae — Lippenblütengewächse			
Ajuga reptans — Kriech-Günsel auf alkalischem Boden		8,60	[2529, 442]
Ajuga reptans, auf granitischem Alluvialboden		21,70	[2529, 442]
Clinopodium vulgare — Wirbeldost		20,60	[1693]
Galeopsis ochroleuca (= *segetum*) — Saat-Hohlzahn	0,92	16,49	[2239, 1693]
Stachys arvensis — Acker-Ziest		24,46	[1693]
Leguminosae — Hülsenfrüchtler			
Acacia cavenia — Akazie, Holz		15,90	[960]
Glycyrrhiz glabra — Süßholz, Lakritze	2,46		[197]
Lupinus — Lupine, Stengel		14,54	[1693]

Tabelle 8 (Fortsetzung)

Art	SiO_2-Gehalt (in %)		Literatur
	auf Trockenmasse bezogen	auf Asche bezogen	
1	2	3	4
Lupinus, Stengel		3,07	[804]
Lupinus, Blätter und Blüten		11,61	[804]
Lupinus, Bohnen		5,14	[2529, 84]
Medicago — Luzerne, Schneckenklee, Stroh		1,20	[2477]
Onobrychis sativa (= *viciifolia*) — Saat-Esparsette		15,30	[1693]
Ononis repens — Kriechende Hauhechel		27,37	[1693]
Pisum sativum — Erbse, Stroh		0,56—21,35	[1693]
Robinia pseudoacacia — Robinie, Falsche Akazie		11,77	[2529]
Trigonella geminiflora — Schabziegerklee, Bockshornklee	1,21		[105]
Ulex europaes — Stechginster, Gaspeldorn, Heckensame		26,11	[1693]
Meliaceae			
Cedrela (= *Toona*) *brasiliensis* — Brasil. Surenbaum, Holz		45,87	[960]
Moraceae — Maulbeergewächse			
Morus alba — Weiße Maulbeere, Blätter	0,36—3,98		[356, 1693]
Oleaceae — Ölbaumgewächse		20,27—37,62	
Olea europaea — Ölbaum, Olive, Holz		14,23	[960]
Papaveraceae — Mohngewächse			
Corydalis bulbosa (= *cava*) — Hohler Lerchensporn, Hohlwurz, Wurzeln		35,68	[1693]
Papaver pavonium — Mohn	1,00		[105]
Plumbaginaceae — Bleiwurzgewächse			
Armeria maritima — Gemeine Grasnelke		14,58	[1693]
Statice meyeri (= *Limonium*) — Strandflieder, Strandnelke	2,99		[197]
Polygonaceae — Knöterichgewächse			
Polygonum aviculare — Vogel-Knöterich	0,35—4,5	16,38	[1150, 1181, 1594, 2239]
Rumex acetosa — Wiesen-Sauerampfer		11,50	[1693]
Rumex sanguinens — Blut-Ampfer, Hain-Ampfer		7,30	[1499]

Tabelle 8 (Fortsetzung)

Art	SiO_2-Gehalt (in %) auf Trockenmasse bezogen	auf Asche bezogen	Literatur
1	2	3	4
Primulaceae — Primelgewächse			
Anagallis arvensis — Acker-Gauchheil		10,80	[1693]
Hottonia palustris — Wasserfeder, Wasserprimel		18,64	[1693]
Lysimachia nummularia — Pfennig-Gilbweiderich, Pfennigkraut		26,81	[1693]
Primula farinosa — Mehlprimel, Wurzeln		25,53	[1693]
Primula vulgaris — Schaftlose Primel, Blätter		6,30	[1499]
Ranunculaceae — Hahnenfußgewächse			
Ranunculus bulbosus — Knolliger Hahnenfuß		15,54	[1693]
Ranunculus ficaria — Scharbockskraut		16,72	[1693]
Rosaceae — Rosengewächse			
Agrimonia euportaria — Kleiner Odermennig		29,07	[1693]
Fragaria vesca — Wald-Erdbeere, Frucht		12,05	[1693]
Licania sp.	3,59	81,19	[787, 1726]
Licania densiflora	1,64		[651]
Licania grisea	2,40		[651]
Licania heteromorpha	1,69		[651]
Licania majuscula	2,82		[651]
Licania minutiflora	1,23		[651]
Licania mollis	1,01		[651]
Licania nunthiana	1,54		[651]
Licania persaudii	2,53		[651]
Malus domestica — Kultur-Apfel, Blätter zur Zeit der Blüte	0,86		[59]
Malus domestica, Blätter im September	2,04		[59]
Potentilla fragariastrum (= *sterilis*) — Erdbeer-Fingerkraut		24,89	[1693]
Prunus avium (= *Cerasus avium*) — Vogel-Kirsche, Süß-Kirsche, Rinde		21,30	[2529]
Pyrus-Birne, Blätter zur Zeit der Blüte	0,33		[59]
Pyrus, Blätter im Oktober	2,67		[59]
Rubiaceae — Rötegewächse			
Asperula humifusa — Meier	8,73	46,34	[197]

Tabelle 8 (Fortsetzung)

Art	SiO_2-Gehalt (in %)		Literatur
	auf Trockenmasse bezogen	auf Asche bezogen	
1	2	3	4
Galium cruciata (= *Cruciata laevipes*) — Gewimpertes Kreuzlabkraut		12,18	[1693]
Galium molluga — Wiesen-Labkraut		21,75	[1693]
Galium palustre — Sumpf-Labkraut		20,05	[1693]
Rubium tinctorum (Asperula tinctoria) — Färber-Meier, Krapp, Wurzeln		13,10	[1693]
Rubium tinctorum, Samen		19,22	[1693)
Salicaceae — Weidengewächse			
Populus nigra — Schwarz-Pappel, Blätter 26. V.		5,00	[2153]
Populus nigra, Blätter 12. IX.		11,50	[2153]
Populus tremula — Zitter-Pappel, Espe, lebende Blätter	1,30		[232]
Populus tremula, abgestorbene Blätter	8,75		[232]
Scrophulariaceae — Braunwurzgewächse			
Digitalis purpurea — Roter Fingerhut, Gesamtpflanze		12,78	[1693]
Digitalis purpurea, Sproß		18,96	[1693]
Euphrasia odontites — Augentrost		39,79	[1693]
Linaria striata (= *L. repens*) — Streifen-Leinkraut		20,53	[1693]
Veronica arvensis — Feld-Ehrenpreis		11,30	[1693]
Solanaceae — Nachtschattengewächse			
Nicotiana tabacum — Virginischer Tabak	0,34—1,39		[2430]
Solanum dulcamara — Bittersüßer Nachtschatten, Sproß		18,07	[1693]
Solanum tuberosum — Kartoffel, Wurzelknollen		10,79	[1693]
Sterculiaceae — Kakaogewächse			
Theobroma cacao — Kakao, Rinde		34,60	[1693]
Theobroma cacao, Blätter		42,65	[1693]
Tamariaceae — Tamariskengewächse			
Tamarix ramosissima — Tamariske, Blätter	7,91	32,13	[197]

Tabelle 8 (Fortsetzung)

Art	SiO_2-Gehalt (in %)		Literatur
	auf Trockenmasse bezogen	auf Asche bezogen	
1	2	3	4
Theaceae — Teestrauchgewächse			
Thea sinensis — Teestrauch, gesunder Strauch: Blätter		2,34	[421]
Äste		3,27	[421]
Wurzeln		25,05	[421]
Thea sinensis, kranker Strauch: Blätter		4,83	[421]
Äste		14,57	[421]
Wurzeln		27,74	[421]
Ulmaceae — Ulmengewächse			
Ulmus — Ulme, Blätter	5,88		[385]
Ulmus, Blätter	2,75	26,83	[532]
Ulmus, abgestorbene Blätter	2,52	32,06	[532]
„	7,00		[272]
Ulmus, Wurzeln	0,56	13,37	[532]
Celtis tala — Zürgelbaum, Holz		15,87	[960]
Umbelliferae — Doldengewächse			
Aethusa cynapium — Hundspetersilie, Gleiße,		13,14	[1693]
Daucus carota — Möhre, trockenes Laub		11,61	[1693]
Urticaceae — Brennesselgewächse			
Urtica dioica — Große Brennessel	1,13—4,75		[1331, 1332]
Vitaceae — Weinrebengewächse			
Vitis vinifera — Echter Weinstock, Blätter		39,44	[960]
Monocotyledoneae — Einkeimblättrige			
Cyperaceae — Riedgrasgewächse, Sauergräser			
Carex acuta (= *gracilis*) — Schlank-Segge		16,98	[1693]
Carex pilosa — Wimper-Segge	4,66	41,83	[232]
Carex pilulifera — Pillen-Segge	3,35	35,52	[1331]
Carex pseudo-cyperus — Scheinzyper-Segge		39,56	[1693]
Carex remota — Winkel-Segge	3,18	28,86	[1331]
Carex silvatica (= *Sylvatica*) — Wald-Segge	3,64	35,90	[1331]

Tabelle 8 (Fortsetzung)

Art	SiO_2-Gehalt (in %) auf Trockenmasse bezogen	auf Asche bezogen	Literatur
1	2	3	4
Gramineae — Süßgräser			
Aegilops trinucialis	2,62		[105]
Agropyron caninum — Hunds-Quecke	4,17	34,43	[1331]
Agrostis tennis — Rot-Straußgras	2,89	37,58	[1331]
Alopecurus pratensis — Wiesen-Fuchsschwanz		38,75	[1693]
Andropogon scoparius (= *Bothriochloa*) — Bartgras, Blätter		64,62	[960]
Anthoxanthum odoratum — Gemeines Ruchgras	3,53	28,24	[1331]
Arrhenatherum elatius — Glatthafer	3,01	36,44	[1693]
Arundo donax — Pfahlrohr, Riesenschilf	1,71		[895]
Arundo donax, Blätter	9,5	76,9	[1726]
Arundo donax, Stengel	3,9	70,8	[1726]
Arundo phragmitis		57,70—77,27	[2215]
Avena sativa — Saathafer, Körner	2,12	53,97	[2508, 1693]
Avena sativa, Stroh		54,25	[1693]
Avena sterilis — Hafer, Spelzen	10,95		[1454]
Avena sterilis, Knoten	10,36		[1454]
Avena sterilis, Internodien	1,42		[1454]
Avena sterilis, Blätter	5,34		[1454]
Avena sterilis, Blattscheiden	4,55		[1454]
Avena sterilis, Wurzeln	1,84		[1454]
Avena sterilis, Körner	0,12	8,51	[1454, 2309]
Bambusae — Bambusgewächse	0,5∼2,0	50∼60	[1967]
Bambusa polymorpha	0,89	48,50	[2401]
Bambusa vulgaris — Bambus	1,78	57,76	[2401]
Bouteloua	10		[1975]
Brachypodium pinnatum — Fieder-Zwenke	2,05	29,41	[1331]
Brachypodium silvaticum (= *sylvaticum*) — Wald-Zwenke	5,56—8,40		[1332]
Bromus erectus — Aufrechte Trespe		38,48	[1693]
Bromus mollis — Weiche Trespe		33,34	[1693]
Bromus ramosus — Späte Wald-Trespe	3,34	28,55	[1331]
Bromus schraderi		82,91	[2215]
Bromus secalinus — Roggen-Trespe	2,83	35,72	[1693]
Bromus sterilis — Taube Trespe	4,21	44,88	[1693]

Tabelle 8 (Fortsetzung)

Art	SiO_2-Gehalt (in %) auf Trockenmasse bezogen	SiO_2-Gehalt (in %) auf Asche bezogen	Literatur
1	2	3	4
Calamagrostis arundinacea — Wald-Reitgras	4,66	39,76	[1331]
Calamagrostis canescens — Sumpf-Reitgras	6,37	56,32	[1331]
Calamagrostis epigeios — Land-Reitgras, Sandrohr	4,02—6,33		[1332]
Calamagrostis villosa — Wolliges Reitgras	3,38—7,40		[1332]
Cephalostachyum pergraciles	2,88	79,44	[2401]
Cynodon dactylon — Hundszahn	7,17	51,40	[197]
Cynosurus cristatus — Weide-Kammgras		40,11	[1693]
Dactylis glomerata — Gemeines Knaulgras	3,27	27,05	[1331]
Deschampsia caespitosa — Rasen-Schmiele	2,54—3,14		[1332]
Deschampsia flexuosa — Draht-Schmiele	1,95	26,90	[1331]
Elymus (= *Leymus*) *caputmedusae* — Strandroggen		72—89	[2324]
Elymus (= *Leymus*) — *europaens* Europ. Strandroggen	6,00	58,82	[1331]
Festuca duriuscula (= *cinerea*) — Blau-Schwingel		28,53	[1693]
Festuca sulcata (= *rupicola*) — Furchen-Schwingel		72,20	[216]
Festuca gigantea — Riesen-Schwingel	3,96—5,14		[1332]
Festuca ovinia — Echter Schaf-Schwingel	2,01	35,33	[1331]
Gigantochloa (= *Bambusa*) *apus*	0,50	18,07	[2401]
Gigantochloa (= *Bambusa*) *verticillata*	0,52	28,02	[2401]
Gigantochloa (= *Bambusa*) *nigrosiliata*	1,09	28,92	[2401]
Glyceria aquatica (= *maxima*) — Wasser-Schwaden	3,42	50,29	[1693]
Glyceria fluitans — Flutender Schwaden, Manna-Schwaden	3,70	38,30	[1331]
Glyceria maxima — Wasser-Schwaden	1,78	23,61	[1331]
Holcus lanatus — Wolliges Honiggras	2,72	29,76	[1331]
Holcus mollis — Weiches Honiggras	2,74	23,60	[1331]
Hordeum bulbosum — Gerste	2,63		[105]

Tabelle 8 (Fortsetzung)

Art	SiO_2-Gehalt (in %)		Literatur
	auf Trockenmasse bezogen	auf Asche bezogen	
1	2	3	4
Hordeum murinum — Mäuse-Gerste	4,05	42,28	[1693]
Hordeum pratense — Gerste		56,23	[1693]
Hordeum vulgare — Sechszeilige Gerste, Körner		31,20	[1693]
„		8,61	[2309]
Hordeum vulgare, Stroh		59,65	[1693]
Hordeum vulgare, Wurzeln		38,15	[1095]
Hordeum vulgare, Grannen		70,77	[1693]
Koeleria cristata (= *macrantha*) — Zierliches Schillergras	3,20	39,46	[1693]
Lolium perenne — Deutsches Weidelgras, Englisches Raigras		27,13	[1693]
Lolium multiflorum — Welsches Weidelgras, Italienisches Raigras	0,27—1,61	60,62	[956, 1693]
Lolium termulentum — Taumel-Lolch	3,54	49,93	[1693]
Lopochloa pleoides	2,46		[105]
Melica uniflora — Einblütiges Perlgras	2,31—4,05		[1332]
Melinis minutiflora, Blüten	7,5		[1901]
Milium effusum — Wald-Flattergras	2,57	29,17	[1693]
Molinia coerulea (= *caerulea*) — Pfeifengras, Benthalm	0,94—3,08		[1332]
Nardus stricta — Borstgras	5,07	61,31	[1331]
Oryza sativa — Reis, Körner	3,44	27,26	[1693, 2309]
Oryza sativa, Spelzen	18	93	[1006, 1707]
Oryza sativa, Stroh	8∼12		[1967]
Oryza sativa, Blätter	12,89	80,26	[624]
Oryza sativa, Blattscheiden	13,13		[1634]
Oryza sativa, Wurzeln	5,82		[1634]
Panicum miliaceum — Rispenhirse, Körner		59,63	[1693]
Pappophorum silicosum	∼10		[1901]
Phalaris arundinacea — Rohr-Glanzgras	4,77	37,95	[1693, 1331]
„		55,70	[2215]
Phalaris canariensis — Echtes Glanzgras, Kanariengras		61,60	[1693]
Phleum pratense — Wiesen-Lieschgras, Timothee		31,09	[1693]

Tabelle 8 (Fortsetzung)

Art	SiO$_2$-Gehalt (in %) auf Trockenmasse bezogen	auf Asche bezogen	Literatur
1	2	3	4
	2,0—4,8		[577]
Phragmites communis (= *australis*) — Gemeines Schilf	4,02	43,60	[1331]
„	10,90	66,75	[197]
Phyllostachys reticulata	0,23	19,05	[2401]
Poa annua — Jähriges Rispengras		16,03	[1693]
Poa bulbosa — Zwiebel-Rispengras	3,55		[105]
„	2,29	44,80	[197]
Poa chaixii — Wald-Rispengras	1,18	19,31	[1331]
Poa maritima — Rispengras	3,23	47,48	[1726, 2529]
Poa nemoralis — Hain-Rispengras	2,89	34,78	[1331]
Poa pratensis — Wiesen-Rispengras		32,93	[1693]
Saccharum officinarum — Zuckerrohr		17,04—51,93	[1693]
Secale cereale — Saat-Roggen, Körner		0,17— 2,95	[1693]
Secale cereale, Stroh		46,52—65,17	[1693]
Setaria germanica — Borstenhirse		25,60	[1693]
Setaria panis		39,99	[1693]
Sorghum avenaceum — Mohrenhirse, Blätter		61,56	[960]
Stipa szovitsiana — Federgras	7,32	71,98	[197]
Triticum vulgare (= *aestivum*) — Saat-Weizen, Körner	0,35	0,09— 5,91	[938, 1693]
Triticum vulgare, Stroh		42,49—71,49	[1693]
Triticum vulgare, Stroh	2∼4	50∼57	[1967]
Zea mays — Mais, Körner		1,13—4,60	[1693]
Zea mays, Stengel und Blätter		37,98	[1693]
Zea mays, Blätter		63,76	[960]
Hydrocharitaceae — Froschbißgewächse			
Elodea canadensis — Kanadische Wasserpest		20,62	[1328]
Juncaceae — Binsengewächse			
Juncus conglomeratus — Knäuel-Binse		11,62	[1693]
Juncus effusus — Flatter-Binse	0,72	13,42	[1331]
Lemnaceae — Wasserlinsengewächse			
Lemna trissulea — Untergetauchte Wasserlinse		16,05	[1691]
Liliaceae — Liliengewächse			
Aloe — Aloe		40,10	[1488]

Tabelle 8 (Fortsetzung)

Art	SiO_2-Gehalt (in %)		Literatur
	auf Trockenmasse bezogen	auf Asche bezogen	
1	2	3	4
Orchidaceae — Orchideengewächse			
Orchis laxiflora — Knabenkraut		13,75	[1693]
Orchis maculata — Geflecktes Knabenkraut		20,88	[1693]
Orchis morio — Kleines Knabenkraut, Salep-Knabenkraut		12,41	[1693]
Palmae — Palmengewächse			
Calanus rotang — Rotangpalme, Blätter	2,15	67,96	[2529, 1726]
Posidoniaceae			
Posidonia oceanica		12,81	[130, 2222]
,, ,,		20,86	[130, 2222]
Potamogetonaceae — Laichkrautgewächse (*Zosteraceae* — Seegrasgewächse)			
Zostera marina — Echtes Seegras		13,44	[130, 830]
,,		25,41	[803]
Zostera nana (= *noltii*) — Zwerg-Seegras		10,11	[1865]

In Klammern sind die nach ROTHMALER, Exkursionsflora 2, 1972, geltenden Namen beigefügt.

laceae (Birkengewächse) [423, 510, 573, 1028, 1044, 1885, 1886, 2048, 2231, 2525]; *Boraginaceae* (Borretschgewächse) [1028, 1429, 2089]; *Caesalpiniaceae* (Johannisbrotgewächse) [2107]; *Cannabinaceae* (Hanfgewächse) [510, 1076]; *Capparidaceae* (Kaperngewächse) [197]; *Caprifoliaceae* (Geißblattgewächse) [1331, 2429]; *Caryophyllaceae* (Nelkengewächse) [385, 657]; *Celastraceae* (Baumwürgergewächse) [232]; *Chenopodiaceae* (Gänsefußgewächse) [197, 510, 758, 871, 1021, 1031, 1113, 1213, 1219, 1221, 1236—1238, 1275, 1276, 1569, 2440]; *Compositae* (Korbblütengewächse) [370, 510, 1331, 1332, 1816, 2153, 2529]; *Cornaceae* (Hartriegelgewächse) [2429]; *Crassulaceae* (Dickblattgewächse) [1903]; *Cruciferae* (Kreuzblütengewächse) [510, 875, 1096, 1221, 1329, 1441—1444, 1613, 1635, 1689, 1816, 1873, 2002, 2034, 2534]; *Cucurbitaceae* (Kürbisgewächse) [510, 1221, 2433]; *Dipsacaceae* (Kardengewächse) [2224]; *Ericaceae* (Heidekrautgewächse) [351, 437, 815, 1028, 1101, 1223, 1254, 2153, 2236, 2367, 2429]; *Elaeagnaceae* (Ölweidengewächse)

[497]; *Euphorbiaceae* (Wolfsmilchgewächse) [1331, 1332, 1816]; *Fagaceae* (Buchengewächse) [232, 385, 596, 779, 781, 1026, 1212, 1794, 1886, 1967, 2153, 2231, 2401, 2414, 2529, 2570]; *Flacourtiaceae* (Flacourtiengewächse) [2146]; *Geraniaceae* (Storchschnabelgewächse) [723, 1628]; *Hamamelidaceae* (Zaubernußgewächse) [2429]; *Hippocastanaceae* (Roßkastaniengewächse) [1212, 1239, 2153, 2529]; *Juglandaceae* (Walnußgewächse) [781, 2094, 2529]; *Labiatae* (Lippenblütengewächse) [1028, 1150, 1331, 1988, 2089, 2371, 2429]; *Lauraceae* (Lorbeergewächse) [1028, 1693, 2429]; *Leguminosae* (Hülsenfrüchtler) [204, 308, 510, 651, 675, 782, 786, 973, 1012, 1051, 1147, 1165, 1221, 1266, 1273, 1292, 1431, 1507, 1508, 1749, 1794, 2114, 2129, 2223, 2226, 2231, 2242—2245, 2267, 2274, 2314, 2399, 2414, 2429, 2432, 2474, 2480, 2482, 2483, 2508, 2539, 2568]; *Linaceae* (Leingewächse) [510, 1693]; *Malvaceae* (Malvengewächse) [334, 938, 939]; *Moraceae* (Maulbeergewächse) [651, 781, 2153, 2529]; *Myrtaceae* (Myrtengewächse) [653, 1028]; *Nymphaceae* (Seerosengewächse) [1693]; *Oleaceae* (Ölbaumgewächse) [385, 1693, 1794, 2050, 2525]; *Onagraceae* (Nachtkerzengewächse) [1331]; *Orobanchaceae* (Sommerwurzgewächse) [2289]; *Oxalidaceae* (Sauerkleegewächse) [1331]; *Papaveraceae* (Mohngewächse) [731, 732, 2529]; *Phytolaccaceae* (Kermesbeergewächse) [1395]; *Piperaceae* (Pfeffergewächse) [1221, 2111]; *Plantaginaceae* (Wegerichgewächse) [2147]; *Platanaceae* (Platanengewächse) [2047, 2402]; *Polygonaceae* (Knöterichgewächse) [510, 1150, 1430, 1988, 2089, 2508, 2529]; *Ranunculaceae* (Hahnenfußgewächse) [1331]; *Resedaceae* (Resedengewächse) [1693]; *Rosaceae* (Rosengewächse) [420, 497, 510, 657, 920, 1223, 1331, 1332, 1340, 1633, 1638, 1700, 1785, 2296, 2429, 2524]; *Rubiaceae* (Rötegewächse) [1331, 2374, 2529]; *Rutaceae* (Rautengewächse) [781, 1693, 2130]; *Salicaceae* (Weidengewächse) [1465, 1693]; *Sapotaceae* (Breiapfelgewächse) [651]; *Saxifragaceae* (Steinbrechgewächse) [497, 510, 1693]; *Scrophulariaceae* (Braunwurzgewächse) [1028, 1331, 1332]; *Solanaceae* (Nachtschattengewächse) [510, 781, 962, 970, 1117, 1221, 1233, 1245, 1395, 1649, 1655, 2011, 2529, 2545]; *Sterculiaceae* (Kakaogewächse) [899, 2529]; *Stilaginaceae* [2523]; *Thymelaceae* (Spatzenzungengewächse) [1693]; *Tiliaceae* (Lindengewächse) [232, 385, 781]; *Ulmaceae* (Ulmengewächse) [1693, 1885]; *Umbelliferae* (Doldengewächse) [385, 510, 944, 1221, 2529, 2531]; *Vitaceae* (Weinrebengewächse) [510, 1324, 2228, 2529].

Monocotyledoneae — Einkeimblättrige. *Amaryllidaceae* (Amaryllisgewächse) [1499]; *Araceae* (Aronstabgewächse) [1693]; *Bromeliaceae* (Ananasgewächse) [1693]; *Cyperaceae* (Riedgrasgewächse) [385, 1456, 1975]; *Dioscoreaceae* (Yamswurzelgewächse) [1855]; *Gramineae* (Süßgräser) [56, 67, 100, 198, 234, 251, 350, 420, 508, 510, 598, 665, 715, 728, 743, 781, 788, 799, 869, 895, 922, 929, 939, 943, 960, 976, 981, 1097, 1168, 1192, 1226, 1257, 1272, 1395, 1389, 1423, 1456, 1553, 1559, 1575, 1593, 1599, 1600, 1625, 1639, 1648, 1649, 1669, 1722, 1793, 1794, 2000, 2001, 2027, 2112, 2142, 2153, 2163, 2196, 2335, 2477, 2483, 2508, 2512, 2527, 2529, 2548]; *Hydrocharitaceae* (Froschbißgewächse) [1693]; *Juncaceae* (Binsengewächse) [1332]; *Lemnaceae* (Wasserlinsengewächse) [122]; *Liliaceae* (Liliengewächse) [314, 510, 1271, 1331, 1693, 2016, 2119, 2120, 2529]; *Musaceae*

(Bananengewächse) [1395, 1693, 2073]; *Orchidaceae* (Orchideengewächse) [1211]; *Palmae* (Palmengewächse) [1154, 2003, 2068, 2396, 2529]; *Posidoniaceae* [130, 886, 1865, 2222]; *Potamogetonaceae* (Laichkrautgewächse) [2221]; *Typhaceae* (Rohrkolbengewächse) [2385]; *Zingiberaceae* (Ingwergewächse) [975, 2546].

Verschiedene Baumarten: [651, 652, 654, 1124, 1614, 1871, 1898, 2046, 2154, 2156, 2514].

Durch einen besonders hohen Kieselsäuregehalt (über 50% bezogen auf Asche) zeichnen sich Schachtelhalmgewächse (*Equisetaceae*), Farne (*Filices*) und Gräser (*Gramineae*) aus. Die Asche von Heidekrautgewächsen (*Ericaceae*) und Riedgräsern (*Cyperaceae*) enthält über 40% SiO_2. In Einzelfällen wurde in der Asche von Schachtelhalmgewächsen bis zu 96% SiO_2 gefunden [2215]. Die Asche von Tannennadeln kann bis zu 84% [960] und die der Samenschalen des Reises bis zu 93% SiO_2 [1574, 1707] enthalten. Aus diesem Grunde wurden Samenschalen des Reises auch als Kieselsäurequelle bei der Keramikherstellung verwendet [1948]. Schilf, Heu und Bambusblätter werden zur Herstellung von Kieselsäuregelen eingesetzt, die in der Industrie als Katalysatoren und Adsorbentien genutzt werden [900]. Pflanzen mit hohem Siliziumgehalt können auch in vielen anderen Pflanzenfamilien angetroffen werden. Dabei handelt es sich hauptsächlich um Vertreter der Tropenflora. Viel Kieselsäure enthält die Asche einer Reihe von Pflanzen aus der Familie der Rosengewächse, die in Brasilien heimisch sind (*Chrysobalanus*, *Grangeria*, *Hirtella*, *Lecostemon*, *Turinva*) [1615, 1616, 1700], jedoch fehlen bislang genaue analytische Daten.

Die an Silizium reichsten Pflanzen enthalten etwa 10% SiO_2, (bezogen auf die Trockenmasse). Die trockene Rinde des Baumes *Moquilea* besteht zu 50% aus SiO_2 [1726]. Amos [652, 654] bezeichnet Bäume, die über 0,05% SiO_2 (bezogen auf Trockenmasse) enthalten, als „Kieselbäume", von denen er ungefähr 400 benennt. Viel SiO_2 enthalten auch einige Kräuter [268, 405, 666, 789, 911, 1005, 1010, 1013, 1050, 1246, 1849, 1860, 1892, 1981, 1982, 2178, 2187, 2225, 2299, 2481], z. B. fand man in den Futterpflanzen *Bothriochloa insculpta*, *Chloris gayana*, *Brachiaria dictyoneura*, die in den Tropen wachsen und zu den Gräsern gehören, über 10% SiO_2 (bezogen auf Trockenmasse) bzw. 35—80% (bezogen auf Asche) [2388]. Die Grasnarbe unter Erlen oder Birken kann 15—16% SiO_2 (bezogen auf Trockenmasse) enthalten [1956] und in alten Blättern der Dattelpalme (*Phoenix*) konnten in einigen Fällen über 20% SiO_2 (auf Trockenmasse bezogen) [2068] nachgewiesen werden.

Der oft im Bambusmark zu findende Tabaschir, von dem Einzelstücke bis 15 g wiegen können, besteht fast vollständig aus SiO_2 [724, 836, 837, 918, 1032, 1439, 1615, 1807, 1843, 2019, 2040, 2115, 2372, 2410, 2532]. Tabaschir kann zur Herstellung von Krackkatalysatoren benutzt werden [1910].

Die Mitteilung, daß die Inkrustationen von *Rochea falcata* aus der Familie der *Crassulaceae* ebenfalls aus Kieselsäure bestehen [1483], konnte nicht bestätigt werden (es erwies sich, daß diese Inkrustationen aus Kalziumkarbonat aufgebaut sind [1843]).

Siliziumanreichernde Pflanzen, wie Schachtelhalm, Knöterich (*Polygonum*) und

Hohlzahn (*Galeopsis*) werden als Heilmittel benutzt. Silizium kommt auch in anderen Heilpflanzen vor [1028, 1150, 1267, 1395, 1430, 1604, 1988, 2089, 2239, 2441, 2571]. Aus Luzerne wird ein Kosmetikum gewonnen, dessen anorganischer Anteil 8,9% SiO_2 enthält [2114].

Man nimmt heute an, daß Silizium ein normaler Bestandteil ausnahmslos aller Pflanzen ist. Nach Berechnung einiger Autoren [1384, 2155] kommt es dabei in Mengen von 0,02 bis 0,15% (auf Frischgewicht berechnet) vor. Aus diesem Grunde ist Silizium auch in mehr oder weniger allen pflanzlichen Nahrungsmitteln [510] enthalten. Durch einen bedeutenden SiO_2-Gehalt zeichnen sich Mehl [811, 1085, 1909, 2309, 2319] und Honig [369, 2175, 2177] aus. Silizium findet sich im Brot [773], im Bier [1820, 1893, 1894, 2302] und auch in anderen Nahrungsmitteln [2400]. Auch in der Tabakasche wurde Silizium gefunden [880]. Für die Zucker-, Papier- und Viskoseindustrie ist die pflanzliche Kieselsäure eine schädliche Verunreinigung, weshalb das Problem ihrer Abtrennung intensiv bearbeitet wurde [642, 894, 2353, 2435].

[2742] Арнаутов, Н. В., Зеркалова, М. И., Киреев, А. Д.: В сб.: Микроэлементы в биосфере и применение их в сельском хозяйстве и медицине Сибири и Дальнего Востока. Улан-Удэ, 1971, стр. 477.

[2743] Болышев, Н. Н.: Почвоведение, **1971**, № 8, 134.

[2744] Дундук, И. Г., Шарамко, Е. М.: Вестн. сельскохоз. науки (Москва), **15**, № 2, 86 (1970).

[2745] Загребина, Н. Л.: В сб.: Теоретические вопросы фитоиндикации. Л., 1971, стр. 198

[2746] Заринова, А. М., Усманов, Х. У., Киселева, В. П.: Хим. волокна, **1969**, № 6, 32.

[2747] Иванов, В., Иванова, Л. Б., Русинов, К.: Фармация, **5**, 16 (1955).

[2748] Латария, В. Н.: Сообщ. АН ГрузССР, **54**, 425 (1969).

[2749] Манаков, К. Н.: В сб.: Биологическая продуктивность и круговорот химических элементов в растительных сообществах. Л., 1971, стр. 207.

[2750] Першина, М. Н., Ли, П. В.: В сб.: Биологическая продуктивность и круговорот химических элементов в растительных сообществах. Л., 1971, стр. 281.

[2751] Першина, М. Н., Яковлева, М. Е.: Докл. Тимирязевской сельскохоз. акад., **1968**, № 139, 293.

[2752] Растворова, О. Г.: В сб.: Химия, генезис, картография почв. М., 1968, стр. 112.

[2753] Ремезова, Г. Л.: В сб.: Биологическая продуктивность и круговорот химических элементов в растительных сообществах. Л., 1971, стр. 241.

[2754] Рогальский, Б. В.: Изв. Голодностепск. сельскохоз. станции (Ташкент), **1917**, № 11.

[2755] Руш, В. А., Лизунова, В. В.: Вопр. питания, **28**, № 2, 52 (1969).

[2756] Самойлова, Е. М.: В сб.: Биологическая продуктивность и круговорот химических элементов в растительных сообществах. Л., 1971, стр. 245.

[2757] Семенова, В. Г.: Почвоведение, **1971**, № 7, 46.

[2758] Томмэ, М. Ф., Ксанфонуло, О. И., Сементовская, Н. М.: Минеральный состав кормов. М., 1948.

[2759] Троицкий, В.: Минеральный состав и азот в кормовых травах. Алма-Ата, 1940.

[2760] Филиппова, Т. В.: Физиол.-биохим. осн. питания раст., **1967**, вып. 2, 164.

[2761] Чагина, Е. Г.: В сб.: Биологическая продуктивность и круговорот химических элементов в растительных сообществах. Л., 1971, стр. 263.

[2762] Чепурко, Н. Л.: В. сб.: Биологическая продуктивность и круговорот химических элементов в растительных сообществах. Л., 1971, стр. 213.

[2763] [Anon.]: Chem. Eng. News, **49**, No. 27, 39 (1971).

[2764] Baker, G.: Austral. J. Bot., **8**, 69 (1960).

[2765] Bell, J. M., McLaren, P. D., McKay, G.: J. Agric. Sci., **34**, 252 (1954).

[2766] Bieler, B. H., Long, R. S.: (Dow Chemical Co.). US-Pat. 3511601 (1970); C. A., **73**, 18121g (1970).

[2767] Buckner, R. C., Todd, J. R., Burrus, P. B., Barnes, R. F.: Agron J., **59**, 345 (1967).

[2768] Combellas, J., Centeno, A., Mazzani, B.: Agron. Trop (Maracay), **21**, 533 (1971).

[2769] Cuzner, J.: Proc. Amer. Soc. Brew. Chem., **1969**, 190.

[2770] Denaeyer-de Smet, S.: Bull. Soc. roy. bot. Belg., **103**, 383 (1970).

[2771] Duble, R. L., Lancaster, J. A., Holt, E. C.: Agron. J., **63**, 795 (1971).

[2772] Duvigneaud, P., Denaeyer-de Smet, S.: Bull. Soc. franç. physiol. végét., **8**, 96 (1962).

[2773] Evans, C. C., Allen, S. E.: Oikos, **22**, 149 (1971).

[2774] Fadl, M. H., Peel, J. D.: Cellul. Chem. Technol., **3**, 675 (1970).

[2775] Farooqi, M. I. H., Srivastava, J. G.: Quart .J. Crude Drug Res., **8**, 1297 (1968).

[2776] Fort, C. A., Smith, B. A.: Sugar J., **17**, No. 6, 18, 21, 32 (1954).

[2777] Harn, C., Won, J. L., Choi, K. T.: Korean J. Bot., **14**, 29 (1971).

[2778] Jones, J. B., Jr.: Commun. Soil Sci. Plant Anal., **1**, 27 (1970).

[2779] Jones, R. M., Kuhn, W. F., Varsel, C.: Anal. Chem., **40**, 10 (1968).

[2780] Lanning, F. C.: Hortscience, **7**, 184 (1972).

[2781] Latshaw, J. L., Miller, E. C.: J. Agric. Res., **27**, 845 (1924).

[2782] Mackie, A., Misra, A. L.: J. Sci. Food Agric., **7**, 203 (1956).

[2783] Maekawa, E., Kitao, K.: Mokuzai Kenkyu No, **37**, 6 (1966).

[2784] Mäkelä, A.: J. Sci. Agric. Soc. Finl., **39**, 166 (1967).

[2785] Matic, M.: Proc. Annu Congr. S. Afr. Sugar Technol. Ass., **43**, 199 (1969).

[2786] Miller, R. B.: Trans. 9th Int. Congr. Soil Sci., vol. 4. New York, **1968**, p. 323.

[2787] Mladenov S.: Hrana Ishrana, **9**, 461 (1968).

[2788] Mutch, R. W., Philpot, C. W.: Forest Sci., **16**, 64 (1970).

[2789] Ölschlager, W.: Landwirt. Forsch., **21**, 172 (1968).

[2790] Petrov, V.: J. Apicult. Res., **9**, 95 (1970).

[2791] Rauzi, G. M.: Riv. Viticolt. Enol., **24**, 187 (1971).

[2792] Sharma, B.: J. Soil Water Conserv. India, **16**, No .3—4, 6 (1968).

[2793] Sondahl, M. R.-I., Labouriau, L. G.: Pesqui agropecuar Brasil, **5**, 183 (1970).

[2794] Strauss, R.: Thèse Sciences, Caen, 1962, p. 11.

[2795] Strauss, R.: Compt. rend., D **270**, 1579 (1970).

[2796] Suzuki, T., Ono, K.: Jap. J. Ecol., **19**, 238 (1969).

[2797] Varnell, W. R., Mitchell, M. R.: US-Pat. 3554941 (1971); C. A., **74**, 65155b (1971).

[2798] Togasawa, Y., Katsumata, T., Ota, T.: Nippon Nogei Kagaku Kaishi, **41**, 178 (1967).

2. Die Aufnahme des Siliziums durch die Pflanzen

Die Tatsache, daß die meisten Autoren eine physiologische Rolle des Siliziums im pflanzlichen Organismus verneinen, spiegelt sich naturgemäß auch in der Erklärung seiner Anreicherung in pflanzlichen Geweben wieder. So hält z. B. FREY-WYSSLING das Vorkommen von Silizium in Pflanzen für das Ergebnis einer mechanischen Ablagerung in den Periphergeweben und Leitgefäßen, wie es für nicht assimilierbares Material charakteristisch ist, das vom Wasserstrom mitgeführt wird [1122, 1123]. Auch andere Autoren sind der Meinung, daß die Aufnahme des Siliziums ein passiver, rein mechanischer Vorgang ist [1449, 2339]. Mit dieser Hypothese kann man jedoch nicht erklären, weshalb es in vielen Pflanzen trotz Aufnahme großer Wasservolumina, die reichlich gelöste Kieselsäure enthalten, nicht zur Anreicherung merklicher Siliziummengen kommt [8]. Außerdem kann man von diesem Standpunkt aus die Bildung spezifischer siliziumhaltiger Gewebe als Strukturelemente einiger Pflanzen nicht deuten. Die Zahl der Fakten, die für eine Teilnahme des Siliziums an physiologischen Vorgängen in der Pflanze sprechen, wird immer größer. Ein genaues Studium der Ablagerungsprozesse von Kieselsäure in speziellen Pflanzengeweben hat ergeben, daß die Aufnahme der Kieselsäure kein einfacher Diffusionsprozeß kieselsäurehaltiger Lösungen, sondern ein metabolischer Vorgang ist [1052, 2238, 2351]. Dabei enthält der metabolische Prozeß der Aufnahme des Siliziums durch die Pflanze sicher auch Diffusionsvorgänge. Er unterliegt jedoch den Diffusionsgesetzen offenbar nur solange, wie die zugeführte Kieselsäuremenge den Pflanzenbedarf nicht übersteigt. Ist das der Fall, so wird die diffusionsbedingte Aufnahme von einem physiologischen System der Pflanze reguliert.

In den Bodenlösungen, die den Pflanzen als Siliziumquelle dienen, liegt die Kieselsäure bei einem $pH < 9$ in Form der monomeren Orthokieselsäure vor [641, 1084, 1163, 1447, 1449, 1450, 1585, 1760—1762]. Bei 25° beträgt die Konzentration der an Kieselsäure gesättigten Lösung 120—140 mg/*l*. Die Bodenlösungen sind jedoch nicht gesättigt (7—80 mg/*l*) und enthalten in der Regel zwischen 30 und 40 mg SiO_2/l. Es hat sich gezeigt, daß die Wasserstoffionenkonzentration (pH) einen merklichen Einfluß auf die Aufnahme der Kieselsäure aus den Bodenmineralien in das Grundwasser besitzt. Vom pH hängt auch die Adsorption der Kieselsäure an Eisen- und Aluminiumoxid ab [764, 765, 1447, 1449, 1761, 1762]. Im pH-Intervall von 8 bis 9 besitzt die Löslichkeit der Kieselsäure ein Minimum. Auch die Löslichkeit der Silikate im Boden hängt vom pH-Wert ab [1194].

Bei Untersuchungen über die Aufnahme von Silizium durch Roggen- und Sonnenblumenwurzeln wurde festgestellt [2503], daß sich das Silizium bei einer Konzentration von 450 mg Kieselsäure/*l* Nährlösung hauptsächlich in den Wurzeln, bei einer Konzentration unter 150 mg/*l* jedoch im Sproß und in den Blättern anreichert. Wenn man berücksichtigt, daß die Löslichkeit des SiO_2 140 mg/*l* nicht übersteigt, muß bei einer höheren Kieselsäurekonzentration in der Nährlösung ein Teil der Kieselsäure in kolloidaler Verteilung vorliegen. Man kann dann seine Anreicherung in den Wurzeln durch ein Abfiltrieren dieser Kolloidpartikel auf den Wurzelmembranen erklären. Bei einer kleineren Kieselsäurekonzentration überwiegt die gelöste Kieselsäure, die mit dem Wasserstrom zu den Blättern geführt wird [8]. Selbst hohe Konzentrationen an gelöster Kieselsäure haben keinen toxischen Einfluß auf die Pflanzen [2503].

Die Pflanzen sind in der Lage, die Kieselsäure, die von ihnen aufgenommen wird, aus Ton herauszulösen [635]. In Versuchen, bei denen die Wurzeln durch ein Kollodiumhäutchen abgeschlossen wurden, konnte keine Siliziumaufnahme aus Tonsuspensionen beobachtet werden. Daraus hat man geschlossen, daß die Wurzeln einen bislang noch unbekannten Stoff (vielleicht CO_2) abgeben, der die Überführung der Silikate in eine lösliche Form begünstigt [2503]. Ein Alternativmechanismus, der die Auflösung der Silikate erklären könnte, ist deren Wechselwirkung mit zweiwertigen Phenolen, die in pflanzlichen Zellen enthalten sind und die Silikatmineralien zersetzen können [316, 317, 749, 2106]. Von einigen Autoren wird auch angenommen, daß das Herauslösen der Kieselsäure aus dem Boden auf der Einwirkung organischer Säuren beruht [1389, 2281].

In der letzten Zeit hat sich die Meinung immer mehr gefestigt, daß die Pflanzen das Silizium in Form der Orthokieselsäure aufnehmen [956, 1003, 1450]. Daneben hält sich jedoch auch weiterhin die Ansicht, daß Silizium in Form von Silikationen in den pflanzlichen Organismus übergeht [1054, 1100, 1143, 2109]. So nimmt man an [653], daß die Oberfläche der Wurzelfasern in den Pflanzen, die Silizium aufnehmen, basischen Charakter besitzt und eine Hydroxylgruppenschicht trägt. Die Hydroxylgruppen könnten dann gegen Silikationen ausgetauscht werden. Andere Pflanzen dagegen sollten in der Epidermis der Wurzeln saure oder eine gleiche Anzahl von sauren und basischen Gruppen besitzen. Früher [1197] nahm man an, daß die Pflanzen Kieselsäure auch aus kolloidalen Lösungen aufnehmen können.

Nicht selten befindet sich ein großer Teil des von der Pflanze aufgenommenen Siliziums in den Wurzeln. Das wurde z. B. beim Klee, beim Reis und bei vielen Baumarten beobachtet [1241, 2334, 2414]. In Weizenpflanzen reichert sich SiO_2 zunächst in den Wurzeln an, erst später erscheint es dann auch in den Stengeln und Blättern [780, 1054]. Bei der Mohrenhirse (Sorghum) wurde dagegen in den ersten 3—6 Wochen eine Abnahme des Kieselsäuregehaltes in den Wurzeln beobachtet [1640]. Beim Reis sinkt die Fähigkeit zur Aufnahme von Silizium nach dem Abschneiden der Wurzeln stark ab, wird jedoch nach der Entwicklung neuer Wurzeln schnell wieder regeneriert [1936, 2334]. Im Unterschied zu Kalzium und Phosphor, die besonders rasch durch junge Wurzeln aufgenommen werden, wird Silizium besser durch alte Wurzeln aufgenommen. Anscheinend verläuft beim Reis die Anreicherung der Kieselsäure während der Wachstumsperiode in den Wurzeln und in der übrigen Pflanze unabhängig voneinander [2557]. Die Kieselsäure reichert sich hauptsächlich in der Epidermis und um den zentralen Wurzelzylinder herum an, wobei die in den Wurzeln abgelagerte SiO_2-Menge der metabolischen Aktivität der Wurzel entspricht [1513].

Die von Hafer und Reis aufgenommene Siliziummenge ist der Siliziumkonzentration im Boden oder in der Nährlösung direkt proportional [1449, 1826, 1931, 2351, 2451]. Diese Beziehung darf jedoch nicht als eine Bestätigung der Annahme einer passiven rein mechanischen Aufnahme des Siliziums durch die Pflanze gewertet werden [1450]. Vielmehr ist es so, daß die genannten Gräser in der Regel große Kieselsäuremengen aufnehmen können, so daß wahrscheinlich sogar bei der Aufnahme gesättigter Lösungen die für die Pflanze optimale Siliziummenge noch nicht überschritten wird. Damit entfällt die Notwendigkeit einer Begrenzung der durch die Pflanze aufgenommenen Kieselsäuremenge. Man muß jedoch annehmen, daß eine derartige lineare Abhängigkeit zwischen der Siliziumkonzentration in der Nährlösung und dem Siliziumgehalt im Pflanzengewebe bei Pflanzen mit geringem Siliziumbedarf zumindest in einem breiten Konzentrationsbereich nicht besteht. Tatsächlich wurde beobachtet, daß auf Torfboden wachsender Reis die Nährstoffe nicht proportional dem Angebot aufnimmt [2346], Silizium und Phosphor z. B. wurden in geringerer, Kalzium und Stickstoff in größerer Menge aufgenommen, als es dem Gehalt der Nährlösung entsprach.

Die Siliziumaufnahme durch Pflanzen wird erhöht, wenn man dem Nährboden Siliziumverbindungen zusetzt (lösliche Silikate des Natriums und Kaliums [1232, 2168, 2283], silikatische Mineralien [800, 1130, 2168, 2365], amorphe Kieselsäure [1143, 1485, 1664, 2186] oder Quarz [989, 1664]). Dabei zeigen Natrium- und Kaliumsilikate die stärkste Wirkung, Quarz die geringste.

Die Anwesenheit von Eisen- oder Aluminiumoxid im Boden setzt die Aufnahme des Siliziums durch die Pflanze herab [1228, 1435, 2413]. Je größer das Verhältnis Si/Al oder Si/Fe im Boden ist, d. h. je weniger Aluminium- oder Eisenoxide er enthält, desto intensiver wird Silizium durch die Pflanze aufgenommen [1492, 1493]. Über die Beeinflussung des Aluminium- oder Eisen-(III)-Oxid-Gehaltes wird auch der Einfluß des pH-Wertes im Boden auf die von den Pflanzen aufgenommene Siliziummenge erklärlich. Eine maximale Aufnahme von Silizium wird gewöhnlich im neutralen oder schwach-sauren Medium beobachtet [542, 1449, 1584, 2503], während eine Erhöhung des pH (z. B. durch Zugabe von Kalk) die Aufnahme von Silizium verringert [688, 979, 1206, 1207, 1449]. Jedoch nimmt Reis, der auf Salzböden wächst, die große Mengen an gelöster und kolloidaler Kieselsäure enthalten, SiO_2 in hohem Maße auf, selbst wenn diese Böden basisch sind [2315]. Mit Erhöhung der Bodenfeuchtigkeit nimmt die Aufnahme von Kieselsäure durch die Pflanzen, besonders durch Reis, zu [690, 692, 1298, 2281, 2352, 2515]. Dieses Verhalten kann man zum Teil dadurch erklären, daß im feuchten Boden relativ viel gelöste Kieselsäure vorhanden ist [1450], z. B. erhöhte sich die Konzentration an gelöstem SiO_2 im Boden 50 Tage nach einer Überschwemmung von 24 auf 41 mg/l (2023). Diesen Angaben steht jedoch die Tatsache entgegen, daß man bei einer Reiszüchtung im Topf die Aufnahme der Kieselsäure durch Wasserentzug begünstigen kann [2347]. Ein analoger Effekt wurde auch unter Feldbedingungen beobachtet [1517].

Obwohl der Charakter des Bodens und der Nährlösung einen deutlichen Einfluß auf die Aufnahme von Silizium durch Pflanzen besitzt [619, 766, 1225, 1226,

1332, 1456, 1491, 1802, 1971, 2024, 2235, 2364], liegt die Hauptursache des unterschiedlichen Gehaltes an Silizium in verschiedenen pflanzlichen Organismen wohl doch in der Spezifik der physiologischen Prozesse des Pflanzentyps [1982]*).

Die starken Unterschiede im Siliziumgehalt verschiedener Pflanzentypen wurden immer wieder betont [719, 1012, 1106, 1501, 1975, 2025, 2075]. Gräser nehmen z. B. 10—20mal soviel Silizium auf wie Bohnen [2122], Roggen nimmt stets in stärkerem Maße Silizium auf als Sonnenblumen [2503] und Reis stärker als Tomaten [1936, 2336] oder Weizen [1824], und Weizen seinerseits in höherem Maße als Baumwolle [939]. Sogar bei den einzelnen Arten einer Gattung gibt es beträchtliche Unterschiede im Gehalt an Silizium [592].

Bei der Aufzucht verschiedener Pflanzenarten unter gleichen Bedingungen wird das unterschiedliche Siliziumaufnahmevermögen besonders deutlich sichtbar. So enthalten auf Humussand gezüchtete Gerste und Gräser 1,95 bzw. 1,58% SiO_2, roter Klee und blaue Lupinen, die auf dem gleichen Boden gezüchtet werden, dagegen nur 0,12 bzw. 0,24% [1206], Hafer, Roggen und Gräser (*Lolium rigidum*), die auf sandigem Lehmboden wachsen, enthalten 2,04, 2,41 bzw. 2,34% SiO_2, dagegen Klee (*Trifolium incarnatum*), Erbsen und Senf nur 0,12, 0,25 bzw. 0,15% [1450]. Wenn man Weizen und Baumwolle unter gleichen Bedingungen aufzieht, so enthält der Weizen 15mal soviel SiO_2 wie die Baumwolle [938].

Die Aufnahme von Silizium durch die Pflanze hat man schon seit langem mit der Transpiration (Verdunstung von Wasser durch die Blätter) in Verbindung gebracht [1122, 1123, 1991, 2355]. So gelang es in einer Reihe von Fällen experimentell nachzuweisen, daß die Aufnahme von Silizium der Transpiration proportional ist [1157, 1242, 1449, 1824, 1936, 1939]. Beim Reis trifft diese Gesetzmäßigkeit jedoch nicht zu. Der Zusammenhang zwischen Transpiration und SiO_2-Aufnahme ist beim Reis nur schwach ausgeprägt [692, 1939] oder überhaupt nicht zu bemerken [1578, 1936, 2336] (es wurde sogar eine Zunahme der SiO_2-Konzentration in den Stengeln von Reispflanzen bei Abnahme der Transpiration beobachtet [692]). Trotzdem übt die Transpiration auch beim Reis einen gewissen Einfluß auf den Siliziumgehalt in den Blättern und auf die allgemeine Verteilung des Siliziums in der Pflanze aus [690, 692] (das Silizium zeigt dabei die Tendenz, sich an den Stellen zu konzentrieren, an denen die Wasserabgabe vor sich geht [2556]). Im Zusammenhang damit wird das Silizium mehr in den Reisstengeln als in den Wurzeln angereichert [1824]. Bei geringer Transpiration nimmt die Konzentration an Silizium in den Stengeln zu, in den Blättern dagegen ab [1157].

Die Stärke der Transpiration ist bei Hafer und Klee annähernd gleich, jedoch enthält der Sproß beim Klee 90—95% weniger SiO_2 als beim Hafer. In den Kleewurzeln ist der SiO_2-Gehalt 8mal so hoch wie in der übrigen Pflanze. Das deutet

*) Die wechselseitigen Beziehungen zwischen der Kieselsäurekonzentration im Boden und den physiologischen Besonderheiten siliziumanreichernder Pflanzen zeigen sich auch in der Lokalisierung ganz bestimmter Pflanzengemeinschaften auf Böden, die eine hohe Konzentration an zugänglicher Kieselsäure enthalten [681].

darauf hin, daß die Kieselsäure dem Transpirationsstrom schon in den Wurzeln entzogen wird. Dieser Prozeß ist offenbar metabolischer Natur, da die Tagesschwankungen der Kieselsäurekonzentration in der Pflanze während der Periode der größten Wurzelaktivität nur minimal sind [1241]. Weiterhin konnte nachgewiesen werden, daß während der Aufnahme von Kieselsäure bei Gerste und Bohnen Stoffwechselenergie verbraucht wird [722].

Reis nimmt Silizium aus Nährlösungen mit besonderer Intensität auf. Dabei zeigt sich, daß Kieselsäure schneller, Kalzium und Magnesium dagegen langsamer als Wasser aufgenommen werden [1936, 2320, 2336, 2351]. Das Grundwasser von mit Reis bepflanzten Parzellen enthält weniger Kieselsäure als das von unbepflanzten [1829]. Ungefähr 70% der von Reis aufgenommenen Kieselsäure stammen aus dem Boden, und nur etwa 30% werden durch das Überflutungswasser zugeführt [1389]. Im Gegensatz zum Reis nehmen Tomaten und Klee Wasser rascher auf als die in ihm gelöste Kieselsäure, wodurch die Siliziumkonzentration in der Nährlösung zunimmt [1241, 1451, 1578, 1939]. Dementsprechend enthält das Wasser im Reis-Xylem mehr Kieselsäure als die Nährlösung, während in Tomaten und Klee die Zellflüssigkeit weniger SiO_2 enthält als die Nährlösung.

Die Aufnahme des Siliziums durch die Pflanze zeigt eine Reihe von Gemeinsamkeiten mit dem Prozeß der Kalziumaufnahme: es werden die gleichen Gewebe- und Zellgruppen einbezogen und die gleichen Sekretionswege benutzt [1123]. Jedoch spricht die Tatsache, daß es einerseits Pflanzen gibt, die Silizium anreichern, andererseits solche, die Kalzium anreichern, für artspezifische Unterschiede in den metabolischen Prozessen. Siliziumanreichernde Pflanzen erhöhen ihre Trockenmasse mit etwa der doppelten Geschwindigkeit wie die kalziumanreichernden [937]. Gräser nehmen aus Kalziumsilikat rascher Silizium als Kalzium auf [1811]. Es wurde beobachtet, daß sich die Elemente Kalzium und Silizium wechselseitig im Stoffwechselgeschehen beeinflussen. So nimmt z. B. *Jasione montana*, die sich gewöhnlich durch einen geringen Kalziumgehalt auszeichnet, beträchtliche Mengen dieses Elementes in den Zellsaft auf, wenn sie auf einem siliziumreichen Boden wächst [1535]. Luzerne zeigt die Tendenz, in der Trockenmasse eine konstante Summe der Milliäquivalente von Stickstoff, Phosphor, Schwefel, Chlor und Silizium (in anionischer Form ausgedrückt) aufrechtzuerhalten [754].

Bislang gibt es nur wenige Angaben über die Mitwirkung von Fermenten am Prozeß der Siliziumaufnahme durch die Pflanze. Spezielle Fermente, „Silikasen", die die Aufnahme und den Metabolismus des Siliziums steuern, wurden in Sporenpflanzen nachgewiesen [1846]. In einem Auszug aus Hirseblättern wurde ein Ferment gefunden, das lösliche Kieselsäure in siliziumorganische Verbindungen überführt [1103]. Schließlich wurde eine Beteiligung der Oxydase Cytochrom an der Aufnahme des Siliziums durch Reis nachgewiesen [1392].

Die Einflüsse verschiedener physikalischer und chemischer Faktoren auf die Aufnahme von Silizium sind oft nicht bis ins Letzte geklärt und die diesbezüglichen Beobachtungen zum Teil sogar widersprüchlich. So gibt es neben

Angaben über einen günstigen Einfluß des Lichtes bei der Aufnahme des Siliziums durch Reis, Gerste oder Weizen [1157, 1938] bzw. über die inhibierende Wirkung einer Verdunklung auf die SiO_2-Aufnahme durch Gerste und Gräser [1337, 2231], Angaben darüber, daß eine Abnahme der Beleuchtung die Siliziumaufnahme nicht erniedrigt [2333] und daß bei hoher Temperatur und intensiver Beleuchtung eine Verringerung der Lichtstärke die Siliziumaufnahme durch Reis sogar verstärkt [697]. In einem Fall wurde eine Erhöhung der SiO_2-Aufnahme durch Reissprosse bei der Zugabe von Glukose, Fruktose und anderen Zuckern zur Nährlösung beobachtet [1938], während in einem anderen Fall die Zugabe von Glukose die SiO_2-Aufnahme inhibierte [2333].

Natrium- und Kaliumchlorid begünstigen die Aufnahme von Silizium durch Reis [1412, 2232, 2233] und Weizen [1157]. Die Wirkungsweise der Chloride und einiger anderer Kalium- und Natriumsalze ist jedoch noch nicht geklärt. Einige Autoren [2232, 2233, 2403] sehen im Einfluß dieser Salze eine Wirkung des Chloridions, andere [1157, 1258, 1412, 1850] eine Wirkung der Kationen K^+ und Na^+, eine dritte Gruppe [1450] spricht einfach von einem Salzeffekt.

Der Siliziumgehalt in Zuckerrohr, Hafer oder Zuckerrüben sinkt, wenn die Nährlösungen Natrium- oder Kaliumchlorid enthalten [1258, 1554, 1850, 2403]. Die Beschleunigung des Wachstums von Zuckerrüben durch Natriumchlorid bei gleichzeitiger Hemmung der SiO_2-Aufnahme wird mit dem Abbau des Kieselsäureesters der D-Galaktose, der das Pflanzenwachstum zügelt, durch die Chloridionen, die sich in den Zellwänden befinden, in Zusammenhang gebracht [2403]. Pflanzen, die auf salzigen Böden wachsen, enthalten vergleichsweise weniger Kieselsäure als Pflanzen, die auf gewöhnlichem Boden aufgezogen werden [481]. Unter dem Einfluß von Kaliumsulfat nimmt der Siliziumgehalt in den Blättern der Zuckerrübe ab, in den Wurzeln hingegen zu [1142]. Verbindungen des Eisens [1951, 1954], manchmal auch des Kalziums [2259] begünstigen die SiO_2-Aufnahme.

Der Einfluß von Stickstoff- [1208, 1420, 1421, 1514, 1516, 1952, 2336, 2337, 2345, 2451, 2541] und Phosphorverbindungen [1054, 1143, 1164, 1664, 1877, 2109] auf die Siliziumaufnahme ist zunächst nicht so leicht zu durchschauen. Durch Zugabe dieser Verbindungen wird zwar die Menge an aufgenommener Kieselsäure erhöht, ihre Konzentration in der Trockenmasse jedoch herabgesetzt, weil Stickstoff und Phosphor eine allgemeine Zunahme der Trockenmasse bewirken [790, 943, 983, 1100, 1207, 1232, 1552, 1645, 2343]. Im Schachtelhalm besteht offenbar keine Beziehung zwischen dem Metabolismus des Siliziums und dem Phosphorgehalt [1407].

Die Aufnahme von Silizium durch Pflanzen kann sowohl durch anorganische Verbindungen: Germaniumsäure [2491], Natriumzyanid [1825, 1936, 2334], Natriumfluorid [1825, 1827, 1937], Schwefelwasserstoff und Sulfide [691, 693, 697, 698, 1209, 1365, 1822], Ammoniumsulfat [691], Kupfer- [845] und Manganverbindungen [640] als auch durch organische Verbindungen: Natriumjodazetat und 2,4-Dinitrophenol [1825, 1827, 1937, 2334], β-Glukosamin [1937], Antimyzin A [1825], Salze der Brenztraubensäure, der Glykolsäure, der Zitronen- und der Glutaminsäure [1938] inhibiert werden.

Die Aufnahme von Silizium ist temperaturabhängig: durch Temperaturen, die oberhalb oder unterhalb einer optimalen Temperatur liegen, wird die Assimilation des Siliziums verlangsamt. So nimmt die Siliziumaufnahme durch Reis bei einer Erniedrigung der Lufttemperatur auf 17° [1131] sowie bei hohen Nachttemperaturen [695] oder bei einer Erwärmung des Wassers über 30° [694] ab.

Schon junge Pflanzen nehmen Silizium in bedeutendem Maße auf. Bei Untersuchungen mit dem radioaktiven Siliziumisotop ^{31}Si wurde festgestellt, daß junger Weizen aus einer Nährlösung, die mit ^{31}Si markiertes Silizium enthielt, schon nach einer halben Stunde in alle Pflanzenteile markiertes Silizium aufgenommen hatte [2109]. Die durch die jungen Weizenpflanzen aufgenommene Kieselsäure dringt in die Gewebe ein. Sie verliert dabei ihre Löslichkeit und damit auch die Fähigkeit, von der Nährlösung wieder aufgelöst zu werden. Bei einem täglichen Wechsel der Nährlösung vermag das aufgenommene Silizium den ursprünglich vorhandenen Phosphor vollkommen aus den Pflanzengeweben zu verdrängen [1054, 1364]. Während des Wachstums der Pflanze nimmt ihr Siliziumgehalt ständig zu und erreicht sein Maximum am Ende der Vegetationsperiode [684—687, 871, 1320, 1430, 1449, 1536, 1631, 1806, 2335, 2388]. Bei einer Ernte im Jahr enthält der Reis mehr Silizium als wenn man zwei Ernten einbringt [1911]. Dementsprechend enthalten auch Reispflanzen aus der Frühsaat mehr Silizium als der Reis aus gewöhnlicher Saat [1603]. Bei Wermut und Tabak nimmt der Siliziumgehalt in der Trockenmasse (jedoch nicht in der gesamten Pflanze) mit wachsendem Alter der Pflanze ab [180, 2449]. Ähnliche Beziehungen zwischen Kieselsäuregehalt und Alter der Pflanze wurden beim Reis nicht aufgefunden [869].

Die Beziehungen zwischen Siliziumgehalt und Alter der Pflanze sind für die einzelnen Pflanzenteile unterschiedlich. So nimmt die Siliziummenge in der Asche der Wurzeln von Baumwollstauden von 0,1—0,3% zu Beginn der Entwicklung bis zu 3—10% in den späteren Entwicklungsperioden zu. In der Asche der Rinde dagegen nimmt der SiO_2-Gehalt im gleichen Zeitraum von 3—10% auf 1—3% ab [3].

In Spuren ist das Silizium offenbar in allen Pflanzenzellen anwesend, jedoch gibt es Zellen und Gewebe, in denen sich Siliziumverbindungen in größeren Mengen ansammeln. Anreicherungen in Form von festen SiO_2-Partikeln wurden sowohl in der Zellwand als auch im Zellinneren beobachtet, wobei die Verkieselung gewöhnlich in der Zellmembran beginnt, von wo aus sie sich sowohl ins Innere der Zelle als auch nach außen hin fortsetzen kann [966, 1073, 1568, 1843, 1891].

Die in der Zelle gebildeten SiO_2-Partikel wurden erstmals von Ehrenberg [1039, 1040] beschrieben, der sie „Phytolithe“ (Pflanzensteine) nannte. Nach seinen Beobachtungen wird die Kieselsäure von der Pflanze zusammen mit dem Wasser aus dem Boden aufgenommen. Sie setzt sich dann zunächst an den inneren Zellwänden ab. Dabei wird eine Kieselsäureschicht gebildet, die sich langsam in Richtung der Zellmitte verdickt, bis sie die Zelle schließlich ganz ausfüllt. Die Phytolith-Bildung wurde von vielen Forschern bestätigt [870, 1128, 1205,

1831–1833, 1838, 1840, 1842, 1980, 1992, 1993, 2266]. Phytolithe wurden in der Rinde des Moquileabaums (Familie der *Rosaceae*) [953], in den Pflanzen der Familie *Aristolochiaceae* [2266], in Gräsern [1128, 1205, 1454], in Riedgräsern [1478, 1992, 1993], in den Blättern vieler Vertreter der Familie *Capparidaceae* [1839], in *Dilleniaceae, Magnoliaceae*, der Unterfamilie *Chrysobalanoideae* [1833], im Farn *Angiopteris evecta* [1843], in der Riemenblume (*Loranthus europaens*) [1572] und in vielen anderen Pflanzen gefunden. Die bisherigen Untersuchungen über diese intrazellulären Siliziumpartikel sind in einer Reihe von Übersichtsarbeiten zusammengefaßt worden [1022, 1568, 1843, 1994].

Ziemlich verbreitet kommen in den Pflanzen Kristallzellen vor. Gewöhnlich befinden sie sich an der Peripherie der Bastfasern. Jede solche Zelle enthält ein Siliziumteilchen in Form einer Kugel, Linse, einer Scheibe oder eines Kegels. Derartige Zellen wurden in Farnen der Gattung *Trichomanes*, in Palmen, Orchideen, bei Bananen, beim Ingwer und bei der Maranta gefunden [625, 1167, 1837, 1843]. Sie befinden sich auch im Endokarp der Kokosnüsse, in Fasern der Kokospalme (*Cocos nucifera*) und der Palmen *Leopoldina piassaba, Attalea funifera, Raphia vinifera*, im Manilahanf (*Musa textilis*) und im Endokarp der Früchte von *Orbignya cohune* und *O. martiana* [1125].

Eine besonders schöne Form besitzen die Siliziumpartikel in den Zellen der Nüsse der Phytelephas-Palmen (*Phytelephas macrocarpa* und *Ph. microcarpa*) [1125, 1838]. Das Endokarp dieser Nüsse enthält eine Schicht verlängerter Zellen, die in Form einer Palisade zusammenstehen. Jede Zelle hat eine röhrenförmige, sich im oberen Teil erweiternde Öffnung, die mit SiO_2 gefüllt ist. An dieser Stelle müssen auch die „Zystolithe" erwähnt werden — innere Auswüchse der Zellwand — die aus einem von Kieselsäure durchsetzten Stiel und einer sackförmigen Schwellung, die Kalziumkarbonat enthält, bestehen [1843, 2014, 2405]. Derartige Zystolithe wurden bei Vertretern der Ananasgewächse (*Bromeliaceae*) [1701], und der Maulbeergewächse (*Moraceae*) [2015] sowie bei der Glockenblume (*Campanula*) [1293] beobachtet. Die Zystolithe der Sykomoren (*Ficus sycomorus*) bestehen vollständig aus Kieselsäure [1568].

In einigen Fällen treten die Ablagerungen von Kieselsäure in Form besonderer Membranverdickungen auf, wie z. B. bei *Cyperus alternifolius* [2565].

Das leichte Abbrechen der Brennhärchen von Nesseln (*Urtica dioica, U. urens*) beruht auf der Verkieselung ihrer Zellmembranen. Das Ende des Härchens ist im Grunde genommen eine Glaskapillare, die mit einer giftigen Flüssigkeit gefüllt ist. Der Fuß der Brennhärchen ist mit Kalziumkarbonat mineralisiert [1216, 2305]. Auch die Trichome — Auswüchse auf der Epidermis der Pflanzen in Form von Härchen, Nadeln, Warzen, Borsten und ähnlichen Gebilden — verkieseln häufig. Derartig verkieselte Trichome wurden bei der Nessel, der Glockenblume, der Krappwurzel (*Rubia tinctorum*), dem Labkraut (*Galium aparine*), der *Parietaria evecta*, dem Strandhafer (*Elymus arenarius*), der Hirse (*Panicum maximum*), bei vielen Borretschgewächsen (*Boraginaceae*), Kürbisgewächsen (*Cucurbitaceae*) und Korbblütengewächsen (*Compositae*) sowie bei einigen anderen Pflanzen gefunden [793, 1103, 1812, 1843, 2007].

Die Kieselsäure kann auch die äußeren Zellwände durchsetzen oder bedecken. Alle durch Zellulose oder Lignin verstärkten Zellwände besitzen auch Kieselsäureeinlagerungen [1450]. Derartige Siliziumzellen zeichnen sich durch starke Zellwände aus, die bei der Zersetzung der organischen Bestandteile ein charakteristisches Aschenskelett hinterlassen [1454, 1515, 1730, 1977, 2554, 2555].

Siliziumhaltige Zellen finden sich vor allem in der Pflanzenepidermis [723, 1205, 1454, 1701, 1840, 1890, 2324, 2441, 2554]. Besonders zahlreich treten sie in der Epidermis der Blätter auf [1157, 1514, 1832, 2468]. Die Epidermis der Samen des Grases *Coix lacryma* ist beispielsweise so stark mit Kieselsäure durchsetzt, daß man damit Opal ritzen kann. Die glänzenden harten Samen dieses Grases werden zur Herstellung von Rosenkränzen, Perlen, Armbändern und anderem Schmuck verwendet. Viel Silizium enthält auch die Epidermis des Holzes der Rotang-Palme, das zur Herstellung von Gartenmöbeln verwendet wird, die auch im Freien keinen Schaden erleiden. Die Blätter der Palme *Borassus flabellifer* wurden im alten Indien anstelle von Papier verwendet. Auch die Epidermis dieser Blätter enthält Siliziumpartikel [1125].

Ebenso kann sich Silizium in Gefäßbündeln, im Sklerenchym und in anderen Pflanzengeweben anreichern [1122, 1454, 1514, 2206, 2554]. In Reisblättern und -spelzen wird unterhalb der Cuticula eine Siliziumschicht gebildet [1943, 2550, 2555, 2556].

Eine besondere Form der Ablagerung von Kieselsäure in Pflanzen stellt der schon erwähnte Tabaschir dar [918, 1375, 1376, 2040], der von Bambus an Stellen abgesondert wird, die mechanisch oder durch Insekten verletzt wurden [1843].

Alle bisherigen Beobachtungen zeigen, daß sich das Silizium unregelmäßig auf die einzelnen Organe der Pflanzen verteilt, wobei die jeweiligen Konzentrationen durch die metabolische Aktivität der entsprechenden Pflanzenorgane bestimmt wird [2351]. So enthalten z. B. beim Reis die Wurzeln 2% SiO_2 (auf Trockenmasse berechnet), die Stengel 5%, die Blattscheiden 10%, die Blattflächen 12% und die Spelzen 15% [2556]. Der SiO_2-Gehalt verschiedener Teile des Hafers ist im folgenden in % angegeben [1454].

Korn	0,12	Blattflächen	5,34
Internodien	1,42	Kelchblätter	8,21
Wurzeln	1,84	Knoten	10,36
Blattscheiden	4,55	Spelzen	10,95

Bei Getreidepflanzen wurde viel Silizium in den Grannen, in der Epidermis der Blätter, in Stengeln, Spelzen und Körnern gefunden [2324].

Reich an Silizium sind auch die Stengel von Gräsern und von Schilf [942, 1336]. Das ist auch der Grund für die hohe Witterungsbeständigkeit von Schilfrohr, das seit langem auf dem Lande zum Dachdecken benutzt wird [1125]. Der obere Teil der Stengel von Gräsern enthält doppelt so viel Kieselsäure wie der untere [943, 1180]. Die Gräsersamen enthalten dagegen wenig Silizium [1601, 2000, 2122, 2153]. In den Blütenständen der Gräser befinden sich gewöhnlich 42—45% der in der Pflanze insgesamt enthaltenen Siliziummenge [1450]. Dagegen finden sich beim Reis in den Blütenständen nur 10—16% der gesamten SiO_2-Menge [1410, 1918, 1952].

Durch einen hohen SiO_2-Gehalt zeichnet sich die Rinde zahlreicher Farne und Bäume [102, 960, 1376, 1633, 2414], besonders tropischer [919, 953], aus. Die Äste enthalten bei Tannen und Kiefern mehr Silizium als das übrige Holz [102]. Früchte (Äpfel, Birnen, Apfelsinen, Zitronen) zeigen im allgemeinen einen geringeren Siliziumgehalt als die in ihnen enthaltenen Samenkerne [59]. Im Samen der Laubbäume ist der Gehalt an Silizium geringer als in den Samen der Nadelbäume. Durch einen hohen Siliziumgehalt zeichnen sich die Samen der Ulme und die Früchte der Birke aus [1885]. Die Asche von Opium, das aus dem getrockneten Saft der Früchte des Schlafmohns (*Papaver somniferum*) gewonnen wird, enthält 5,0—13,5% SiO_2 [732].

Weiterhin wird Kieselsäure in den Blüten der venezolanischen Wildkräuter *Melinis minutiflora* und *Pappophorum silicosum* (die Haare dieser Kräuter enthalten 75—84% SiO_2) [1901], in der Schale der Kakaobohnen [2310], in den Blatträndern der wilden Rebe [1425], in den Stengelknoten der Bohnenpflanzen [308] sowie in den Früchten der Borretschgewächse [1215] angereichert.

Charakteristisch für alle Pflanzen ist eine erhöhte Konzentration an Kieselsäure in den Blättern (bzw. bei Nadelhölzern in den Nadeln) [314, 420, 437, 800, 946, 1318, 1331—1333, 1444, 1496, 1498, 1633, 1636, 1688, 1774, 1867, 1888, 1889, 2277, 2285, 2307]. Durch einen besonders hohen Siliziumgehalt (8—21% der Trockenmasse) zeichnen sich die Reisblätter aus [1773]. In den Blättern höherliegender Pflanzenteile ist der Kieselsäuregehalt größer als in Blättern, die sich tiefer am Stengel befinden [1157, 1450, 1973]. Mit wachsendem Alter nimmt die SiO_2-Konzentration in den Blättern (wie auch in der ganzen Pflanze) zu [59, 215, 217, 356, 596, 656, 747, 755, 1026, 1212, 1495, 1515, 1640, 1941, 2057, 2350, 2414, 2415, 2570]. Abgestorbene Ulmenblätter enthalten etwas weniger Kieselsäure als frische [532], kranke und verkümmerte Blätter dagegen mehr als gesunde [421, 1693, 2545]. Das Silizium ist in den Blättern hauptsächlich an den Rändern, besonders in den Zacken sowie auch in den Adern konzentriert [420, 1446, 1572, 1625, 1979]. Dabei nimmt der Siliziumgehalt von der Blattspitze zum Stiel hin ab [1450, 1980, 2554]. In den gezackten Blättern der Pflanze *Polyscias filicifolia* ist der Siliziumgehalt größer als in den Blättern der gleichen Pflanze, die glatte Ränder besitzen [1636], dagegen ist bei Erdbeeren, die an der Wurzelfäule leiden, in Blättern mit glatten Rändern mehr Silizium enthalten als in gezackten [1631]. Ungewöhnlich große Phytolithe, die bis zu 108 μ Durchmesser haben können, wurden in den Blättern des Italienischen Rohrs (*Arundo donax*) [1841] gefunden.

Von einigen Autoren wird angenommen [1554, 1922], daß die Pflanzen Silizium nicht nur durch die Wurzeln, sondern auch durch die Blätter aufzunehmen vermögen. Im vergangenen Jahrhundert wurde von Grimaldi [1203] die Meinung vertreten, daß die Blätter der Pflanzen SiO_2 genauso reduzieren könnten wie CO_2.

Der Siliziumgehalt in Blättern und Nadeln wird durch die verschiedensten Faktoren beeinflußt. Zum Beispiel begünstigen Kalium- und Stickstoffdüngemittel eine Anreicherung des Siliziums in Kiefernnadeln [1882, 1883]. Bei einer Schädigung von Tannen durch SO_2-haltigen Rauch nimmt die Kieselsäuremenge in den Nadeln zu [1791, 1792]. Nach Besprühen von Reis mit Kupfersulfatlösung wird in den Blättern kein SiO_2 mehr angereichert [628]. Kieselsäurearme Blätter nehmen bevorzugt Phosphor auf und umgekehrt [437]. Besonders hohe Kieselsäurekonzentrationen in Buchen- und Hainbuchenblättern wurden bei Bäumen beobachtet, die in einer Höhe von 1550 m über dem Meeresspiegel wachsen [231]. In Baumwollblättern wurde ein Zusammenhang zwischen dem Gehalt an Kieselsäure und Anthozyanen (Pigmentfarbstoffen) aufgefunden [1494], z. B. enthalten die gelben Herbstblätter mehr Kieselsäure als die roten.

Der Siliziumgehalt lebender Organismen wird gewöhnlich auf SiO_2 umgerechnet und in dieser Form ja auch analytisch bestimmt. Das bedeutet jedoch nicht, daß das Silizium im Organismus nur in Form von SiO_2 vorliegt. Im Analysengang zerfallen beim Veraschen alle in den Pflanzengeweben vorhandenen Siliziumverbindungen und gehen in Kieselsäure über. In Abhängigkeit von der Methode zur Veraschung des Pflanzenmaterial ändert sich der Charakter des zu bestimmenden SiO_2 [1450, 1452]. Beim nassen Veraschen (unter Einwirkung von Salpeter- und Salzsäure) wird ein SiO_2 mit einem Brechungsindex von 1,42—1,44 gebildet, das den Ergebnissen von Röntgen- und Elektronenbeugungsaufnahmen zufolge amorph ist [1453]. Beim trockenen Veraschen (Verbrennung bei 450—900°) entsteht ein SiO_2 mit einem geringeren Wassergehalt und höherem Brechungsindex (1,44—1,48), das teilweise in kristalliner Form vorliegt (Cristobalit und Tridymit). Man nimmt an, daß in Pflanzen, die Silizium anreichern, auch anorganische Silikate anwesend sein können [2441, 2496]. Wie schon erwähnt, nehmen die Pflanzen Silizium hauptsächlich in Form der monomeren Orthokieselsäure auf, die dann jedoch — möglicherweise mehrfach — umgewandelt wird. Ein Teil der gelösten Kieselsäure kann auch in Form von Silikationen vorliegen, die beim Erreichen einer bestimmten Konzentration zur Polykondensation neigen. Im Reis beträgt der maximale Gehalt an Silikationen gewöhnlich jedoch nur weniger als 8% der gesamten Siliziummenge [2556].

In der Regel liegt das Silizium in den Pflanzen in Form polymerer Verbindungen vor [1939]. Die Polykondensation der Orthokieselsäure kann zur Bildung kolloidaler Kieselsäure führen, deren Menge in den Pflanzen jedoch gering ist. Bei der weiteren Polykondensation der Kieselsäure entstehen Kieselsäuregele. In dieser Form liegt die Hauptmenge des Siliziums in den Pflanzen vor [2550, 2551, 2556] (im Reis z. B. 90% der Gesamtsiliziummenge). Einige Autoren [1858, 2463] halten dagegen die amorphe Kieselsäure für die Hauptform und glauben nicht, daß Kieselsäuregel in Pflanzen angereichert werden kann. Sie sind der Meinung, daß die in den Pflanzen gefundene Kieselsäure in Form von Opal $SiO_2 \cdot nH_2O$ vorliegt [756, 798, 1452, 1454, 1633, 1634, 1636, 1641, 1891, 1979, 1981, 2262, 2324]. Man sollte darin jedoch keinen besonderen Gegensatz sehen, da die Bildung des Opals über ein Gelstadium läuft, und der Opal möglicherweise erst unter den Bedingungen der SiO_2-Bestimmung entsteht. Wahrscheinlich sind in den Pflanzen beide Kieselsäureformen vorhanden. Auch über die Natur des Tabaschir gibt es bislang noch keine einheitliche Meinung. Seine physikalischen Charakteristika ähneln denen des Silikagels [8, 771, 918, 1350, 1472, 1755]. Einige Autoren [1453, 2532] halten den Tabaschir jedoch ebenfalls für eine Form des Opals.

Röntgenographische Untersuchungen ergaben, daß bei der Abscheidung amorpher Kieselsäure in der Pflanze nebenbei stets Anteile an kristalliner Kieselsäure in Quarz-, Tridymit- oder Cristobalitstruktur gebildet werden [1631, 1633, 1634, 1636, 1641, 2296]. Das gilt auch für den Tabaschir [2296]. Da die kristallinen SiO_2-Anteile nach einem nassen Veraschen des pflanzlichen Materials (ohne Glühen) nachgewiesen wurden, was die Möglichkeit der Kristallisation des SiO_2 während der Aufbereitung ausschließt, ist die Richtigkeit dieser Ergebnisse nicht anzuzweifeln.

In den Zystolithen von Pflanzen der Gattung *Ficus* und *Pilea* liegt das Silizium in Form von Kalziumsilikokarbonaten vor [2014].

Die bislang am wenigsten untersuchten Derivate des Siliziums in den Pflanzen sind die organischen Siliziumverbindungen, obwohl deren Existenz schon im vorigen Jahrhundert vorhergesagt wurde [1626, 1629]. Auf die Anwesenheit organischer Siliziumderivate deutet die Löslichkeit eines Teils der in Pflanzen enthaltenen Siliziumverbindungen in organischen Lösungsmitteln hin [982, 1984, 2342]. Bislang konnte jedoch noch keine siliziumorganische Verbindung aus Pflanzen isoliert werden, d. h. ihr Vorkommen wurde nur auf indirektem Wege festgestellt [287, 1307, 1308, 1353, 1363, 1580, 1727, 1879, 1984, 2159, 2551 bis 2553]. So ist z. B. bekannt, daß die Gräser Ester der Kieselsäure mit Mono- und Oligo-Sacchariden enthalten [1356, 1707], in einigen Fällen speziell Kieselsäureester der Galaktose [1052, 1053]. Es wird angenommen [1554], daß die Pflanze die aufgenommene Kieselsäure zunächst an Zucker bindet. Erst später verbindet sich die Kieselsäure in den Zellwänden mit der Zellulose. Siliziumverbindungen der Zellulose wurden in Farnen und im Haferstroh aufgefunden [2441, 2496]. Offenbar kann sich das Silizium in den Pflanzen auch mit Stärke verbinden, da die Asche von Kartoffel- und Roggenstärke Kieselsäure enthält [1649, 1772, 2309]. Indirekt wurde die Anwesenheit eines Komplexes von Silizium mit Protein im Reis nachgewiesen [699], ebenso das Vorkommen organischer Silanolate [1706]. Auch im Tabakrauch fanden sich organische Siliziumverbindungen [1033, 2162].

Läßt man Runkelrübensamen auf Papier keimen, so steigt die in ihnen enthaltene Kieselsäuremenge im Laufe von zwei Wochen an. Der Effekt wurde damit erklärt, daß die Samen eine flüchtige Siliziumverbindung enthalten, die während der Siliziumbestimmung normalerweise verlorengeht [1689].

In diesem Zusammenhang scheint von Interesse, daß ein Extrakt aus Hirseblättern Kieselsäure enthält, die in organischen Phasen löslich ist [1103]. Das bedeutet, daß in den Pflanzen spezielle Fermente (Silikasen) vorhanden sein müssen, die eine Umwandlung anorganischer Siliziumverbindungen in organische ermöglichen.

Höhere sowie auch niedere Pflanzen haben einen wesentlichen Anteil am Kreislauf der Siliziumverbindungen in der Natur [47, 56, 104, 136, 216, 276, 292, 310, 366, 385, 417, 432, 468, 501, 503—505, 508, 563, 1041, 1726, 2169, 2308, 2415, 2447].

Eine kleine Menge des von Pflanzen aufgenommenen Siliziums entstammt dem Regenwasser [2498]. Die Hauptquelle des Siliziums für die Pflanze ist jedoch der Boden. Wie schon erwähnt sind die Pflanzen in der Lage, unlösliche Silikate des Bodens in lösliche Formen überzuführen. Auf diese Weise haben sie an der Verwitterung der Urgesteine mitgewirkt [1725, 1726].

Die löslichen Siliziumverbindungen können von den Pflanzen direkt aus dem Boden aufgenommen und in ihrem Organismus angereichert werden. Siliziumanreichernde tropische Pflanzen nehmen in einem Jahr aus einem Hektar Boden ungefähr 1000 kg, Zuckerrohr 950 kg, Getreide 120 kg, Buchen 63 kg, Fichten 54 kg, Klee 20 kg, Bohnen 10 kg, Kartoffeln 8 kg und Kiefern 7 kg SiO_2 auf [350, 960, 1726, 1836, 2173].

Einjährige Pflanzen geben dem Boden das von ihnen angereicherte SiO_2 am Ende der Vegetationsperiode in Form der abgestorbenen Pflanzenkörper vollständig zurück, perennierende Pflanzen mit den abgeworfenen Blättern wenigstens einen Teil [124, 183, 282, 340, 341, 351, 402, 442, 463, 469, 471, 474, 506, 507, 541, 947, 1262, 2045, 2049]. Dabei verrotten die Blätter umso rascher, je geringer ihr SiO_2-Gehalt ist [2448]. Pflanzengewebe sind auch die Quelle der Kieselsäure, die in den Wassereinschlüssen der Flußablagerungen gelöst ist [1253]. In den Boden kehrt das pflanzliche Silizium erst in Form sekundärer Mineralien [418, 419, 422], und zwar hauptsächlich in Form der opalähnlichen Phytolithe, zurück [335, 419, 567, 613, 716, 1058, 2088, 2263]. Sicher wirken die Pflanzen auch an der Bildung der Tonmineralien mit, wurde doch gefunden, daß das Verhältnis SiO_2 zu Al_2O_3 in der Pflanze und im Ton annähernd gleich ist [433, 1059].

[2799] Алиев, Г. А.: Изв. АН АзССР, сер. биол. наук, 1970, № 3,11.

[2800] Алиев, Г. А., Гасанов, Х. Н.: В сб.: Биологическая продуктивность и круговорот химических элементов в растительных сообществах. Л., 1971, стр. 255.

[2801] Алиев, Г. А., Гюльмамедов, Р. Г.: В сб.: Биологическая продуктивность и круговорот химических элементов в растительных сообществах. Л., 1971, стр. 74.

[2802] Алиев, Г. А., Мирзоев, Ш. И.: ДАН АзССР, 25, 33 (1969).

[2803] Базилевич, Н. И., Дементьева, Т. Г.: В сб.: Биологическая продуктивность и круговорот химических элементов в растительных сообществах. Л., 1971, стр. 291.

[2804] Базилевич, Н. И., Кобякова, Н. Г.: В сб.: Биологическая продуктивность и круговорот химических элементов в растительных сообществах. Л., 1971, стр. 197.

[2805] Базилевич, Н. И., Родин, Л. Е.: В сб.: Биологическая продуктивность и круговорот химических элементов в растительных сообществах. Л., 1971, стр. 5.

[2806] Вахобов, А. В.: В сб.: Биологическая продуктивность и круговорот химических элементов в растительных сообществах. Л., 1971, стр. 286.

[2807] Денисова, А. И., Майстренко, Ю. Г., Багнюк, В. М.: В сб.: Материалы совещания по прогнозированию содержания биогенных элементов и органического вещества в водохранилищах. Борок, 1969, стр. 45.

[2808] Добровольский, Г. В.: В сб.: Биологическая продуктивность и круговорот химических элементов в растительных сообществах. Л., 1971, стр. 226.

[2809] Евдокимова, Т. И., Гришина, Л. А.: В сб.: Биологическая продуктивность и круговорот химических элементов в растительных сообществах. Л., 1971, стр. 267.

[2810] Игнатьева, Л. А.: В сб.: Биологическая продуктивность и круговорот химических элементов в растительных сообществах. Л., 1971, стр. 258.

[2811] Кадер, Г. М., Ахтырцев, Б. П.: Почвоведение, **1969**, № 7, 25.

[2812] Ковалевский, А. Л.: В сб.: Микроэлементы в биосфере и применение их в сельском хозяйстве и медицине Сибири и Дальнего Востока. Улан-Удэ, 1971, стр. 134.

[2813] Ковацси, П., Панов, Н. П.: Докл. Тимирязевской сельскохоз. акад., **1970**, № 160, 82.

[2814] Ковда, В. А.: Происхождение и режим засоленных почв. М.-Л., 1947.

[2815] Коверга, Л. В.: В сб.: Микроэлементы в животноводстве и растениеводстве. Фрунзе, 1966, стр. 79.

[2816] Коротков, А. А.: Зап. Ленингр. сельскохоз. инст., **105**, № 1, 71 (1966).

[2817] Коротков, А. А.: Зап. Ленингр. сельскохоз. инст., **137**, № 4, 66 (1970).

[2818] Морозова, Р. М., Богданова, Г. И.: В сб.: Лесные растительные ресурсы Южной Карелии. Петрозаводск, 1971, стр. 67.

[2819] Окунцов, М. М., Кудинова, Л. И.: Труды Бурят. инст. естеств. наук, **1969**, № 2, 123.

[2820] Олифер, В. А.: В сб.: Биологическая продуктивность и круговорот химических элементов в растительных сообществах. Л., 1971, стр. 278.

[2821] Пак, К. П., Степанец, И. Т., Степанец, М. И.: Химия в сельском хоз., **7**, 564 (1969).

[2822] Пономарева, В. В., Рожнова, Т. А., Сотникова, Н. С.: В сб.: Биологическая продуктивность и круговорот химических элементов в растительных сообществах. Л., 1971, стр. 220.

[2823] Родин, Л. Е., Базилевич, Н. И.: Динамика органического вещества и биологический круговорот зольных элементов и азота в основных типах растительности земного шара. М.-Л., 1965.

[2824] Тарабрин, В. П., Чернышева, Л. В., Макогонов, В. С., Хонахбеев, В. И.: В сб.: Зеленое строительство в степной зоне СССР. Киев, 1970, стр. 170.

[2825] Титлянова, А. А., Коляго, С. А.: В сб.: Доклады Сибирских почвоведов. Новосибирск, 1968, стр. 48.

[2826] Шарданов, А. Н.: В сб.: Биогеохимические зоны гипергенеза. М., 1971, стр. 62.

[2827] Ясконис, Ю. А.: Труды АН ЛитССР, В **1971**, № 1, 81.

[2828] Arora, N. D., Smith, P. E.: J. Res. Punjab Agr. Univ., **6**, 291 (1969).

[2829] BeMiller, J. N., Johnson, D. C., Pappelis, A. J.: Phytopathology, **60**, 513 (1970).

[2830] Collet, G. F., Quinche, J. P., Zuber, R.: Schweiz. landwirt. Forsch., **8**, 65 (1969).

[2831] Da Silva, S. T., Labouriau, L. G.: Pesqui agropecuar Brasil, **5**, 167 (1970).

[2832] Grib, J., Lanning, F. C.: Trans. Kans. Acad. Sci., **73**, 390 (1970).

[2833] Halais, P.: Proc. Int. Soc. Sugar-cane Technol., **13**, 756 (1968).

[2834] Hartley, R. D., Jones, L. H. P.: J. Exp. Bot., **23**, 637 (1972).

[2835] Heinen, W.: In: Moderne Methoden der Pflanzenanalyse, Bd. VI. Berlin—Göttingen—Heidelberg, 1963, S. 4.

[2836] Im, H. B.: Seoul Univ. J. Biol. Agr., B **20**, 15 (1969).

[2837] Im, H. B., Shim, J. W., Lim, U. K.: Korea J. Bot., **14**, 25 (1971).

[2838] Iwasaki, Y.: Chikusan No Kenkyu, **25**, 1623 (1971).
[2839] Karim, A., Ali, M. S.: Sci. Res. (Dacca), **6**, 203 (1969).
[2840] Kaufman, P. B., Bigelow, W. C., Schmid, R., Ghosheh, N. S.: Amer. J. Bot., **58**, 309 (1971).
[2841] Kaufman, P. B., Petering, L. B., Soni, S. L.: Phytomorphology, **20**, 281 (1970/1971).
[2842] Kaufman, P. B., Soni, S. L., La Croix, J. D., Rosen, J. J., Bigelow, W. C.: Planta, **104**, 10 (1972).
[2843] Kono, M., Takahashi, J.: Nippon Dojo Hiryogaku Zasshi, **29**, 63 (1958).
[2844] Kono, M., Takahashi, J.: Nippon Dojo Hiryogaku Zasshi, **29**, 263 (1958).
[2845] Laroche, J.: Compt. rend., D **265**, 1695 (1967).
[2846] Laroche, J.: Rev. Gen. bot., **76**, 483 (1969).
[2847] Laroche, J., Guervin, C., Lecoq, C., Vo, T. D.: Compt. rend., D **270**, 2958 (1970).
[2848] Mengel, K.: Ernährung und Stoffwechsel der Pflanze. Jena, 1965, S. 322.
[2849] Mercik, S.: Rocz. glebozn., **20**, 367 (1969).
[2850] Milby, T. H.: Bot. Gaz., **132**, 308 (1971).
[2851] Mukherji, S., Sircar, S. M.: Indian J. Agr. Sci., **39**, 244 (1969).
[2852] Müller, H. L., Voigtländer, G., Kirchgessner, M.: Wirtschaftseigene Futter, **17**, 165 (1971).
[2853] Nolte, H.: Brauwelt, **93**, Nr. 26 B, 331 (1953).
[2854] Okamoto, Y.: Nippon Sakumotsu Gakkai Kiji, **32**, 61 (1963).
[2855] Ovington, J. D.: Forestry, **29**, No. I, 22 (1956).
[2856] Parry, D. W., Soni, S. L.: Ann. Bot., **36**, 781 (1972).
[2857] Peinemann, N., Tschapek, M., Grassi, R.: Z. Pflanzenernähr. Bodenk., **127**, 126 (1970).
[2858] Ponert, J.: Plant Soil, **36**, 501 (1972).
[2859] Ponnaiya, B. W. X., Ratnaswamy, M. C.: Madras Agric. J., **50**, 32 (1963).
[2860] Rao, S. N. R., Narayana, M. N., Desikachar, H. S. R.: J. Food Sci. Technol., **9**, No. 2, 51 (1972).
[2861] Roy, A. C.: Diss. Abstr. Int., B **30**, 5327 (1970).
[2862] Roy, A. C., Ali, M. Y., Fox, R. L., Silva, J. A.: Proc. Int. Symp. Soil Fert. Eval., 1. New Delhi, 1971, p. 757.
[2863] Sangster, A. G.: Ann. Bot., **34**, 245 (1970).
[2864] Sangster, A. G.: Ann. Bot., **34**, 557 (1970).
[2865] Sangster, A. G., Parry, D. W.: Ann. Bot., **35**, 667 (1971).
[2866] Sister, J. G., Lanning, F. C.: Trans. Kans. Acad. Sci., **73**, 399 (1970).
[2867] Shoji, S., Masui, J.: Nippon Dojo Hiryogaku Zasshi, **40**, 448 (1969).
[2868] Soni, S. L., Kaufman, P. B., Bigelow, W. C.: Phytomorphology, **20**, 351 (1970).
[2869] Soni, S. L., Kaufman, P. B., Bigelow, W. C.: Amer. J. Bot., **59**, No. I, 38 (1972).
[2870] Soni, S. L., Kaufman, P. B., Bigelow, W. C.: Ann. Bot., **36**, 611 (1972).
[2871] Soni, S. L., Kaufman, P. B., Bigelow, W. C.: J. Exp. Bot., **23**, 787 (1972).
[2872] Soni, S. L., Kaufman, P. B., Bigelow, W. C.: Plant Soil, **36**, 121 (1972).
[2873] Soni, S. L., Kaufman, P. B., Jones, R. A.: Bot. Gaz., **133**, 66 (1972).
[2874] Stählin, A., Tirtapradja, H.: Z. Acker Pflanzenbau, **134**, 295 (1971).
[2875] Takahashi, E., Okuda, A.: Soil Sci. Plant Nutr., **10**, 136 (1964).
[2876] Takahashi, E., Okuda, A.: Soil Sci. Plant Nutr., **11**, 273 (1965).
[2877] Takato, H., Mitsui, S.: 4th Japan Conf. Radioisotopes (1961, Preprints), S. 1., s. a., A 18/1.

[2878] Umemoto, K., Hozumi, K.: Yakugaku Zasshi, **91**, 850 (1971).
[2879] Vaicys, M.: Liet. Misku ukio mokslino tyrimo inst. darb., **10**, 71 (1967).
[2880] Van Soest, P. J., Lovelace, F. E.: J. Anim. Sci., **29**, 182 (1969).
[2881] Windsor, G. J.: Diss. Abstr. Int., B **31**, 471 (1970).
[2882] Yeck, R. D., Gray, F.: Proc. Soil Sci. Soc. Amer., **36**, 639 (1972).
[2883] Yoshida, S., Onishi, Y., Kitagishi, K.: Soil Sci. Plant Nutr., **8**, 1 (1962).

3. Die Bedeutung der Siliziumverbindungen für das Leben der Pflanzen

Das Problem der Beteiligung des Siliziums an den Lebensprozessen der Pflanzen hat zwar oft zu heißen Diskussionen geführt, ist bis heute jedoch von seiner Lösung noch weit entfernt. Trotz der großen Zahl gesammelter Fakten, die die Bedeutung des Siliziums für das Leben der Pflanzen erweisen, fand diese Problematik selbst in Spezialistenkreisen nicht die gebührende Beachtung.

Schon Mitte des vorigen Jahrhunderts wurde darauf hingewiesen, daß Silizium für das Leben der Pflanzen notwendig ist [2138]. Und bereits in den 60er Jahren des 19. Jahrhunderts wurden Versuche unternommen, diese Hypothese durch die Züchtung von Pflanzen auf siliziumfreien Böden experimentell zu bestätigen [796, 813, 1556—1558, 1738, 2056, 2504, 2528]. Das Ergebnis dieser Versuche zeigte jedoch, daß die Pflanzen auch ohne Silizium auskommen können. So entwickelte sich beispielsweise Mais auf einem wäßrigen Nährboden, der kein Silizium enthielt, normal, obwohl der SiO_2-Gehalt seiner Asche dann nur 0,7% statt der gewöhnlichen 18—23% betrug [2127, 2128]. Selbst in der 4. Generation konnten bei Mais, der unter diesen Bedingungen gezüchtet wurde, keine Abweichungen von der normalen Entwicklung beobachtet werden [1437, 1438]. Bei der Züchtung von *Lithospermum arvense* (Ackersteinsame) auf kieselsäurefreier Nährlösung gelang es, Pflanzen zu züchten, die statt der gewöhnlichen Siliziumzellen in der Epidermis nur kalziumhaltige besaßen [1334].

Experimente mit Mais und Gerste, die in neuerer Zeit durchgeführt wurden [1386, 1705, 1823, 1926, 1929, 1930, 2271, 2351], haben jedoch gezeigt, daß es sehr schwierig ist, für die Pflanze alle Möglichkeiten zur Siliziumaufnahme aus der Umgebung völlig auszuschließen. Gewöhnlich nimmt die Pflanze unter den Versuchsbedingungen doch eine gewisse Kieselsäuremenge auf, die für die Aufrechterhaltung der normalen Entwicklung schon ausreichend sein kann. Darum kann man allein auf Grund der bisherigen Experimente kaum die Schlußfolgerung ziehen, daß Silizium für die Pflanzen überhaupt nicht notwendig ist.

Besonders sorgfältig durchgeführte Versuche [1823, 1926, 1930] haben gezeigt, daß ein völliger Ausschluß von Silizium aus der Nahrung sich ungünstig auf die Entwicklung von Mais auswirkt (das Wachstum verlangsamt sich, die Bildung von Kolben wird verzögert und die Kornerträge nehmen ab. Auch wurden Blattnekrosen beobachtet u. a.). Auf Böden mit geringem Kieselsäuregehalt wurden niedrige Reiserträge erhalten [1877]. So beruht offenbar auch die das Pflanzenwachstum inhibierende Wirkung der Germaniumsäure auf einer durch sie verursachten Störung des normalen Metabolismus der Siliziumverbindungen [2491].

Das bislang gesammelte umfangreiche experimentelle Material zeigt deutlich, daß Silizium für das Leben der Pflanzen unbedingt notwendig ist und einen stimulierenden Einfluß auf ihre Lebensprozesse ausübt [638, 658, 744, 753, 819, 885, 893, 924, 925, 1090, 1114, 1235, 1414, 1468, 1512, 1540, 1683, 1704, 1758, 1796, 1887, 1914, 1939, 2042, 2139, 2140, 2271, 2278, 2344, 2358, 2378, 2381, 2413]. Von Pierre und Mitarbeitern wurde schon im vorigen Jahrhundert bei Versuchen mit Getreidekulturen festgestellt, daß die Pflanzen zur Aufrechterhaltung ihrer Lebensprozesse Silizium benötigen [1558, 1590, 2000, 2528, 2530]. Besonders zahlreiche Arbeiten, hauptsächlich japanischer Autoren, sind Untersuchungen über den Einfluß des Siliziums auf die Entwicklung des Reises gewidmet [689, 964, 1193, 1389, 1399, 1400, 1402, 1420, 1491, 1696, 1697, 1773, 1919, 1922—1925, 1935, 1945, 1950, 1951, 1958, 1966, 1972, 2097, 2270, 2283, 2338, 2343, 2411, 2455, 2542, 2544].

Die Zugabe von Kieselsäure zum Boden oder zu wäßrigen Kulturlösungen regt das Wachstum der Reispflanzen an, beschleunigt die Reife, steigert die Pflanzenhöhe, die Ausbeute an Korn (um 5—31%) und an Stroh. Reiskörner ohne die viel Kieselsäure enthaltende Schale keimen in einer Nährlösung schlecht. Dagegen erfolgt das Wachstum der Samen beim Zusatz von Reisschalen oder von Kieselsäure zur Nährlösung normal. Daraus ergibt sich, daß die Reisschalen eine wichtige Nahrungsquelle für die jungen Pflanzen sind [1923].

Kieselsäure oder Silikate regen auch das Wachstum und den Reifungsprozeß bei anderen Getreidearten (Roggen, Weizen, Gerste, Hafer, Mais und Hirse) [1193, 1232, 1363, 1435, 1590, 1705, 1797, 2158, 2270, 2325, 2390, 2455, 2509], bei Hülsenfrüchten [1294, 2157, 2380, 2383, 2455], Kartoffeln und Möhren [1193, 2377, 2379], Gurken, Tomaten und Tabak [2455], bei Sonnenblumen [1705], Zuckerrohr [1969, 1970], Rüben [460, 1193, 2041, 2382], Tabak [800], Pappeln [1071] und bei Baumwollstauden [2141] an. Der stimulierende Einfluß der Kieselsäure auf das Wachstum von Getreidepflanzen ähnelt der Wirkung anderer Düngemittel, wie der Sulfate, der Stickstoff- und der Phosphorverbindungen [1401, 1927]. So wirken z. B. 30 mg Kieselsäure ebenso wie 1 mg Schwefelsäure. Dagegen wurde gefunden [1932, 2389, 2394, 2535], daß Kieselsäure keinen Einfluß auf das Wachstum von Tomaten, Radieschen, Schnittlauch, Chinakohl, Gerste und Hafer besitzt. Das Gras *Glyceria aquatica* ging bei einem Zuchtversuch in einer wäßrigen Kultur auf Kieselgel nach 22 Tagen ein [2301].

Die günstige Wirkung des Siliziums auf das Pflanzenwachstum wird bereits in der Praxis ausgenutzt: so werden siliziumhaltige Düngemittel zur Erhöhung der Ernteerträge eingesetzt [1928, 2358]. Dabei werden am häufigsten verschiedene Schlacken [874, 930, 1227, 1389, 1480, 1518, 1696, 1697, 1756, 1759, 1830, 1951, 2338, 2343, 2542], Silikate [1135, 1191, 1420, 2411] und andere siliziumhaltige Materialien [689] verwendet. Zu dem gleichen Zweck werden kieselsäurereiches Wasser [1562] und Reisspelzen [1402] genutzt. Außerdem sind zahlreiche komplex zusammengesetzte künstliche Düngemittel, die Silizium enthalten, hergestellt worden [616, 991, 1338, 1466, 1787, 1878, 2216, 2217, 2275].

Die Wirkung der Kieselsäure und der Silikate auf die Pflanzen ist eng mit der

Aufnahme des Phosphors durch die Pflanzen verbunden [1370, 1595, 1661, 2098, 2390]. Für eine gegenseitige Wechselwirkung der Verbindungen dieser Elemente spricht z. B. die Beobachtung, daß der Phosphor- und der Siliziumgehalt in pflanzlichen Geweben bestimmten Gesetzmäßigkeiten unterworfen ist [1602]. Eine Düngung der Pflanzen mit Kieselsäure wirkt besonders stark auf Wachstum und Erträge ein, wenn Phosphormangel herrscht [833, 988, 1023, 1143, 1662 bis 1664, 1935, 2043, 2509]. Erhöhte Phosphordüngergaben sowie ein extrem niedriger Phosphorgehalt im Boden setzen den Wirkungsgrad der Kieselsäure herab. Bei einem sehr hohen Phosphorgehalt im Boden vermag die Kieselsäure die Phosphoraufnahme durch die Pflanzen einzuschränken.

Diese Experimente waren der Ausgangspunkt für die Hypothese, daß Silizium ohne Nachteil teilweise oder sogar völlig Phosphor in den Pflanzen ersetzen kann, d. h., daß es in der Lage ist, die Funktionen dieses Elementes auszuüben [1234, 1356, 1879, 1995, 2109]. Tatsächlich erhöht sich die Phosphoraufnahme und der Phosphorgehalt in der Pflanze um das 4—5fache, wenn man statt einer normalen eine siliziumfreie Ernährung anbietet [1356, 1879]. Mit zunehmendem Kieselsäuregehalt der Nährlösung nimmt die Phosphoraufnahme beim Reis in einigen Fällen ab [964, 1931], mit abnehmendem Siliziumgehalt dagegen zu [1930].

Da jedoch in den meisten Fällen eine Zugabe von Kieselsäure zur Nährlösung die Phosphoraufnahme stimuliert [187, 188, 544, 629, 742, 989, 1094, 1143, 1659, 1881, 2109, 2158, 2426], dagegen beim Fehlen von Silizium die Menge des aufgenommenen Phosphors herabgesetzt wird [1920], scheint eine eindeutige Beantwortung dieser Frage ziemlich schwer und es ist ohne weiteres auch die Annahme möglich [1232], daß nur der Phosphor und nicht die Kieselsäure das Pflanzenwachstum beschleunigt. Von Anhängern dieser Meinung wird dann natürlich auch die Möglichkeit des Ersatzes von Phosphor durch Silizium in den Pflanzen verneint [673, 859, 1007, 1382, 1664, 1935, 2455].

Wahrscheinlich ist es aber doch richtig, anzunehmen, daß die Kieselsäure selbst eine günstige Wirkung auf die Pflanze ausübt, und daß sie weiterhin im Boden die Umwandlung des Phosphors in eine von den Pflanzen aufnehmbare Form fördert [629]. Die Frage, ob die Kieselsäure in der Lage ist, in den Pflanzen Phosphorsäure zu ersetzen, muß bis heute offenbleiben, da zu ihrer Beantwortung weitere eingehende Untersuchungen notwendig sind.

Zur Untersuchung der gegenseitigen Beeinflussung von Silizium und Phosphor in den Lebensprozessen der Pflanzen wurden zahlreiche Arbeiten durchgeführt. Sie haben gezeigt, daß die Kieselsäure den Gehalt des Bodens an für die Pflanzen aufnehmbarem Phosphor erhöhen kann [364, 465, 543, 1664], was jedoch nur bei Anwesenheit schwer aufnehmbarer Phosphate oder in den Fällen, in denen die Phosphorsäuredüngemittel vom Erdboden sehr fest fixiert werden, wirksam wird [629, 1436]. Eine der mechanistischen Deutungen dieser Vorgänge [2513] besteht in der Annahme, daß das Kieselsäurehydrogel Phosphationen aus dem Boden adsorbiert und damit ihre Beweglichkeit steigert. Anderen Vorstellungen entsprechend [859] begünstigt die Kieselsäure die Aufnahme der Phosphationen durch die Pflanzenwurzeln. Dabei wird angenommen [989], daß nur die kolloidale Kieselsäure einen Einfluß auf die Aufnahme des Phosphors durch die Pflanze ausüben kann. Bei Sandböden kann sie auch die physikalischen Eigenschaften des Sandes verbessern und auf diese Weise zur besseren Ausnutzung des Phosphors durch die Pflanze beitragen [1023, 1235, 1803]. Eine Reihe von Autoren ist der Ansicht [1007, 1164, 1611, 1949, 2059], daß die kolloidale Kieselsäure und das Silikagel die Auflösung der Bodenphosphate und der in den Boden eingebrachten Phosphordüngemittel begünstigen. So ist die Meinung weit verbreitet, daß das Silikation das Phosphation aus Bodenkomplexen verdrängen und in eine Form bringen kann, die die Aufnahme durch die Pflanze ermöglicht [8, 673, 740, 1077, 1506, 1643, 2060, 2280, 2282]. Das Phosphation wird jedoch nur im basischen Medium aus dem adsorbierten Zustand in Freiheit gesetzt [2390]. Bei pH-Werten um 7 sind die löslichen Silikate wenig ionisiert und besitzen nur eine unbedeutende Tendenz zur Verdrängung der Phosphationen. Auf diese Weise wird der pH des Bodens zu einem bestimmenden Faktor. Die Fähigkeit des Bodens, Phosphationen aufzunehmen, nimmt in Anwesenheit von Silikationen (wie auch anderer Anionen) beträchtlich ab und hängt vom pH und dem Charakter des Bodens ab [974].

Da die Verdrängung der Phosphationen durch Silikationen entsprechend dieser Theorie nur in basischen Böden ablaufen dürfte, wurden weitere Hypothesen aufgestellt, die allgemein das Freiwerden des Phosphors erklären sollten [1450]. Nach einer von ihnen setzt die Kieselsäure die Aktivität der Aluminiumionen in der Lösung herab und verhindert dadurch die Phosphatfällung. Nach einer anderen konkurrieren die Silikat- und Phosphationen um einen Platz an der Oberfläche hydratisierter Sesquioxide, und bei einem Überschuß an Kieselsäure erfolgt eine Verdrängung des Phosphors. Einige Autoren [2234, 2394] konnten jedoch bei der Einwirkung von Kieselsäure weder eine Verbesserung der Phosphoraufnahme durch die Pflanzen noch ein Freisetzen von Phosphor aus dem Boden feststellen.

Beim Reis beeinflußt die Kieselsäure auch die Stickstoffaufnahme [1951, 2343, 2426]: beim Fehlen von Kieselsäure wird die von der Pflanze aufgenommene Stickstoffmenge geringer [1920]. Ebenso wird die von Reis aufgenommene CO_2-Menge durch Kieselsäure im Boden erhöht. Dabei nimmt allerdings nur die wirksame Fläche der Blätter rasch zu, während die Intensität der CO_2-Aufnahme pro Flächeneinheit unverändert bleibt [2332]. Bei der Anwesenheit von SiO_2 wird auch die Aufnahme von Kalium, Kalzium und Magnesium durch die Pflanze gesteigert [1920, 2338, 2426, 2455].

Hülsenfrüchte benötigen zu ihrer Entwicklung Bor. Die Wirkung des Bors nimmt beträchtlich zu, wenn Bor gemeinsam mit Kieselsäure angewendet wird [2157]. Silizium kann sogar in einem bestimmten Maße Bor ersetzen. Vergilbte Hülsenfrüchte enthalten mehr Silizium und weniger Bor als die gesunden [963].

Schon relativ kleine Manganmengen wirken toxisch auf die Pflanzen und rufen braune Flecken auf den Blättern hervor. Der Zusatz von Kieselsäure zu der Nahrung so erkrankter Pflanzen hebt den toxischen Effekt des Mangans auf und erhöht den Ernteertrag [1933, 1939, 1970, 2450, 2516—2518]. Von einigen Autoren wird angenommen, daß die stimulierende Wirkung des Siliziums auf das Pflanzenwachstum hauptsächlich durch die Aufhebung der toxischen Wirkung von Mangan zustande kommt [914, 1450]. Zum Mechanismus der Wechselwirkung zwischen der Kieselsäure und den Manganverbindungen wurden einige Hypothesen entwickelt, z. B. wurde vermutet [1931, 1933], daß die Manganverbindungen durch Oxydation an der Wurzeloberfläche unlöslich werden, wodurch ihr weiteres Eindringen in die Pflanzen verhindert wird. Die Kieselsäure soll dabei das Oxydationsvermögen der Wurzeln erhöhen. Die günstige Wirkung der Kieselsäure wird auch damit erklärt, daß sie zu einer gleichmäßigen Verteilung der Manganverbindungen in den Blättern beiträgt und so deren Anreicherung an einzelnen Stellen zu nekrotisch wirksamen Konzentrationen verhindert [1450, 2450]. Kieselsäure setzt auch die Giftigkeit von Eisenverbindungen herab [1933, 1939]. Auch in diesem Fall soll die Aufnahme durch die Pflanze infolge einer Erhöhung der Oxydationsfähigkeit der Wurzeln herabgesetzt werden [1930, 1931, 1934]. Dabei wird angenommen, daß sich unter dem Einfluß der Kieselsäure eine Erweiterung und Festigung der Gaskapillaren in den Wurzeln vollzieht [2023]. Silikate, die Bestandteil von Düngemitteln sind, verbessern die Bodeneigenschaften eisenreicher Reisfelder [2412]. Komplexe der Kieselsäure mit Eisenverbindungen verhindern das Auftreten der Chlorose bei Mais, Wein und Obstbäumen [985, 986] und werden als aktive Träger für Mikrodünger eingesetzt [741].

Der Zusatz von Kieselsäure zur Pflanzennahrung vermag die toxische Wirkung von Flußsäure auf landwirtschaftliche Kulturen [2547], von Arsen auf Reis [1933] und von Magnesium auf Tabak [1757] aufzuheben. Die Kieselsäure reguliert in bestimmter Weise den Transport von Kohlenhydraten und Proteinen in Reispflanzen und begünstigt deren Anreicherung in den Ähren [1921, 2427]. Fermente, wie Phosphatasen, Glukosidasen, Invertasen und Tyrosinasen werden durch Kieselsäure nicht inhibiert [637, 2416, 2420].

Eine wesentliche Rolle spielt das Silizium beim Schutz der Pflanzen gegen Pilz- und andere Erkrankungen sowie gegen Schädlinge. In besonders großem Umfang ist der Einfluß des Siliziums auf die Widerstandsfähigkeit von Reis gegenüber einigen Pilzerkrankungen wie z. B. der Fußkrankheit (durch *Helminthosporium oryzae*), der Stengelfäule (durch *Leptosphaeria salvinii*) und der Fleckenkrankheit (durch *Piricularia oryzae*) untersucht worden. Die Erhöhung des SiO_2-Gehaltes in Reispflanzen, besonders in den Blättern, setzt deren Anfälligkeit gegenüber Pilzkrankheiten herab. Umgekehrt steigert eine Abnahme der SiO_2-Konzentration die Anfälligkeit [627, 628, 693, 695, 696, 1298, 1403, 1411, 1450, 1476, 1567, 1737, 2451, 2551, 2555, 2558—2560]. Die Widerstandsfähigkeit von Reis gegenüber diesen Erkrankungen kann durch die Anwendung siliziumhaltiger Düngemittel verbessert werden [1389, 1420, 1696, 1697]. Die gleiche Wirkung hat die Verwendung von Überflutungswasser, das große Mengen Kieselsäure enthält [1563, 1900]. Reispflanzen, die an der Bronze-Krankheit leiden, enthalten weniger Silizium als gesunde [1391]. Die Schwarze Blattflecken-Krankheit des Reises kann durch eine Düngung mit Natrium-Silikat bekämpft werden [1968].

Die Widerstandsfähigkeit der Pflanzen gegenüber Getreidemehltau (*Erysiphe graminis*) hängt ebenfalls vom Siliziumgehalt in den Blättern ab und kann durch Zugabe von Kieselsäure zum Nährboden erhöht werden [663, 1157, 1208, 1209, 1257, 1480, 1731, 1732, 2455]. In kieselsäurehaltiger Kulturlösung gezogene Hirse gibt Samen, die unempfindlich gegenüber Pilzerkrankungen sind [2270]. SiO_2 schützt gegen die Pflanzenchlorose [1915] und den gewöhnlichen Kartoffelschorf [1551].

Im Gegensatz zu den oben erwähnten Krankheiten nimmt der Siliziumgehalt in der Pflanze bei der Reisgelbsucht, die ihrem Charakter nach eine Stoffwechselerkrankung ist, beträchtlich zu [897, 898].

Die Zunahme des Siliziumgehaltes von Pflanzen erhöht auch ihre Widerstandsfähigkeit gegenüber verschiedenen Schadinsekten (Hessenfliege, Bohrkäfer, Rüsselkäfer u. a.) [651—653, 1125, 1009, 1089, 1632, 1637, 1640, 1813, 1986, 2058, 2149, 2150].

Die schützende Wirkung des Siliziums in den Pflanzen kann man wahrscheinlich dadurch erklären, daß das Silizium die Festigkeit der Epidermis-Zellwände erhöht, die sich dann für Pilze, Insekten und andere Schädlinge als eine mechanisch schwer zu überwindende Barriere erweisen [1157, 1450, 2550].

Bei Bakterieninfektionen, die an mechanisch geschädigten Stellen von Weizenblättern auftreten, werden die Zellen der Umgebung mit Kieselsäure inkrustiert (1902), was als eine Schutzreaktion der Pflanze betrachtet werden kann. Siliziumhaltige Gebilde an der Oberfläche einiger Pflanzen (Nadeln, Härchen u. a.) dienen zum Schutz gegen Tiere [1156]. Die Siliziumzellen einiger tropischer Wasserpflanzen aus der Familie *Podostemaceae* sind wahrscheinlich eine Einrichtung zum Schutz der Pflanze gegen die korrodierende Wirkung des Wassers [2466].

Die große Bedeutung des Siliziums für die Pflanzen kann auch durch die folgenden Beispiele veranschaulicht werden. Schon im vorigen Jahrhundert wurde festgestellt, daß Silizium die Pflanzenstengel verfestigt [1690] (was durch neueste Untersuchungen bestätigt werden konnte [1319, 1335—1337, 1413, 1419, 1454]). Stengel von Roggen, der auf mit Kieselsäure angereichertem Boden aufgezogen wurde, enthielten mehr Knoten als Stengel von gewöhnlich ernährten Pflanzen [2509]. Die Verfestigung der Stengel durch Kieselsäure besitzt eine praktische Bedeutung als Schutz gegen das Lagern des Getreides, da man der Meinung ist [1997], daß das Lagern des Getreides durch einen Mangel an Kieselsäure und nicht durch einen Mangel an Lignin hervorgerufen wird, wobei der Ligningehalt in keiner Beziehung zur SiO_2-Menge in der Pflanze steht [2543]. Samen des Kanariengrases (*Phalaris tuberosa*), deren Schale reich an Kieselsäure ist, werden im Blütenstand festgehalten und fallen nicht aus, was man aller Wahrscheinlichkeit nach einem Einfluß der Kieselsäure zuschreiben muß [1450, 1769]. Diese Wirkung der Kieselsäure könnte eine große Bedeutung in der Landwirtschaft bekommen. Siliziummangel erkennt man beim Reis daran, daß die Blätter nach unten hängen, während sie bei hohem Siliziumgehalt nach oben stehen [1419, 1826, 1918, 1930, 2552].

Silizium setzt bei Reispflanzen die Intensität der Transpiration herab [1939,

2552]. Die wahrscheinlichste Ursache dafür ist die Ausbildung einer Schicht von Siliziumzellen unter der Cuticula der Blätter, die die Fähigkeit der Cuticula, die Transpiration einzuschränken, verstärkt [2550, 2556].

Die Angaben über den Einfluß des Siliziums auf die Frosthärte von Pflanzen sind widersprüchlich. So wird beispielsweise mitgeteilt, daß die Anwesenheit kolloidaler Kieselsäure in der Nährlösung junge Gerste vor dem Erfrieren schützt [1923]. In einer anderen Arbeit wird dagegen beschrieben, daß die Anwesenheit von Silizium eine Abnahme der Frostresistenz von Pflanzen bewirkt [2101] und LANNING [1637] sieht überhaupt keinen Zusammenhang zwischen dem Gehalt an Silizium und der Frosthärte der Pflanzen.

An dieser Stelle sollte noch die Rolle der Kieselsäure bei der Bildung der Huminsäuren im Boden [1554, 2159—2161] erwähnt werden, sowie die Erhöhung der Widerstandsfähigkeit von Reis gegen Bestrahlung bei Anwesenheit von Kieselsäure [2331].

Durch Besprühen mit Methylpolysiloxanemulsionen können Blätter oder Knospen mit einem Polymerfilm überzogen werden, der die Transpiration sowie einige andere metabolische Prozesse hemmt [1029, 1030]. Infolgedessen verlangsamt sich die Entwicklung der Pflanzen. Hält man auf dieseWeise die Pflanzenblüte zurück, so kann man die Blüten vor den Frühlingsfrösten schützen. Bei Chlormethylsilanen wurde eine Herbicidwirkung nachgewiesen [1646, 1647].

[2884] АКЕНТЬЕВА, Л. И.: Кремнефосфорные соединения и роль их в питании растений в каштановых почвах при орошении. Автореф. канд. дисс., Саратов, 1953.
[2885] ЛИТКЕВИЧ, С. В.: Труды Ленингр. отд. ВНИИ удобрений, агротехн. агропочвовед., вып. 39. Л., 1935.
[2886] МОЙСЕЕВ, И. Т., АЛЕКСАХИН, Р. М., РЫДКИЙ, С. Г.: Агрохимия, **1969**, № 4, 71.
[2887] МОЙСЕЕВ, И. Т., АЛЕКСАХИН, Р. М., РЫДКИЙ, С. Г.: Агрохимия, **1969**, № 6, 88.
[2888] МОЙСЕЕВ, И. Т., РЫДКИЙ, С. Г.: U. N. [Rep.], **1969**, A-AC-82/G/L-1295.
[2889] ПРОЦЕНКО, Д. Ф., КАРНАУХОВА, Л. А.: Физиол. биохимия культ. раст., **2**, 188 (1970).
[2890] СЕРЕЦЕТДИНОВ, Д. З., ЕВТУШЕНКО, Г. К.: Вестн. АН КазССР, **27**, № 6, 42 (1971).
[2891] СКРИПЧЕНКО, А. Ф.: В сб.: Микроэлементы в биосфере и их применение в сельском хозяйстве и медицине Сибири и Дальнего Востока. Улан-Удэ, 1967, стр. 434.
[2892] ХОВАНОВ, В. Г., ДЗИКОВИЧ, К. А.: Химия в сельском хоз., **10**, 577 (1972).
[2893] ADLAN, H. A.: Diss. Abstr. Int., B **30**, 3941 (1970).
[2894] AHMAD, R., HEWITT, E. J.: Plant Soil, **34**, 691 (1971).
[2895] ALEXANDER, A. G.: Sugar Azucar, **64**, 21 (1968).
[2896] ALEXANDER, A. G.: Proc. Int. Soc. Sugar-cane Technol., **13**, 522 (1968).
[2897] ALEXANDER, A. G., MONTALVO-ZAPATA, R., KUMAR, A.: J. Agr. Univ. P. R., **54**, 82 (1970).
[2898] ALEXANDER, A. G., MONTALVO-ZAPATA, R.: J. Agr. Univ. P. R., **54**, 247 (1970).
[2899] ALEXANDER, A. G., MONTALVO-ZAPATA, R., SPAIN, G. L., KUMAR, A.: J. Agr. Univ. P. R., **56**, 201 (1972).
[2900] ALEXANDER, A. G., SPAIN, G. L.: J. Agr. Univ. P. R., **54**, 640 (1970).

[2901] Aoki, M., Ishikawa, H.: Nippon Dojo Hiryogaku Zasshi, **42**, 167 (1971).
[2902] Asai, K., Oikawa, H., Miyazaki, Y.: JA-Pat. 27690 (1971); C. A., **77**, 123018j (1972).
[2903] Bishop, R. T.: Proc. Annu. Congr. S. Afr. Sugar Technol. Ass., **41**, 190 (1967).
[2904] Cheong, Y. W. Y.: Annu. Rep. Mauritius Sugar Ind. Res. Inst., **1970**, 63 (1971).
[2905] Cheong, Y. W. Y., Chan, P. Y.: Annu. Rep. Mauritius Sugar Ind. Res. Inst., **1968**, 77.
[2906] Cheong, Y. W. Y., Halais, P.: Exp. Agr., **6**, 99 (1970).
[2907] Clocker, W.: Soil Sci., **60**, 133 (1945).
[2908] Cock, J. H., Yoshida, S.: Soil Sci. Plant Nutr., **16**, 212 (1970).
[2909] Datta, N. P., Shinde, J. E., Kamath, M. B., Datta, S. K. de: Indian J. Agric. Sci., **32**, 219 (1962).
[2910] D'Hoore, J., Coulter, J. K.: In: Soils Humid Tropical. Washington, 1972, p. 163.
[2911] Douglas, C. L.: Soil Sci., **109**, 341 (1970).
[2912] Du Preez, P.: Proc. Annu. Congr. S. Afr. Sugar Technol. Ass., **44**, 183 (1970).
[2913] Elgawhary, S. M., Lindsay, W. L.: Proc. Soil Sci. Soc. Amer., **36**, 439 (1972).
[2914] Fischer, D. von: Untersuchungen über den Humusabbau und die Phosphorsäureverfügbarkeit unter dem Einfluß der Hüttenkalkdüngung. Diss., Bonn, 1960.
[2915] Foery, W., Fischer, H.: CH-Pat. 528209 (1972); C. A., **78**, 39339c (1972).
[2916] Foery, W., Fischer, H. P. (Agripat S. A.): DT-Pat. 2149680 (1972); C. A., **77**, 5605a (1972).
[2917] Ganssmann, W.: Über die Siliciumbestimmung in Pflanzen und die Aufnahme von Phosphorsäure und anderen Nährstoffen bei Siliciumdüngung. Diss., Gießen 1961.
[2918] Gericke, S.: Angew. Chem., **63**, 193 (1951).
[2919] Goldmann, G.: DT-Pat. 1803103 (1970); C. A., **73**, 76327q (1970).
[2920] Goldmann, G.: DT-Pat. 1929195 (1971); C. A., **74**, 63571k (1971).
[2921] Ha, H. S.: Han'guk Toyang Biryo Hakhoe Chi, **3**, 29 (1970).
[2922] Hagihara, H. H.: Rep. Hawaii. Sugar Technol., **30**, 88 (1971).
[2923] Honda, C., Nishimune, A.: Res. Bull. Hokkaido Nat. Agr. Exp. Sta., **95**, 11 (1969).
[2924] Ishikawa, T.: JA-Pat. 36165 (1971); C. A., **78**, 14978x (1973).
[2925] Janicki, H.: Postepy Nauk Roln., **19**, 65 (1972).
[2926] Jeong, Y. H., Kim, M. K.: Han'guk Toyang Biryo Hakhoe Chi, **4**, 49 (1971).
[2927] Jun, J. C.: Punsok Hwahak, 8, No. 3, 61 (1970).
[2928] Kim, M. K.: Han'guk Toyang Biryo Hakhoe Chi, **3**, 17 (1970).
[2929] Kurup, K. R., Ramankutty, N. N.: Agr. Res. J. Kerala, **7**, 80 (1969).
[2930] Kwon, H. G., Kim, U. J., Park, J. K., Kim, Y. S.: Nongsa Sihom Yon'gu Pogo (Plant Environment), **14**, 73 (1971).
[2931] Lee, J. K.: Nongsa Sihom Yon'gu Pogo (Plant Environment), **13**, 63 (1970).
[2932] Ludlow, M. M.: J. Austral. Inst. Agr. Sci., **35**, 200 (1969).
[2933] Lutz, D. M.: Tecnologia, **12**, No. 63, 7, No. 64, 32 (1970).
[2934] McCormack, R. W.: (Scientism Laboratories, Inc.) (1971); C. A., **74**, 86966g (1971).
[2935] Mai, H., Fiedler, H. J.: Arch. Forstw., **18**, 823 (1969).
[2936] Michael, G.: Bodenk. Pflanzenernähr., 338 (1940).
[2937] Minson, D. J.: Austral. J. Agric. Res., **22**, 589 (1971).
[2938] Mitsui, S., Takato, H.: Proc. 4th Conf. Radioisotopes. Tokyo, 1962, p. 1111.
[2939] Miyoshi, H., Ishii, H.: Nippon Dojo Hiryogaku Zasshi, **31**, 113 (1960).
[2940] Miyoshi, H., Ishii, H.: Nippon Dojo Hiryogaku Zasshi, **31**, 146 (1960).

[2941] Morgan, H. G.: Ghana J. Agr. Sci., **3** (Pt. 1), 27 (1970).
[2942] Nakamura, K., Kitamura, M.: Nenryo Kyokai-shi, **49**, 925 (1970).
[2943] Nakamura, Y.: JA-Pat. 10970 (1972); C. A., **78**, 42220n (1973).
[2944] Ngo Chan, B., Oliver, R., Falais, M.: Agron. trop. (Paris), **26**, 355 (1971).
[2945] Okamoto, Y.: Nippon Sakumotsu Gakkai Kiji, **38**, 743 (1969).
[2946] Okamoto, Y.: Wakayama Daigaku Kyoikugakubu Kiyo Shizenkagaku, **1969**, No. 19, 37.
[2947] Okamoto, Y.: Nippon Sakumotsu Gakkai Kiji, **39**, 139 (1970).
[2948] Okamoto, Y.: Nippon Sakumotsu Gakkai Kiji, **39**, 151 (1970).
[2949] Okamoto, Y.: Nippon Sakumotsu Gakkai Kiji, **39**, 242 (1970).
[2950] Okuda, A., Takahashi, E.: Soil Sci. Plant Nutr., **8**, 44 (1962).
[2951] Ookuma, M., Manabe, T., Ando, S.: Kagawa-Ken Nogyoshikenjo Kenkyu Hokoku, **1971**, No. 21, 43.
[2952] Pak, C. S.: Han'guk Toyang Biryo Hakhoe Chi, **4**, 113 (1971).
[2953] Park, Y. D., Kim, Y. S.: Han'guk Toyang Biryo Hakhoe Chi, **4**, 1 (1971).
[2954] Park, Y. D., Kim, Y. S., Kwon, H. K., Park, J. Y.: Nongsa Sihom Yon'gu Pogo, **11**, No. 3, 29 (1968).
[2955] Park, Y. D., Kim, Y. S., Mang, D. W.: Han'guk Toyang Biryo Hakhoe Chi, **4**, 161 (1971).
[2956] Parkinson, K. J.: J. Exp. Bot., **21**, 566 (1970).
[2957] Raupach, M., Piper, C. S.: Austral. J. Agric. Res., **10**, 818 (1959).
[2958] Reeve, N. G., Sumner, M. E.: Proc. Soil Sci. Soc. Amer., **34**, 263 (1970).
[2959] Reifenberg, A.: Z. Pflanzenernähr., Düng., Bodenk., A **10**, 159 (1927/1928).
[2960] Sadanandan, A. K., Varghese, E. J.: Agr. Res. J. Kerala, **7**, 91 (1969).
[2961] Sasamoto, K.: Shyokubutsu Boeki (Plant Prot.), **8**, No. 1, 20 (1954).
[2962] Schwab, G. M.: Naturwiss., **43**, 163 (1956).
[2963] Seifert, E., Freyhold, H. von (Henkel und Cie., G. m. b. H.): DT-Pat. 1960937 (1971); C. A., **75**, 62631p (1971).
[2964] Silva, J. A.: Proc. Int. Symp. Soil Fert. Eval., **1**. New Delhi, 1971, p. 805.
[2965] Takijima, Y., Wijayaratna, H. M. S., Seneviratne, C. J.: Soil Sci. Plant Nutr., **16**, 11 (1970).
[2966] Trenel, M., Frey, H. J.: Z. Pflanzenernähr., Düng., Bodenk., A **25**, 305 (1932).
[2967] Ueta, H., Arita, M.: Chugoku Nogyo Kenkyu, **1970**, No. 40, 10.
[2968] Van Soest, P. J.: Proc. Cornell Nutr. Conf. for Feed Manuf. Ithaca, 1970.
[2969] Vyas, M. K., Motiramani, D. P.: J. Indian Soc. Soil Sci., **19**, No. 1, 39 (1971).
[2970] Wintershall, A.-G.: (by W. Jahn-Held). — DT-Pat. 1252212 (1967); C. A., **68**, 48638v (1968).
[2971] Yates, R. A.: Agron. J., **64**, 31 (1972).
[2972] Yoshida, S.: Nogyo Gijutsu, **14**, 56 (1959).
[2973] Yoshida, S.: Nogyo Gijutsu, **14**, 118 (1959).
[2974] Yoshida, S.: Nogyo Gijutsu, **14**, 170 (1959).
[2975] Yoshida, S.: Nippon Dojo Hiryogaku Zasshi, **31**, 42 (1960).
[2976] Yoshida, S., Navasero, S. A., Ramirez, E. A.: Plant Soil, **31**, 48 (1969).
[2977] Yoshida, S., Onishi, Y.: Nogyo Gijutsu, **14**, 14 (1959).
[2978] Zeid, F. A., Kühn, H.: Landwirt. Forsch., Sonderh., **26**, 105 (1971).
[2979] Zimmermann, F., Seifert, E., Saxen, A.: DT-Pat. 1302386 (1971); C. A., **75**, 139855z (1971).

Kapitel V

SILIZIUM IM ORGANISMUS HÖHERER TIERE

> Die Untersuchung siliziumorganischer Verbindungen, die an biochemischen Prozessen teilnehmen, hat eine große Perspektive und wird zu einer weiteren Ausdehnung der Grenzen der Siliziumchemie beitragen.
>
> *I. F. Ponomarjev*

Der Siliziumgehalt im Organismus höherer Tiere ist im Vergleich zum Siliziumgehalt der Protozoen und Pflanzen nur sehr gering (im Durchschnitt 0,001% umgerechnet auf Lebendgewicht [1217]). Trotzdem spielen die Siliziumverbindungen eine bedeutende Rolle bei den Lebensprozessen, die im Organismus der Tiere, die auf einer hohen Evolutionsstufe stehen, und auch im Organismus des Menschen ablaufen [453, 454, 1146, 1845, 2198]. Die Frage nach der Bedeutung des Siliziums, das sich in den Geweben und Organen der höheren Tiere und des Menschen befindet, wird in einigen Übersichtsartikeln berührt [8, 649, 1317, 1880, 1957, 2229], und in drei speziell diesem Thema gewidmeten Arbeiten eingehender behandelt [1450, 1523, 1846].

[2980] Коломийцева, М. Г., Габович, Р. Д.: Микроэлементы в медицине. М., 1970.

[2981] Akiya, S., Tanimura, A.: Seikagaku, 26, 430 (1954).

[2982] Handbuch der normalen und pathologischen Physiologie, Bd. XVI, 2. Hälfte. Berlin, 1931.

[2983] Schutte, K. H.: The Biology of the Trace Elements. C. Loohwood, 1964.

[2984] Underwood, E. J.: Trace Elements in Human and Animal Nutrition. New York, 1972.

1. Höhere wirbellose Tiere

Die wichtigsten Angaben über den Siliziumgehalt im Organismus der höheren Wirbellosen stammen von Clarke, Wheeler [909, 910] und Vinogradov [131, 132, 135, 2444].

Würmer (*Vermes*): Die Angaben über den Siliziumgehalt von Würmern sind außerordentlich spärlich. Es ist lediglich bekannt, daß der Meerpfeil (*Sagitta sp.*) — ein Vertreter der Borstenkiefer (*Chaetognatha*) — 0,03% Siliziumdioxyd (auf Trockenmasse berechnet) enthält [131, 830]. Der Siliziumgehalt von Ringelwürmern (*Annelida*) ist überhaupt noch nicht untersucht worden. Dagegen wurde darauf hingewiesen, daß in den Phosphatröhren einiger Vielborster (*Polychaeta*) Silizium enthalten ist. So besteht z. B. die Röhre des Wurmes *Laodice polybranchia* zu 28,05% aus SiO_2 [910], die Röhren anderer Arten enthalten bedeutend weniger Kieselsäure. Der Organismus der Regenwürmer ist zur Aufnahme von Siliziumverbindungen eingerichtet [1487].

Weichtiere (*Mollusca*): Angaben über den Siliziumgehalt der Mollusken sind in zahlreichen Arbeiten zu finden (siehe Tab. 9 [346, 823, 1311, 1440, 1739, 1799, 2505]). Besonders sorgfältig wurden in dieser Hinsicht die Muscheln untersucht [406, 487, 863, 1369, 1668, 1721, 1998, 2006, 2395]. Auf Grund der vorliegenden Werte kann man den Schluß ziehen, daß in den Mollusken, von wenigen Ausnahmen abgesehen, nur unbedeutende Siliziummengen enthalten sind. Siliziumreiche Organismen gibt es in diesem Stamm der Wirbellosen nicht. Im allgemeinen beträgt der Kieselsäuregehalt in den Körpern von Mollusken nur Bruchteile von Prozenten (auf Trockenmasse bezogen). Lediglich in den Miesmuscheln (*Mytilus edulis*), den Posthornschnecken (*Planorbis corneus*) und in einigen anderen Arten beträgt die Kieselsäuremenge einige Prozent (siehe Tab. 9). Die Schnecken der Gattung *Oncidium* haben bis 60 mm lange Nadeln aus Kieselsäure [1621 bis 1623], die offenbar im Verlaufe von Stoffwechselprozessen gebildet werden. Die siliziumhaltigen Anteile der Nahrung gelangen zunächst in die Leber dieser Tiere, werden dort umgewandelt und in bestimmte Gewebe transportiert, in denen sich dann die Kieselnadeln bilden. In diesen Nadeln liegt das Silizium hauptsächlich in Form amorpher Kieselsäure, seltener auch in Silikatform vor [1471].

Die Schalen der Mollusken bestehen in der Regel aus Kalziumkarbonat. Der Siliziumgehalt in den Schalen der Muscheln ist im Durchschnitt sogar niedriger als in den Weichkörpern dieser Tiere. Die einzige bekannte Ausnahme bildet der Schulp des Kalmar *Ommastrephes sp.*, dessen anorganischer Anteil zu 93% aus SiO_2 besteht. Leider fehlen Vergleichswerte, auf deren Grundlage man allgemeine Schlußfolgerungen über einen Zusammenhang zwischen dem Siliziumgehalt in den Weichkörpern der Mollusken und dem in ihren Schalen ziehen könnte.

Schnecken und Kopffüßer haben in der Mundhöhle chitinöse Raspelplatten zum Zerreiben der Nahrung (sogenannte „Radula"), die Kieselsäure enthalten [1240, 2268]. Die Radula der Meeresschnecken *Patellidae* enthält in der Trockenmasse 8,7% SiO_2 (bzw. 32,85% SiO_2, auf Asche berechnet), sowie große Mengen von Eisen- und Aluminiumoxyd. Insgesamt entspricht die Zusammensetzung des anorganischen Anteils der Formel $((FeAl)_2O_3)_3 \cdot (SiO_2)_4$ [1445].

Silizium wurde auch in den Eiern einiger Mollusken gefunden, wobei der Siliziumgehalt mit dem Grad der Höherentwicklung der Organismen ansteigt [131, 135, 1132]. Die Tintenflüssigkeit des gewöhnlichen Tintenfisches (*Sepia officinalis*) enthält 0,39% SiO_2 (auf Trockengewicht berechnet) [1169].

Gliederfüßer (*Arthropoda*): Fast alle Untersuchungen über den Siliziumgehalt von Vertretern dieses nahezu eine Million Arten umfassenden Tierstamms [855] beziehen sich auf Krebse und Insekten, u. a. wurde Silizium im Organismus des Vielfüßers *Streptogonopus phipsoni* [2240] nachgewiesen.

Tab. 9 gibt den Siliziumgehalt von Krebsen (*Crustacea*) wieder, der in den meisten Fällen nicht mehr als 1% SiO_2 (auf Trockenmasse berechnet) beträgt. Der Ruderfußkrebs *Calanus finmarchicus* enthält $7 \cdot 10^{-3}$% bis $1{,}5 \cdot 10^{-2}$%

Tabelle 9
SiO_2-Gehalt von höheren Wirbellosen

Art	SiO_2-Gehalt (in %)		Literatur
	auf Trockenmasse bezogen	auf Asche bezogen	
1	2	3	4
Mollusca — Weichtiere			
Loricata — Käferschnecken			
Cryptochiton	1,57		[632]
Ischnochiton	2,31		[632]
Gastropoda — Schnecken			
Aporrhais occidentalis		1,32	[910]
Buliminus detritus		9,17	[1011]
Haliotis — Seeohr	0,47		[633, 634]
Helix pomatia — Weinbergschnecke	0,22		[1809]
,, ,,		1,15	[1137]
Limax agrestis — Ackerschnecke	0,06		[131]
Limnaea stagnalis — Schlammschnecke	1,17		[1809]
Nassa legula		2,19	[910]
Oncidiella celtica	1,81—6,46		[1471]
Oncidium durum	0,17—0,61		[1471]
Paraperonia gondwanae	1,13—6,90		[1471]
Planorbis corneus — Posthornschnecke	4,14		[1809]
Ranella pulchra		2,26	[910]
Viviparus sp. — Sumpfdeckelschnecke	1,15	6,35	[2404]
Viviparus sp. — Sumpfdeckelschnecke		0,00—0,98	[131]
Bivalvia — Muscheln			
Anodonta mutabilis — Teichmuschel	0,29		[1809]
Astarte borealis		2,57	[2164]
Mytilus edulis — Miesmuschel	6,60		[830]
Ostrea		0,4—2,0	[1137]
Ostrea edulis — Auster		0,81	[892]
Unio margaritifera — Flußperlmuschel		1,61	[1137]
Unio margaritifera — Flußperlmuschel		0,00—0,71	[131]
Scaphopoda — Grabfüßer			
Dentalium solidum		0,40	[910]

Tabelle 9 (Fortsetzung)

Art	SiO_2-Gehalt (in %) auf Trockenmasse bezogen	auf Asche bezogen	Literatur
1	2	3	4
Cephalopoda — Kopffüßer			
Ommastrephes sp. — Pfeilkalmar	9,00	92,96	[2404]
„ „		0,00—0,19	[910]
Crustacea — Krebse			
Branchiopoda — Blattfußkrebse			
Daphnia magna — Wasserfloh		0,98	[2441]
Daphnia pulex	5,99		[1809]
Daphnia sp.	2,80		[1809]
Leptodora	0,22		[795]
Copepoda — Ruderfüßer			
Anomalocera	0,65		[830]
Calanus finmarchicus	0,18		[830]
„ „	0,10		[133]
Calanus helgolandicus		0,05—0,20	[152]
Epischura baicalensis	0,26		[134]
Limnocalanus	0,10		[795]
Limnocalanus grimaldii		0,05—0,07	[152]
Pontella mediterranea		0,007—2,0	[2436]
Cirripedia — Rankenfüßer			
Balanus amphitrite niveus — Seepocken		2,12	[910]
Balanus eburneus		0,40	[910]
Lepas anatifera — Entenmuschel		0,04	[910]
Mitella anserifera		0,09	[910]
Amphipoda — Flohkrebse			
Acanthogammarus	0,25—0,47		[134]
Hyalella knickerbockeri	0,14		[795]
Tryphosa pinguis, Panzer		1,12	[910]
Isopoda — Asseln			
Asellus aquaticus — Wasserassel	3,87		[1809]
Oniscus murarius — Mauerassel	2,70		[1809]
Decapoda — Zehnfüßer			
Cambarus sp.	0,14		[795]
Insecta — Insekten			
Coleoptera — Käfer			
Lytta vesicatoria — Spanische Fliege		14,90	[1598]
Melolonthini — Maikäferartige	$4{,}3—8{,}0 \cdot 10^{-2}$		[154]
Melolontha — Maikäfer		11,12	[1075, 1137]

Tabelle 9 (Fortsetzung)

Art	SiO_2-Gehalt (in %) auf Trockenmasse bezogen	SiO_2-Gehalt (in %) auf Asche bezogen	Literatur
1	2	3	4
Lepidoptera — Schmetterlinge			
Bombyx mori — Seidenspinner, Raupe		0,75	[1137]
Stilpnotia salicis — Pappelspinner, Raupe	5,01		[1469]
Stilpnotia salicis — Pappelspinner, Puppe	6,48		[1469]
Tortrix viridana — Eichenspinner, Puppe	0,86		[1469]
Echinodermata — Stachelhäuter			
Asteroidea — Seesterne			
Asterias tanneri		1,01	[910]
Astropecten andromeda		8,66	[2164]
Benthopecten spinosus		2,47	[910]
Ctenodiscus australis		1,05	[910]
Leptasterias compta		1,94	[910]
Orthasterias tanneri		1,02	[2164]
Phataris bifascialis		2,06	[2164]
Phataris pyramidata		1,06	[2164]
,, ,,		bis 0,82	[131]
Crinoidea — Seelilien			
Hathrometra dentata		5,73	[910]
Psathyrometra fragilis		1,57	[910]
Ptilocrinus pinnatus		2,01	[910]
,, ,,		0,02—0,54	[131]
Echinoidea — Seeigel			
Echinus affinis		3,25	[910]
Encope californica		3,99	[910]
Encope micropora		2,87	[910]
Lytechinus anamesus		9,93	[910]
,, ,,		bis 0,33	[131]
Holothuroidea — Seewalzen			
Holothuria floridana		0,15	[910]
Holothuria sp.		0,57	[1322, 1323]
Ophiuroidea — Schlangensterne			
Gorgonocephalus arcticus		2,39	[910]
Gorgonocephalus caryi		1,76	[910]
Ophioglypha sarsii		1,15	[910]
,, ,,		0,00—0,66	[131]

Silizium (auf Lebendgewicht berechnet) [126, 131]. Aufgrund dieser Angaben erheben sich Zweifel an der Genauigkeit der Analysen von MEYER [1809], der in Krebsen 2,7 bis 6,0% SiO_2 gefunden haben will. Bei den Krebsen wird Silizium hauptsächlich in den Kiefern (Mandibeln) und wohl auch an anderen Stellen der Chitinhülle angereichert [2441]. Die Krebse bilden den Hauptbestandteil des Zooplanktons und nehmen auch am Kreislauf des Siliziums teil [172].

Über den Siliziumgehalt der Insekten (*Insecta*), von denen etwa 800000 Arten beschrieben wurden, gibt es nur wenige Angaben (siehe Tab. 9). 1928 wurde von UVAROV der bisher einzige und etwas unglückliche Versuch unternommen, die Angaben über die chemische Zusammensetzung der Insekten zusammenzufassen [2428]. Spektroskopisch konnte Silizium bei der Taufliege (*Drosophila melanogaster*) aus der Ordnung *Diptera*, bei der violetten Zimmermannshummel (*Xylocopa violacea*) aus der Ordnung *Hymenoptera*, bei der Marokkanischen Wanderheuschrecke (*Dociostaurus maroccanus*) aus der Ordnung *Saltatoria* und bei der Raupe des Prozessionsspinners (*Thaumetopoea pityocampa*) aus der Ordnung *Lepidoptera* [2287, 2288] nachgewiesen werden. Im Panzer von *Pulvinaria horii* und *Cerococcus muratae* aus der Unterordnung *Homoptera* wurden bis zu 88% SiO_2 (auf Asche berechnet) gefunden [1576, 1577].

Ein relativ hoher Siliziumgehalt wurde in dem Schaum gefunden, der von einigen Vertretern der Familie *Cercopidae*, wie z. B. der Wiesenschaumzikade (*Philaenus spumarius*) und der Weidenschaumzikade (*Aphrophora salicina*), abgesondert wird [2563]. Silizium kommt auch in Organen der verschiedenen Entwicklungsstadien des Seidenspinners (*Bombyx mori*) vor [923, 1133, 1134, 2143]. Es erscheint aus diesem Grunde sinnvoll, in die künstliche Nahrung der Seidenraupen auch Silizium mit aufzunehmen [2341].

Stachelhäuter (*Echinodermata*), wie auch andere höhere Wirbellose, zeichnen sich durch einen geringen Siliziumgehalt aus. Nur ihre Skelette enthalten in der Regel Silizium (vgl. Tab. 9 [863]). Die früher gemachte Feststellung, daß die Nadeln der Holothurien aus SiO_2 bestehen [2533], trifft wohl nicht zu. Man nimmt heute an [131, 2166], daß sie Strontiumsulfat enthalten.

Manteltiere (*Tunicata*): Die wenigen Angaben über den Siliziumgehalt der Tunikaten stammen alle noch aus dem vorigen Jahrhundert [1137, 1160, 1323, 1729]. So wurde in der Asche der Ascidie *Phallusia mamillata* 2,77% SiO_2 gefunden. Eine Reihe der in diesen Arbeiten enthaltenen Analysen [1160, 1729] konnte jedoch später nicht bestätigt werden [131], so daß es bis heute eigentlich keine verläßlichen Angaben über den Siliziumgehalt von Manteltieren gibt.

[2985] СУЛТАНОВ, К. М., ИСАЕВ, С. А.: Ученые записки Азерб. унив., сер. геол.-геогр. наук, **1967**, № 2, 3.

[2986] HASHIMOTO, S., SAKAKIBARA, T., NIIMURA, M., KANAHARA, T., USUI, H.: JA-Pat. 18613 (1972); C. A., 78, 28232m (1973).

[2987] RUNHAM, N. W., THORNTON, P. R., SHAW, D. A., WAYTE, R. C.: Z. Zellforsch., **99**, 608 (1969).

2. Wirbeltiere

Fische (*Pisces*): Bei Fischen wurden bislang nur einige wenige Siliziumbestimmungen durchgeführt (siehe Tab. 10 und [876, 1373, 1896]. Im Rogen der Regenbogenforelle steigt der Siliziumgehalt mit der Entwicklung der Eier an [1916].

Angaben über den Siliziumgehalt der Lurche (*Amphibia*) und der Kriechtiere (*Reptilia*) sind noch seltener. Kieselsäure wurde lediglich in den Eiern des Riesensalamanders (*Megalobatrachus*) [1398] und der Seeschildkröte *Thalassochelys corticata* [1482] gefunden. Die Eier dieser Schildkröte enthalten 21 mg % SiO_2 (bezogen auf Lebendgewicht).

Auch über Siliziumbestimmungen bei Vögeln (*Aves*) wurde nur wenig mitgeteilt. Die vorhandenen Angaben beziehen sich hauptsächlich auf Federn und Eier (vgl. Tab. 10 und [768, 1015, 1397, 1477, 2018, 2030, 2105, 2391]). Besonders

Tabelle 10

SiO_2-Gehalt von Wirbeltieren

Art	SiO_2-Gehalt (in (%)			Literatur
	auf Lebendgewicht bezogen	auf Trockenmasse bezogen	auf Asche bezogen	
1	2	3	4	5
Fische				
Schlei (*Tinca tinca*)	$0{,}86 \cdot 10^{-2}$	$4{,}92 \cdot 10^{-2}$		[304, 498]
atlantischer Steinbutt (*Hippoglossus americanus*)			0,32	[135, 896]
Schellfisch (*Metanogrammus aeglefinus*)	$1{,}63 \cdot 10^{-3}$			[2310]
Spiegelkarpfen (*Cyprinus carpio*)	$0{,}86 \cdot 10^{-2}$	$5{,}14 \cdot 10^{-2}$		[304, 498]
Kabeljau (*Gadus morhua*)	$1{,}68 \cdot 10^{-3}$			[2310]
Seeforelle (*Salmo trutta morpha lacustris*), Milch		$1{,}84 \cdot 10^{-2}$		[499]
Sprotte (*Sprattus sprattus*			0,30	[2471]
Fischleim (Gallerte)		$6{,}9 \cdot 10^{-3}$	0,71	[2179, 2180]
Fischleim (Membranen)		$5{,}7 \cdot 10^{-2}$	3,69	[2179, 2180]
Vögel				
Rabenleber		0,1	3,93	[162]
Taubenfedern			77	[1183]
Gänsefedern	1,47			[1349]

Tabelle 10 (Fortsetzung)

Art	SiO_2-Gehalt (in %)			Literatur
	auf Lebendgewicht bezogen	auf Trockenmasse bezogen	auf Asche bezogen	
1	2	3	4	5
Hühnerblut			0,96	[1190]
Hühnerfedern		$7{,}3 \cdot 10^{-2}$		[1120]
Hühnerei (Eiweiß)			0,28–2,04	[162]
Hühnerei (Eigelb)			0,55–1,4	[162]
Säugetiere*				
Ziege				
Milch			$4{,}8 \cdot 10^{-2}$	[210]
Labmagen des Lämmchens			9,4	[1872]
Blutserum	9,1–12,3 γ/ml			[2031]
Haar			8,3	[162]
Katze				
Magen		0,54	14,29	[162]
Harn	5 mg/l			[1846]
Leber		0,28	11,11	[162]
Dünndarmschleimhaut		0,9	17,65	[162]
Dickdarmschleimhaut		$4 \cdot 10^{-2}$	1,03	[162]
Kaninchen				
Lunge	$3{,}0 \cdot 10^{-2}$	0,17–0,20		[1520, 162]
Niere	$3{,}4 \cdot 10^{-2}$	$1{,}6 \cdot 10^{-2}$		[1520, 1846]
Leber	$4{,}6 \cdot 10^{-2}$	0,19		[1520, 162]
Knochen	$1{,}2-1{,}4 \cdot 10^{-3}$			[70]
Haar			11,8	[162]
Harn	$1{,}1 \cdot 10^{-2}$			[162]
Blut	12,60 γ/ml			[1846]
Herz		$0{,}9 \cdot 10^{-2}$		[1846]
Milz		$2{,}2 \cdot 10^{-2}$		[1846]
Gehirn		$1{,}8 \cdot 10^{-2}$		[1846]
Rind				
Aorta des Stieres		$9{,}9 \cdot 10^{-3}$	0,28	[2179]
Galle		$5{,}5 \cdot 10^{-2}$	0,36	[162]
Darmsteine		0,85	15,0	[162]
Haut (bearbeitet)			0,46	[162]
Huf		$2{,}9 \cdot 10^{-2}$		[162]
Blut				
Vollblut	1,5–2,4 γ/ml			[748]

Tabelle 10 (Fortsetzung)

Art	SiO$_2$-Gehalt (in %) auf Lebendgewicht bezogen	auf Trockenmasse bezogen	auf Asche bezogen	Literatur
1	2	3	4	5
Plasma	1,7—2,6 γ/ml			[748]
Serum	9,5—21,7 γ/ml			[2031, 2032]
Fibrin		0,64	15,91	[162]
Formelemente		$8 \cdot 10^{-2}$	3,45	[162]
Lunge		0,10—0,11		[1846]
Lymphatische Peribronchialknoten				
normal		$1,4 \cdot 10^{-2}$		[162]
tuberkulös		$2,7—15,4 \cdot 10^{-2}$		[162]
Milch			$3,2 \cdot 10^{-2}$	[210]
	$1,6 \cdot 10^{-4}$		$2,1 \cdot 10^{-2}$	[1511]
	3,1 mg/l			[664]
Harn (der trächtigen Kuh)	0,44—0,53 g/l			[2354]
Harnsteine		71		[162, 2326]
Muskeln		$1,8—8,9 \cdot 10^{-3}$		[2179]
Leber		$8,1—8,7 \cdot 10^{-2}$		[1846]
Horn der Kuh		$2,2 \cdot 10^{-2}$		[162]
Horn des Stieres		0,5		[162]
Sehnen des Stieres		$1,2—1,4 \cdot 10^{-2}$	0,57—0,66	[2179]
Sehnen des Kalbes		$7,3 \cdot 10^{-3}$	0,23	[2179]
Milz				
Kapseln		$1,7—2,0 \cdot 10^{-2}$	0,42—0,49	[162]
Pulpe		$1,4—1,6 \cdot 10^{-2}$	0,14—0,18	[162]
Augen der Kuh				
Glaskörper		$5,8 \cdot 10^{-2}$	0,14—0,18	[2179, 162]
Linse		$6,9 \cdot 10^{-3}$	0,29	[162]
Linsenfasern der Augenlinse		$0,8—1,4 \cdot 10^{-2}$	0,21—0,26	[162]
Haar des Stieres			10,8	[162]
Ratte				
Lunge		< 0,1		[1083]
Harn	30—50 mg/l	0,03—1,0		[1, 1846]
Weichgewebe		$0,4—2,1 \cdot 10^{-3}$		[1748]
Knochen		$2,1 \cdot 10^{-2}$		[1748]
Pferd				
Blut			0,2	[162]

Tabelle 10 (Fortsetzung)

Art	SiO_2-Gehalt (in %) auf Lebendgewicht bezogen	auf Trockenmasse bezogen	auf Asche bezogen	Literatur
1	2	3	4	5
Milch			$2{,}1 \cdot 10^{-2}$	[210]
Haar			14,6	[162]
Meerschweinchen				
Lunge	$0{,}6-1{,}2 \cdot 10^{-2}$	$4{,}8-7{,}8 \cdot 10^{-2}$		[162, 1520]
Haar			9,14	[162]
Schaf				
Haar		1,17	31,2	[162]
Milch			$6{,}3 \cdot 10^{-2}$	[210]
Harn	120—170 mg/l			[1846]
Harnsteine		30—98		[162]
Darmmuskelwand			9,7—10,4	[162]
Blutserum	10,7—13,1 γ/ml			[2031]
Labmagen des Lämmchens			8,2	[1872]
Schwein				
Blutserum	3,3—20,1 γ/ml			[2031]
Augenlinse		0,31		[162]
Hund				
Blut	5,5 mg/l			[1846]
Lungen	$3{,}2-3{,}9 \cdot 10^{-2}$	0,21—0,25		[1520, 162]
Harn	9—15 mg/l			[1846]
Leber	$2{,}3-3{,}4 \cdot 10^{-2}$	$9{,}7-13{,}3 \cdot 10^{-2}$		[162, 1520]
Niere	$1{,}5-2{,}1 \cdot 10^{-2}$	$8{,}0-11{,}2 \cdot 10^{-2}$		[162, 1520]
Milz	$1{,}1-1{,}6 \cdot 10^{-2}$	$4{,}6-6{,}6 \cdot 10^{-2}$		[162, 1520]
Herz		$4 \cdot 10^{-3}$	2,17	[162]
Haar			12,5	[162]

*) Weitere Angaben zum SiO_2-Gehalt in Säugetieren vgl.: Kaninchen [343, 650, 1396, 1714, 1955], Rind [389, 1190, 1295, 1537, 1716, 1828, 1917, 2181, 2422], Ratte [66, 968, 971, 1667, 1714], Meerschweinchen [2152], Hund [160, 521, 1396], Milch [208, 209, 801, 1004, 1014, 1016, 1543, 1996, 2310, 2538].

viel Silizium ist in den Vogelfedern enthalten, wobei die Federn der Körnerfresser mehr SiO_2 enthalten als die der Fleischfresser [162, 882]. Aus den Federn von Vögeln wurde die bis jetzt einzige siliziumorganische Verbindung isoliert, die in der Natur vorkommt — es ist der Orthokieselsäureester eines Cholesterinhomologen $Si(OC_{34}H_{59}O)_4$ [1017].

Säugetiere (*Mammalia*) enthalten nur wenig Silizium (durchschnittlich 0,001% auf Lebendgewicht berechnet [615]). Infolge dieser niedrigen SiO_2-Konzentration ist es oft schwierig, Silizium in ihren Organismen nachzuweisen [2044]. Wie jedoch zahlreiche und besonders neuere Untersuchungen zeigten, kommt Silizium in nahezu allen Organen und Geweben der Säugetiere vor [158, 182, 398, 661, 969, 1182, 1531, 2044, 2137, 2143, 2182].

Ein vergleichsweise hoher Gehalt an Kieselsäure wurde in Haaren, in der Epidermis und in den Lungen gefunden [1190, 1531, 2152], er beträgt in der Asche von Schafwolle z. B. 31,2% [1906]. Arm an Silizium ist das Blut. Dabei kommt im Blut pflanzenfressender Tiere immer noch 10—30mal soviel Silizium vor wie im Blut von Fleischfressern [1531]. Die Erythrozyten enthalten etwas mehr Silizium als das Plasma [1846], jedoch wurde kein Silizium in den Erythrozytenmembranen gefunden [1570]. Schließlich wurde Silizium in den Zähnen von Säugetieren [856], im Geweih des Maral (eine sibirische Hirschart) und im Pantocrin [496] nachgewiesen.

[2988] Белан, М. Г.: Автореф. канд. дисс., Харьков, 1965.
[2989] Диланян, Е. Х., Асланян, Е. С.: Молочн. пром., 28, № 3, 31 (1967).
[2990] Кучерова, Ф. Н.: Сельскохоз. биол., 3, 413 (1968).
[2991] Сковлин, А. П., Белоус, А. М.: Микроэлементы в костной ткани. М., 1968.
[2992] Holt, P. F.: Brit. J. Ind. Med., 7, 12 (1950).
[2993] Ivanova, D.: Folia med. (Bulg.), 5, 118 (1963).
[2994] Jensen, C. E., Vilstrup, T.: Acta chem. scand., 8, 697 (1954).
[2995] Kirchgessner, M.: Z. Tierphysiol., Tierernähr. Futtermittelk., 14, 270, 278 (1959).
[2996] Mebs, D., Raudonat, H. W. : Naturwissenschaften, 54, 494 (1967).
[2997] Menke, K. H., Sarban, M. S., Ölschläger, W.: Landwirt. Forsch., 22, 229 (1969).
[2998] Oksala, A.: Acta ophthalmol., 32, 235 (1954).

3. Der Mensch

Der menschliche Organismus enthält im Durchschnitt nur einige tausendstel Prozent Silizium [782]. Genauere Untersuchungen zeigten jedoch, daß sich Silizium in nahezu allen Geweben und Organen des Menschen findet (vgl. Tab. 11), bevorzugt in solchen, die nur wenig oder gar keine Nervenfasern enthalten, wie Bindegewebe, Drüsen, Lungen, Zahnschmelz, Nägel und Haare [162, 182, 241, 288, 671, 770, 843, 1146, 1181, 1372, 1521, 1523, 1531, 1549, 2110, 2179]. Der Siliziumgehalt in den einzelnen Organen wird hauptsächlich durch die siliziumreichen Bindegewebe bestimmt [2179, 2181]. Durch einen hohen Siliziumgehalt zeichnen sich die Lymphknoten am Lungeneingang, die Augenlinse und die glatte Darm- und Magenmuskulatur aus. In den glatten Muskeln ist der Siliziumgehalt um ein Vielfaches größer als in der gestreiften Muskulatur. Besonders hoch ist die Siliziumkonzentration in Haut, Haaren und Nägeln. Silizium befindet sich sogar schon in den Haaren von Neugeborenen [2247].

Bei sorgfältiger Überprüfung der Angaben (unter Anwendung moderner Analysenmethoden) konnten die älteren Befunde über einen hohen Siliziumgehalt in menschlichen Organen nicht immer bestätigt werden. So hat man z. B. im embryonalen Bindegewebe — in der sogenannten WHARTON'schen Sulze — bei einer Wiederholung der Analysen nur noch ein zwanzigstel der von SCHULZ [2180] zunächst angegebenen Siliziummenge finden können [1118]. Auch die Annahme, daß die Hauptmenge des Siliziums im Gehirn vorliegt [1396], erwies sich als falsch. Sie war das Ergebnis einer methodisch unvollkommenen kolorimetrischen Siliziumbestimmung, die, wie man heute weiß, bei phosphorhaltigen Proben zu fehlerhaften Ergebnissen führt [784]. Entsprechend neueren Angaben ist auch der Siliziumgehalt im Blut um ein Vielfaches geringer als früher mitgeteilt wurde [748].

Der Siliziumgehalt der meisten Organe und Gewebe des Menschen (wie der Lunge, des Lymphsystems, der Bauchspeichel- und der Schilddrüse [2340], der Epidermis der Haut, besonders des *stratum corneum* [1741], des Sehnervs [491, 492] u. a.) nimmt mit dem Alter des Menschen zu, der der Gesamthaut [397, 1741] sowie der Arterien dagegen ab. Besonders hoch ist der Siliziumgehalt der Haut von Neugeborenen. Mit dem Alter (bis 51 Jahre) nimmt er ab, beginnt dann aber wieder anzusteigen [397]. BROWN [844] fand keinen merklichen Unterschied im Siliziumgehalt der Haut von Neugeborenen und Greisen.

Während der Schwangerschaft steigt der Siliziumgehalt im Blut der Frauen ungefähr auf das Doppelte an, wobei ein Teil im Embryo angereichert wird. Am dritten Tag nach der Geburt ist der Siliziumgehalt im Blut der Mutter noch höher als während der Schwangerschaft [83, 207]. Er ist auch höher als beim Neugeborenen [205].

Nach einigen Autoren enthalten Erythrozyten und Blutplasma beim Menschen annähernd die gleiche Menge Silizium [751]. Nach anderen Angaben [1529] befindet sich jedoch das gesamte Silizium, das im Blut enthalten ist, im Serum. Die Angaben über den Einfluß von Geschlecht und Alter des Menschen auf den Siliziumgehalt im Blut sind widersprüchlich. Eine Reihe von Autoren [1620, 2536, 2537] fand keinen Einfluß dieser Faktoren, andere jedoch [41] fanden, daß sich die Siliziumkonzentration im Blut mit dem Alter erhöht. Am Morgen ist der Siliziumgehalt im Blut höher als am Abend [479].

In den Arterienwänden ist eine bedeutende Menge Silizium enthalten. Sie nimmt mit zunehmendem Alter ab [1711, 1713, 1716]. So finden sich in den Arterienwänden von Neugeborenen 7,3 mg % Silizium, in den Arterienwänden von 40jährigen jedoch durchschnittlich nur 2,5 mg % (beerechnet auf Lebendgewicht). Andere Autoren [630, 1619] konnten jedoch diese Gesetzmäßigkeiten nicht bestätigen. In der Intima (Innenwand) der Aorta nimmt der Siliziumgehalt mit dem Alter ab, in der Adventitia (Außenwand) dagegen zu [631].

Es wurde beobachtet, daß die Anreicherung von Silizium in der Lunge mit dem Alter zunimmt [163, 660, 1072, 1218, 1990]. Dabei war es notwendig, das Silizium, das in die Struktur der Gewebe eingebaut ist, von dem zu unterscheiden, das auf dem Gewebe nachträglich abgelagert wurde [1433, 1472, 1656]. Das nachträglich abgelagerte Silizium gelangt hauptsächlich in Form von Staub aus dem umgebenden Milieu in den Organismus, in dem es sich langsam umwandelt.

Die Lungen von Neugeborenen enthalten praktisch kein Silizium. Doch schon nach einigen Monaten bilden sich in der Lunge Ablagerungen von Siliziumverbindungen, die mit dem Alter stark zunehmen. Der Siliziumgehalt in der Lunge des Menschen erhöht sich während des Lebens auf mehr als das Hundertfache (von 140 auf 20000 mkg SiO_2 pro g Trockengewebe). Der Siliziumgehalt in den peribronchialen Lymphknoten wächst im Verlauf des Lebens von 270 sogar auf 50000 mkg SiO_2 pro g Trockengewebe an [162].

Das im Gehirn enthaltene Silizium befindet sich im wesentlichen in der harten Hirnhaut und in der Rinde des Groß- und Kleinhirns [228].

Im Urin läßt sich Silizium schon einige Tage nach der Geburt nachweisen. Auch während des ganzen Lebens bleibt Silizium ein normaler Bestandteil des Harns [2370].

Relativ viel Silizium befindet sich im Amnion (22,2% SiO_2 in der Asche) [162]. Die Angaben über den hohen Siliziumgehalt im Embryonalgewebe [1523, 2100, 2180, 2181] konnten jedoch durch die Untersuchungen von GALACHOVA [182] nicht bestätigt werden.

Tabelle 11

SiO_2-Gehalt menschlicher Organe und Gewebe*)

	Siliziumgehalt (in %)			
	auf Lebendgewicht bezogen	auf Trockenmasse bezogen	auf Asche bezogen	Literatur
1	2	3	4	5
Adenoid	$6{,}8 \cdot 10^{-3}$			[247]
Amnion		0,3	22,2	[162]
Aorta	$0{,}4-9{,}9 \cdot 10^{-2}$	$1{,}4-3{,}4 \cdot 10^{-2}$		[1619, 770]
,,	$4{,}6-8 \cdot 10^{-4}$	$8{,}8 \cdot 10^{-3}$		[488, 1119]
Blinddarm	$3{,}6 \cdot 10^{-2}$			[247]
Arteriengewebe				
Säuglinge (bis ein Jahr)	$1{,}3-1{,}9 \cdot 10^{-2}$			[1711]
Erwachsene (30 bis 40 Jahre)	$0{,}5-0{,}7 \cdot 10^{-2}$			[1711]
Aszites	$9 \cdot 10^{-3}$			[1526]
WHARTON'sche Sulze (aus Nabelschnur)		$2{,}4 \cdot 10^{-2}$	0,60	[2180, 162]
Haare	$1{,}5-1{,}9 \cdot 10^{-2}$	0,04—0,51	2—30	[710, 2179, 162, 1181]
,,		$1{,}9 \cdot 10^{-2}$		[1119,1120]
,,		$0{,}6-7{,}7 \cdot 10^{-1}$		[1174]
Hypophyse		$8{,}1 \cdot 10^{-2}$		[243]
Magen	$0{,}1-3{,}7 \cdot 10^{-4}$			[488]

Tabelle 11 (Fortsetzung)

	Siliziumgehalt (in %)			
	auf Lebendgewicht bezogen	auf Trockenmasse bezogen	auf Asche bezogen	Literatur
1	2	3	4	5
Galle		0,07	0,65	[162]
Schilddrüse			8	[1181,2306]
Darm			2–13	[1181]
Haut		1,4–4,6		[1174]
„		0,01–0,27		[770]
„		$1{,}5-4{,}3 \cdot 10^{-2}$		[1549]
„		$0{,}3-0{,}9 \cdot 10^{-2}$		[844]
„		$3-5 \cdot 10^{-3}$	0,10–0,18	[162]
„		$3{,}9-5{,}1 \cdot 10^{-3}$		[2179,1120]
Derma		$4{,}1 \cdot 10^{-3}$		[1119,1120]
Epidermis		$2{,}27 \cdot 10^{-2}$		[1119,1120]
Knochen			0,09–0,23	[727]
Blut	$1{,}6 \cdot 10^{-3}$		2,26	[1172, 1173, 1186]
„		$1 \cdot 10^{-4}$	0,2	[159, 167]
„			0,26	[478]
„	8,3 mg/l			[2536,2537]
„	< 1 mg/l			[751]
18–30 Jahre	$< 5 \cdot 10^{-7}$			[41]
50–75 Jahre	$0{,}2-4 \cdot 10^{-5}$			[41]
Plasma		$1{,}5 \cdot 10^{-4}$		[159]
Serum	$2{,}1-8{,}6 \cdot 10^{-4}$	0,15	1,69	[277, 162]
„	4,6–18,5 mg/l			[1620,1120]
„			$4{,}1 \cdot 10^{-2}$	[223]
„			2–3	[1181]
Fibrin		0,12	15–30	[162, 1181, 2306]
Formelemente		$5 \cdot 10^{-5}$	3	[159, 1181]
Lungen	$4{,}3-8{,}6 \cdot 10^{-2}$	0,1–4,6	2,35–33,7	[1159,1529, 1186]
„		0,14–1,14		[1520,1120]
„		0,04–0,73		[162, 805, 2256]
„		$0{,}5-25 \cdot 10^{-2}$		[159]
„	$0{,}1-13{,}7 \cdot 10^{-3}$	$0{,}7-0{,}8 \cdot 10^{-2}$		[488, 1396]
Lymphknoten	$0{,}3-26{,}4 \cdot 10^{-3}$			[488]
Lymphknoten am Lungeneingang		1–5	18,3–55,0	[162]

Tabelle 11 (Fortsetzung)

	Siliziumgehalt (in %)			
	auf Lebendgewicht bezogen	auf Trockenmasse bezogen	auf Asche bezogen	Literatur
1	2	3	4	5
Gebärmutter (Uterus)			1—10	[1723]
Milch		0,02—0,11		[95, 210, 207]
„		0,2—21,7 · 10^{-2}	0,3—0,4	[236, 1181]
„	in Spuren		0,72	[162]
Gehirn	0,4—90 · 10^{-4}	0,2 · 10^{-1}		[488, 1396]
„		0,06	1,32	[162]
weiße Substanz				[226]
„ „			0,43—1,24 · 10^{-2}	
Hirnrinde		1,7 · 10^{-2}	1,07	[243, 161]
Stammhirn			0,7—1,0 · 10^{-2}	[226]
weiche Hirnhaut			0,16	[226]
subkortikale Kerne (graue Kerne)			5,1—9,4 · 10^{-3}	[226]
harte Hirnhaut			0,19	[226]
„ „			0,34	[2179]
Kleinhirn		2 · 10^{-2}		[159]
„		1,6 · 10^{-2}		[243]
Kleinhirnrinde			1,07	[161]
Harn	0,6—1,8 · 10^{-2}			[401]
„	3,6 · 10^{-3}			[1172, 1173]
„	1,0 · 10^{-3}			[162]
„	7—23 mg/l			[1529]
Muskeln		2 · 10^{-2}	2—4	[159, 1181]
„	0,06	3,9 · 10^{-3}		[1349, 1119]
„		1,5—4,4 · 10^{-3}		[770, 2179]
Magenmuskeln			15,43	[162]
Darmmuskeln			8—10	[162]
beliebige Muskeln		2 · 10^{-3}	0,06	[162]
Nebennieren		0,29	7,4—16,1	[162, 1181, 2306]
Gaumenmandeln	0,29			[246, 247]
Nägel		0,4—1,2		[1174]
„		1,2 · 10^{-2}		[1119, 1120]
Leber	0,7—6,5 · 10^{-4}	2 · 10^{-2}		[488, 159]
„		0,14—0,25	3,16—9,15	[162]
Plazenta (am Ende der Schwangerschaft)			7,0	[1149]

Tabelle 11 (Fortsetzung)

	Silizium (in %)			Literatur
	auf Lebendgewicht bezogen	auf Trockenmasse bezogen	auf Asche bezogen	
1	2	3	4	
Bauchspeicheldrüse	0,9—4,7 · 10^{-4}	7,5 · 10^{-3}		[488, 159]
„	0,9—3,0 · 10^{-2}			[1549]
„		1,5 · 10^{-2}	0,20	[162]
Niere		0,8—2,7 · 10^{-2}		[770, 159]
„		0,2 · 10^{-2}		[1396]
„	0,6—1,1 · 10^{-4}	9,0 · 10^{-3}		[488, 1119]
Nabelschnur		1,5 · 10^{-2}		[2183]
Sehnen, Faszien		0,8—1 · 10^{-2}	0,1—0,4	[162, 2179]
Milz	0,5—2 · 10^{-4}	1,5 · 10^{-2}		[488, 159]
Herz	3,3—6,7 · 10^{-4}	2 · 10^{-2}		[488, 159]
Dünndarmschleimhaut		0,07	3,69—4,71	[162]
„			4,3—8,3	[162]
Rückenmarksflüssigkeit (Liquor cerebrospinalis)			3,9—10^{-2}	[223]
Sehnen		4,1—8,7 · 10^{-3}		[1119,2179]
Schilddrüse		4 · 10^{-2}		[159]
Augenlinse			3,0	[162]

*) Weitere Bestimmungen des Siliziumgehaltes (u. a. auch quantitative) in Organen, Geweben und Absonderungen des menschlichen Organismus: Aorta und Arteriengewebe [630, 631, 774, 1709, 1715—1717], Wharton'sche Sulze [1118], Scheide [2144, 2145], Haare [1579, 2247], Hypophyse [2340], Brustdrüse [2145], Magen [972, 2145], Zwölffingerdarmflüssigkeit [1579], Sehnerv [492], Kropf [2340], Zähne [846, 1204, 1464, 1579, 1728, 2227], Steine innerer Organe [591, 1186, 1859], Haut [397, 1740, 1741, 2205], Blut und seine Bestandteile [83, 153, 195, 205—207, 219, 220, 264, 266, 347, 479, 568, 607, 617, 618, 682, 748, 805, 806, 883, 1116, 1148, 1405, 1531, 1522, 1525, 1529, 1579, 1587 bis 1589, 1782, 1856, 2076, 2077, 2121, 2248, 2249, 2251, 2478, 2540], Lungen [163, 462, 660, 770, 1072, 1112, 1158, 1218, 1321, 1432, 1531, 1533, 1751, 1990, 2083, 2322, 2323], Gebärmutter [2145], Gehirn [55, 164, 225, 227, 228, 237, 1519], Milch [208, 235, 569, 1016, 2143], Harn [195, 220, 221, 802, 883, 1184, 1522, 1530, 1579, 1856, 2184], Nebennieren [1185, 2340], Nägel [1579], Plazenta [2145, 2340], Bauchspeicheldrüse [1473, 1484, 1610, 2186, 2340, 2397], Schweiß [1579], Nieren [1549], Speicheldrüse [1464], Augenlinse [601], Zirbeldrüse [2340], Schilddrüse [2145, 2185, 2340], Echinokokkus-Blase [2145], Hoden [2340], Eierstöcke [2144, 2145, 2340], verschiedene Gewebe [224, 969, 1724, 1748, 2143].

[2999] Дельва, В. А.: Содержание и топография некоторых микроэлементов в головном мозгу человека в норме и патологии. Автореф. докт. дисс., Киев, 1965.
[3000] Дельва, В. А.: В сб.: Биологическая роль меди. Симпозиум 1967. М., 1970, стр. 262.
[3001] Дымшиц, Я. М., Зацепина, Э. М., Мишарин, А. П.: Труды научной конф. АМН СССР. Иркутск, 1960.
[3002] Кляцкина, И. Х.: Гигиена труда и проф. заболев., 13, № 8, 56 (1969).
[3003] Унанян, Г. С.: Журнал эксп. клин. мед., 9, № 1, 38 (1969).
[3004] Ярошенко, А. Н.: В сб.: Материалы 28-ой научной сессии Архангельского госуд. мед. инст. Архангельск, 1967, стр. 351.
[3005] Byczkowski, S., Wrzesniowska, K.: Gdansk. Tow. Nauk., Rozpr. Wydz. III, 1971, No. 8, 43.
[3006] Ignaciuk, S.: Gdansk. Tow. Nauk., Rozpr. Wydz. III, 1968, No. 5, 129.
[3007] Keenan, R. G., Crable, J. V., Smallwood, A. W., Carlberg, J. R.: Amer. Ind. Hyg. Ass. J., 32, 392 (1971).
[3008] Kellner, G.: Ther. Nervensyst., 5, 112 (1966).
[3009] Loeper, Jacques, Loeper, Jacqueline: Bull. et mém. Soc. méd. hôpitaux Paris, 74, 539 (1958).
[3010] Nomura, T.: Nippon Onsen Kiko Butsuri Igakkai Zasshi, 32, No. 3—4, 1 (1969).
[3011] Röthig, W., Wehrau, H. J.: Dtsch. Gesundheitsw., 24, 2273 (1969).
[3012] Saito, I., Endo, M.: Hokkaido Igaku Zasshi, 45, 234 (1970).
[3013] Spadaro, J. A., Becker, R. O., Bachman, C. H.: Calcif. Tissue Res., 6, 49 (1970).

4. Zum Metabolismus der Siliziumverbindungen

Die im Organismus des Menschen und der Tiere vorkommenden Siliziumverbindungen lassen sich in drei Hauptgruppen einteilen [662, 882]:

1. Wasserlösliche, die Zellwände leicht durchdringende anorganische Verbindungen, die aus dem Organismus leicht wieder ausgeschieden werden können: Dazu gehören die Orthokieselsäure und Ionen der Ortho- und Oligo-Kieselsäuren.
2. In organischen Lösungsmitteln lösliche siliziumorganische oder komplexgebundene Siliziumverbindungen: Dazu gehören Ester der Ortho- und Oligo-Kieselsäuren mit Kohlenhydraten, Proteinen, Cholesterin und anderen Sterinen, Cholin, Lipiden und Phospholipiden*) [1326, 1349, 1351, 1352, 1354, 1366, 1367, 2201]. Es können auch Verbindungen mit SiN-Bindungen vorkommen. Verbindungen mit SiC-Bindungen konnten bislang in höheren Tieren und beim Menschen noch nicht nachgewiesen werden.
3. Unlösliche Siliziumpolymere: Zu ihnen gehören Polykieselsäuren, amorphe Kieselsäuren, unlösliche Silikate und Quarz. Die Oberfläche dieser Polymeren ist im Organismus von einer chemisorbierten Schicht organischer Verbindungen bedeckt, die Hydroxyl- oder Aminogruppen enthalten.

*) Kieselsäure kann die Phosphorsäure in Phospholipiden und in anderen organischen Verbindungen sowohl pflanzlicher als auch tierischer Herkunft ersetzen [2200].

Das Vorkommen siliziumorganischer Verbindungen im tierischen Organismus wird durch das Auftreten von Silizium in Extrakten, die mit Hilfe organischer Lösungsmittel gewonnen wurden, wahrscheinlich gemacht [1345, 1346]. Außer den im vorigen Abschnitt erwähnten Orthokieselsäureestern von Cholesterinhomologen [1017] konnte jedoch bis jetzt noch keine weitere definierte siliziumorganische Verbindung aus tierischen Organen isoliert werden. Von der im Blut des Menschen enthaltenen Kieselsäure sind 60% chemisch an Eiweißstoffe und 30% an Lipide gebunden, bei den restlichen 10% handelt es sich um wasserlösliche Siliziumverbindungen [994].

Wird kolloidale Kieselsäure bei Kaninchen eingeführt, so bildet sie unter Veresterung Galaktoside, die einen saponinähnlichen Charakter besitzen [162].

Organische Siliziumverbindungen kommen im Blut [1367] und in der Milch [1434] vor. So wurde bei Kälbern im Blut 0,45%, in der Bauchspeicheldrüse bis 0,3% und in der Lunge bis 0,61% (bei ausgewachsenen Tieren bis 0,80%) organisch gebundenes SiO_2 gefunden [1917]. Nach der Ansicht von Baumann [750] enthält jedoch Stierblut nur monomere Kieselsäure und keine organischen Siliziumverbindungen. Die Lunge des Menschen enthält 0,5% organisch gebundene Kieselsäure. Diese Menge nimmt mit dem Alter ab, wobei jedoch der Siliziumgehalt der Lunge insgesamt zunimmt [162].

In den Skelettmuskeln ist das Silizium chemisch mit hochmolekularen Verbindungen verknüpft, die ein Ultrafilter nicht passieren können [521]. In den Nieren kommt jedoch seine Hauptmenge in einer Fraktion vor, die durch Ultrafilter hindurchgeht, d. h., hier ist das Silizium offenbar ein Bestandteil niedermolekularer Verbindungen [525].

Silizium wurde in den Proteinen des Gehirns [237] und der Arterien [1711] sowie im Lipofuszin (Pigment) des Herzmuskels [1274], in der Knochenphosphatase [1786] und in anderen Fermenten der Tiere [1771] gefunden. In der Haut kann es sich mit den Aminogruppen von Peptidketten verbinden [884]. Weiterhin wird vermutet, daß Silizium in tierischen Organismen auch in Form der Kieselsäureester von Diphenolen vorkommt [752, 2485]. In vitro gelang es sogar, siliziumhaltige Fette zu synthetisieren [1489, 1490, 1548]. Eine Reihe von Autoren fanden Zusammenhänge zwischen der Entstehung von Harnsteinen und der Bildung von Silizium-Protein-Komplexen im Organismus [162, 1450, 1500, 1501, 1504].

Das Silizium wird vom menschlichen und tierischen Organismus entweder mit der Nahrung durch den Magen- und Darmtrakt oder mit der Atemluft durch die Lunge aufgenommen. Die Siliziumverbindungen sind nicht nur normale, sondern sogar notwendige Bestandteile des Organismus und die lebenden Gewebe besitzen das Bestreben, Kieselsäure anzureichern (Silikotropismus). Der Metabolismus der Siliziumverbindungen in den Zellen des Organismus beruht offensichtlich auf der Tätigkeit besonderer Fermente. Die metabolischen Prozesse zeigen, daß das Silizium biochemisch eng mit einer Reihe anderer Elemente (Ca, P, Cl, F, Na, K, S, Al, Mo, Co) verbunden ist. So bestehen z. B. enge Zusammenhänge zwischen dem Metabolismus des Siliziums und dem des Phosphors [1408, 1409].

Mit dem Stoffwechsel der Siliziumverbindungen haben sich zahlreiche Autoren beschäftigt [162, 289, 290, 519, 523, 524, 526, 562, 714, 864, 1343, 1344, 1450, 1834, 1835, 2125, 2369, 2370, 2421]. In einer Reihe dieser Arbeiten wurde festgestellt, daß bei der Zugabe von Siliziumverbindungen zur Nahrung von Tieren nur eine geringe Menge vom Organismus aufgenommen und bevorzugt in Leber und Milz angereichert wird [807, 831, 1141, 1565, 1795, 2152, 2473], der Hauptteil wird jedoch wieder ausgeschieden. Bei der Aufnahme durch den Verdauungstrakt werden die Siliziumverbindungen zunächst der Einwirkung des Magensaftes ausgesetzt. Sie gelangen dann im Zwölffingerdarm bzw. den oberen Teilen des Dünndarmes in das Blut, wandern mit diesem zusammen in die entsprechenden Gewebe und werden dort abgelagert oder vom Organismus wieder ausgeschieden.

Die Inhalation siliziumhaltigen Staubes durch Tiere führt zu einer bevorzugten Anreicherung des Siliziums in der Lunge und in der Leber [53, 343] sowie im Kot (10 Tage nach der Inhalation), im Blut, im Harn (nach 60 Tagen) und in den Nieren (nach 90 Tagen) [53]. Wie bei Kaninchen gefunden wurde, reichert sich Silizium in der Lunge nicht nur nach einer Inhalation, sondern auch nach Verfüttern von Natriumsilikat an [2549].

Nach Injektion hoher Quarzdosen in das Bauchfell tritt bei Ratten Silizium in allen Organen auf. Die Hauptmenge jedoch wird in der Milz gefunden. Bei einer intratrachealen Applikation von Quarz sammelt sich das Silizium bevorzugt in den tracheobronchialen Lymphknoten an [1857]. Nach wiederholten intravenösen Injektionen kolloidaler Kieselsäure erhöht sich der Siliziumgehalt besonders stark in der Leber, in der Milz, in der Lunge, in den Nieren, den Nebennieren und im Herzen [650]. Ein großer Teil der injizierten Kieselsäure findet sich in den Mitochondrien der Nierenzellen [2021]. Bei Kaninchen wurden Polymethylsiloxane nach einer intravenösen Injektion hauptsächlich in der Lunge angereichert [1121].

In der Lunge wiederum wandern die Siliziumverbindungen bevorzugt in die Hiluslymphknoten [1550]. Dieser Prozeß wird durch Cortisongaben inhibiert [2284]. Es erscheint sehr interessant, daß weitgehend unabhängig von der Art des Einbringens siliziumorganischer Verbindungen in den Organismus eine Anreicherung des Siliziums in der Lunge beobachtet wird, evtl. könnte man diese Tatsache zur Behandlung von Lungenkrankheiten ausnützen.

Das weitere Schicksal des Siliziums im Organismus von Tieren kann man am einfachsten dadurch verfolgen, daß man mit dem radioaktiven Isotop ^{31}Si markierte Siliziumverbindungen einsetzt [1346—1348, 1810, 2152, 2316]. Mit Hilfe dieser Methode konnte festgestellt werden, daß intravenös injizierte Polykieselsäure im Organismus hauptsächlich in Lunge und Leber angereichert wird. Das eingeführte Silizium wird an diesen Stellen in organisch gebundenem Zustand zurückgehalten. Aus diesem Grunde waren in den Nieren nur unbedeutende Siliziummengen nachzuweisen, und ein Ausscheiden im Harn konnte gar nicht beobachtet werden. In der Milz befindet sich etwa doppelt soviel Silizium wie in der Leber.

Bei der Injektion von leichtlöslichem Natriummetasilikat lassen sich schon nach 15 Minuten große Mengen Silizium in der Leber nachweisen, nach zwei Stunden jedoch ist das gesamte Silizium mit dem Urin wieder ausgeschieden. Dem gegenüber wird das weniger lösliche Kalziummetasilikat bedeutend langsamer aus dem Organismus ausgeschieden, und der Charakter der Verteilung im Organismus entspricht eher dem der Kieselsäure [2316].

Bei der Injektion von Natriummetasilikatlösungen in das Bauchfell reichert sich das Silizium in den Nieren an. Sein Gehalt in anderen Organen einschließlich der Leber bleibt dagegen normal. Aus den Nieren wird das Silizium dann rasch mit dem Urin wieder ausgeschieden. Bei einer großen Na_2SiO_3-Konzentration wird ein Teil des Siliziums, vermutlich in Form polymerer Verbindungen, im Organismus festgehalten [1348]. Der Charakter des Transports und der Anreicherung kolloidaler Kieselsäure im Organismus wird weitgehend vom pH-Wert des Milieus bestimmt [1347]. Bei einer intraperitonealen Injektion von Silikatlösungen kann ein Teil des aufgenommenen Siliziums schon nach drei Stunden mit Alkohol aus den Geweben extrahiert werden. Wahrscheinlich wird dabei die Polykieselsäure an Struktureinheiten mit geeigneten organischen Gruppen gebunden. Die größte Menge des injizierten Siliziums wird von den Nieren aufgenommen, der kleinste Anteil vom Muskelgewebe. Nur 3% des von den Nieren aufgenommenen Siliziums liegen in Form von Verbindungen vor, die in Alkohol löslich sind. Der Rest ist wahrscheinlich anorganischer Natur [1346]. Das Eindringen anorganischer Siliziumverbindungen in den Organismus der Tiere hängt von der Löslichkeit dieser Verbindungen in den Körperflüssigkeiten ab [1526]. Dabei besitzt die Kieselsäure in vivo eine größere Löslichkeit als in vitro [1110]. Die Anwesenheit von Silikaten im Aszites setzt dessen Lösungsvermögen gegenüber Kieselsäure herab [1528]. Vom tierischen Organismus kann in kleinen Mengen auch feste Kieselsäure aufgenommen werden. So wurden in den Lymphknoten und Harnsteinen von Schafen mikroskopisch kleine Teilchen fester Kieselsäure pflanzlicher Herkunft gefunden [717].

Bei der Einführung von Siliziumverbindungen in den menschlichen und tierischen Organismus steigt die Konzentration dieses Elementes im Blut an [195, 219, 220, 721, 1148, 1532, 1587, 2170, 2537]. Dabei kann der Siliziumgehalt im Blut durch Reizung der Rezeptoren des Mastdarmes beeinflußt werden [528]. Die Änderung der Kieselsäurekonzentration im Blut ist mit einer analogen Änderung des Kalziumgehaltes verbunden [1214].

Die Hauptmenge des Siliziums, das in den Nährstoffen und Flüssigkeiten enthalten ist, die durch den Magen-Darm-Trakt aufgenommen werden, wird mit dem Kot wieder aus dem Organismus ausgeschieden [1018, 1139–1141, 1448, 1561, 1768, 2035, 2084, 2151, 2510, 2511]. Ein sehr viel geringerer Teil dieses Siliziums wird mit dem Harn abgeführt. Eine Erhöhung des Gehaltes der Nahrung an Siliziumverbindungen sowie die Inhalation von siliziumhaltigem Staub führt zu einer Erhöhung der Kieselsäurekonzentration im Harn [195, 220,712, 748, 767, 802, 1048, 1104, 1106, 1448, 1502, 1527, 1906, 1960, 2084, 2151, 2502, 2537, 2571].

Die vom Organismus ausgeschiedene Kieselsäuremenge erreicht jedoch schließlich einen bestimmten Grenzwert (bei Schafen z. B. 200—250 mg SiO_2/Tag), der sich auch bei einer weiteren Erhöhung der injizierten Siliziummenge nicht mehr ändert [1048, 1448, 1450, 1906, 1907, 2151]. Die Menge des mit dem Harn abgeführten Siliziums sowie seine Konzentration im Harn können sich selbst bei einer konstanten Diät in weiten Grenzen ändern [1177, 1907].

Bei Tieren verläuft die Ausscheidung von Kieselsäure mit dem Harn nach intraperitonealer Injektion rascher als nach oraler Zuführung [2151]. Die Ausscheidungsgeschwindigkeit nach intraperitonealer Injektion hängt von der Teilchengröße der injizierten Kieselsäure ab. Sie ist umso größer, je kleiner die Teilchen sind [1170]. Nach intravenöser Injektion von Kieselsäure bei Kaninchen läßt sich etwa 1% in der Galle nachweisen, die Hauptmenge wird wiederum mit dem Harn ausgeschieden [921].

Die Nieren vermögen Kieselsäure aus arteriellem Blut aufzunehmen. Sie wird jedoch nicht im Gewebe angereichert, sondern mit dem Harn abgeführt [516]. Durch Anregung des zentralen Nervensystems kann die Siliziumkonzentration in den Nieren und im Urin erhöht werden, durch seine Hemmung dagegen wird sie erniedrigt [520]. In einer nervenlosen Niere nimmt der Siliziumgehalt zunächst ab, nach einem Jahr jedoch ist er höher als in einer gesunden Niere [529]. Durch die Einführung von Harnstoff in den Organismus oder die Anwendung harntreibender Mittel wird die über die Nieren mit dem Harn ausgeschiedene Siliziummenge erhöht [513, 518]. Bei oraler Zuführung industriell gewonnener polymerer Kieselsäuren wurde in einem Fall eine Verstärkung der Abgabe von Silizium durch die Nieren beobachtet, in einem anderen Fall jedoch keine Beeinflussung festgestellt [1630].

Der Siliziumgehalt in der Leber ändert sich im Laufe des Tages periodisch. Die größte Menge (0,06% in der Asche) wurde um 9 Uhr morgens bestimmt, die geringste (0,0052%) um 3 Uhr nachts. Diese Änderungen hängen offenbar mit metabolischen Prozessen zusammen, die unter hormonaler Steuerung oder unter Beeinflussung durch das sympathische Nervensystem ablaufen [480]. Es wurde beobachtet, daß oligomere Kieselsäure in beträchtlichem Maße in die Interzellularräume der Leber eindringt [1591]. Bei tragenden Hunden nimmt der Siliziumgehalt in der Leber ab, in der Lebervene dagegen zu [527].

Periodische Änderungen des Siliziumgehaltes wurden auch im Gehirnblut beobachtet. Die Menge des Siliziums im Gehirnblut nimmt bei Erregung des zentralen Nervensystems zu, bei Dämpfung dagegen ab [511, 512]. Das gleiche trifft für den Siliziumgehalt der Rückenmarksflüssigkeit [515] und der Nebennieren [522] zu.

Eine durch Tenotomie oder Immobilisierung von Gliedmaßen durch einen Gipsverband hervorgerufene Muskelatrophie hat oft eine Abnahme des Siliziumgehaltes in Muskeln und Sehnen zur Folge [514, 517].

Bei Schweinen, die täglich eine Dosis Chlortetrazyklin erhielten, wurde die Ausscheidung von Silizium mit dem Harn verringert [1539]. Die Zugabe von Kupfersulfat zur Nahrung setzt die Konzentration des Siliziums im Kot herab, erhöht sie dagegen im Harn [1538].

Fragmente der Wachstumshormone des Stieres vermögen leicht Silikationen zu binden [2067]. Die granulomatogene Wirkung von SiO_2 wird herabgesetzt, wenn zusammen mit dem Quarzstaub Steroidhormone subkutan injiziert werden [2136].

Die kontinuierliche Zugabe selbst bedeutender Kieselsäuremengen übt auf den Organismus keinen schädlichen Einfluß aus. So konnten z. B. selbst bei Kaninchen, die 30 Wochen lang täglich 2 g Silikagel injiziert bekamen, keine negativen Erscheinungen beobachtet werden. Weiße Mäuse, die während eines Monats täglich jeweils 15—20 m*l* kieselsäurereiches Wasser (mit 5—6 mg/*l* SiO_2) zu trinken bekamen, unterschieden sich äußerlich nicht von normal ernährten Kontrolltieren. Jedoch konnte bei ihnen eine Akkumulation des Siliziums in der Leber und in den Blutgefäßen beobachtet werden (wobei sich der Siliziumgehalt etwa verdoppelte). Diese Erscheinung war bei älteren Tieren stärker ausgeprägt als bei jüngeren. Bei älteren Tieren erhöhte sich auch der Siliziumgehalt in den Skelettmuskeln, während er bei jüngeren Tieren praktisch unverändert blieb. Die unterschiedliche Potenz der Gewebe von alten bzw. jungen Tieren zur Speicherung von Silizium hängt vermutlich damit zusammen, daß die Gewebe der jungen Tiere einen höheren Siliziumgehalt besitzen als die der älteren. Daher scheint die Gabe von Siliziumpräparaten aus gerontologischen Gesichtspunkten erfolgversprechend. Bei Hunden, die mit SiO_2-reichem Wasser ernährt werden, erfolgt die Anreicherung von Silizium hauptsächlich in der Leber, in den Nieren und in den oberen Abschnitten des Dünndarms. Nach dem Übergang zu normalem Trinkwasser behält das Magensekret der Hunde noch 15—30 Tage den erhöhten Siliziumgehalt bei. Das deutet darauf hin, daß die physiologische Wirkung der Siliziumverbindungen lange anhält. Die Einführung bedeutender Mengen an Estern und anderen organischen Derivaten der Ortho- und Polykieselsäuren in den Organismus führt zu keiner Anreicherung von Hydrolyse- oder Kondensationsprodukten, d. h. von Kieselsäuren oder SiO_2. So schieden z. B. Mäuse, die eine tägliche Injektion von bis zu 1,2 g/kg Polyäthoxysilan (40,5% SiO_2) erhielten, das gesamte Silizium wieder aus dem Organismus aus. In der gleichen Weise wurde auch nach Injektionen von löslichen Metallsilikaten das Silizium restlos mit dem Urin wieder ausgeschieden (wobei sich allerdings der Siliziumgehalt im Blut zeitweilig erhöhte) [1138, 2084, 2316].

Die Untersuchung des Schicksals siliziumhaltiger Carbamate im Organismus von Ratten hat gezeigt, daß sie in metabolische Prozesse einbezogen werden, wobei u. a. eine Dealkylierung eintritt [1086].

[3014] Алексеева, М. В., Белозерская, В. И.: Информационно-методические материалы Госуд. научно-исслед. санитарного инст., № 2., М., 1955, стр. 16.

[3015] Афанасьева, Л. В.: Распределение кремния в организме и выделение его при вдыхании кварцевой пыли. Автореф. канд. дисс., М., 1956.

[1016] Бабенко, Г. А., Решеткина, Л. П.: В сб.: Микроэлементы в сельском хозяйстве и медицине, вып. 4. Киев, 1968, стр. 193.

[3017] Бермане, С.: Ученые записки Латв. унив., **100**. Рига, 1969, стр. 3.

[3018] Бермане, С., Илзина, А.: Ученые записки Латв. унив., **100**. Рига, 1969, стр. 12.

[3019] Войнар, А. О., Сорока, В. Р., Сабадаш, Е. В.: В сб.: Материалы Всесоюзного симпозиума ,,Микроэлементы и нервная система". Баку, 1966, стр. 6.
[3020] Гринь, Н. В.: Гигиена и санит., **36**, № 8, 100 (1971).
[3021] Дельва, В. А.: В сб.: Применение микроэлементов в сельском хозяйстве и медицине. Рига, 1959, стр. 589.
[3022] Дельва, В. А.: В сб.: Микроэлементы в медицине, вып. 2. Киев, 1971, стр. 140.
[3023] Дяковска, Р.: Експ. мед. морф., **10**, 55 (1971).
[3024] Дяковска, Р.: Съврем. мед., **1972**, № 3, 17.
[3025] Дяковска, Р., Златева, М., Вълчева, В.: Експ. мед. морф., **10**, 114 (1971).
[3026] Капская, Е. И., Шевела, Е. М.: В сб.: Вопросы физиологии пищи. Одесса, 1969, стр. 34.
[3027] Кухтина, А. П., Сорока, В. Р.: В сб.: Материалы 9-ой научной конф. по возрастной морфологии, физиологии и биохимии, т. 2, ч. I. М., 1969, стр. 382.
[3028] Минова, К. Ф.: Гигиена труда и проф. заболев., **13**, № 8, 50 (1969).
[3029] Мирзован, А., Мовсесян, Т. Г.: Вопр. курортол., физиотерапии и лечеб. физ. культуры, **31**, 289 (1966).
[3030] Митев, И. П., Братанов, А. П.: Сб. тр. Висши мед. инст. Пловдив, **12**, 77 (1958—1959).
[3031] Надельсон, П. И., Комягина, В. Г.: Сборник работ по силикозу, вып. 1. М., 1956, стр. 133.
[3032] Райцес, В. С., Барсова, Т. М.: В сб.: Физиология и патология пищеварения. Львов, 1965, стр. 245.
[3033] Сабадаш, Е. В.: В сб.: Применение микроэлементов в сельском хозяйстве и медицине. Рига, 1959, стр. 637.
[3034] Сорока, В. Р.: В сб.: Микроэлементы в сельском хозяйстве и медицине. Киев, 1962, стр. 295.
[3035] Сорока, В. Р.: Внутриорганный обмен микроэлементов в зависимости от состояния нервной системы и функции органов. Автореф. докт. дисс., Донецк, 1965.
[3036] Сорока, В. Р.: В сб.: Материалы Всесоюзного симпозиума ,,Микроэлементы и нервная система". Баку, 1966, стр. 125.
[3037] Сорока, В. Р.: Укр. біохім. журнал, **39**, 248 (1967).
[3038] Сорока, В. Р.: В сб.: Микроэлементы в сельском хозяйстве и медицине, вып. 4. Киев, 1968, стр. 200.
[3039] Сорока, В. Р.: В сб.: Микроэлементы в медицине, вып. 2. Киев, 1971, стр. 109.
[3040] Сорока, В. Р., Кривонос, А. Я.: В сб.: Вопросы биологической и медицинской химии (Материалы 1-ой научной биохимической конф.). Иваново, 1968, стр. 58.
[3041] Шерман, Г.: Химия жизни и питания. М.-Л., 1937, стр. 207; Sherman, H, Chemistry of Food and Nutrition. London, 1933.
[3042] Япеев, А. С.: Сборник трудов Казанского мед. инст., **19**. Казань, 1966, стр. 102.
[3043] Япеев, А. С., Большедворова, Г. Л.: Сборник трудов Казанского мед. инст., **19**. Казань, 1966, стр. 87.
[3044] Anme, M.: Nagasaki Med. J., **31**, 381 (1956).
[3045] Aron, M., Grassé, P.: Précis de biologie animale. Paris, 1966.
[3046] Arslan, S., Charnot, Y., Pérès, G.: Compt. rend., **162**, 1513 (1968).
[3047] Arslan, S., Charnot, Y., Pérès, G.: J. physiol. (Fr.), **60**, Suppl., No. 2, 387 (1968).

[3048] Bennett, D. R., Le Beau, J. E., Gorzinski, S. J., Statt, W. H., Stark, F. O., Lacefield, R. M., Vogel, G. E.: Third International Symposium on Organosilicon Chemistry. Madison, 1972, p. 4.
[3049] Charnot, Y., Cohen, H., Pérès, G.: Proc. Int. Physiol. Sci. Congr. Washington, 1968, p. 81.
[3050] Charnot, Y., Martin, Y., Pérès, G.: Compt. rend. Soc. biol., **162**, 2129 (1968).
[3051] Charnot, Y., Martin, Y., Pérès, G.: Compt. rend. Soc. biol., **163**, 1398 (1969).
[3052] Charnot, Y., Martin, Y., Pérès, G.: J. physiol. (Fr), **61**, suppl., No. 2, 241 (1969).
[3053] Charnot, Y., Pérès, G.: Compt. rend. Soc. biol., **164**, 1732 (1970).
[3054] Charnot, Y., Pérès, G.: Ann. endocrinol., **32**, 397 (1971).
[3055] Charnot, Y., Pérès, G.: Lyon méd., **226**, No. 13, 85 (1971).
[3056] Fehér, I., Földes, I., Gyurkó, I., Naményi, J.: Tuberk. és tüdöbeteg., **25**, Nr. 6, 181 (1972).
[3057] Fessenden, R. J., Hartman, R. A.: J. Med. Chem., **13**, 52 (1970).
[3058] Ignaciuk, S.: Gdansk. Tow. Nauk., Rozpr. Wydz. III, **1968**, No. 5, 111.
[3059] Kakita, R.: Nagasaki Med. J., **31**, 438 (1956).
[3060] Kataria, R. S., Rao, U. R. K.: Indian Vet. J., **46**, 848 (1969).
[3061] Kiziewicz, L., Bunka, H.: Rocz. Pomorskiej akad. med. Szczecinie, **14**, 177 (1968).
[3062] Mohn, G.: Beitr. Silicose-Forsch. (Pneumokoniose), **23**, 225 (1971).
[3062a] Schwarz, K.: Proc. Nat. Acad. Sci. USA, **70**, 1608 (1973).
[3063] Smith, G. S., Arzola, C., Cattebeke, R. M.: J. Anim. Sci., **29**, 172 (1969).
[3064] Smith, G. S., Nelson, A. B., Boggino, E. J. A.: J. Anim. Sci., **33**, 466 (1971).
[3065] Van Soest, P. J., Jones, L. H. P.: J. Dairy Sci., **51**, 1644 (1968).
[3066] Westerlund, A.: Skand. Arch. Physiol., **60**, 204 (1930).

5. Die biologische Rolle des Siliziums im menschlichen und tierischen Organismus

5.1. Normale physiologische Prozesse

Welche Rolle, das Silizium bei den im Organismus der höheren Tiere und des Menschen normal ablaufenden physiologischen Prozessen spielt, ist nur in ganz großen Zügen bekannt. Problemen dieser Art sind Arbeiten von Monceaux [1846], Holzapfel [1355, 1357], Fessenden [1087], Ponomarjev [453, 454] und anderen Autoren [649, 1317] gewidmet. In den meisten Fällen enthalten diese Veröffentlichungen jedoch nur Vermutungen über die Mitwirkung des Siliziums bei diesem oder jenem Lebensprozeß oder über seine Bedeutung für die Tätigkeit einzelner Organe oder Gewebe, wogegen die experimentellen Beweise meist fehlen.

In der letzten Zeit hat man festgestellt, daß Siliziumverbindungen für die normale Funktionstüchtigkeit von Epithel- und Bindegeweben, denen sie insbesondere Festigkeit, Elastizität und eine gewisse Undurchlässigkeit verleihen, notwendig sind [1566, 1714, 2066, 2181]. Die genannten Eigenschaften der Bindegewebe, die in hohem Maße von der Anwesenheit des Siliziums abhängen, sind nicht nur für die Epidermis, sondern auch für die Blutgefäße von hoher Bedeutung. Siliziumverbindungen, die in den Blutgefäßen enthalten sind, verhindern auch das Eindringen von Lipiden in das Blutplasma und ihre Ablagerung an den

Gefäßwänden. Silizium begünstigt die Biosynthese von Kollagen und die Bildung von Knochengewebe. So wurde z. B. an Knochenbruchstellen gleichzeitig mit der Bildung von Kollagenfibrillen und einer Intensivierung des Zellwachstums auch eine Erhöhung des Siliziumgehaltes (bis auf das 50fache) festgestellt [70, 905]. Bei der Behandlung von durchschnittenen Sehnen konnte jedoch kein positiver Einfluß der Kieselsäure beobachtet werden [840].

Die Siliziumverbindungen besitzen eine große Bedeutung für das Wachstum der Haare und Nägel des Menschen, der Haare, Hörner und Hufe der Tiere und der Federn der Vögel. Das sich an diesen Stellen ablagernde Silizium bindet mit Hilfe von Quervernetzungen die Keratinmakromoleküle chemisch aneinander und erhöht damit ihre Beständigkeit gegenüber verschiedenen Flüssigkeiten. In diesem Zusammenhang scheint die Beobachtung von Interesse, daß in Gefangenschaft lebende Affen, die im Winter die Haare verlieren, Ton (der bekanntlich Siliziumverbindungen enthält) fressen, wenn sie im Frühling in das Freigehege herausgelassen werden. Zur Verhütung der Psoroptes Räude (Wollerkrankung) pflegt man Schafe mit Hirse zu füttern, deren Hülle viel Silizium enthält [453, 454]. Der Zusatz von Kieselsäuregel zur Nahrung von Schafen verbessert die Verdauung des Futters [847]. Aus diesem Grunde ist in den USA ein Viehfutter patentiert worden, das amorphe Kieselsäure enthält [720]. Einige Tiere fressen Holzrinde oder Moose, die sich durch einen hohen Gehalt an Silizium auszeichnen, um ihrem Organismus genügend Silizium zuzuführen.

Die Frage, ob das Silizium einen Einfluß auf die allgemeine Entwicklung von Tieren besitzt, ist noch nicht völlig geklärt. Z. B. wurde bei der Fütterung von Ratten mit einem siliziumhaltigen Futter keine Beeinflussung ihres Wachstums festgestellt [1564, 2208]. Inzwischen gibt es jedoch Beobachtungen, daß Rehe in Gebieten mit siliziumarmem Boden schlecht aufwachsen, während sie sich in Gebieten mit siliziumreichem Boden normal entwickeln [1846]. Die Zahl der aus dem Laich ausschlüpfenden Forellen ist umso größer, je höher der Siliziumgehalt des Wassers ist, in dem sie leben. Bei einem hohen Siliziumgehalt entwickeln sich 90% aller Rogenkörner zu Jungfischen (die zudem eine hohe Lebensfähigkeit besitzen) [1846]. Schwächliche Kinder kräftigen sich, wenn man ihrer Nahrung SiO_2 zusetzt, sie nehmen an Gewicht zu und ihr Brustkorb entwickelt sich normal [952].

Wenn sich die in der Literatur enthaltenen Angaben über einen hohen Siliziumgehalt in Embryonal- und Neugeborenengeweben bestätigen lassen (z. Z. sind die Befunde noch recht widersprüchlich), wird das ein wichtiger Hinweis auf die Bedeutung der Siliziumverbindungen für die Embryonalentwicklung und das Wachstum des kindlichen Organismus sein. Im Zusammenhang damit sollte auch die Frage nach einem optimalen Gehalt der Nahrung von Schwangeren und stillenden Müttern an Siliziumverbindungen von Interesse sein.

Es wird angenommen, daß Siliziumverbindungen eine wesentliche Rolle in allen metabolischen Prozessen der lebenden Materie, insbesondere im Metabolismus der Lipide, spielen. Der Einfluß des Siliziums auf den Lipid- und den Phosphorstoffwechsel im tierischen Organismus wurde experimentell bewiesen [263,

606]. So konnte durch in vitro-Versuche mit Gewebepräparaten von Ratten gezeigt werden, daß das Silizium in die metabolischen Prozesse in den Zellen einbezogen wird [2116, 2117, 2118]. Silizium übt auch einen Einfluß auf die Stoffwechselvorgänge in den Erythrozyten aus [604, 605]. Wahrscheinlich nehmen Siliziumverbindungen an der Dynamik des lebenden Plasmas durch eine Änderung des Oberflächenpotentials der Zellen teil [2215]. Anscheinend spielen sie auch eine Rolle bei Oxydationsprozessen, da man sie als Koferment in Diastasen findet [162].

Sicher ist das Silizium sowohl im menschlichen als auch im tierischen Organismus kein inerter Ballaststoff, sondern nimmt aktiv an den Lebensprozessen teil. Die Erforschung der Rolle des Siliziums in den physiologischen Prozessen der Säugetiere besitzt zweifellos eine große praktische Bedeutung und kann durchaus eine neue wichtige Etappe in der Entwicklung von Medizin und Veterinärmedizin einleiten.

5.2. Pathologische Prozesse

Ohne Zweifel spielt das Silizium auch bei krankhaften Zuständen im Organismus eine Rolle. Viele pathologische Prozesse, darunter auch Krebs, Arteriosklerose, Tuberkulose, Diabetes, Kropf und einige Dermatitiden sowie die Bildung von Nierensteinen sind mit Störungen des Siliziumstoffwechsels verknüpft. So enthalten beispielsweise Geschwülste bedeutend mehr Silizium als normale Gewebe. Bei der Entstehung eines Kropfes steigt der Siliziumgehalt in der Schilddrüse auf das drei- bis vierfache an, in bösartigen Geschwülsten auf das zwei- bis sechsfache (dabei ist der Siliziumgehalt im Kern der Geschwulst noch wesentlich höher als in den peripheren Bezirken) [229, 278, 279, 280, 311, 745, 1474, 2091, 2254, 2255]. Mit der Ausbildung von Nekrosen sinkt der Siliziumgehalt in der Geschwulst wieder ab, da die nekrotischen Teile weniger Silizium enthalten als das von der Nekrose noch nicht befallene Gewebe der Geschwulst [278, 279, 415]. Bei Neurosarkomen ist der Siliziumgehalt in den Geschwülsten niedriger [71]. In der Bauchspeicheldrüse erhöht sich der Siliziumgehalt bei Krebsbefall. Nach chirurgischen Eingriffen sinkt dagegen der Siliziumgehalt der Bauchspeicheldrüse sogar unter die Norm ab [1473, 2186]. Die Ausscheidung von Silizium mit dem Harn ist bei Krebskranken 2,5—17mal geringer als bei gesunden Menschen [311]. Diese Beobachtung ist von großer Bedeutung für die Frühdiagnostik von Krebserkrankungen. Sie sollte jedoch zugleich eine genauere Untersuchung der Rolle von Siliziumverbindungen in der Krebspathogenese überhaupt anregen. Bei Geschwulsterkrankungen der Harnblase nimmt der Siliziumgehalt im Harn zu [293]. Das Blut von Krebskranken enthält ebenfalls erhöhte Mengen an Silizium [281, 477, 1144].

Auf die Schutzfunktion des Siliziums bei Krebserkrankungen deutet die Tatsache hin, daß Krebsfälle in silizium- (oder magnesium-)reichen Gebieten sehr selten sind, während sie in Gebieten, die reich an Kalzium — dem Siliziumantagonisten — sind (Kalkböden), viel häufiger auftreten. Dabei darf jedoch nicht übersehen werden, daß Krebserkrankungen gewöhnlich nur bei Organismen vorkommen, die auf einer höheren Evolutionsstufe stehen und somit insgesamt wenig Silizium enthalten.

Man ist heute der Ansicht, daß die besondere Rolle des Siliziums bei Krebserkrankungen darauf beruht, daß es wesentlich zur Bildung und Mineralisierung der Bindegewebe beiträgt, die ja die Hauptschutzbarrieren des Organismus gegen Krebszellen sind [1666, 1846, 2066]. Entgegen dem soeben Gesagten wurde berichtet, daß in Holland gerade in Gebieten mit einem hohen Kieselsäuregehalt im Boden und im Trinkwasser eine erhöhte Mortalität durch Krebserkrankungen beobachtet wurde [2398]. Man sollte jedoch annehmen, daß auch in diesen Gebieten nicht das Silizium der kanzerogene Faktor ist.

Bei Tuberkulose verlieren die Lungengewebe durchschnittlich 50% ihres Siliziumgehaltes und die Knochengewebe über 40% [890, 1779, 2090]. Bei Meerschweinchen, die an experimenteller Tuberkulose starben, hatte der Siliziumgehalt in der Lunge, den Knochen, den Knorpeln, den Zähnen, der Haut, den Muskeln, der Milz, dem Blut und der Galle abgenommen, im Groß- und Kleinhirn sowie im Knochenmark jedoch zugenommen [889]. Die Immunität gegenüber der Tuberkulose hängt eng mit dem Siliziumgehalt im Lungengewebe zusammen [2442]. Für diese Annahme spricht, daß in der Lunge des Menschen und der Tiere, die besonders widerstandsfähig gegenüber Tuberkulose sind, eine hohe Konzentration an Silizium gefunden wurde (die Lunge von Meerschweinchen, die gegen Tuberkulose besonders anfällig sind, enthält nur 0,03—0,08% SiO_2), und weiter, daß diejenigen Teile der Lunge, die am wenigsten Silizium enthalten, am leichtesten von Tuberkulose angegriffen werden (der empfindliche rechte obere Lungenlappen enthält nur 0,24% SiO_2, der widerstandsfähige rechte untere dagegen 0,80%).

Die Bauchspeicheldrüse, die sich beim Menschen und bei Tieren durch einen hohen Siliziumgehalt auszeichnet und die vermutlich den Siliziumstoffwechsel im Organismus regelt, wird von Tuberkulose weniger befallen als andere Organe [1846]. Bei Tuberkulosekranken nimmt der Siliziumgehalt in der Bauchspeicheldrüse beträchtlich ab. Wahrscheinlich gibt die Drüse das in ihr enthaltene Silizium an die Lunge ab, in der es dann seine Schutzfunktion ausübt. Auch die Ausscheidung von Silizium mit dem Harn nimmt bei Tuberkulosekranken ab [1650]. Auf eine Schutzwirkung des Siliziums deutet auch die Tatsache hin, daß Schwangere besonders anfällig gegen Tuberkulose sind. Das hängt vermutlich damit zusammen, daß der Embryo dem Organismus der Mutter große Siliziummengen entzieht (der Siliziumgehalt der Bauchspeicheldrüse sinkt während der Schwangerschaft rasch ab [1473]).

Bei Tuberkuloseerkrankungen der Rinder am peribronchialen Lymphsystem steigt dessen Siliziumgehalt auf das 2- bis 11fache an [162], was auf eine Mobilisierung dieses Elementes in der Abwehrreaktion des Körpers gegen die Krankheit hindeutet.

Bei pathologischen Prozessen, die mit einer Störung der normalen Mineralzusammensetzung im Organismus verbunden sind, ändert sich der Siliziumgehalt in viel höherem Maße als der Gehalt an anderen Elementen. So sinkt beispielsweise der Siliziumgehalt in Knochengeweben bei einer tuberkulösen Kachexie um mehr als 45%, während die Kalzium- bzw. Magnesiumverluste nur 25 bzw. 13% betragen [889, 890, 1779, 2090]. Daß der Organismus seinen Mineralreserven soviel Silizium entnimmt, zeigt, wie wichtig dieses Element für seinen Schutz und für die Aufrechterhaltung seiner Stoffwechselprozesse ist.

Eine Verringerung der dem Organismus zugeführten Siliziummenge (der Mensch benötigt täglich 20—30 mg SiO_2, die er mit Wasser, Gemüse, Obst, Fleisch, Milchprodukten usw. aufnimmt) führt zur „silikösen Anämie", die u. a. auch bei der Skrophulose, bei Rachitis und Lympherkrankungen beobachtet wird. Diese Erscheinung tritt bei einem hohen Kalziumgehalt des Trinkwassers (das dann immer nur geringste Mengen gelösten Siliziums enthält) oder bei der Aufnahme besonders veredelter Nahrung (Weißbrot, geschälte Graupen, geschältes Obst usw.) auf. In den Pflanzen, die zur Ernährung in Frage kommen, ist das Silizium ja hauptsächlich in den äußeren Bereichen (Spelzen, Obst- und Gemüseschalen) konzentriert.

Über die Bedeutung eines Zusatzes von Kieselsäure zur Nahrung schwangerer Frauen, schwächlicher Kinder und einiger Tiere wurde schon im vorangegangenen Abschnitt berichtet. An dieser Stelle muß bedauert werden, daß der Zusatz von Siliziumverbindungen zu hochveredelten Nahrungsmitteln (so wie es mit Vitaminen schon lange geschieht) bis jetzt noch keinen Eingang in die Nährmittelindustrie gefunden hat. Ein Siliziumdefizit im Organismus wird durch eine Verringerung des Säuregehaltes im Magensaft, die zu einer schlechteren Verdauung der in der Nahrung enthaltenen Siliziumverbindungen führt, begünstigt.

Das einfachste und eindeutigste diagnostische Merkmal für einen Siliziummangel im Organismus ist die Brüchigkeit der Nägel. Dieses Symptom wurde schon seit langer Zeit bei Lungenerkrankungen, sowie bei chronisch kranken oder schwächlichen Kindern (bei denen der Siliziumgehalt in den Nägeln um 50—70% sinkt) beobachtet. Außerdem zeigen Si-arme Nägel im Gegensatz zu normalen keine Fluoreszenz bei UV-Bestrahlung [1846].

Bei der in Nordafrika vorkommende Knochenerweichung (Osteomalazie) und bei Hüftsarkomen verschwindet das in den Knochen normalerweise enthaltene Silizium völlig [888, 889, 890].

Das in den Blutgefäßen vorhandene Silizium findet sich hauptsächlich im Elastin und nur zu einem kleinen Teil im Kollagen. Bei der Arteriosklerose nimmt der Siliziumgehalt im Bindegewebe stark ab. Durch die damit verbundene Abnahme des Elastingehaltes verringert sich die Elastizität der Arterienwände. Gleichzeitig wächst auch die Durchlässigkeit der Wände, wodurch Lipide in das Plasma eindringen und in den Blutgefäßen abgelagert werden. Da ähnliche Prozesse beim Altern des Organismus ablaufen, ist die Arteriosklerose bei älteren Menschen besonders verbreitet [1152, 1709—1712, 1714—1716, 2039]. Auch beim Diabetes sinkt der Siliziumgehalt im Blut [321, 322, 323, 1581] und ebenso in der an Silizium reichen Bauchspeicheldrüse [1846] beträchtlich ab. Man konnte deshalb verschiedene Formen dieser Erkrankung durch Kieselsäureinjektionen erfolgreich behandeln. Bei lepraartigen Erkrankungen sinkt der Siliziumgehalt im Blut um 50—60% ab, was durch eine Abwanderung des Siliziums in die Affektionsherde zur Teilnahme an proliferativen Prozessen erklärt werden kann [266]. Eine Abnahme des Siliziumgehaltes in der Haut soll die Bildung von Warzen begünstigen [1846].

Außer den genannten Krankheiten sind noch zahlreiche andere pathologische Prozesse mit Veränderungen im Stoffwechsel der Siliziumverbindungen verbunden. Dazu gehören die amyloide Entartung [1470, 1868], die allergische Enzephalomyelitis [398], die BOTKINsche Krankheit [93], Entzündungsprozesse [247], Hämaturie [1155], Hepatitis [69], Hypertonie [1612], Dysenterie [69], Augenkatarakte [600], Hautkrankheiten [265, 267, 839, 1740], die perniciöse Anämie [1270], einige Krankheiten des Nervensystems [223], Nierenerkrankungen [436], chronische Pankreatitis [400], Rheumatismus [372] und Magengeschwüre [456, 1270, 2092].

Die bisherigen Befunde deuten darauf hin, daß Silizium im Organismus eine wichtige Schutzfunktion besitzt, Schutzmechanismen verstärkt und Desintoxikationen bewirken kann. Teilweise mag das darauf beruhen, daß Siliziumverbindungen die Ausscheidung von Metaboliten, Fremd- und toxischen Stoffen mit dem Harn begünstigen, die Ausbreitung von Degenerationsprozessen hemmen sowie die Biosynthese von Kollagen intensivieren können [1846].

In den Dschungeln und Bergen Brasiliens und Ekuadors befinden sich eng lokalisierte Gebiete, deren Bewohner weder Krebs noch Erkrankungen der Herzkranzgefäße kennen. Es wurden sogar Herzkranke, die in diese Gebiete einreisten, wieder gesund [464]. Weiterhin gibt es auf der Erde Gebiete, deren Bewohner eine auffallende Langlebigkeit besitzen. Man kann als wahrscheinlich annehmen, daß die Gesundheit und Langlebigkeit in diesen Gebieten, deren Natur- und Lebensbedingungen häufig von den Idealverhältnissen weit entfernt sind, von den Spurenelementen abhängen, die im Trinkwasser und im Boden enthalten sind. Es wäre natürlich besonders reizvoll, anzunehmen, daß dabei das Silizium als Mineralbestandteil des Wassers dieser Gebiete eine entscheidende Rolle spielt. Ob diese Hypothese zutrifft, kann allerdings nur die Zukunft zeigen.

Neben dem bereits Gesagten muß jedoch beachtet werden, daß sich eine starke Erhöhung des Siliziumgehaltes im Organismus (wie z. B. bei der Silikose) auch als ungünstig erweisen kann.

Die bei der Silikose auftretende Anreicherung des Siliziums, das durch Einatmen von Kieselsäure oder Silikatstaub in die Lunge gelangt ist, zeigt sich nicht nur in der Lunge [222, 810, 990, 1159, 1417, 1432, 1520, 1852, 2022, 2562], sondern auch in der Leber, der Milz, den Lymphknoten und anderen Organen [488, 575, 727] sowie im Blut*) [62, 108, 186, 238, 806, 1772], im Harn [108, 401, 1172] und im Speichel [906, 1686, 2148]. Diese überschüssige Kieselsäure ist der Grund für

*) Einige Autoren [2077, 2536] sind jedoch der Ansicht, daß sich bei der Silikose der Siliziumgehalt im Blut nicht merklich erhöht.

zahlreiche pathologische Veränderungen, die im zweiten Teil unseres Buches genauer beschrieben werden sollen.

Ein Überschuß an Kieselsäure im Organismus führt zu einer bei grasfressenden Tieren weit verbreiteten Krankheit, der Bildung von Steinen im Harnröhrensystem, die zu 50—80% aus Siliziumdioxid bestehen [307, 371, 712, 717, 718, 772, 980, 1107, 1108, 1371, 1501, 1503, 1908, 1953, 1975, 2036].

Von großer Bedeutung ist, daß metabolisch bedingte Änderungen des Gehaltes an Silizium- und Kalziumverbindungen sehr eng miteinander verknüpft sind [889, 890, 1846, 2215], z. B. ist das Altern des Organismus mit einer Störung des Gleichgewichts zwischen diesen beiden Elementen verbunden, und zwar mit einer Abnahme des Silizium- und einer Zunahme des Kalziumgehaltes in den Bindegeweben. Die mit einer gleichzeitigen Anreicherung von Kalzium verbundene gerontologische oder pathologische Abnahme des Siliziumgehaltes in Geweben ist der Grund für die Brüchigkeit der Gewebe, die ihre Elastizität ja dem Silizium verdanken. Aus diesem Grunde kann SiO_2 zur Entkalkung des Organismus (insbesondere der Knochen) [889] u. a. auch bei der Arteriosklerose [2020] angewendet werden. Bemerkenswert erscheint, daß die organischen Siliziumverbindungen im Gegensatz zu den anorganischen den Kalziumgehalt in den Knochen erhöhen [889].

Die Verschiebung des Gleichgewichtes zwischen Silizium und Kalzium besitzt auch bei den rheumatischen Erkrankungen (periartikuläre Elastopathien, Fibrositis, Tendinitis) eine große Bedeutung [2010].

Silizium wirkt bei der Bindung des Kalziums in den Knochen von Tuberkulosekranken mit, und ein Zusatz von aus Pflanzen stammenden Siliziumverbindungen (Silikate zeigen keine Wirkung) zur Nahrung fördert die Kalzifizierung und das Zusammenheilen gebrochener Knochen in hohem Maße. Aus diesem Grunde wurde die Gabe von Pflanzensilizium bei der chirurgischen Behandlung der verschiedensten Knochenverletzungen empfohlen [1846].

Die gemachten Angaben zeigen eindrucksvoll die bedeutende Rolle des Siliziums bei vielen pathologischen Prozessen. Man kann sicher sein, daß zukünftige eingehendere Untersuchungen auf diesem Gebiet zur Entwicklung neuer Mittel und Methoden für den Kampf gegen viele Erkrankungen, in erster Linie gegen Herz- und Gefäßerkrankungen und gegen den Krebs beitragen werden.

[3067] Бабенко, Г. А.: Микроэлементы в экспериментальной и клинической медицине. Киев, 1965.

[3068] Байзакова, С. С.: Сов. здравоохр. Киргизии, **1956**, № 3, 30.

[3069] Белан, М. Г.: В сб.: Микроэлементы в сельском хозяйстве и медицине. Киев, 1963, стр. 625.

[3070] Белова, З. К., Алексеева, А. И.: Вестн. АН казССР, **1958**, № 7, 89.

[3071] Беркович, А. В.: Динамика содержания некоторых микроэлементов при костной гомо- и гетеропластике в эксперименте. Автореф. канд. дисс., Иркутск, 1969.

[3072] Бондарев, Л. С.: Динамика содержания некоторых микроэлементов в крови при эпидемическом гепатите (болезни Боткина) и обтурационных желтухах. Канд. дисс., Донецк, 1962.

[3073] Бондарев, Л. С.: Труды Донецк. мед. инст., **21**. Донецк, 1962, стр. 30.
[3074] Гольдштейн, Л. М., Затолокин, Ф. Д.: Вопр. охраны материнства и детства, **15**, № 2, 91 (1970).
[3075] Гребенников, Е. П.: В сб.: Применение микроэлементов в сельском хозяйстве и медицине. Рига, 1959, стр. 657.
[3076] Гришко, Н. С.: В сб.: Биологическая роль микроэлементов и их применение в сельском хозяйстве и медицине. Л., 1970, стр. 42.
[3077] Затолокин, Ф. Д.: В сб.: Вопросы теории и практики медицины. Донецк, 1966, стр. 217.
[3078] Захаров, И. Я., Сорока, В. Р., Сабадаш, Е. В.: В сб.: Вопросы лепрологии и дерматологии, № 1 (17). Ростов-на-Дону, 1963, стр. 142.
[3079] Иванова, Е. Н.: Содержание микроэлементов в некоторых злокачественных новообразованиях человека и экспериментальных опухолях, вызванных у животных. Автореф. канд. дисс., Донецк, 1958.
[3080] Іванова, О. М.: В сб.: Мікроелементи в експерименті та клініці, **3**. Дрогобич, 1959, ст. 233.
[3081] Касьяненко, И. В., Кульская, О. А.: Микроэлементы у больных раком и предопухолевыми заболеваниями внутренних органов. Киев, 1972.
[3082] Кортев, А. И., Донцов, Г. И., Ляшева, А. П.: Биоэлементы и патология человека. Свердловск, 1972, стр. 165.
[3083] Милько, В. И., Кириенко, М. Г.: Врач. дело, **1967**, № 2, 83.
[3084] Муцениекс, П. П.: Ученые записки Латв. унив., **100**. Рига, 1969, стр. 21.
[3085] Невская, А. А.: В сб.: Механизмы некоторых патологических процессов, вып. 3. Ростов-на-Дону, 1970, стр. 418.
[3086] Николаев, Л. И.: Вестн. МГУ, **1947**, № 1, 7.
[3087] Носков, К. Г.: К вопросу о патогенезе инфекционного гепатита. Канд. дисс., Свердловск, 1969.
[3088] Орлова, Н. Л., Шапова, Е. Н.: Труды Донецк. мед. инст., **23**. Донецк, 1963, стр. 14.
[3089] Панасян, В. М.: В сб.: Биологическая роль микроэлементов и их применение в сельском хозяйстве и медицине. Л., 1970, стр. 229.
[3090] Панченко, Е. Н., Назаренко, В. Г., Дельва, В. А.: В сб.: Микроэлементы в сельском хозяйстве и медицине, вып. 4. Киев, 1968, стр. 207.
[3091] Розенберг, П. А.: Гигиена труда и проф. заболев., **1966**, № 3, 46.
[3092] Скачков, В. Б.: В сб.: Материалы 34-ой итоговой сессии СНО им. Н. И. Пирогова, III Межвузовской конф. ,,Трансплантация органов и тканей'', Межвузовской конф. ,,Проблемы неврозов''. М., 1972, стр. 38.
[3093] Ярчук, Б. М.: Вісник сільськогоспод. науки, **1971**, № 8, 100.
[3094] [Anon.]: Chem. Eng. News, **50**, No. 46, 41 (1972).
[3095] Bailey, C. B.: Res. Vet. Sci., **11**, 533 (1970).
[3096] Bailey, C. B.: Canad J. Biochem., **50**, 305 (1972).
[3097] Baker, G., Jones, L. H. P., Wardrop, I. D.: Nature, **184**, 1583 (1959).
[3098] Barni, M.: Atti Accad. fisiocrit. Siena, Sez. med.-fis., **4**, 345 (1957).
[3099] Bunka, H., Kiziewicz, L.: Rocz. Pomorskiej akad. med. Szczecinie, **14**, 163 (1968).
[3100] Carlisle, E. M.: Fed. Proc., **29**, nutrit. abstr. 1785 (1970).
[3101] Carlisle, E. M.: Science, **167**, 279 (1970).
[3102] Carlisle, E. M.: Science, **178**, 619 (1972).

[3103] Charnot, A.: Maroc méd., **32**, 1313 (1953).
[3104] Charnot, Y., Desmaris-Deleoraz, D., Pérès, G.: Compt. rend. Soc. biol., **166**, 996 (1972).
[3105] De Franciscis, P., Falconi, C., Oliviero, G.: Rass. med. sperim., **17**, 24 (1970).
[3106] Deutsche Gold- und Silber-Scheideanstalt vorm. Rösler. FR-Pat. 94816 (1969); C. A., **73**, 86750m (1970).
[3107] Douard, H.: Probl. et techn., **1958**, No. 46, 41, 43, 45, 47.
[3108] Earle, I. P., Lindahl, I. L.: Agr. Res., **2**, No. 2 (1953).
[3109] Emerick, R. J., Kugel, E. E., Wallace, V.: Amer. J. Vet. Res., **24**, 610 (1963).
[3110] Fell, B. F., Kay, M., Orskov, E. R., Boyne, R., Walker, J. T.: Res. Vet. Sci., **13**, 30 (1972).
[3111] Galle, P.: Proc. 3rd Int. Congr. Nephrol., **2**. Basel, 1967, p. 306.
[3112] Gautam, O. P., Loeb, W. F., Gulati, R. L.: J. Res. Punjab Agr. Univ. **7**, 266 (1970).
[3113] Gorog, S., Bach, M.: Magy. kem. lapja, **5**, 260 (1972).
[3114] Gross, P., Westrick, M. L., McNerney, J. M.: Lab. Invest., **7**, 348 (1958).
[3115] Harichaux, P., Freville, M., Lienard, J.: Compt. rend. Soc. biol., **164**, 1038 (1970).
[3116] Heffernan, P.: Brit. Med. J., **2**, 489 (1929).
[3117] Knappwost, A., Effinger, A.: Dtsch. Zahnärztebl., **11**, 202 (1956).
[3118] Korycka, A.: Pol. Arch. Hydrobiol., **16**, 1 (1969).
[3119] Lewis, D., Rees, R. F.: GB-Pat. 1291835 (1972); C. A., **78**, 41890u (1973).
[3120] Lindley, C. E., Taysom, E. D., Ham, W. E., Schneider, B. H.: J. Anim. Sci., **12**, 704 (1953).
[3121] Momoli-Mucci: Gazz. Vet., **1954**, No. 3, 1.
[3122] Morriss, R. H., Beeler, M. F.: Amer. J. Clin. Pathol., **48**, 413 (1967.)
[3123] Müller, A. H.: J. ges. innere Med., **9**, 1249 (1954).
[3124] Muller, K.-H.: Ind. alim. anim., **1971**, No. 12, 29, 31, 33, 35, 37, 39, 41, 43, 45.
[3125] Nicholas, D. J. D.: Nature, **179**, 800 (1957).
[3126] Nicholson, H. H.: Agric. Inst. Rev., **10**, No. 2, 53 (1955).
[3127] Reish, D. J.: Water Res., **4**, 721 (1970).
[3128] Schneider, B. H., Taysom, E. D., Ham, W. E.: Washington State Coll. Agr. Exp. Sta., Circ. No. 203 (1952).
[3129] Schwarz, K., Milne, D. B.: Nature, **239**, 333 (1972).
[3130] Smith, G. S., Neumann, A. L., Gledhill, V. H., Arzola, C. A.: J. Anim. Sci., **36**, 271 (1973).
[3131] Smith, G. S., Neumann, A. L., Nelson, A. B., Ray, E. E.: J. Anim. Sci., **34**, 839 (1972).
[3132] Smith, G. S., Robertson, K. H.: J. Anim. Sci., **31**, 218 (1970).
[3133] Spinka, J.: CS-Pat. 136179 (1970); C. A., **75**, 47667m (1971).

Literatur zum ersten Teil

[1] Abaлдуев, Б. В., Кожевникова, Е. П., Богомолов, С. Г.: Сборник работ по силикозу, 2. Свердловск, 1960, стр. 185.
[2] Абдергальден, Э.: Учебник физиологической химии. М.-Л., 1934, стр. 649, 678.
[3] Абрамов, М. Д., Садыков, А. С.: ДАН УзбССР, **1963**, № 9, 50.
[4] Аверинцев, С.: Труды СПб. общества естествоиспытателей, 32. СПб., 1901/1902, стр. 189.
[5] Агрономов, А. Е., Патрикеев, В. В., Руденко, А. П.: Вестник МГУ (сер. мат., мех., астр., физ., хим.), **1958**, № 3, 197.

[6] Азимов, А.: Вид с высоты. М., 1965, стр. 63.
[7] Айдинян, Р. Х.: ДАН СССР, **67**, 729 (1949).
[8] Айлер, Р. К.: Коллоидная химия кремнезема и силикатов (гл. IX). М., 1959; Iler, R. K.: The Colloid Chemistry of Silica and Silicates. Ithaca—New York, 1955.
[9] Акабори, Ш.: В сб.: Возникновение жизни на Земле (Труды Междунар. симп.). М., 1959, стр. 197.
[10] Алекин, О. А.: Общая гидрохимия. Л., 1948.
[11] Алекин, О. А.: Химия океана. Л., 1966.
[12] Александров, В. Г.: Тезисы докладов 5-й Научной конференции Куйбышевского с.-х. ин-та. Куйбышев, 1947.
[13] Александров, В. Г.: Доклады ВАСХНИЛ, **1949**, № 3, 34.
[14] Александров, В. Г.: Доклады ВАСХНИЛ, **1949**, № 12, 12.
[15] Александров, В. Г.: Сероземы Туркменской ССР как источник калийного питания растений. Автореф. докт. дисс. Ашхабад, 1949.
[16] Александров, В. Г.: Изв. Куйбышевского СХИ, **10**, 20 (1950).
[17] Александров, В. Г.: Советская агрономия, **1950**, № 1, 33.
[18] Александров, В. Г.: Доклады ВАСХНИЛ, **1951**, № 5, 25.
[19] Александров, В. Г.: В сб.: Институт хлопководства новых районов. Ставрополь, 1951, стр. 67.
[20] Александров, В. Г.: Советская агрономия, **1952**, № 8, 47.
[21] Александров, В. Г.: В сб.: Роль микроорганизмов в питании растений. М., 1953, стр. 96.
[22] Александров, В. Г.: Силикатные бактерии. М., 1953.
[23] Александров, В. Г.: Труды конференции по вопросам почвенной микробиологии, связанным с внедрением в сельское хозяйство комплекса Докучаева—Костычева—Вильямса. М., 1953, 271.
[24] Александров, В. Г.: Колхозное производство, 1955, № 9, 45.
[25] Александров, В. Г.: В сб.: Усовершенствование техники внесения удобрений. Киев, 1955, стр. 128.
[26] Александров, В. Г.: Руководство по приготовлению и применению препарата силикатных бактерий. Одесса, 1956.
[27] Александров, В. Г.: В сб.: Получение и применение бактериальных удобрений. Киев, 1958, стр. 62.
[28] Александров, В. Г.: В сб.: Получение и применение бактериальных удобрений. Киев, 1958, стр. 257.
[29] Александров, В. Г.: Труды Одесского СХИ, **13**. Одесса, 1958, стр. 7.
[30] Александров, В. Г., Благодырь, Р. Н., Ильев, И. П.: Мікробіологічний журнал, **29**, № 2, 111 (1967).
[31] Александров, В. Г., Бурангулова, М. Н., Соловьева, Е. П.: Труды Одесского СХИ, **13**. Одесса, 1958, стр. 91.
[32] Александров, В. Г., Зак, Г. А.: Микробиология, **19**, 97 (1950).
[33] Александров, В. Г., Терновская, М. И.: Мікробіологічний журнал, **25**, № 3, 48 (1963).
[34] Александров, В. Г., Терновская, М. И.: Силикатные бактерии на службу урожаю. Одесса, 1963.
[35] Александров, В. Г., Терновская, М. И.: Тезисы докладов Всесоюзной конференции по сельскохоз. микробиологии. Л., 1963, стр. 112.

[36] Александров, В. Г., Терновская, М. И.: Силикатные бактерии — эффективное удобрение. М., 1968.
[37] Александров, В. Г., Терновская, М. И., Батяева, В. А.: Опыт применения жидкого препарата силикатных бактерий в Волгоградской области, М., 1962.
[38] Александров, В. Г., Терновская, М. И., Благодырь, Р. Н.: Вестник с.-х. науки (Москва), **1963**, № 11, 95.
[39] Александров, В. Г., Терновская, М. И., Благодырь, Р. Н.: Вестник с.-х. науки (Москва), **1967**, № 7, 39.
[40] Александрова, И. В.: Почвоведение, **1951**, 604.
[41] Алексеева, М. Б., Белозерская, В. И.: Гигиена и санитария, **1957**, № 12, 73.
[42] Алешинская, З., Пирумова, Л.: Химия и жизнь, **1967**, № 7, 94.
[43] Аллер, Л. Х.: В кн.: Звездные атмосферы, М., 1963, стр. 166.
[44] Аллер, Л.: Распространенность химических элементов. М., 1963; Aller, L. H.: The Abundance of the Elements. New York—London, 1961.
[45] Алпатов, В. В.: ДАН СССР, **59**, 1365 (1948).
[46] Алпатов, В. В.: Бюлл. Моск. общ. испыт. природы, **58**, № 5, 51 (1953).
[47] Андреева, Д. М.: Вестник ЛГУ, **1958**, № 15, 144.
[48] Аристовская, Т. В., Кутузова, Р. С.: Почвоведение, **1968**, № 12, 59.
[49] Ассинг, И. А.: Проблемы советского почвоведения, **15**, 80 (1949).
[50] Астапович, И. С.: Метеорные явления в атмосфере Земли. М., 1958.
[51] Ауниньш, Э. А.: Труды Гос. океанографич. ин-та, **59**. М., 1961, стр. 98.
[52] Ауниньш, Э. А.: Труды Гос. океанографич. ин-та, **83**. М., 1965, стр. 172.
[53] Афанасьева, Л. В.: В сб.: Борьба с силикозом, **4**. М., 1959, стр. 128.
[54] Бабак, Н. М., Петрушкина, Л. М.: Тезисы докладов Межвуз. научной конф. „Микроэлементы почвы и их роль в урожайности растений". М., 1961, стр. 32.
[55] Бабенко, Г. А.: Микроэлементы головного мозга человека и животных. Канд. дисс., Донецк, 1953.
[56] Бажант, В., Хваловски, В., Ратоуски, И.: Силиконы. М., 1960, стр. 401.
[57] Базилевич, Н. И., Калашникова, Р. А., Ярилова, Е. А.: Труды Почв. ин-та им. Докучаева, **44**. М., 1954, стр. 262.
[58] Баландин, А. А., Патрикеев, В. В., Шолин, А. Ф., Быченкова, Л. Я., Тавер, А. М.: ДАН СССР, **169**, 1362 (1966).
[59] Бамберг, К., Кнавиня, М.: Изв. АН ЛатвССР, **1950**, № 11, 57.
[60] Барашков, Г. К.: Химия водорослей, М., 1963.
[61] Баумштейн, А. И.: Природа, **1961**, № 12, 76.
[62] Беглова, Э. К., Алексеева, А. И.: Вестник АН КазССР, **10**, № 7, 89 (1953).
[63] Безруков, П. Л.: ДАН СССР, **103**, 473 (1955).
[64] Безруков, П. Л., Лисицын, А. П., Петелин, В. П., Скорнякова, Н. С.: В сб.: Современные осадки морей и океанов. М., 1961, стр. 73.
[65] Безруков, П. Л., Удинцев, Г. Б.: ДАН СССР, **91**, 359 (1953).
[66] Белан, М. Г.: Материалы 19-й научн. конф. Украинского ин-та ортопедии и травматологии. Харьков, 1962, стр. 117.
[67] Белая, М. П., Тагеева, Н. В.: Труды Биогеохим. лаб. АН СССР, **9**. М., 1949, стр. 135.
[68] Белов, Н. В.: Записки Всесоюзного минералогического общ., **86**, 239 (1957).
[69] Белозеров, Е. С.: Здравоохр. Туркменистана, **1967**, № 11, 13.
[70] Белус, А. М., Скоблин, А. П.: Бюлл. эксп. биол. мед., **53**, № 5, 72 (1962).

[71] Бениашвили, Д. Ш., Семенов, Г. И.: Вопр. онкол., **12**, № 7, 32 (1966).
[72] Бербидж, Дж., Бербидж, Э. М.: В кн.: Происхождение и эволюция звезд. М., 1962, стр. 104.
[73] Берг, Л. С.: Бюлл. Моск. общ. испыт. природы (отд. биол.), **52**, № 5, 15 (1947).
[74] Берг, Л. С.: Природа, **1949**, № 2, 43.
[75] Берг, Р.: В сб.: Возникновение жизни на Земле (Труды Междунар. симп.), М., 1959, стр. 178.
[76] Березова, Е. Ф.: В сб.: Получение и применение бактериальных удобрений. Киев, 1958, стр. 23.
[77] Бернал, Дж. Д.: Успехи химии, **19**, 401 (1950).
[78] Бернал, Дж.: В сб.: Возникновение жизни на Земле (Труды Междунар. симп.). М., 1959, стр. 42.
[79] Бернал, Дж.: В сб.: Горизонты биохимии. М., **1964**, стр. 14;
Bernal, J. D.: In: Horizons in Biochemistry. New York—London, 1962.
[80] Бернал, Дж.: В сб.: Происхождение предбиологических систем. М.,1966, стр. 76; Bernal, J. D.: In: The Origins of Prebiological Systems and of Their Molecular Matrices. New York—London, 1965.
[81] Бернал, Дж.: Возникновение жизни. М., 1969; Bernal, J. D. The Origin of Life. London, 1957.
[82] Бершова, О. И.: Мікробіологічний журнал, 18, № 2, 70 (1956).
[83] Бивилейшвили, З. В.: Сообщения АН ГрузССР, **39**, № 3, 58 (1965).
[84] Биохимия культурных растений, т. 2 (под ред. Н. Н. Иванова). М.-Л., 1938.
[85] Блажевский, Е. В.: Кукуруза, **1957**, № 6, 9.
[86] Бобрицкая, М. А.: Труды Почв. ин-та им. Докучаева, **34**, М., 1950, стр. 5.
[87] Богомолов, Г. В., Плотникова, Г. Н., Титова, Е. А.: Кремнезем в термальных и холодных водах. М., 1967.
[88] Богоявленский, А. Н.: В сб.: Геохимия кремнезема. М., 1966, стр. 11.
[89] Болышев, Н. Н.: Почвоведение, **1952**, 403.
[90] Болышев, Н. Н.: Происхождение и эволюция почв такыров. М., 1955.
[91] Болышев, Н. Н.: Вестник МГУ (сер. VI, биология, почвоведение), **1961**, № 2, 67.
[92] Болышев, Н. Н.: Почвоведение, **1964**, № 6, 79.
[93] Бондарев, Л. С.: Клиническая медицина, **40**, № 2, 66 (1962).
[94] Борисова, М. А., Некрасов, Л. И., Ковзев, Н. И., Киселев, А. В., Никитин, Ю. С.: ЖФХ, **43**, 529 (1969).
[95] Боровик, С. А., Калинин, С. К.: Труды Биогеохим. лаб. АН СССР, **7**. М., 1944, стр. 114.
[96] Боярчук, А. А.: Вопросы космогонии, **7**, 213 (1960).
[97] Бронштэн, В. А., Любарский, К. А.: В сб.: Метеорная материя в атмосфере Земли. М., 1966, стр. 3.
[98] Бруевич, С. В.: Изв. АН СССР (сер. геол.), **1953**, № 4, 67.
[99] Бруно Джордано: О бесконечности, вселенной и мирах. М., 1936, стр. 131, 160.
[100] Бубряк, И. И., Менджул, М. И.: Агрохимия, **1968**, № 12, 110.
[101] Бурангулова, М., Соловьева, Е.: Сельское хозяйство Башкирии, **1955**, №№ 11—12, 25.
[102] Бутузова, О. В.: Ботанический журнал, **49**, 1060 (1964).
[103] Валлентайн, Дж.: В сб.: Происхождение предбиологических систем. М., 1966, стр. 113; Vallentyne, J. R.: In: The Origins of Prebiological Systems and of Their Molecular Matrices.New York—London, 1965.

[104] Вахобов, А. В.: ДАН ТаджССР, **6**, № 1, 40 (1963).
[105] Вахобов, А. В.: ДАН ТаджССР, **6**, № 4, 28 (1963).
[106] Вдовыкин, Г. П.: Углеродистое вещество метеоритов. М., 1967.
[107] Ведринский, А. И.: В сб.: Основы комплексной переработки беломорских ламинарий. Водоросли Белого моря. Архангельск, 1938, стр. 107.
[108] Венгерская, Х. Я.: В сб.: Силикоз и борьба с ним. Ташкент, **1959**, стр. 78.
[109] Верещагин, Г. Ю.: Байкал. М., **1949**, стр. 72.
[110] Вернадский, В. И.: Изв. АН СССР, **1921**, 121.
[111] Вернадский, В. И.: Природа, **1922**, №№ 3–5, 31; Избранные соч., т. 1. М., 1954, стр. 513.
[112] Вернадский, В. И.: Избранные соч., т. 5. М., 1960, стр. 118; Compt. rend., **175**, 450 (1922).
[113] Вернадский, В. И.: Химический состав живого вещества в связи с химией земной коры. Пб., 1922.
[114] Вернадский, В. И.: Живое вещество в химии моря. Пгр., 1923; Избранные соч., т. 5. М., 1960, стр. 160.
[115] Вернадский, В. И.: Биосфера, очерки первый и второй. Научно-техн. изд. Л., 1926; Избранные соч., т. 5. М., 1960, стр. 5; La biosphere. Paris, 1929.
[116] Вернадский, В. И.: Изв. АН СССР, **20**, 697, 1053 (1926); Избранные соч., т. 5. М., 1960, стр. 184; Rev. gén. sci., **37**, 661, 700 (1926).
[117] Вернадский, В. И.: Очерки геохимии. М.–Л., 1927; Избранные соч., т. 1. М., 1954, стр. 5.
[118] Вернадский, В. И.: ДАН СССР, **19**, 619 (1938).
[119] Вернадский, В. И.: ДАН СССР, **21**, 127 (1938).
[120] Вернадский, В. И.: Биогеохимические очерки. М.–Л., 1940.
[121] Вернадский, В. И.: Химическое строение биосферы Земли и ее окружения. М., 1965.
[122] Вернадский, В. И., Виноградов, А. П.: ДАН СССР, сер. А, **1931**, 148. Compt. rend., **193**, 560 (1931).
[123] Вилли, К.: Биология. М., 1968; Villee, C. A.: Biology, 5th ed. Philadelphia — London, 1967.
[124] Вильямс, В. Р.: Почвоведение. М., 1947.
[125] Вильямс, В. Р.: Избранные соч., т. 1. М., 1950, стр. 80.
[126] Виноградов, А. П.: ДАН СССР, сер. А, **1929**, 41; Труды Биогеохим. лаб. АН СССР, **1**. М., 1930, стр. 33.
[127] Виноградов, А. П.: Природа, **1931**, 230.
[128] Виноградов, А. П.: Геохимия живого вещества. Л., 1932.
[129] Виноградов, А. П.: Природа, **1933**, №№ 8–9, 28; Труды Биогеохим. лаб. АН СССР, **3**. М., 1935, стр. 5.
[130] Виноградов, А. П.: Труды Биогеохим. лаб. АН СССР, **3**. М., 1935, стр. 63.
[131] Виноградов, А. П.: Труды Биогеохим. лаб. АН СССР, **4**. М., 1937, стр. 5.
[132] Виноградов, А. П.: Успехи химии, **7**, 645 (1938).
[133] Виноградов, А. П.: Труды ВНИИ морского рыбн. хоз. океаногр. (ВНИРО), **7**. М., 1938, стр. 97.
[134] Виноградов, А. П.: Труды Биогеохим. лаб. АН СССР, **5**. М., 1939, стр. 47.
[135] Виноградов, А. П.: Труды Биогеохим. лаб. АН СССР, **6**. М., 1944, стр. 5.
[136] Виноградов, А. П.: В сб.: Микроэлементы в жизни растений и животных. М., 1952, стр. 7.

[137] Виноградов, А. П.: Примеч. редактора к работе В. И. Вернадского ,,Очерки геохимии''; Избранные соч., т. 1. М., 1954, стр. 361.
[138] Виноградов, А. П.: Геохимия, **1956**, № 1, 6.
[139] Виноградов, А. П.: Геохимия редких и рассеянных химических элементов в почвах. М., 1957.
[140] Виноградов, А. П.: Химическая эволюция Земли. М., 1959.
[141] Виноградов, А. П.: В кн.: Краткая химическая энциклопедия, т. 1. М., 1961, стр. 844.
[142] Виноградов, А. П.: Вестник АН СССР, **1962**, № 9, 16.
[143] Виноградов, А. П.: Геохимия, **1962**, 291.
[144] Виноградов, А. П.: Геохимия, **1962**, 555.
[145] Виноградов, А. П.: Введение в геохимию океана. М., 1967.
[146] Виноградов, А. П.: Геохимия, **1969**, 1274.
[147] Виноградов, А. П.: Геохимия, **1970**, 3.
[148] Виноградов, А. П., Бойченко, Е. А.: ДАН СССР, **37**, 158 (1942).
[149] Виноградова, З. А.: Гидробиол. журнал, **1**, № 4, 12 (1965).
[150] Виноградова, З. А.: В сб.: Биохимия морских организмов. Киев, 1967, стр. 7.
[151] Виноградова, З. А., Ковальский, В. В.: ДАН СССР, **147**, 1458 (1962).
[152] Виноградова, З. А., Петкевич, Т. А.: В сб.: Биохимия морских организмов. Киев, 1967, стр. 70.
[153] Виноградова, Л. М.: Наук. зап. Станіславськ. мед. ин-та, **1959**, 242.
[154] Виноградова-Томашевская, Х. Г., Белая, М. П.: Труды Биогеохим. лаб. АН СССР, **5**. М., 1939, стр. 81.
[155] Вистелиус, А. Б.: Зап. Всес. минерал. общ., **79**, 191 (1950).
[156] Власюк, П. А., Кардиналовская, Р. И.: Докл. ВАСХНИЛ, **1959**, № 10, 9.
[157] Внеземные цивилизации (Труды совещания). Ереван, 1965.
[158] Войнар, А. О.: Биохимия, **11**, 19 (1946).
[159] Войнар, А. О.: Укр. біохім. журнал, **19**, 359 (1947).
[160] Войнар, А. О.: Укр. біохім. журнал, **21**, 87 (1949).
[161] Войнар, А. О.: Биохимия, **18**, 29 (1953).
[162] Войнар, А. О.: Биологическая роль микроэлементов в организме животных и человека. М., 1960.
[163] Войнар, А. О., Галахова, В. Н.: В сб.: Вопросы пневмокониоза, **12**. Сталино, 1958, стр. 7.
[164] Войнар, А. О., Русанов, А. К.: Биохимия, **14**, 102 (1949).
[165] Вологдин, А. Г.: Изв. АН СССР (сер. геол.), **1947**, № 3, 19.
[166] Вологдин, А. Г.: Палеонтология и поиски полезных ископаемых. М., 1960.
[167] Володько, Л. В., Приступа, Ч. В.: Изв. АН БССР (сер. биол. наук), **1962**, № 1, 107.
[168] Волькенштейн, М.: В сб.: Возникновение жизни на Земле (Труды Междунар. симп.). М., 1959, стр. 183.
[169] Воронков, М. Г.: Гетеролитические реакции расщепления силоксановой связи. Автореф. докт. дисс. М., 1961.
[170] Воронков, П. П.: Труды Гос. гидролог. ин-та, **37**. Л., 1953, стр. 62.
[171] Вотинцев, К. К.: ДАН СССР, **62**, 661 (1948).
[172] Вотинцев, К. К.: ДАН СССР, **63**, 741 (1948).
[173] Вотинцев, К. К.: ДАН СССР, **84**, 349 (1952).
[174] Вотинцев, К. К.: ДАН СССР, **92**, 667 (1953).

[175] Вотинцев, К. К.: ДАН СССР, **95**, 979 (1954).

[176] Вотинцев, К. К.: Труды Всес. гидробиол. общ., **6**. М.—Л., 1955, стр. 70.

[177] Вотинцев, К. К.: Гидрохимия озера Байкал. Тр. Байкальской лимнолог. ст. **20**. М., 1961.

[178] Высоцкий, З. З., Дивнич, Л. Ф., Поляков, М. В.: ДАН СССР, **139**, 1400 (1961).

[179] Высоцкий, З. З., Поляков, М. В.: ЖФХ, **30**, 1901 (1956).

[180] Гагарин, П. К.: Ботан. журнал, **51**, 962 (1966).

[181] Гайсинский, М., Адлов, Ж.: Радиохимический словарь элементов. Атомиздат. М., 1968, стр. 88; Haissinsky, M., Adloff, J. P.: Radiochemical Survey of the Elements. Amsterdam—London—New York, 1965.

[182] Галахова, В. Н.: Кремний органов человека и животных. Канд. дисс., Сталино, 1949.

[183] Гасанов, Х. Н.: ДАН АзССР, **21**, № 10, 61 (1965).

[184] Гаффрон, Г.: В сб.: Горизонты биохимии. М., 1964, стр. 49; Gaffron, H.: In: Horizons in Biochemistry. New York—London, 1962.

[185] Гельман, Н. С., Зенкевич, Г. Д.: Биохимия растений. Библиографический указатель отечественной литературы, 1738—1952. М., 1956.

[186] Гербст, В. В., Вазилло, Н. А.: Клиническая медицина, **1951**, № 4, 58.

[187] Германов, Ф. Н., Тарановская, В. Г.: Почвоведение, **1937**, 1381.

[188] Германов, Ф. Н.: Почвоведение, **1939**, № 3, 20.

[189] Гиндилис, Л. М., Каплан, С. А., Кардашев, Н. С., Пановкин, Б. Н., Сухотин, Б. В., Хованов, Г. М.: Внеземные цивилизации. Проблемы межзвездной связи. М., 1969.

[190] Глазовская, М. А.: Труды Почв. ин-та им. Докучаева, **34**. М.—Л., 1950, стр. 28.

[191] Глазовская, М. А.: Труды Почв. ин-та им. Докучаева, **34**. М.—Л., 1950, стр. 110.

[192] Глазовская, М. А.: Изв. АН КазССР (сер. почв.), **1950**, вып. 6, 79.

[193] Глазовская, М. А.: Микробиология, **20**, 85 (1951).

[194] Глазунов, И. В.: Труды Лимнол. ин-та СО АН СССР, **3**. М.—Л., 1963, стр. 57.

[195] Говорчук, Р. Ю.: В сб.: Борьба с силикозом. М., 1953, стр. 309.

[196] Голлербах, М. М., Штина, Э. А.: Почвенные водоросли. Л., 1969.

[197] Голуш, Б. М.: Ботан. журнал, **39**, 560 (1954).

[198] Голуш, Б. М., Шаврыгин, П. И.: Почвоведение, **1951**, 741.

[199] Гольданский, В. И.: Прилож. к книге Г. Фридлендер, Дж. Кеннеди, Дж. Миллер „Ядерная химия и радиохимия". М., 1967, стр. 535; Ann. Rev. Nucl. Sci., **16**, 1 (1966).

[200] Гольдин, М. Н.: Наука и жизнь, **1952**, № 1, 31.

[201] Горбунова, З. Н.: Океанология, **2**, 1024 (1962).

[202] Гороховский, Л. С.: Труды Одесского СХИ, **10**. Одесса, 1957.

[203] Гороховский, Л. С.: Труды Одесского СХИ, **13**. Одесса, 1958, стр. 77.

[204] Горшкова, Т. И.: Труды Биогеохим. лаб. АН СССР, **7**. М., 1944, стр. 122.

[205] Гребенников, Е. П.: Педиатрия, **38**, № 10, 29 (1960).

[206] Гребенников, Е. П.: В сб.: Микроэлементы в сельском хоз. и мед. Киев, 1963, стр. 587.

[207] Гребенников, Е. П.: Педiатрiя, акушерство i гiнекол., **1964**, № 1, 36.

[208] Гребенников, Е. П., Сорока, В. Р.: Педиатрия, **1963**, № 6, 16.

[209] Гребенников, Е. П., Сорока, В. Р., Сабадаш, Е. В.: В сб.: Микроэлементы и естественная радиоактивность почв. Ростов-на-Дону, 1962, стр. 202.

[210] Гребенников, Е. П., Сорока, В. Р., Сабадаш, Е. В.: Вопр. питания, **22**, № 1, 87 (1963).
[211] Грюнер, В. С., Евменова, Л. А.: Рыбное хозяйство, **1961**, № 10, 61.
[212] Гусарова, А. Н., Коннов, В. А., Сапожников, В. В.: В сб.: Химические процессы в морях и океанах. М., 1966, стр. 119.
[213] Гусева, К. А.: Бюлл. Моск. общ. испыт. природы (отд. биол.), **52**, № 6, 49 (1947).
[214] Гусева, К. А.: Труды АМН СССР, **10**. М., 1951, стр. 172.
[215] Гусева, А. Р., Борихина, М. Г.: ДАН СССР, **93**, 871 (1953).
[216] Гюрина-Зейналашвили, Р. Н.: Вестник МГУ (сер. VI, Биология, почвовед.), **1965**, № 6, 76.
[217] Далакишвили, М. Н.: Труды Груз. сельскохоз. ин-та, **70**. Тбилиси, 1966, стр. 79.
[218] Дарвин, Ч.: Образование растительного слоя земли деятельностью дождевых червей и наблюдения над их образом жизни, т. 2. М.—Л., **1936**, стр. 113.
[219] Дашевская, А. А.: В сб.: Вопросы борьбы с силикозом в Сибири, вып. 2. Новосибирск, 1962, стр. 95.
[220] Дашевская, А. А.: В сб.: Борьба с силикозом, **6**. М., **1964**, стр. 280.
[221] Дашевская, А. А.: Гигиена труда и проф. забол., **9**, № 6, 61 (1965).
[222] Движков, П. П.: Архив патол., **15**, № 1, 33 (1953).
[223] Дельва, В. А.: Труды Сталинск. мед. ин-та, **9**. Сталино, 1957, стр. 103.
[224] Дельва, В. А.: Труды Донецк. мед. ин-та., **11**, Донецк, 1958, стр. 285.
[225] Дельва, В. А.: Бюлл. эксп. биол. мед., **52**, № 8, 59 (1961).
[226] Дельва, В. А.: Бюлл. эксп. биол. мед., **54**, № 12, 50 (1962).
[227] Дельва, В. А.: Сборник докладов Всес. конф. по биохимии нервной системы. Ереван, 1962, стр. 67.
[228] Дельва, В. А.: В сб.: Микроэлементы в сельском хоз. и мед. Киев, **1963**, стр. 580.
[229] Дельва, В. А.: Труды Донецк. мед. ин-та, **23**. Донецк, **1963**, стр. **17**.
[230] Десслер, А. Дж., О'Брайен, Б. Дж.: В кн.: Околоземное космическое пространство (под ред. Ф. С. Джонсона). М., 1966, стр. 58; Dessler, A. J., O'Brien, B. J.: In: Satellite Environment Handbook, 2nd ed. Stanford, 1965.
[231] Джафаров, Б. А.: ДАН АзССР, **16**, 789 (1960).
[232] Дзенс-Литовская, Н. Н.: Почвоведение, **1946**, 209.
[233] Диланян, А. М., Тер-Маркосян, С. Х.: ДАН АрмССР, **12**, № 2, 57 (1950).
[234] Дименштейн, Ф. И.: В. кн.: Биохимия культурных растений, т. 5. М.—Л., 1938, стр. 276.
[235] Диневич, Л. С.: Сборник трудов Молдавск. НИИ эпидемиол., микробиол. и гигиены, 2. Кишинев, **1956**, стр. 187.
[236] Диневич, Л. С.: Сборник трудов Молдавск. НИИ эпидемиол., микробиол. и гигиены, 4. Кишинев, 1960, стр. 103.
[237] Дмитриев, В. Ф., Газарх, Л. А., Шипицын, С. А.: Изв. Иркутск. сельскохоз. ин-та, **1959**, № 14, 10.
[238] Дмитриев, Г. А., Иванов, Л. П.: Труды и материалы Ленингр. ин-та организации охраны труда, **8**. Л., **1934**, стр. 109.
[239] Днепров, А.: В альманахе: Мир приключений. М., **1963**, № 9, стр. 291.
[240] Докучаев, В. М., Хлыстун, И. К.: Хлопководство Ставрополя. Ставрополь, 1951.
[241] Долгов, Б. Н.: Успехи химии, **1**, 626 (1932).
[242] Доросинский, Л. М.: Микробиология, **31**, 738 (1962).

[243] Дорфман, С. И., Шипицын, С. А.: Биохимия, **20**, 136 (1955).

[244] Дуниамалян, М. С.: Изв. АН АрмССР (Биол. и сельскохоз. науки), **7**, № 4, 15 (1954).

[245] Дымшиц, Я. М.: В сб.: Спектральный анализ в геологии и геохимии. М., **1967**, стр. 192.

[246] Дымшиц, Я. М., Мишарин, А. П.: Журнал ушных и носовых болезней, **1960**, № 5, **34**.

[247] Дымшиц, Я. М., Мишарин, А. П.: Труды конф. ,,Микроэлементы в почвах, водах и организмах Восточной Сибири и Дальнего Востока и их роль в жизни растений, животных и человека''. Улан-Удэ, 1960, стр. 105.

[248] Егунов, М.: Ежегодник по геол. минерал. России, 2, вып. 8—9. СПб., 1897, стр. 157.

[249] Еленкин, А. А.: Почвоведение, **1901**, 319.

[250] Жданов, Ю. А.: Углерод и жизнь. Ростов-на-Дону, 1968.

[251] Жданова, М. А., Тришин, Ф. И.: Изв. ВУЗов (Пищевая технол.), **1963**, № 5, 143.

[252] Жузе, А. П.: ДАН СССР, **98**, 127 (1954).

[253] Жузе, А. П., Петелин, В. П., Удинцев, Г. Б.: ДАН СССР, **124**, 1301, (1959).

[254] Жузе, А. П., Семина, Г. И.: ДАН СССР, **100**, 579 (1955).

[255] Журавлева, А. А.: Труды НГРИ (сер. А.), вып. 76, 1936.

[256] Завьялов, Н. В.: Сад и огород, **1957**, № 4, 27.

[257] Завьялов, Н. В.: Труды Одесского СХИ, **13**, 65 (1958).

[258] Зак, Г. А.: В сб.: Роль микроорганизмов и питании растений. М., 1953, стр. 103.

[259] Зак, Г. А.: Труды конф. по вопросам почвенной микробиол. М., 1953, стр. 278.

[260] Зак, Г. А.: В сб.: Получение и применение бактериальных удобрений. Киев, 1958, стр. 245.

[261] Зак, Г. А.: Тезисы докладов Межвуз. научн. конф. ,,Микроорганизмы почвы и их роль в урожайности растений''. М., 1961, стр. 32.

[262] Зак, Г. А.: В сб.: Микроорганизмы в сельском хозяйстве. М., 1963, стр. 298.

[263] Заке, И. Ф.: В сб.: Ревматизм. Рига, 1966, стр. 115.

[264] Затолокин, Ф. Д.: В сб.: Микроэлементы и естественная радиоактивность почв. Ростов-на-Дону, 1962, стр. 210.

[265] Затолокин, Ф. Д.: В сб.: Микроэлементы в сельском хозяйстве и медицине. Киев, 1962, стр. 610.

[266] Затолокин, Ф. Д., Захаров, И. Я., Сорока, В. Р., Сабадаш, Е. В., Иоффе, М. И.: Вопр. лепрол. дерматол., **1965**, № 3, 74.

[267] Захаров, И. Я., Сорока, В. Р., Сабадаш, Е. В.: Вестн. дерматол. венерол., **38**, № 2, 9 (1964).

[268] Захарьев, Н. И., Котышева, Н. Г., Коверга, Л. В., Джекшепалиев, К. Д.: В сб.: Обмен веществ у животных и растений. Фрунзе, 1966, стр. 90.

[269] Звягинцев, Д. Г.: Микробиология, **28**, 112 (1959).

[270] Звягинцев, Д. Г.: Научные докл. высш. школы (биол. науки), **1962**, № 2, 166.

[271] Звягинцев, Д. Г.: В сб.: Микроорганизмы в сельском хозяйстве. М., 1963, стр. 277.

[272] Земляницкий, Л. Т.: Почвоведение, **1954**, № 12, 30.

[273] Землятченский, П. А.: Труды Почв. ин-та им. Докучаева АН СССР, 8, вып. 1. М.—Л., 1933.

[274] Зенин, А. А., Проценко, А. В.: Гидрохим. матер., **34**, 48 (1961).
[275] Зульфугарли, Д. И.: Распространение микроэлементов в каустоболитах, организмах, осадочных породах и пластовых водах. Баку, 1960.
[276] Зырин, Н. Г.: Сборник студенческих научн. работ МГУ, вып. 8. М., 1940, стр. 26.
[277] Иванов, В. И., Розенберг, П. А.: В сб.: Новое в области сан.-хим. анализа. М., **1962**, стр. 242.
[278] Иванова, Е. Н.: Содержание микроэлементов в некоторых злокачественных новообразованиях человека и экспериментальных опухолях, вызванных у животных. Канд. дисс. Донецк, 1958.
[279] Иванова, Е. Н.: В сб.: Применение микроэлементов в сельском хозяйстве и медицине. Рига, 1959, стр. 649.
[280] Иванова, Е. Н.: Наук. зап. Станіславськ. мед. ин-та, **1959**, № 3, 233.
[281] Иванова, Е. Н.: Врачебное дело, **1960**, № 9, 124.
[282] Ивлев, А. М.: В сб.: Микроэлементы в почвах, водах и организмах Восточной Сибири и Дальнего Востока и их роль в жизни растений, животных и человека. Улан-Удэ, 1960, стр. 79.
[283] Игнатов, А.: Проблема происхождения жизни. М., 1962.
[284] Илялетдинов, А. Н.: Биологическая мобилизация минеральных соединений. Алма-Ата, 1966, стр. 163.
[285] Имшенецкий, А. А.: В сб.: Получение и применение бактериальных удобрений. Киев, 1958, стр. 240.
[286] Имшенецкий, А. А.: Вестн. АН СССР, **1966**, № 1, 36.
[287] Ипатьев, В. Н.: Каталитические реакции при высоких температурах и давлениях. М.—Л., 1936, стр. 359.
[288] Капланский, С. Я.: Биохимия кожи. М., 1931.
[289] Капланский, С. Я.: Минеральный обмен. М.—Л., 1938, стр. 280.
[290] Капская, Е. И.: Микроэлементы сельск. хоз. мед., 4. Одесса, 1968, стр. 214.
[291] Капустинский, А. Ф.: Геохимия, **1956**, № 1, 53.
[292] Карпачевский, Л. О.: Почвоведение, **1963**, № 12, 7.
[293] Квирадзе, Н. А.: Сообщения АН ГрузССР, **45**, 241 (1967).
[294] Кейдл, Р.: Твердые частицы в атмосфере и космосе. М., 1969; Cadle, R. D.: Particles in the Atmosphere and Space. New York, 1966.
[295] Клабуновский, Е. И.: В сб.: Гетерогенный катализ в химической промышленности. М., 1955, стр. 343.
[296] Клабуновский, Е. И.: Химическая наука и промышленность, **2**, 197 (1957).
[297] Клабуновский, Е. И.: Успехи химии, **27**, 949 (1958).
[298] Клабуновский, Е.: В сб.: Возникновение жизни на Земле (Труды Междунар. симп.). М., 1959, стр. 168.
[299] Клабуновский, Е. И.: В сб.: Абиогенез и начальные стадии эволюции жизни. М., 1968, стр. 52.
[300] Клабуновский, Е. И., Агрономов, А. Е.: Изв. АН СССР, ОХН, **1963**, 228.
[301] Клабуновский, Е. И., Патрикеев, В. В.: ДАН СССР, **78**, 485 (1951).
[302] Клабуновский, Е. И., Патрикеев, В. В.: Природа, **1954**, № 7, 89.
[303] Клабуновский, Е., Патрикеев, В.: В сб.: Возникновение жизни на Земле (Труды Междунар. симп.). М., 1959, стр. 186.
[304] Клейменов, И. Я.: Химический и весовой состав основных промысловых рыб. М., 1952.

[305] Князева, Л. М.: В кн.: Образование осадков в современных водоемах. Москва, 1954, 180.
[306] Князева, Л. М.: Труды Байкальской лимнологич. станции, **15**. М.—Л., 1957, стр. 159.
[307] Ковалев, М. М.: Клиническая медицина, **33**, № 11, 54 (1955).
[308] Ковальский, В. В., Летунова, С. В., Грибовская, И. Ф.: Агрохимия, **1964**, № 8, 103.
[309] Ковда, В. А.: Труды Почв. ин-та им. Докучаева, **22**. М.—Л., 1940, стр. 1.
[310] Ковда, В. А.: Почвоведение, **1956**, № 1, 6.
[311] Коган, Б. А., Мамонтова, А. А.: Сборник трудов Ростовск. мед. ин-та. Ростов-на-Дону, **1950**, стр. 153.
[312] Кожов, М. М.: Труды Всес. гидробиол. общ., **6**. М., 1955, стр. 133.
[313] Козлова, О. Г.: ДАН СССР, **138**, 207 (1961).
[314] Комизерко, Е. И.: Физиология растений, **7**, 478 (1960).
[315] Кононова, М. М.: Проблема почвенного гумуса и современные задачи его изучения. М., 1951, стр. 161.
[316] Кононова, М. М., Александрова, И. В.: В сб.: Фенольные соединения и их биологические функции. М., 1968, стр. 302.
[317] Кононова, М. М., Александрова, И. В., Титова, Н. А.: Почвоведение, **1964**, № 10, 1.
[318] Косарева, В. К.: Силикатные бактерии под кукурузу на юге Украины. Одесса, 1956.
[319] Косарева, В. К.: В сб.: Культура кукурузы в СССР. М., 1957, стр. 351.
[320] Косарева, В. К.: Труды Одесского СХИ, **13**. Одесса, 1958, стр. 47.
[321] Косенко, Л. Г.: Клиническая медицина, **43**, № 4, 113 (1964).
[322] Косенко, Л. Г.: Терапевтич. архив, **36**, № 11, 37 (1964).
[323] Косенко, Л. Г.: Врачебное дело, **1965**, № 1, 60.
[324] Котелев, В. В.: Изв. Молдавск. фил. АН СССР, **1953**, № 5, 77.
[325] Котелев, В. В., Гаркавенко, А. И.: Изв. Молдавск. фил. АН СССР, **1954**, № 1, 47.
[326] Кравков, С. П.: Материалы по изучению русских почв. СПб., 1912, вып. 21—22.
[327] Красильников, Н. А.: Микробиология, **18**, 318 (1949).
[328] Красильников, Н. А.: Микробиология, **18**, 492 (1949).
[329] Красильников, Н. А.: В сб.: Микроорганизмы в сельском хозяйстве. М., 1963, стр. 298 (подстрочн. примеч. ред.).
[330] Крат, В. А.: Труды Первого совещ. по вопр. космогонии. М., 1951, стр. 61.
[331] Кривченко, В. И.: Защита раст. от вредит. и болезней, **1957**, № 5, 31.
[332] Кривченко, В. И., Караеров, П. Г.: Совхозное производство, **1955**, № 9, 73.
[333] Кринов, Е. Л.: Основы метеоритики. М., 1955.
[334] Круглова, Е. К.: Социалистическое сельское хозяйство Узбекистана, **1953**, № 9, 28.
[335] Крылов, А.: Зап. Имп. минерал. общ., 2-я сер., ч. 8. СПб, 1873.
[336] Кудзин, Ю., Ярошевич, И.: Мікробіол. журнал, **26**, № 4, 90 (1964).
[337] Кудрин, С. А.: Агробиология, **1955**, № 1, 90.
[338] Кук, А. Ф.: В сб.: Метеоры. М., 1959, стр. 24; Cook, A. F.: In: Meteors, **1955**, p. 8.
[339] Курсанов, Л. И., Забелина, М. М., Мейер, К. И., Ролл, Я. В., Цешинская, Н. И.: Определитель низших растений, т. 1. М., 1953.
[340] Кутузова, Р. С.: Почвоведение, **1968**, № 7, 119.

[341] Кутузова, Р. С.: Почвоведение, **1969**, № 5, 56.
[342] Кухаркова, А. М., Махинько, Н. В.: Ученые записки Харьковск. унив., **112** (Тр. НИИ биол. и биологич. фак., Ботан. работы, **30**). Харьков, 1961, стр. 117.
[343] Кюпман, Л. Ю.: Труды 1-й биохимич. конф. Прибалтийских респ. и Белорусской ССР. Тарту, **1961**, стр. 469.
[344] Лаврухина, А. К.: Успехи химии, **28**, 1310 (1959).
[345] Лаврухина, А. К., Колесов, Г. М.: Образование химических элементов в космических телах. М., 1962.
[346] Ланге, Э. Р.: В сб.: Микроэлементы в организме рыб и птиц. Рига, **1968**, стр. 37.
[347] Лаптиева, Е. Д.: Здравоохранение Таджикистана, **1967**, № 3, 5.
[348] Левин, Б. Ю.: Метеоритика, **11**, 47 (1954).
[349] Левин, Ф. И.: Вестник МГУ, **1949**, № 9, 157 и № 10, 149.
[350] Левин, Ф. И.: Агрохимия, **1965**, № 8, 56.
[351] Левина, В. И.: Почвоведение, **1960**, № 5, 30.
[352] Леммлейн, Г. Г.: Труды Биогеохим. лаб. АН СССР, **5**. М., 1939, стр. 225.
[353] Леммлейн, Г. Г.: Записки Всерос. минерал. общ., **73**, №№ 2—3, 94 (1944).
[354] Лепнева, С. Г.: В кн.: Жизнь пресных вод СССР, т. 3. М.—Л., 1950, стр. 244.
[355] Лидов, А.: ЖРФХО, **14**, № 7, 323 (1882).
[356] Лиозин, М. Ф., Вячесловская, Д. И.: Ученые записки Моск. гос. пед. ин-та, **21**, № 4, 101 (1940).
[357] Лисицын, А. П.: ДАН СССР, **103**, 479 (1955).
[358] Лисицын, А. П.: Труды Океанограф. комисс. АН СССР, **3**. М., 1958, стр. 45.
[359] Лисицын, А. П.: В сб.: Современные осадки морей и океанов. М., 1961, стр. 175.
[360] Лисицын, А. П.: Труды Океаногр. комисс. АН СССР, **10**, № 3. М., **1962**, стр. 9.
[361] Лисицын, А. П.: В сб.: Геохимия кремнезема. М., 1966, стр. 90.
[362] Лисицын, А. П., Беляев, Ю. И., Богданов, Ю. А., Богоявленский, А. Н.: В сб.: Геохимия кремнезема. М., 1966, стр. 37.
[363] Листенгартен, В. А.: Гидрохим. мат., **43**, 161 (1967).
[364] Литкевич, С. В.: Труды Ленингр. отд. Всес. н.-и. ин-та удобрений, агротехн., агропочвовед., вып. **45**. Л., **1935**, стр. 29.
[365] Лодочников, В. Н.: Записки Всерос. минерал. общ. (II серия), **68**, 207, 428 (1939).
[366] Лукашев, К. И.: Геохимическое поведение элементов в гипергенном цикле миграций. Минск, **1964**.
[367] Лукреций: О природе вещей. М., 1958.
[368] Любимова, Н. Е.: Труды Одесского СХИ, **13**, Одесса, 1958, стр. 59.
[369] Макарочкин, Б. А., Уденич, Д. М.: Пчеловодство, **37**, № 11, **34** (1960).
[370] Максудов, Н. Х., Погорелко, И. П., Юлдашев, П. Х.: Узбекский химич. журнал, **1962**, № 5, 84.
[371] Максудов, Н. Х., Талипов, Щ. Т.: Узбекский химич. журнал, **1962**, № 4, 88.
[372] Маложен, В. Г.: В сб.: Микроэлементы и естественная радиоактивность почв. Ростов-на-Дону, 1962, стр. 211.
[373] Мартинсон, Г. Г.: ДАН СССР, **4**, 261 (1936).
[374] Мартинсон, Г. Г.: ДАН СССР, **21**, 212 (1938).
[375] Мартинсон, Г. Г.: Труды Байкальской лимнологич. станции, **10**. М.—Л., 1940, стр. 425.

[376] Мартинсон, Г. Г.: ДАН СССР, **59**, 299 (1948).
[377] Маслов, В. П.: Труды Геол. ин-та АН СССР, **53**. М., **1962**, стр. **142**.
[378] Матисоне, М.: Труды Ин-та биол. АН ЛатвССР, **23**. Рига, **1963**, стр. **47**.
[379] Матусевич, В. Ф.: В. сб.: Получение и применение бактериальных удобрений. Киев, 1958, стр. 243.
[380] Матусевич, В. Ф.: Труды Одесского СХИ, **13**. Одесса, **1958**, стр. 57.
[381] Мееров, А.: Сиреневый кристалл. М., 1965.
[382] Межзвездная связь (Сборник статей под ред. А. Камерона). М., 1965.
[383] Меррил, П.: Линии химических элементов в астрономических спектрах. М., 1959; Merrill, P. W.: Lines of the Chemical Elements in Astronomical Spectra. Washington, 1956.
[384] Мессинева, М. А.: Труды Байкальской лимнологич. станции, **15**. М.—Л., 1957, стр. 199.
[385] Мина, В. Н.: Почвоведение, **1955**, № 6, 32.
[386] Митчелл, П.: В кн.: Физиология бактерий. М., 1954, стр. 75.
[387] Мишустин, Е. Н.: В сб.: Вопросы применения бактериальных удобрений. Киев, 1953, стр. 26.
[388] Мишустин, Е. Н.: Микроорганизмы и плодородие почвы. М., 1956, стр. 100.
[389] Мозговая, Е. Н., Арнаутов, Н. В.: Изв. СО АН СССР, **1960**, № 2, 104.
[390] Мора, П.: В сб.: Происхождение предбиологических систем. М., 1966, стр. 47; Mora, P.: In: The Origins of Prebiological Systems and of Their Molecular Matrices. New York—London, 1965.
[391] Морозов, Н.: На границе неведомого (Научные полуфантазии). М., 1910.
[392] Мустель, Э. Р.: Звездные атмосферы. М., 1960.
[393] Мухитдинов, М.: Картофель и овощи, **1965**, № 5, 28.
[394] Мэйсон, Б.: Метеориты. М., 1965; Mason, B.: Meteorites. New York—London, 1962.
[395] Надсон, Г. А.: Труды Комисс. по исслед. Славянских минеральных озер. СПб., 1903; Избранные труды, т. 1. М., 1967, стр. 114.
[396] Наметкин, С. С.: Химия нефти. М., 1955, стр. 275.
[397] Насельский, Н. В.: Наук, зап. Станіславськ. мед. ін-та, **1959**, № 3, 90.
[398] Невская, А. А.: В сб.: Механизмы некоторых патологических процессов, вып. 1, ч. 2. Ростов-на-Дону, 1967, стр. 147.
[399] Немировская, Е. И.: Бюлл. научно-техн. инф. Укр. НИИ виноград. виноделия (Одесса), **1956**, № 3, 29.
[400] Нечаев, Е. Н., Сорока, В. Р.: Лабораторное дело, **1967**, 334.
[401] Никольский, В. В., Будник, А. П., Рубцова, Г. В.: В сб.: Борьба с силикозом, вып. **6**. М., **1964**, стр. 287.
[402] Новороссова, Л. Е.: Почвоведение, **1951**, 115.
[403] Новороссова, Л. Е., Ремезов, Н. П., Сушкина, Н. Н.: ДАН СССР, **58**, 655 (1947).
[404] Норкина, С. П., Пумпянская, Л. В.: Докл. ВАСХНИЛ, **1956**, № 3, 27.
[405] Обухова, З. Д.: Труды Кирг. НИИ животнов. вет., вып. 17. Фрунзе, 1962, стр. 153.
[406] Овчинников, И. Ф.: Труды Ин-та зоол. АН СССР, **1**. Л., 1932, стр. 1.
[407] Опарин, А. И.: Происхождение жизни. М., 1924; Прилож. к книге Дж. Бернала „Возникновение жизни". М., 1969, стр. 250.
[408] Опарин, А. И.: Возникновение жизни на Земле. М.—Л., 1936.
[409] Опарин, А. И.: Вестн. АН СССР, **1953**, № 12, 39.

[410] Опарин, А. И.: Возникновение жизни на Земле. М., **1957**.
[411] Опарин, А. И.: Возникновение и начальное развитие жизни. М., 1966.
[412] Опарин, А. И.: В сб.: Происхождение предбиологических систем. М., 1966, стр. 100; Oparin, A. I.: In: The Origins of Prebiological Systems and of Their Molecular Matrices. New York—London, 1965.
[413] Опарин, А. И.: Жизнь, ее природа, происхождение и развитие. М., 1968.
[414] Опарин, А. И., Фесенков, В. Г.: Жизнь во Вселенной. М., 1956.
[415] Орлова, Н. Л., Иванова, Е. Н.: Труды Донецк. мед. ин-та, **23**. Донецк, 1963, стр. 14.
[416] Павловская, Т. Е., Пасынский, А. Г., Гребенникова, А. И.: ДАН СССР, **135**, 743 (1960).
[417] Парфенова, Е. И.: Проблемы сов. почвовед., **1941**, № 12, 87.
[418] Парфенова, Е. И.: ДАН СССР, **58**, 1759 (1947).
[419] Парфенова, Е. И.: Проблемы сов. почвовед., **15**, 71 (1949).
[420] Парфенова, Е. И.: Труды Почв. ин-та им. Докучаева, **34**. М.—Л., 1950, стр. 49.
[421] Парфенова, Е. И., Троицкий, А. И.: Почвоведение, **1951**, 322.
[422] Парфенова, Е. И., Ярилова, Е. А.: Почвоведение, **1956**, **4**, 38.
[423] Паршевников, А. Л.: Сообщения. Ин-та леса, вып. 9. М., 1958, стр. 53.
[424] Патрикеев, В. В.: Специфическое формование поверхностей и каталитические процессы. Автореф. докт. дисс. М., 1968.
[425] Патрикеев, В. В., Баландин, А. А., Клабуновский, Е. И., Мардашев, Ю. С., Максимова, Г. И.: ДАН СССР, **132**, 850 (1960).
[426] Патрикеев, В. В., Клабуновский, Е. И., Мардашев, Ю. С.: Авт. свид. № 125941, 1960 — Бюлл. изобр., **1960**, № 3, 36.
[427] Патрикеев, В. В., Козаренко, Т. Д., Баландин, А. А.: Изв. АН СССР, ОХН, **1962**, 170.
[428] Патрикеев, В. В., Парина, О. В.: Прикладная биохимия и микробиол., **4**, 338 (1968).
[429] Патрикеев, В. В., Смирнова, З. С., Максимова, Г. И.: ДАН СССР, **146**, 707 (1962).
[430] Патрикеев, В. В., Шолин, А. Ф., Баландин, А. А.: Междунар. симп. по механизму гетерогенно-каталитич. реакций и свойствам катализаторов. София, 1967, стр. 127.
[431] Патрикеев, В. В., Шолин, А. Ф., Никифорова, И. А.: Изв. АН СССР, ОХН, **1963**, 1031
[432] Перельман, А. И.: Геохимия ландшафта. М., 1961.
[433] Першина, М. Н., Яковлева, М. Я.: Изв. Тимирязевской сельскохов, акад., **1964**, № 4, 122.
[434] Петелин, В. П.: Бюлл. Моск. общ. испыт. природы (отд. геол.), **29**, № 1, 67 (1954).
[435] Петербургский, А. В.: В сб.: Памяти акад. Н. Д. Прянишникова. М., 1950, стр. 336, 337.
[436] Питкевич, Э. С.: Здравоохр. Белоруссии, **1967**, № 12, 21.
[437] Полынов, Б. Б.: Почвоведение, **1944**, 7.
[438] Полынов, Б. Б.: Почвоведение, **1944**, 482.
[439] Полынов, Б. Б.: Почвоведение, **1945**, 327.
[440] Полынов, Б. Б.: Юбилейный сборник, посвящ. 30-летию Великой Октябрьской социалистической революции, ч. 2. М.—Л., 1947, стр. 194.
[441] Полынов, Б. Б.: Почвоведение, **1948**, 3.

[442] Полынов, Б. Б.: Почвоведение, **1948**, 594.
[443] Полынов, Б. Б.: Вопросы геогр., **33**, 45 (1952).
[444] Полынов, Б. Б.: Почвоведение, **1954**, № 5, 38.
[445] Поляков, М. В.: ЖФХ, **2**, 799 (1931).
[446] Поляков, М. В., Высоцкий, З. З.: В сб.: Получение, структура и свойства сорбентов. Л., 1959, стр. 94.
[447] Поляков, М. В., Кулешина, Л. П., Неймарк, И. Е.: ЖФХ, **10**, 100 (1937).
[448] Поляков, М. В., Стадник, П. М., Парицкий, М. В., Малкин, И. М., Духина, Ф. С.: ЖФХ, **4**, 454 (1933).
[449] Пономарев, А. А., Зеленкова, В. В.: ДАН СССР, **87**, 423 (1952).
[450] Пономарев, А. А., Зеленкова, В. В: ЖОХ, **23**, 1543 (1953).
[451] Пономарев, И. Ф.: Труды Гос. экспер. ин-та силикатов, 9. М., 1924.
[452] Пономарев, И. Ф.: Труды ВНИИ строит. мат. минер. происхождения (ВИМС), 2. Томск, 1931.
[453] Пономарев, И. Ф.: В сб.: Химия и практ. примен. кремнеорганич. соед., вып. 6. Л., 1961, стр. 227.
[454] Пономарев, И. Ф.: Природа, **1966**, № 5, 65.
[455] Потатуева, Ю. А.: Агрохимия, **1968**, № 9, 111.
[456] Приступа, Ч. В.: Здравоохр. Белоруссии, **1962**, № 4, 28.
[457] Пронин, М. Е.: Система удобрений растений в травопольных севооборотах. Воронеж, 1954, стр. 22, 125, 131.
[458] Пронин, М. Е.: В сб.: Кукуруза в Воронежской области. Воронеж, 1956, стр. 78.
[459] Проценко, М. С.: В сб.: Кукуруза в 1955 году, вып. 3. М., 1956, стр. 147.
[460] Прянишников, Д. Н.: Агрохимия. М., 1940.
[461] Пумпянская, Л. В., Гловус, Г. А.: Труды ВНИИ сельскохоз. микробиол., 16. М., 1960, стр. 74.
[462] Пушкина, Н. Н.: Сборник научн. работ Казанского гос. мед. ин-та, вып. 1. Казань, 1957, стр. 131.
[463] Пьявченко, Н. И., Сивирева, З. А.: Труды Ин-та леса и древесины СО АН СССР, **53**. Красноярск, 1962, стр. 174.
[464] Пейн, Ш.: Знание — сила, **1970**, № 5, 44.
[465] Рассел, Э. Д.: Почвенные условия и рост растений. М., 1955.
[466] Растворова, О. Г.: Вестник ЛГУ (сер. биол.), **1965**, № 4, 146.
[467] Ремезов, Н. П.: Почвоведение, **1947**, 265.
[468] Ремезов, Н. П., Быкова, Л. Н.: Почвоведение, **1953**, № 8, 28.
[469] Ремезов, Н. П., Быкова, Л. Н.: В сб.: Потребление и круговорот азота и зольных элементов в лесах Европейской части СССР. М., 1959, стр. 141.
[470] Рич, А.: В сб.: Горизонты биохимии. М., 1964, стр. 83; Rich A, — In: Horizons in Biochemistry. New York—London, 1962.
[471] Родин, Л. Е., Базилевич, Н. И.: Ботанический журнал, **40**, 3, 1955.
[472] Родин, Л. Е., Базилевич, Н. И.: В кн.: Такыры Западной Туркмении и пути их сельскохозяйственного освоения. М., 1956, стр. 111.
[473] Рожков, Е. В., Горецкий, Ю. К.: Труды ВНИИ минерального сырья (ВИМС), 177. М., 1945, стр. 4.
[474] Розанова, И. М.: Труды Лаб. лесовед. АН СССР, 1. М., 1960, стр. 5.
[475] Рубенчик, Л. И.: Микробиология, **25**, 62, 239 (1956).
[476] Русанов, Б. Л.: Защита раст. от вред. и болезней, **1957**, № 4, 54.
[477] Саакашвили, Т. Г.: Сообщения АН ГрузССР, **42**, 361 (1966).

[478] Саакашвили, Т. Г., Квирикадзе, Н. А.: Труды Ин-та урол. АН ГрузССР, 1. Тбилиси, 1962, стр. 93.
[479] Сабадаш, Е. В.: Наук. зап. Станіславськ. мед. ин-та, **1959**, № 3, 67.
[480] Сабадаш, Е. В.: В сб.: Микроэлементы в сельском хозяйстве и медицине. Киев, 1963, стр. 598.
[481] Сабитова, З. Х.: Узбекск. биол. журнал, **1966**, № 1, 27.
[482] Салливан, У.: Мы не одни. М., 1967.
[483] Самойлов, И. И.: В сб.: Роль микроорганизмов в питании растений и повышении эффективности бактериальных удобрений. М., 1957.
[484] Самойлов, Я. В.: Записки геол. отд. Общ. любит. естествозн., **5**, 90 (1917).
[485] Самойлов, Я. В.: Труды Ин-та прикл. минерал. петрогр., **4**. М., 1923.
[486] Самойлов, Я. В., Рожкова, Е. В.: Труды Ин-та прикл. минерал. металлургии, вып. 18. М., 1925, стр. 1.
[487] Самойлов, Я. В., Терентьева, К. Ф.: Труды Ин-та прикл. минерал. петрогр., вып. 12. М., 1925, стр. 27.
[488] Сатпаева, Р. А.: Вестник АН КазССР, **11**, № 1, 62 (1955).
[489] Сауков, А. А.: Геохимия. М., 1966.
[490] Седлецкий, И. Д.: Природа, **1951**, № 2, 40.
[491] Семенов, Г. И.: В сб.: Микроэлементы биосферы и их применение в сельском хозяйстве и медицине Сибири и Дальнего Востока. Улан-Удэ, 1967, стр. 557.
[492] Семенов, Г. И.: В сб.: Микроэлементы нервной системы. Баку, 1966, стр. 84.
[493] Семин, В. А., Хромов, В. М.: Вестник МГУ (сер. 6, биол. почвовед.), **1968**, № 1, 90.
[494] Серенков, Г. П., Барашков, Г. К.: Вестник МГУ (сер. физ.-мат. и естест. наук), **1954**, № 12, 95.
[495] Сигаль, Ж.: Отряд фораминиферы. Л., 1956; Sigal, J.: Traité de paléontologie, Vol. 1. Ordre des foraminifera. Paris 1952.
[496] Силаев, А. Б., Катруха, Г. С., Шампанова, О. М., Тэви, А. С.: Вестник МГУ (сер. 11, химия), **1968**, № 1, 108.
[497] Симаков, Н. С., Золотухин, Г. Е.: В сб.: Микроэлементы в почвах, водах и организмах Восточной Сибири и Дальнего Востока и их роль в жизни растений, животных и человека. Улан-Удэ, 1961, стр. 75.
[498] Сканави-Григорьева, М. С.: Труды Биогеохим. лаб. АН СССР, **5**, М., 1939, стр. 63.
[499] Сканави-Григорьева, М. С.: Труды Биогеохим. лаб. АН СССР, **7**. М., 1944, стр. 116.
[500] Скорнякова, Н. С.: В сб.: Основные черты геологии и гидрологии Японского моря. М., 1961, стр. 23.
[501] Скрынникова, И. Н.: Ученые записки ЛГУ (сер. геол.-почв. наук), вып. 12. Л., 1944.
[502] Смирнов, Н. В.: Труды Одесского СХИ, **13**. Одесса, 1958, стр. 151.
[503] Смирнова, К. М.: Вестник МГУ, **1951**, № 3, 69.
[504] Смирнова, К. М.: Вестник МГУ, **1951**, № 10, 103.
[505] Смирнова, К. М.: Вестник МГУ, **1956**, № 3, 117.
[506] Смирнова, К. М.: В сб.: Потребление и круговорот азота и зольных элементов в лесах Европейской части СССР. М., 1959, стр. 59.
[507] Смирнова, К. М., Глебова, Г. И., Королева, Л. И.: В сб.: Исследования в области генезиса почв. М., 1963, стр. 139.

[508] Смирнова, К. М., Городенцева, Г. А.: Бюлл. Московск. общ. испыт. природы (отд. биол.), **63**, № 2, 135 (1958).
[509] Соболев, В.: Введение в минералогию силикатов. Львов, 1949.
[510] Соколова, В. Ю.: В сб.: Микроэлементы в животноводстве и медицине. Киев, 1965, стр. 51.
[511] Сорока, В. Р.: Бюлл. эксп. биол. мед., **47**, № 2, 62 (1959).
[512] Сорока, В. Р.: Укр. біохім. журнал, **31**, 435 (1959).
[513] Сорока, В. Р.: Вопросы мед. химии, **6**, 420 (1960).
[514] Сорока, В. Р.: Вопросы мед. химии, **7**, 306 (1961).
[515] Сорока, В. Р.: Труды Сталинск. мед. ин-та, 19. Сталино, 1961, стр. 187.
[516] Сорока, В. Р.: Укр. біохім. журнал, **33**, 570 (1961).
[517] Сорока, В. Р.: Укр. біохім. журнал, **33**, 739 (1961).
[518] Сорока, В. Р.: Укр. біохім. журнал, **34**, 834 (1962).
[519] Сорока, В. Р.: В сб.: Микроэлементы в сельском хозяйстве и медицине. Киев, 1963, стр. 600.
[520] Сорока, В. Р.: Укр. біохім. журнал, **35**, 528 (1963).
[521] Сорока, В. Р.: Бюлл. эксп. биол. мед., **57**, № 5, 49 (1964).
[522] Сорока, В. Р.: Проблемы эндокринологии и гормонотерапии, **10**, № 3, 76 (1964).
[523] Сорока, В. Р.: Архив патологии, **27**, № 9, 58 (1965).
[524] Сорока, В. Р.: Патол. физиол. и эксп. терапия, **9**, № 1, 63 (1965).
[525] Сорока, В. Р.: Укр. біохім. журнал, **37**, 274 (1965).
[526] Сорока, В. Р.: Фармакол. токсикол., **30**, 726 (1967).
[527] Сорока, В. Р., Гребенников, Е. П.: Бюлл. эксп. биол мед., **52**, № 8, 62 (1961).
[528] Сорока, В. Р., Сабадаш, Е. В.: В сб.: Микроэлементы и нервная система. Баку, 1966, стр. 41.
[529] Сорока, В. Р., Семенов, Г. И.: В сб.: Микроэлементы в сельском хозяйстве и медицине. Киев, 1966, стр. 216.
[530] Спенсер-Джонс, Г.: Жизнь на других мирах. М—Л., 1946; Spencer-Jones, H.: Life on Other Worlds, London, 1940.
[531] Стайлс, В.: Микроэлементы в жизни растений и животных. М., 1949; Stiles, W.: Trace Elements in Plants and Animals 1946.
[532] Степанец, И. Т.: Почвоведение, **1963**, № 2, 68.
[533] Страхов, Н. М.: В сб.: Геохимия кремнезема. М., 1966, стр. 5.
[534] Сугавара, К.: В сб.: Химия земной коры, т. 2. М., 1964, стр. 469.
[535] Сурман, К. И.: Бюлл. научно-техн. инф. сельскохоз. микробиол., **1956**, № 2, 13.
[536] Сурман, К. И.: Докл. ВАСХНИЛ, **1958**, № 4, 32.
[537] Сурман, К. И.: Труды ВНИИ сельскохоз. микробиол., **16**. М., 1960, стр. 39.
[538] Сурман, К. И.: В сб.: Бактериальные удобрения. Л.—М., 1961, стр. 202.
[539] Сурман, К. И.: О почвенных бактериях, близких к виду Bac. mucilaginosus (о „силикатных" бактериях). Автореф. канд. дисс., М., 1962.
[540] Сурман, К. И.: В сб.: Использование микроорганизмов для повышения урожая сельскохозяйственных культур. Л., 1966, стр. 152.
[541] Счастная, Л. С.: Вестник ЛГУ (сер. биол.), **1965**, № 4, 139.
[542] Сясина, Г. Н.: Научные труды Северо-Западн. НИИ сельск. хоз., 1. Л., 1960, стр. 237.
[543] Тарановская, В. Г.: Сов. субтропики, **1940**, № 5, 38.
[544] Тарановская, В. Г.: Химизация соц. сельск. хоз., **10**, № 4, 37 (1941).

[545] Тарановская, В. Г., Федин, И. Ф.: Эффективность применения удобрений на черноземах Запорожской области. Запорожье, 1956, стр. 19, 21.
[546] Теренин, А.: В сб.: Возникновение жизни на Земле (Труды Междунар. симп.). М., 1959, стр. 144.
[547] Терентьев, А. П., Клабуновский, Е. И.: Ученые записки МГУ, **151**, 145 (1951).
[548] Терентьев, А. П., Клабуновский, Е. И.: Сборник статей по общей химии, 2. М.—Л., 1953, стр. 1521.
[549] Терентьев, А. П., Клабуновский, Е. И.: Сборник статей по общей химии, 2. М.—Л., 1953, стр. 1598.
[550] Терентьев, А. П., Клабуновский, Е. И.: Сборник статей по общей химии, 2. М.—Л., 1953, стр. 1605.
[551] Терентьев, А., Клабуновский, Е.: В сб.: Возникновение жизни на Земле (Труды Междунар. симп.). М., 1959, стр. 99.
[552] Терентьев, А. П., Клабуновский, Е. И., Будовский, Э. И.: Сборник статей по общей химии, 2. М.—Л., 1953, стр. 1612.
[553] Терентьев, А. П., Клабуновский, Е. И., Патрикеев, В. В.: ДАН СССР, **74**, 947 (1950).
[554] Терентьева, К.: Труды Биогеохим. лаб. АН СССР, **2**. М., 1932, стр. 45.
[555] Терновская, М. И.: Бюлл. научно-техн. инф. сельскохоз. микробиол., **1956**, № 2, 9.
[556] Терновская, М. И.: Бюлл. научно-техн. инф. сельскохоз. микробиол., **1957**, № 3, 15.
[557] Терновская, М. И.: Труды ВНИИ сельскохоз. микробиол., **15**. М., 1958, стр. 136.
[558] Терновская, М. И.: Труды Одесского СХИ, **13**. Одесса, 1958, стр. 83.
[559] Тихонов, Е.: Наука и жизнь, **1955**, № 9, 51.
[560] Тищенко, Г. Н.: Защита раст. от вредит. и болез., **1957**, № 5, 33.
[561] Тищенко, Г. Н.: Мікробіологічний журнал, **20**, № 3, 29 (1958).
[562] Токовой, Н. А., Лапшина, Л. Н.: Труды Красноярск. сельскохоз. ин-та, **16**. Красноярск, 1963, стр. 89.
[563] Троицкий, А. И.: Проблемы сов. почвовед., **1949**, № 15, 95.
[564] Тулайкова, К. П.: Журнал общ. биол., **15**, 288 (1954.)
[565] Тулайкова, К. П.: Агробиология, **1955**, № 1, 87.
[566] Тулайкова, К. П.: Направленное регулирование состава микрофлоры корней конопли с целью улучшения корневого питания и повышения урожайности этой культуры. Автореф. докт. дисс., Л., 1955.
[567] Тюрин, И. В.: Проблемы сов. почвовед., **1937**, № 4, 3.
[568] Унанян, Г. С.: Журнал эксп. клин. мед., **7**, № 4, 60 (1967).
[569] Унанян, Г. С.: Журнал эксп. клин. мед., **7**, № 6, 96 (1967).
[570] Уолд, Дж.: В сб.: Горизонты биохимии. М., **1964**, стр. 102; Wald, J.: In: Horizons in Biochemistry. New York—London, 1962.
[571] Уолд, Дж.: В сб.: Физика и химия жизни. М., 1960, стр. 7; Wald, J.: In: The Physics and Chemistry of Life, New York.
[572] Усов, Н. И.: Почвоведение, **1943**, № 9—10, 30.
[573] Утенкова, А. П.: Труды Воронежск. госунив., **36**. Харьков, 1956, стр. 137.
[574] Фатьянов, А. Д.: Физико-химические и эксплуатационные свойства сернистых котельных и дизельных топлив. М., 1958, стр. 32.
[575] Федорова, В. И.: Архив патологии, **15**, № 1, 41 (1953).

[576] Федорова, Т. И.: Защита раст. от вредит. и болез., **1957**, № **3**, **45**.
[577] Фельдт, В.: Восточноевропейский земледелец, **1932**, № 1—2, 8.
[578] Ферсман, А. Е.: Химические элементы Земли и космоса. Пб., 1923.
[579] Ферсман, А. Е.: Геохимия, т. 1. Л., 1933.
[580] Фесенков, В. Г.: Метеоритика, **9**, 27 (1951).
[581] Фетт, В.: Атмосферная пыль. М., 1961; Fett, W.: Der atmosphärische Staub. Berlin, 1958.
[582] Фирсов, В.: Жизнь вне Земли. М., 1966; Firsoff, V. A.: Life Beyond the Earth. A Study in Exobiology. London, 1963.
[583] Фирсов, И. Г.: Картофель, **1957**, № 1, 54.
[584] Фрадкин, М. И.: Успехи физ. наук, **53**, 305 (1954).
[585] Франк-Каменецкий, Д. А.: Успехи физ. наук, **68**, 529 (1959).
[586] Харвей, Х. В.: Современные успехи химии и биологии моря. М., 1948; Harvey, H. W.: Recent Advances in the Chemistry and Biology of Sea Water, 1945.
[587] Холодный, Н. Г.: Сов. наука, **1940**, № 11, 17.
[588] Холодный, Н. Г.: Изв. Арм. фил. АН СССР, **1942**, № 9/10, 89.
[589] Холодный, Н. Г.: Успехи совр. биол., **19**, 65 (1945).
[590] Холодный, Н. Г.: В сб.: Среди природы и в лаборатории. М., **1949**, стр. 122.
[591] Цинцадзе, В. С.: Сообщения АН ГрузССР, **27**, № 1, 33 (1961).
[592] Чепурко, Н. Л.: Научные докл. высшей шк. (Биол. науки), **1966**, № 2, 164.
[593] Чердынцев, В. В.: Распространенность химических элементов. М., 1956.
[594] Чертков, Я. Б.: Неуглеводородные соединения в нефтепродуктах. М., 1964.
[595] Чумаков, В. Д.: Труды сов. Антаркт. экспед., **19**. Л., 1961, стр. 165.
[596] Шарифов, Е. Ф., Дрожжина, Т. А.: Труды Ин-та почвовед. агрохим. АН АзербССР, **13**. Баку, 1965, стр. 158.
[597] Шарова, Н. А.: Изв. Молд. фил. АН СССР, **1955**, № 1, 27.
[598] Широких, П. О.: В кн.: Дневник XII съезда русских естествоиспытателей и врачей в Москве с 28 декабря 1909 г. по 6 января 1910 г., № 10. М., 1910, стр. 67.
[599] Шкловский, И. С.: Вселенная. Жизнь. Разум. М., 1965.
[600] Шлопак, Т. В.: Наук. зап. Станіславськ. мед. ін-та, **1959**, № 3, 227.
[601] Шлопак, Т. В.: Офтальмол. журнал, **17**, № 5, 273 (1962).
[602] Штина, Э. А., Болышев, Н. Н.: Ботан. журнал, **45**, 1619 (1960).
[603] Шульман, М. С.: Труды ВНИИ ферментной и спирт. пром., **16**, М., 1965, стр. 3.
[604] Щербатская, В. А.: Труды Всес. конф. по мед. радиол. (Эксп. мед. радиол.). М., 1957, стр. 266.
[605] Щербатская, В. А.: Труды XX годичн. научн. сессии Свердл. мед. ин-та, **22**. Свердловск, 1957, стр. 173.
[606] Щербатская, В. А.: Сборник работ по силикозу, 2. Свердловск, 1960, стр. 197.
[607] Эмдина, В. А.: В сб.: Клин.-гигиен. материалы по оздоровлению труда в асбест. пром., вып. 1. Л., 1940, стр. 69.
[608] Эпштейн, Э.: В кн.: Биохимия растений. М., 1968, стр. 267.
[609] Юнге, Х.: Химический состав и радиоактивность атмосферы. М., 1965; Junge, Ch. L.: Air Chemistry and Radioactivity. New York—London, 1963.
[610] Явнель, А. А.: Метеоритика, **11**, 107 (1954).
[611] Ярилова, Е. А.: Почвоведение, **1947**, 533.
[612] Ярилова, Е. А.: Труды Почв. ин-та им. Докучаева, **34**. М., 1950, стр. 110.
[613] Ярилова, Е. А.: ДАН СССР, **83**, 911 (1952).
[614] Ярилова, Е. А.: Кора выветривания, 2, 45 (1956).

[615] ABDERHALDEN, E.: Lehrbuch der physiologischen Chemie. Basel, 1948.
[616] ABE, R., SAKAMOTO, S., OBATA, S.: Nenryo Kyokaishi, **37**, 375 (1958).
[617] ABELIN, I.: 14. Verhandl. Schweiz. Physiol., **1939**, 10.
[618] ABELIN, I.: Therap. Umschau med. Bibliogr., **8**, 113 (1951).
[619] ABERG, E., WIEBE, G. A., DICKSON, A. D.: J. Am. Soc. Agron., **37**, 583 (1945).
[620] ABILDGAARD, P. C.: In: O. F. MÜLLER. Zoologia danica, III, 1789.
[621] ACHARD, CH.: Troubles des échanges nutritifs, 1, 2. Paris, 1926.
[622] ADAMS, M., HUDSON, C. S.: J. Am. Chem. Soc., **60**, 982 (1938).
[623] ADAMS, M., HUDSON, C. S.: J. Am. Chem. Soc., **65**, 1359 (1943).
[624] AHMED, H. I., SHERIF, F. G.: Indian Pulp and Paper, **18**, 608 (1964).
[625] AIROLDI, R.: Riv. tessile, **2**, 131 (1947).
[626] AKABORI, S.: Kagaku, **25**, 54 (1955).
[627] AKAI, S.: Ann. Phytopathol. Soc. Japan, **17**, 109 (1953).
[628] AKAI, S., TAKAHASHI, M., MORIMOTO, T., NAKAZATO, H.: Igaku to Seibutsugaku (Med. and Biol.), **17**, 295 (1950).
[629] AKHROMEIKO, A. I.: Z. Pflanzenernähr., Düng., Bodenk., **34 A**, 340 (1934).
[630] AKIYA, S., MISAWA, T., MOTOHASHI, N., NAKAZAWA, Y., OSAWA, T., TANIMURA, A., NIWAGUCHI, T., NIWASE, T.: Bull. Tokyo Med. Dental Univ., **6**, 383 (1959).
[631] AKIYA, S., MOTOHASHI, N., NIWASE, T.: Bull. Tokyo Med. Dental Univ., **7**, 327 (1960).
[632] ALBRECHT, P. G.: J. Biol. Chem., **45**, 395 (1920).
[633] ALBRECHT, P. G.: J. Biol. Chem., **56**, 483 (1923).
[634] ALBRECHT, P. G.: J. Biol. Chem., **57**, 789 (1923).
[635] ALBRECHT, W. A., GRAHAM, E. R., FERGUSON, C. E.: Soil Sci., **47**, 455 (1939).
[636] ALDERTON, G., WARD, W. H., FEVOLD, H. L.: J. Biol. Chem., **157**, 43 (1945).
[637] ALEXANDER, A. G.: J. Agr. Univ. Puerto Rico, **51**, 46 (1967).
[638] ALEXANDER, A. G.: J. Agr. Univ. Puerto Rico, **52**, 218 (1968).
[639] ALEXANDER, A. G.: J. Agr. Univ. Puerto Rico, **52**, 311 (1968).
[640] ALEXANDER, A. G., SAMUELS, G.: J. Agr. Univ. Puerto Rico, **51**, 238 (1967).
[641] ALEXANDER, G. B., HESTON, W. M., ILER, R. K.: J. Phys. Chem., **58**, 453 (1954).
[642] ALEXANDER, J. B., PARRISH, J. R.: S. African Sugar J., **37**, 573, 575, 577, 579, 589 (1953).
[643] ALILAIRE, E.: Compt. rend., **143**, 176 (1906).
[644] ALLAWAY, W. H.: Proc. Soil Sci. Soc. Am., **13**, 183 (1948).
[645] ALLE, W. C., EMERSON, A. E., PARK, O., PARK, T.: Principles of Animal Ecology, Philadelphia—London, 1950.
[646] ALLEN, W. E.: Quart. Rev. Biol., **9**, 161 (1939).
[647] ALLER, L. H.: Gaseous Nebulae. London, 1956.
[648] ALLISON, A. C.: Proc. Roy. Soc., **B171**, 19 (1968).
[649] ALMFELT, G. A.: J. Am. Inst. Homeopathy, **32**, 458 (1939).
[650] AMMON, R., MOHN, G.: Beitr. Silikose-Forsch., Sonderband, Grundfr., **3**, 355 (1958).
[651] AMOS, G. L.: Caribbean Forester, **12**, 133 (1951).
[652] AMOS, G. L.: Bull. Commonwealth Sci. Ind. Res. Organization, Australia, No. 267 (1952).
[653] AMOS, G. L., DADSWELL, H. E.: J. Council Sci. Ind. Res., **21**, 190 (1948).
[654] AMOS, G. L., DADSWELL, H. E.: Div. Forest Prod. Co., Melbourne, Australia, Progress Report No. 1, Subproject WS-16-3 (1949).
[655] ANDERSON, M. D.: J. Agr. Trans. Highland Agric. Soc. Scotland, **1857**, 349.
[656] ANDRÉ, G.: Compt. rend., **134**, 1514 (1903).

[657] ANDREASCH: J. prakt. Chem., **18**, 204 (1879).
[658] [Anon.] Ohio Agr. Exp. Sta. Bull., **353** (1921).
[659] [Anon.]: Naturwiss., **56**, 487 (1969).
[660] ANTOINE, G.: Ann. méd. légale et criminol., **15**, 108 (1935).
[661] ANTOINE, G.: Compt. rend., **200**, 980 (1935).
[662] ANTOINE, G.: Contribution à l'étude de certaines formes de silice dans les tissus animaux. These. Paris, 1940.
[663] APPEL, G. O.: Forschungsdienst, Sonderh., **16**, 306 (1942).
[664] ARCHIBALD, J. G., FENNER, H.: J. Dairy Sci., **40**, 703 (1957).
[665] ARENDT, R.: Landw. Vers.-Stat., **1**, 50 (1860).
[666] ARENDT, R., KNOP, W.: Landw. Vers.-Stat., **2**, 32 (1860).
[667] ARMSTRONG, F. A.: J. Marine Biol. Assoc., **33**, 381 (1954).
[668] ARMSTRONG, F. A. J., ATKINS, W. R. G.: J. Marine Biol. Assoc., **29**, 139 (1950).
[669] ARMSTRONG, F. A. J., BUTLER, E. I.: J. Marine Biol. Assoc., **39**, 299 (1960).
[670] ARMSTRONG, F. A. J., BUTLER, E. I.: J. Marine Biol. Assoc., **39**, 525 (1960).
[671] ARON, H., GRALKA, R.: Tabulae biol., **8**, 362 (1921).
[672] ARON, H., GRALKA, R.: In: Handbuch der Biochemie des Menschen und der Tiere, 2. Aufl., Bd. 1. Jena, 1924, S. 1.
[673] ARRHENIUS, O.: Z. Pflanzenernähr., Düng., Bodenk., **16 A**, 307 (1930).
[674] ASO, K.: Bull. Agr. Coll. Tokyo, **4**, 81 (1900).
[675] ASTON, B. C.: J. Agr., **38**, 397 (1929).
[676] ATKINS, W. R. G.: J. Marine Biol. Assoc., **13**, 151 (1923).
[677] ATKINS, W. R. G.: J. Marine Biol. Assoc., **14**, 89 (1926).
[678] ATKINS, W. R. G.: J. Marine Biol. Assoc., **15**, 191 (1928).
[679] ATKINS, W. R. G.: J. Marine Biol. Assoc., **16**, 821 (1930).
[680] ATKINS, W. R. G.: Nature, **156**, 446 (1945).
[681] AUBERT, G., BOREL, L.: Bull. Muséum hist. nat. Marseille, **24**, 125 (1964).
[682] AUMONIER, P., QUILICHINI, R.: Ann. biol. clin., **20**, 965 (1962).
[683] AWERINZEW, S.: Arch. Protistenk., **8**, 95 (1907).
[684] AYRES, A.: Hawaiian Planter's Record, **37**, 197 (1933).
[685] AYRES, A.: J. Am. Soc. Agron., **28**, 871 (1936).
[686] AYRES, A.: Repts Assoc. Hawaiian Sugar Techn., Agr. Sect., **15**, 29 (1936).
[687] AYRES, A.: Hawaiian Planter's Record, **41**, 335 (1937).
[688] AYRES, A. S.: Soil Sci., **101**, 216 (1966).
[689] BABA, A., YAMAMOTO, K.: Niigata Daigaku Nogakubu Gakujutsu Hokoku, **1958**, No. 10, 59.
[690] BABA, I.: Nippon Sakumotsu Gakkai Kiji, **24**, 29 (1956).
[691] BABA, I.: Nippon Sakumotsu Gakkai Kiji, **25**, 139 (1957).
[692] BABA, I., IWATA, I., TAKAHASHI, Y., KITTAKA, A.: Nippon Sakumotsu Gakkai Kiji, **24**, 169 (1956).
[693] BABA, I., TAKAHASHI, Y., IWATA, I.: Proc. Crop Sci. Soc. Japan, **21**, 98 (1953).
[694] BABA, I., TAKAHASHI, Y., IWATA, I.: Proc. Crop Sci. Soc. Japan **21**, 233 (1953).
[695] BABA, I., TAKAHASHI, Y., IWATA, I.: Proc. Crop Sci. Soc. Japan, **21**, 237 (1953).
[696] BABA, I., TAKAHASHI, Y., IWATA, I.: Proc. Crop Sci. Soc. Japan, **22**, 41 (1954).
[697] BABA, I., TAKAHASHI, Y., IWATA, I.: Proc. Crop Sci. Soc. Japan, **22**, 49 (1954).
[698] BABA, I., TAKAHASHI, Y., IWATA, I., TAJIMA, K.: Proc. Crop Sci. Soc. Japan, **23**, 272 (1955).
[699] BABA, K., BABA, A.: Nippon Nogei Kagaku Kaishi, **33**, 710 (1959).

[700] Babička, J.: Věstnik Královske české společnosti nauk, třida II. Praha, 1936.
[701] Bachmann, E.: Ber. bot Ges., 8, 141 (1890).
[702] Bachmann, E.: Ber. bot. Ges., **22**, 101 (1904).
[703] Bachmann, E.: Jahrb. wiss. Bot., **44**, 1 (1907).
[704] Bachmann, E.: Ber. bot. Ges., **29**, 263 (1911).
[705] Bachmann, E.: Ber. bot. Ges., **33**, 45 (1915).
[706] Bachmann, E.: Ber. bot. Ges., **35**, 464 (1917).
[707] Bachrach, E.: Compt. rend. Soc. biol., **97**, 689 (1927).
[708] Bachrach, E., Lefèvre, M.: Compt. rend. Soc. biol., **98**, 1510 (1928).
[709] Bachrach, E., Lefèvre, M.: J. physiol. pathol. gén., **27**, 241 (1930).
[710] Bagchi, K. N., Ganguly, H. D.: Ann. Biochem. Exp. Med., **1**, 83 (1941).
[711] Baier, C. R.: Zbl. Bakt., Parasitenk., II. Abt., **95**, 97 (1936).
[712] Bailey, C. B.: Am. J. Vet. Res., **128**, 1743 (1967).
[713] Bailey, J. W.: Am. J. Sci., **21**, 357 (1856).
[714] Bailey, P.: Arch. Biochem. Biophys., **87**, 144 (1960).
[715] Bair, R. A.: Proc. Soil Crop Sci. Soc. Fla., **26**, 64 (1966).
[716] Baker, G.: Austral. J. Bot., **7**, 64 (1959).
[717] Baker, G., Jones, L. H. P.: Nature, **189**, 682 (1961).
[718] Baker, G., Jones, L. H. P., Milne, A. A.: Austral. J. Agr. Res., **12**, 473 (1961).
[719] Baker, G., Jones, L. H. P., Wardrop, I. D.: Austral. J. Agr. Res., **12**, 462 (1961).
[720] Baker, J. H.: US-Pat. 3244527 (1966); C. A., **65**, 2916 (1966).
[721] Baldus, M.: Med. Welt, **11**, 201 (1937).
[722] Barber, D. A., Shone, M. G. T.: J. Exp. Bot., **17**, 569 (1966).
[723] Barbezat, S., Salmon, J.: J. rech. Centre nat. rech. scient., **37**, 329 (1956).
[724] Bargagli-Pietrucci, G.: Malpighia, **17**, 23 (1903).
[725] Barghoorn, E. S., Schopf, J. W.: Science, **152**, 758 (1966).
[726] Barnes, R. D.: Invertebrate Zoology. Philadelphia, 1963, chapt. 2, 4.
[727] Barni, M.: Atti Accad. fisiocrit. Siena. Sez. med.-fis., [13], **3**, 107 (1956).
[728] Barral, J. A.: Zbl. Agrikulturchem., **1878**, 354, 362; J. Agr., **1877**, 446.
[729] Barshad, I.: Proc. Soil Sci. Soc. Am., **16**, 176 (1952).
[730] Bartels, H., Erlenmeyer, H.: Helv. chim. acta, **48**, 285 (1965).
[731] Bartlet, J. C., Farmilo, C. G.: Nature, **174**, 407 (1954).
[732] Bartlet, J. C., Farmilo, C. G.: Can. J. Technol., **33**, 134 (1955).
[733] Bassalik, K.: Z. Gärungsphysiol., **2**, 1 (1912).
[734] Bassalik, K.: Jahrb. wiss. Bot., **53**, 255 (1913).
[735] Bassalik, K.: Z. Gärungsphysiol., **3**, 15 (1913).
[736] Bastian, H. C.: Nature, **92**, 579 (1914).
[737] Bastian, H. C.: Nature, **92**, 685 (1914).
[738] Bastian, H. C.: Nature, **94**, 462 (1914).
[739] Bastian, H. C.: Nature, **95**, 537 (1915).
[740]. Bastisse, E. M.: Ann. Agron., **16**, 463 (1946).
[741] Bastisse, E. M.: Compt. rend., **224**, 212 (1946).
[742] Bastisse, E. M.: Compt. rend., **231**, 586 (1950).
[743] Bastisse, E. M.: Ann. Inst. nat. rech. agron. Sér. A. Ann. agron., **2**, 13 (1951).
[744] Baudisch, O.: Soil Sci., **60**, 173 (1945).
[745] Bauer, A.: Zbl. allgem. Pathol., pathol. Anat., **86**, 67 (1950).
[746] Bauer, H.: Naturwiss. Z. Land-, Forstwes., **1910**; Tabulae biol., **5**, 441 (1929).
[747] Bauer, H.: Naturwiss. Z. Land-, Forstwes., **1911**, 409.

[748] BAUMANN, H.: Beitr. Silikose-Forsch., Sonderband, Grundfr., **4**, 19 (1960).
[749] BAUMANN, H.: Beitr. Silikose-Forsch., Sonderband, Grundfr., **4**, 43 (1960).
[750] BAUMANN, H.: Z. physiol. Chem., **319**, 38 (1960).
[751] BAUMANN, H.: Z. physiol. Chem., **320**, 11 (1960).
[752] BAUMANN, H.: Beitr. Silikose-Forsch., Sonderband, Grundfr., **6**, 49 (1963).
[753] BEAR, F. E.: Am. Fertilizer, **108**, No. 1, 9, 20, 22 (1948).
[754] BEAR, F. E.: Agron. J., **42**, 176 (1950).
[755] BEATON, J. D., BROWN, G., SPEER, R. C., MACRAE, I., MCGHEE, W. P. T., MOSS, A., KOSICK, R.: Proc. Soil Sci. Soc. Am., **29**, 299 (1965).
[756] BEAVERS, A. H., STEPHENS, I.: Soil Sci., **86**, 1 (1958).
[757] BECHHOLD, H., SCHLESINGER, M.: Kolloid-Z., **57**, 180 (1931).
[758] BECKER, T., KOPPE-WOLLUP: Z. Rübenzucker-Ind., **1868**, 257.
[759] BECKETT, A. H., ANDERSON, P.: Nature, **179**, 1074 (1957).
[760] BECKETT, A. H., ANDERSON, P.: J. Pharm. Pharmacol., **11**, 258T (1959).
[761] BECKETT, A. H., ANDERSON, P.: J. Pharm. Pharmacol., **12**, 228T (1960).
[762] BECKETT, A. H., YOUSSEF, H. Z.: J. Pharm. Pharmacol., **15**, 253T (1963).
[763] BECKMANN, E., BARK, E.: Sitzungsber. Preuss. Akad. Wiss., **1916**, II, 1009.
[764] BECKWITH, R. S., REEVE, R.: Austral. J. Soil Res., **1**, 157 (1963).
[765] BECKWITH, R. S., REEVE, R.: Austral. J. Soil Res., **2**, 33 (1964).
[766] BEESON, K. C.: U. S. Dept Agriculture, Misc. Publ., **369** (1941).
[767] BEESON, W. M., PENCE, J. W., HOLM, G. C.: Am. J. Vet. Res., **4**, 120 (1943).
[768] BELL, P. H.: Ind. Eng. Chem., Anal. Ed., **10**, 579 (1938).
[769] BELOHOUBEK, A.: Bot. Jahresber., **3**, 288 (1875).
[770] BELT, T. H., IRWIN, D., KING, E. J.: Can. Med. Assoc. J., **34**, 125 (1936).
[771] BEMMELEN, J. M. VAN: Z. anorg. Chem., **13**, 292 (1897).
[772] BENJAMIN, J. A., WILSON, J. G., LEAHY, A. D.: J. Urol., **54**, 516 (1945).
[773] BERG, R.: Biochem. Z., **254**, 329 (1932).
[774] BERKI, E., KORANYI, A., LISZKA, G., MAJOR, E.: Orv. hetilap., **106**, 201 (1965).
[775] BERNAL, J. D.: The Physical Basis of Life. London, 1951.
[776] BERNAL, J. D.: New Biology, **16**, 28 (1954).
[777] BERNAL, J. D.: In: Oceanography. Invited Lectures Presented at the International Oceanographic Congress. New York, August 31—September 12, 1959. Washington. 1961, p. 95.
[778] BERNHARD, S. A.: J. Am. Chem. Soc., **74**, 4946 (1952).
[779] BERTHELOT, M.: Compt. rend., **142**, 313 (1906).
[780] BERTHELOT, M., ANDRÉ, G.: Compt. rend., **114**, 257 (1892); Ann. chim. phys. [6], **27**, 145 (1892).
[781] BERTHIER: Ann. chim. phys., [2], **32**, 240 (1826).
[782] BERTRAND, D.: Bull. Am. Mus. Nat. Hist., **94**, 403 (1950).
[783] BERTRAND, G.: Bull. Soc. sci. hyg. alimentaire, **8**, 49 (1920).
[784] BERTRAND, G.: Bull. Soc. chim. biol., **6**, 656 (1924).
[785] BERTRAND, G.: Z. angew. Chem., **44**, 917 (1931).
[786] BERTRAND, G., GHITESCU, V.: Compt. rend., **199**, 1269 (1934).
[787] BESSON, A.: Agron. trop. **1**, No. 1/2 (1946).
[788] BEYER, A.: Landw. Vers.-Stat., **11**, 262 (1869).
[789] BEZEAU, L. M., JOHNSTON, A., SMOLIAK, S.: Can. J. Plant. Sci., **46**, 625 (1966).
[790] BEZEAU, L. M., LUTWICK, L. E., SMITH, A. D., JOHNSTON, A.: Can. J. Plant Sci., **47**, 269 (1967).

[791] Bidder, G. P.: Nature, **115**, 298 (1925).
[792] Biecheler, B.: Compt. rend., **198**, 404 (1934).
[793] Bieri, R.: Promotionsarb. (Zürich), Nr. 2565 (1956).
[794] Birge, E. A., Juday, C.: Bull. Wisconsin Geol. Nat. Hist. Surv., **22** (1911).
[795] Birge, E. A., Juday, C.: Bull. Wisconsin Geol. Nat. Hist. Surv., **64** (1922).
[796] Birner, Lucanus: Landw. Vers.-Stat., **8**, 141 (1866).
[797] Biswas, S., Fichtel, C. E.: Astrophys. J., **139**, 941 (1964).
[798] Blackman, E.: Ann. Bot., **32**, 207 (1968).
[799] Blanchard, E., Chaussin, J.: Compt. rend. Acad. agr. France, **19**, 783 (1933); Compt. rend., **197**, 188 (1933).
[800] Blanck, E.: Landw. Vers.-Stat., **64**, 243 (1906).
[801] Bleyer, B., Kallmann, O.: Biochem. Z., **155**, 54 (1925).
[802] Bloomfield, J. J., Sayers, R. R., Goldman, F. H.: Public Health Repts. **50**, 421 (1932).
[803] Boadrimont, E.: J. Pharm., [3], **42**, 388 (1862).
[804] Boas, F., Merkenschlager, F.: Die Lupine als Objekt der Pflanzenforschung. Berlin, 1923.
[805] Bodnár, J., Török, T.: Z. physiol. Chem., **261**, 257 (1939).
[806] Böhme, A., Kraut, H.: Arbeitsphysiol., **5**, 269 (1932).
[807] Boissier, J. R.: Semaine hôp. Pathol. et biol., **14**, No. 4 (1956).
[808] Bojanovsky, R.: Zbl. Bakt., Parasitenk., II. Abt., **64**, 222 (1925).
[809] Bolyshev, N. N., Stina, E. A.: Agrokémia és talajtán, Suppl., **14**, 364 (1965).
[810] Bonifazi, G.: Mitt. Lebensm. Hyg., **31**, 211 (1940).
[811] Borasio, L.: Giorn. risicoltura, **81**, 48 (1928).
[812] Bordeianu, T., Bodi, I.: Grădina, via şi livada, **12**, No. 11, 29 (1963).
[813] Boresch, K.: Handbuch der Pflanzenernährung und Düngerlehre. I. Bd. Pflanzenernährung, II. 2. Die anorganischen Bestandteile. Berlin, 1931, S. 180.
[814] Borgert, A.: Ergebn. Plankton-Exped. Humboldt-Stiftung, **3**, 283 (1909).
[815] Borggreve: Just's bot. Jahresber., **1886**, I, 146.
[816] Bortels, H.: Zbl. Bakt., Parasitenk., II. Abt., **100**, 373 (1930).
[817] Bosazza, V. L.: Am. Mineral., **29**, 235 (1944).
[818] Botazzi, F.: In: Handbuch der vergleichenden Physiologie, Bd. 1. Jena, 1925, S.1.
[819] Bottini, E.: Minerva med., **1955**, II, 1835.
[820] Bowen, I. S., Wyse, A. B.: Lick Observ. Bull., **19**, No. 495, 1 (1939—1948).
[821] Bower, C. A.: Iowa Agr. Exp. Sta., Res. Bull., **362** (1949).
[822] Braconnot, H.: Ann. chim. phys., [2], **39**, 1 (1828).
[823] Braconnot, H.: Ann. chim. phys., [9], **6**, 313 (1897).
[824] Bradley, W. F.: J. Am. Chem. Soc., **67**, 975 (1945).
[825] Brady, H. B.: Challenger Rep., **9** (1884).
[826] Bramlette, M. N.: U. S. Geol. Surv. Profess. Paper, **212** (1946).
[827] Brandenberger, E., Frey-Wyssling, A.: Experientia, **3**, 492 (1947).
[828] Brandt, K.: Fauna und Flora, **13**, 60 (1885).
[829] Brandt, K.: Wiss. Meeresuntersuch., Kiel, **3**, 43 (1898).
[830] Brandt, K., Raben, E.: Wiss. Meeresuntersuch., Kiel, **19**, 175 (1919—1922).
[831] Breest, F.: Biochem. Z., **108**, 309 (1920).
[832] Brenchley, W. E.: Chem. Prod., **9**, 61 (1946).
[833] Brenchley, W. E., Maskell, E. J., Warington, K.: Ann. Appl. Biol., **14**, 45 (1927).
[834] Brewer, R.: Austral. J. Sci., **17**, 177 (1955).

[835] Brewer, R.: Austral. J. Sci., **18**, 197 (1956).
[836] Brewster, D.: Schweigg. J., **29**, 411 (1820).
[837] Brewster, D., Turner, E.: Ann. Phys., **13**, 522 (1828).
[838] Brieger, F.: Ber. bot. Ges., **42**, 347 (1924).
[839] Brock, J.: Z. Kinderheilk., **58**, 751 (1937).
[840] Broman, J. R.: Am. Rev. Tuberc., **8**, 337 (1923).
[841] Brown, H.: Revs Mod. Phys., **21**, 625 (1949).
[842] Brown, H.: Science, **145**, 1177 (1964).
[843] Brown, H.: J. Biol. Chem., **68**, 729 (1926).
[844] Brown, H.: J. Biol. Chem., **75**, 789 (1927).
[845] Brown, J. C., Harmer, P. M.: Proc. Soil Sci. Soc. Am., **15**, 284 (1950).
[846] Brudevold, F., Steadman, L. T., Smith, F. A.: Ann. N. Y. Acad. Sci., **85**, Art. I, 110 (1960).
[847] Brune, H.: Arch. Tierernähr., **3**, 1 (1952).
[848] Brussoff, A.: Arch. Mikrobiol., **4**, 1 (1933).
[849] Brussoff, A.: Zbl. Bakt., Parasitenk., II. Abt., **90**, 162 (1934).
[850] Brussoff, A.: Arch. Mikrobiol., **6**, 471 (1935).
[851] Buchanan, R. E., Fulmer, E. I.: Physiology and Biochemistry of Bacteria, I—III. Baltimore, 1928—1930.
[852] Buchner, E., Haehn, H.: Biochem. Z., **27**, 418 (1910).
[853] Burbidge, E. M., Burbidge, G. R.: Astrophys. J., **122**, 396 (1955).
[854] Burbidge, E. M., Burbidge, G. R., Fowler, W. A., Hoyle, F.: Revs Mod. Phys., **29**, 547 (1957).
[855] Burbidge, G. R., Burbidge, E. M.: Astrophys. J., Suppl., **1**, 431 (1955).
[856] Burnett, G. W., Lobene, R. R.: J. Dental Res., **34**, 814 (1955).
[857] Burton, J. D., Liss, P. S.: Nature, **220**, 905 (1968).
[858] Busby, W. F., Lewin, J.: J. Phycol., **3**, No. 3, 127 (1967).
[859] Butkevich, S., Butkevich, V. V.: Biochem. Z., **161**, 468 (1925).
[860] Bütschli, O.: Z. wiss. Zool., **69**, 235 (1901).
[861] Bütschli, O.: Zool. Anz., **30**, 784 (1906).
[862] Bütschli, O.: Dtsch. Südpolar-Exped., IX, **1**, 237 (1907).
[863] Bütschli, O.: Abhandl. Ges. Wiss. Göttingen, Mat.-phys. Kl., Bd. VI, 1908—1910.
[864] Byczkowski, S., Piękoś, R., Radecki, A., Mincer, T., Wrześniowa, K.: Poznańskie Tow. przyjaciob nauk, Wydz. lek. Prace Komisji farmac., **4**, 141 (1966).
[865] Calderon, O. H., Staffeldt, E. E.: Int. Biodeterioration Bull., **1**, No. 2, 33 (1965).
[866] Cameron, A. G. W.: Ann. Rev. Nucl. Sci., **8**, 299 (1958).
[867] Cameron, A. G. W.: Astrophys. J., **129**, 676 (1959).
[868] Cameron, A. G. W.: Astrophys. J., **130**, 895 (1959).
[869] Carbery, M.: Ann. Rept Dept Agric. Bengal, **1933—1934**, II, 81.
[870] Cario, R.: Bot. Ztg, **39**, 25 (1881).
[871] Carlson, W. E.: Soil Sci., **54**, 425 (1942).
[872] Carrero, J. G.: Prod. probl. pharm., **21**, 348 (1966).
[873] Carrol, D.: J. Roy. Soc. W. Australia, **18**, 125 (1932).
[874] Carter, O. R., Collier, B. L., Davies, F. L.: Agron. J., **43**, 430 (1951).
[875] Castle, M. E., Foot, A. S., Hosking, Z. D., Rowland, S. J.: J. Agr. Sci., **48**, 305 (1957).
[876] Causeret, J.: Fish as Food. New York—London, 1962.

[877] Cayeux, L.: Bull. Soc. géol. France, [3], **22**, 197 (1894).
[878] Cayeux, L.: Compt. rend., **211**, 169 (1940).
[879] Ceccon, O., Berner, R., Wendler, O.: Arquiv. biol. tecnol., Inst. biol. pesquisas tecnol., **7**, 123 (1952).
[880] Cellarino, A.: Minerva med., **54**, 3778 (1963).
[881] Ceplecha, Z.: Bull. Astron. Inst. Czechoslov., **12**, No. 2, 21 (1961).
[882] Černý, C.: Z. physiol. Chem., **62**, 296 (1909).
[883] Cesáro, A. N.: Arch. sci. biol., **37**, 400 (1953).
[884] Chambard, P., Lasserre, R.: Bull. Assoc. franç. chim. inds. cuir, **10**, 187 (1951).
[885] Chan, D. Y., Ross, L., Figon, C: Mauritius Sugar Ind. Res. Inst., Ann. Rep., **1967**, 81.
[886] Chancel, F.: Bull. Soc. chim., [3], **21**, 740 (1899).
[887] Chapman, F.: Ann. Mag. Nat. Hist., [7], **14**, 310 (1904).
[888] Charnot, A.: Maroc méd., **29**, 810 (1950).
[889] Charnot, A.: Maroc méd., **32**, 589, 597 (1953).
[890] Charnot, A.: Prod. pharm., **1959**, No. 3, 126.
[891] Chatin, A.: Compt. rend., **110**, 376 (1890).
[892] Chatin, A., Müntz, A.: Compt. rend., **120**, 531, 1095 (1895).
[893] Chen, C.-H., Lewin, J.: Can. J. Bot., **47**, 125 (1969).
[894] Chen, W., Hsu, T. H., Wang, P. C.: Rept Taiwan Sugar Exp. Sta., **1952**, 200.
[895] Chêne, M.: Papier, **46**, 209 (1943).
[896] Chittenden, H.: Am. J. Sci. Arts, [3], **13**, 123 (1877).
[897] Chiu, T. F.: Soils Fertilizers Taiwan, **1961**, 5.
[898] Chiu, T. F., Lee, L. T.: J. Agric. Assoc. China (Taipei), No. 37, 34 (1962).
[899] Chodat, R., Chuit, P.: Arch. sci. phys. nat. Genève, **1888**, 497.
[900] Chon, M. C.: JA-Pat. 2363 (1955); C. A., **51**, 11617 (1957).
[901] Chu, S. P.: J. Ecol., **30**, 284 (1942).
[902] Church, A. H.: Chem. News, **30**, 137 (1874).
[903] Church, A. H.: J. Bot., **1875**, 169.
[904] Church, A. H.: Proc. Roy. Soc., **44**, 121 (1888).
[905] Chvapil, M., Helešková, E., Cmuchalová, B., Kobrle, V., Hurich, J.: Exp. Cell Res., **26**, 1 (1962).
[906] Civin, H., Schreier, I. A., Martello, G., Hardy, J. D.: J. Ind. Hyg. Toxicol., **21**, 1 (1939).
[907] Claas, W. J.: Utrecht Res., **12**, pt I (1951).
[908] Clarke, F. W.: J. Wash. Acad. Sci., **6**, 603 (1916).
[909] Clarke, F. W., Wheeler, W. C.: U. S. Geol. Surv. Profess. Paper, **102** (1917).
[910] Clarke, F. W., Wheeler, W. C.: U. S. Geol. Surv. Profess. Paper, **124** (1922).
[911] Clarke, S. E., Tisdale, E. W.: Can. Dept Agr., Publ., **769** (1945).
[912] Claus, D., Wittmann, H. W., Rippel-Baldes, A.: Arch. Mikrobiol., **29**, 169 (1958).
[913] Clausnitzer, F., Wollny, R.: In: A. Mayer. Maandblad Nederl. Landbouwer, **1879**, 217.
[914] Clements, H. F., Putman, E. W., Wilson, J. R.: Hawaii Sugar Technol. Rep., **26**, 43 (1967).
[915] Cloëz, F. S.: L'Institut. **27**, 240 (1859).
[916] Clowes, A. J.: Discov. Repts, **19**, 1 (1938).
[917] Cockerell, T. D.: Nature, **125**, 975 (1930).

[918] Cohn, F.: Beitr. Biol. Pflanzen, **4**, 365 (1887).
[919] Cohn, F.: Bot. Zbl., **31**, 288 (1887).
[920] Colby: Just's bot. Jahresber., **1894**, I, 392.
[921] Collet, A., Moussard, H.: Compt. rend. Soc. biol., **146**, 1574 (1953).
[922] Collier, P.: Ann. Rep. Com. Agr., Washington, 1879.
[923] Comeuge, G. M., Déan Guelbenzu, M.: Bull. Soc. chim. biol., **31**, 1580 (1949).
[924] Comhaire, M.: Agr. Digest, **7**, 9 (1966).
[925] Comhaire, M.: Agron. trop., **22**, 1235 (1967).
[926] Commonwealth Bur. Soils. Bibliography on Silica in Plant Nutrition (1957—1966), 1966.
[927] Conger, P. S.: Univ. Wisconsin Symp. Hydrobiol., **1941**, 395.
[928] Conrad, J. P.: J. Agr. Res., **59**, 507 (1939).
[929] Constantinescu, O.: Celul. hîrtie, **15**, No. 3, 81 (1966).
[930] Cooke, G. W.: J. Sci. Food Agr., **7**, 56 (1956).
[931] Coombs, J., Darley, W. M., Holm-Hansen, O., Volcani, B. E.: Plant Physiol., **42**, 1601 (1967).
[932] Coombs, J., Halicki, P. J., Holm-Hansen, O., Volcani, B. E.: Exp. Cell Res., **47**, 302 (1967).
[933] Coombs, J., Halicki, P. J., Holm-Hansen, O., Volcani, B. E.: Exp. Cell Res., **47**, 315 (1967).
[934] Coombs, J., Spanis, C., Volcani, B. E.: Plant Physiol., **42** 1607 (1967).
[935] Coombs, J., Volcani, B. E.: Planta, **80**, 264 (1968).
[936] Coombs, J., Volcani, B. E.: Planta, **82**, 280 (1968).
[937] Cooper, H. P., Hall, E. E.: Soil Sci., **79**, 441 (1955).
[938] Cooper, H. P., Paden, W. R., Garman, W. H., Page, N. R.: Soil Sci., **65**, 75 (1948).
[939] Cooper, H. P., Paden, W. R., Mitchell, J. H.: Trans. 4th Int. Congr. Soil Sci., Amsterdam, **1**, 236; **4**, 111 (1950).
[940] Cooper, L. H. N.: J. Marine Biol. Assoc., **18**, 677 (1933).
[941] Cooper, L. H. N.: J. Marine Biol. Assoc., **30**, 511 (1952).
[942] Copa, W. M., Wallace, V.: Proc. S. Dakota Acad. Sci., **40**, 213 (1961).
[943] Coppenet, M., Ducet, G., Guérillot, J., Kahane, E.: Ann. agron., **17**, 564 (1947).
[944] Corenwinder, B., Contamine, G.: Zbl. Agrikulturchem., **1879**, 794.
[945] Cotte, H. J.: Notes biologiques sur le *Suberites domuncula*. Thèse. Paris, 1907.
[946] Councler, G.: Landw. Vers.-Stat., **29**, 241 (1883).
[947] Councler, G.: Z. Forst-, Jagdwes., **15**, 121 (1883).
[948] Councler, G.: Just's bot. Jahresber., **1886**, I, 161.
[949] Councler, G.: Z. Forst-, Jagdwes., **18**, 353, 417 (1886).
[950] Councler, G.: Bot. Ztg, **40**, 97 (1889).
[951] Coupin, H.: Compt. rend., **175**, 1226 (1922).
[952] Cretin: Acad. méd., **117**, 601 (1937).
[953] Crüger, H.: Bot. Ztg, **15**, 281 (1857).
[954] Cugini, G.: Nuovo giorn. bot. ital., **8**, 77 (1876).
[955] Cummins, S. L., Weatherall, C.: Brit. J. Exp. Pathol., **12**, 245 (1931).
[956] Cunningham, R. K.: J. Agr. Sci., **63**. 97 (1964).
[957] Curti, R., Colombo, U.: Chim. et ind., **33**, 103 (1951).
[958] Curti, R., Colombo, U., Clerice, F.: Gazz. chim. ital., **82**, 491 (1952).
[959] Curti, R., Colombo, U.: J. Am. Chem. Soc., **74**, 3961 (1952).

[960] CZAPEK, F.: Biochemie der Pflanzen, Bd. II. Jena, 1925, S. 327.
[961] DAMOUR, A.: Compt. rend., **32**, 253 (1851).
[962] DARKIS, F. R., BAISDEN, L. A., GROSS, P. W., WOLF, F. A.: Ind. Eng. Chem., **44**, 297 (1952).
[963] DAS, S. C., MOTIRAMANI, D. P.: Current Sci., **18**, 46 (1949).
[964] DATTA, N. P., SHINDE, J. E.: J. Indian Soc. Soil Sci., **13**, 53 (1965).
[965] DAVENPORT, F. M., HORSFALL, F. L.: J. Exp. Med., **91**, 53 (1950).
[966] DAVY, H.: Ann. chim., **31**, 279 (1799).
[967] DAVY, H.: J. Natur. Philos., **3**, 138 (1799).
[968] DE N. K.: Indian J. Med. Res., **23**, 501 (1935).
[969] DÉAN GUELBENZU, M.: An. Real acad. farm., **17**, 237 (1951).
[970] DÉAN GUELBENZU, M.: An. bromatol., **4**, 57 (1952).
[971] DÉAN GUELBENZU, M., LÓPEZ DE AZCONA, J. M., SANTOS RUIZ, A.: Rev. esp. fisiol., **7**, 63 (1951).
[972] DÉAN GUELBENZU M., LÓPEZ DE AZCONA, J. M., SANTOS RUIZ, A.: Rev. esp. fisiol., **8**, 117 (1952).
[973] DÉAN GUELBENZU, M., SANTOS RUIZ, A., LÓPEZ DE AZCONA, J. M.: An. Real acad. farm., **13**, 269 (1947).
[974] DEB, D. L., DATTA, N. P.: Plant and Soil, **26**, 303 (1967).
[975] DECKROCK, E.: Compt. rend., **152**, 1406 (1911).
[976] DEETZ, R.: J. Landw., **1873**, 57.
[977] DÉFLANDRE, G.: Actual. scient. ind., No. 335, 3 (1936).
[978] DÉFLANDRE, G.: Compt. rend., **214**, 443 (1942).
[979] DEGUCHI, M., OHTA, Y., TOMITA, Y.: J. Sci. Soil Manure, **25**, 259 (1955).
[980] DEL MAGNO, A., VALLESI R. N., PIERUCCINI, R.: Boll. malattie orecchio, gola, naso, **70**, 1 (1952).
[981] DELMAS, L.: Compt. rend., **246**, 2032 (1958).
[982] DELMAS, L.: Compt. rend., **251**, 2402 (1960).
[983] DELMAS, L.: Compt. rend., **251**, 2770 (1960).
[984] DEL TORRE, G., BOMBOLETTI, A.: Staz. sper. agr. ital., **7**, 193 (1878).
[985] DEMOLON, A., BASTISSE, E. M.: Ann. agron., **14**, 265 (1944).
[986] DEMOLON, A., BASTISSE, E.: Compt. rend., **219**, 293 (1944).
[987] DENDY, A.: Proc. Roy. Soc., **B89**, 315 (1917).
[989] DENSCH, A., STEINFATT, K.: Fortschr. Landw. **6**, 353 (1931).
[990] DEROBERT, L., LE BRETON, R.: Bull. méd., **66**, No. 3, 51 (1952); Chim et ind., **68**, 548 (1952).
[991] DEROULEDE, T. M. R.: FR-Pat. 1320898 (1963); C. A., **59**, 3286 (1963).
[992] DESIKACHARY, T. V.: J. Roy. Microscop. Soc., **76**, 9 (1957).
[993] DESIKACHARY, T. V., DWELTZ, N. E.: Proc. Indian Acad. Sci., B, **53**, 157 (1961).
[994] DESOILLE, H., DEROBERT, L., LE BRETON, R., LAFUMA, J., VACHER, J.: Arch. malad. profess., **16**, 5 (1955).
[995] DEUEL, H.: Agrochim., **1**, 248 (1957).
[996] DEUEL, H.: Makromol. Chem. **34**, 206 (1959).
[997] DEUEL, H., DUBACH, P., MEHTA, N. C., BACH, R.: Schweiz. Z. Hydrobiol., **22**, 111 (1960).
[998] DEUTSCH, V.: Compt. rend., **203**, 182 (1936).
[999] DEUTSCH, V.: Compt. rend., **203**, 252 (1936).
[1000] DICKEY, F. H.: Proc. Nat. Acad. Sci. U. S. A., **35**, 227 (1949).

[1001] DICKEY, F. H.: J. Phys. Chem., **59**, 695 (1955).
[1002] DIENES, L.: J. Bacteriol., **93**, 693 (1967).
[1003] DIJKSHOORN, W.: Neth. J. Agr. Sci., **6**, 131 (1958).
[1004] DINGLE, H., SHELDON, J. H.: Biochem. J., **32**, 1078 (1938).
[1005] DIRKS, W.: Forsch. Geb. Viehhalt. (Beilage zur: Milchzeitung), **1879**, 274.
[1006] DI STEFANO, F., MUNTONI, F.: Ann. chim. appl., **30**, 527 (1940).
[1007] DIX, W., RAUTERBERG, E.: Z. Pflanzenernähr., Düng., Bodenk., **13B**, 233 (1934).
[1008] DIXON, M., KODAMA, K.: Biochem. J., **20**, 1104 (1926).
[1009] DJAMIN, A., PATHAK, M. D.: J. Econ. Entomol., **60**, 347 (1967).
[1010] DORE, W. G.: Greenhouse, Garden, Grass, **6**, No. 1, 1 (1967).
[1011] DÖRING, A.: Bemerkungen über die Bedeutung und Untersuchungen über die chemische Zusammensetzung der Pulmonaten-Schale. Inaug. Diss. Göttingen, 1872.
[1012] DOUGALL, H. W.: E. African Agr. Forestry J., **29**, 58 (1963).
[1013] DOUGALL, H. W., BOGDAN, A. V.: E. African Agr. Forestry J., **30**, 314 (1965).
[1014] DREA, W. F.: J. Nutrit., **8**, 229 (1934).
[1015] DREA, W. F.: J. Nutrit., **10**, 351 (1935).
[1016] DREA, W. F.: J. Nutrit., **16**, 325 (1938).
[1017] DRECHSLER, E.: Zbl. Physiol., **11**, 361 (1897).
[1018] DRUCE, E., WILLCOX, J. S.: Emp. J. Exp. Agr., **17**, 188 (1949).
[1019] DRUM, R. W.: J. Cell Biol., 18, 429 (1963).
[1020] DRUM, R. W., PANKRATZ, H. S.: J. Ultrastruct. Res., **10**, 217 (1964).
[1021] DUBOURG, J., SAUNIER, R.: J. fabr. sucre, **79**, 252 (1938).
[1022] DUCHAIGNE, A.: Compt. rend. Congr. Soc. savantes Paris dept, Sect. sci., **87**, 1043 (1962).
[1023] DUCHON, F.: Z. Pflanzenernähr., Düng., Bodenk., **4A**, 316 (1925).
[1024] DUFF, R. B., WEBLEY, D. M.: Chem. Ind., **1959**, 1376.
[1025] DUFF, R. B., WEBLEY, D. M., SCOTT, R. O.: Soil Sci., **95**, 105 (1963).
[1026] DULK, L.: Landw. Vers.-Stat., **18**, 188 (1875).
[1027] DUNN, J. H.: Diss. Abstrs, **B29**, 1447 (1968).
[1028] DUQUÉNOIS, P.: Ann. pharm. franç., **5**, 155 (1947).
[1029] DURQUÉTY, P. M., MAGIMEL, R.: Rev. hort., **129**, 1734 (1957).
[1030] DURQUÉTY, P. M., MAGIMEL, R.: Progr. agr. vit., **149**, No. 1, 17 (1958).
[1031] DYE, W. B.: Weeds, **4**, 55 (1956).
[1032] DYER, T.: Nature, **35**, 396 (1887).
[1033] DYMICKY, M., STEDMAN, R. L.: Phytochem., **6**, 1025 (1967).
[1034] EALES, N. B.: Nature, **172**, 687 (1953).
[1035] EHMANN, W. D., MORGAN, J. W.: Science, **167**, 528 (1970).
[1036] EHRENBERG, C. G.: Ann. Phys., **32**, 574 (1834).
[1037] EHRENBERG, C. G.: Ann. Phys., **38**, 213 (1836).
[1038] EHRENBERG, C. G.: Ann. Phys., **40**, 636 (1837).
[1039] EHRENBERG, C. G.: Abhandl. Dtsch. Akad. Wiss. Berlin, 1841.
[1040] EHRENBERG, C. G.: Mikrogeologie. Leipzig, 1854.
[1041] EHWALD E.: Sitzungsber. Dtsch. Akad. Landwirtschaftswiss., **6**, Nr. 1 (1957).
[1042] EINSELE, W., GRIM, J.: Z. Bot., **32**, 545 (1938).
[1043] EINSELE, W., VETTER, H.: Int. Rev. Hydrobiol., **36**, 285 (1938).
[1044] ELSER, GANZMÜLLER: Z. physiol. Chem., **194**, 21 (1931).
[1045] ELSTER, H. J.: Arch. Hydrobiol., **35**, 286 (1939).
[1046] ELSTER, H. J., EINSELE, W.: Int. Rev. Hydrobiol., **35**, 522 (1937).

[1047] Elster, H. J., Einsele, W.: Int. Rev. Hydrobiol., **36**, 241 (1938).
[1048] Emerick, R. J., Embay, L. B., Olson, O. E.: J. Animal Sci., **18**, 1025 (1959).
[1049] Emiliani, C.: Micropaleontology, **1**, 377 (1955).
[1050] Emmerling, A., Wagner, R.: Zbl. Agrikulturchem., **8**, 332 (1875); Landw. Wochenbl. Schleswig-Holstein, **1875**, Nr. 24–25.
[1051] Emmerling, A., Wagner, R.: Landw. Wochenbl. Schleswig-Holstein, **1879**, Nr. 1–2.
[1052] Engel, W.: Angew. Chem., **64**, 601 (1952).
[1053] Engel, W.: Planta, **41**, 358 (1953).
[1054] Engel, W.: Naturwiss., **45**, 316 (1958).
[1055] Eno, C. F., Reusser, H. W.: Proc. Soil Sci. Soc. Am., **15**, 155 (1950).
[1056] Eno, C. F., Reusser, H. W.: Soil Sci., **80**, 199 (1955).
[1057] Epstein, M., Navon, G.: Biochem. Biophys. Res. Commun., **36**, 126 (1969).
[1058] Erhart, H.: Compt. rend., **256**, 3731 (1963).
[1059] Erhart, H.: Compt. rend., sér. D, **262**, 602 (1966).
[1060] Ericsson, H., Hedén, C. G., Malmgren, B.: Acta pathol. microbiol. scand., **35**, 455 (1954).
[1061] Erlenmeyer, H., Bartels, H.: Helv. chim. acta, **47**, 46 (1964).
[1062] Erlenmeyer, H., Bartels, H.: Helv. chim. acta, **47**, 1285 (1964).
[1063] Erlenmeyer, H., Bartels, H.: Helv. chim. acta, **48**, 301 (1965).
[1064] Esminger, L. E.: Soil Sci., **54**, 191 (1942).
[1065] Esminger, L. E., Gieseking, J. E.: Soil Sci., **48**, 467 (1939).
[1066] Esminger, L. E., Gieseking, J. E.: Soil Sci., **51**, 125 (1941).
[1067] Esminger, L. E., Gieseking, J. E.: Soil Sci., **53**, 205 (1942).
[1068] Estermann, E. F., McLaren, A. D.: J. Soil Sci., **10**, 64 (1959).
[1069] Estermann, E. F., Peterson, G. H., McLaren, A. D.: Proc. Soil Sci. Soc. Am., **23**, 31 (1959).
[1070] Estes, Z. E., Faust, R. M.: J. Invertebrate Pathol., **8**, 145 (1966).
[1071] Evers, F. H.: Z. Bot., **51**, 80 (1963).
[1072] Fabre, R., Kahane, E.: Arch. malad. profess., **1**, 21 (1938); Analyst, **63**, 671 (1938).
[1073] Famintzin, A.: Mél. biol., **12**, No. 1, 17 (1884); Bull. Acad. sci. SPb., **29**, 414 (1884).
[1074] Farmer, J. B., Blackman, V. H.: Nature, **92**, 660 (1914).
[1075] Farsky, F.: Chem. listy, **5**, 358 (1881).
[1076] Farsky, F.: Zbl. Agr. Chem., **11**, 427 (1882).
[1077] Fassbender, H. W., Muller, L.: Turrialba, **17**, 371 (1967).
[1078] Faust, G. T.: U. S. Bur. Mines, Repts Invest., **3522** (1940).
[1079] Faust, R. M., Adams, J. R.: J. Invertebrate Pathol., **8**, 526 (1966).
[1080] Faust, R. M., Adams, J. R.: J. Invertebrate Pathol., **9**, 142 (1967).
[1081] Faust, R. M., Estes, Z. E.: J. Invertebrate Pathol., **8**, 141 (1966).
[1082] Fechner, G. T.: Resultate der bis jetzt unternommenen Pflanzenanalysen, nebst ausführlicher chemisch-physikalischer Beschreibung des Holzes, der Kohle, der Pflanzensäfte und einiger anderen wichtigen Pflanzenkörper. Leipzig, 1829.
[1083] Ferin, J., Vlcková, A.: Prac. lék., **17**, 26 (1965).
[1084] Ferrari, C.: Boll. sci. Fac. chim. ind. Univ. Bologna, **7**, 23 (1949).
[1085] Ferrari, M. P.: Boll. lab. chim. provinc., **2**, 60 (1951).
[1086] Fessenden, R. J., Ahlfors, C.: J. Med. Chem., **10**, 810 (1967).
[1087] Fessenden, R. J., Fessenden, J. S.: Adv. Drug Res., **4**, 95 (1967).

[1088] Feth, J. H., Rogers, S. M., Roberson, C. E.: U. S. Geol. Surv. Water-Supply Paper, 1535-J (1964).
[1089] Feytand, J., Haget, A.: Compt. rend. Acad. agr. France, **29**, 155 (1943).
[1090] Fidanovski, F.: Z. Pflanzenernähr., Düng., Bodenk., **120**, 191 (1968).
[1091] Firsoff, V. A.: Spaceflight, **7**, 132 (1963).
[1092] Firtion, F.: Proc. 1st Int. Congr. Sedimentol., Brussels, 1947, p. 186.
[1093] Fischer, H.: In: Lafar's Handbuch der technischen Mykologie, Bd. I. Jena, 1904 bis 1907, S. 222.
[1094] Fischer, R. A.: J. Agr. Sci., **19**, 132 (1929).
[1095] Fittbogen, J.: Landw. Vers.-Stat., **13**, 81 (1871).
[1096] Fittbogen, J.: Landw. Jahrb. Schweiz, **1**, 620 (1872).
[1097] Fittbogen, J.: Landw. Jahrb. Schweiz, **2**, 353 (1873).
[1098] Fittbogen, J.: Landw. Jahrb. Schweiz, **3**, 159 (1874).
[1099] Flaig, W., Kuron, H., Kaul, R.: Z. Pflanzenernähr., Düng., Bodenk., **71**, 141 (1955).
[1100] Fletcher, H. F., Kurtz, L. T.: Proc. Soil Sci. Soc. Am., **28**, 225 (1964).
[1101] Fliche, P.: Just's bot. Jahresber., **1890**, I, 48.
[1102] Fliche, P., Grandeau, L.: Ann. chim. phys., **27**, 383 (1873).
[1103] Fontana, P.: Rev. brasil. biol., **14**, 35 (1954).
[1104] Forbes, E. B., Beegle, F. M.: Ohio Agr. Exp. Sta. Bull., **295** (1916).
[1105] Forchhammer, J. G.: Danska Vidensk. selskabs forhandl., **1849**, 83.
[1106] Forman, S. A., Sauer, F.: Can. J. Animal Sci., **42**, 9 (1962).
[1107] Forman, S. A., Sauer, F., Langhland, D. H., Davidson, W. M.: Nature, **182**, 1385 (1958).
[1108] Forman, S. A., Whiting, F., Connell, R.: Can. J. Comp. Med., **23**, 157 (1959).
[1109] Fott, B., Ludvik, J.: Preslia, **29**, 5 (1957).
[1110] Foucalt, G., Collete, A.: Compt. rend. Soc. biol., **149**, 507 (1955).
[1111] Fourcroy, A. F. de, Vauquelin, L. N.: Ann. Mus. hist. nat., **18**, 354 (1811).
[1112] Fowweather, F. S.: Chem. Ind., **1934**, 713; Refract. J., **10**, 173 (1934).
[1113] Fox, R. L., Silva, J. A., Plucknett, D. L., Teranishi, D. Y.: Plant and Soil, **30**, 81 (1969).
[1114] Fox, R. L., Silva, J. A., Younge, O. R., Plucknett, D. L., Sherman, G. D.: Proc. Soil Sci. Soc. Am., **31**, 775 (1967).
[1115] Francé-Harrar, A.: Humus, München, 1957, S. 100.
[1116] Frank, H., Gerstel, G.: Z. physiol. Chem., **253**, 225 (1938).
[1117] Frankenburg, W. G.: Arch. Biochem., **14**, 157 (1947).
[1118] Frauenberg, F.: Z. physiol. Chem., **57**, 17 (1908).
[1119] Fregert, S.: J. Invest. Dermatol., **31**, 95 (1958).
[1120] Fregert, S.: Acta derm.-venerol., **39**, Suppl. No. 42 (1959).
[1121] Fréour, P., Magimel, R., Serisé, M., Plantié, J., Woné, C.: Compt. rend. Soc. biol., **151**, 579 (1957).
[1122] Frey-Wyssling, A.: Ber. bot. Ges., **48**, 179 (1930).
[1123] Frey-Wyssling, A.: Ber. bot. Ges., **48**, 184 (1930).
[1124] Frison, E.: Bull. agr. Congo Belge, **33**, 91 (1942).
[1125] Frison, E.: Microscope Entomol. Monthly, **7**, 38 (1948).
[1126] Fritsch, F. E.: The Structure and Reproduction of the Algae, I. London—New York, 1935.
[1127] Fritsch, R.: Arch. Pharm., **246**, 193 (1889).

[1128] Frohnmeyer, M.: Bibl. Bot., **86**, 41 (1914).
[1129] Fry, E. J.: Ann. Bot., **38**, 175 (1924).
[1130] Fujioka, Y., Nagahori, K., Isozaki, H.: Clay Sci., **2**, No. 5—6, 159 (1966).
[1131] Fujiwara, A., Ishida, H.: Nippon Dojo Hiryogaku Zasshi, **34**, 97 (1963).
[1132] Fukuda, S.: J. Biochem., **30**, 135 (1939).
[1133] Fukuda, T.: Bull. Sericult. Exp. Sta. (Japan), **13**, 557 (1951).
[1134] Fukuda, T., Matsuda, M.: J. Sericult. Sci. Japan, **22**, 243 (1953).
[1135] Fukui, H., Kako, Y., Kubota, S.: Shikoku Agr. Exp. Sta. Bull., **10**, 111 (1964).
[1136] Fulmer, E. I., Nelson, V. E., Sherwood, F. F.: J. Am. Chem. Soc., **43**, 161 (1921).
[1137] Fürth, O. von: Vergleichende chemische Physiologie der niederen Tiere. Jena, 1903.
[1138] Gajatto, S.: Studi sassaresi, **22**, 259, 275 (1944).
[1139] Gallup, W. D., Hobbs, C. S., Briggs, H. M.: J. Animal Sci., **4**, 68 (1945).
[1140] Gallup, W. D., Kuhlman, A. H.: J. Agr. Res., **42**, 665 (1931).
[1141] Gallup, W. D., Kuhlman, A. H.: J. Agr. Res., **52**, 889 (1936).
[1142] Ganchev, N.: Ann. Univ. Sofia, V. Faculté agron. sylvicult., I, **18**, 211 (1940).
[1143] Ganssmann, W.: Phosphorsäure, **22**, 223 (1962).
[1144] Garde, H. G. A., Contribution to the War against Cancer. Separate. Copenhagen, 1947; C. A., **41**, 3860 (1947).
[1145] Gardiner, A. C.: J. Soc. Chem. Ind., **60**, 73 (1941).
[1146] Garrigues, A.: Concours médical, **1927**, 2529.
[1147] Gasparin, P.: Jahresber. Agrikulturchem., **1875/1876**, I, 138.
[1148] Gaubatz, E.: Klin. Wochenschr., **14**, 1753 (1935).
[1149] Gaube, J. J.: Maly, **31**, 582 (1901).
[1150] Gaudaed, F.: Pharm. acta helv., **4**, 157 (1929); Pharm. J., **123**, 561 (1929).
[1151] Geissler, U.: Mikroskopie, **13**, 145 (1958).
[1152] Gendre, P.: Compt. rend. Soc. biol., **161**, 2177 (1967).
[1153] Genevois, L.: Traité de chimie biologique, 1.—2. Paris, 1963—1964.
[1154] Georges: J. pharm. chim., [5], **3**, 632 (1881).
[1155] Georgiev, R.: Wiener tierärztl. Monatsschr., **44**, 78, 200 (1957).
[1156] Gerhardt, K.: Naturwiss., **8**, 41 (1920).
[1157] Germar, B.: Z. Pflanzenernähr., Düng., Bodenk., **A35**, 102 (1934).
[1158] Gerstel, G.: Arch. Gewerbepathol., Gewerbehyg., **6**, 304 (1936).
[1159] Gettler, A. O., Umberger, C. J.: Am. J. Clin. Pathol., Techn. sect., **9**, 1 (1945).
[1160] Giard, A.: Arch. zool. exp. gén., **2**, 481 (1873).
[1161] Gieseking, J. E.: Soil Sci., **47**, 1 (1939).
[1162] Gieseking, J. E.: Adv. Agron., **1**, 159 (1949).
[1163] Gifford, R. O., Frugoli, D. M.: Science, **145**, 386 (1964).
[1164] Gile, P. L., Smith, J. G.: J. Agr. Res., **31**, 247 (1925).
[1165] Gillier, P.: Oléagineux, **19**, 473 (1964).
[1166] Gillot, X., Durafour: Bull. soc. nat. de l'Ain, **1904**, 8; Just's bot. Jahresber., **1904**, II, 1052.
[1167] Ginieis, C.: Bull. mém. Soc. Linnéenne Lyon, **33**, 282 (1964).
[1168] Giral, J., Guadalupe Mejia, M.: Mem. congr. cient. mex., IV centenario univ. Mex., **2**, 167 (1953); C. A., **49**, 2574 (1955).
[1169] Giuliani, G.: Ann. chim. farm., **1938**, 61.
[1170] Glomme, J., Swensson, Å.: Acta med. scand., **158**, 387 (1957).
[1171] Gödechens, J.: Ann., **54**, 350 (1845).

[1172] GOHR, H., BÖNNIGER, W.: Z. ges. inn. Med., **7**, 435 (1952).
[1173] GOHR, H., SCHOLL, O.: Beitr. Klinik Tuberk., **102**, 29 (1949).
[1174] GOLDBLUM, R. W., DERBY, S., LERNER, A. B.: J. Invest. Dermatol., **20**, 13 (1953).
[1175] GOLDSCHMIDT, V. M.: Norske Videnskaps-akad. skrifter, math.-naturv. kl., **1937**, Nr. 4.
[1176] GOLDSCHMIDT, V. M.: Geochemistry, Oxford, 1958.
[1177] GOLDWATER, L. J.: J. Ind. Hyg. Toxicol., **18**, 163 (1936).
[1178] GOLTERMAN, H. L.: Acta bot. neerl., **9**, No. 1, 1 (1960).
[1179] GOLTERMAN, H. L.: Proc. I. B. P.-Symposium, Amsterdam—Nieuwersluis, 1966, p. 56.
[1180] GONÈRE, A.: Compt. rend., **224**, 954 (1947).
[1181] GONNERMANN, M.: Z. physiol. Chem., **99**, 255 (1917); J. Chem. Soc., **112**, I, 494 (1917).
[1182] GONNERMANN, M.: Biochem. Z., **88**, 401 (1918).
[1183] GONNERMANN, M.: Z. physiol. Chem., **102**, 78 (1918); J. Chem. Soc., **114**, I, 465 (1918).
[1184] GONNERMANN, M.: Biochem. Z., **94**, 163 (1919).
[1185] GONNERMANN, M.: Biochem. Z., **95**, 286 (1919).
[1186] GONNERMANN, M.: Z. physiol. Chem., **111**, 32 (1920).
[1187] GONZALEZ GUERRERO, P.: Bol. Real soc. esp. hist. nat. Sec. biol., **62**, 425 (1964).
[1188] GÖPPERT: Jahresber. schles. Ges. Breslau, **37** (1859).
[1189] GORING, C. A. I., BARTHOLOMEW, W. V.: Soil Sci., **74**, 149 (1952).
[1190] GORUP-BESANEZ, F. F.: Lehrbuch der physiologischen Chemie. Braunschweig, 1878.
[1191] GOTO, K.: Nogyo oyobi Engei, **35**, 1933 (1960).
[1192] GRANDEAU, L.: Cours d'agriculture de l'École forestière. Chimie et physiologie appliquées à l'agriculture et sylviculture, t. I. 1879, p. 308.
[1193] GRANDVIGNE, C.: Rev. gén. colloides, **4**, 193 (1926).
[1194] GRANDVIGNE, C.: Rev. gén. colloides, **4**, 229 (1926).
[1195] GRANT, R. E.: Edinburgh New Philos. J., **1**, 195 (1896).
[1196] GRAY, J. E., THOMSON, T.: Ann. Philos., **9**, 431 (1825).
[1197] GREGOIRE, A.: Ann. Stat. agron. Gembloux, 1912.
[1198] GRIFFITHS, A. B.: Chem. News, **48**, 197 (1883).
[1199] GRILL, E. V.: Diss. Abstrs, **B27**, 209 (1966).
[1200] GRILL, E. V., RICHARDS, F. A.: J. Marine Res., **22**, 51 (1964).
[1201] GRIM, J.: Int. Rev. Hydrobiol., **39**, 193 (1939).
[1202] GRIM, R. E., ALLAWAY, W. H., CUTHBERT, F. L.: J. Am. Ceram. Soc., **30**, 137 (1947).
[1203] GRIMALDI, A.: Ber., **5**, 437 (1872).
[1204] GRIPPANDO, G.: Ann. Stomatol., **8**, 185 (1964).
[1205] GROB, A.: Bibl. Bot., **36**, 1 (1896).
[1206] GROSSE-BRAUCKMANN, E.: Z. Pflanzenernähr., Düng., Bodenk., **62**, 19 (1953).
[1207] GROSSE-BRAUCKMANN, E.: Landw. Forsch., **9**, 196 (1956).
[1208] GROSSE-BRAUCKMANN, E.: Phytopathol. Z., **30**, 112 (1957).
[1209] GROSSE-BRAUCKMANN, E.: Z. Pflanzenkrankh., Pflanzenpathol., Pflanzenschutz, **65**, 689 (1958).
[1210] GROUT, F. F., BRODERICK, T. M.: Am. J. Sci., **48**, 199 (1919).
[1211] GRÜTZNER, R.: Chem. Zbl., **1895**, II, 142.

[1212] Guha, M. M., Mitchell, R. L.: Plant and Soil, **24**, 90 (1966).
[1213] Gundermann: Z. Rübenzucker-Ind., **1869**, 1.
[1214] Gürsching, J., Kraut, H.: Arch. exp. Pathol., Pharmakol., **167**, 146 (1932).
[1215] Guttman, A.: Z. allgem. Österr. Apotheker-Ver., **55**, 219 (1917).
[1216] Haberlandt, G.: Sitzungsber. Österr. Akad. Wiss., Abt. 1, **93**, 123 (1886).
[1217] Hackh, J. W. D.: J. Gen. Physiol., 1, 429 (1919).
[1218] Hackmann, C.: Beitr. pathol. Anat., **90**, 623 (1933).
[1219] Hadebank, H.: Agrikulturchem. Untersuch. Versuche Vers.-Stat. Justerburg, **6**, 14 (1870/1871).
[1220] Haensler, J.: Vodní hospodářství, **15**, No. 7, 10 (1965).
[1221] Haghiri, F.: Ohio J. Sci., **64**, 371 (1964).
[1222] Hahn, F.: Kolloid-Z., **37**, 300 (1925).
[1223] Hakomori, S., Seto, K.: Sci. Repts Tohoku Univ., **41**, 90 (1957).
[1224] Hakomori, S., Seto, K.: Sci. Repts Tohoku Univ., **41**, 109 (1957).
[1225] Halais, P.: Mauritius Sugar Ind. Res. Inst., Ann. Rep., **1965**, 69.
[1226] Halais, P.: Mauritius Sugar Ind. Res. Inst., Ann. Rep., **1966**, 83.
[1227] Halais, P.: Mauritius Sugar Ind. Res. Inst., Techn. Circ. No. 29 (1966).
[1228] Halais, P., Parish, D. H.: Mauritius Sugar Ind. Res. Inst., Ann. Rep., **1963**, 74.
[1229] Haldane, J. B. S.: The Origin of Life. Rationalist Annual, 1929 (Дж. Холдейн. Возникновение жизни. Приложение к кн.: Дж. Бернал: Возникновение жизни. М., 1969, стр. 295).
[1230] Haldane, J. B. S.: New Biology, **16**, 12 (1954).
[1231] Haldeman, R. G., Emmett, P. H.: J. Phys. Chem., **59**, 1039 (1955).
[1232] Hall, A. D., Morison, C. G. T.: Proc. Roy. Soc. London, **77B**, 455 (1906).
[1233] Hamm, P., Harvey, R. B., Miller, E. S.: Proc. Soc. Exp. Biol. Med., **46**, 347 (1941).
[1234] Hammar, H., Hunter, J. H.: Plant Physiol., **24**, 16 (1949).
[1235] Hampl, J.: Chem. listy, **38**, 125 (1944).
[1236] Hanamann, J.: Landw. Jahrb., **7**, 795 (1878).
[1237] Hanamann, J.: Landw. Jahrb., **8**, 823 (1879).
[1238] Hanamann, J.: J. Landw., **1876**, 41.
[1239] Hanamann, J.: Just's bot. Jahresber., **1885**, I, 75.
[1240] Hancock, A., Embleton, D.: Ann. Mag. Nat. Hist., **15**, 1 (1845).
[1241] Handreck, K. A., Jones, L. H. P.: Austral. J. Biol. Sci., **20**, 483 (1967).
[1242] Handreck, K. A., Jones, L. H. P.: Plant and Soil, **29**, 449 (1968).
[1243] Hanks, J. H., Weintraub, R. W.: J. Bacteriol., **31**, 29 (1936).
[1244] Hanks, J. H., Weintraub, R. W.: J. Bacteriol., **32**, 639 (1936).
[1245] Hannay, J. B.: Zbl. Agrikulturchem., **11**, 114 (1877); Chem. News, **34**, 155 (1876).
[1246] Haraszti, E., Tolgyesi, G.: Magyar állatorv. lapja, **16**, No. 5, 177 (1961).
[1247] Harder, H.: Sprechsaal Keramik, Glas, Email, **99**, 1005 (1966).
[1248] Harold, C. H. H.: 32nd Ann. Rep. Metropolitan Water Board. London, 1937.
[1249] Harris, K.: J. Linnean Soc. London (Bot.), **55**, 88 (1953).
[1250] Harris, K., Bradley, D. E.: J. Roy. Microscop. Soc., **76**, 37 (1957).
[1251] Harris, K., Bradley, D. E.: J. Gen. Microbiol., **22**, 750 (1960).
[1252] Harris, R. C.: Nature, **212**, 275 (1966).
[1253] Harris, R. C.: Limnol. Oceanogr., **12**, 8 (1967).
[1254] Harris, C. H., Thrams, W. D.: Chem. News, **114**, 73 (1916).
[1255] Hart, T. J.: Discov. Rep., **8**, 185 (1934).
[1256] Hart, T. J.: Discov. Rep., **21**, 261 (1942).

[1257] HARTONG, B. D.: 4e Na Co Brouw Jaarboekje, Maastricht, **1939**, 106; C. A., **36**, 2588 (1942).
[1258] HARTT, C. E.: Plant Physiol., **9**, 399 (1934).
[1259] HARVEY, H. W.: J. Marine Biol. Assoc., **19**, 253 (1933).
[1260] HARVEY, H. W.: J. Marine Biol. Assoc., **23**, 499 (1939).
[1261] HARVEY-GIBSON: Ann. Bot., **7**, 355 (1893).
[1262] HASELHOFF, E.: Landw. Jahrb., **47**, 345 (1915).
[1263] HATCHETT, C.: Philos. Trans., **90**, 327 (1800).
[1264] HAUSER, E. A.: Silicic Science. Princeton—New Jersey—Toronto—London—New York, 1955.
[1265] HAUSER, E. A., LIGGETT, M. B.: J. Am. Chem. Soc., **62**, 1911 (1940).
[1266] HÄUSSLER, E. P.: Arch. Pharm., **252**, 82 (1914).
[1267] HAVERLAND, F.: Pharmazie, **18**, 59 (1963).
[1268] HEALEY, F. P., COOMBS, J., VOLCANI, B. E.: Arch. Mikrobiol., **59**, 131 (1967).
[1269] HEDLEY, R. H.: Micropaleontology, **9**, 433 (1963).
[1270] HEFFNER, R. R., PAGE, R. C., FREY, A.: Am. J. Digest. Dis., **8**, 219 (1941).
[1271] HEHNER, N. E.: Chem. News, **116**, 296 (1917).
[1272] HEIDEN, E.: Beitr. Ernähr. Schweines, **1877**, H. 2, 28.
[1273] HEIDEN, E., BRUNNER, L.: Zbl. Agrikulturchem., **2**, 261 (1872); Amtsbl. landw. Vereine Sachsens, **1872**, 98.
[1274] HEIDENREICH, O., SIEBERT, G.: Virchows Arch. pathol. Anat., Physiol., **327**, 112 (1955).
[1275] HEIDEPRIEM: Z. Rübenzucker-Ind., **1869**, 65.
[1276] HEIDEPRIEM: Z. Rübenzucker-Ind., **1870**, 322.
[1277] HEIM DE BALSAC, H. F., FERNBACH, E., RULLIER, G.: Bull. Acad. méd., **123**, 365 (1940).
[1278] HEINEN, W.: Arch. Mikrobiol., **37**, 199 (1960).
[1279] HEINEN, W.: Arch. Mikrobiol., **41**, 229 (1962).
[1280] HEINEN, W.: Arch. Mikrobiol., **45**, 145 (1963).
[1281] HEINEN, W.: Arch. Mikrobiol., **45**, 162 (1963).
[1282] HEINEN, W.: Arch. Mikrobiol., **45**, 172 (1963).
[1283] HEINEN, W.: Arch. Biochem. Biophys., **110**, 137 (1965).
[1284] HEINEN, W.: Arch. Biochem. Biophys., **111**, 236 (1965).
[1285] HEINEN, W.: Arch. Mikrobiol., **52**, 49 (1965).
[1286] HEINEN, W.: Arch. Mikrobiol., **52**, 69 (1965).
[1287] HEINEN, W.: Antonie van Leeuwenhoeck. J. Microbiol. Serol., **32**, 457 (1966).
[1288] HEINEN, W.: Arch. Biochem. Biophys., **120**, 86 (1967).
[1289] HEINEN, W.: Arch. Biochem. Biophys., **120**, 93 (1967).
[1290] HEINEN, W.: Arch. Biochem. Biophys., **120**, 101 (1967).
[1291] HEINEN, W.: Acta bot. neerl., **17**, 105 (1968).
[1292] HEINRICH, R.: Landw. Jahrb., **1**, 599 (1872).
[1293] HEINRICHER, E.: Ber. bot. Ges., **3**, 4 (1885).
[1294] HEINZE, H.: Lebendige Erde, **1966**, 255.
[1295] HELANDER, E.: Cardiologia, **47**, 14 (1965).
[1296] HELMCKE, J. G.: Naturwiss., **41**, 254 (1954).
[1297] HELMCKE, J. G., KRIEGER, W.: Diatomeenschalen im elektronen-mikroskopischen Bild. Weinheim, 1962.
[1298] HEMMI, T.: Phytopathol. Z., **6**, 305 (1933).

[1299] Henderson, C., Robeck, G. G., Palange, R. C.: U. S. Atomic Energy Comm., WASH-275, 153 (1954).
[1300] Henderson, G. M., Rule, H. G.: J. Chem. Soc., **1939**, 1568.
[1301] Henderson, M. E. K., Duff, R. B.: J. Soil Sci., **14**, 236 (1963).
[1302] Hendey, N. I.: Nature, **158**, 588 (1946).
[1303] Hendey, N. I.: J. Quekett Microscop. Club, **5**, 147 (1959).
[1304] Hendey, N. I., Cushing, D. H., Ripley, G. W.: J. Roy. Microscop. Soc., **74**, 22 (1954).
[1305] Hendricks, S. B.: J. Phys. Chem., **45**, 65 (1941).
[1306] Hendricks, S. B., Alexander, L. T. A.: J. Am. Soc. Agron., **32**, 455 (1940).
[1307] Henglein, F. A.: In: Handbuch der Pflanzenphysiologie, Bd. VI. Berlin—Göttingen—Heidelberg, 1958, S. 405.
[1308] Henglein, F. A., Scheinost, K.: Makromol. Chem., **20**, 59 (1956).
[1309] Hennichs, S.: Biochem. Z., **145**, 286 (1924).
[1310] Hensen, V.: Wiss. Untersuch. dtsch. Meere, Kiel, **5**, 1 (1887).
[1311] Henze, M.: Z. physiol. Chem., **43**, 477 (1905).
[1312] Heron, J.: Limnol. Oceanogr., **6**, 338 (1961).
[1313] Heron-Allen, E., Earland, A.: Nature, **126**, 436 (1930).
[1314] Herrera, L. A.: Atti Accad. naz. Lincei, [6], **7**, 544 (1928).
[1315] Hettche, H. O., Münch, H.: Arch. Hyg. Bakt., **119**, 168 (1938).
[1316] Hettche, H. O., Münch, H.: Zbl. Bakt., Parasitenk., Abt. I, **143**, 367 (1939).
[1317] Heupke, W.: Münch. med. Wochenschr., **92**, 351 (1950).
[1318] Heyl, F. W., Hepner, F. E., Loy, S. K.: J. Am. Chem. Soc., **35**, 880 (1913).
[1319] Heyland, K. U.: Z. Acker-, Pflanzenbau, **97**, 129 (1953).
[1320] Heyland, K. U.: Z. Acker-, Pflanzenbau, **108**, 473 (1959).
[1321] Hicks, V., McElroy, O., Warga, M. E.: J. Ind. Hyg. Toxicol., **19**, 177 (1937).
[1322] Hilger, A.: J. prakt. Chem., **102**, 418 (1867).
[1323] Hilger, A.: Pflüger's Arch., **10**, 212 (1875).
[1324] Hilger, A.: Landw. Vers.-Stat., **23**, 451 (1879).
[1325] Hodgson, J. F.: Adv. Agron., **15**, 119 (1963).
[1326] Hoffmann, A.: Arch. Gewerbepathol., Gewerbehyg., **14**, 29 (1955).
[1327] Hoffman, H. J.: Science, **156**, 500 (1967).
[1328] Hoffmeister, W.: Zbl. Agr. Chem., **1879**, 915.
[1329] Hoffmann, R.: Landw. Vers.-Stat., **13**, 255 (1871).
[1330] Hofmann, U., Endell, K., Wilm, D.: Angew. Chem., **47**, 539 (1934).
[1331] Höhne, H.: Arch. Forstwes., **11**, 1085 (1962).
[1332] Höhne, H.: Arch. Forstwes., **12**, 791 (1963).
[1333] Höhne, H.: Arch. Forstwes., **13**, 747 (1964).
[1334] Höhnel, F.: Haberlandt's wiss. prakt. Untersuch., **2**, 160 (1877).
[1335] Hojo, Y., Kobayashi, H., Oda, K.: Nippon Sakumotsu Gakkai Kiji, **36**. 94 (1967).
[1336] Hojo, Y., Oda, K.: Nippon Sakumotsu Gakkai Kiji, **33**, 268 (1965).
[1337] Hojo, Y., Oda, K.: Nippon Sakumotsu Gakkai Kiji, **33**, 285 (1965).
[1338] Holden, E. R., Bontoyan, W. R.: J. Agr. Food Chem., **13**, 184 (1965).
[1339] Holland, T.: Geol. Mag., **10**, 63 (1902).
[1340] Holmes, E. M.: Pharm. J., [4], **28**, 765 (1909).
[1341] Holmes, R. W.: J. Phycol., **2**, No. 4, 136 (1966).
[1342] Holt, P. F., Bowcott, J. E. L.: Arch. Ind. Hyg. Occup. Med., **9**, 503 (1954).
[1343] Holt, P. F., Osborne, S.: Brit. J. Ind. Med., **10**, 152 (1953).

[1344] HOLT, P. F., OSBORNE, S. G.: Nature, **171**, 892 (1953).

[1345] HOLT, P. F., YATES, D. M.: Biochem. J., **45**, Suppl. XXXII (1949).

[1346] HOLT, P. F., YATES, D. M.: Biochem. J., **54**, 300 (1953).

[1347] HOLT, P. F., YATES, D. M.: Brit. J. Exp. Pathol., **35**, 52 (1954).

[1348] HOLT, P. F., YATES, D. M., TOMLIN, D. U.: Biochem. J., **48**, 44 (1951).

[1349] HOLZAPFEL, L.: Arbeitsmedizin, **21**, 79 (1942).

[1350] HOLZAPFEL, L.: Kolloid-Z., **100**, 380 (1942).

[1351] HOLZAPFEL, L.: Naturwiss., **30**, 185 (1942).

[1352] HOLZAPFEL, L.: Staub, **21**, 141 (1944).

[1353] HOLZAPFEL, L.: Naturwiss., **35**, 314 (1948).

[1354] HOLZAPFEL, L.: Angew. Chem., **63**, 286 (1951).

[1355] HOLZAPFEL, L.: Gummi und Asbest, **4**, 200 (1951).

[1356] HOLZAPFEL, L.: Z. Elektrochem., **55**, 577 (1951).

[1357] HOLZAPFEL, L.: Z. anorg. Chem., **273**, 186 (1953).

[1358] HOLZAPFEL, L.: In: K. W. JÖTTEN, W. KLOSTERKÖTTER, G. PFEFFERKORN. Die Staublungenerkrankungen, Bd. II. Darmstadt, 1954, S. 130.

[1359] HOLZAPFEL, L.: Naturwiss., **49**, 255 (1962).

[1360] HOLZAPFEL, L., ENGEL, W.: Naturwiss., **36**, 252 (1949).

[1361] HOLZAPFEL, L., ENGEL, W.: Kolloid-Z., **119**, 160 (1950).

[1362] HOLZAPFEL, L., ENGEL, W.: Naturwiss., **41**, 191 (1954).

[1363] HOLZAPFEL, L., ENGEL, W.: Z. Naturforsch., **9b**, 602 (1954).

[1364] HOLZAPFEL, L., ENGEL, W.: Z. Naturforsch., **11b**, 226 (1956).

[1365] HOLZAPFEL, L., ENGEL, W.: Arch. Biochem. Biophys., **83**, 268 (1959).

[1366] HOLZAPFEL, L., ENGEL, W., FAHRNLÄNDER, P.: Kolloid-Z., **115**, 137 (1949).

[1367] HOLZAPFEL, L., KERNER-ESSER, I.: Naturwiss., **31**, 386 (1943).

[1368] HOLZAPFEL, L., RICHARDSON, E.: Z. Naturforsch., **10b**, 419 (1955).

[1369] HOOPER, D.: Indian Mus. Ind. Sect., Ann. Rep., **22**, 63 (1910).

[1370] HOPKINS, D. P.: Fertil. Feed. Stuffs J., **1961**, 467.

[1371] HOPPE-SEYLER, F.: Physiologische Chemie. Berlin, 1881.

[1372] HOPPE-SEYLER/THIERFELDER: Handbuch der physiologisch- und pathologisch-chemischen Analyse, Bd. V. Berlin, 1953.

[1373] HORIGUCHI, Y., KASHIWADA, K., KAKIMOTO, D.: Nippon Suisan Gakkaishi, **18**, 279 (1952).

[1374] HORNBERGER, R.: Landw. Vers.-Stat., **32**, 371 (1886).

[1375] HOSSEUS, C.: Verh. naturf. Ges., **1**, II, 407 (1911).

[1376] HOSSEUS, C.: Beih. bot. Zbl., **30**, II, 88 (1913).

[1377] HOVASSE, R.: Bull. biol. France et Belg., **66**, 448 (1932).

[1378] HOVASSE, R.: Compt. rend., **198**, 402 (1934).

[1379] HOVASSE, R., JOYON, L.: Compt. rend., **244**, 1675 (1957).

[1380] HUMBOLDT, A.: Florae Fribergensis specimen. Berolini, 1793

[1381] HUMBOLDT, F. A.: Aphorismen aus der chemischen Physiologie der Pflanzen. Leipzig, 1794.

[1382] HUNTER, A. S.: Soil Sci., **100**, 391 (1965).

[1383] HUSTED, F.: In: L. Rabenhorst's Kryptogamen-Flora von Deutschland, Österreich und der Schweiz, Bd. VII, T. 1. Leipzig, 1930, S. 12.

[1384] HUTCHINSON, G. E.: Quart. Rev. Biol., **18**, 1, 129, 242, 331 (1943).

[1385] HUTCHINSON, G. E.: Ecology, **25**, 3 (1944).

[1386] HUTCHINSON, G. E.: Soil Sci., **60**, 29 (1945).

[1387] Hutchinson, G. E.: A Treatise on Limnology, Geography, Physics and Chemistry. London, 1957; русский перевод: Хатчинсон, Дж.: Лимнология. Географические, физические и химические характеристики озер. М., 1969.
[1388] Hyman, L. H.: The Invertebrates: *Protozoa* through *Ctenophora*. New York, 1940, chapt. 3, 6.
[1389] Imaizumi, K., Yoshida, S.: Nogyo Gijutsu Kenkyujo Hokoku, Ser. B, 8, 261 (1958).
[1390] Immermann, F.: Wiss. Meeresuntersuch., Kiel, 8, 129 (1906).
[1391] Inada, K.: Nippon Sakumotsu Gakkai Kiji, 33, 315 (1965).
[1392] Inada, K., Baba, I.: Nippon Sakumotsu Gakkai Kiji, 28, 347 (1960).
[1393] Ingleman, B., Jullander, I.: Nature, 156, 572 (1945).
[1394] Ingleman, B., Laurell, H.: J. Bot., 53, 364 (1947).
[1395] Iritani, N., Hosoi, T.: Kumamoto Pharm. Bull., 1, 17 (1954).
[1396] Isaacs, L.: Bull. Soc. chim. biol., 6, 157 (1924).
[1397] Iseki, T.: Z. physiol. Chem., 188, 189 (1930).
[1398] Iseki, T., Kumon, T.: J. Biochem., 17, 409 (1933).
[1399] Ishibashi, H.: Nippon Dojo Hiryogaku Zasshi, 10, 244 (1936).
[1400] Ishibashi, H.: Nippon Dojo Hiryogaku Zasshi, 11, 539 (1937).
[1401] Ishibashi, H.: Nippon Dojo Hiryogaku Zasshi, 13, 227 (1939).
[1402] Ishibashi, H.: Yamaguchi Daigaku Nogakubu Gakumotsu Hokoku, 7, 333 (1956).
[1403] Ishibashi, H., Kawano, M.: Bull. Fac. Agr. Yamaguchi Univ., 9, 917 (1953).
[1404] Ishikawa, J.: Saikagaku, 30, 272 (1958).
[1405] Ishikawa, J.: Saikagaku, 30, 329 (1958).
[1406] Ishizaka, O.: Nagoya Shiritsu Daigaku Yakugakubu Kiyo, 8, 1 (1960).
[1407] Ishizaka, O., Endo, H.: Nagoya Shiritsu Daigaku Yakugakubu Kiyo, 10, 38 (1962).
[1408] Ishizaka, O., Endo, H.: Nagoya Shiritsu Daigaku Yakugakubu Kiyo, 10, 42 (1962).
[1409] Ishizaka, O., Endo, H.: Nagoya Shiritsu Daigaku Yakugakubu Kiyo, 10, 49 (1962).
[1410] Ishizuka, Y.: In: The Mineral Nutrition of the Rice Plant. Symp. Int. Rice Res. Inst. Baltimore, 1964, p. 199.
[1411] Ishizuka, Y., Hayakawa, Y.: Nippon Dojo Hiryogaku Zasshi, 21, 253 (1951).
[1412] Ishizuka, Y., Tanaka, A.: Nippon Dojo Hiryogaku Zasshi, 20, 138 (1950).
[1413] Ishizuka, Y., Tanaka, A.: Nippon Dojo Hiryogaku Zasshi, 26, 311 (1955).
[1414] Islam, A., Saha, R. C.: Plant and Soil, 30, 446 (1969).
[1415] Isono, K.: J. Meteorol., 12, 456 (1955).
[1416] Issoglio, G.: Gazz. chim. ital., 47, 31 (1917).
[1417] Iwai, S., Udagawa, S.: J. Ceram. Assoc. Japan, 62, 753 (1954).
[1418] Iwasaki, H., Matsudaira, C.: Tohoku J. Agr. Res., 8, 47 (1957).
[1419] Iwata, I., Baba, I.: Nippon Sakumotsu Gakkai Kiji, 30, 237 (1962).
[1420] Izawa, G., Kume, I.: Hyogo Noka Daigaku Kenkyu Hokoku, Nogeikagaku Hen, 4, 13 (1959).
[1421] Izawa, G., Natane, M.: Nippon Dojo Hiryogaku Zasshi, 28, 31 (1957).
[1422] Jacks, G. V.: Sci. Progr., 41, 301 (1953).
[1423] Jackson, C. T.: Rep. Comm. Patents, Agriculture, 1858, 191.
[1424] Jackson, E., Wilshire, H.: J. Geophys. Res., 73, 7621 (1968).
[1425] Jacquot, A., Salmon, J.: J. rech. Centre nat. rech. sci., 37, 335 (1956).
[1426] Jaffe, L. D.: Тезисы докладов симпозиума по физике Луны и планет. Киев, 1968, стр. 3.
[1427] Jager, C. de: Classification stellaire et composition chimique des atmosphéres stellaires. Paris, 1955.

[1428] James, H.: Ann., **53**, 352 (1845).
[1429] Jaretzky, R., Drimbon, H. I.: Dtsch. Apotheker-Ztg, **53**, 41, 46, 58 (1938).
[1430] Jaretzky, R., Heinemann, G.: Arch. Pharm., **276**, 354 (1938).
[1431] Jaroslav, H.: Sborn. Českosl. akad. zeměd. věd., **10**, 185 (1935).
[1432] Jausch, H., Mayer, F. X.: Beitr. gerichtl. Med., **20**, 49 (1955).
[1433] Javillier, M.: Les elements chimiques et le monde vivant. Paris, 1952.
[1434] Jena, H., Jena, J.: DT-Pat. 500244 (1923); C. A., **24**, 4341 (1930).
[1435] Jennings, D. S.: Soil Sci., **7**, 201 (1919).
[1436] Jessen, W., Lesch, W.: Z. Pflanzenernähr., Düng., Bodenk., **17 A**, 48 (1930).
[1437] Jodin, V.: Ann. chim. phys., [5], **30**, 485 (1883).
[1438] Jodin, V.: Compt. rend., **97**, 344 (1883).
[1439] John, J. F.: Schweigg. J., **2**, 260 (1811).
[1440] John, J. F.: Chemische Tabellen des Tierreichs. Berlin, 1814.
[1441] Jones, D. J. C.: J. Agr. Sci., **55**, 165 (1960).
[1442] Jones, D. J. C.: NAAS Quart. Rev., **49**, 39 (1960).
[1443] Jones, D. J. C.: J. Agr. Sci., **58**, 265 (1962).
[1444] Jones, D. J. C.: J. Agr. Sci., **65**, 121 (1965).
[1445] Jones, E. I., McCance, R. A., Shackleton, L. R. B.: J. Exp. Biol., **12**, 59 (1935).
[1446] Jones, J. B.: Agron. J., **55**, 579 (1963).
[1447] Jones, L. H., P. Handreck, K. A.: Nature, **198**, 852 (1963).
[1448] Jones, L. H., P. Handreck, K. A.: J. Agr. Sci. **65**, 129 (1965).
[1449] Jones, L. H., P. Handreck, K. A.: Plant and Soil, **23**, 79 (1965).
[1450] Jones, L. H., P. Handreck, K. A.: Adv. Agron., **19**, 107 (1967).
[1451] Jones, L. H., P. Handreck, K. A.: Plant and Soil, **30**, 71 (1969).
[1452] Jones, L. H., P. Milne, A. A.: Plant and Soil, **18**, 207 (1963).
[1453] Jones, L. H., P. Milne, A. A., Sanders, J. V.: Science, **151**, 464 (1966).
[1454] Jones, L. H., P. Milne, A. A., Wadham, S. M.: Plant and Soil, **18**, 358 (1963)
[1455] Jones, U. S., Edwards, W. D.: Proc. Soil Sci. Soc. Am., **18**, 412 (1954).
[1456] Johnston, A., Bezeau, L. M., Smoliak, S.: Can. J. Plant Sci., **47**, 65 (1967).
[1457] Jørgensen, C. B.: Kgl. danske vis, selskab. biol. medd., **19**, No. 7 (1944).
[1458] Jørgensen, E. G.: Physiol. plant., **5**, 161 (1952).
[1459] Jørgensen, E. G.: Physiol. plant., **6**, 301 (1953).
[1460] Jørgensen, E. G.: Physiol. plant., **8**, 840 (1955).
[1461] Jørgensen, E. G.: Physiol. plant., **8**, 846 (1955).
[1462] Jørgensen, E. G.: Dansk bot. arkiv, **18**, 654 (1957).
[1463] Joshi, L., Thornberry, H. H.: Virology, **35**, 169 (1968).
[1464] Jost, L.: Dtsch. Zahn-, Mund- und Kieferheilk. mit Zbl. Zahnheilk., **1**, 117 (1934); Ber. ges. Physiol. exp. Pharmakol., **83**, 494 (1934).
[1465] Jost, L.: Vorlesungen über Pflanzenphysiologie. Jena, 1913.
[1466] Jost, W.: DT-Pat. 1083281 (1960); C. A., **55**, 19103 (1961).
[1467] Junge, C. E., Manson, J. E.: J. Geophys. Res., **66**, 2163 (1961).
[1468] Kabisch, H.: Lebendige Erde, **1964**, 132.
[1469] Kabisch, K., Wellner, K. P.: Biol. Rundschau, **2**, 174 (1965).
[1470] Kageyama, K., Murata, M.: Trans. Japan Pathol. Soc., **21**, 76 (1931).
[1471] Kahane, E.: Bull. Soc. chim. biol., **17**, 1554 (1935).
[1472] Kahane, E., Antoine, G.: Bull. Soc. chim. biol., **18**, 1769 (1936).
[1473] Kahle, H.: Beitr. Klinik Tuberk., **47**, 295 (1921).
[1474] Kahle, H., Rössle: Münch. med. Wochenschr., **61**, 752 (1914).

[1475] KAHN, F. D.: In: Die Entstehung von Sternen durch Kondensation diffuser Materie. Berlin—Göttingen—Heidelberg, 1960, S. 106.
[1476] KAHN, R. P., LIBBY, J. L.: Phytopathol., **48**, 25 (1958).
[1477] KAMEI, T.: Z. physiol. Chem., **171**, 101 (1928).
[1478] KAPHAHN, S.: Beih. bot. Zbl., **18**, I, 237 (1905).
[1479] KAPLAN, I. R., DEGENS, E. T., REUTER, J. H.: Geochim. cosmochim. acta, **27**, 805 (1963).
[1480] KAPPEN, H.: Die Hochofenschlacke (Hüttenkalk). Berlin, 1950, S. 141.
[1481] KAPPES, H. C.: Analyse der Massenkulturen einiger Spaltpilze und der Soorhefe. Diss. Leipzig. 1890; Koch's Jahresber. Gär-Org., **1**, 28 (1890).
[1482] KARASHIMA, J.: Jap. J. Biochem., **10**, 370 (1929).
[1483] KÄRNER, W.: Nova acta Dtsch. Akad. Naturforsch., **54**, 257 (1889).
[1484] KASTEN, W.: Frankfurt. Z. Pathol., **50**, 42 (1936).
[1485] KASUGAI, S., HOSODA, T., NAKAGAWA, M.: Nippon Dojo Hiryogaku Zasshi, **22**, 127 (1951).
[1486] KATES, M., VOLCANI, B. E.: Z. Pflanzenphysiol., **60**, 19 (1968).
[1487] KATO, K., NOMAGUCHI, T.: Sci. Rep. Saitama Univ., Ser. B, **5**, 95 (1968).
[1488] KAUFMANN, E., LEIVA, A.: Inform. méd. (Cuba), **11**, 34 (1947).
[1489] KAUFMANN, H. P.: Klin. Wochenschr., **14**, 1420 (1935).
[1490] KAUFMANN, H. P.: Ber., **69B**, 2685 (1936).
[1491] KAWAGUCHI, K., HATTORI, T.: Nendokagaku no Shimpo, **1**, 283 (1959).
[1492] KAWAGUCHI, K., MATSUO, Y.: Nippon Dojo Hiryogaku Zasshi, **29**, 9 (1958).
[1493] KAWAGUCHI, K., MATSUO, Y., OJIMA, T.: Nippon Dojo Hiryogaku Zasshi, **28**, 493 (1958).
[1494] KEEGAN, P. Q.: Nature, **69**, 30 (1903).
[1495] KEEGAN, P. Q.: Chem. News, **111**, 289 (1915).
[1496] KEEGAN, P. Q.: Chem. News, **112**, 203 (1915).
[1497] KEEGAN, P. Q.: Chem. News, **112**, 295 (1915).
[1498] KEEGAN, P. Q.: Chem. News, **113**, 85 (1916).
[1499] KEEGAN, P. Q.: Chem. News, **114**, 74 (1916).
[1500] KEELER, R. F.: Am. J. Vet. Res., **21**, 428 (1960).
[1501] KEELER, R. F.: Ann. N. Y. Acad. Sci., **104**, 592 (1963).
[1502] KEELER, R. F., LOVELACE, S. A.: J. Exp. Med., **109**, 601 (1959).
[1503] KEELER, R. F., LOVELACE, S. A.: Vet. Res., **22**, 617 (1961).
[1504] KEELER, R. F., SWINGLE, K. F.: Am. J. Vet. Res., **20**, 249 (1959).
[1505] KEELER, R. F., VARNER, J. E.: Nature, **181**, 127 (1958).
[1506] KELLEY, J. B., MIDGLEY, A. R.: Soil Sci., **55**, 167 (1943).
[1507] KELNER, O.: Landw. Vers.-Stat., **17**, 412 (1874).
[1508] KELNER, O.: Landw. Vers.-Stat., **21**, 428 (1878).
[1509] KEMP, I., RIDEAL, E. K.: Proc. Roy. Soc. London, **147A**, 1 (1934).
[1510] KETTLE, E. H.: Brit. J. Exp. Pathol., **5**, 158 (1924).
[1511] KETTMANN, O.: Milchwirtsch. Forsch., **5**, 73 (1927).
[1512] KHAN, D. H., ROY, A. C.: Plant and Soil, **20**, 331 (1964).
[1513] KIDO, M., YANATORI, S.: Nippon Sakumotsu Gakkai Kiji, **29**, 40 (1960).
[1514] KIDO, M., YANATORI, S.: Nippon Sakumotsu Gakkai Kiji, **31**, 237 (1963).
[1515] KIDO, M., YANATORI, S.: Nippon Sakumotsu Gakkai Kiji, **33**, 115 (1964).
[1516] KIDO, M., YANATORI, S., ORITANI, T.: Nippon Sakumotsu Gakkai Kiji, **27**, 161 (1956).

[1517] KIDO, M., YANATORI, S., SATO, T.: Nippon Sakumotsu Gakkai Kiji, **24**, 161 (1956).
[1518] KIM, Y. S.: Res. Guidance (Korea), **5**, No. 3, 39 (1964).
[1519] KIMITSUKI, M.: Fukuoka acta med. **46**, 998 (1955).
[1520] KING, E. J.: J. Biol. Chem., **80**, 25 (1928).
[1521] KING, E. J.: Bull. Soc. chim. biol., **127**, 903 (1930).
[1522] KING, E. J.: Biochem. J., **33**, 944 (1939).
[1523] KING, E. J., BELT, T. H.: Physiol. Revs, **18**, 329 (1938).
[1524] KING, E. J., DAVIDSON, V.: Biochem. J., **27**, 1015 (1933)
[1525] KING, E. J., DOLAN, M.: Can. Med. Assoc. J., **31**, 21 (1934).
[1526] KING, E. J., MCGEORGE, M.: Biochem. J., **32**, 417 (1938).
[1527] KING, E. J., MCGEORGE, M.: Biochem. J., **32**, 426 (1938).
[1528] KING, E. J., ROMAN, W.: Biochem. J., **32**, 2283 (1938).
[1529] KING, E. J., STACY, B. D., HOLT, P. F., YATES, D. M., PICKLES, D.: Analyst., **80**, 441 (1955).
[1530] KING, E. J., STANTIAL, H.: Biochem. J., **27**, 994 (1933).
[1531] KING, E. J., STANTIAL, H., DOLAN, M.: Biochem. J., **27**, 1002 (1933).
[1532] KING, E. J., STANTIAL, H., DOLAN, M.: Biochem. J., **27**, 1007 (1933).
[1533] KING, E. J., WATSON, J. L.: Mikrochemie, **20**, 49 (1936).
[1534] KINGSBURY, J. M., BARGHOORN, E. S.: Appl. Microbiol., **2**, No. 1 (1954).
[1535] KINZEL, H.: Protoplasma, **57**, 522 (1963).
[1536] KIRCHGESSNER, M.: Landw. Forsch., **10**, 45 (1957).
[1537] KIRCHGESSNER, M.: Z. Tierphysiol., Tierernähr., Futtermittelk., **12**, 156 (1957).
[1538] KIRCHGESSNER, M., FRIESECKE, H., OELSCHLÄGER, W.: Z. Tierphysiol., Tierernähr., Futtermittelk., **18**, 11 (1963).
[1539) KIRCHGESSNER, M., OELSCHLÄGER, W., MUNZ, W.: Z. Tierphysiol., Tierernähr., Futtermittelk., **15**, 321 (1960).
[1540] KIRCHHOF, F.: Chemiker-Ztg, **68**, 10 (1944).
[1541] KIRKPATRICK, R.: Quart. J. Microscop. Sci., **56**, 657 (1910—1911).
[1542] KISHONTI, E., SJOSTROM, G.: Milchwiss., **21**, 559 (1966).
[1543] KITTMANN, O.: Milchwirtsch. Forsch., **5**, 73 (1927).
[1544] KLAUBERG, K. W.: Zbl. Bakt., Parasitenk., Abt. I, **147**, 75 (1941).
[1545] KLEBAHN, H.: Atti Congr. int. limnol. teor. appl., Roma, **1927**, 409.
[1546] KLECZKOWSKA, J., NORMAN, A. G., SNIESZKO, S. F.: Soil Sci., **49**, 185 (1940).
[1547] KLECZKOWSKI, A., WIERZCHOWSKI, P.: Soil Sci., **49**, 193 (1940).
[1548] KLEIN, G., NIENBURG, H.: Ber., **69B**, 2026 (1936).
[1549] KLINKE, K.: Der Mineralstoffwechsel. Leipzig—Wien, 1931.
[1550] KLOSTERKOETTER, W., EINBRODT, H. J.: Arch. Hyg. Bakteriol., **149**, 367 (1965).
[1551] KNICKMANN, E.: Neue Mitt. Landw., **1948**, Nr. 4.
[1552] KNICKMANN, E.: Z. Pflanzenernähr., Düng., Bodenk., **47**, 53 (1949).
[1553] KNICKMANN, E.: Z. Pflanzenernähr., Düng., Bodenk., **92**, 250 (1961).
[1554] KNICKMANN, E.: Landw. Forsch., **15**, 130 (1962).
[1555] KNICKMANN, E.: Phosphorsäure, **22**, 213 (1962).
[1556] KNOP, W.: Landw. Vers.-Stat., **2**, 185 (1862).
[1557] KNOP, W.: Landw. Vers.-Stat., **3**, 176 (1862).
[1558] KNOP, W.: Kreislauf des Stoffes, **1**, 224 (1868).
[1559] KNOP, W.: Landw. Vers.-Stat., **30**, 277 (1884).
[1560] KNOP, W., SCHNEDERMANN, G.: J. prakt. Chem., **40**, 385 (1847).
[1561] KNOT, J. C., MURER, H. K., HODGSON, E. R.: J. Agr. Res., **53**, 553 (1936).

[1562] Kobayashi, J.: Ber. Ohara Inst. landw. Forsch., **9**, 329 (1951).
[1563] Kobayashi, J.: Repts Ohara Inst. Agr., Res., **41**, 27 (1953).
[1564] Kochmann, M., Maier, L.: Biochem. Z., **223**, 228 (1930).
[1565] Kochmann, M., Maier, L.: Biochem. Z., **223**, 231 (1930).
[1566] Kochmann, M., Maier, L.: Biochem. Z., **223**, 243 (1930).
[1567] Kodani, M.: Nippon Dojo Hiryogaku Zasshi, **32**, 46 (1961).
[1568] Kohl, F. G.: Anatomisch-physiologische Untersuchung der Kalksalze und Kieselsäure in der Pflanze. Marburg, 1889.
[1569] Kohlrausch, O., Petermann, A.: Z. Rübenzucker-Ind., **21**, 381 (1872).
[1570] Koizumi, Y.: Yokohama Med. Bull., **5**, 398 (1954).
[1571] Kolbe, R. W.: Ergebn. Biol., **8**, 221 (1932).
[1572] Kolpin-Rave, F.: Bot. tidsskr., **21**, 311 (1897).
[1573] Komarovsky, B.: Bull. Res. Council Israel, **2**, 379 (1953).
[1574] König, J.: Wochenbl. Landw., **1870**, 466.
[1575] König, J.: Chemie der Nahrungs- und Genußmittel, sowie der Gebrauchsgegenstände, Berlin, 1920.
[1576] Kono, M.: Nippon Nogei Kagaku Kaishi, **9**, 775 (1933).
[1577] Kono, M., Maruyama, R.: Nippon Nogei Kagaku Kaishi, **11**, 1028 (1935).
[1578] Kono, M., Takahashi, J.: Nippon Sakumotsu Gakkai Kiji, **29**, 63 (1958).
[1579] Kopito, L., Schwachman, H.: Nature, **202**, 501 (1964).
[1580] Kortschak, H. P.: Int. Sugar J., **45**, 18 (1943).
[1581] Kosenko, L. G.: Fed. Proc., **24**, 237 (1965).
[1582] Koshiba, M., Schultz, G., Schein, M.: Nuovo cimento, **9**, 1 (1958).
[1583] Koštiř, J.: Allgemeine Biochemie. Jena, 1963.
[1584] Koyama, H., Hukuta, T.: Nippon Dojo Hiryogaku Zasshi, **13**, 852 (1939).
[1585] Krauskopf, K. B.: Soc. Econ. Paleontol. Mineral., Spec. Publ., **7**, 4 (1959).
[1586] Kraut, H.: In: C. Oppenheimer. Die Fermente, Bd. III. Leipzig, 1929, S. 445.
[1587] Kraut, H.: Z. physiol. Chem., **194**, 81 (1931).
[1588] Kraut, H., Weber, M.: Z. physiol. Chem., **275**, 127 (1942).
[1589] Krebs, H. A.: Ann. Rev. Biochem., **19**, 409 (1950).
[1590] Kreuzhage, C., Wolff, E.: Landw. Vers.-Stat., **30**, 161 (1884).
[1591] Krisch, K.: Beitr. Silikose-Forsch., Sonderband, Grundfr., **4**, 33 (1960).
[1592] Kristiansson, K.: Ark. fysik, **32**, 285 (1966).
[1593] Krocker, F., Jannasch, P.: Ann. Landw. Wochenbl., **1869**, 169.
[1594] Kroeber, L.: Heil- und Gewürz-Pflanzen, **6**, 19 (1923).
[1595] Krüger, W., Wimmer, G., Ringleben, O., Unverdorben, O., Grimm, J., Lüdecke, H.: Z. Ver. dtsch. Zuckerind., **80**, 771 (1930).
[1596] Kruse, W.: Allgem. Mikrobiol., **1910**, 86.
[1597] Ku, H.-K.: Hai Yang Yu Hu Chao, **7**, 73 (1965).
[1598] Kübly: Z. Chem., **1886**, 447.
[1599] Kubo, S.: Shokuryo Kenkyusho Kenkyu Hokoku, **14**, 83 (1959).
[1600] Kubo, S.: Shokuryo Kenkyusho Kenkyu Hokoku, **14**, 86 (1959).
[1601] Kubo, S.: Nippon Nogei Kagaku Kaishi, **34**, 689 (1960).
[1602] Kubo, S.: Shokuryo Kenkyusho Kenkyu Hokoku, **15**, 13 (1961).
[1603] Kubota, M., Shiraishi, K.: Shikoku Nogyo Kenkyu, **8**, 93 (1962).
[1604] Kühn, A.: Z. Tuberk., **32**, 320 (1920).
[1605] Kühne, W.: Z. Biol., **27**, 172 (1893).
[1606] Kumai, M.: J. Meteorol., **8**, 151 (1951).

[1607] Kumai, M.: Geofis. pura e appl., **36**, 169 (1957).
[1608] Kumai, M.: J. Meteorol., **18**, 139 (1961).
[1609] Kunitz, M.: J. Gen. Physiol., **29**, 149 (1946).
[1610] Kunkel, A. J.: Sitzungsber. physiol.-med. Ges. Würzburg, **1898**, 78.
[1611] Küpper, F. C.: Z. Pflanzenernähr., Düng., Bodenk., **6**, 154 (1937).
[1612] Kurat, A. K.: Hokkaido J. Med. Sci., **36**, 118 (1961).
[1613] Kurita, K., Ando, A.: J. Japan Forest. Soc., **34**, 160 (1952).
[1614] Kuroyanagi, S.: Sci. Repts Fac. Agr. Okayama Univ., **2**, 92 (1953).
[1615] Küster, E.: Ber. bot. Ges., **15**, 136 (1897).
[1616] Küster, E.: Bot. Zbl., **69**, 46 (1897).
[1617] Küster-Winkelmann, G.: Arch. Protistenk., **91**, 237 (1938).
[1618] Kützing, F. T.: Die kieselschaligen Bacillarien oder Diatomeen. Nordhausen, 1865.
[1619] Kvorning, S. A.: J. Gerontol., **5**, 23 (1950).
[1620] Kvorning, S. A., Kirk, E.: J. Gerontol., **4**, 16 (1949).
[1621] Labbé, A.: Compt. rend., **197**, 533 (1933).
[1622] Labbé, A.: Compt. rend., **197**, 627 (1933).
[1623] Labbé, A.: Ann. Inst. océanogr., **16**, No. 2 (1936).
[1624] Lachat, L. L., Dutcher, R. A., Honeywell, H. E.: Penna. Agr. Exp. Sta., Bull., **258**, 8 (1930).
[1625] Lackamp, J. W.: Euphytica, **4**, 31 (1955).
[1626] Ladenburg, A.: Ber., **5**, 568 (1872).
[1627] Lagadec, F.: Bull. Soc. sci. Bretagne, **33**, 135 (1958).
[1628] Lagrange, R.: Compt. rend., **242**, 1277 (1956).
[1629] Lange, W.: Ber., **11**, 822 (1878).
[1630] Langendorf, H., Lang, K.: Z. Ernährungswiss., **8**, 27 (1967).
[1631] Lanning, F. C.: Proc. Am. Soc. Hort. Sci., **76**, 349 (1960).
[1632] Lanning, F. C.: J. Agr. Food Chem., **14**, 350 (1966).
[1633] Lanning, F. C.: Proc. Am. Soc. Hort. Sci., **77**, 367 (1961).
[1634] Lanning, F. C.: J. Agr. Food Chem., **11**, 435 (1963).
[1635] Lanning, F. C.: Trans. Kansas Acad. Sci., **67**, 481 (1964).
[1636] Lanning, F. C.: Adv. Frontiers Plant Sci., **13**, 55 (1966).
[1637] Lanning, F. C.: J. Agr. Food Chem., **14**, 636 (1966).
[1938] Lanning, F. C., Garabedian, T.: Proc. Am. Soc. Hort. Sci., **82**, 287 (1963).
[1639] Lanning, F. C., Garabedian,T.: Trans. Kansas Acad. Sci., **66**, 443 (1963).
[1640] Lanning, F. C., Linko, Y.-Y.: J. Agr. Food Chem., **9**, 463 (1961).
[1641] Lanning, F. C., Ponnaiya, B. W. X., Crumpton, C. F.: Plant Physiol., **33**, 339 (1958).
[1642] Lapparent, J. de: Compt. rend., **167**, 999 (1918).
[1643] Laros, W. D.: Proc. Soil Sci. Soc. Am., **15**, 89 (1950).
[1644] Laskowski, M.: Arch. Biochem., **11**, 41 (1946).
[1645] Lawes, J. B., Gilbert, J. H.: J. Chem. Soc., **45**, 305 (1884).
[1646] Leasure, J. K., Mussell, D. R.: US-Pat. 3421881 (1969); C. A., **70**, 86505 (1969).
[1647] Leasure, J. K.: Mussell, D. R.: US-Pat. 3390976 (1968); C. A., **69**, 51120 (1968).
[1648] Leclerc, A.: Zbl. Agrikulturchem., **1878**, 288; J. agricult. prat., **1877**, 777.
[1649] Le Corvaisier, H.: Bull. Soc. sci. Bretagne, **15** (extra fasc.), 1 (1938).
[1650] Lee, H.: Am. Rev. Tuberc., **32**, 697 (1935).
[1651] Leeper, G. W.: Austral. J. Sci., **18**, 56 (1955).

[1652] LEEPER, G. W., NICHOLLS, A., WADHAM, S. M.: Proc. Roy. Soc. Victoria. **49**, 77 (1936).
[1653] LEGG, A. T.: Biochem. J., **13**, 107 (1919).
[1654] LEHMANN, E.: Just's bot. Jahresber., **1890**, I, 90.
[1655] LEHMANN, J.: Ökon. Fortschr., **1872**, 220.
[1656] LEMATTE, L., KAHANE, E.: Compt. rend., **196**, 575 (1933).
[1657] LEMAY, P., JALOUSTRE, L.: La nature, **53**, 180 (1925).
[1658] LEMMEL, L.: Compt. rend., **198**, 496 (1934).
[1659] LEMMERMANN, O.: Z. Pflanzenernähr., Düng., Bodenk., **4 A**, 326 (1925).
[1660] LEMMERMANN, O.: Z. Pflanzenernähr., Düng., Bodenk., **13 A**, 28 (1929).
[1661] LEMMERMANN, O.: Z. Ver. dtsch. Zuckerind., **80**, 956 (1930).
[1662] LEMMERMANN, O., WIESSMANN, H.: Z. Pflanzenernähr., Düng., Bodenk., **1 A**, 185 (1922).
[1663] LEMMERMANN, O., WIESSMANN, H.: Z. Pflanzenernähr., Düng., Bodenk. **3B**, 185 (1924).
[1664] LEMMERMANN, O., WIESSMANN, H., SAMMET, K.: Z. Pflanzenernähr., Düng., Bodenk., **4 A**, 265 (1925).
[1665] LEOD, C. M., ROO, A. S.: J. Exp. Med., **103**, 453 (1956).
[1666] LERICHE, J.: Progrés méd., **1933**, 149.
[1667] LESLIE, J. G., TANG KAO, K.-Y., MCGAVACK, T. H.: Proc. Soc. Exp. Biol. Med., **110**, 218 (1962).
[1668] LEUTWEIN, F., WASKOWIAKE, R.: Neues Jahrb. Mineral., Abhandl., **99**, 45 (1962).
[1669] LEUZ, L.: Landw. Vers.-Stat., **12**, 344 (1870).
[1670] LEWIN, J. C.: Congr. int. bot., Paris. Rapp. et commun., **8**, sect. 11/12, 111 (1954).
[1671] LEWIN, J. C.: J. Gen. Physiol., **37**, 589 (1954).
[1672] LEWIN, J. C.: J. Gen. Microbiol., **13**, 162 (1955).
[1673] LEWIN, J. C.: J. Gen. Physiol., **39**, 1 (1955).
[1674] LEWIN, J. C.: Plant Physiol., **30**, 129 (1955).
[1675] LEWIN, J. C.: Can. J. Microbiol., **3**, 427 (1957).
[1676] LEWIN, J. C.: J. Gen. Microbiol., **18**, 427 (1958).
[1677] LEWIN, J. C.: Geochim. cosmochim. acta, **21**, 182 (1961).
[1678] LEWIN, J. C.: In: Physiology and Biochemistry of Algae. New York—London, 1962, p. 445.
[1679] LEWIN, J. C.: Phycologia, **6**, 1 (1966).
[1680] LEWIN, J. C., CHEN, C.-H.: J. Phycol., **4**, 161 (1968).
[1681] LEWIN, J. C., GUILLARD, R. R. L.: Ann. Rev. Microbiol., **17**, 373 (1963).
[1682] LEWIN, J. C., LEWIN, R. A., PHILPOTT, D. E.: J. Gen. Microbiol., **18**, 418 (1958).
[1683] LEWIN, J. C., REIMANN, B. E. F.: Ann. Rev. Plant Physiol., **20**, 289 (1969).
[1684] LEWIN, J. C., REIMANN, B. E., BUSBY, W. F., VOLCANI, B. E.: In: Cell Synchrony Studies in Biosynthesis Regulation. New York—London, 1966, p. 169.
[1685] LEWIS, J. B.: Can. J. Zool., **43**, 1049 (1965).
[1686] LEYTON, C.: An. quím. farm. (Santiago), **1945**, No. 35, 1.
[1687] LEYTON, L.: Forest. Abstrs, **9**, 399 (1948).
[1688] LEYTON, L.: In: Handbuch der Pflanzenphysiologie, Bd. 4. Berlin, 1958, S. 1026.
[1689] LIEBENTHAL, F.: Science, **114**, 636 (1951).
[1690] LIEBIG, J.: Die Chemie in ihrer Anwendung auf Agricultur und Physiologie, 5. Aufl. Braunschweig, 1843.

[1691] Liebig, J.: Ann., **105**, 109 (1858).
[1692] Liebig, J.: J. prakt. Chem., [2], **1**, **44** (1870).
[1693] Liebig, J.: Die Chemie in ihrer Anwendung auf Agricultur und Physiologie, 9. Aufl. Braunschweig, 1876.
[1694] Liebisch, W.: Z. Bot., **20**, 225 (1928).
[1695] Liebisch, W.: Z. Bot., **22**, 1 (1929).
[1696] Lien, S.: Nung Yeh Yen Chin, **12**, 16 (1963); C. A., **60**, 11326 (1964).
[1697] Lin, K.-C., Lien, S., Li, L.-T.: Nung Yeh Yen Chin, **11**, 45 (1962); C. A., **60**, 11326 (1964).
[1698] Lindau, R., Rhodius, R.: Z. phys. Chem., **A172**, 321 (1935).
[1699] Lineweaver, H., Ballou, G. A.: Arch. Biochem., **6**, 373 (1945).
[1700] Linné, S.: Rev. Inst. etnologia, Univ. Tucumán, **2**, 199 (1932).
[1701] Linsbauer, K.: Sitzungsber. Österr. Akad. Wiss., Abt. I, **120**, 328 (1911).
[1702] Linstow, O.: Repert. nov. spec., Regn. veg., Suppl. 31 (1924).
[1703] Lipman, C. B., Shelley, P. E.: Publ. Carnegie Inst., Dept Marine Biol., **19**, 193 (1924).
[1704] Lipman, C. B.: Sci. Monthly, **26**, 289 (1928).
[1705] Lipman, C. B.: Soil Sci., **45**, 189 (1938).
[1706] Liu, S.-L.: J. Chinese Chem. Soc. (Taiwan), Ser. II, **8**, 226 (1961).
[1707] Liu, S.-L.: J. Chinese Chem. Soc. (Taiwan), **6**, 141 (1960).
[1708] Livingstone, D. A.: In: Data of Geochemistry, 6th ed., chapt. G., U. S. Geol. Surv. Profess. Paper, 440-G (1963).
[1709] Loeper, J., Boissier, J., Polet, C.: Bull. Acad. nat. méd., **14**, 394 (1956).
[1710] Loeper, Jacques, Loeper, Jacqueline: Compt. rend. Soc. biol., **152**, 563 (1958).
[1711] Loeper, Jacques, Loeper, Jacqueline: Compt. rend. Soc. biol., **155**, 468 (1961).
[1712] Loeper, Jacques, Loeper, Jacqueline.: Compt. rend. Soc. biol., **161**, 589 (1967).
[1713] Loeper, Jacques, Loeper, Jacqueline, Beurlet, J.: Presse méd., **71**, 169 (1963).
[1714] Loeper, Jacques, Loeper, Jacqueline, Lemaire, A.: Presse méd., **74**, 865 (1966).
[1715] Loeper, J., Loeper, M.: Progrés méd., **1959**, No. 3.
[1716] Loeper, J., Polet, C.: Compt. rend. Soc. biol., **151**, 263 (1957).
[1717] Loeper, M., Loeper, J.: Bull. Acad. nat. méd., **141**, 455 (1957).
[1718] Lohmann, J.: Beih. bot. Zbl., **15**, 229 (1903).
[1719] Loichinger, E.: Wochenschr. Brauer., **56**, 36 (1938).
[1720] Long, J. W. G., Mackereth, F. J. H., Mortimer, C. H.: Philos. Trans. Roy. Soc. London, B, **246**, 255 (1963).
[1721] López de Azcona, J. M., López de Azcona Fraile, M. C.: Bol. Inst. geol. minero esp., **72**, 131 (1961).
[1722] López de Azcona, J. M., Santos Ruiz, A., Déan Guelbenzu, M.: An. Real. soc. esp. fis. quím., **45B**, 919 (1949).
[1723] López de Azcona, J. M., Santos Ruiz, A., Déan Guelbenzu, M.: Rev. esp. fisiol., **8**, 13 (1952).
[1724] López de Azcona, J. M., Santos Ruiz, A., Déan Guelbenzu, M.: Rev. esp. fisiol., **8**, 149 (1952).
[1725] Lovering, T. S.: Science, **128**, 416 (1958).
[1726] Lovering, T. S.: Bull. Geol. Soc. Am., **70**, 781 (1959).
[1727] Lovering, T. S., Engel, C.: Geol. Surv. Profess. Paper, No. 594-B (1967).
[1728] Lowater, F., Murray, M. M.: Biochem. J., **31**, 837 (1937).
[1729] Löwig, C., Kölliner, A.: Ann. sci. nat. Zool. et biol. anim., [3], **5**, 193 (1846).

[1730] Lowig, E.: Ernähr. Pflanze, **29**, 161 (1933).
[1731] Lowig, E.: Landw. Jahrb., **81**, 273 (1935).
[1732] Lowig, E.: Ernähr. Pflanze, **32**, 61 (1936).
[1733] Lund, J. W. G.: J. Ecol., **38**, 1 (1950).
[1734] Lund, J. W. G.: J. Ecol., **38**, 15 (1950).
[1735] Lund, J. W. G.: J. Ecol., **42**, 151 (1954).
[1736] Lund, J. W. G.: J. Ecol., **43**, 90 (1955).
[1737] Lundie, M.: S. African J. Sci., **9**, 263 (1913).
[1738] Lundie, M.: Chem. News, **110**, 200 (1914).
[1739] McCance, R. A., Shackleton, L. R.: J. Marine Biol. Assoc., **22**, 269 (1937).
[1740] MacCardle, R. C., Baumberger, J. P., Herold, W. C.: Arch. Dermatol. Syphilol., **47**, 517 (1943).
[1741] MacCardle, R. C., Engman, M. F., Jr., Engman, M. F., Sr.: Arch. Dermatol. Syphilol., **47**, 335 (1943).
[1742] McCollum, E. V.: Univ. Penna. Bicentennial Conf. Nutrition, **1941**, 35.
[1743] MacDonald, G. J. F., Knopoff, L.: Geophys. J., **1**, 284 (1958).
[1744] MacEwan, D. M. C.: Nature, **154**, 577 (1944).
[1745] MacEwan, D. M. C.: J. Soc. Chem. Ind., **65**, 298 (1946).
[1746] MacEwan, D. M. C.: Nature, **157**, 159 (1946).
[1747] MacEwan, D. M. C.: Trans. Faraday Soc., **44**, 349 (1948).
[1748] McGavack, T. H., Leslie, J. G., Tang Kao, K.-Y.: Proc. Soc. Exp. Biol. Med., **110**, 215 (1962).
[1749] Mach, F., Herrmann, R.: Landw. Vers.-Stat., **119**, 1 (1934).
[1750] Mach, W. J.: Kolloid-Z., **158**, 65 (1958).
[1751] McHeffey, G. J.: J. Lab. Clin. Med., **27**, 1023 (1942).
[1752] Macher, F., Manninger, E.: Acta chim. Acad. scient. hung., **28**, 83 (1961).
[1753] Macher, F., Manninger, E.: Arch. Mikrobiol., **38**, 201 (1961).
[1754] Macie, I. L.: Philos. Trans. Roy. Soc. London, **81**, 368 (1791).
[1755] Macie, I. L.: Crell's chem. Ann., **1792**, II, 342, 428, 513.
[1756] MacIntire, W. H., Hardin, L. J., Winterberg, S. H., Hammond, J. W.: Soil Sci., **50**, 219 (1940).
[1757] MacIntire, W. H., Shaw, W. M., Young, J. B.: Soil Sci., **19**, 331 (1925).
[1758] MacIntire, W. H., Willis, L. G.: Ind. Eng. Chem., **6**, 1005 (1914).
[1759] MacIntire, W. H., Winterberg, S. H., Hardin, L. J., Sterges, A. J., Clements, L. B.: Proc. Soil Sci. Soc. Am., **12**, 145 (1948).
[1760] McKeague, J. A., Cline, M. S.: Adv. Agron., **15**, 339 (1963).
[1761] McKeague, J. A., Cline, M. S.: Can. J. Soil Sci., **43**, 70 (1963).
[1762] McKeague, J. A., Cline, M. S.: Can. J. Soil Sci., **43**, 83 (1963).
[1763] Mackenzie, J. E.: Chem. Ind., **1945**, 290.
[1764] McLaren, A. D.: J. Phys. Chem., **58**, 129 (1954).
[1765] McLaren, A. D.: Proc. Soil Sci. Soc. Am., **18**, 170 (1954).
[1766] McLaren, A. D., Esterman, E. F.: Arch. Biochem. Biophys., **61**, 158 (1956).
[1767] McLaren, A. D., Peterson, G. H., Barshad, I.: Proc. Soil Sci. Soc. Am. **22**, 239 (1958).
[1768] McManus, W. R., Dudzinski, M. L., Arnold, G. W.: J. Agr. Sci., **69**, 263 (1967).
[1769] McWilliam, J. R.: Austral. J. Agr. Res., **14**, 755 (1963).
[1770] Maeshige, S.: Nippon Suisan Gakkaishi, **29**, 359 (1963).
[1771] Maignon, F.: Compt. rend., **178**, 654 (1924).

[1772] MALFITANO, G., CATOIRE, M.: Compt. rend., **174**, 1128 (1922).
[1773] MANABE, T., ITOSE, S.: Kagawaken Nogyoshikenjo Kenkyu Hokoku, **17**, 17 (1966).
[1774] MANARESI, A., TONEGUTTI, M.: Staz. sper. agr. ital., **43**, 786 (1910).
[1775] MANDL, J., NEUBERG, C.: Adv. Enzymol. Related Subj. Biochem., **17**, 135 (1956).
[1776] MANGIN, M. L.: Ann. sci. nat. Bot. et biol. végét., **8**, 177 (1908).
[1777] MANTON, I.: Proc. Leeds Philos. Soc. (Sci. Sect.), **6**, 306 (1915).
[1778] MARCHAND, E.: J. pharm. chim., [4], **2**, 276 (1865).
[1779] MARCQ, L. R.: Le silicium dans le règne animal et principalement chez l'homme. Thèse. Paris, 1909.
[1780] MARIANI, G.: Just's bot. Jahresber., **1888**, I, 58.
[1781] MARIANI, G.: Studi ricerche ist. lab. chim. agrar. Univ. Pisa, **7**, 67 (1888).
[1782] MARKKANEN, T. K., KALLIOMANI, J. L.: Gastroenterologia, **95**, 374 (1961).
[1783] MARQUIS, A.: Ann. Agron., **15**, 279 (1945).
[1784] MARSHALL, C. E.: The Colloid Chemistry of the Silicate Minerals. N. Y., **1949**, p. 91.
[1785] MARSTAN, E. C.: Chem. News, **110**, 310 (1914).
[1786] MARTIN MUNICO, A.: Rev. Real acad. cienc. exact., fis., nat. Madrid, **44**, 191 (1950)
[1787] MARX, J. W.: US-Pat. 3137564 (1964); C. A., **61**, 6342 (1964).
[1788] MASCHKE, O.: Ann. Phys., **146**, 90 (1872).
[1789] MASON, B.: Principles of Geochemistry. New York—London—Sydney, **1966**.
[1790] MAST, S. O., PACE, D. M.: J. Cell. Comp. Physiol., **10**, 1 (1937).
[1791] MATERNA, J.: Naturwiss., **4b**, 270 (1959).
[1792] MATERNA, J.: Práce Výzkumn. ústavů lesnických ČSSR, **24**, 5 (1962).
[1793] MATSUBAYASHI, M.: Theory and Practice of Growing Rice. Tokyo, 1963.
[1794] MATTSON, S., KOUTELER-ANDERSSON, E.: Lantbrukshögskol. ann., **13**, 153 (1946).
[1795] MAVER, M. E., WELLS, H. G.: Am. Rev. Tuberc., **8**, 318 (1923).
[1796] MAZÉ, P.: Ann. Inst. Pasteur, **28**, 1 (1914).
[1797] MAZÉ, P.: Ann. Inst. Pasteur, **33**, 139 (1919).
[1798] MAZÉ, P.: Ann. Rev. Biochem., **5**, 525 (1936).
[1799] MEIGS, E. B.: J. Biol. Chem., **22**, 493 (1915).
[1800] MELLOR, E.: Les lichens vitricoles. Paris, 1922, p. 117.
[1801] MELOCHE, V. W., LEADER, G., SAFRANSKI, L., JUDAY, C.: Trans. Wisconsin Acad. Sci., Arts Lett., **31**, 363 (1938).
[1802] MENCHIKOVSKY, F.: Hadar, **10**, 175 (1937).
[1803] MENGDEHL, H.: Jahrb. wiss. Bot., **75**, 252 (1932).
[1804] MERCADER, A. L., DIEGO, A. I. DE: Rev. med. cienc. afines (Buenos Aires), **7**, 735 (1945).
[1805] MERRIFIELD, R. B.: J. Am. Chem. Soc., **85**, 2149 (1963).
[1806] METCALFE, C. R.: Anatomy of the Monocotyledons. Oxford, 1960.
[1807] MÉTHERIE, J. C. DE LA: J. phys. chim. hist. nat., **50**, 3 (1800).
[1808] MÉTHERIE, J. C. DE LA: Crell's chem. Ann., **1792**, II, 237.
[1809] MEYER, J. A.: Wiss. Meeresuntersuch., Kiel, **16**, 231 (1914).
[1810] MICHON, R., SÜE, P., MÉRINIS, J.: Compt. rend., **243**, 2194 (1956).
[1811] MIETH, H.: Landw. Vers.-Stat., **74**, 81 (1910).
[1812] MILIARAKIS: Die Verkieselung lebender Elementarorgane bei den Pflanzen. Diss. Würzburg, 1884.
[1813] MILLER, B. S., ROBINSON, R. J., JOHNSON, J. A., JONES, E. T., PONNAIYA, B. W. X.: J. Econ. Entomol., **53**, 995 (1960).
[1814] MILLINGTON, W. F., GAWLIK, S. R.: Nature, **216**, 68 (1967).

[1815] MINCHIN, E. A.: Ergebn. Zool., **2**, 171 (1910).
[1816] MINGUZZI, C., VERGNANO, O.: Nuovo giorn. bot. ital., **60**, 287 (1953).
[1817] MINNAERT, M. G. J.: Monthly Notices RAS, **117**, 315 (1957).
[1818] MITA, K.: Nippon Suisan Gakkaishi, **27**, 239 (1961).
[1819] MITOLO, M.: Metalli e metalloidi non communi negli organismi. Roma, 1932.
[1820] MITSCHERLICH, E.: Ann., **56**, 356 (1845).
[1821] MITSCHERLICH, E.: J. prakt. Chem., [1], **36**, 231 (1845).
[1822] MITSUI, S., ASO, S., KUMAZAWA, K.: Nippon Dojo Hiryogaku Zasshi, **22**, 46 (1951).
[1823] MITSUI, S., TAKATO, H.: Nippon Dojo Hiryogaku Zasshi, **30**, 535 (1960).
[1824] MITSUI, S., TAKATO, H.: Nippon Dojo Hiryogaku Zasshi, **32**, 338 (1961).
[1825] MITSUI, S., TAKATO, H.: Nippon Dojo Hiryogaku Zasshi, **33**, 449 (1962).
[1826] MITSUI, S., TAKATO, H.: Soil Sci. Plant Nutrit., **9**, 49 (1963).
[1827] MITSUI, S., TAKATO, H.: Soil Sci. Plant Nutrit., **9**, 54 (1963).
[1828] MITTELDORF, A. J., LANDON, D. O.: Anal. Chem., **24**, 469 (1952).
[1829] MIYAKE, M., MATSUMI, S.: Hokkaido Nogyo Shikensho Iho, **80**, 47 (1962).
[1830] MIYOSHI, H., ISHII, H.: Nippon Dojo Hiryogaku Zasshi, **30**, 337 (1959).
[1831] MÖBIUS, M.: Ber. bot. Ges., **26**, 29 (1908).
[1832] MÖBIUS, M.: Wiesner-Festschr., Wien, **1908**, 81.
[1833] MOHL, H.: Bot. Ztg, **119**, 209, **217**, 225 (1861).
[1834] MOHN, G.: Beitr. Silikose-Forsch., Nr. **94**, 11 (1968).
[1835] MOHN, G.: Beitr. Silikose-Forsch., Nr. **94**, 25 (1968).
[1836] MOIR, W. W. G., HANCE, F. E. et al.: Handbook of Hawaiian Soils. Honolulu, 1936, p. 134.
[1837] MOLISCH, H.: Sitzungsber. zool.-bot. Ges. Wien, **37**, 4. Mai (1887).
[1838] MOLISCH, H.: Zentralorgan Warenk. Technol., Stuttgart, **1890**, H. 3.
[1839] MOLISCH, H.: Ber. bot. Ges., **34**, 154 (1916).
[1840] MOLISCH, H.: Ber. bot. Ges., **36**, 277 (1918).
[1841] MOLISCH, H.: Ber. bot. Ges., **36**, 474 (1918).
[1842] MOLISCH, H.: Aschenbilder und Pflanzenverwandtschaft. Jena, 1920.
[1843] MOLISCH, H.: Mikrochemie der Pflanze. Jena, 1923.
[1844] MOLISCH, H.: Pflanzenchemie und Pflanzenverwandtschaft. Jena, 1933.
[1845] MONCEAUX, R. H.: L'hôpital, **1959**, No. 690.
[1846] MONCEAUX, R. H.: Prod. pharm., **15**, 99 (1960).
[1847] MOORE, B., EVANS: Proc. Roy. Soc. London, **89**, 17 (1915).
[1848] MOORE, S., STEIN, W. H.: Ann. Rev. Biochem., **21**, 521 (1952).
[1849] MORANDINI, MANETTI, MUSSO: Landw. Vers.-Stat., **23**, 445 (1879).
[1850] MORANI, V., FORTINI, S.: Agrochimica, **7**, No. 1, 29 (1962).
[1851] MORANI, V., FORTINI, S.: Plant and Soil, **18**, 140 (1963).
[1852] MORGAN, J. C., KING, E. J.: J. Biol. Chem., **95**, 613 (1932).
[1853] MORIK, J., MORLIN, Z.: Népegészségügy, **40**, 288 (1954).
[1854] MORRISON, J. L., WORSLEY, M., SHAW, D. R., HODGSON, G. W.: Can. J. Chem., **37**, 1986 (1959).
[1855] MOSER, J.: Landw. Vers.-Stat., **20**, 113 (1877).
[1856] MOSINGER, M., AYNAUD, R., FIORENTINI, H., EL FEKI, M., CARTOUZOU, G., BISSCHOP, G. DE, BOUISSON, M.: Rev. lyonn. méd., **8**, 1375 (1959).
[1857] MOSINGER, M., FIORENTINI, H., EL FEKI, M., CARTOUZOU, G.: Ann. méd. légale et criminol., **37**, 197 (1957).
[1858] MOUTON, J. A., POBEGUIN, T.: Bull. Soc. bot. France, **113**, 274 (1966).

[1859] Mukai, M.: Igaku to Seibutsugaku, **10**, 327 (1947).
[1860] Müller, A.: Landw. Jahrb., **3**, 249 (1874).
[1861] Müller, D., Holm, F.: Zbl. Bakt., Parasitenk., II. Abt., **105**, 131 (1942).
[1862] Müller, G., Förster, I.: Zbl. Bakt., Parasitenk., II. Abt., **114**, 1 (1961).
[1863] Müller, G., Förster, I.: Zbl. Bakt., Parasitenk., II. Abt., **116**, 372 (1963).
[1864] Müller, J.: Abhandl. Dtsch. Akad. Wiss. Berlin, **42**, 1 (1858).
[1865] Müller, J. A.: Ann. agron., **20**, 82 (1894).
[1866] Münch, H.: Arch. Hyg. Bakt., **117**, 129 (1937).
[1867] Murakumo, K., Lee, F.-V., Lai, T.-M.: Rep. Taiwan Sugar Exp. Sta., No. 11, 41 (1953).
[1868] Murata, M., Kageyama, K.: Trans. Japan Pathol. Soc., **22**, 153 (1932).
[1869] Murray, J., Irving, R.: Proc. Roy. Soc. Edinburgh, **18**, 229 (1891).
[1870] Murray, J., Renard, A. F.: Challenger Rep., **3**, 1 (1891).
[1871] Murthy, L. S. V.: Malayan Forester, **28**, No. 1, 27 (1965).
[1872] Musso, C.: Latte, **27**, 372 (1953).
[1873] Mutschler, L.: Landw. Vers.-Stat., **23**, 74 (1878).
[1874] Mylius, F., Groschuff, E.: Ber., **39**, 116 (1906).
[1875] Nagata, M.: Sci. Repts Osaka Univ., **3**, 53 (1954).
[1876] Nagy, B.: Ann. N. Y. Acad. Sci., **108**, No. 2 (1963).
[1877] Nakagawa, M., Kitamoto, A., Tange, I.: Soil Plant Food, **1**, No. 1, 27 (1955).
[1878] Nakamura, T.: Nogyo Gijutsu Kenkyujo Hokoku, Ser. B, No. 9, 1 (1959).
[1879] Nanji, D. R., Shaw, W. S.: J. Soc. Chem. Ind., **44**, 1 T (1925).
[1880] Needham, J.: Chemical Embryology. New York—London, 1963, reprint. from 1931.
[1881] Němec, A.: Biochem. Z., **190**, 42 (1927).
[1882] Němec, A.: Sbor. Českosl. akad. zeměd., **13**, 266 (1938).
[1883] Němec, A.: Sbor. Českosl. akad. zeměd., **15**, 86 (1940).
[1884] Němec, A.: Lesnická práce, **23**, 65 (1944).
[1885] Němec, A.: Lesnická práce, **25**, 7 (1946).
[1886] Němec, B.: Ber. bot. Ges., **54**, 276 (1936).
[1887] Němec, B.: Listy cukrowarn., **58**, 282 (1940).
[1888] Netolitzky, F.: Österr. bot. Z., **61**, 409 (1911).
[1889] Netolitzky, F.: Österr. bot. Z., **62**, 353 (1912).
[1890] Netolitzky, F.: Bul. facult. ştiint. Cernanti, **2**, 320 (1928).
[1891] Netolitzky, F.: In: Linsbauer's Handbuch der Pflanzenanatomie, Bd. 3, Ia. Berlin, 1929, S. 1.
[1892] Nessler: Ber. Vers.-Stat. Karlsruhe, **1870**, 222.
[1893] Netscher, H.: Wochenschr. Brauer., **45**, 582 (1928).
[1894] Netscher, H.: Wochenschr. Brauer., **46**, 335 (1929).
[1895] Neuman, W. F., Neuman, M. M.: U. S. Atomic Energy Comm. Repts, UR-656 (1964).
[1896] Newell, J. M., McCollum, E. V.: U. S. Dept Commerce, Bureau Fisheries, Invest. Rept, **5**, 1 (1931).
[1897] Nicholls, A.: Proc. Roy. Soc. Victoria, **49**, 17 (1936).
[1898] Nicolas, P. M.: Lumberman (Manila), **13**, No. 3, 44 (1967).
[1899] Niklas, H., Toursel, O.: Z. Pflanzenernähr., Düng., Bodenk., **23**, 357 (1941).
[1900] Nishikado, Y., Kobayashi, J., Inone, N., Moritsugu, M.: Nogaku Kenkyu, **43**, 113 (1955).
[1901] Noguera Gómez, E.: Rev. brasil. quim., **10**, 396 (1940).

[1902] NOLL, A.: Zbl. Bakt., Parasitenk., Abt. 2, **106**, 277 (1943).
[1903] NORDAL, A.: Pharmacognostical Study of *Sedum acre*, Including a Comparison with Some Other *Crassulaceae*. Oslo, 1946.
[1904] NORTHROPS, J. H.: J. Gen. Physiol., **5**, 751 (1923).
[1905] NORTON, B. E.: Austral. J. Sci., **29**, 371 (1967).
[1906] NOTTLE, M. C.: Austral. J. Agr. Res., **17**, 175 (1966).
[1907] NOTTLE, M. C.: Austral. J. Agr. Res., **17**, 183 (1966).
[1908] NOTTLE, M. C., ARMSTRONG, J. M.: Austral. J. Agr. Res., **17**, 165 (1966).
[1909] NUNES DE OLIVEIRA, J.: Anais fac. farm. Porto, **15**, 5 (1955).
[1910] N. V. de Bataafsche Petroleum Maatschappij: DK-Pat. 53471 (1942).
[1911] OBATA, H., NAGAI, Y., NAKAZONO, A.: Nippon Dojo Hiryogaku Zasshi, **30**, 597 (1960).
[1912] OBERLIES, F., POHLMANN, G.: Naturwiss., **45**, 487 (1958).
[1913] OBERLIES, F., POHLMANN, G.: Naturwiss., **45**, 513 (1958).
[1914] OBST, W.: Kunstdünger Leim-Ind., **24**, 435 (1927).
[1915] OETLING, C.: DT-Pat. 688676 (1940); C. A., **35**, 3760 (1941).
[1916] OGINO, C., YASUDA, S.: Nippon Suisan Gakkaishi, **28**, 788 (1962).
[1917] OHLMEYER, P., OLPP, U.: Z. physiol. Chem., **281**, 203 (1944).
[1918] OKAMOTO, Y.: Bull. Fac. Liberal Arts Educ. Yamanashi Univ., 8, 172 (1957).
[1919] OKAMOTO, Y.: Nippon Sakumotsu Gakkai Kiji, **25**, 219 (1957).
[1920] OKAMOTO, Y.: Nippon Sakumotsu Gakkai Kiji, **27**, 1 (1958).
[1921] OKAMOTO, Y.: Nippon Sakumotsu Gakkai Kiji, **28**, 35 (1959).
[1922] OKAMOTO, Y.: Wakayama Daigaku Gakugeigakubu Kiyo, Shizen Kagaku, **12**, 69 (1962).
[1923] OKAWA, K.: Nippon Dojo Hiryogaku Zasshi, **10**, 95 (1936).
[1924] OKAWA, K.: Nippon Dojo Hiryogaku Zasshi, **10**, 216 (1936).
[1925] OKAWA, K.: Nippon Dojo Hiryogaku Zasshi, **10**, 414 (1936).
[1926] OKAWA, K.: Nippon Dojo Hiryogaku Zasshi, **11**, 23 (1937).
[1927] OKAWA, K., TANAKA, R.: Nippon Dojo Hiryogaku Zasshi, **14**, 703 (1940).
[1928] OKUDA, A.: Res. Guidance (Korea), **5**, 107 (1964).
[1929] OKUDA, A., TAKAHASHI, E.: Nippon Dojo Hiryogaku Zasshi, **32**, 475 (1961).
[1930] OKUDA, A., TAKAHASHI, E.: Nippon Dojo Hiryogaku Zasshi, **32**, 481 (1961).
[1931] OKUDA, A., TAKAHASHI, E.: Nippon Dojo Hiryogaku Zasshi, **32**, 533 (1961).
[1932] OKUDA, A., TAKAHASHI, E.: Nippon Dojo Hiryogaku Zasshi, **32**, 623 (1961).
[1933] OKUDA, A., TAKAHASHI, E.: Nippon Dojo Hiryogaku Zasshi, **33**, 1 (1962).
[1934] OKUDA, A., TAKAHASHI, E.: Nippon Dojo Hiryogaku Zasshi, **33**, 59 (1962).
[1935] OKUDA, A., TAKAHASHI, E.: Nippon Dojo Hiryogaku Zasshi, **33**, 65 (1962).
[1936] OKUDA, A., TAKAHASHI, E.: Nippon Dojo Hiryogaku Zasshi, **33**, 217 (1962).
[1937] OKUDA, A., TAKAHASHI, E.: Nippon Dojo Hiryogaku Zasshi, **33**, 453 (1962).
[1938] OKUDA, A., TAKAHASHI, E.: Nippon Dojo Hiryogaku Zasshi, **34**, 114 (1963).
[1939] OKUDA, A., TAKAHASHI, E.: In: The Mineral Nutrition of the Rice Plant (Symp. Int. Rice Res. Inst.). Baltimore, 1964, p. 123.
[1940] OKUNO, H., KUROSAWA, K.: Bull. Fac. Textile Fibers Kyoto Univ., **2**, 43 (1957).
[1941] OLSEN, C.: Compt. rend. trav. Lab. Carlsberg. Sér. chim., **26**, 197 (1948).
[1942] OLSZEWSKI, W., KOHLER, H.: Gas- und Wasserfach, **85**, 483 (1942).
[1943] ONISHI, Y., KITAGISHI, K.: Soil Sci. Plant Nutr., 8, No. 2, 1 (1962).
[1944] ONO, K., TSUJI, H.: Osaka Univ. Bull. Ser. B. Agr. Biol., **19**, 27 (1967).
[1945] ONODERA, I., KAGESHIMA, J.: Nippon Dojo Hiryogaku Zasshi, **10**, 318 (1936).

[1946] ONSLOW, H.: Nature, **98**, 489 (1917).
[1947] ONSLOW, H.: Proc. Roy. Soc. London, **B90**, 266 (1918).
[1948] OPIANA, G. O.: Philippine J. Sci., **76**, No. 3, 29 (1944).
[1949] OSUGI, S., SAEGI, K.: Nippon Nogei Kagaku Kaishi, **9**, 810 (1933).
[1950] OTA, M.: Bull. Fac. Liberal Arts Educ. Yamanashi Univ., **5**, 183 (1954).
[1951] OTA, M., KOBAYASHI, H., KAWAGUCHI, Y.: Soil Plant Food, **1**, 45 (1955).
[1952] OTA, M., KOBAYASHI, H., KAWAGUCHI, Y.: Soil Sci. Plant Nutr., **3**, 104 (1957).
[1953] OTA, N.: J. Chem. Soc. Japan. Pure Chem. Sect., **74**, 55 (1953).
[1954] OTA, Y., TANAKA, T.: Nippon Sakumotsu Gakkai Kiji, **28**, 367 (1960).
[1955] OTSUKA, I.: Kyoto Furitsu Ika Daigaku Zasshi, **59**, 149 (1961).
[1956] OVINGTON, J. A.: J. Ecol., **44**, 597 (1954).
[1957] OWEN, E. C., J. Dairy Res., **18**, 113 (1951).
[1958] PADMAJA, P., VERGHESE, E. J.: Agr. Res. J. Kerala, **4**, 31 (1966).
[1959] PAGE, J. B.: Soil Sci., **51**, 133 (1941).
[1960] PAGE, R. C., HEFFNER, R. R., FREY, A.: Am. J. Digest. Dis., **8**, 13 (1941).
[1961] PAIĆ, M., DEUTSCH, V.: Compt. rend., **202**, 1283 (1936).
[1962] PAIĆ, M., DEUTSCH, V.: Compt. rend., **202**, 1514 (1936).
[1963] PAINE, S. G.: Ann. Bot., **30**, 383 (1916).
[1964] PAINE, S. G., LINGOOD, F. V., SCHIMMER, F., TRUPP, T. C.: Trans. Roy. Soc. London, **B222**, 97 (1933).
[1965] PAJOR, W.: Wszechświat, **4**, 103 (1965).
[1966] PAK, Y. S.: Res. Guidance (Korea), **5**, No. 3, 89, 112 (1964).
[1967] PANDA, A.: Indian Pulp and Paper, **16**, 470 (1962).
[1968] PANTASTICO, E. B.: Philippine Agriculturist, **43**, 583 (1960).
[1969] PARISH, D. H.: Mauritius Sugar Ind. Res. Inst., Ann. Rep., **1965**, 62 (1966).
[1970] PARISH, D. H., FEILLAFE, S. M.: Mauritius Sugar Ind. Res. Inst., Ann. Rep., **1961**, 45.
[1971] PARK, Y. D.: Korean Min. Agr. Forest. Offic., Rural Develop. Res. Rep., **10**, No. 3, 51 (1967).
[1972] PARK, Y. D.: Korean Min. Agr. Forest. Offic., Rural Develop. Res. Rep., **10**, No. 3, 55 (1967).
[1973] PARK, Y. S., OH, W. K., PARK, C. S.: Korean Min. Agr. Forest. Offic., Rural Develop. Res. Rep., **7**, 31 (1964).
[1974] PARKER, B. C.: Can. J. Bot., **47**, 537 (1969).
[1975] PARKER, K. G.: J. Range Manag., **10**, 105 (1957).
[1976] PARKER, R. L.: In: Data of Geochemistry, 6th ed., chapt. D., U. S. Geol. Surv. Profess. Paper, 440-D, 1967.
[1977] PARRY, D. W., SMITHSON, F.: Ann. Bot., **22**, 543 (1958).
[1978] PARRY, D. W., SMITHSON, F.: Nature, **181**, 1549 (1958).
[1979] PARRY, D. W., SMITHSON, F.: Nature, **182**, 1460 (1958).
[1980] PARRY, D. W., SMITHSON, F.: Ann. Bot., **28**, 169 (1964).
[1981] PARRY, D. W., SMITHSON, F.: Ann. Bot., **30**, 525 (1966).
[1982] PATTON, A. R.: Arkansas Agr. Exp. Sta. Bull., **375**, 3 (1939).
[1983] PAULING, L.: Chem. Eng. News, **27**, 913 (1949).
[1984] PEARL, I. A., BEYER, D. L., JUSTMAN, O.: Tappi, **45**, 107 (1962).
[1985] PEARSALL, W. H.: J. Ecol., **20**, 241 (1932).
[1986] PEMBERTON, C. E.: Printed Repts Ann. Meeting Hawaiian Sugar Planters' Assoc., Repts Comm. in Charge Exp. Sta., **60**, 17 (1940).

[1987] Penard, E.: Les héliozooires d'eau douce. Genève, 1904.
[1988] Peter, B.: Pharm. Monatsh., **4**, 63 (1923).
[1989] Petter, K.: Vierteljahrsschr. prakt. Pharm., **11**, 545 (1862).
[1990] Peyssonneau, J.: J. pharm. chim., **29**, 49 (1939).
[1991] Pfeffer, W.: Physiology of Plants. Oxford, 1900, p. 435.
[1992] Pfeiffer, H.: Ber. bot. Ges., **39**, 353 (1921).
[1993] Pfeiffer, H.: Ber. bot. Ges., **43**, Schlußheft, 26 (1925).
[1994] Pfeiffer, H.: Protoplasma, **9**, 120 (1930).
[1995] Pfeiffer, T.: Mitt. dtsch. Landw.-Ges., **38**, 196 (1923).
[1996] Pfyl, B.: Arb. kais. Gesundheitsamte, **48**, 321 (1915).
[1997] Phillips, M., Davidson, J., Weihe, H. D.: J. Agr. Res., **43**, 619 (1931).
[1998] Phipson, T. L.: Rep. Brit. Assoc., **1859**, 77.
[1999] Pia, J.: Pflanzen als Gesteinsbildner. Berlin, 1926.
[2000] Pierre, I.: Compt. rend., **63**, 374 (1866).
[2001] Pierre, I.: Jahresber. Agrikulturchem., **1868/1869**, 264; Compt. rend., **68**, 1526 (1869).
[2002] Piesse, C. H., Stansell, L.: Pharm. J., [3], **11**, 416 (1880).
[2003] Pillai, T. N. V.: Curr. Sci., **36**, 667 (1967).
[2004] Pimentel, G. C., Atwood, K. C., Gaffron, H., Hartline, H. K., Jukes, T. H., Pollard, E. C., Sagan, C.: Nat. Acad. Sci., Nat. Res. Council, Publ. No. 1296, 243 (1966).
[2005] Pinck, L. A., Sherman, M. S., Allison, F. E.: Soil Sci., **51**, 351 (1946).
[2006] Pinto Alvarez, A., Zapata, B. O.: Congr. farm. bioquím. peruano y convencion farm. norte. Actas trabajos, **1953**, 286.
[2007] Pireyre, N.: Compt. rend., **236**, 742 (1953).
[2008] Pirie, N. W.: New Biology, **16**, 41 (1954).
[2009] Pirie, N. W.: Brit. J. Philos. Sci., **6**, 341 (1956).
[2010] Plagniol, A.: Languedoc méd., **1953**, No. 4.
[2011] Platek, J., Glusek, S.: Roczn. nauk roln. Ser. A, **86**, 339 (1962).
[2012] Plessis, S. F. du, Burger, R. du T.: S. Afr. J. Agr. Sci., **9**, 525 (1966).
[2013] Plummer, J. K.: J. Agr. Res., **5**, 569 (1915/1916).
[2014] Pobeguin, T.: Compt. rend., **238**, 2125 (1954).
[2015] Pobeguin, T.: J. phys. radium, **15**, 410 (1954).
[2016] Pogers, C.: Chem. News, **114**, 172 (1916).
[2017] Poirault, G.: Ann. sci. nat., [7], **18**, 113 (1893).
[2018] Poleck, T.: Ann. Chem. Pharm., **76**, 385 (1850); Ann. Phys., **79**, 155 (1850).
[2019] Poleck, T.: Bot. Zbl., **30**, 320 (1887).
[2020] Polet, C.: Silice et calcification artérielle. Thèse. Paris, 1957.
[2021] Policard, A., Collet, A., Daniel-Moussard, H., Pregermain, S.: Bull. microsc. appl., **10**, 72 (1960).
[2022] Policard, A., Devuns, J.: Compt. rend., **190**, 979 (1930).
[2023] Ponnamperuma, F. N.: In: The Mineral Nutrition of the Rice Plant (Symp. Int. Rice Res. Inst.). Baltimore, **1964**, pp. 295, 461.
[2024] Pope, M. N.: J. Am. Soc. Agron., **37**, 582 (1945).
[2025] Portoles Alonso, A., Déan Guelbenzu, M.: Enclides (Madrid), **12**, 365 (1952).
[2026] Post, H. W.: Silicones and Other Organic Silicon Compounds. New York, 1949, p. 138.
[2027] Pott, R.: Landw. Vers.-Stat., **15**, 217 (1872).

[2028] PRATJE, O.: Dtsch. hydrogr. Z., **4**, Nr. 1/2 (1951).
[2029] PRATT, D. M.: U. S. Govt Res. Develop. Rept, **41**, 35 (1966).
[2030] PRESS, R.: Nature, **148**, 753 (1941).
[2031] PRIBYL, E.: Klin. spisy Skoly zverol. Brno, **10**, 1 (1934).
[2032] PRIBYL, E.: Nutr. Abstrs Revs, **5**, 118 (1935).
[2033] PRICE, R. M.: Can. J. Res., **7**, 617 (1932).
[2034] PRYTHERCH, E. I., TOULSON, G. A., WILLEY, L. A.: Exp. Husb., **4**, 18 (1959).
[2035] PUJSZO, K., SEIDLER, S., ZIOLECKA, A., ZOLKIEWSKI, A.: Roczn. nauk roln. Ser. B, **74**, 591 (1959).
[2036] PUNTRIANO, G. O.: Am. J. Vet. Res., **16**, 101 (1955).
[2037] QUASTEL, J. H.: Ann. Rev. Plant Physiol., **5**, 75 (1954).
[2038] QUILICHINI, R., AUMONIER, P., BONINI, F.: Botaniste, **50**, 359 (1967).
[2039] RAGER, G. R.: Agressologie, **8**, 69 (1967).
[2040] RAKUSIN, M. A.: Chemiker-Ztg, **75**, 568 (1926).
[2041] RALEIGH, G. J.: Plant Physiol., **14**, 823 (1939).
[2042] RALEIGH, G. J.: Soil Sci., **60**, 133 (1945).
[2043] RALEIGH, G. J.: Cornell Univ. Agr. Exp. Sta. Mem., No. **326** (1953).
[2044] RAMAGE, H.: Nature, **123**, 601 (1929).
[2045] RAMANN, E.: Z. Forst- und Jagdwes., **30**, 157 (1898).
[2046] RAMANN, E.: Z. Forst- und Jagdwes., **43**, 747 (1911).
[2047] RAMANN, E.: Jahrb. wiss. Bot., **50**, 84 (1912).
[2048] RAMANN, E.: Landw. Vers.-Stat., **76**, 157 (1912).
[2049] RAMANN, E.: Landw. Vers.-Stat., **76**, 165 (1912).
[2050] RAMANN, E., GOSSNER, B.: Landw. Vers.-Stat., **76**, 117 (1911).
[2051] RAMSEY, W. H.: Monthly Notices Roy. Astron. Soc., **108**, 406 (1948).
[2052] RAMSEY, W. H.: Monthly Notices Roy. Astron. Soc., Geophys. Suppl., **5**, 409 (1949).
[2053] RAUCH, G.: Arch. Hyg. Bakt., **130**, 57 (1943).
[2054] RAUFF, H.: Paleospongiologie, Stuttgart, 1893.
[2055] RAULIN, F. V.: Ann. sci. nat., [5], **2**, 224 (1869).
[2056] RAUTENBERG, F., KÜHN, G.: Landw. Vers.-Stat., **6**, 355 (1864).
[2057] REEMTSMA, J. B.: Flora, Abt. B, **156**, 105 (1966).
[2058] REFAI, F. Y., JONES, E. T., MILLER, B. S.: Cereal Chem., **32**, 437 (1955).
[2059] REIFENBERG, A.: Z. Pflanzenernähr., Düng., Bodenk., **17 A**, 1 (1930).
[2060] REIFENBERG, A., BUCKWOLD, S. J.: J. Soil Sci., **5**, 106 (1954).
[2061] REIMANN, B. E. F.: Nova hedwigia, **2**, 349 (1960).
[2062] REIMANN, B. E. F.: Exp. Cell Res., **34**, 605 (1964).
[2063] REIMANN, B. E. F., LEWIN, J. C., VOLCANI, B. E.: J. Cell Biol., **24**, 39 (1965).
[2064] REIMANN, B. E. F., LEWIN, J. C., VOLCANI, B. E.: J. Phycol., **2**, 74 (1966).
[2065] REIMANN, B. E. F., VOLCANI, B. E.: J. Ultrastruct. Res., **22**, 182 (1968).
[2066] REMMETS, T.: Zbl. Chirurgie, **18**, 1066 (1938).
[2067] REUSSER, F.: Acta endocrinol., **49**, 578 (1965).
[2068] REUTHER, W.: Proc. Am. Soc. Hort. Sci., **51**, 137 (1948).
[2069] REYNOLDS, J. E.: Chem. News, **100**, 245 (1909).
[2070] REYNOLDS, J. H.: Physiol. Revs, **90**, 1047 (1953).
[2071] RHODES, H. T. F.: Chem. News, **109**, 28 (1914).
[2072] RHUMBLER, L.: Nachr. Ges. Wiss. Göttingen, **48**, 419 (1892).
[2073] RICCIARDI, L.: Just's bot. Jahresber., **1885**, I, 83.
[2074] RICHARDS, H. M.: Jahrb. wiss. Bot., **30**, 665 (1897).

[2075] Richardson, W. D.: Science, **51**, 546 (1920).
[2076] Richter, C.: Arbeitsschutz, **1939**, 143.
[2077] Richter, C.: Arbeitsschutz, **1940**, 87.
[2078] Richter, O.: Verh. Ges. dtsch. Naturforsch. Ärzte, **2**, 249 (1904).
[2079] Richter, O.: Sitzungsber. Österr. Akad. Wiss., **115**, 1 (1906).
[2080] Richter, O.: Denkschr. Österr. Akad. Wiss., **84**, 666 (1909).
[2081] Richter, O.: Sitzungsber. Österr. Akad. Wiss., Abt. 1, **118**, 1337 (1909).
[2082] Richter, O.: Int. Rev. ges. Hydrobiol., **2**, 1 (1911).
[2083] Riegel, F.: Arch. klin. Med., **15**, 215 (1875).
[2084] Riessner, O., Kindt, B.: Z. physiol. Chem., **174**, 40 (1928).
[2085] Riley, V. T.: J. Nat. Cancer Inst., **11**, 199 (1950).
[2086] Ringwood, A. E.: Geochim. cosmochim. acta, **15**, 257 (1959).
[2087] Ringwood, A. E.: Geochim. cosmochim. acta, **25**, 1 (1961).
[2088] Riquier, J.: Trans. 7th Int. Congr. Soil Sci., Madison, **4**, 425 (1960).
[2089] Roberg, M.: Arch. Pharm., **281**, 280 (1943).
[2090] Robin, A.: Bull. Soc. études sci. tuberculoux, **1907**, No. 2.
[2091] Robin, A.: Bull. Acad. méd., **87**, 128 (1922).
[2092] Robinson, T. N., Robinson, W. W.: Military Med., **130**, 1082 (1965).
[2093] Robinson, W. O.: Science, **83**, 596 (1936).
[2094] Robinson, W. O., Edgington, G.: Soil Sci., **60**, 15 (1945).
[2095] Roche, L.: Compt. rend. Soc. biol., **138**, 555 (1944).
[2096] Rodenkirchen, J.: Milchwirtsch. Forsch., **20**, 175 (1940).
[2097] Rodrigo, D. M.: Trop. Agr., **120**, 219 (1964).
[2098] Rodriguez, J. G.: Ann. Entomol. Soc. Am., **44**, 511 (1951).
[2099] Rogall, E.: Planta, **22**, 279 (1939).
[2100] Roger, H.: Biol. méd., **27**, 427 (1937).
[2101] Rohde, G.: Ernähr. Pflanze, **38**, 6, 14 (1942).
[2102] Romegialli, A.: Riv. vitic. ital., **7**, 307, 359 (1883).
[2103] Rosanow, S.: Bot. Ztg, **29**, 749, 765 (1871).
[2104] Rose, H.: Ann. Phys., **76**, 359 (1849).
[2105] Rose, H.: Ann. Phys., **79**, 398 (1850).
[2106] Rosenheim, A., Raibmann, B., Schendel, G.: Z. anorg. Chem., **196**, 160 (1931).
[2107] Rosenthal, F. R. T.: Bol. Inst. nac. tecnol. (Rio de Janeiro), **4**, No. 8, 30 (1953).
[2108] Rost, R.: Příroda, **29**, 223 (1936).
[2109] Rothbuhr, L., Scott, F.: Biochem. J., **65**, 241 (1957).
[2110] Rothman, S., Schaaf, F.: In: J. Jadassohn's Handbuch der Haut- und Geschlechtskrankheiten, Bd. I, T. 2. Berlin, 1929.
[2111] Röttger, H.: Arch. Hyg. Bakt., **1886**, 183.
[2112] Rouf, J.: Ann. agron., **5**, 283 (1879).
[2113] Rouf, M. A.: J. Bacteriol., **88**, 1545 (1964).
[2114] Rovesti, P., Variati, G. L.: Industries parfum., **9**, 344 (1954).
[2115] Rowney, Ito, H.: Just's bot. Jahresber., **1887**, II, 509.
[2116] Rowsell, E. V., Leonard, R. A.: Biochem. J., **65**, 26P (1957).
[2117] Rowsell, E. V., Leonard, R. A.: Biochem. J., **66**, 3P (1957).
[2118] Rowsell, E. V., Leonard, R. A.: Biochem. J., **70**, 57 (1958).
[2119] Rubner, M.: Arch. Anat. Physiol., **1916**, 151.
[2120] Rubner, M.: Berl. klin. Wochenschr., **53**, 357 (1916).
[2121] Russanov, E., Balevska, P.: Compt. rend. Acad. Bulgare sci., **17**, 519 (1964).

[2122] RUSSELL, E. W.: Soil Conditions and Plant Growth. 9th ed. New York, 1961, p. 536.
[2123] RUSSELL, H. N.: Nature, **148**, 647 (1941).
[2124] RUSSELL, P.: Philos. Trans., **80**, 273 (1790).
[2125] RYGH, O.: Bull. Soc. chim. biol., **31**, 1403 (1949).
[2126] RYTHER, J. H., GUILLARD, R. R. L.: Deep-Sea Res., **6**, 65 (1959).
[2127] SACHS, J.: Flora, **20**, 31, 49, 65 (1862).
[2128] SACHS, J.: Exp. physiol., **1865**, 140.
[2129] SACHSSE, R.: Jahresber. Agrikulturchem. Abt. Chemie der Pflanze, **1870—1872**, 91.
[2130] SAFINA, G.: Conserve deriv. agrumari (Palermo), **10**, 65 (1961).
[2131] SAGAN, C.: In: Biology and the Exploration of Mars. Washington, 1966, p. 73.
[2132] SAHA, M. N.: Philos. Mag., **40**, 472 (1920).
[2133] SAHA, M. N.: Philos. Mag., **40**, 809 (1920).
[2134] SAHA, M. N.: Philos. Mag., **41**, 267 (1921).
[2135] SAHA, M. N.: Z. Phys., **6**, 40 (1921).
[2136] SAKABE, H., OHI, T., TATAI, K., TATAI, K.: Japan J. Med. Sci. Biol., **7**, 49 (1954).
[2137] SALKOWSKI, E.: Z. phys. Chem., **88**, 143 (1913).
[2138] SALM-HORSTMAR, W. F.: Versuche und Resultate über die Nahrung der Pflanzen. Braunschweig, 1854.
[2139] SAMUELS, G.: Sugar y azucar, **64**, 25, 28 (1969).
[2140] SAMUELS, G., ALEXANDER, A. G. I.: J. Agr. Univ. Puerto Rico, **53**, 6 (1969).
[2141] SANDILA, D. M.: Pakistan Cottons, **10**, No. 2, 60 (1966).
[2142] SANTOS RUIZ, A., ALMARZA, A. Y.: An. Real soc. esp. fis. quím., **50B**, 95 (1954).
[2143] SANTOS RUIZ, A., DÉAN GUELBENZU, M., LÓPEZ DE AZCONA, J. M.: 6th Congr. Int. Pathol. Comp., Madrid, **1952**, 99.
[2144] SANTOS RUIZ, A., DÉAN GUELBENZU, M., LÓPEZ DE AZCONA, J. M.: Rev. esp. fisiol., 8, 49 (1952).
[2145] SANTOS RUIZ, A., DÉAN GUELBENZU, M., LÓPEZ DE AZCONA, J. M.: Rev. esp. fisiol., 8, 207 (1952).
[2146] SANTOS RUIZ, A., SANTOS MERINO, A.: An. Real soc. esp. fís. quím., **42**, 1147 (1946).
[2147] SANTOS RUIZ, A., SANZ MUNOZ, M.: An. Real soc. esp. fís. quím., **43**, 1029 (1947).
[2148] SARDI, A., TOMCSÁNYI, A.: Analyst, **92**, 529 (1967).
[2149] SASAMOTO, K.: Oyo-Kontyu, **9**, 108 (1953).
[2150] SASAMOTO, K.: Nippon Oyo Dobutsu Konchu Gaku Zasshi, **3**, 153 (1958).
[2151] SAUER, F., LAUGHLAND, D. H., DAVIDSON, W. M.: Can. J. Biochem. Physiol., **37**, 183 (1959).
[2152] SAUER, F., LAUGHLAND, D. H., DAVIDSON, W. M.: Can. J. Biochem. Physiol., **37**, 1173 (1959).
[2153] SAUSSURE, T. DE: Recherches chimiques sur la végétation. Paris, 1804.
[2154] SAVARD, J., BESSON, A., MORIZE, S.: Centre techn. forestier trop. (Nogentsur Marne), publ. No. 5 (1954).
[2155] SAXBY, J. D.: Revs Pure Appl. Chem., **19**, 131 (1969).
[2156] SCHALL, W. M.: Madroño, **7**, No. 1, 8 (1943); Exp. Sta. Record, **92**, 492 (1945).
[2157] SCHARRER, K., SCHROPP, W.: Z. Pflanzenernähr., Düng., Bodenk., **1**, 370 (1936).
[2158] SCHEFFER, F., HENZE, R.: Phosphorsäure, **22**, 242 (1962).
[2159] SCHEFFER, F., KROLL, W.: Agrochimica, **4**, 97 (1960).
[2160] SCHEFFER, F., KROLL, W.: Kolloid-Z., **172**, 55 (1960).
[2161] SCHEFFER, F., SCHULZ, H.-G.: Z. Pflanzenernähr., Düng., Bodenk., **85**, 123 (1959).

[2162] SCHEPARTZ, A. I.: Tobacco Sci., **4**, 12 (1960).
[2163] SCHICHOWSKY, J.: Arb. St. Petersb. Naturforsch. Ges., **14**, 1 (1883).
[2164] SCHMELCK, L.: Norweg. N. Atl. Exped., 1876—1878. Zoology, **7**, 129 (1901).
[2165] SCHMIDT, C.: Zur vergleichenden Physiologie der wirbellosen Tiere. Eine physiologisch-chemische Untersuchung. Braunschweig, 1845.
[2166] SCHMIDT, W. J.: Die Bausteine des Tierkörpers in polarisiertem Lichte. 1924.
[2167] SCHMIEDER, J.: Arch. Pharm., **224**, 641 (1886).
[2168] SCHOLLENBERGER, C. J.: Soil Sci., **14**, 347 (1922).
[2169] SCHÖNAMSGRUBER, H.: Ber. bot. Ges., **72**, 220 (1959).
[2170] SCHÖNFELDER, M.: Arch. Hyg. Bakt., **117**, 44 (1936).
[2171] SCHOPF, J. W., BARGHOORN, E. S.: Science, **156**, 508 (1967).
[2172] SCHORMÜLLER, J.: Z. Lebensmitteluntersuch., Forsch., **88**, 576 (1948).
[2173] SCHRÖDER, J.: Tharandter forstl. Jahrb., **27**, 25 (1877).
[2174] SCHRÖDER, O.: Dtsch. Südpolar-Exped., 1901—1903 (Zool.), **9**, Bd. 1, H. 4, 209 (1901—1903).
[2175] SCHUETTE, H. A., HUENINCK, D. J.: Food Res., **2**, 529 (1937).
[2176] SCHUETTE, H. A., HOFFMAN, A. E.: Trans. Wisconsin Acad. Sci., Arts Lett., **20**, 529 (1921).
[2177] SCHUETTE, H. A., REMY, K.: J. Am. Chem. Soc., **54**, 2909 (1932).
[2178] SCHULTZE, H., SCHULZE, E., MAERCKER, M.: Ann. Landw., **57**, 130 (1871).
[2179] SCHULZ, H.: Arch. ges. Physiol., **84**, 67 (1901).
[2180] SCHULZ, H.: Arch. ges. Physiol., **88**, 112 (1902).
[2181] SCHULZ, H.: Dtsch. med. Wochenschr., **29**, 673 (1903).
[2182] SCHULZ, H.: Arch. ges. Physiol., **131**, 447 (1910).
[2183] SCHULZ, H.: Arch. ges. Physiol., **144**, 346 (1912).
[2184] SCHULZ, H.: Arch. ges. Physiol., **144**, 350 (1912).
[2185] SCHULZ, H.: Biochem. Z., **46**, 376 (1912).
[2186] SCHULZ, H.: Biochem. Z., **70**, 464 (1915).
[2187] SCHULZE, E.: J. Landw., **1869**, 331.
[2188] SCHULZE, F. E.: Challenger Rep., **21**, 2 (1873).
[2189] SCHULZE, P., KUNIKE, G.: Biol. Zbl., **43**, 556 (1923).
[2190] SCHULZ-FEETH, C.: Ann. Phys., **84**, 80 (1851).
[2191] SCHÜTT: Biochem. Zbl., **6**, 257 (1886).
[2192] SCHWAB, G. M., ROST, F.: In: Handbuch der Katalyse. Bd. III. Biokatalyse. Wien, 1941, S. 545.
[2193] SCHWAB, G. M., ROST, F., RUDOLPH, L.: Kolloid-Z., **68**, 157 (1934).
[2194] SCHWAB, G. M., RUDOLPH, L.: Naturwiss., **20**, 363 (1932).
[2195] SCHWAB, G. M., WAHL, B.: Naturwiss., **43**, 513 (1956).
[2196] SCHWACKHÖFER: Landw. Vers.-Stat., **15**, 105 (1872).
[2197] SCHWARTZ, A.: Abhandl. Dtsch. Akad. Wiss. Berlin. Kl. Chem., Geol., Biol., **1963**, Nr. 5.
[2198] SCHWARZ, R.: Fortschr. Therap., **16**, 182 (1940).
[2199] SCHWARZ, R., BARONETZKY, E.: Angew. Chem., **68**, 573 (1956).
[2200] SCHWARZ, R., BARONETZKY, E.: Naturwiss., **43**, 68 (1956).
[2201] SCHWARZ, R., BARONETZKY, E., SCHOELLER, K.: Angew. Chem., **68**, 1335 (1956).
[2202] SCHWEIGGER, A. F.: In: Handbuch der Naturgeschichte. Leipzig, 1820.
[2203] SCHWEINITZ, E. DE, DORSET, M.: J. Am. Chem. Soc., **17**, 605 (1895).
[2204] SCHWEITZER, E. G.: Rep. Brit. Assoc., **1845**, 37.

[2205] Scott, G. H.: Am. J. Anat., **53**, 243 (1933).
[2206] Scott, F. M.: Nature, **210**, 1015 (1966).
[2207] Scrivenor, J. B.: Geol. Mag., **67**, 385 (1930).
[2208] Sediari, F.: Boll. Soc. ital. biol. sper., **28**, 481 (1952).
[2209] Sedlak, W.: Roczn. filoz., **7**, Nr. 3, 68 (1959).
[2210] Sedlak, W.: Zesz. naukowe (Lublin), **1961**, Nr. 3, 95.
[2211] Sedlak, W.: Zesz. naukowe (Lublin), **1962**, Nr. 1, 57.
[2212] Sedlak, W.: Kosmos (Warszawa), Ser. A, **12**, 497 (1963).
[2213] Sedlak, W.: Kosmos (Warszawa), Ser. A, **14**, 23 (1965).
[2214] Sedlak, W.: Przew. bibliogr., **23**, 782 (1967).
[2215] Sedlak, W.: Rola krzemu w ewolucji biochemicznej życia. Warszawa, 1967.
[2216] Seifert, E., Lohmann, H.: DT-Pat. 1016724 (1957); C. A., **54**, 16722 (1960).
[2217] Seifert, E., Lohmann, H.: DT-Pat. 1068733 (1959); C. A., **55**, 12742 (1961).
[2218] Seifert, H.: Naturwiss., **42**, 13 (1955).
[2219] Seifert, H.: Z. Elektrochem., **59**, 409 (1955).
[2220] Seifert, H.: Naturwiss., **46**, 261 (1959).
[2221] Sengbusch, A.: Balt. Wochenschr. (Dorpat), **1894**, 756.
[2222] Sestini, F.: J. agr. prat., **39**, 388 (1875).
[2223] Sestini, F.: Staz. sper. Roma, **7**, 35 (1877).
[2224] Sestini, F.: Just's bot. Jahresber., **1888**, I, 58.
[2225] Sestini, F., Marro, Misani, D.: Landw. Vers.-Stat., **17**, 437 (1874).
[2226] Sestini, F., Torre, G. del, Misani, D.: Staz. sper. Roma, **2**, 1 (1873).
[2227] Shay, D. E., Haddox, J. H., Richmond, J. L.: J. Am. Dental Assoc., **50**, 156 (1955).
[2228] Shedd, O. M., Kastle, J. H.: J. Am. Chem. Soc., **34**, 1415 (1912).
[2229] Sheldon, J. H.: Brit. Med. J., **1934**, I, 47.
[2230] Shepard, C. C., Tiselius, A.: Disc. Faraday Soc., No. 7, 275 (1949).
[2231] Shiga, Y., Aomine, S.: Nippon Dojo Hiryogaku Zasshi, **31**, 21 (1960).
[2232] Shimose, N.: Nippon Dojo Hiryogaku Zasshi, **27**, 309 (1956).
[2233] Shimose, N.: Okayama Daigaku Nogakubu Gakujutsu Hokoku, No. 11, 26 (1958).
[2234] Shinde, J. E., Datta, N. P.: Proc. Symp. Fertil. Indian Soils, **1962**, 279 (1964).
[2235] Shine, J. J.: Taiwan Sugar Exp. Sta. Rept, **36**, 109 (1964).
[2236] Shippee, K. C., Fogde, A.: Chem. News, **117**, 254 (1918).
[2237] Shklovskii, I. S., Sagan, C.: Intelligent Life in the Universe. Holden Day, 1966.
[2238] Shone, M. G. T.: Nature, **202**, 314 (1964).
[2239] Sianko, F.: Wiadomości farm., **59**, 591, 603, 615, 641 (1932).
[2240] Siddiqui, R. H., Basha, S. K., Ali, S. M.: J. Indian Chem. Soc., **21**, 131 (1944).
[2241] Siever, R.: Am. Mineral., **42**, 821 (1957).
[2242] Siewert, M.: Z. landw. Zentralver. Prov. Sachsen, **1868**, 313; Ann. landw. Monatsbl., **1869**, 400.
[2243] Siewert, M.: Jahresber. Agrikulturchem., **1869/1870**, 486.
[2244] Siewert, M.: Z. landw. Zentralver. Prov. Sachsen, **1869**, 170.
[2245] Siewert, M.: Jahresber. Agrikulturchem., Abt. Chemie der Pflanze, **1870—1872**, 7; Z. landw. Zentralver. Prov. Sachsen, **1870**, 75.
[2246] Silliman, B.: Am. J. Sci., **1**, 189 (1846).
[2247] Silvestri, U.: Boll. sci. med., **127**, 66 (1955).
[2248] Silvestri, U.: Boll. Soc. ital. biol. sper., **34**, 1745 (1958).
[2249] Silvestri, U.: Arch. ital. dermatol., venerol., sessuol., **29**, 416 (1959).

[2250] Silvestri, U.: Boll. Soc. ital. biol. sper., **35**, 1113 (1959).
[2251] Silvestri, U.: Boll. Soc. ital. biol. sper., **36**, 347 (1960).
[2252] Simpson, E. S.: Chem. Eng. Mining Rev., **24**, 323 (1932).
[2253] Singh, B. N.: Nature, **157**, 302 (1946).
[2254] Skarżyński, B.: In: Zarys onkologii, pod red. H. Kolodziejskiej. Warszawa, 1955, str. 45.
[2255] Skarżyński, B.: In: Biologia nowotworów. Mater. konf. PAN. Warszawa, 1956, str. 85.
[2256] Sladden, A. F.: Lancet, **225**, II, 123 (1933).
[2257] Slippy, H. A.: Chem. News, **111**, 2 (1915).
[2258] Smelovsky, T.: Mém. Acad. sci. SPb., **1**, 316 (1809).
[2259] Smith, G. E., Hester, J. B.: Soil Sci., **65**, 117 (1948).
[2260] Smith, G. M.: The Fresh-Water Algae of the United States. New York, 1950.
[2261] Smithson, F.: J. Soil Sci., **7**, 122 (1956).
[2262] Smithson, F.: Nature, **178**, 107 (1956).
[2263] Smithson, F.: J. Soil Sci., **9**, 148 (1958).
[2264] Smithson, F.: J. Soil Sci., **10**, 105 (1959).
[2265] Smyth, D. G.: Repts Progr. Chem., **62**, 488 (1965).
[2266] Solereder, H.: Systematische Anatomie der Dicotyledonen. Stuttgart, 1899.
[2267] Solereder, H.: Arch. Pharm., **258**, 136 (1920); Pharm. J., **105**, 287 (1920).
[2268] Sollas, I. B. J.: Quart. J. Microscop. Sci., **51**, 115 (1907).
[2269] Sollas, W. J.: Proc. Roy. Soc. Dublin, [2], **4**, 374 (1885).
[2270] Sommer, A. L.: Univ. California Publ. Agr. Sci., **5**, 57 (1926).
[2271] Sommer, A. L.: Science, **66**, 482 (1927).
[2272] Sommers, L. E., Harris, R. F.: J. Bacteriol., **95**, 1174 (1968).
[2273] Souleyre, M.: Ann. brass. et dist., **23**, 371 (1925); J. Inst. Brewing, **31**, 471 (1925); Analyst, **50**, 629 (1925).
[2274] Spiess: Ökonom. Fortschr., **1871**, 34.
[2275] Spindler, H.: FR-Pat. 1187241 (1959); C. A., **54**, 18856 (1960).
[2276] Spiro, K.: Ergebn. Physiol., **24**, 474 (1925).
[2277] Sprankling, Proc. Chem. Soc., **18**, 196 (1902).
[2278] Sprecher, A.: Bull. Soc. bot. Genève, [2], **3**, 155 (1911).
[2279] Sreenivasan, A.: Current Sci., **3**, 193 (1934).
[2280] Sreenivasan, A.: Proc. Indian Acad. Sci., **1B**, 607 (1935).
[2281] Sreenivasan, A.: Proc. Indian Acad. Sci., **3B**, 258 (1936).
[2282] Sreenivasan, A.: Proc. Indian Acad. Sci., **3B**, 283 (1936).
[2283] Sreenivasan, A.: Proc. Indian Acad. Sci., **3B**, 302 (1936).
[2284] Stacy, B. D., King, E. J.: Brit. J. Ind. Med., **11**, 192 (1954).
[2285] Stahl, E.: Flora, **113**, 1 (1919).
[2286] Stahlecker, E.: Untersuchungen über die Thallusbildung usw. bei Krustenflechten. Diss. Stuttgart, 1905.
[2287] Stamm, M. D., Dean, M.: Rev. esp. fisiol., **20**, 1 (1964).
[2288] Stamm-Menendez, M. D., Gonzalez, P., Dean, M.: Rev. esp. fisiol., **17**, 45 (1961).
[2289] Stanganelli, M.: Ann. sper. agrar., **1**, No. 1, 97 (1947).
[2290] Stankjewiecz, A.: Diss. Königsberg, 1939.
[2291] Steemann-Nielsen, E.: Nature, **169**, 956 (1952).
[2292] Stephan, W., May, G.: Z. klin. Chem., klin. Biochem., **6**, 191 (1968).
[2293] Stephan, W., Roka, L.: Z. klin. Chem., klin. Biochem., **6**, 186 (1968).

[2294] STERGES, A. J.: J. Bacteriol., **43**, 317 (1942).
[2295] STERGES, A. J.: J. Bacteriol., **44**, 138 (1942).
[2296] STERLING, C.: Am. J. Bot., **54**, 840 (1967).
[2297] STEVENSON, F. J., MARKS, J. D., VARNER, J. E., MARTIN, W. P.: Proc. Soil Sci. Soc. Am., **16**, 69 (1952).
[2298] STICHER, H., BACH, R.: Schweiz. landw. Forsch., **4**, 352 (1965).
[2299] STOHMANN, F.: Jahresber. Agrikulturchem., **1869/1870**, 490; J. Landw., **1868**, 175; Z. landw. Zentralver. Prov. Sachsen, **1869**, 9.
[2300] STOERMER, E. F., PANKRATZ, H. S., BOWEN, C. C.: Am. J. Bot., **52**, 1067 (1965).
[2301] STOKLASA, J.: Über die Verbreitung des Aluminiums in der Natur. Jena, 1922.
[2302] STONE, I., GRAY, P. P.: Wallenstein Labs Communs, **11**, 301 (1948); Proc. Am. Soc. Brewing Chemists, **1948**, 76.
[2303] STOSCH, H. A. VON: Ber. bot. Ges., **60**, 2 (1942).
[2304] STOSCH, H. A. VON: Phycologia, **5**, 21 (1965).
[2305] STRASBURGER, S., JOST, L., SCHENK, H., KARSTEN, G.: Lehrbuch der Botanik 10. Aufl. Jena, 1910, S. 100.
[2306] STRAUSS, L. H.: Z. ges. exp. Med., **98**, 603 (1936).
[2307] STREBEL, O.: Forstwiss. Zbl., **79**, 17 (1960).
[2308] STRIGEL, A.: Landw. Jahrb. Schweiz, **43**, 349 (1912).
[2309] STROHECKER, R., VAUBEL, R., BREITWIESER, K.: Z. ges. Getreide — Mühlen — Bäckereiwes., **22**, 131 (1935).
[2310] STROHECKER, R., VAUBEL, R., BREITWIESER, K.: Z. Untersuch. Lebensm., **70**, 345 (1935).
[2311] STROMINGER, D., HOLLANDER, J. M., SEABORG, G. T.: Revs Mod. Phys., **30**, 585 (1958).
[2312] STRUVE, G. A.: J. prakt. Chem., **5**, 450 (1835).
[2313] STRUVE, G. A.: Ann., **97**, 349 (1856).
[2314] STUA, J.: Landw. Vers.-Stat., **20**, 264 (1877).
[2315] STURGIS, M. B., REED, J. F.: J. Am. Soc. Agron., **29**, 360 (1937).
[2316] SÜE, P., MICHON, R., MÉRINIS, J.: Compt. rend., **243**, 1809 (1956).
[2317] SUESS, H. E., UREY, H. C.: Revs Mod. Phys., **28**, 53 (1956); русский перевод: Зюсс, Г., Юри, Г.: Усп. физ. наук, **62**, 101 (1957).
[2318] SUGIHARA, H.: Igaku to Seibutsugaku, **69**, 153 (1964).
[2319] SULLIVAN, B.: Cereal Chem., **10**, 503 (1933).
[2320] SUTO, S., HOSOKAWA, M., IGARASHI, T.: Yamagata Agr. Forest Soc. J., **23**, 27 (1966).
[2321] SVEDRUP, H. U., JOHNSON, M. W., FLEMING, R. H.: The Oceans. New York, 1942.
[2322] SWEANY, H. C., KLAAS, R., CLARK, G. L.: Radiology, **31**, 299 (1938).
[2323] SWEANY, H. C., PORSCHE, J. D., DOUGLAS, J. R.: Arch. Pathol., **22**, 593 (1936).
[2324] SWENSON, C. F., LE TOURNEAU, D., ERICKSON, L. C.: Weeds, **12**, 16 (1964).
[2325] SWIECICKI, B.: Ber. landw. Inst. Halle, **14** (1900).
[2326] SWINGLE, K. F.: Am. J. Vet. Res., **14**, 493 (1953).
[2327] SZABO, L.: Népegészségügy, **40**, 293 (1959).
[2328] Tabulae biologicae. Berlin, 1925—1947.
[2329] TAGAWA, H., NAKAJIMA, H.: J. Chem. Soc. Japan. Ind. Chem. Sect., **63**, 1690 (1960).
[2330] TAKAHASHI, E.: Bull. Yamagata Univ. Agr. Sci., **3**, 117 (1959).
[2331] TAKAHASHI, E.: Nippon Dojo Hiryogaku Zasshi, **37**, 183 (1966).
[2332] TAKAHASHI, E., ARAI, K., KASHIDA, Y.: Nippon Dojo Hiryogaku Zasshi, **37**, 594 (1966).

[2333] TAKAHASHI, E., OKUDA, A.: Nippon Dojo Hiryogaku Zasshi, **34**, 397 (1963).

[2334] TAKAHASHI, E., OKUDA, A.: Nippon Dojo Hiryogaku Zasshi, **35**, 273 (1964).

[2335] TAKAHASHI, E., ITO, N., KAKUWA, R.: Nippon Nogei Kagaku Kaishi, **18**, 111 (1942); Bull. Agr. Chem. Soc. Japan, **18**, 6 (1942).

[2336] TAKAHASHI, J., KONO, M.: Nippon Dojo Hiryogaku Zasshi, **29**, 63 (1958).

[2337] TAKAHASHI, J., MURAYAMA, N., OSHIMA, M., YOSHINO, M., YANAGISAWA, M., KONO, M., TSUKAHARA, S.: Bull. Nat. Inst. Agr. Sci., Ser. B, No. **4**, 85 (1955).

[2338] TAKAHASHI, J., YANAGISAWA, M.: Nippon Dojo Hiryogaku Zasshi, **29**, 359 (1958).

[2339] TAKAHASHI, J., YANAGISAWA, M., KONO, M., YAZAWA, F., YOSHIDA, T.: Bull. Nat. Inst. Agr. Sci., Ser. B, No. **4**, 1 (1955).

[2340] TAKAOKA, K.: Folia endocrinol. jap., **30**, 499 (1954).

[2341] Takeda Chemical Ind., HAMAMURA, Y.: FR-Pat. 1394330 (1965); C. A., **63**, 17046 (1965).

[2342] TAKEUCHI, T.: Bull. Coll. Agr. Tokyo, **7**, 429 (1907).

[2343] TAKIJIMA, Y.: Nippon Dojo Hiryogaku Zasshi, **30**, 181 (1959).

[2344] TAKIJIMA, Y.: Nippon Dojo Hiryogaku Zasshi, **30**, 439 (1959).

[2345] TAKIJIMA, Y., KONNO, K.: Nippon Dojo Hiryogaku Zasshi, **29**, 473 (1959).

[2346] TAKIJIMA, Y., KONNO, K.: Nippon Dojo Hiryogaku Zasshi, **30**, 123 (1959).

[2347] TAKIJIMA, Y., KONNO, K.: Nippon Dojo Hiryogaku Zasshi, **30**, 381 (1959).

[2348] TALIBUDEEN, O.: Nature, **166**, 236 (1950).

[2349] TAMM, C. O.: VIII Congr. int. bot. Paris, 1954, p. 1.

[2350] TAMM, C. O.: Medd. Statens skogsforskningsinst., **45**, 3 (1955).

[2351] TANAKA, A., PARK, Y. D.: Soil Sci. Plant Nutr., **12**, 191 (1966).

[2352] TANAKA, I., KAZUMA, N., UEMURA, Y.: Nippon Sakumotsu Gakkai Kiji, **33**, 335 (1965).

[2353] T'ANG, H.-M., CHAO, P., CH'ANG, F.-M., SUN, C.-F., CHANG, T.-C.: Chung-Kuo K'o Hsueh Yuan Ying Yung Hua Hsueh Yen Chin So Chi K'an, **1963**, No. 7, 69; C. A., **63**, 13559 (1965).

[2354] TANG, T.-H., WANG, W.-C., HO, T.-F.: Bull. Soc. chim. biol., **20**, 434 (1938).

[2355] TAO, S. Y.: Contribution à l'étude du métabolisme de la silice chez in plante. Thèse. Lyon 1939.

[2356] TAUBE, M.: Hydrogen — the Carrier of Life. Warsaw, 1965.

[2357] TAYLOR, A. S.: J. Gen. Microbiol., **4**, 235 (1950).

[2358] TAYLOR, A. W.: J. Agr. Food Chem., **9**, 163 (1961).

[2359] TAYLOR, S. R.: Geochim. cosmochim. acta, **28**, 577 (1964).

[2360] TEMPLE, K. L.: J. Bacteriol., **57**, 383 (1949).

[2361] TEŠIĆ, Ž., TODOROVIĆ, M.: Zemljište i biljka, **1**, 3 (1952).

[2362] TEŠIĆ, Ž. P., TODOROVIĆ, M. S.: Zemljište i biljka, **8**, 233 (1958).

[2363] THATCHER, R. W.: Science, **79**, 463 (1934).

[2364] THEMLITZ, R.: Z. Pflanzenernähr., Düng., Bodenk., **23**, 71 (1941).

[2365] THEMLITZ, R.: Z. Pflanzenernähr., Düng., Bodenk., **90**, 94 (1960).

[2366] THIEL, G. A.: J. Geol., **35**, 647 (1927).

[2367] THOMAS, B., ESCRITT, J. R., TRINDER, N.: Empire J. Exp. Agr., **13**, 93 (1945).

[2368] THOMAS GRAHAM: Philos. Trans. Roy. Soc. London, **151**, 206 (1861).

[2369] THOMAS, K.: Dtsch. Z. Verdauungs-, Stoffwechselkrankh., **25**, 260 (1965).

[2370] THOMAS, K.: Mitt. Max Planck-Ges., **3**, 156 (1965).

[2371] THOMS, G.: Landw. Vers.-Stat., **24**, 54 (1879).

[2372] THOMSON, T.: J. prakt. Chem., 8, 21 (1836).

[2373] Thomson, R. D.: Ann., **58**, 252 (1845).
[2374] Thorold, C. A.: Ann. Appl. Biol., **33**, 177 (1946).
[2375] Thoulet, J.: Bull. Soc. minéral. France, **7**, 147 (1884).
[2376] Thoulet, J.: Compt. rend., **98**, 1000 (1884).
[2377] Thun, M.: Lebendige Erde, **1964**, 21.
[2378] Thun, M.: Lebendige Erde, **1965**, 36.
[2379] Thun, M.: Lebendige Erde, **1966**, 110.
[2380] Thun, M.: Lebendige Erde, **1966**, 252.
[2381] Thun, M.: Lebendige Erde, **1967**, 6.
[2382] Thun, M.: Lebendige Erde, **1967**, 9, 21.
[2383] Thun, M., Heinze, H.: Lebendige Erde, **1968**, 14.
[2384] Tiller, A.: J. Geophys. Res., **66**, 3003 (1961).
[2385] Tischer, J., Antoni, W.: Z. physiol. Chem., **252**, 234 (1938).
[2386] Tiselius, A.: Ark. kemi, mineral., geol., **26B**, No. 1 (1948).
[2387] Tiselius, A.: Endeavour, **11**, 5 (1952).
[2388] Todd, J. R.: J. Agr. Sci., **47**, 29 (1956).
[2389] Toole, E. H., Tottingham, W. E.: Am. J. Bot., **5**, 452 (1918).
[2390] Toth, S. J.: Soil Sci., **47**, 123 (1939).
[2391] Tourrance, W.: J. S. Afr. Chem. Inst., **6**, 11 (1923).
[2392] Treffner, E.: Ber., **14**, 2252 (1881).
[2393] Treffner, E.: Just's bot. Jahresber., **1881**, I, 157, 191.
[2394] Trenel, M.: Ernähr. Pflanze, **30**, 249 (1934).
[2395] Tressler, D. K.: Marine Products of Commerce. New York, 1923.
[2396] Treub: Observations sur le sclérenchyme. 1877.
[2397] Tria, E., Fabriani, G.: Atti Accad. Italia. Rend. classe sci. fis., mat., nat., [7], **2**, 381 (1941).
[2398] Tromp, S. W.: Brit. J. Cancer, **8**, 585 (1954).
[2399] Troschke: Just's bot. Jahresber., **1884**, I, 60.
[2400] Tsuchiya, T., Okubu, O.: Tokyo Kogyo Shikensho Hokoku, **56**, 40 (1961).
[2401] Tsuji, H., Ono, K.: Bull. Univ. Osaka Prefect. Ser. B. Agr. Biol., **18**, 37 (1966).
[2402] Tucker, G., Tollens, B.: J. Landw., **48**, 39 (1900).
[2403] Tullin, V.: Physiol. plant., **7**, 810 (1954).
[2404] Turek, R.: Arch. Naturgesch., **2**, 291 (1933).
[2405] Turgano, H. M.: Philippine Agr., **15**, 41 (1926).
[2406] Turkevich, A. L.: Franzgrote, E. J., Patterson, J. H.: Science, **158**, 635 (1967).
[2407] Turkevich, A. L., Franzgrote, E. J., Patterson, J. H.: Science, **162**, 117 (1968).
[2408] Turkevich, A. L., Franzgrote, E. J., Patterson, J. H.: Science, **165**, 277 (1969).
[2409] Turkevich, A. L., Patterson, J. H., Franzgrote, E. J.: Science, **160**, 1108 (1968).
[2410] Turner, E.: Ann. chim. phys., [2], **37**, 315 (1828).
[2411] Ueda, K., Kimura, S.: Nippon Dojo Hiryogaku Zasshi, **30**, 154 (1959).
[2412] Ueda, K., Yamaoka, M., Nishimura, S.: Nippon Dojo Hiryogaku Zasshi, **27**, 69 (1956).
[2413] Ueda, K., Yamaoka, M., Nishimura, S.: Nippon Dojo Hiryogaku Zasshi, **27**, 401 (1957).
[2414] Ugarte Laiseca, J.: Inst. forestal invest. experiencias (Madrid), Bol. No. 37 (1947).
[2415] Ugarte Laiseca, J.: Inst. forestal invest. experiencias (Madrid), Bol. No. 44 (1949).

[2416] Ullrich, J.: Beitr. Silikose-Forsch., **22**, 21 (1961).
[2417] Uloth, W.: Flora, **44**, 565 (1861).
[2418] Ulschmid, L.: Pharmazie, **7**, 101 (1952).
[2419] Umemoto, S., Mifune, M.: Repts Balneol. Lab. Okayama Univ., **12**, 11 (1953).
[2420] Umemura, Y., Nishida, J., Akazawa, T., Uritani, I.: Arch. Biochem. Biophys., **92**, 392 (1961).
[2421] Underwood, E. J.: Trace Elements in Human and Animal Nutrition. New York, 1962.
[2422] Unmack, A.: Kgl. vet. landbohoejskole, arsskr., 1963; C. A., **59**, 15755 (1963).
[2423] Urey, H. C.: Phys. Rev., **88**, 248 (1952).
[2424] Urey, H. C.: Science, **151**, 157 (1966).
[2425] Usani, S., Taketomi, N.: Hakko Kyokaishi, **23**, 267 (1965).
[2426] Utagawa, I., Kashima, K.: Kagoshima Daigaku Nogakubu Gakujutsu Hokoku, **13**, 116 (1963).
[2427] Utagawa, I., Kiyoto, K.: Kagoshima Daigaku Nogakubu Gakujutsu Hokoku, **13**, 136 (1963).
[2428] Uvarov, B. P.: Trans. Entomol. Soc. London, **2**, 255 (1928).
[2429] Van Camp, J. C.: J. Forestry, **46**, 823 (1948).
[2430] Van Leer, R., Dory, J.: Bull. agr. Congo Belge, **43**, 999 (1952).
[2431] Van Sant, R. V., Orr, A. S.: SAE Preprints, 14—18, 1 (1957).
[2432] Varadan, K. S. S.: Indian Pharmacist, **10**, 263, 271 (1955).
[2433] Vasistha, S. K., Antony, T. C.: J. Sci. Res. Banaras Hindu Univ., **11**, 168 (1960 to 1961).
[2434] Vauquelin, L.: Ann. chim., **29**, 4 (1799).
[2435] Vazquez, E. A.: Bol. ofic. Asoc. técn. azucar, **19**, 97 (1960).
[2436] Vernadsky, V. I.: Z. Kristallogr., Mineral., Petrogr. Abt. B, **44**, 191 (1933).
[2437] Versie, P. R.: Med. Rec., **101**, 106 (1922).
[2438] Verworn, M.: Allgemeine Physiologie, 7. Aufl. Jena, 1922, S. 397.
[2439] Vibrans, O.: Untersuchung über die Zusammensetzung der Aschen- und Stickstoffgehalte verschiedener Ostseepflanzen. Diss. Rostock, 1873.
[2440] Vibrans, O.: Z. Rübenzucker-Ind., **1876**, 392.
[2441] Viehoever, A., Prusky, S. C.: Am. J. Pharm. **110**, 99 (1938).
[2442] Villanova, R., Casalis, P.: Acad. méd., **1934**, 29 mai.
[2443] Vinogradov, A. P.: Compt. rend., **197**, 1673 (1933).
[2444] Vinogradov, A. P.: The Elementary Chemical Composition of Marine Organisms. Sears Foundation for Marine Research. New Haven, 1953.
[2445] Vintikova, H.: Rostlinná výroba, **9—10**, 991 (1956).
[2446] Vintikova, H.: Rostlinná výroba, **37**, 1219 (1964).
[2447] Viro, P. J.: Finland Forest Res. Inst. Publ., **42**, 1 (1953).
[2448] Viro, P. J.: Trans 6th Int. Congr. Soil Sci., Paris, vol. B, **1956**, 723.
[2449] Vladescu, I.: Bul. cultivarei fermentarei tutunului, **23**, 231 (1934).
[2450] Vlamis, J., Williams, D. E.: Plant and Soil, **27**, 131 (1967).
[2451] Volk, R. J., Kahn, R. P., Weintraub, R. C.: Phytopathology, **48**, 179 (1958).
[2452] Vorwald, A. J., Delehaut, A. B.: Am. Rev. Tuberc., **38**, 347 (1938).
[2453] Vorwald, A. J., Landau, A.: Arch. Pathol., **24**, 8 (1937).
[2454] Vosmaer, G. C. J., Wijsman, H. P.: Versl. gemene vergad. Akad. Amst., **13**, 733 (1904).
[2455] Wagner, F.: Phytopathol. Z., **12**, 427 (1940).

[2456] WAKSMUNDZKI, A.: Roczn. chemii, **32**, 323 (1958).
[2457] WAKSMUNDZKI, A., OŚCIK, J., MATUSEWICZ, J., NASUTO, R., RÓŻYŁO, J.: Przem. chem., **40**, 387 (1961).
[2458] WAKSMUNDZKI, A., OŚCIK, J., NASUTO, R., RÓŻYŁO, J.: Przem. chem., **40**, 432 (1961).
[2459] WAKSMUNDZKI, A., OŚCIK, J., NASUTO, R., RÓŻYŁO, J.: Przem. chem., **40**, 527 (1961).
[2460] WAKSMUNDZKI, A., OŚCIK, J., RÓŻYŁO, J., NASUTO, R.: Przem. chem., **40**, 565 (1961).
[2461] WAKSMUNDZKI, A., OŚCIK, J., RÓŻYŁO, J., NASUTO, R.: Przem. chem., **41**, 129 (1962).
[2462] WALD, G.: Proc. Nat. Acad. Sci. U. S. A., **52**, 595 (1964).
[2463] WALTER-LÉVY L., STRAUSS, R.: Compt. rend., **239**, 897 (1954).
[2464] WALTER-LÉVY L., STRAUSS, R.: Bull. lab. maritime Dinard, **42**, 77 (1956).
[2465] WALTHER, J.: Z. geol. Ges., **37**, 329 (1885).
[2466] WARMING, E.: Aftryk af Videnskabelige meddelelser frå den Naturhistoriske forening. København, 1891.
[2467] WARTMANN, H. J., DEUEL, H.: Helv. chim. acta, **42**, 1166 (1959).
[2468] WATERKEYN, L., BIENFAIT, A.: Compt. rend., ser. D, **264**, 1608 (1967).
[2469] WAWRICK, F.: Österr. bot. Z., **99**, 286 (1952).
[2470] WAWRICK, F.: Int. Ver. theoret. angew. Limnol., Verhandl., **14**, T. 1, 182 (1959).
[2471] WAY, T.: J. Roy. Agr. Soc. Engl., **10**, pt 2 (1932).
[2472] WEBB, D. A., FEARON, W. R.: Sci. Proc. Roy. Soc. Dublin, **21**, 487 (1937).
[2473] WEBB, J. L., SELLE, R. M., THIENES, C. H.: J. Ind. Hyg. Toxicol., **24**, 43 (1942).
[2474] WEBER, R.: Landw. Vers.-Stat., **18**, 18 (1875).
[2475] WEBLEY, D. M., DUFF, R. B., MITCHELL, W. A.: Nature, **188**, 766 (1960).
[2476] WEBLEY, D. M., HENDERSON, M. E. K., TAYLOR, I. F.: J. Soil Sci., **14**, 102 (1963).
[2477] WEHMER, C.: Die Pflanzenstoffe, Jena, 1929.
[2478] WEIL, H.: Arch. exp. Pathol. Pharmakol., **188**, 377 (1938).
[2479] WEINECK, E.: Jenaische Z. Naturwiss., **65**, 739 (1931).
[2480] WEISKE, H.: Zbl. Agrikulturchem., **1**, 50 (1872).
[2481] WEISKE, H.: Z. Biol., **10**, 413 (1874).
[2482] WEISKE, H.: Landw. Jahrb. Schweiz, **1880**, H. 2.
[2483] WEISKE, H., SCHMIDT, E., WILDT, E.: Landw. Vers.-Stat., **14**, 105 (1871).
[2484] WEISS, A.: Sitzungsber. Österr. Akad. Wiss. Math.-naturwiss. Kl. Abt. 1, **63**, 83 (1871).
[2485] WEISS ARMIN, REIFF, G., HOLZAPFEL, K., WEISS ALARIC: Beitr. Silikose-Forsch., Sonderband, Grundfr., **2**, 303 (1956).
[2486] WELTER, J. J.: Ann. chim., **29**, 301 (1798).
[2487] WERENSKIOLD, F.: Biedermann's Zbl., **1900**, 21.
[2488] WERNER, D.: Die Kieselsäure im Stoffwechsel von *Thalassiosira fluviatilis* Hust. Diss. Göttingen, 1965.
[2489] WERNER, D.: Arch. Mikrobiol., **55**, 278 (1966).
[2490] WERNER, D.: Arch. Mikrobiol., **57**, 51 (1967).
[2491] WERNER, D.: Planta, **76**, 25 (1967).
[2492] WERNER, D.: Z. Naturforsch., **23b**, 268 (1968).
[2493] WERNER, D.: Ber. bot. Ges., **81**, 425 (1968).
[2494] WERNER, D.: Arch. Mikrobiol., **65**, 258 (1969).

[2495] Werner, D., Pirson, A.: Arch. Mikrobiol., **57**, 43 (1967).
[2496] Werner, E.: Planta, **41**, 358 (1953).
[2497] Westrumb: Crell's chem. Ann., **1796**, I, 1.
[2498] Wetselaar, R., Hutton, J. T.: Austral. J. Agr. Res., **14**, 319 (1963).
[2499] Weygand, F., Birkofer, L.: Z. physiol. Chem., **261**, 172 (1939).
[2500] Whipple, G. C., Jackson, D. D.: New Engl. Water-Works Assoc., **14**, I (1899).
[2501] White, D. E., Hem, J. D., Waring, G. A.: In: Data of Geochemistry, 6th ed. chapt. F., U. S. Geol. Surv. Profess. Paper, 440-F (1963).
[2502] Whitehouse, A. G. R.: J. Ind. Hyg. Toxicol., **19**, 590 (1937).
[2503] Whittenberger, R. T.: Am. J. Bot., **32**, 539 (1945).
[2504] Wicke, B.: Bot. Ztg, **1861**, Nr. 16.
[2505] Wicke, B.: Ann., **125**, 78 (1863).
[2506] Wiedling, S.: Bot. notiser, **1941**, 33.
[2507] Wiedling, S.: Bot. notiser, **1948**, 322.
[2508] Wiegmann, A. W. F., Polstorff, L.: Über die anorganischen Bestandteile der Pflanzen. Braunschweig, 1842.
[2509] Wiessmann, H.: Z. Pflanzenernähr., Düng., Bodenk., **4A**, 73 (1925).
[2510] Wildt, E.: J. Landw., **22**, 1 (1874).
[2511] Wildt, E.: Landw. Vers.-Stat., **20**, 21 (1877).
[2512] Wildt, E.: J. Landw., **27**, 183 (1879).
[2513] Wiley, R. C., Gordon, N. E.: Soil Sci., **14**, 441 (1922).
[2514] Will, H.: Z. Forst-, Jagdwes., **14**, 209, 265 (1882).
[2515] Williams, R. F., Shapter, R. E.: Austral. J. Biol. Sci., **8**, 435 (1955).
[2516] Williams, D. E., Vlamis, J.: Plant Physiol., **32**, 404 (1957).
[2517] Williams, D. E., Vlamis, J.: Plant and Soil, **8**, 183 (1957).
[2518] Williams, D. E., Vlamis, J.: Proc. Soil Sci. Soc. Am., **21**, 205 (1957).
[2519] Willstätter, R., Kraut, H., Lobinger, K.: Ber., **62**, 2027 (1929).
[2520] Willstätter, R., Lobinger, K., Kraut, H.: Ber., **64**, 1709 (1931).
[2521] Wilson, D. P.: J. Marine Biol. Assoc., **26**, 235 (1946).
[2522] Wimpenny, R. S.: J. Marine Biol. Assoc., **21**, 29 (1936).
[2523] Wise, L. E.: 2nd Techn. Rept to Dept of the Navy, Office of Naval Res., **1951**, 52, 68.
[2524] Wittmann: Chem. Zbl., **1904**, 1, 820.
[2525] Woehlbier, W., Lindner, A.: Z. Jagdwiss., **5**, 55 (1959).
[2526] Wohlfeil, T.: Zbl. Bakt., Parasitenk., Abt. I, Orig., **152**, 109 (1947).
[2527] Wolff, E.: Landw. Vers.-Stat., **8**, 189 (1866).
[2528] Wolff, E.: Landw. Vers.-Stat., **10**, 292 (1868).
[2529] Wolff, E.: Aschen-Analysen von land- und forstwirtschaftlichen Produkten, Fabrik-Abfällen und wildwachsenden Pflanzen. Berlin, 1871—1880.
[2530] Wolff, E.: Landw. Vers.-Stat., **26**, 415 (1881).
[2531] Wolff, E.: Zbl. Agr. Chem., **1888**, 430.
[2532] Wolter, H.: Z. angew. Chem., **40**, 113 (1927).
[2533] Woodland, W.: Proc. Geol. Soc. Liverpool, **1884—1885**, 483.
[2534] Woodman, H. E., Evans, R. E., Eden, A.: J. Agr. Sci., **26**, 212 (1936).
[2535] Woolley, J. T.: Plant Physiol., **32**, 317 (1957).
[2536] Worth, G.: Klin. Wochenschr., **30**, 82 (1952).
[2537] Worth, G., Campen, G.: Z. physiol. Chem., **288**, 155 (1951).
[2538] Wright, N. C., Papish, J.: Science, **69**, 78 (1929).
[2539] Wunschendorf: J. pharm. chim., [7], **9**, 345 (1914).

[2540] Wykoff, R. C., Hunter, F. R.: Arch. Biochem. Biopys., **63**, 454 (1956).
[2541] Yamane, I.: Repts Inst. Agr. Res. Tohoku Univ., **5**, 1 (1953).
[2542] Yamamoto, K., Baba, A., Ikarashi, T.: Niigata Daigaku Nogakubu Gakujutsu Hokoku, **9**, 26 (1957).
[2543] Yamamoto, K., Baba, A., Ikarashi, T.: Niigata Daigaku Nogakubu Gakujutsu Hokoku, **10**, 54 (1958).
[2544] Yamamoto, K., Baba, A., Ikarashi, T., Ikarashi, M.: Niigata Daigaku Nogakubu Gakujutsu Hokoku, **10**, 65 (1958).
[2545] Yamamoto, M., Tatsuyama, K.: Kagaku, **24**, 88 (1954).
[2546] Yardley: Chem. News, **1899**, 122.
[2547] Yamazoe, F.: Nogyo Gijutsu Kenkyusho Hokoku, Ser. B, **12**, 1 (1962).
[2548] Yanagisawa, M., Takahashi, J.: Soil Sci. Plant Nutr., **4**, 173 (1958).
[2549] Yoritaka, T., Matsuura, T., Matsuda, G., Nishioka, Y., Okumura, Y.: Nagasaki Igakkai Zasshi, **29**, 404 (1954).
[2550] Yoshida, S.: Bull. Nat. Inst. Agr. Sci., **B15**, 1 (1965).
[2551] Yoshida, S., Onishi, Y., Kitagishi, K.: Soil Sci. Plant Nutr., **5**, 23 (1959).
[2552] Yoshida, S., Onishi, Y., Kitagishi, K.: Soil Sci. Plant Nutr., **5**, 127 (1959).
[2553] Yoshida, S., Onishi, Y., Kitagishi, K.: Soil Sci. Plant Nutr., **8**, 15 (1962).
[2554] Yoshida, S., Onishi, Y., Kitagishi, K.: Soil Sci. Plant Nutr., **8**, 30, 36 (1962).
[2555] Yoshida, S., Onishi, Y., Kitagishi, K.: Soil Sci. Plant Nutr., **8**, 48 (1962).
[2556] Yoshida, S., Onishi, Y., Kitagishi, K.: Soil Sci. Plant Nutr., **8**, 107 (1962).
[2557] Yoshida, T., Takahashi, J.: Nippon Dojo Hiryogaku Zasshi, **28**, 469 (1958).
[2558] Yoshii, H.: Bult. sci. Fakultato terkultura, Kyushu Imp. Univ., **9**, 277 (1941).
[2559] Yoshii, H.: Bult. sci. Fakultato terkultura, Kyushu Imp. Univ., **9**, 292 (1941).
[2560] Yoshii, H.: Bult. sci. Fakultato terkultura, Kyushu Imp. Univ., **9**, 297 (1941).
[2561] Yoshimura, S.: Japan. J. Geol., **7**, 101 (1930).
[2562] Youngburg, G. E., Youngburg, M. V.: Proc. Soc. Exp. Biol. Med., **43**, 146 (1940).
[2563] Ziegler, H., Ziegler, I.: Z. vergleich. Physiol., **40**, 549 (1958).
[2564] Ziemiecka, J.: Roczn. nauk roln. leśńych, **22**, 343 (1929).
[2565] Zimmermann, A.: Beiträge zur Morphologie und Physiologie der Pflanzenzelle, H. II. Tübingen, 1891.
[2566] Zittle, C. A.: Adv. Enzymol., **14**, 319 (1953).
[2567] Zittle, C. A., Della Monica, E. S.: Proc. Soc. Exp. Biol. Med., **76**, 193 (1951).
[2568] Zlataroff, A. B.: Biochem. Z., **75**, 200 (1916).
[2569] ZoBell, C.: J. Bacteriol., **46**, 39 (1943).
[2570] Zöller, P.: Landw. Vers.-Stat., **6**, 231 (1864).
[2571] Zuckmayer, F.: Therap. Gegenw., **61**, 344 (1920).

Zweiter Teil

Die biologische Wirkung der Verbindungen des Siliziums

Kapitel VI

DIE TOXIZITÄT VON SILIZIUMVERBINDUNGEN

Vor allem darf der Arzt dem Kranken nicht schaden.

Hippokrates

[2565] Альберт, Э.: Избирательная токсичность. М., 1971.
[2566] Беспамятнов, Г. П., Богущевская, К. К., Беспамятнова, А. В., Кротов, Ю. А., Зеленская, Л. А., Плехоткин, В. Ф., Смирнов, Г. Г.: Предельно допустимые концентрации вредных веществ в воздухе и воде. Л., 1972.

1. Silizium und seine Legierungen

Langjährige Gesundheitskontrollen haben gezeigt, daß bei der überwältigenden Mehrheit der in der Siliziumindustrie tätigen Arbeiter keine schwereren Lungenerkrankungen auftreten, die mit dem Einatmen von Siliziumstaub in Verbindung gebracht werden könnten [1888]. Die wenigen Silikosefälle in Betrieben, in denen mit reinem Silizium oder Ferrosilizium gearbeitet wird, müssen der Wirkung von Quarzstaub zugeschrieben werden [1889].

Durch Versuche mit weißen Ratten konnte gezeigt werden, daß die Einführung von Siliziumstaub in die Luftröhre der Tiere zu spezifischen Veränderungen in den Lungen führt, die sich von den für die Silikose typischen sowohl im Charakter als auch in der Stärke unterscheiden [13, 2382]. So traten Symptome einer Phagozytose auf, und es kam zur Bildung dichter Herde in den Lungen. Doch alle Veränderungen wurden im Laufe von sechs Monaten vollkommen zurückgebildet.

Anhäufungen von Siliziumpartikeln wurden in den alveolaren Scheidewänden gefunden. Jedoch bleibt in der Umgebung dieser Anhäufungen eine Zellreaktion aus. Ebenso wurden kleine Siliziummengen in den peribronchialen lymphoiden Follikeln nachgewiesen. Aber auch in deren Umgebung konnte keine Proliferation des Reticuloendothels beobachtet werden, wie sie für eine experimentelle Silikose in den Lungenlymphknoten charakteristisch ist [71, 1493, 1780]. Siliziumpartikel, die weißen Ratten intraperitoneal, intramuskulär oder subkutan injiziert wurden, übten keinen toxischen Einfluß auf den Organismus dieser Tiere aus [1493].

Bei Einführung von maximal 40 mg 45%igen Ferrosiliziums in die Trachea weißer Ratten bildete sich ein chronischer interstitieller Prozeß in den Lungen aus, wobei die alveolaren Scheidewände auf Kosten der Zunahme jungen Bindegewebes verdickt wurden, zum Teil unter völligem Verschwinden der Alveolarstruktur und unter Deformation von Gefäßen und Bronchien. Die Bildung von Knötchen, wie bei der Silikose, erfolgte jedoch nicht [26, 1780].

Bei Arbeitern, die sich mit der Gewinnung und Verarbeitung von Ferrosilizium beschäftigen, wurden keine Lungenerkrankungen beobachtet [1888]. Eine merkliche Gefahr stellen nur die im Ferrosilizium möglicherweise vorhandenen Phosphide und Arsenide des Kalziums dar, die unter der Einwirkung von Feuchtigkeit Phosphine und Arsine entwickeln, die ihrerseits zu ernsthaften Vergiftungen führen können.

Bei Arbeiten mit den Siliziumlegierungen von Magnesium, Kalzium, Barium, Titan, Zirkonium, Molybdän und Mangan sind in einigen Fällen Schädigungen der Lungen und des zentralen Nervensystems aufgetreten [1888, 1889].

Durch Versuche mit weißen Ratten konnte gezeigt werden, daß die Silizide von Titan, Molybdän und Wolfram bei intratrachealer Einführung oder bei Inhalation eine fibrosierende Wirkung besitzen und dystrophische Veränderungen in den parenchymatösen Organen, hauptsächlich in der Leber und in den Nieren, hervorrufen [2383, 2394, 2395]. Für diese Verbindungen wurden deshalb maximal zulässige Konzentrationen in der Luft von Arbeitsräumen festgelegt: Für Titansilizid 2 mg/m^3 [2383], für Molybdänsilizid 4 mg/m^3 [2383] oder 6 mg/m^3 [2395] und für Wolframsilizid 6 mg/m^3 [2383, 2394].

Tiere, denen mehrmals 70—100 mg Kupfer-Silizium-Staub, wie er bei der direkten Synthese von Organochlorsilanen verwendet wird, intratracheal eingeführt wurden, starben durch Asphyxie oder an Pneumonie. Kleinere Mengen (10—20 mg) dieses Kupfer-Silizium-Staubes riefen meist eitrig verlaufende Entzündungsprozesse in der Luftröhre, den Bronchien und den Lungen hervor und eine nicht deutlich ausgeprägte Sklerose an Bronchien und Blutgefäßen sowie an den Scheidewänden, die in der Nähe der Staubpartikel liegen [212].

[2573] Брахнова, И. Т.: Токсичность порошков металлов и их соединений. Киев, 1972.

[2574] Yasue, Y.: Sci. Insect Control, 1, N 7/9, 45 (1947); C. A., 43, 1142f (1949).

2. Siliziumkarbid und -nitrid

Untersuchungen über die biologische Wirkung von Karborundstaub zeigten, daß er entweder überhaupt keinen schädigenden Einfluß auf den Organismus ausübt oder nur eine schwache pathogene Wirkung besitzt, die sich deutlich von der des Quarzstaubes unterscheidet [143, 403, 903, 1963, 2385]. Bei der Einwirkung von Karborundstaub bilden sich in den Lungen der Versuchstiere keine Knötchen oder interstitielle Fibrome, obwohl in den bifurkalen Lymphknoten ab und an milliare und submilliare Knötchen beobachtet wurden, die aus Zellen vom Epitheltyp bestanden und an die Knötchen bei experimenteller Silikose erinnerten [143]. Bei Arbeitern, die mit Karborundstaub in Kontakt kommen, konnten im Laufe der ersten Arbeitsjahre keine klinischen Symptome und röntgenologisch keine Lungenveränderungen nachgewiesen werden. Bei Personen, die über

20 Jahre mit Karborund gearbeitet hatten, wurden jedoch relativ häufig Silikoseerkrankungen, in einer Reihe von Fällen zusammen mit Tuberkulose, beobachtet [1888, 1928].

Zu den unschädlichen Siliziumverbindungen rechnen einige Autoren auch das Siliziumnitrid [1889]. Es besitzt jedoch eine stärker ausgeprägte pathogene Wirkung als das elementare Silizium, ruft Bronchialaffektionen hervor und verändert den Albumin-Globulin-Koeffizienten des Blutserums beträchtlich [13, 2382].

[2567] Архангельская, Л. Н.: В сб.: Новые данные по токсикологии редких металлов и их соединений. М., 1967, стр. 181.

[2568] Курнаков, Н. С., Уразов, Г. Г.: Ядовитые свойства продажных сортов ферросилиция. Петербург, 1914.

[2569] Bresciano, E., Arienzo, R., Bevilacqua, N.: Boll. soc. ital. biol. sper., **45**, 1333 (1969).

[2570] Corsi, G., Piazza, G.: Med. Lavoro, **61**, 109 (1970).

[2571] Devitofrancesko, G., Granati, A., Sperduto, B.: Med. Lavoro, **62**, 181 (1971).

[2572] Scott, J. K., Hodge, H. C.: Doill's Pharmacol. Med., **1971**, 1249.

3. Silan und seine Homologen

Schon in den ersten Arbeiten über die Synthese und die Untersuchung der physikalischen und chemischen Eigenschaften von Silan (SiH_4) und seinen höheren Homologen (Si_nH_{2n+2}, $n = 2-6$) wurde darauf hingewiesen, daß diese Verbindungen Kopfschmerzen verursachen [237, 2143, 2314]. Später wurde dann festgestellt, daß sich akute Silanvergiftungen durch Kopfschmerzen, Schwindel, Übelkeit, reichliche Schweißabsonderung, starke Blässe, einen halbohnmächtigen Zustand und schwachen Puls äußern. Nach einigen Stunden verbessert sich der Allgemeinzustand, jedoch können die Kopfschmerzen und eine allgemeine Schwäche noch 5—6 Tage anhalten. Das Blutbild zeigt eine hämolytische Wirkung des Silans, die von längerer Dauer ist: einige Veränderungen im Blutbild können sogar noch einen Monat nach der Vergiftung nachgewiesen werden [227].

4. Halogensilane

Trichlorsilan ($HSiCl_3$) zeichnet sich durch eine starke Reizwirkung auf die Schleimhäute der Augen und der oberen Atemwege aus. Außerdem zeigen Versuchstiere (Mäuse und Kaninchen) bei $HSiCl_3$-Vergiftung eine ausgeprägte Intensivierung der Atmung, der Atemstörungen folgen. Während der Erregungsperiode kann man eine zunehmende Schwäche und Adynamie beobachten.

Inhalation von Luft, die über 4 mg/l Trichlorsilan enthält, führt bei 100% der Tiere zum Tod, und von Luft, die 1,5—2 mg/l Trichlorsilan enthält, bei 50% der Tiere [120]. In anderen Arbeiten werden jedoch auch bedeutend höhere Werte für eine tödlich wirkende Trichlorsilankonzentration angegeben, z. B. bei Inhalation durch weiße Ratten 13,5 mg/l [1187] bzw. 14,7 mg/l [1106]. Bei oraler Gabe ist Trichlorsilan weniger toxisch: Die durchschnittliche letale Dosis beträgt für weiße Ratten dann 1,26 g/kg [1187] (bzw. 1,22—1,34 g/kg [1106]). Bei der Obduktion von nach Trichlorsilaninhalation gestorbenen Tieren wurden starke Hyperämien der inneren Organe, punktförmige Blutungen in Lunge und Gehirn, entzündliche Veränderungen in Atmungsorganen sowie degenerative Veränderungen in Leber und Nieren festgestellt [120].

Bei einer chronischen Trichlorsilanvergiftung von weißen Ratten (im Laufe von 6 Monaten wurde 3 Stunden täglich Luft mit einer Konzentration von 0,01—0,04 mg/l inhaliert) konnte ein gewisses Zurückbleiben des Körpergewichtes vom Normalwert (um 5 bis 12%), eine Veränderung des funktionellen Zustandes des Nervensystems und eine Abnahme des prozentualen Hämoglobingehaltes im peripheren Blut festgestellt werden. In den Atmungsorganen wurden dabei schwach ausgeprägte Symptome einer chronischen katarrhalischen Bronchitis und schwache englokalisierte chronische proliferative interstitielle Affektionen mit der Bildung weniger dünner Kollagenfibrillen in den Scheidewänden sowie eine ausgeprägte Sklerose der Gewebe um Bronchien und Blutgefäße beobachtet [120].

Der unmittelbare Kontakt von Trichlorsilan mit der Haut oder der Augenschleimhaut führt zu nekrotischen Gewebeveränderungen. In schwereren Fällen kann sich eine Vergiftung mit tödlichem Ausgang entwickeln [120]. Es liegt der Bericht eines Unfalls vor, bei dem ein Arbeiter einige Minuten lang der Einwirkung von Trichlorsilan ausgesetzt war [1160]. Dabei wurden neben starker Entzündung der Atemwege Nekrosen der Armhaut (relativ schwer heilbar), Erregung des zentralen Nervensystems sowie Schockerscheinungen und reflektorische Atemstörungen beobachtet. Die aufgetretene Heiserkeit des Verletzten hielt fast 5 Wochen lang an.

Das zeigt, daß Trichlorsilan eine toxische und für den Organismus gefährliche Verbindung ist. In diesem Zusammenhang muß eine besondere Vorsicht bei Arbeiten mit Trichlorsilan gefordert werden. Um Vergiftungserscheinungen zu vermeiden, darf die Konzentration der $HSiCl_3$-Dämpfe in der Luft geschlossener Räume 0,001 mg/l nicht überschreiten [109, 120]. Dabei sollte man auch daran denken, daß diese Verbindung ziemlich flüchtig (sowie feuer- und explosionsgefährlich) ist.

Siliziumtetrachlorid (Tetrachlorsilan, $SiCl_4$) reizt die Augenschleimhaut, die oberen Atemwege und die Haut [195, 198, 226, 288, 1144, 1309, 1358, 1927, 1962, 2369] in hohem Maße. Durch seine Einwirkung kann sich infolge Hämolyse eine Anämie ausbilden [1962].

In der Literatur findet man sehr unterschiedliche Angaben über die für weiße Mäuse bei inhalativer Einführung letale $SiCl_4$-Dosis (von 15 mg/l [195] bis ungefähr 0,35 mg/l [198]). Wahrscheinlich hängt das mit der Ungenauigkeit der angewendeten Untersuchungsmethodik zusammen.

In einem Fall wurde von einer Massenvergiftung mit Siliziumtetrachlorid unter Produktionsbedingungen berichtet [1962]. Der Hinweis auf die Identität der physiologischen Wirkung von Siliziumtetrachlorid und Tetrachlorkohlenstoff ist offensichtlich unzutreffend [1061].

Die toxische Wirkung von Siliziumtetrabromid ähnelt der des $SiCl_4$ [1962].

Vergiftungen mit Siliziumtetrafluorid (SiF_4) äußern sich in einer Reizung der Augenschleimhaut und der Atemwege und einer Ulzeration der Nasenschleimhaut [226, 289, 290, 1083]. In der gleichen Weise wirken auch die Fluorsilane [438]. Die Angabe [537], daß bei der Inhalation von SiF_4 durch Ratten die Wirkung nur halb so groß sei, wie bei der Inhalation von $SiCl_4$, muß offenbar überprüft werden.

5. Fluorkieselsäure und ihre Salze

Lösungen der Fluorkieselsäure verursachen auf der Haut Verätzungen: nach Arbeiten mit einem Gemisch, das 5—6% H_2SiF_6 enthält, wird zunächst ein Brennen an den Händen verspürt, und es bildet sich eine „Gänsehaut“. Danach lassen sich die Symptome einer Hautentzündung und blaue Flecken an den Nägeln beobachten. Nach ungefähr 4 Tagen wird die Haut abgestoßen, und nach etwa 10 Tagen lösen sich die Nägel ab [1].

Es liegen einige Berichte vor, nach denen Vergiftungen durch Trinken von Fluorkieselsäure [737, 913, 1404, 1906] oder von Mischungen der Fluorkieselsäure mit $ZnSiF_6$ [1627] tödlich verlaufen können. Dabei wurden akute Schmerzen im Magen, Erbrechen, nach einigen Minuten Kollaps, später Diarrhoe und bei der Magenirrigation Bluterbrechen beobachtet. Eine orale Aufnahme von 100—150 ml 13,2%iger H_2SiF_6-Lösung führte nach 10 Minuten zum Tod [913]. In einem anderen Fall trat der Tod 15 Minuten nach einer oralen Aufnahme von 27,5 ml H_2SiF_6 ein [1906].

Nicht weniger toxisch sind auch die Salze der Fluorkieselsäure (Na_2SiF_6, $(NH_4)_2 \cdot SiF_6$, $MgSiF_6$, $ZnSiF_6$), die als Holzschutzmittel [23, 60, 64, 72, 73, 78, 98, 108, 116, 154, 163, 181, 321, 660b, 1083, 1134, 1304] oder als Insektizide (Na-, K-, Ca-, Ba-, Sr-, Zn-Salze), im Kampf gegen die Schädlinge landwirtschaftlicher Kulturen [1, 32, 56, 78, 154, 166, 342, 842, 864, 1034, 1450, 1451, 1453, 1454, 1682, 2089] sowie gegen Mücken [1452], Motten [2351] und Fliegen [32] verwendet werden.

Bei Haustieren, die mit der Nahrung Na_2SiF_6 aufgenommen hatten, wurden Muskelschwäche, Gleichgewichtsstörungen, flache Atmung, Krämpfe, Pupillenerweiterung (Mydriasis), unwillkürliche Kaubewegungen, Speichelabsonderung und Oligurie beobachtet [1062, 1280]. Für Ratten und Kaninchen ist Natriumfluorsilikat toxischer als Natriumfluorid [1623].

Die letale Dosis Na_2SiF_6 beträgt bei oraler Gabe für Ratten 125 mg/kg [2101], für Kaninchen 74—149 mg/kg [1, 179] bzw. 200 mg/kg [2328]. Für Meerschweinchen ist die Toxizität der H_2SiF_6 und die ihrer Salze (mit Ausnahme des wenig toxischen $Al_2(SiF_6)_3$) ungefähr gleich groß (vgl. Tab. 12).

Nach den Angaben einiger Autoren [2292] beträgt die minimale toxische Dosis

Natriumfluorsilikat für Ratten 70 mg/kg, für Kaninchen 125 mg/kg und die minimale toxische Dosis Bariumfluorsilikat für Ratten 175 mg/kg. Bei intraperitonealer Injektion einer 1%igen wäßrigen Lösung von Ammoniumfluorsilikat beträgt die letale Dosis für Mäuse 25 mg/kg, bei einer subkutanen Injektion 100 mg/kg [72].

Tabelle 12

Letale Dosen der Fluorkieselsäure und ihre Salze für Meerschweinchen (der Tod tritt innerhalb 48 Stunden ein) [2063]

Verbindung	letale Dosis (mg/kg) oral	letale Dosis (mg/kg) subkutan
NaF	250	400
H_2SiF_6	200	250
Na_2SiF_6	250	500
K_2SiF_6	250	500
$(NH_4)_2SiF_6$	150	200
$MgSiF_6$	200	400
$CaSiF_6$	100	200
$ZnSiF_6$	100	200
$Al_2(SiF_6)_3$	5000	4000

Das Einatmen von Staub, der Na_2SiF_6 in einer Konzentration von 45 mg/m^3 enthält, führt bei Mäusen nach 0,5—2,5 Stunden zum Tod. Bei den gestorbenen Tieren wurden Blutungen (Hämorrhagien) in den Lungen und eine Ödematose der Bronchienwände beobachtet. Die minimale Na_2SiF_6-Konzentration im Staub, die nach einer 6stündigen Inhalation durch Meerschweinchen noch zum Tode führt, beträgt 33 mg/m^3 [2309].

Wäßrige Lösungen von Na_2SiF_6 und auch Na_2SiF_6-Pulver führen auf der gesunden Haut von Kaninchen zu keinen Entzündungen [1432]. Auf der Menschenhaut kann Natriumfluorsilikat jedoch eiternde Flechten oder örtliche Nekrosen hervorrufen. Auch Nägelatrophien und Verdickungen des Nagelbettes konnten beobachtet werden [1, 2324].

In der Literatur finden sich zahlreiche Mitteilungen über chronische und akute Vergiftungen durch verschiedene Fluorsilikate bei Menschen und Haustieren [567, 944, 977, 1082, 1206, 1298, 1406, 1411, 1682—1684, 1714, 1833, 1900, 1901, 1963] die nicht selten tödlich verliefen [1082, 1873, 1883, 2469]. Zu den charakteristischen Vergiftungssymptomen gehören Kopfschmerzen, Übelkeit, Schwindel, Schmerzen im Unterleib und in der Brust, Transpiration und Zunahme der Speichelabsonderung. Es wurden auch Krämpfe, Kehlkopfspasmen und Doppelsehen beobachtet [1082, 1143]. In einer Reihe von Fällen erwiesen sich Na_2SiF_6-Dosen von 3—4 g als tödlich [1405, 1754, 2093], manchmal auch von nur 0,7—1 g. [912], es sind sogar einige Fälle bekannt, wo schon Dosen von 0,2—0,6 g Natriumfluorsilikat zum Tode führten [753]. So wird die Vergiftung eines $3^1/_2$jährigen Mädchens durch 0,5–0,7 g Na_2SiF_6 beschrieben, in deren Verlauf das Kind trotz Magenausspülung nach 3 Stunden starb. [1367]

Bei einer Vergiftung durch perorale Aufnahme von Metallfluorsilikaten ist es unbedingt notwendig, sofortiges Erbrechen zu erzwingen. Bis zum Eintreffen des Arztes sollte der Vergiftete Milch mit Eiweiß einnehmen, Kalkwasser oder eine wäßrige Aufschlämmung von Kreide trinken, und auf den Leib sollte man eine Wärmflasche legen. Bei allgemeinem Schwächezustand sollte man starken Tee oder Kaffee zur Anregung der Herztätigkeit geben [179].

[2575] Hinds, W. E.: J. Econ. Entom., **22**, 768 (1929).
[2576] Iwamoto, H., Kikuchi, M.: Hakko Kyokaishi, **22**, 218 (1964); C. A., **63**, 18706g (1965).

6. Siliziumdioxid

Die verbreitetste Berufserkrankung, die sich infolge einer kontinuierlichen Inhalation größerer SiO_2-Staubmengen entwickeln kann, ist die Pneumokoniose. Zu den Pneumokoniosen, die durch Siliziumverbindungen hervorgerufen werden, gehören die Silikatose (durch Asbest, Kalk, Olivin, Nephelin u. a. induziert), die Diatomeen-Pneumokoniose und die Silikose. Die Silikose ist die schwerste der Pneumokoniosearten. Sie entsteht bei Inhalation der kristallinen Siliziumdioxid-Modifikationen (Quarz, Tridymit und Cristobalit). Silikose kann auch durch einige Arten von amorphem Siliziumdioxid hervorgerufen werden, die jedoch im allgemeinen bedeutend weniger silikoseaktiv als die kristallinen Modifikationen sind. In Abhängigkeit vom Quarzgehalt des eingeatmeten Staubes und seiner Konzentration im Arbeitsraum entwickelt sich die Erkrankung im Verlaufe von 5–10 Arbeitsjahren.

Die klinischen Anfangssymptome der Silikose sind das Taktil-Schmerz-Syndrom, das anscheinend mit einer Mikrotraumatisierung des Brustfells durch den Staub und dem Beginn der Entwicklung von Fibrosen zusammenhängt, weiterhin ein trockener Husten, evtl. mit kleinen Mengen eines schleimigen zähen Sputums, trockene Rasselgeräusche und ein hypersonorer Perkussionsschall über der Lunge bei Erhaltung der leichten Beweglichkeit der Lungenränder (Kompensationspneumatose), Kurzatmigkeit bei physischer Belastung, erhöhte Ermüdbarkeit bei der Arbeit und ungünstige Untersuchungsergebnisse bei Belastung [187]. Die Herztöne sind gewöhnlich dumpf, und es wird eine arterielle Hypotonie beobachtet, wobei die Geschwindigkeit des Blutflusses herabgesetzt ist. Manchmal wird eine Abnahme des Säuregehaltes im Magensaft, eine Unterbrechung der motorischen Tätigkeit des Magens sowie eine Hemmung der Verdauungsfermente beobachtet. Bei der Entwicklung des fibrösen Prozesses nimmt die Sättigungskonzentration des Blutes an Askorbinsäure ab, der Gehalt an Histamin und grobdispersem Bluteiweiß dagegen nimmt zu.

Mit dem Fortschreiten der Silikose tritt Zyanose auf, die Atemnot und die Stärke des Emphysems nehmen zu. Bei klinisch-physiologischen Untersuchungen wird eine Lungeninsuffizienz durch die Abnahme der Lungenvitalkapazität, durch eine Verringerung des Atemgrenzwertes und eine verkürzte Atemanhaltezeit sichtbar. Bei ausgeprägten Fällen schließen sich den klinischen Symptomen der Lungeninsuffizienz die einer Herzinsuffizienz an. Es wurde vorgeschlagen, in Abhängigkeit vom klinischen und röntgenologischen Bild der Silikose drei Stadien zu unterscheiden.

Das erste Stadium ist durch Atemnot bei großen physischen Anstrengungen, Schmerzen in der Brust und einen leichten, trockenen Husten charakterisiert. Röntgenologisch kann man eine Vergrößerung des Hilusschattens, vermehrte Lungenzeichnung, die Entstehung von Strängen und netzförmigen Zeichnungen sowie das Auftreten einzelner Knötchen mit einem Durchmesser bis zu 2 mm, bevorzugt neben den Lungenwurzeln, beobachten. Auch ein Emphysem wird sichtbar.

Im zweiten Stadium sind alle genannten Symptome stärker ausgeprägt, die Menge und Größe der Knötchen — nun auch schon in den peripheren Teilen der Lunge — nimmt zu, und das Emphysem verstärkt sich.

Im dritten Stadium kann man auf dem Röntgenbild zusammenfließende und zusammengeflossene große Knötchen beobachten sowie massive fibröse Bereiche. Die funktionellen Störungen sind sehr viel deutlicher wahrzunehmen: Zunahme der Atemfrequenz im Ruhezustand, pathologische Reaktion bei Belastungsproben, deutlich merkliche Abnahme der Lungenvitalkapazität. Im weiteren Verlauf der Silikose kommt eine Insuffizienz der rechten Herzhälfte hinzu.

In Abhängigkeit von den pathologischen Veränderungen in der Lunge unterscheidet man bei der Silikose die Lymphknoten-, die diffus-sklerotische und die gemischte Form.

Für die erste ist das Auftreten einer bedeutenden Anzahl verschiedenförmiger und -großer silikotischer Knoten charakteristisch. In schweren Fällen schließen sich diese silikotischen Knoten zusammen und bilden ausgedehnte Felder, die den größten Teil der Lungenlappen bedecken. Die silikotischen Knoten bestehen aus kollagenem Bindegewebe, das eine Tendenz zur Hyalinisierung besitzt. Die silikotischen Knoten entstehen auch in den peribronchealen und den perivaskulären lymphatischen Follikeln.

Bei der diffus-sklerotischen Form zeigt sich in der Lunge ein chronisch fortschreitender interstitieller Prozeß, der durch die Entwicklung von Bindegewebe in der Lunge entsteht und sich in einer allgemeinen Verdickung der alveolaren Trennwände sowie in einer peribronchealen und perivaskulären Sklerose äußert.

Bei Silikoseerkrankungen können auch in anderen Organen und Organsystemen pathologische Veränderungen beobachtet werden: So tritt in einer Reihe von Fällen eine Erweiterung der rechten Herzkammern auf, und nicht selten entwickelt sich eine Kardiosklerose. Silikotische Knötchen werden auch in der Milz, der Leber und im Knochenmark gefunden. Auch in den Speicheldrüsen kann man interstitielle Sklerosen beobachten. Schließlich können sich am Magen, am Zwölffingerdarm und ebenso am Dünndarm atrophische Veränderungen zeigen.

Häufig tritt die Silikose gemeinsam mit Tuberkulose auf (Siliko-Tuberkulose). Die Todesursachen bei Silikoseerkrankungen sind vor allem Tuberkulose, Herz-Lungen-Insuffizienz oder Pneumonie.

Bei den Versuchen, Vorstellungen über die Ursachen der Silikose und insbesondere über die fibrogene Wirkung des Siliziumdioxids zu entwickeln, entstanden über 50 (!) verschiedene Theorien und Arbeitshypothesen [35, 36, 71, 100, 262, 274, 485—487, 553, 574, 869, 953, 981 a, 995, 1009, 1111 a, 1147, 1220, 1227, 1567, 1642, 1719, 1738, 1743, 1744, 1801, 1991 a, 1991 b, 2029, 2030, 2120, 2140, 2141, 2217, 2218, 2261, 2323, 2428, 2460].

Die Anhänger der Infektionstheorie sind der Meinung [35, 71], daß der Quarzstaub selbst keinen fibrösen Prozeß in der Lunge hervorrufen kann. Er aktiviert lediglich eine latente Infektion, meist eine Tuberkulose, unter deren Einfluß sich dann erst die Fibrose entwickelt. Es sind jedoch genügend Silikosefälle bekannt, bei denen keine gleichzeitige Tuberkulose vorlag, und experimentell läßt sich die Silikose ohne jegliche Vor- oder Nachinfizierung der Versuchstiere mit Tuberkelerregern erzeugen. Das zeigt ganz eindeutig die Haltlosigkeit der Infektionstheorie.

Die Theorie von der radioaktiven Wirkung des Staubes bringt die Entwicklung und die Stärke der silikotischen Fibrose mit der natürlichen Radioaktivität der verschiedenen Gesteine in Zusammenhang [896]. Auch diese Theorie konnte jedoch experimentell nur ungenügend gesichert werden.

Die Anhänger der mechanischen Theorie der Silikose (vgl. [35, 71]) nehmen an, daß diese Erkrankung ein Ergebnis der mechanischen Reizung der Lunge durch den sich in ihr festsetzenden Staub ist. Dieser Theorie widerspricht jedoch die Beobachtung, daß Staubarten, die keinen Quarz enthalten (Korund, Stahl), keine ausgeprägten Pneumosklerosen hervorrufen können, obgleich auch ihre Teilchen harte und scharfe Kanten besitzen, die das Lungengewebe verletzen können [317, 903]. Dennoch hängt die Entwicklung der Silikose in bestimmtem Maße von der Größe und der Menge der in das Gewebe gelangenden Quarzteilchen ab, wobei Quarzteilchen mit einem Durchmesser von 1—2 μ am gefährlichsten sind [71].

Die Löslichkeitstheorie [953, 1009, 1109, 1220, 1221, 1227, 1567, 2058, 2140, 2464] beruht auf der Vorstellung, daß sich das Siliziumdioxid unter der Einwirkung von Gewebsflüssigkeiten allmählich auflöst. Die eigentlich schädigende Wirkung sollten dann die dabei entstehenden kolloidalen Kieselsäurelösungen ausüben. Diese Theorie wird gestützt durch Angaben über einen erhöhten Siliziumgehalt im Blut und in den Geweben von Silikosekranken [22, 59], sowie durch die experimentellen und klinischen Beobachtungen, die auf eine allgemein toxische Wirkung des in die Lunge gelangenden Quarzes schließen lassen. Jedoch wurde keine Korrelation zwischen der Löslichkeit und der silikogenen Aktivität verschiedene Siliziumdioxid-Modifikationen gefunden [2124, 2139, 2219]. (siehe Tab. 13). Alle SiO_2-Modifikationen, mit Ausnahme des Stishovit können Silikosen hervorrufen [485—487, 2155, 2419], Stishovit dagegen ist nicht silikogen, obwohl er eine größere Löslichkeit als die anderen kristallinen SiO_2-Modifikationen besitzt [2155]. Ebenso ruft eine Reihe von Silikaten, die in ihrer Löslichkeit den silikogenen Siliziumdioxid-Modifikationen entsprechen, keine Silikose hervor [2140].

Tabelle 13

Zusammenhänge zwischen der silikogenen Wirkung und der Löslichkeit sowie der Konzentration an Silanolgruppen in der Oberfläche von SiO_2-Modifikationen [2139]

SiO_2-Modifikation*)	Relative Lösungsgeschwindigkeit (für Quarz = 1)	Konzentration an Silanolgruppen in der Oberfläche
Quarz	1	9,9
Tridymit	1,6	7,6
Cristobalit	2,15	7,6
Quarzglas	14	—
Cäsit	0,25	7,4
Stishovit	3,95	19,0

*) Angeordnet entsprechend der Abnahme der silikogenen Aktivität [2156]

In sich entwickelnden silikotischen Knötchen und in den zu ihnen gehörenden regionalen Lymphknoten kann eine große Anzahl von Zellen des Plasmatyps, d. h. von Zellen, die Antikörper produzieren, beobachtet werden. Im Blut von Menschen und Tieren, die an Silikose erkrankt sind, wird ein hoher γ-Globulingehalt gefunden und auf den neu entstandenen retikulären Fasern des sich bildenden silikotischen Knötchens scheidete sich silikotisches Hyalin (Antigen-Antikörper-Präzipitat) ab. Diese Beobachtungen bildeten die Grundlage für die Immunisierungs-Theorie [199, 553, 791, 796, 1171, 1177, 1621, 1738—1740, 1742—1744, 1746, 1878, 2127, 2254, 2255, 2259—2261, 2263, 2271, 2521]. Die Anhänger dieser Theorie nehmen die Bildung von drei Antigengruppen an: ein Eiweiß, das an der Quarzoberfläche adsorbiert wird und sich in die Antigenstruktur umwandelt [1969], ein Stoff, der sich aus den abgestorbenen Makrophagen bildet [2261] und fremde Antigene (vielleicht aus Mikroorganismen stammend) [2261]. Alle Versuche zur Isolierung eines Autoantigens, das für die silikotischen Veränderungen verantwortlich sein könnte, schlugen jedoch fehl. Es sei noch bemerkt, daß in den silikotischen Knötchen von Ratten kein γ-Globulin gefunden wurde [1172].

Heute ist man der Ansicht, daß die Entwicklung der Silikose mit der Phagozytose von Siliziumdioxidteilchen durch die Makrophagen beginnt. Das Siliziumdioxid wird rasch in Phagokome eingeschlossen, an deren Membran sich die primären Lysokome befinden, die bei den autolytischen Prozessen mitwirken [684]. Aus diesen Lysokomen dringen Enzyme mit einer lytischen Wirkung, die unter dem Einfluß von Siliziumdioxid auch aus sekundären Lysokomen frei werden, in das Makrophagenzytoplasma ein und zerstören die Makrophagenzelle. Im Ergebnis dieses Prozesses werden die SiO_2-Teilchen wieder frei und können von neuem durch Makrophagen phagozytiert werden [71, 262, 264, 1464, 1466, 1468, 1469, 1470, 1795, 1800, 2139, 2460]. Diese Hypothese wurde durch Untersuchungen über die Wirkung von Quarz auf die Membran isolierter Lysokome [1034, 2117] und über die Adsorption von Cholesterin und Phospholipiden aus Stroma-Erythrozyten an Siliziumdioxid bestätigt [2118] (Tab. 14, Tab. 15). Tatsächlich besteht eine Korrelation zwischen der Adsorptionsfähigkeit der verschiedenen SiO_2-Modifikationen und ihrer silikogenen Aktivität.

Tabelle 14

Wirkung von Quarzstaub auf die Lysokommembran [2117]

Staub	Hämolyse in %**)	Menge der aus dem Lysokom***) abgesonderten Enzyme (in %)		
		Kathepsin	saure Phosphatase	β-Glukuronidase
—	—	31	25	30
Quarz	92	75,5	86,5	78,5
Quarz + *PVPO**)	10,5	48,5	50,5	55
Anatas (TiO_2)	8,5	48,5	44,5	54,5

*) Poly-(2-vinylpyridin-N-oxid)

**) Hämolyse von 0,5 *ml* einer 3%igen Suspension von gewaschenen Hammelerythrozyten in Anwesenheit von Staubteilchen mit einer Oberfläche von 0,02 m^2

***) aus Lysokomen, die aus 3 g Rattenleber nach 4maligem Einfrieren und Auftauen gewonnen wurden (Stauboberfläche 0,5 m^2)

Tabelle 15

Adsorption von Cholesterin und Phospholipiden aus Stroma-Erythrozyten an verschiedene SiO_2-Modifikationen [2118]

Adsorbens	adsorbierte Menge (in mkg /m^2)	
	Cholesterin	Phospholipide
Quarz	1250	138,5
Tridymit	1250	140
Cäsit	1025	125
Quarz + *PVPO*	< 50	< 2
Anatas	240	67

Die Möglichkeit der Wechselwirkung zwischen biologischen Membranen und Siliziumdioxid hängt vermutlich von der Struktur der SiO_2-Modifikation ab, weil alle silikogenen SiO_2-Modifikationen aus SiO_4-Tetraedern aufgebaut sind, während sich im nichtsilikogenen Stishovit die Siliziumatome im Zentrum von SiO_6-Oktaedern befinden [2124, 2219].

Eine Bedeutung für die Adsorption an Quarz besitzen offenbar auch die in der Oberfläche vorhandenen Silanolgruppen (SiOH), die in der Lage sind, mit Phospholipiden und Peptiden Wasserstoffbrückenbindungen auszubilden [262, 436, 1650, 1895, 2142], denn die Blockierung der Oberfläche von SiO_2-Modifikationen mit Trimethylsilyl- oder Dimethylsilylengruppen erniedrigt deren silikogene Aktivität [11, 11a, 12, 1243, 2124, 2152—2154].

Die Entwicklung der Silikose kann man hemmen, indem man das Absterben der Makrophagen, das ja eine entscheidende Rolle in diesem Prozeß spielt, verhindert. Die Widerstandsfähigkeit der Makrophagen gegenüber der Einwirkung von Quarzstaub wird durch das N-Oxid des Poly-(2-vinylpyridins) (*PVPO*)*) erhöht [75a, 304, 346, 551, 601, 717b, 816, 1108, 1178, 1447—1449, 1701, 1808, 1930, 1940, 1985—1989, 1991, 1995, 2086, 2117, 2118, 2256, 2387, 2399, 2407, 2413, 2414, 2437, 2453, 2463, 2477, 2523, 2524, 2535]. Der Mechanismus der Schutzwirkung des Poly-(2-vinylpyridin-N-oxids) ist noch nicht völlig aufgeklärt. So ist noch unbekannt, weshalb zum Schutz einer Zellkultur schon eine *PVPO*-Menge genügt, die zu einer vollständigen Bedeckung der Quarzoberfläche nicht ausreicht [377], andererseits bleibt in Tierexperimenten auch nach völliger Bedeckung der Quarzoberfläche mit *PVPO* eine gewisse silikogene Aktivität erhalten [2156]. Trotzdem kann man in der Anwendung von *PVPO* eine erste prinzipielle Möglichkeit zur spezifischen Beeinflussung der Silikose sehen.

Die biochemischen Prozesse, die nach Zerstörung der Phagozyten zur Zunahme der Kollagenbildung führen, sind bislang nur ungenügend untersucht worden. Man nimmt an, daß ein spezifischer fibrogener Faktor — ein besonderer Stoff, der die Kollagenbildung stimuliert — aus der unter Einwirkung von Quarzstaub zerfallenden Zelle frei wird [262, 1067]. Einige Autoren sind der Meinung, daß die Silikose als Gegenreaktion des Organismus auf einen fibrogenen Faktor der Kollagenose ähnlich ist. Davon ausgehend, wurden Versuche unternommen, die Silikose mit Hormonpräparaten zu behandeln [87, 190, 2050, 2126, 2497, 2504]. Wir glauben jedoch, daß man die Silikose nicht zu den Kollagenosen zählen kann, da die Symptome, die bei der Silikose auftreten, nicht den für die Kollagenose charakteristischen morphologischen Erscheinungen entsprechen. Außerdem liegt der bei der Silikose auftretenden Sklerose nicht ein Entzündungsprozeß, sondern eine Primärreaktion zugrunde [71].

*) Zum Schutz der Phagozyten gegen die toxische Einwirkung von SiO_2 wurden auch Abkömmlinge der Phenazinreihe, Aluminiumkomplexe mit chelatbildenden Agenzien [1465], Hexylamin [1464], β-Aminopropionitril [2492, 2542] und andere Verbindungen [2430, 2431, 2437, 2481, 2554] vorgeschlagen. Alle diese Substanzen sind jedoch weniger wirksam als Poly-(2-vinylpyridin-N-oxid).

Die Diskussion der zahlreichen Angaben über Diagnose und Pathogenese der Silikose, über die Ergebnisse klinischer sowie pathologisch-anatomischer Untersuchungen sowie über die Methoden zur Silikosebekämpfung und -prophylaxe gehört nicht zu dem Problemkreis, den unsere Monographie umfaßt. Für die eingehendere Beschäftigung mit der Problematik der Silikose empfehlen wir eine Reihe von Monographien, die speziell dieser Frage gewidmet sind [28, 35, 38, 39, 41—44, 58, 71, 77, 105, 106, 157, 160, 161, 171, 173, 182, 187, 200—202, 222, 230, 238, 274, 275, 473, 542, 673, 1168, 1256, 1308, 2126, 2127, 2348] und Artikeln mit allgemeinem und Übersichtscharakter [2, 85, 87, 100, 104, 162, 168, 185, 315, 486, 487, 574, 674, 736, 794, 796, 800, 886, 953, 968, 996, 1027, 1028, 1032, 1054, 1089, 1109, 1111b, 1147, 1161, 1176, 1236, 1274—1276, 1459, 1501, 1594, 1600, 1603, 1642, 1659, 1758, 1781, 1896, 1929, 1964, 1975, 1986, 2015, 2119, 2120, 2140—2142, 2151, 2183, 2215, 2216, 2218, 2219, 2224, 2250, 2346, 2347, 2349, 2408, 2409, 2456, 2509, 2522, 2536, 2557] sowie die darin und in bibliographischen Nachschlagewerken [27, 174, 941] angegebenen Literaturstellen.

Zur Lösung des Silikoseproblems wurden zahlreiche Untersuchungen an experimentellen Silikosen durchgeführt, die man bei Tieren durch Applikation von SiO_2-Staub auf die verschiedensten Weisen relativ leicht erzeugen kann [13, 15, 16, 20, 24, 33, 34, 37, 40, 45, 57, 65, 68, 70, 71, 79, 107, 112, 114, 141, 156, 158b, 159, 165, 167, 183, 184, 186, 189, 190, 197, 218, 223, 225, 229, 232, 233, 254, 255, 302, 303, 305, 308, 345, 347, 354, 378, 429, 482—485, 538, 544, 546, 550, 551, 556, 563, 569—573, 575, 576, 576a, 602, 603, 610, 637, 652, 653, 667 bis 672, 697, 699, 707, 709, 735, 752, 778, 784, 810—812, 844, 845, 884, 901, 911, 938, 948, 962, 964, 972, 981b, 982, 984—987, 989—992, 1001, 1005, 1006, 1033, 1065, 1066, 1085, 1123, 1145, 1153, 1171, 1207, 1218, 1223, 1242, 1244, 1246, 1254, 1255, 1281, 1333, 1354, 1355, 1401, 1423, 1426, 1438, 1439, 1447, 1462, 1467, 1534 bis 1539, 1604—1609, 1613—1618, 1620, 1621, 1634, 1641, 1652—1654, 1674, 1699 bis 1702, 1730, 1742, 1745, 1782, 1783, 1784, 1791—1800, 1802, 1853, 1878, 1907, 1931, 1934, 1935, 1941, 1949, 1974, 1976—1981, 1983, 1984, 1988—1990, 1992, 1994, 2006, 2007, 2013, 2020, 2022, 2036, 2059, 2115, 2146, 2181, 2184, 2217, 2232, 2233, 2240, 2280—2284, 2288, 2300, 2311, 2313, 2318, 2363—2365, 2396, 2400, 2406, 2410, 2439, 2440, 2444, 2445, 2459, 2515, 2532]. So genügt es zum Beispiel, bei Ratten 50 mg Staub, der nicht weniger als 70% freies kristallines Siliziumdioxid enthält, in die Luftröhre einzuführen, um die spezifischen silikotischen Veränderungen hervorzurufen. Die experimentelle Bildung silikotischer Knötchen kann auch durch die Einführung von 50 mg Quarzstaub in die Bauchhöhle der Versuchstiere hervorgerufen werden. Bei der Injektion von Quarzstaub bilden sich bei den Versuchstieren silikotische Knötchen an den Injektionsstellen: bei intratrachealer Einführung in der Lunge und in den regionalen Lymphknoten, bei intraperitonealer Einführung im Sonnengeflecht, am Peritoneum und in den regionalen Lymphknoten. Dabei bestehen die Knötchen, die sich in der Lunge und in der Bauchhöhle bilden, aus den gleichen Zellelementen, die zum retikuloendothialen Typ gehören [24]. Bei Ratten konnten 3 Monate nach Verfütterung einer Nahrung, die 10% Siliziumdioxid enthielt, histologisch weder im Magen noch in der Bauchspeicheldrüse, den Nebennieren, den Lymphknoten und der Lunge Entzündungsprozesse festgestellt werden [1491]. In anderen Fällen ließen sich jedoch bei Versuchstieren, die mit einer Siliziumdiät ernährt wurden, hyperplastische, entzündliche Veränderungen der Darmwand und der mesenterialen Lymphknoten, Läsionen der Darm- und Lebergefäße sowie proliferative und exsudative Prozesse in der Lunge nachweisen [1558]. Dabei nahm der Siliziumgehalt in allen Organen, im Blut und im Harn zu [1558, 1959, 2034], erreichte nach 90 Tagen ein Maximum und ging danach trotz Beibehaltung der gleichen Diät wieder zurück [1558].

Bei intraperitonealer Injektion hoher Quarzstaubdosen erhöht sich bei den Versuchstieren der Siliziumgehalt in allen untersuchten Organen (Leber, Nieren, Lunge, Hirn, Herz, Hoden), wobei die höchste Konzentration in der Milz beobachtet wurde [1610—1612, 1697, 1717, 2225]. Das injizierte Siliziumdioxid wird dann mit dem Harn ausgeschieden, und zwar um so schneller, je kleiner die Teilchen sind [939, 1107].

Auch bei intravenöser Injektion einer Suspension von Quarz [335, 336, 763, 1540, 1541, 1617, 1619] oder Tridymit [921, 1741, 2262] werden die Leber, die Nieren, die Nebennieren, die Milz und die Lunge angegriffen. Die mittlere letale Dosis SiO_2-Staub mit einem Teilchendurchmesser von 19—25 nm beträgt für Ratten 35—45 mg/kg [518]. Die Toxizität von Siliziumdioxidteilchen (Teilchendurchmesser 0,01—1 μ) sinkt mit Zunahme der Teilchengröße. So beträgt beispielsweise die letale Dosis bei amorphen SiO_2-Teilchen mit einem Durchmesser von 0,01—0,02 μ 6,7 mg/kg, bei Teilchen von 0,1 μ jedoch schon 16,6 mg/kg. Dabei ist amorphes Siliziumdioxid weniger toxisch als kristallines der gleichen Teilchengröße. So beträgt beispielsweise die letale Dosis an Staub mit einem Teilchendurchmesser von 0,1—0,3 μ 70 mg/kg bei amorphem und 36,7 mg/kg bei kristallinem Siliziumdioxid [2174].

Eine intravenöse Injektion von Siliziumdioxid führt zur schnellen Abnahme der Thrombozytenmenge im Blut [421] und zur Zunahme des γ-Globulingehaltes im Blutserum [307, 1619]. Bei subkutaner Injektion von Siliziumdioxid bilden sich silikotische Hautgranulome [519, 534, 556, 687, 688, 831, 911, 1251, 1550, 1784, 1785, 1793, 1794]. Interessant erscheint, daß eine intratracheale SiO_2-Applikation bei Tieren, deren Haut mit kanzerogenen Stoffen präpariert wurde, die präkanzeröse Periode verkürzt [208].

Siliziumdioxid besitzt eine hämolytische Wirkung [2115, 2118, 2121], die bei den verschiedenen Modifikationen etwa der fibrogenen Aktivität entspricht (Tab. 16). Die hämolytische Wirkung von Quarz sinkt nach Behandlung mit Poly-(2-vinylpyridin-N-oxid) oder Trimethylchlorsilan [2116, 2117, 2121] ab. Die hämolytische Aktivität von amorphem Siliziumdioxid nimmt auch bei der Einwirkung oberflächenaktiver Lipoproteide, die aus der Lunge von Ratten gewonnen wurden, ab [1437, 1438].

Die zytotoxische Wirkung der verschiedenen Siliziumdioxid-Modifikationen auf Zellkulturen von alveolaren und peritonealen Makrophagen [264, 436, 607—609, 915, 963, 1034, 1067, 1211, 1212, 1464, 1465, 1470, 1733, 1747, 1877, 1957, 1987,

2117, 2312, 2425, 2452, 2491, 2560] entspricht ihrer fibrogenen Aktivität in vivo [1470, 1957].

Unter Berücksichtigung der Erkenntnis, daß Siliziumdioxid einen Einfluß auf die Biosynthese von Proteinen besitzt [606], wurde die Matrizentheorie der Silikose entwickelt, derzufolge die Quarzoberfläche für die an ihr adsorbierten Aminosäuren die Nukleinsäure-Matrix, die für die normale Biosynthese der Proteine notwendig ist, ersetzen kann [1147, 2029, 2030].

Tabelle 16

Hämolytische Aktivität von SiO_2-Modifikationen

Modifikation	Hämolytische Wirkung des SiO_2 auf die Erythrozyten im Blut (in %)	
	beim Hammel	beim Menschen
Tridymit	100	91
Quarz	92	90
Quarz + $(CH_3)_3SiCl$	36	35
Quarz + *PVPO*	10,5	7
Stishovit	7	8

Bei der Inhalation von besonders feindispersen Arten amorphen Siliziumdioxids, z. B. von „weißem Ruß“ [111] und von Aerosil [908, 1980], die als Füllstoffe bei der Gummiproduktion verwendet werden, entwickelt sich bei Kaninchen und Meerschweinchen eine desquamative katarrhalische Bronchitis und eine interstitielle Pneumonie. Bei Arbeitern, die 14 Jahre lang in der Aerosilproduktion tätig waren, wurden jedoch keine Silikosefälle beobachtet [2272]. Auch bei parenteraler Einführung erwies sich Aerosil für die Versuchstiere als toxisch. Die Applikation größerer Aerosilmengen in Lunge, Bauchhöhle und unter die Haut rief Knötchenfibrosen hervor [273, 1175, 1241, 1247, 1382, 1931, 1993, 1994]. Wird die Oberfläche von Aerosil mit Silikonöl imprägniert oder mit Trimethylchlorsilan bzw. Dimethyldichlorsilan behandelt, so sinkt seine Toxizität [1243, 2153, 2154]. Beispielsweise führt bei Mäusen eine intraperitoneale Injektion von 15 mg Aerosil nach 2–5 Tagen zum Tod, dagegen ruft die Injektion von 30 mg Aerosil, das zuvor mit Dimethyldichlorsilan behandelt wurde, keine wesentliche Änderung des Zustandes der Tiere hervor [1243].

Weiterhin wurde bekannt, daß Siliziumdioxid die Entstehung von Tuberkulose bei Versuchstieren zu beschleunigen vermag [492, 700, 759, 904, 905, 933, 983, 988, 1156, 1215, 1226, 2185, 2189, 2276, 2277, 2362]. Dieser Effekt wurde für einen biologischen Tuberkulose-Test an Meerschweinchen (auf Tuberkulosebakterien) ausgenutzt [492, 700].

Die silikotische Wirkung von quarzhaltigem Staub machte die Festlegung entsprechender Normen für seine Konzentration in der Luft notwendig. Für Staub, der über 70% freies SiO_2 (alle kristallinen Modifikationen) enthält, beträgt die maximal zulässige Konzentration 1 mg/m³, für Staub mit 10—70% freiem SiO_2 2 mg/m³ und für Silikatstaub, der weniger als 10% freies SiO_2 enthält 4 mg/m³ [180].

Siliziumdioxid kann man auch als Insektizid verwendet werden. Dabei wirkt es hauptsächlich als wasserbindendes und mechanisch angreifendes Mittel [493, 1277, 1295, 1302, 1512, 1716, 2196—2198, 2358]. Es wurde u. a. zur Bekämpfung von *Calandra sasaki*, *Tribolium ferrugineum*, *Tribolium castaneum* und *Sitophilus granarius* verwendet. Besonders empfindlich gegenüber Silikagel ist die Garten-Nacktschnecke (*Agriolimax reticulatum* — heute besser *Deroceras reticulatum*) und die Mehlmilbe (*Tyroglyphus farinae*). Auch zur Bekämpfung des Kornkäfers (*Calandra granaria*), [67] sowie von Milben und anderen Ektoparasiten der Vögel wurde Silikagel eingesetzt [1513].

[2577] Васильева, Г. Н., Мяткая, Г. Л.: Гигиена труда и проф. заболев. **1971**, № 10, 27.
[2578] Величковский, Б. Т.: Труды Всесоюзн. симп. патог. пневмокониозов 1968, **1970**, стр. 3.
[2579] Веретинская, А. Г.: Гигиена труда и проф. заболев., **1971**, № 10, 56.
[2580] Грин, Н. В.: Гигиена и санит., **36**, № 8, 100 (1971).
[2581] Дяковска, Р., Буркова, Р., Дымов, Г.: Съврем. медиц. (София), **23**, № 3, 17 (1972).
[2582] Кочеткова, Т. А., Стасенкова, К. П., Самойлова, Л. М., Киреев, В. И.: Научн. тр. Иркутск. Гос. мед. инст., **1970**, № 98, 49.
[2583] Набоков, В. А., Турниг, М. Л., Митрофанов, А. М., Успенский, И. В.: Мед. паразитол. паразит. болезни, **33**, 515 (1964).
[2584] Райхин, Н. Т., Шнайдман, И. М.: Гистохимия соединительной ткани при силикозе. М., 1970.
[2585] Родкина, Б. С., Окунь, М. И., Енякова, П. А.: Тр. Всесоюзн. симп. патог. пневмокониозов, 1968. **1970**, стр. 61.
[2586] Allison, A. C.: Adv. Sci., **27**, 137 (1970).
[2587] Allison, A. C.: Arch. Intern. Med., **128**, 131 (1971).
[2588] Antweiler, H., Djie, T. T.: Beitr. Silikoseforsch., **23**, 59 (1971).
[2589] Antweiler, H., Gho, C.: Int. Arch. Arbeitsmed., **27**, 349 (1971).
[2590] Ardelean, I., Cucu, M., Andronache, E.: Igiena, **18**, 707 (1969).
[2591] Arienzo, R., Bresciano, E.: Rass. Med. Sper., **16**, 135 (1969).
[2592] Arienzo, R., Malato, M.: Rass. Med. Sper., **16**, 218 (1969).
[2593] Barhad, B., Rotaru, G., Lazarescu, I.: Arch. mal. prof., **31**, 649 (1970).
[2594] Barhad, B., Rotaru, G., Lazarescu, I.: Igiena, **20**, 451 (1971).
[2595] Barhad, B., Rotaru, G., Petrescu, L., Lazarescu, I.: Fiziol. Norm. Patol., **15**, 329 (1969).
[2596] Barnabe, R., Lenzini, L., Querci, V.: Boll. soc. ital. biol. sper., **45**, 685 (1969).
[2597] Beratlief, C.: Probl. Agr. (Bucharest), 18, 65 (1966).
[2598] Beratlief, C., Popescu, C., Cojocaru, M.: Bucharest Inst. Cent. Certer. Agr. Sect. Prot. Plant. An., **3**, 363 (1965).
[2599] Bruch, J.: Virchows Arch., **6**, 166 (1970).
[2600] Carminati, V.: Tumori, **17**, 101 (1931).
[2601] Cotton, R. T., Frankenfeld, J. C.: J. Econ. Entomol., **42**, 553 (1949).

[2602] Coulon, J., Barres, P.: Phytiat.-Phytopharm., **15**, 99 (1966).
[2603] Cummins, S. L., Weatherall, C.: Brit. J. Exp. Path., **12**, 239 (1931).
[2604] Dale, K.: Scand. J. Resp. Dis., **51**, 118 (1970).
[2605] Drinker, P., Cook, W. A.: J. Ind. Hyg. Toxicol., **31**, 51 (1949).
[2606] Ebeling, W., Wagner, R. E.: Calif. Agr., **18**, 8 (1964).
[2607] Frits, T., Gabor, S., Anca, Z.: Stud. cercet. biochim., **14**, 157 (1971).
[2608] Frits, T., Gabor, S., Anca, Z.: Stud. cercet. biochim., **15**, 157 (1972).
[2609] Gabor, S., Frits, T., Anca, Z.: Med. Lavoro, **59**, 14 (1968).
[2610] Gabor, S., Frits, T., Anca, Z., Zugravu, E.: Arch. mal. prof., **32**, 553 (1971).
[2611] Gardner, L. U.: US Treas. Dept. Publ. Health Rep., **45**, 282 (1930); Biol. Abstr., **6**, 4174 (1932).
[2612] Göthe, C. J.: Acta Endocr., **63**, 313 (1970).
[2613] Göthe, C. J.: Acta Endocr., **63**, 325 (1970).
[2614] Göthe, C. J.: Scand. J. Resp. Dis., **73**, Suppl., 1 (1970).
[2615] Göthe, C. J., Lidström, L., Swensson, A.: Med. Lavoro, **62**, 375 (1971).
[2616] Grünspan, M., Antweiler, H., Marcic, I.: Beitr. Silikoseforsch., **23**, 101 (1971).
[2617] Haas, P., Huber, W.: Beitr. Silikoseforsch., **23**, 91 (1971).
[2618] Harington, J. S., Bey, E., King, P. C., Richardson, B. D.: Proc. 3rd Int. Conf. Pneumoconiosis, 1969. Cape Town, 1970. .
[2619] Heeren, E., Eger, W., Einbrodt, H. J.: Beitr. Silikoseforsch., **23**, 137 (1971).
[2620] Heppleston, A. G., Wright, N. A., Stewart, J. A.: J. Pathol., **101**, 293 (1970).
[2621] Holt, P. F.: Brit. J. Ind. Med., **28**, 72 (1971).
[2622] Holzapfel, L., Fahrnlaender, P.: Naturwiss., **35**, 314 (1948).
[2623] Jimenez, T. N. V.: Med. Segur. Trab., **19**, 41 (1971).
[2624] Jimenez, T. N. V., Gonzalez, C. J.: Med. Segur. Trab., **17**, 26 (1969).
[2625] Kakabadse, G. Dewsnap, J. W.: Nature, **185**, 761 (1960).
[2626] Kane, J.: J. Stored Prod. Res., **2**, 251 (1967).
[2627] Kaw, J. L., Gupta, G. S., Zaidi, S. H.: Int. Arch. Arbeitsmed., **27**, 324 (1971).
[2628] Kilroe-Smith, T. A.: Proc. 3rd Int. Conf. Pneumoconiosis, 1969. Cape Town, 1970, 492.
[2629] Kuhnhenn, J., Einbrodt, H. J.: Beitr. Silikoseforsch., **23**, 115 (1971).
[2630] Kuncova, M., Havrankova, J., Holusa, R., Palecek, F.: Arch. Environm. Health, **23**, 365 (1971).
[2631] La Hue, D. W., Fifield, C. C.: US D. A. Marketing Res. Rep., **1967**, 780; Bibliogr. Agricult., **32**, 6148 (1968).
[2632] Marasas, L. W., Harington, J. S.: Nature, **188**, 1173 (1960).
[2633] Mohn, G.: Beitr. Silikoseforsch., **23**, 225 (1971).
[2634] Moore, R. C.: J. Econ. Entomol., **65**, 458 (1972).
[2635] Moreno, F. G.: Med. Segur. Trab., **19**, 53 (1971).
[2636] Moreno, F. G.: Acta Cient. Compostelana, **7**, 225 (1970); C. A., **77**, 15082s (1972).
[2637] Münch, R., Beck, E. G., Manojlovic, N.: Beitr. Silikoseforsch., **23**, 173 (1971).
[2638] Nadler, S., Goldfischer, S.: J. Histochem. Cytochem., **18**, 368 (1970).
[2639] Novelli, A., Marinari, U. M., Cottolasso, D.: Pathologica, **61**, 111 (1969).
[2640] Pellegrini, P., Colamussi, V., Civolani, L.: Arcisp. S. Anna Ferrara, **22**, 817 (1969).
[2641] Pfordte, K., Ponsold, W.: Z. ges. Hyg., **16**, 897 (1970).
[2642] Religa, Z., Maslinski, C.: Life Sci., **9**, Pt. 2, 689 (1970).
[2643] Religa, Z., Maslinski, C.: Life Sci., **10**, Pt. 2, 257 (1971).

[2644] Rios, A., Simmons, R. L.: Transplantation, **13**, 343 (1972).
[2645] Scheel, L. D., Fleisher, E., Klemperer, F. W.: Arch. Ind. Hyg. Occup. Med., **8**, 564 (1953).
[2646] Scheinin, M. M., Peissachowitsch, I. M.: Virchow's Arch. Path. Anat. Physiol., **278**, 623 (1930).
[2647] Schepers, G. W. H., Dehalant, A. B., Fear, E. J., Schmidt, J. G.: Arch. Ind. Health, **16**, 363 (1957).
[2648] Schlicklin, J. M.: J. Sci. Med. Lille, **89**, 283 (1971).
[2649] Schlipköter, H. W.: Arch. Environm. Health, **21**, 181 (1970).
[2650] Schnitzer, R. J., Bunescu, G., Baden, V.: Ann. N. Y. Acad. Sci., **172**, 759 (1971).
[2651] Simson, F. W., Strachan, A. S.: Pub. S. African Inst. Med. Res., **9**, 95 (1940); C. A., **34**, 4456 (1940).
[2652] Sklenský, B.: Prac. Lek., **21**, 104 (1969).
[2653] Sklenský, B.: Prac. Lek., **22**, 273 (1970).
[2654] Sklenský, B.: Int. Arch. Arbeitsmed., **26**, 179 (1970).
[2655] Stroud, R. F., Stevens, L. F.: Mosquito News **28**, 569 (1968).
[2656] Wagner, J. C.: AEC Symp. Ser., **1970**, 347; C. A., **76**, 42511s (1972).
[2657] Wagner, M. F., Wagner, J. C.: J. Nat. Cancer Inst., **49**, 81 (1972).
[2658] Wagner, M. F., Wagner, J. C.: J. Clin. Pathol., **25**, 556 (1972).
[2659] Zajusz, K., Kosmider, S., Hopfinger, A.: Med. Pracy, **21**, 263 (1970).

7. Kieselsäure und Silikate

Die Angaben verschiedener Autoren über die Toxizität gelöster und kolloidaler Kieselsäuren und Silikate (sowie von kolloidalem SiO_2) sind schwer vergleichbar. Das beruht auf der besonderen Leichtigkeit, mit der Kieselsäuren unter physiologischen Bedingungen kondensieren, wodurch den Bearbeitern stets Kieselsäuren unterschiedlichen Polymerisationsgrades zur Untersuchung vorlagen [30, 55, 75, 96, 649, 779—781, 906, 1008—1010, 1146, 1209, 1224, 1248, 1249, 1259, 1403, 1455, 1647, 1917, 1918, 2163, 2405, 2559].

Nach den Angaben einiger Autoren [2033] beträgt die letale Dosis einer 15%igen Kieselsäurelösung bei intraperitonealer Injektion für Mäuse 30 ml/kg, die tödliche Dosis an kolloidalem SiO_2 50—100 mg/kg [1221]. Bei der intravenösen Injektion frisch zubereiteter Kieselsäurelösungen beträgt die mittlere letale Dosis für Mäuse 180 mg SiO_2/kg Körpergewicht. Beim Stehenlassen der Lösungen nimmt ihre Toxizität allmählich zu: Nach einem Monat auf das 8fache, nach 80 Tagen auf das 20fache. Sie erreicht schließlich 9,3 mg SiO_2/kg Körpergewicht [937], was der Toxizität von amorphem SiO_2 (Teilchendurchmesser 0,01 bis 0,02 nm) die bei 6,7 mg/kg liegt, nahekommt [2174]. Die einmalige minimale letale Dosis an Kieselsäure beträgt für Katzen 5 mg/kg, die maximale tödliche Dosis liegt bei 284 mg/kg [1566].

Bei der Zuführung von löslichen Silikaten oder von Kieselsäure erhöht sich zeitweilig der Siliziumgehalt im Blut (von 1 γ SiO_2/ml auf 6 γ SiO_2/ml). Die Siliziumverbindungen werden jedoch zum größten Teil mit dem Urin wieder ausgeschieden [375, 376, 1542, 1570, 1571, 2160, 2216], nur ein Teil des eingeführten Siliziums wird im Organismus zurückgehalten [1110, 1225].

Die chronische Einwirkung löslicher Kieselsäuren ruft bei Tieren Leber- und Milzfibrosen hervor und stört die normale Tätigkeit der Nieren, des Darms und des Lymphsystems [924, 1008—1010, 1461, 1645, 1646, 1648, 1786, 1790, 2058, 2061].

Die Injektion kolloidaler Kieselsäure in die Schenkelarterie (*Arteria femuralis*) stört die Funktion der Extremitäten und bewirkt die Entwicklung eines Gewebsödems mit nachfolgenden Resorptionserscheinungen. Eine allgemeine Intoxikation führt in der Regel im Laufe von 2—3 Tagen zum Tod der Tiere [216, 217]. Bei Tieren, die infolge kontinuierlicher Zuführung kolloidaler Kieselsäure gestorben sind, werden starke Veränderungen in den Blutgefäßen und in der Hirnsubstanz beobachtet. In der Lunge findet man herdförmige Bronchopneumonien, ein Emphysem und stellenweise Atelektasen. In anderen inneren Organen (Leber, Niere, Herz und Darmtrakt) zeigen sich Dystrophieerscheinungen, teilweise mit Hämorrhagien und Stasenbildung verknüpft [152, 216]. Bei intravenöser Injektion kolloidaler Kieselsäure entwickelt sich eine allgemeine toxische Reaktion ohne lokale Phänomene [217].

Wenn kolloidale Kieselsäuren oder andere SiO_2-haltige Substanzen in offene Wunden gelangen, zeigen sich nach einer gewissen Latenzperiode (die manchmal ziemlich lange dauert) granulomatöse Hautschädigungen, die histologisch an Sarkoide erinnern [519, 760, 787, 788, 1251, 1550, 1848, 1928, 2045, 2046, 2094].

Kolloidale Kieselsäure ist ein stark hämolytisch wirkendes Agens [648, 1036, 1163, 1650]. Ihre hämolytische Aktivität sinkt jedoch mit abnehmender Größe der kolloiden Teilchen und wird von einem Durchmesser von 4 nm an unbedeutend.

Die kolloidale Kieselsäure ruft Veränderungen in der Proteinzusammensetzung des Blutserums hervor [95, 186, 2177—2180], sie übt einen Einfluß auf den Metabolismus der Aminosäuren [92—94] und des Phosphors [236] aus und inhibiert eine Reihe von Fermenten (insbesondere die Atmungs- und Gewebefermente [666, 781, 1045, 1152, 1210, 1224, 1787—1789, 1918]. Beim gesunden Menschen ruft die tägliche perorale Zuführung frisch gefällten Silikagels selbst nach 3 Wochen keine Veränderung in der Blutzusammensetzung hervor. Bei weißen Mäusen jedoch erhöht sich nach peroraler Gabe von Silikagel der Heparinwert des Blutes sowie die Zahl der eosinophilen Leukozyten sowohl im Blut als auch im Bindegewebe (bestimmt am 60. Tage einer Versuchsreihe). Gleichzeitig vollzieht sich ein rascher Zerfall der Zellen des Fettgewebes, wobei sich ungewöhnliche Zellformen bilden. Dieser Effekt wird jedoch durch die Neubildung von Zellen kompensiert, so daß die Anzahl an Fettgewebszellen im Mesenterium (Gekröse) etwa gleich bleibt [158a].

Wäßrige Natriumsilikatlösungen mit basischer Reaktion wirken auf den Organismus wie Ätzlauge [213, 214, 479, 890, 2008]. Bislang ist nur ein Fall einer akuten Vergiftung mit einer Silikatlösung (die Basizität entsprach einer 20%igen NaOH-Lösung), die tödlich verlief, beschrieben worden [213]. Dabei wurden im

Rachenraum, in der Speiseröhre, im Magen und in anderen Organen Veränderungen beobachtet, wie sie auch für eine Laugenverätzung charakteristisch sind. Die minimale letale Dosis an Natriumsilikat ($Na_2SiO_3 \cdot 9H_2O$) beträgt für Kaninchen bei intravenöser Injektion ca. 175 mg/kg [894].

Bei intratrachealer Einführung von Natriumsilikatlösungen erhöht sich bei den Versuchstieren der Siliziumgehalt in der Lunge und im Magen sowie — allerdings in bedeutend geringerem Maße — in den Nieren und in der Leber. Das Natriumsilikat wird mit dem Harn aus dem Organismus ausgeschieden, und zwar wesentlich schneller als weniger lösliche Silikate (z. B. $CaSiO_3$) [1542, 2160].

Chronische Einwirkung von Natriumsilikatlösungen führt zur Bildung von Granulomen am Zahnfleisch [854].

Unter Laborbedingungen wurde 1—3%ige Natriumsilikatlösung zur Desinfektion von Testmaterialien (Batist, Holz, Linoleum) verwendet, die zuvor mit ansteckenden Darmbakterien infiziert waren. Die Desinfektion erfolgte im Verlauf von 3—15 Minuten [231]. Natriumsilikatlösungen vermögen Pneumokokken abzutöten [1421]. Zur Desinfektion von Getreide wurde das Silikat des Methoxyäthylquecksilbers [300] empfohlen.

Tetraorganylammonium-Silikate [1526] sowie Silikate des Äthylquecksilbers [300] und des Triphenylzinns [2213] besitzen fungizide Wirkung.

Magnesiumtrisilikat [1046] und Bentonit [520, 2357] begünstigen die Transplantation von Pflanzenviren. Magnesiumtrisilikat wurde lange Zeit mit Erfolg bei verschiedenen Magenerkrankungen als Antacidum eingesetzt, das keine Nebenwirkungen besitzt. Bei einer länger dauernden Anwendung (2—5 Jahre) führte das Magnesiumtrisilikat jedoch in einer Reihe von Fällen zur Bildung siliziumhaltiger Harnsteine [1022, 1023, 1069, 1081, 1300, 1380].*)

Bei längerer Inhalation von Asbestteilchen (Länge 20—200 μ, Durchmesser kleiner als 3 μ) kann sich bei den Betroffenen als Berufskrankheit die Asbestose, für die ein diffuses Bindegewebswachstum in der Lunge charakteristisch ist, entwickeln. Die ersten Symptome dieser Erkrankung sind Atemnot bei jeder physischen Belastung, Husten, Brustschmerzen, allgemeines Unwohlsein, rasche Ermüdbarkeit und Gewichtsabnahme. Für ein fortgeschrittenes Stadium der Asbestose sind die sogenannten „Asbestkörperchen" typisch, die sich im Sputum der Asbestosekranken finden. Häufig tritt gemeinsam mit der Asbestose ein primärer Lungenkrebs auf [657, 1168, 2286].

Beim unmittelbaren Kontakt der Haut mit Asbest können sich besonders häufig bei Verletzungen an Fingern und Zehen, Händen und Fußsohlen, charakteristische Warzen bilden. Die Ursache der Warzenbildung ist im Eindringen von Asbestfasern in das Epithelgewebe zu sehen, was eine rasche Verhornung und ein intensives Wachstum der Zellelemente unter Bildung von Riesenzellen zur Folge hat [1123]. Die maximal zulässige Konzentration von Asbeststaub in Luft beträgt 2 mg/m³ [180].

*) Die Bildung siliziumhaltiger Harnsteine bei Rindern, die durch einen erhöhten Siliziumgehalt in der Nahrung verursacht wird, war schon lange bekannt [343, 855, 2325].

Ein längeres Einatmen von Talkstaub ruft fibröse Erscheinungen in der Lunge — die sogenannte „Talkose" — hervor. Im klinischen Bild ist sie der Asbestose sehr ähnlich. Auch bei der Talkose tritt häufig zusätzlich Tuberkulose auf. Experimentelle Talkosen, die durch intratracheale Einführung von 50 mg Talk bei weißen Ratten hervorgerufen wurden, führten in der Lunge zur Bildung granulomatöser Knötchen mit Fremdkörperriesenzellen, die den eingeführten Staub enthielten. Die maximal zulässige Talkkonzentration in der Luft beträgt 4 mg/m³ [180].

Ein weiterer Typ von Pneumokoniosen sind die relativ gutartigen Silikatosen. Für ihr klinisches Bild sind Atemnot bei physischer Belastung, ein trockener Husten, Brustschmerzen, mäßige Bronchitis und ein Basalemphysem charakteristisch.

Auch zink- [1356] und bleisilikathaltiger Staub [142] kann Silikatosen verursachen. Darüber hinaus wirkt eine Reihe von Silikaten kanzerogen [514, 2336, 2337]. In dieser Hinsicht ist das Berylliumsilikat besonders gefährlich [359, 1649, 1724, 2066].

Glasfaserstaub verursacht fast immer, vorzugsweise an freiliegenden Körperteilen, einen starken Juckreiz. Bei mit Glasfasern arbeitenden Menschen werden an Fußsohlen, Unterarmen und Händen oft impetiginöse Erkrankungen — Pyodermien — wie Paronychie und Follikulitis beobachtet [196].

[2660] Дяковска, P.: Докл. Болг. Акад. Наук, **23**, 1115 (1970).
[2661] Дяковска, P.: Экспер. Мед. Морфол. (Болг.), **10**, 55 (1971).
[2662] Дяковска, P., Златева, M., Вулчева, B.: Эксп. Мед. Морфол., **10**, 114 (1971).
[2663] Капская, E. И., Шевела, E. M.: Вопр. физиол. пищ., **1969**, 34.
[2664] Alvarez-Estrada, D., Espinosa de los Monteros, J.: Rev. agroquim. Technol. Aliment., **6**, 245 (1966).
[2665] Arslan, S., Charnot, Y., Peres, G.: Compt. rend. Soc. biol., **162**, 1513 (1968).
[2666] Bailey, C. B.: Res. Vet. Sci., **11**, 539 (1970).
[2667] Bailey, C. B.: Canad. J. Biochem., **50**, 305 (1972).
[2668] Bonissol, C., Kona, P., Chermann, J. C., Jasmin, C., Raynaud, M.: Compt. rend., D **274**, 3030 (1972).
[2669] Catterall, W. A., Pedersen, P. L.: Biochem. Biophys. Res. Comm., **38**, 400 (1970).
[2670] Charnot, Y., Martin, Y., Pérès, G.: Compt. rend. Soc. biol., **163**, 1398 (1969).
[2671] Charnot, Y., Pérès, G.: Compt. rend. Soc. biol., **164**, 1732 (1970).
[2672] Charnot, Y., Pérès, G.: Ann. Endocrinol., **32**, 397 (1971).
[2673] Charnot, Y., Pérès, G.: Lyon Med., **226**, 85 (1971).
[2674] Chermann, J. C., Jasmin, C., Mathe, G., Raynaud, M.: (ANVAR), DT-Pat. 2162373 (1972); C. A., **77**, 143794 (1972).
[2675] Day, E. J., Bushong, R. D., Dilworth, B. C.: Poultry Sci., **49**, 198 (1970).
[2676] Dickman, E. R.: Science, **127**, 1392 (1958).
[2677] Fessenden-Raden, J. M.: J. Biol. Chem., **246**, 6745 (1971).
[2678] Gafar, M., Vasiliu, M., Vasiliu, D.: Stomatologia (Bucharest), **18**, 33 (1971).
[2679] Lunde, I.: Tidsskr. Nor. Laegeforen, **91**, 2574 (1971).
[2680] Marchisio, M. A., Davis, J. S., Parazzi, E.: Med. Lavoro, **61**, 211 (1970).

[2681] Mendelovici, E.: Rev. Fac. Farm. Univ. Los Andes, 7, 113 (1970); C. A., 76, 103635j (1972).
[2682] Mergner, W. J., Smith, M. A., Trump, B. F.: Lab. Invest., 27, 372 (1972).
[2683] Raynaud, M.: Chermann, C. J., Plata, F., Jasmin, C., Mathe, G.: Compt. rend., D 272, 347 (1971).
[2684] Sahabe, H., Koshi, K., Hagashi, H.: Proc. 3rd Int. Symp. Inhaled Particles, 1970, 3; C. A., 77, 43961 (1972).
[2685] Saruta, N., Ishinishi, N., Kunitake, E., Katori, Y.: Igaku Kenkyu, 39, 1 (1969); C. A., 71, 90090x (1969).
[2686] Sato, S.: Trans. Jap. Path. Soc., 18, 240 (1928); Biol. Abstr. 7, 11061 (1933).
[2687] Szabo, I., Demeter, A., Vass, E.: Rev. med. (Romania), 7, 419 (1961).
[2688] Szabo, S., Dessi, Z., Vass, E.: Rev. med. chir. (Romania), 65, 145 (1961).
[2689] Szabo, S., Mody, E., Nemes, S., Laszlo-Gridneva, A., Csiki, I. N.: Arch. Roum. Pathol. Exp. Microbiol., 28, 119 (1969).
[2690] Turner, W., Ebert, P., Riechers, L., Pearson, J. W., Chirigos, M. A.: Proc. Soc. Exp. Biol. Med., 138, 1030 (1971).
[2691] Werner, D.: Arch. Mikrobiol., 65, 258 (1969).
[2692] Williams, M., Crawford, J. S.: Brit. J. Anaesth., 43, 783 (1971).
[2693] Yamamoto, T.: Trans. Jap. Path. Soc., 18, 239 (1928); Biol. Abstr., 7, 11, 111 (1933).
[2694] Yokoi, Y.: Trans. Jap. Path. Soc., 18, 237 (1928); Biol. Abstr., 7, 11, 113 (1933).

8. Organohalogensilane

Die Organohalogensilane $R_{4-n}SiX_n$ (R = organisches Radikal, X = Halogen, $n = 1-3$) müssen ebenfalls zu den toxischen Verbindungen gezählt werden. Sie üben eine Reizwirkung auf die Schleimhäute der Augen und der oberen Atemwege sowie auf die Haut aus [25, 61–63, 99, 102, 109, 110, 121–131, 153, 175, 176, 191a, 210, 211, 360, 438, 537, 821, 1433, 1914, 2086, 2207, 2278, 2279, 2384, 2389, 2390, 2397, 2398]. Die letalen Konzentrationen bei der Inhalation ihrer Dämpfe liegen im Bereich von 10^{-1} mg/l (Tab. 17).

Die effektive Toxizität (der Gefährlichkeitsgrad) von Organohalogensilanen (sowie auch von $SiCl_4$ und $HSiCl_3$), die unter Berücksichtigung der absoluten letalen Konzentration und der Flüchtigkeit dieser Verbindungen berechnet wird, nimmt in der folgenden Reihenfolge zu [126]: $SiCl_4$ (das Verhältnis zwischen der maximal erreichbaren und der minimal tödlichen Konzentration beträgt 3,7) $<$ $HSiCl_3$ (5) $<$ $C_6H_5SiCl_3$ (46) $<$ $C_6H_5(CH_3)SiCl_2$ (161) $<$ $Cl_2C_6H_3SiCl_3$ (200) $<$ $ClCH_2SiCl_3$ (2765) $<$ $C_2H_5SiCl_3$ (2960) $<$ $(CH_3)_2SiCl_2$ (6350) $<$ CH_3SiCl_3 (10000).

Bis jetzt konnten jedoch noch keine gesetzmäßigen Beziehungen zwischen der Toxizität von Organohalogensilanen und der Natur ihrer organischen Reste bzw. der Anzahl der Chloratome, die mit dem Siliziumatom verbunden sind, aufgefunden werden. So ist das Äthyltrichlorsilan bei intraperitonealer Injektion 3,3mal toxischer als das Diäthyldichlorsilan. Bei den analogen Methylderivaten ist das Verhältnis dagegen genau umgekehrt [1914]. Dabei sind die absoluten letalen Konzentrationen von Methyltrichlorsilan, Dimethyldichlorsilan und

Äthyltrichlorsilan bei der Inhalation nahezu gleich [126]. Alkyltrichlorsilane sind (bei Inhalation der Dämpfe) stets etwas toxischer als Phenyltrichlorsilan. Umgekehrt ist Methylphenyldichlorsilan fast doppelt so wirksam wie Dimethyldichlorsilan [124, 126]. Von den bisher untersuchten Organotrichlorsilanen sind bei inhalativer Aufnahme die Verbindungen am giftigsten, die Chlor im organischen Rest enthalten (Chlormethyltrichlorsilan, Dichlorphenyltrichlorsilan) [122, 123, 126].

Angaben über den Einfluß der Natur der mit dem Silizium verbundenen Halogenatome auf die Toxizität der Halogensilane fehlen fast völlig. Es gibt nur Hinweise auf eine relativ hohe Toxizität der Organofluorsilane (z. B. beträgt die letale Dosis an $(C_2H_5)_3SiF$ nur ca. 50 mg/kg [48, 50, 54]. Für Ratten ist das Phenyltrifluorsilan [2086] bei oraler Zuführung 4mal so giftig wie das Phenyltrichlorsilan [2085]. Das Einatmen selbst unbedeutender Mengen von Butyltrifluorsilandämpfen ruft Kopfschmerzen hervor [437].

Es wurde die Vermutung ausgesprochen, daß die Toxizität der Organochlorsilane auf der Wirkung des Chlorwasserstoffs beruhe, der bei ihrer Hydrolyse an feuchten Schleimhäuten gebildet wird [61, 62, 63a, 821, 2384]. Diese Vermutung sollte dadurch bestätigt werden, daß die bei einer vollständigen Hydrolyse der letalen Dosis Methyl-(3,3,3-trifluorpropyl)-dichlorsilan (LD_{50} = 8 mg/l) entstehende Konzentration an HCl etwa der mittleren letalen Chlorwasserstoffkonzentration (bei weißen Mäusen 2,35 mg/*l*) entspricht. Zahlreiche Tatsachen deuten jedoch darauf hin, daß die Toxizität von Organochlorsilanen nicht allein durch die Reizwirkung des Chlorwasserstoffs, der bei ihrer Hydrolyse entsteht, erklärt werden kann: erstens sind alle untersuchten Organotrichlorsilane und Diorganodichlorsilane wesentlich toxischer als die anorganischen Chlorsilane Tetrachlorsilan und Trichlorsilan. Damit wird deutlich, daß die Toxizität nicht nur vom entstehenden Chlorwasserstoff, sondern auch von der Wirkung der siliziumorganischen Hydrolyseprodukte abhängt. Zweitens besteht in den meisten Fällen keine direkt-proportionale Beziehung zwischen der Toxizität von Organochlorsilanen und der Chlorwasserstoffmenge, die sich bei ihrer Hydrolyse bildet. In einer Reihe von Fällen sind gerade diejenigen Verbindungen stärker toxisch, bei deren Hydrolyse weniger HCl gebildet wird,*) und schließlich können die schweren Symptome einer akuten Organochlorsilanvergiftung kaum durch die Wirkung von Chlorwasserstoff allein hervorgerufen werden. Es kann kein Zweifel daran bestehen, daß der ausgeprägt toxische Effekt von Organochlorsilanen auf der gemeinsamen Einwirkung aller Produkte der Reaktionen der Organochlorsilane mit den Flüssigkeiten und Geweben des Organismus beruht.

Läßt man hohe Konzentrationen an Organochlorsilandämpfen auf Versuchstiere einwirken, so können neben Reizerscheinungen auch Störungen der Atmung und des Blutkreislaufes sowie Krämpfe beobachtet werden. Der Tod tritt unter

*) Dabei ist der LD_{50}-Wert des Methyl-(3,3,3-trifluorpropyl)-dichlorsilan im Vergleich mit LD_{50}-Werten anderer Diorganodichlorsilane offenbar etwas zu hoch angegeben worden (vgl. Tab. 17).

Asphyxieerscheinungen ein. Jedenfalls sind die Schädigungen der inneren Organe von Tieren, die an einer akuten Vergiftung gestorben sind, vom gleichen Typus: es werden ausgedehnte Gefäßverletzungen, starke Hyperämien aller inneren Organe und zahlreiche kleine Hämorrhagien im Hirn- und Lungengewebe und bisweilen ein Lungenödem beobachtet [121, 126].

Bei einer akuten Vergiftung mit Organochlorsilandämpfen sind die Veränderungen in der Lunge der Versuchstiere besonders ausgeprägt (katarrhalische desquamative Bronchitis, starke Gewebshyperämie, eine Homogenisation und Turgeszenz der Blutgefäßwände sowie herdförmige Ödeme). In einigen Fällen wurde eine akute interstitielle Pneumonie beobachtet. Bei Vergiftungen mit Methyl-, Äthyl- und Phenyltrichlorsilan sowie mit Dimethyldichlorsilan zeigen sich neben den Veränderungen in den Atmungsorganen schwere Schädigungen des Nervensystems in Form starker und ausgedehnter Gefäßschädigungen und degenerativer Veränderungen in den Nervenzellen verschiedener Gehirnbezirke wie der Rinde, der subkortikalen Bereiche und des verlängerten Marks [110]. Chlormethyltrichlorsilan, Dichlorphenyltrichlorsilan und Methylphenyldichlorsilan rufen auch Veränderungen in den parenchymatösen Organen hervor (wie Nekrosen, Nekrobiosen und feintropfige lipide Dystrophie der Leber- und Nierenzellen) [121, 126].

Bei der chronischen Einwirkung von Organotrichlor- und Diorganodichlorsilandämpfen (eine 13,5 Monate lange täglich 3stündige Applikation einer Konzentration von 0,005—0,01 mg/l) wurde bei Ratten eine Verzögerung der Gewichtszunahme, periodisch verlaufende Änderungen im Sauerstoffverbrauch, Funktionsstörungen des Nervensystems, Veränderungen im peripheren Blutbild mit Tendenzen zur Anämie und Leukopenie, Symptome einer katarrhalischen Bronchitis, interstitielle Entzündungen sowie eine mäßig ausgeprägte, langsam fortschreitende Sklerose beobachtet. Die typisch silikotischen Symptome traten dagegen nicht auf. Nur bei Tieren, die der Einwirkung von Chlormethyldichlorsilan ausgesetzt waren, fand man in der Lunge und in den regionalen Lymphknoten einzelne Knötchen mit Zellen vom Epitheltyp, die entfernt den Knötchen ähnelten, die für die typische Silikose charakteristisch sind [126]. Bei der Einwirkung von Chlormethyltrichlorsilan konnten auch dystrophische Veränderungen im Leber- und Nierengewebe beobachtet werden [121].

Nach dem Einatmen von Organochlorsilandämpfen verspürt man sofort ein brennendes Gefühl im Nasenrachenraum und in der Mund- und Kehlkopfschleimhaut sowie eine Reizung der Konjunktiven [210, 211], später tritt ein trockener Husten auf, die Atmung wird erschwert, bisweilen kommt es zum Kehlkopfkrampf. Die allgemeine toxische Wirkung der Organochlorsilandämpfe äußert sich in Kopfschmerzen, Schwindel, allgemeiner Schwäche und Schmerzen im Herzgebiet. Weiterhin werden Hyperämien der Mund-, Rachen- und Konjunktivalschleimhaut, Photophobie und Dakryarrhoe beobachtet. In der Lunge ist in einigen Fällen ein verschärftes Atemgeräusch zu hören. In bezug auf das Herz treten Tachykardie und Schmerzattacken (ähnlich wie bei Gefäßspasmen) auf. Nach 24 Stunden können sich tiefergehende Schädigungen der Atmungswege

Verbindung	Versuchstier	Applikation	Toxizitätsparameter (Dimension) LD$_{100}$*) (g/kg)	LD$_{50}$ (g/kg)	LC$_{100}$**) (mg/l)	LC$_{50}$ (mg/l)	LC$_{min}$ (mg/l)	C (maxim. verträgl. Konz.) (mg/l)	maximal zulässige Konz. in der Luft (mg/l)	Literatur
1	2	3	4	5	6	7	8	9	10	11
$SiCl_4$	weiße Maus	Inhalation	—	—	15	6,3	—	—	—	[195]
$SiCl_4$	weiße Maus	Inhalation	—	—	0,8	0,35	—	—	—	[198]
$HSiCl_3$	weiße Maus	Inhalation	—	—	1,5	1,0	0,8	0,5	—	[126]
$HSiCl_3$	weiße Maus	Inhalation	—	—	4,0	1,5	1,0	< 1,0	0,001	[120]
$HSiCl_3$	weiße Ratte	Inhalation	—	—	13,5	—	—	—	—	[1187]
$HSiCl_3$	weiße Ratte	Inhalation	—	—	14,7	—	—	—	—	[1106]
$HSiCl_3$	weiße Ratte	peroral	—	1,26	—	—	—	—	—	[1187]
$HSiCl_3$	weiße Ratte	peroral	—	1,7—2,4	—	—	—	—	—	[1106]
$HSiCl_3$	weiße Ratte	peroral	—	1,03	—	—	—	—	—	[2084]
CH_3SiCl_3	weiße Maus	Inhalation	—	—	0,4	0,18	0,12	0,1	0,001	[110, 126]
CH_3SiCl_3	Ratte	intraperitoneal	0,3	—	—	—	—	—	—	[1914]
CH_3SiCl_3	Ratte	in den Magen	1,0	—	—	—	—	—	—	[1914]
$C_2H_5SiCl_3$	weiße Maus	Inhalation	—	—	0,44	0,3	0,08	0,05	0,001	[110, 126]
$C_2H_5SiCl_3$	Ratte	peroral	—	1,33	—	—	—	—	—	[2084]
$C_2H_5SiCl_3$	Ratte	intraperitoneal	0,03	—	—	—	—	—	—	[1914]
$CH_2{=}CHSiCl_3$	Ratte	peroral	—	1,28	—	—	—	—	—	[2085]
$CH_2{=}CHSiCl_3$	Kaninchen	subkutan	—	0,68***)	—	—	—	—	—	[2085]
$C_5H_{11}SiCl_3$	Ratte	peroral	—	2,34	—	—	—	—	—	[2086]

Tabelle 17 (Fortsetzung)

Verbindung	Versuchstier	Applikation	Toxizitätsparameter (Dimension)						maximal zulässige Konz. in der Luft	Literatur
			LD_{100}*) (g/kg)	LD_{50} (g/kg)	LC_{100}**) (mg/l)	LC_{50} (mg/l)	LC_{min} (mg/l)	C maxim. verträgl. Konz.) (mg/l)	(mg/l)	
1	2	3	4	5	6	7	8	9	10	11
$C_5H_{11}SiCl_3$	Kaninchen	Resorption durch die Haut	—	0,78***)	—	—	—	—	—	[2086]
—$SiCl_3$	Ratte	peroral	—	2,83	—	—	—	—	—	[2086]
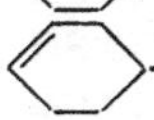—$SiCl_3$	Kaninchen	Resorption durch die Haut	—	0,63***)	—	—	—	—	—	[2086]
$C_6H_5CH_2SiCl_3$	Ratte	peroral	—	2,83	—	—	—	—	—	[2086]
$C_6H_5CH_2SiCl_3$	Kaninchen	Resorption durch die Haut	—	0,74***)	—	—	—	—	—	[2086]
$C_6H_5SiF_3$	Ratte	peroral	—	0,31	—	—	—	—	—	[2086]
$C_6H_5SiF_3$	Kaninchen	Resorption durch die Haut	—	0,64***)	—	—	—	—	—	[2086]
$C_6H_5SiCl_3$	weiße Maus	Inhalation	—	—	0,6	0,33	0,12	0,08	0,003	[110, 126]
$C_6H_5SiCl_3$	weiße Maus	intraperitoneal	—	0,171	—	—	—	—	—	[2384]
$C_6H_5SiCl_3$	Ratte	peroral	—	2,39	—	—	—	—	—	[2085]
$C_6H_5SiCl_3$	Kaninchen	Resorption durch die Haut	—	0,89***)	—	—	—	—	—	[2085]
$ClCH_2SiCl_3$	weiße Maus	Inhalation	—	—	0,2	0,06	0,04	0,025	0,001	[109, 122, 126]
$NCCH_2CH_2SiCl_3$	Ratte	peroral	—	2,0	—	—	—	—	—	[2086]
$NC(CH_2)_3SiCl_3$	Ratte	peroral	—	2,83	—	—	—	—	—	[2086]

$Cl_2C_6H_3SiCl_3$	weiße Maus	Inhalation	—	—	0,1	0,04	0,03	0,02	0,001	[109, 123, 126]
CH_3SiHCl_2			—	—	—	4,7	—	—	—	[2384]
CH_3SiHCl_2		intraperitoneal	—	0,16	—	—	—	—	—	[2384]
$(CH_3)_2SiCl_2$		Inhalation	—	—	0,4	0,3	0,14	0,08	0,001	[110, 126]
$(CH_3)_2SiCl_2$		intra-peritoneal	—	0,165	—	—	—	—	—	[2384]
$(CH_3)_2SiCl_2$	Ratte		0,1	—	—	—	—	—	—	[1914]
$(CH_3)_2SiCl_2$		in den Magen	1,0	—	—	—	—	—	—	[1914]
$(C_2H_5)_2SiCl_2$		intraperitoneal	0,1	—	—	—	—	—	—	[1914]
$(C_2H_5)_2SiCl_2$		in den Magen	1,0	—	—	—	—	—	—	[1914]
$CH_3(CH_2{=}CH)SiCl_2$	weiße Maus	intraperitoneal	—	0,27	—	—	—	—	—	[2384]
$C_2H_5(CH_2{=}CH)SiCl_2$	Ratte	peroral	—	2,83	—	—	—	—	—	[2086]
$C_2H_5(CH_2{=}CH)SiCl_2$	Kaninchen	Resorption durch die Haut	—	0,75***)	—	—	—	—	—	[2086]
$CH_3(C_6H_5)SiCl_2$	weiße Maus	Inhalation	—	—	0,25	0,15	0,1	0,08	0,001	[109, 126]
$CH_3(C_6H_5)SiCl_2$		intraperitoneal	—	0,3	—	—	—	—	—	[2384]
$CH_3(C_6H_5)SiCl_2$		Inhalation	—	—	—	—	—	0,02—0,04	—	[124]
$C_2H_5(C_6H_5)SiCl_2$			—	—	—	0,15	0,08	—	0,005	[130]
$(C_6H_5)_2SiCl_2$		intraperitoneal	—	0,383	—	—	—	—	—	[2384]
$CH_3(ClCH_2)SiCl_2$		Inhalation	—	—	—	—	—	—	0,001	[131]
$CH_3(CF_3CH_2CH_2)SiCl_2$			—	—	—	8,0	—	—	—	[61,62,2384]
$CH_3(CF_3CH_2CH_2)SiCl_2$		intra-peritoneal	—	0,254	—	—	—	—	—	[2384]
$CH_3[NC(CH_2)_3]SiCl_2$			—	0,275	—	—	—	—	—	[2384]
$CH_3[NC(CH_2)_3]SiCl_2$	Ratte	peroral	—	2,83	—	—	—	—	—	[2086]
$CH_3[NC(CH_2)_3]SiCl_2$	Kaninchen	Resorption durch die Haut	—	1,49***)	—	—	—	—	—	[2086]
$CH_3(FC_6H_4)SiCl_2$	weiße Maus	Inhalation	—	—	—	0,5	—	—	0,001	[128]
$CH_3(ClC_6H_4)SiCl_2$			—	—	—	—	—	—	0,005	[129]
$(CH_3)_2(ClCH_2)SiCl$			—	—	—	—	—	—	0,001	[131]
$(C_2H_5O)_2SiHCl$	Ratte	peroral	—	6,3	—	—	—	—	—	[2084]

*) LD — Letale Dosis
**) LC — Letale Konzentration
***) in ml/kg

(Tracheitis, Bronchitis und Broncho-Bronchiolitis) entwickeln. Als Folge der Einwirkung von Organochlorsilandämpfen auf die menschliche Haut entstehen nach einigen Stunden Herde von polymorphen Exanthemen in Verbindung mit einer starken Hyperämie und der Bildung von Hautödemen. Organochlorsilane wirken auch bei subkutaner oder intraperitonealer Injektion toxisch. Bei einer Einführung in den Magen sind sie jedoch weniger giftig als bei anderen Applikationsmethoden. Die pathologischen Veränderungen, die sich nach der auf beliebige Weise vorgenommenen Einführung von Chlorsilanen in den Organen der Tiere entwickeln, treten in erster Linie als lokale, stark ausgeprägte Reizerscheinungen auf. Eine besonders starke Reizwirkung üben die Organochlorsilane auf die Haut aus. So ruft Methylphenyldichlorsilan bei Kaninchen nach kurzer Zeit eine Koagulationsnekrose mit entzündlichen Veränderungen des umgebenden Gewebes hervor. Bei der Abstoßung des nekrotischen Schorfs bilden sich sehr schwer heilende Geschwüre [126]. Tiefgehende Geschwüre entstehen auch bei der Einwirkung von Phenyltrichlorsilan oder Äthyltrichlorsilan. Methyltrichlorsilan wirkt weniger charakteristisch auf die Haut ein und noch weniger Dimethyldichlorsilan (dabei entsteht lediglich eine schwache Hyperämie, worauf sich kleine, schnell wieder heilende Geschwüre entwickeln können) [110]. Nach einer 10minütigen Organotrichlorsilaneinwirkung treten neben den lokalen Veränderungen auf der Haut allgemein toxische Symptome auf (Depression, Störung der Bewegungskoordination und Atemstörungen). Die bei der Einwirkung von Organohalogensilanen auf die Haut entstehenden Veränderungen in den Organen ähneln denen, die sich bei anderen Applikationsweisen herausbilden: kleine Hirnblutungen, perivaskuläre und perizellulare Ödeme, stärkste Hyperämien der inneren Organe und dystrophische Veränderungen der Leber- und Nierenzellen [121, 126]. Starke Reizerscheinungen verursachen Organochlorsilanspritzer im Auge. So entsteht beim Aufbringen eines Tropfens Phenyltrichlorsilan auf die Augenhornhaut eines Kaninchens augenblicklich eine starke Hyperämie der Lid- und Augapfelbindehaut und eine Hornhauttrübung. Nach 2 Wochen bilden sich narbige Veränderungen auf der Lidschleimhaut, die Lider ulzerieren und werden deformiert. Als Dauerschäden bleiben eine Trübung der Hornhaut und Verwachsungen mit der Lidkonjunktiva zurück [25, 110]. In der gleichen Weise wirken auch die Alkyltrichlorsilane. Dimethyldichlorsilan ist weniger aggressiv und ruft nur eine partielle Trübung der Hornhaut hervor, die nach 15 Tagen völlig zurückgeht [25, 110]. Die Wirkung von Methylphenyldichlorsilan dagegen äußert sich in einer bleibenden Trübung der Hornhaut, in der Entstehung von Geschwüren und Liddeformierungen, sowie im Auftreten von Vernarbungen und Verengungen der Augenspalte [121, 126].

Die Konjunktivitis und die Hautreizungen durch Organochlorsilandämpfe verlaufen beim Menschen gewöhnlich leicht und vergehen nach 3—5 Tagen. Dagegen rufen Organochlorsilantröpfchen auf der Haut oder auf Schleimhäuten sofort Verätzungen hervor. Besonders gefährlich ist es, wenn sie auf die Augenschleimhaut gelangen, da sie hier sofort schwerste Schädigungen verursachen. Bei ärztlichen Untersuchungen von Arbeitern, die in der Organochlorsilanproduktion beschäftigt sind, werden immer wieder die gleichen Beschwerden angeführt: ständiges oder sich oft wiederholendes kratzendes Gefühl sowie Trockenheit und Kontraktionen im Kehlkopf, Trockenheit und Brennen in der Nase und auf der Zunge, Zahnfleischblutungen, wiederholte Blutungen oder blutige Absonderungen aus der Nase, Reizung der Augenschleimhäute, Tränenfluß (Dakryarrhoe), Reizung und Jucken der Haut, Kopfschmerzen, Schläfrigkeit am Tage, leichte Ermüdbarkeit und besondere Reizbarkeit. Regelmäßige Untersuchungen im gleichen Personenkreis [176] zeigten katarrhalische Veränderungen im Nasenrachenraum, Reizung der Mundschleimhaut, Gingivitis und Stomatitis. Reizungen der Mundschleimhaut wurden auch bei der Einwirkung von Phenylchlorsilanen häufig beobachtet. Sie äußern sich in einem feinblasigen Exanthem am Zungenrand, Reizungen und Rissen in Mundecken und Nasenflügeln und blutigen Absonderungen aus der Nase. Bei einigen Personen entwickelte sich durch Verletzung der Gefäßwände der Nasenschleimhaut eine Neigung zum Nasenbluten. Weiterhin traten die Symptome einer leichten Konjunktivitis der Augenbindehaut auf. An den unbedeckten Körperstellen (Hals, Gesicht, Hände und Unterarme) wurden periodisch auftretende stark juckende Hautreizungen in Form polymorpher Eruptionen beobachtet. Untersuchungen im Bereich des kardiovaskulären Systems ergaben bei vielen Versuchspersonen eine ausgeprägte Vagotonie und bei einer großen Anzahl von Arbeitern eine Tendenz zur Herabsetzung des arteriellen Druckes [176]. Alle genannten Erscheinungen gehören zur chronischen beruflichen Intoxikation, die durch Organochlorsilane hervorgerufen wird.

Personen, die Dämpfen mit einer hohen Organochlorsilankonzentration ausgesetzt waren, sollten den Arbeitsraum verlassen und sich sorgfältig mit warmem Wasser und Seife waschen (wenn es ihr Zustand ermöglicht). Bei einer Reizung der oberen Atemwege ist Ruhe, längeres Einatmen von Sauerstoff, das Inhalieren von Öl-Menthol-Gemischen und das Trinken von warmer Milch empfehlenswert.

Bei Stimmritzenkrämpfen wird eine subkutane Injektion von 0,1—1% Sol. Atropini sulfurici empfohlen. Bei erschwerter Nasenatmung hat sich das Einträufeln von 3% Sol. Ephedrini hydrochlorici (5—6 Tropfen) in die Nase als wirksam erwiesen. Bei Nachlassen der kardiovaskulären Tätigkeit sollten tonisierende und Herzmittel (Kampfer, Koffein und Kordiamin), bei Schmerzen im Herzgebiet Selenintropfen oder Validol gegeben werden.

Bei Augenverätzungen müssen die Augen zunächst mit Wasser ausgewaschen werden, dann kann steriles Vaselinöl und nach 20—30 Minuten 30% Sol. Albucidi (2—3 Tropfen) oder Penicillinlösung (Penicillini, 100000 Einheiten und 0,85% Sol. Natr. chlorati auf 10,0) eingetropft werden. Bei starken Schmerzen ist eine einmalige Behandlung der Augen mit 1% Sol. Dicaini (2 Tropfen) möglich. Die Weiterführung der Behandlung sollte vom Augenarzt vorgenommen werden. Wenn Organochlorsilantröpfchen in die Augen gelangten, empfiehlt es sich, 15—20 Minuten lang mit reichlich Wasser zu spülen, dann sterilen Fischtran einzutropfen (oder 1% Em. Synthomycini hinter die Lider einzulegen) und nach 20—30 Minuten 30% Sol. Albucidi (2—3 Tropfen) zu geben. Bei Augenverletzungen sollten die Verletzten grundsätzlich, auch bei leichten Fällen in ein Krankenhaus eingewiesen werden.

Der Einwirkung von Chlorsilandämpfen ausgesetzte Hautstellen müssen mit warmem Wasser und Seife gereinigt und mit Vaselineöl eingerieben werden. Organochlorsilantropfen werden am besten mit benzinfeuchter Watte von der Hautoberfläche entfernt. Danach werden die verletzten Stellen mit viel Wasser und Seife gewaschen. Anschließend sollte man einen Verband mit Linolsalbe (eine Schicht Linolsalbe, eine Schicht Fischtran) anlegen [175].

9. Alkoxysilane

Tetramethoxysilan $(CH_3O)_4Si$ ruft bei der Einwirkung auf die Augen eine starke Reizung der Schleimhäute bis zur Ulzeration der Hornhaut hervor [596, 1897, 2241]. Die nach der Einwirkung von Tetramethoxysilan vor sich gehenden Hornhautveränderungen führen allmählich zur Blindheit [340]. Unabhängig von der Applikationsweise ruft Tetramethoxysilan auch Hämolysen sowie Nierenveränderungen hervor [340, 803].

Akute Intoxikationen mit Tetraäthoxysilandämpfen ($(C_2H_5O)_4Si$) bei Tieren äußern sich in einer Reizung der Augenschleimhäute und der oberen Atemwege sowie Atmungsstörungen und den Symptomen einer schwach ausgeprägten narkotischen Wirkung [63, 102, 109, 117, 125—127, 132, 175, 239, 339, 537, 756, 803, 821, 1192, 1193, 1201, 1493, 1811, 1914, 2084—2087, 2207, 2390].

Histologische Untersuchungen der inneren Organe von Tieren, die an einer akuten Tetraäthoxysilanvergiftung gestorben waren, zeigten stärkste Hyperämien aller inneren Organe, katarrhalische oder katarrhalisch desquamative Bronchitis und Symptome einer interstitiellen Pneumonie. Im Gehirn wurden Blutergüsse sowie perizelluläre und perivaskuläre Ödeme beobachtet. Weiterhin wurden dystrophische Veränderungen der Leberzellen und der Nierentubuli gefunden [117, 132].

Tetraäthoxysilan vermag auch durch die Haut in den Organismus einzudringen. Es wird dabei ausgesprochen gut resorbiert und ergibt rasch Symptome einer akuten Vergiftung.

Im Vergleich zu den Organochlorsilanen wirkt Tetraäthoxysilan weniger reizerregend. Es zeigt jedoch eine deutliche allgemein toxische und eine ausgeprägt kumulative Wirkung [127]. Die langzeitige Einwirkung kleiner Tetraäthoxysilankonzentrationen führt zu chronischen Vergiftungen, die sowohl an der Stelle der unmittelbaren Einwirkung als auch in anderen Organen auftreten können.

Untersuchungen über die Toxizität von Tetraäthoxysilandämpfen [267, 1193, 1811] führten zur Festlegung der maximal zulässigen Konzentration in Arbeitsräumen. Sie liegt bei 0,8 mg/l. Eine spätere Überprüfung dieser Angaben hat jedoch gezeigt, daß bei Ratten, die im Veraufe von 5 Monaten wöchentlich 6mal drei Stunden lang einer Konzentration von nur 0,2 mg/l ausgesetzt waren, neben einer katarrhalischen Bronchitis, bereits chronische interstitielle Pneumonien sowie Hypertrophien der Muskelfasern in den Arterienwänden und schwache Sklerosen der Lungen- und Myokardgefäße nachgewiesen werden konnten [132]. Aus diesem Grunde wurden 0,02 mg/l [109, 132] bzw. sogar 0,005 mg/l [175] als maximal zulässige Konzentration von Tetraäthoxysilandämpfen im Arbeitsraum vorgeschlagen.

Triäthoxysilan $(C_2H_5O)_3SiH$ unterscheidet sich von Tetraäthoxysilan durch eine höhere absolute und effektive Toxizität. Seine hohe Flüchtigkeit ermöglicht schwere akute Vergiftungen, für die ausgeprägte Reizerscheinungen sowie allgemeine toxische Effekte (Schädigungen des kardiovaskulären Systems und dystrophische Veränderungen von Leber und Niere) charakteristisch sind. Die maximale Konzentration von Triäthoxysilandämpfen darf nicht höher als 0,001 mg/*l* sein [132].

Bei Menschen zeigte sich die Einwirkung von Tetraäthoxy- und Triäthoxysilan [81, 175] vor allem an den Schleimhäuten der Augen und des vorderen Nasenraumes, seltener an der Haut. Die ersten Symptome einer lokalen Einwirkung von Tetra- oder Triäthoxysilandämpfen treten gewöhnlich nicht sofort in Erscheinung, sondern erst nach 6—8 Stunden (Latenzperiode). Vermutlich erleichtert die gute Löslichkeit der Äthoxysilane in Fetten und Lipiden ihr Eindringen in die Haut und in die Schleimhäute, wo sie dann reaktive Entzündungsprozesse hervorrufen können. Die allgemeine toxische Wirkung — Kopfschmerzen, allgemeine Schwäche, ziehende Schmerzen im Gebiet des Herzens — kann sich dagegen sofort zeigen. Recht häufig findet man jedoch in den ersten Stunden nach der Einwirkung von Tetraäthoxysilandämpfen auch in dieser Hinsicht noch keine Abweichungen vom normalen Gesundheitszustand und erst nach dem Ablauf einer Latenzperiode beginnen sich die Kopfschmerzen allmählich zu entwickeln. Später entsteht ein starker Schmerz in den Augäpfeln, der übergeht in schneidende Schmerzen in den Augen verbunden mit Tränenfluß und Brennen der Hautstellen, die bei der Arbeit unbedeckt waren. Manchmal tritt auch Schnupfen und Kratzen in der Kehlkopfregion auf. Auch bei der Einwirkung von Triäthoxysilandämpfen werden die Augen stark angegriffen. Dabei werden Blepharospasmen (der Verletzte kann die Augen nicht öffnen) Lidödeme, Tränenfluß sowie Hyperämie der Lid- und Augapfelbindehaut beobachtet. In schwereren Fällen wird auch die Hornhaut betroffen. Die Schleimhaut des vorderen Nasenraums wird ödematös und zyanotisch. Bisweilen kommt es zu Nasenbluten. Auf den Lidern, an den Nasenecken und an den Ohren entsteht ein feiner, polymorpher Ausschlag.

Bei der Vergiftung mit Dämpfen von Tetra- und Triäthoxysilan bilden sich alle Entzündungsprozesse im Laufe von 3—6 Tagen zurück. Selbst bei besonders schweren Augenverletzungen erfolgt die Genesung nach 15—20 Tagen.

Gelangen Tri- oder Tetraäthoxysilantropfen auf die Augenschleimhaut oder auf die Haut, so zeigen sich die Verätzungen an den Augen sofort, an der Haut entwickeln sie sich erst im Laufe von 2—3 Stunden. Nach einer Verätzung der Augen durch Triäthoxysilan stellt sich der Normalzustand der Schleimhäute erst nach längerer Zeit wieder ein. Auch die erhöhte Licht- und Windempfindlichkeit der Augen bleibt ziemlich lange erhalten [175].

Tabelle 18

Toxizität von Alkoxysilanen

Verbindung	Versuchstier	Applikation	Toxizitätsparameter (Dimension)						Literatur
			LD_{100} (g/kg)	LD_{50} (ml/kg)	$LD_{min.}$ (g/kg)	LD_{100} (mg/l)	LD_{50} (mg/l)	$LD_{min.}$ (mg/l)	
$(CH_3O)_4Si$	Ratte	peroral	—	—	0,7	—	—	—	[803]
$(CH_3O)_4Si$	Ratte	intraperitoneal	—	—	0,1	—	—	—	[803]
$(C_2H_5O)_4Si$	weiße Maus	Inhalation	—	—	—	50—60	30	10	[117]
$(C_2H_5O)_4Si$	weiße Maus	Inhalation	—	—	—	9	—	4,5	[126]
$(C_2H_5O)_4Si$	Ratte	Inhalation	—	—	—	—	—	1,0	[132]
$(C_2H_5O)_4Si$	Ratte	peroral	—	—	6,27*)	—	—	—	[2084]
$(C_2H_5O)_4Si$	Ratte	intraperitoneal	—	—	0,6*)	—	—	—	[1914]
$(C_2H_5O)_4Si$	Ratte	in den Magen	5	—	1,0	—	—	—	[1914]
$(C_2H_5O)_4Si$	Kaninchen	intravenös	—	—	0,02*)	—	—	—	[1192, 1193]
$(C_2H_5O)_4Si$	Kaninchen	Resorption durch die Haut	—	6,3*)	—	—	—	—	[2084]
$[(C_2H_5)_2CHCH_2O]_4Si$	Ratte	peroral	—	19,7	—	—	—	—	[2539]
$[(C_2H_5)_2CHCH_2O]_4Si$	Kaninchen	Resorption durch die Haut	—	> 10	—	—	—	—	[2539]
$[C_4H_9CH(C_2H_5)CH_2O]_4Si$	Ratte	peroral	—	> 60	—	—	—	—	[2086]
$[C_4H_9CH(C_2H_5)CH_2O]_4Si$	Kaninchen	Resorption durch die Haut	—	> 20	—	—	—	—	[2086]
$[C_4H_9CH(C_2H_5)CH_2O]_2Si[OCH_2CH(C_2H_5)_2]_2$	Ratte	peroral	—	56,3	—	—	—	—	[2086]
$[C_4H_9CH(C_2H_5)CH_2O]_2Si[OCH_2CH(C_2H_5)_2]_2$	Kaninchen	Resorption durch die Haut	—	20	—	—	—	—	[2086]
$(CH_3O)_3SiH$	Ratte	peroral	—	9,33	—	—	—	—	[2539]
$(CH_3O)_3SiH$	Kaninchen	Resorption durch die Haut	—	6,30	—	—	—	—	[2539]

$(C_2H_5O)_3SiH$	Ratte	Inhalation	—	—	—	0,8—1,0	0,5	0,2	[132]
$CH_3Si(OCH_3)_3$	Ratte	peroral	—	12,5	—	—	—	—	[2539]
$CH_3Si(OCH_3)_3$	Kaninchen	Resorption durch die Haut	—	> 10	—	—	—	—	[2539]
$CH_3Si(OC_2H_5)_3$	Ratte	in den Magen	10,0	—	—	—	—	—	[1914]
$C_2H_5Si(OC_2H_5)_3$	Ratte	peroral	—	13,72*)	—	—	—	—	[2084]
$C_2H_5Si(OC_2H_5)_3$	Kaninchen	Resorption durch die Haut	—	16	—	—	—	—	[2084]
$CH_2{=}CHSi(OCH_3)_3$	Ratte	peroral	—	11,3	—	—	—	—	[2359]
$CH_2{=}CHSi(OCH_3)_3$	Kaninchen	Resorption durch die Haut	—	3,54	—	—	—	—	[2359]
$CH_2{=}CHSi(OC_2H_5)_3$	Ratte	peroral	—	22,5*)	—	—	—	—	[2085]
$CH_2{=}CHSi(OC_2H_5)_3$	Kaninchen	Resorption durch die Haut	—	10	—	—	—	—	[2085]
$C_5H_{11}Si(OCH_3)_3$	Ratte	peroral	—	4,92	—	—	—	—	[2359]
$C_5H_{11}Si(OCH_3)_3$	Kaninchen	Resorption durch die Haut	—	10,0	—	—	—	—	[2359]
$C_5H_{11}Si(OC_2H_5)_3$	Ratte	peroral	—	19,6*)	—	—	—	—	[2085]
$C_5H_{11}Si(OC_2H_5)_3$	Kaninchen	Resorption durch die Haut	—	7,13	—	—	—	—	[2085]
$C_6H_5Si(OC_2H_5)_3$	weiße Maus	intraperitoneal	—	1,72	—	—	—	—	[2384]
$(CH_3)_2Si(OC_2H_5)_2$	Ratte	in den Magen	10,0	—	—	—	—	—	[1914]
$CH_3(CF_3CH_2CH_2)Si(OC_2H_5)_2$	weiße Maus	intraperitoneal	—	1,97*)	—	—	—	—	[2384]
$(CH_3)_3SiOC_2H_5$	Ratte	in den Magen	2,0	—	—	—	—	—	[1914]

* in g/kg

Die Angaben über die Toxizität von Alkoxysilanen sind in Tab. 18 zusammengefaßt.

Um schwereren Schäden durch die Einwirkung von Äthoxysilandämpfen vorzubeugen, ist es notwendig, die Augen sofort und sorgfältig mit einer großen Menge Wasser zu spülen und die Spülungen im Verlauf von 10—15 Minuten einige Male zu wiederholen. Weiterhin empfiehlt es sich, zu gurgeln und den ganzen Körper zu waschen (duschen), wobei man die Hautstellen, die der Einwirkung von Dämpfen ausgesetzt waren, besonders gründlich mit warmem Wasser und Seife behandeln soll. Danach sollten die unbedeckt gewesenen Hautstellen mit Vaselineöl oder einer Fettcreme eingerieben werden. Als gute prophylaktische Maßnahme hat sich die Inhalation von Sauerstoff erwiesen [175].

[2695] Anderson, A. R.: Kirk-Othmer Encycl. Chem. Technol., 18, 216 (1969).

10. Silatrane

Einige zyklische siliziumorganische Ester des Triäthanolamins, die 2,2′,2″-Aminotriäthoxysilane mit intrakomplexer Bindung vom Stickstoff zum Silizium, die „Silatrane“ genannt wurden [47—50, 53], zeichnen sich durch eine besonders stark ausgeprägte und spezifische toxische Wirkung aus.

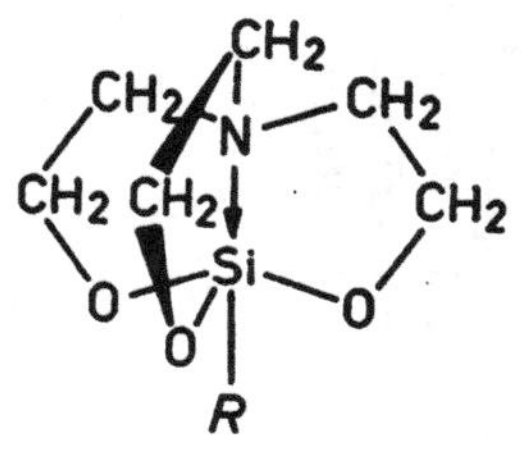

Die höchste Toxizität besitzen die 1-Arylsilatrane (R = Aryl) [19, 47—50, 52, 53, 86, 295], so z. B. das 1-Phenylsilatran und in noch stärkerem Maße das 1-p-Tolylsilatran. Beide sind für Warmblüter außergewöhnlich giftig: die letale Dosis (LD_{50}) des 1-Phenylsilatrans beträgt für weiße Mäuse nur 0,33 mg/kg und die des 1-p-Tolylsilatrans sogar nur 0,20 mg/kg. Die beiden Verbindungen sind also einige Male toxischer als solche allgemein bekannten Gifte wie Blausäure oder Strychnin. Dabei sind die 1-Arylsilatrane für Kaltblüter (z. B. Frösche), für Pflanzen und für Mikroorganismen praktisch unschädlich.

Auf narkotisierte Tiere übt 1-Phenylsilatran einen bedeutend geringeren Einfluß aus. In diesem Fall rufen Dosen, die die normale letale Dosis um mehr als das Zehnfache übertreffen, nur eine erregte Atmung und ein krampfhaftes Zucken der Skelettmuskeln hervor. Bei Tieren mit zerstörtem Nervensystem bewirkt 1-Phenylsilatran selbst in einer Dosis von 1,5 mg/kg (intravenös) kein Muskelzucken mehr.

Die physiologische Wirkung der 1-Arylsilatrane besteht offenbar in der Beeinflussung eines noch unbekannten Fermentsystems, das für die Funktionen des zentralen Nervensystems der Warmblüter sehr wichtig ist, das jedoch bei Kaltblütern entweder völlig fehlt oder keine wesentliche Bedeutung für die Tätigkeit des zentralen Nervensystems besitzt. Aus diesem Grunde wirken 1-Arylsilatrane auf alle lebenden Organismen, die auf einer niedrigen Evolutionsstufe stehen, nicht toxisch. Auf Unterschiede in den Wirkungsmechanismen von 1-Arylsilatranen und vielen anderen bekannten Giften deutet auch die Tatsache hin, daß von den Silatranen Fermente wie Cholinesterase und Acetylcholinesterase nicht gehemmt werden.

Die Toxizität der Silatrane ändert sich in einem außerordentlich breiten Bereich und wird hauptsächlich von der Natur des Substituenten *R* am Siliziumatom bestimmt (Tab. 19). So sind z. B. 1-Alkyl- und 1-Alkoxysilatrane ($R = CH_3$, C_2H_5O u. a.) physiologisch völlig indifferent.

Tabelle 19

Toxizität von Silatranen $RSi(OCH_2CH_2)_3N$ (für weiße Mäuse) bei intraperitonealer Injektion*)

R	LD_{50} (mg/kg)	*R*	LD_{50} (mg/kg)
p-$CH_3C_6H_4$	0,20	p-$CH_3C_6H_4O$	1270
C_6H_5	0,33	$C_6H_5CH_2$	1115
m-ClC_6H_4	4,4	CH_3O	2100
H	100	C_2H_5O	> 5000
$CH_2(CH_2)_4CH$ (cyclisch)	150	CH_3	> 5000
C_6H_5O	200	C_2H_5	> 5000
p-$O_2NC_6H_4O$	700	$(CH_3)_2CH$	> 5000
p-ClC_6H_4O	1050	$CH_2 = CH$	> 5000

*) für 3,5-Dimethyl-1-phenylsilatran beträgt die LD_{50} 14,7 mg/kg, für 1-Phenyl-2-karbasilatran 8,1 und für 1-Methyl-2-karbasilatran 920 mg/kg.

Die Einführung von Methylradikalen in das heterozyklische System des 1-Phenylsilatrans oder die Substitution eines der drei Sauerstoffatome durch eine CH_2-Gruppe (1-Phenyl-2-karbasilatran) setzt die Toxizität der Verbindungen beträchtlich herab [149, 150]. Dabei ist interessant, daß im Gegensatz dazu 1-Methyl-2-karbasilatran einige Male toxischer ist als das 1-Methylsilatran.

Der Einschub einer Methylengruppe zwischen den aromatischen Kern und das Silatransystem der 1-Arylsilatrane (1-Benzylsilatran) hebt die Toxizität der Verbindung nahezu völlig auf, die Einführung eines Sauerstoffatoms an der gleichen Stelle (1-Aroxysilatrane) erniedrigt sie um einige Zehnerpotenzen. Die hohe Toxizität der 1-Arylsilatrane beruht offensichtlich nicht allein auf der gleichzeitigen Anwesenheit von Silyl-aryl- und Si—O—C—C—N-Gruppierungen. Dafür spricht die niedrige Toxizität der offenkettigen Analoga der 1-Arylsilatrane, die ja ebenfalls Si-Aryl- und Si—O—C—C—N-Gruppen enthalten (vgl. Tab. 20). Ebenso ist es unmöglich, die biologische Aktivität der 1-Arylsilatrane allein mit der Anwesenheit der Silatrangruppierung $Si(OCH_2CH_2)_3N$ zu erklären, denn 1-Alkyl- und 1-Alkoxysilatrane sind praktisch ungiftig. Auch die Annahme, daß die toxische Wirkung der 1-Arylsilatrane durch ihre Hydrolyseprodukte hervorgerufen wird, hat sich als haltlos erwiesen (die Hydrolyseprodukte sind wenig toxisch). Man könnte annehmen, daß die physiologische Wirksamkeit der 1-Arylsilatrane auf Wechselwirkungen zwischen der transannularen koordinativen Si←N-Bindung und dem aromatischen Ring beruht, die zu einer Erhöhung der π-Elektronendichte und damit der Elektronendonatorwirkung des aromatischen Ringes führt. Jedoch zeigt die im Vergleich zum 1-Phenylsilatran um zwei Zehnerpotenzen geringere Toxizität des 1-Phenylgermatrans, das dem Silatran in Struktur und Dipolmoment ganz ähnlich ist, daß die Frage nach der hohen physiologischen Aktivität der Arylsilatrane noch offenbleiben muß. Dabei sollte man allerdings beachten, daß die bedeutend geringere Toxizität des 1-Phenylgermatrans auch auf dessen geringerer chemischen Beständigkeit beruhen kann.

[2696] Зелчан, Г. И., Воронков, М. Г.: Конф. Результаты научно-исследовательских работ по созданию новых пестицидоь. М., 1972, 3.
[2697] Beiter, C. B., Schwarcz, M., Crabtree, G.: Soap Chem. Spec., 46, N 4, 38 (1970).
[2698] Bien, E.: Pharmazie, 26, 224 (1971).
[2699] Schwarcz, M., Beiter, C. B., Kaplin, S., Loeffler, O. E.: (Bulletin M&T Chem. Ind. N. V.), DT-Pat. 2009964 (1970); C. A., 73, 120748d (1970).

11. Karbofunktionelle Alkoxysilane

Die Einführung funktioneller Substituenten in die Kohlenwasserstoffreste *R* und *R'* von Alkoxysilanen des Typs $R_{4-n}Si(OR')_n$ ($n = 1-3$) übt in vielen Fällen einen beträchtlichen Einfluß auf die physiologische Aktivität aus. So führt zum Beispiel der Austausch eines Wasserstoffatoms in den Äthoxygruppen des Triäthoxysilans $(C_2H_5O)_3SiH$ durch ein Chloratom zu dem viel toxischeren Tris-(2-Chloräthoxy)-silan, dessen mittlere letale Dosis für Kaninchen nur 0,089 ml/kg beträgt, wenn es durch die Haut aufgenommen wird (803, 2085). Bei oraler Einführung nimmt die Toxizität dieser Verbindung etwas ab (LD_{50} für Ratten beträgt dann 190 mg/kg) [803, 2085]. Noch stärkere Toxizitätsänderungen treten bei der Einführung von Aminogruppen in die Alkoxyradikale R' der Äthoxysilane auf.

Die toxische Wirkung von 2-Aminoäthoxysilanen, die eine Si—O—C—C—N-Gruppierung enthalten (Derivate des Tri-, Di- und Monoäthanolamins), wurde eingehend untersucht (Tab. 20) [144, 148]. Die Silylderivate des Monoäthanolamins $R_{4-n}Si(OCH_2CH_2NH_2)_n$ mit $n = 1-3$ sind zwei- bis neunmal so toxisch wie das Äthanolamin selbst. Dagegen sind die analogen Silylderivate der N,N-Dialkylaminoäthanole entweder weniger toxisch als die zugrunde liegenden freien Aminoalkohole $HOCH_2CH_2NR_2$ (besonders bei $R = CH_3$ oder C_4H_9) oder sie besitzen eine etwa vergleichbare Toxizität (bei $R = C_2H_5$).

Tabelle 20

Toxizität (LD_{50}) von 2-Aminoäthoxysilanen (für weiße Mäuse) und die Dosis, die bei intraperitonealer Injektion die Bewegungskoordination stört (ED_{50}) [148]

Verbindung	LD_{50} (mg/kg)	ED_{50} (mg/kg)
$(CH_3)_3SiOCH_2CH_2NH_2$	320	175
$(C_2H_5)_3SiOCH_2CH_2NH_2$	165	60
$(CH_3)_2Si(OCH_2CH_2NH_2)_2$	570	280
$(C_2H_5)_2Si(OCH_2CH_2NH_2)_2$	125	63
$CH_3Si(OCH_2CH_2NH_2)_3$	400	500
$C_2H_5Si(OCH_2CH_2NH_2)_3$	500	410
$C_6H_5Si(OCH_2CH_2NH_2)_3$	500	210
$(CH_3)_3SiOCH_2CH_2N(CH_3)_2$	620	265
$(C_2H_5)_3SiOCH_2CH_2N(CH_3)_2$	670	390
$(CH_3)_3SiOCH_2CH_2N(C_2H_5)_2$	630	50
$(C_2H_5)_3SiOCH_2CH_2N(C_2H_5)_2$	400	210
$(CH_3)_2Si[OCH_2CH_2N(C_2H_5)_2]_2$	720	64
$(C_2H_5)_2Si[OCH_2CH_2N(C_2H_5)_2]_2$	600	445
$CH_3Si[OCH_2CH_2N(C_2H_5)_2]_3$	600	385
$C_2H_5Si[OCH_2CH_2N(C_2H_5)_2]_3$	490	125
$C_6H_5Si[OCH_2CH_2N(C_2H_5)_2]_3$	560	—
$Si[OCH_2CH_2N(C_2H_5)_2]_4$	230	380
$(CH_3)_3SiOCH_2CH_2N(C_4H_9)_2$	640	600
$(C_2H_5)_3SiOCH_2CH_2N(C_4H_9)_2$	1650	2300
$(C_2H_5)_2Si[OCH_2CH_2N(C_4H_9)_2]_2$	2400	520
$[(CH_3)_3SiOCH_2CH_2]_2NH$	1250	380
$[(C_2H_5)_3SiOCH_2CH_2]_2NH$	1850	—
$[(CH_3)_3SiOCH_2CH_2]_3N$	3500	1400
$[(C_2H_5)_3SiOCH_2CH_2]_3N$	4000	—
$(CH_3)_3SiOCH_2CH_2NC_5H_{10}$	400	—
$(C_2H_5)_3SiOCH_2CH_2NC_5H_{10}$	280	180

Die Trialkylsilylderivate des Triäthanolamins sind ebenfalls weniger giftig als das freie Triäthanolamin. Das analoge Trimethylsilylderivat des Diäthanolamins besitzt dagegen wiederum eine etwas stärkere physiologische Wirkung als die unsilylierte Verbindung. Diese Angaben zeigen deutlich, daß die Toxizität der 2-Aminoäthoxysilane keineswegs allein von der toxischen Wirkung ihrer Hydrolyseprodukte (wobei die entstehenden Siloxane sicher ganz außer Betracht bleiben können: das Hexamethyldisiloxan zum Beispiel hat eine LD_{50} von 4,5 g/kg), sondern vielmehr von der Struktur des Gesamtmoleküls abhängt.

Die Toxizität der Verbindungen sinkt in der Reihe $(R_3SiOCH_2CH_2)_nNH_{3-n}$ ($R = CH_3$, C_2H_5 und $n = 1-3$) mit Zunahme der Zahl n beträchtlich ab. Eine Variation der Organylreste R am Siliziumatom ändert bei allen Typen der untersuchten Verbindungen die Toxizität nur wenig.

Die verbreitete Anwendung von Aminoalkyl(alkoxy)silanen als Haftmittel, als Appreturen für Glasfaserstoffe und als Härter für Epoxid- und siliziumorganische Harze verlangte nach einer eingehenden Untersuchung der Toxizität von Vertretern dieser Verbindungsklasse. Besonders gründlich bearbeitet wurden 3-Aminopropyltriäthoxysilan [80, 135, 136, 139, 1233, 2391], 6-Aminohexylaminomethyltriäthoxysilan [134, 139, 2391], Methyl(6-aminohexylaminomethyl)piäthoxyilan [139, 145, 2391] und Methyl(phenylaminomethyl)diäthoxysilan [137—139, 145].

Die toxische Wirkung, die durch die mittlere letale Dosis dieser Verbindungen hervorgerufen wird, äußert sich in lokalen Veränderungen des Magen-Darm-Traktes, in Störungen der Nerventätigkeit, in Kreislaufstörungen und in dystrophischen Veränderungen an Leber und Nieren. 6-Aminohexylaminomethyltriäthoxysilan dringt leicht durch die Haut ein, wobei es eine ausgeprägte lokale Reizwirkung auf die Haut und die Augenschleimhäute ausübt. Eine mittlere letale Dosis von 500 mg/kg bei direkter Einführung in den Magen reiht diese Verbindung in die Stoffe mit mittlerer Toxität ein. Die restlichen untersuchten Aminoalkyl(alkoxy)silane erwiesen sich als noch weniger giftig ($LD_{50} > 3$ g/kg). Dabei muß man jedoch beachten, daß das 3-Aminopropyltriäthoxysilan kumulative Eigenschaften besitzt.

Mit Hilfe der Bestimmung von Toxizität und Flüchtigkeit der genannten Aminoalkyl(alkoxy)silane konnten die maximal zulässigen Konzentrationen von 6-Aminohexylaminomethyltriäthoxysilan und Methyl(6-aminohexylaminomethyl)-diäthoxysilan am Arbeitsplatz zu 0,001 mg/l und von Diäthylaminobuthyltriäthoxysilan zu 0,01 mg/l ermittelt werden [139].

Eine merkliche Toxizität besitzt das Methyl(4-aminobutyl)diäthoxysilan für Kaninchen (LD_{50} beträgt bei der Resorption durch die Haut 0,045 ml/kg). Methyl(3-aminopropyl)diäthoxysilan ist bei epikutaner Einwirkung bedeutend weniger toxisch [2086, 2242]. Bei intraperitonealer Injektion beträgt die mittlere letale Dosis für Mäuse jedoch nur 40 mg/kg [147]. Noch toxischer ist das Methyl-(3-piperidinopropyl)diäthoxysilan. Beim Übergang zu den analogen Morpholino-, N-Methylpiperazino- und Thiamorpholinoderivaten nimmt die Toxizität der Verbindungen in der angegebenen Reihenfolge ab (Tab. 21), [147]. Interessant erscheint, daß die Toxizität von Lösungen des Methyl(aminopropyl)diäthoxysilans beim Aufbewahren etwas zunimmt. Möglicherweise hängt diese Erscheinung mit der Bildung von giftigen Primärprodukten bei der partiellen Hydrolyse zusammen.

2-Cyanoäthyl- und 3-Cyanopropyltriäthoxysilan sind weniger toxisch als die entsprechenden Aminoderivate [2086].

Die mittleren letalen Dosen von karbofunktionellen Organoalkoxysilanen, die eine funktionelle Gruppe in dem organischen Rest enthalten, der mit dem Siliziumatom verbunden ist, sind in Tab. 21 zusammengestellt.

Tabelle 21

Toxizität von Organoalkoxysilanen, die funktionelle Gruppen in den mit dem Siliziumatom verbundenen Organylresten enthalten. (Es bedeuten: NC_5H_{10}- — Piperidino-, NC_4H_8O- — Morpholino-, NC_4H_8S- — Thiamorpholino- und $NC_4H_8NCH_3$- — N-Methylpiperazino-)

Verbindung	Versuchstier	Applikation	LD_{50} (g/kg)	Literatur
$(C_2H_5O)_3SiCH_2NH(CH_2)_6NH_2$	Ratte	in den Magen	0,5	[139, 2391]
$(C_2H_5O)_3SiCH_2N(C_2H_5)_2$	Ratte	in den Magen	>3,0	[139, 2391]
$(C_2H_5O)_3SiCH_2CH_2CH_2NH_2$	Ratte	in den Magen	>4,0	[139, 2391]
$(C_2H_5O)_3SiCH_2CH_2CH_2NH_2$	Ratte	peroral	1,78	[2086]
$(C_2H_5O)_3SiCH_2CH_2CH_2NH_2$	weiße Maus	intraperitoneal	0,26	[147]
$(C_2H_5O)_3SiCH_2CH_2CH_2CH_2NH_2$	Ratte	peroral	1,62	[2086]
$(C_2H_5O)_3SiCH_2CH_2CH_2CH_2NH_2$	Kaninchen	Resorption durch die Haut	2,50*)	[2086]
$(C_2H_5O)_3SiCH_2CH_2CN$	Ratte	peroral	5,63	[2086)
$(C_2H_5O)_3SiCH_2CH_2CN$	Kaninchen	Resorption durch die Haut	5,95*)	[2086]
$(C_2H_5O)_3SiCH_2CH_2CH_2CN$	Ratte	peroral	4,92	[2086]
$(C_2H_5O)_3SiCH_2CH_2CH_2CN$	Kaninchen	Resorption durch die Haut	> 10,0*)	[2086]
$(CH_3O)_3SiCH_2CH_2SH$	Ratte	peroral	2,46*)	[2539]
$(CH_3O)_3SiCH_2CH_2CH_2SH$	Ratte	peroral	2,83*)	[2539]
$(CH_3O)_3SiCH_2CH_2CH_2SH$	Kaninchen	Resorption durch die Haut	5,66*)	[2539]
$(CH_3O)_3SiCH_2CH_2$— 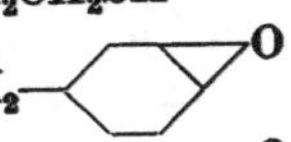	Ratte	peroral	12,3*)	[2539]
$(CH_3O)_3SiCH_2CH_2$— 	Kaninchen	Resorption durch die Haut	6,3*)	[2539]
$(CH_3O)_3SiCH_2CH_2CH_2$— 	Ratte	peroral	22,6*)	[2539]
$(CH_3O)_3SiCH_2CH_2CH_2$— 	Kaninchen	Resorption durch die Haut	3,97*)	[2539]

Tabelle 21 (Fortsetzung)

Verbindung	Versuchstier	Applikation	LD_{50} (g/kg)	Literatur
$(C_2H_5O)_3SiCH_2CH_2COOC_2H_5$	Ratte	peroral	22,4	[2086]
$CH_3(C_2H_5O)_2SiCH_2NHC_6H_5$	Ratte	in den Magen	> 3,0	[139]
$CH_3(C_2H_5O)_2SiCH_2NH(CH_2)_6NH_2$	Ratte	in den Magen	0,6	[139, 2391]
$CH_3(C_2H_5O)_2SiCH_2CH_2CH_2NH_2$	Ratte	peroral	4,76*)	[2086]
$CH_3(C_2H_5O)_2SiCH_2CH_2CH_2NH_2$	weiße Maus	intraperitoneal	0,04	[147]
$CH_3(C_2H_5O)_2SiCH_2CH_2CH_2NH_2$	Kaninchen	Resorption durch die Haut	2,52*)	[2086]
$C_2H_5(C_2H_5O)_2SiCH_2CH_2CH_2NH_2$	weiße Maus	intraperitoneal	0,215	[147]
$CH_3(C_2H_5O)_2Si(CH_2)_3NC_5H_{10}$	weiße Maus	intraperitoneal	0,0066	[147]
$CH_3(C_2H_5O)_2Si(CH_2)_3NC_4H_8O$	weiße Maus	intraperitoneal	0,086	[147]
$CH_3(C_2H_5O)_2Si(CH_2)_3NC_4H_8NCH_3$	weiße Maus	intraperitoneal	0,4	[147]
$CH_3(C_2H_5O)_2Si(CH_2)_3NC_4H_8S$	weiße Maus	intraperitoneal	0,47	[147]
$CH_3(C_2H_5O)_2Si(CH_2)_4NH_2$	Ratte	peroral	6,50	[2086]
$CH_3(C_2H_5O)_2Si(CH_2)_4NH_2$	Kaninchen	Resorption durch die Haut	0,045*)	[2086]
$CH_3(C_2H_5O)_2Si(CH_2)_3CN$	Ratte	peroral	3,73	[2086]
$CH_3(C_2H_5O)_2SiCH_2CH_2COOC_2H_5$	Ratte	peroral	20,8*)	[2086]
$CH_3(C_2H_5O)_2SiCH_2CH(CH_3)COOC_2H_5$	Ratte	peroral	24,6*)	[2086]
$CH_3(C_2H_5O)_2Si(CH_2)_3COOC_2H_5$	Ratte	peroral	22,4*)	[2086]

*) in ml/kg

12. Siloxane

Außer ihrer hohen thermischen Stabilität, dem nur ihnen eigenen Phänomen geringer Viskositätsänderungen bei Erhöhung oder Erniedrigung der Temperatur, ihrer Hydrophobie, ihrer antiadhäsiven und ihrer schaumbrechenden Wirkung besitzen die Polyorganosiloxane noch eine weitere bemerkenswerte Eigenschaft; ihre biologische Indifferenz. Diese Eigenschaft hat sehr viel zu der weitverbreiteten Anwendung von Polyorganosiloxanen in der Medizin [221, 228, 268–270, 306a, 348, 367, 376a, 376b, 467, 468, 470, 665, 764, 853a, 871a, 957, 958, 1103, 1130, 1184, 1297, 1336, 1339–1341, 1346, 1349–1351, 1427, 1460, 1500, 1501, 1510, 1511, 1548, 1626, 1635, 1671, 1860, 1902a, 1939, 2214, 2398a, 2417], der pharmazeutischen Praxis [3, 66, 83, 172, 191, 221, 291, 292, 306, 314, 334, 348, 441, 469, 481, 532, 545, 558, 594, 627, 645, 675, 703, 708, 742, 748, 754, 764, 777, 798, 799, 827, 832, 834, 838, 847, 857, 881, 882, 900, 927, 945–947, 969, 981, 1048, 1055, 1118, 1119, 1130, 1184, 1193a, 1203, 1216, 1299, 1316, 1336, 1340, 1346, 1350, 1351, 1393, 1431, 1441, 1485, 1486, 1490, 1499, 1511, 1528, 1529, 1575, 1592, 1626, 1668, 1677, 1705, 1711, 1725, 1735a, 1750, 1752, 1762, 1817, 1860, 1875, 1921, 1931a, 1939, 2022, 2026, 2052, 2057, 2112, 2128, 2212, 2214, 2236, 2251, 2270, 2273, 2274, 2287, 2294, 2331, 2359, 2398a, 2461], der Kosmetik [727, 728, 764, 881, 957, 1120, 1204, 1257, 1328, 1341, 1351, 1531, 1549, 1622a, 1626, 1671, 1712, 1734, 1865, 2187, 2188, 2302, 2317, 2455, 2476] und der Nahrungsmittelindustrie [630, 631, 764, 805, 1501, 1671, 1939] beigetragen.

Vor dem Einsatz dieser neuen Stoffe auf so bedeutungsvollen Gebieten wurde die akute und chronische Toxizität der Polyorganosiloxane gründlich und allseitig untersucht [103, 367, 471, 801, 914, 1050, 1219, 1350, 1351, 1428, 1503, 2207, 2279, 2388, 2511]. Diese Untersuchungen haben gezeigt, daß tägliche orale Gaben erstaunlich hoher Dosen (bis 20 g/kg) Polymethylsiloxanflüssigkeit (DC 200) auch im Laufe eines Monats keine irgendwie merkbaren Veränderungen des Gesundheitszustandes von Ratten (Wuchs, Blutbild, Gewicht der Organe usw.) zur Folge hatten. Zu dem gleichen Ergebnis führten auch histopathologische Untersuchungen [1914]. Weitere Experimente mit oraler Gabe von Polyorganosiloxanflüssigkeiten bei Ratten [541, 658, 863, 940, 1208, 1219, 1312, 1498, 1778, 1872, 1915, 2230], Mäusen [1778], Meerschweinchen [2230], Kaninchen [541, 940, 2230], Katzen [220, 940], Hunden [564, 940, 1803], Affen [1803] und Menschen [630, 631, 1335, 1868] bestätigten die sehr niedrige Toxizität. Dabei betrugen die täglichen Polysiloxandosen bei Versuchen mit Affen bis zu 300 g, und die Dauer der Experimente erreichte bei einer Testserie mit Ratten den Zeitraum von zwei Jahren. In allen Fällen (mit Ausnahme von Hexamethyldisiloxan, das Rauschzustände und eine gewisse Depression hervorruft [1914], wurden bei den Tieren keine Abweichungen vom normalen Zustand gefunden. Der Zusatz von 1% Polymethylsiloxanöl DC 200 zu einer Cholesterindiät führte im Laufe von 4 Monaten zu einer Schädigung der Nierenkanälchen bei Kaninchen [658] (nicht jedoch bei Ratten) und eine perorale Applikation von Polyäthoxysiloxanöl in Dosen von 1,2 g/kg führte bei den Versuchsratten zu einer Gewichtsabnahme [517].

Dagegen wurden durch intramuskuläre, intrakutane, subkutane, intraperitoneale oder intrapleurale Injektionen von Polyorganosiloxanen bei Mäusen, Ratten, Meerschweinchen und Affen in Dosen von 1 ml (Mäuse) bis zu 500 ml (Affen) keine ernsthaften makroskopischen Veränderungen hervorgerufen [249, 325, 353, 863, 940, 970, 1208, 1503, 1509, 1778, 1914, 1915], wenn man von einer unspezifischen Reaktion der Zellen auf die injizierten Substanzen [328, 970, 1847] absieht. Bei intrakutaner Injektion von Hexamethyldisiloxan wurden bei Kaninchen lokale Entzündungen, Ödeme und Nekrosen beobachtet [1914].

Diese Befunde gestatteten es, Injektionen von Polymethylsiloxanölen in breitem Maße in verschiedenen Bereichen der plastischen und der Rehabilitationschirurgie einzusetzen [325, 409, 853, 1840, 2105], (vgl. Kapitel VIII). Injektionen von Polymethylsiloxanölen wurden besonders in den USA und in Japan bei Frauen zur Vergrößerung oder zur Erzielung einer gewünschten Form der Brust angewendet [306a, 325, 1040, 1113, 1557, 1559, 1851]. Eine solche Praxis muß jedoch (auch bei Benutzung von Polymethylsiloxanölen, die speziell für medizinische Zwecke gereinigt wurden) als schädigend, ja sogar als kriminell angesehen werden, da die Milchdrüse besonders anfällig gegenüber Krebserkrankungen ist, sodaß selbst die Injektion eines anscheinend völlig inerten Stoffes zu schweren Folgeerscheinungen führen kann. Tatsächlich wurde in einer ganzen Reihe von Fällen über die Entstehung von Geschwülsten bei Versuchstieren nach einer Injektion von Polymethylsiloxanölen berichtet [325, 391, 392, 2011]. Obwohl nicht alle diese Versuche später bestätigt werden konnten [227, 392, 971] und bei einem Teil der Tiere die Geschwülste nicht bösartig waren [325], kann die Möglichkeit eines kanzerogenen Effektes der injizierten Polymethylsiloxanöle nicht ausgeschlossen werden. In einer Reihe von Fällen bildeten sich nach Injektion von Polymethylsiloxanölen in den Geweben der Versuchspersonen Granulome [1191, 1557, 2010, 2011, 2136, 2295, 2339], und die wiederholten Injektionen zur Vergrößerung der Brust führten bei einigen Frauen zu einer schweren beidseitigen granulomatösen Mastitis [2176]. Dabei wurde eine Vergrößerung der axillaren Lymphknoten mit einer deutlich ausgeprägten proliferativen Histiozytose der Sinus beobachtet. Trotz der Behauptung, daß Geschwülste bei Frauen, die Siloxanöl-Injektionen bekommen hatten, nicht öfter auftraten, als bei allen anderen und obwohl nicht genau festgestellt werden konnte, ob die auftretenden Geschwülste infolge der Injektion von Polymethylsiloxanölen entstanden waren oder nicht [1113], dürfen derartige Injektionen somit auf keinen Fall als ungefährlich angesehen werden. Sie können zumindest jederzeit granulomatöse Reaktionen und durch das Eindringen in die regionalen Lymphknoten und vielleicht auch in andere Teile des lymphoretikulären Systems die Entwicklung von Histiozytosen hervorrufen*). Außerdem ist das Schicksal der in den Organismus eingeführten flüssigen Polymethylsiloxane zur Zeit noch nicht genügend erforscht. Doch wurde bereits gefunden, daß die Polymethylsiloxanöle nicht an der Injektionsstelle

*) In den USA sind derartige Injektionen bis zum Abschluß systematischer Untersuchungen über die Wirkung von Polysiloxanflüssigkeiten verboten worden [297].

bleiben, sondern langsam im Organismus wandern [1182, 1557]. Nach einer intrakutanen Injektion von 0,5 g flüssigem, mit ^{14}C markiertem Polydimethylsiloxan wurden 90% davon im Darmtrakt wiedergefunden. Die ausgeatmete Luft enthielt keinen radioaktiven Kohlenstoff [1503]. Bei Mäusen konnten die Polydimethylsiloxanöle nach einer intraperitonealen Injektion kleinerer (bis 1 ml) oder einer subkutanen Injektion größerer (bis 8 ml) Volumina in der Milz, der Leber, den Nebennieren, der Bauchspeicheldrüse, dem Ovar, den Nieren und den Lymphknoten nachgewiesen werden [489, 1672, 1843, 1844, 1846]. Zwei Wochen nach der Injektion zeigte sich neben einer Anreicherung der Polydimethylsiloxane in den Zellen der regionalen Lymphknoten das allgemeine Erscheinungsbild einer Fettatrophie [390]. Nach 14 Wochen bildeten sich in den Nebennieren histiozytäre Konglomerate, die mit Polysiloxan gefüllt waren [390, 1636]. Bei einer Injektion in die Bauchhöhle traten auch Knötchen an der Netzoberfläche auf [489]. Eingehendere Untersuchungen der Reaktionen des Körpers auf eine subkutane Injektion von Polydimethylsiloxanölen haben gezeigt, daß dabei nur unbedeutende Entzündungsreaktionen der Haut auftreten, die nach 5 Monaten wieder verschwinden. Die Injektion von Polymethylsiloxanen unmittelbar unter die Haut ruft weder epidermale Atrophien noch Fibrosen hervor [1847]. Bei einer Injektion in das subkutane Depot wird das Polymethylsiloxanöl im Fettgewebe in Form feinster Tröpfchen dispergiert [353, 1847]. Dabei wird ein schwacher Entzündungsprozeß mit nachfolgender proliferativer Histiozytose und Fibroblastose beobachtet, in deren Verlauf die Polysiloxantröpfchen eingekapselt werden [325, 353, 2196].

Eine intravenöse Injektion von 0,5 g/kg Polydimethylsiloxanöl DC 200 bei Kaninchen führte zum Tod der Versuchstiere. Bei einer Verringerung der Dosis vermögen die Tiere jedoch bedeutende Mengen (im Laufe von 25 Tagen täglich 0,1 g/kg) dieser Flüssigkeit ohne sichtbare Veränderung des Gesundheitszustandes aufzunehmen [1503]. Polymethylsiloxanöl verteilt sich bei der Injektion kleiner Dosen im ganzen Organismus. Größere Dosen dagegen führen infolge Embolie zum Tode. Auch bei Katzen sind nach intravenöser Einführung von 4 mg/kg eines in Alkohol gelösten Polymethylsiloxans, das außer Methyl- auch Oxymethylgruppen enthielt, keine Vergiftungserscheinungen beobachtet worden [220]. Die mittlere letale Dosis (LD_{50}) des Polysiloxan-Antischaummittels Antifoam A beträgt bei Injektion in die Jugularis externa von Hunden 0,9—1,0 ml/kg [836, 1839]. Bei einer Injektion in die Carotis externa ist die LD_{50} für Hunde viel kleiner. Sie beträgt dann nur 0,02 ml/kg [1839]. Bei den toten Tieren wurde Apoplexie und in einer Reihe von Fällen eine Embolie beobachtet, die durch in das arterielle Blut gelangte feste Teilchen des Siloxan-Antischaummittels, das aus Polydimethylsiloxan und SiO_2 besteht, verursacht wurde [341, 922, 1031, 1056—1059, 1347, 1373, 1374, 1736, 2083, 2220, 2221].

Polymethylsiloxanöle reizen die Haut nicht und werden aller Wahrscheinlichkeit nach auch nicht von ihr absorbiert. Sie rufen auch keine Acanthosen hervor [914, 1914, 2230]. Bei einer richtig gewählten Rezeptur kann man Polymethylsiloxane zur Herstellung von Schutzcremes verwenden, die ohne Gefahr lange

Zeit mit der Haut im Kontakt bleiben können [6, 7, 206, 357, 1351], (vgl. Kapitel VIII).

Wenn Polyorganosiloxanflüssigkeiten in die Augen gelangen, verursachen sie schwache Reizungen, die nach 1—2 Tagen wieder verschwinden [1503, 1914]. Die Injektion von Polyorganosiloxanölen in die vordere Augenkammer von Kaninchen und Hunden rief in den meisten Fällen keine Entzündung hervor [310, 1353, 1366, 2145]. Diese Befunde waren die Voraussetzung zur Verwendung der Polyorganosiloxanöle in der Therapie — sie werden z. B. in den Glaskörper der Augen eingeführt (vgl. Kapitel VIII). In einigen Fällen kam es jedoch bei der Injektion von Polymethylsiloxanölen in die mit dem Glaskörper gefüllte Augenhöhle zur Entwicklung von Katarakten [1353, 1593].

Dank der geringen Toxizität und der sehr niedrigen Flüchtigkeit von Polyorganosiloxanen ist die Wahrscheinlichkeit einer Vergiftung durch ihre Dämpfe sehr gering. So rief selbst das relativ leicht flüchtige Hexamethyldisiloxan bei Ratten und Meerschweinchen, die 7—15 Stunden in einer Atmosphäre gehalten wurden, die 4400 ppm $(CH_3)_3SiOSi(CH_3)_3$ enthielt, keine Vergiftung hervor. Sogar bei Ratten, die 30 Minuten einer Atmosphäre ausgesetzt waren, die 25000 ppm Hexamethyldisiloxan enthielt, konnten keine Veränderungen im Gesundheitszustand beobachtet werden. Erst bei einer Konzentration von 40000 ppm starben die Tiere nach 20 Minuten [1914]. Auch eine langzeitige Inhalation von Aerosolen oder alkoholischen Lösungen verschiedener Polymethylsiloxanöle erwies sich als unschädlich [219, 940, 1778]. Eine gewisse Toxizität besitzen allerdings die Pyrolyseprodukte von Polyorganosiloxanen [133, 447, 806, 2231], und die Polyorganosiloxanole (die Primärprodukte der Alkoxysilanhydrolyse, die bei der Produktion von Polysiloxanlacken entstehen) zeigen eine narkotische Wirkung, die kaum allein auf der Wirkung des Lösungsmittels beruhen kann. Nach zweistündiger Inhalation von Polyorganosiloxandämpfen, die durch Verdunstung in einer Kammer entwickelt wurden, konnten bei Ratten und Mäusen dystrophische Veränderungen in der Leber, eine starke Hyperämie der Lunge und schwache nekrotische Veränderungen an den peripheren Bronchienzellen beobachtet werden [82]. Aerosole, die niedermolekulare zyklische Polymethylsiloxane in einer Konzentration von 5—10 ml/l enthielten, riefen bei Versuchstieren Entzündungen der Augen- und Atemwegschleimhäute hervor [1671].

Polyorganosiloxanharze sind physiologisch inert [899, 914, 940, 1117, 1778, 1914, 2390]. Polysiloxangummi ruft normalerweise ebenfalls keine toxischen Reaktionen in Geweben hervor [453, 646, 1026, 1381, 1418, 1777, 2293]. Die in einzelnen Fällen beobachtete Toxizität wird wohl eher durch die verwendeten Füllstoffe verursacht worden sein [169, 1351]. Nach der Implantation von Silikonkautschuk wurden bisweilen Geschwulstbildungen bei Versuchstieren beobachtet [1125, 1693]. Einige Autoren waren der Meinung, daß die Entstehung dieser Geschwülste nur von der Menge der verwendeten Implantate abhängt [1693], andere dagegen meinten, daß die kanzerogene Wirkung nur von der chemischen Natur des implantierten Stoffes und nicht von seiner Menge bestimmt werde [1125].

In der klinischen Praxis konnte kein Zusammenhang zwischen der Implantation von Silikonkautschuk und einer Geschwulstentwicklung gefunden werden, obwohl Silikonkautschuk in den letzten zwei Jahrzehnten umfassend in die Medizintechnik einbezogen wurde. Trotzdem sollte man bei der Verwendung von Silikonelastomeren immer die Möglichkeit einer kanzerogenen Wirkung in Betracht ziehen, umso mehr, als bislang nicht bekannt ist, welche Zeiträume die Geschwülste zu ihrer Entstehung benötigen [471].

Gegenüber Bakterien [512, 516, 522, 874, 1084, 1136, 1876, 2234, 2366, 2528] und Pilzen [507, 947] verhalten sich Polyorganosiloxane völlig inert.

[2700] Алюшин, М. Т.: Силиконы в фармации. М. 1970.

[2701] Тихонова, Г. П.: Тр. конф. эксп. усслед гипокин. измен. среды, ускор., перегрузок и др. факторов, 1968, стр. 124.

[2702] Ballantyne, D. L., Hawthorne, G. A., Ben-Hur, N., Seidman, I., Rees, T. D.: Isr. J. Med. Sci., **7**, 1046 (1971).

[2703] Ballantyne, D. L., Hawthorne, G. A., Rees, T. D., Seidman, I.: Cryobiology, **8**, 211 (1971).

[2704] Ben-Hur, N., Rees, T. D., Ballantyne, D. L.: Ann. Chir. Plast., **12**, 243 (1967).

[2705] Blocksma, R.: Plast. Reconstr. Surg., **48**, 564 (1971).

[2706] Blodi, F. C.: Am. J. Ophthalmol., **71**, 1044 (1971).

[2707] Boo-Chai, K.: Brit. J. Plast. Surg., **22**, 281 (1969).

[2708] Bregeon, C., Simard, C., Boasson, M., Renier, J. C.: Rev. Rhum. Mal. Osteo-Articul, **37**, 735 (1970).

[2709] Brozman, M., Hostýn, L.: Acta Chir. Plast. (Praha), **13**, 183 (1971).

[2710] Creach, O., Girault, J. P., Bellaton, P., Bourganel, J., Fontanges, R.: Ann. Inst. Pasteur, **118**, 785 (1970).

[2711] Davenport, J. C.: Brit. Dent. J., **128**, 545 (1970).

[2712] Davis, P. K. B., Jones, S. M.: Brit. J. Plast. Surg., **24**, 405 (1971).

[2713] Halbert, S. P., Ushakoff, A. E., Anken, M.: J. Biomed. Mater. Res., **4**, 549 (1970).

[2714] Hartley, J. H., Schatten, W. E.: Plast. Reconstr. Surg., **47**, 150 (1971).

[2715] Hawthorne, G. A., Ballantyne, D. L., Rees, T. D., Seidman, I.: J. Reticuloendoth. Soc., **7**, 587 (1970).

[2716] Inoue, Y.: Nagasaki Igakkai Zasshi, **46**, 155 (1971); C. A., **76**, 108737d (1972).

[2717] Jones, J. C., Price, J. G. C.: (Midland Silicones Ltd.), GB-Pat. 1161609 (1969); C. A., **71**, 100937v (1969).

[2718] Khoo, B. C.: Brit. J. Plast. Surg., **22**, 281 (1969).

[2719] Maeda, J.: Shika Igaku, **34**, 390 (1971); C. A., **77**, 30047 (1972).

[2720] Naruke, T.: Jap. Medical Reports, Nr. 2386 (1970).

[2721] Palazzolo, R. J., McHard, J. A., Hobbs, E. J., Fancher, O. E., Calandra, J. C.: Toxicol. Appl. Pharmacol., **21**, 15 (1972).

[2722] Pigon, A.: Exp. Cell. Res., **63**, 443 (1970).

[2723] Rees, T. D., Ballantyne, D. L., Hawthorne, G. A.: Plast. Reconstr. Surg., **46**, 50 (1970).

[2724] Rees, T. D., Ballantyne, D. L., Seidman, I.: Brit. J. Plast. Surg., **24**, 125 (1971).

[2725] Sakaki, T., Tsurumi, N., Maeda, J., Honda, T., Kawakatsu, K., Tsutsumino, R.: GANN, **63**, 167 (1972).

[2726] Schlipköter, H. W., Bruch, J., Brockhaus, A., Fodor, G. G.: Prax. Pneumol., **25**, 505 (1971).

[2727] SHARP, R. F., EGGINS, H. O. W.: Int. Biodeterior. Bull., **6**, 19 (1970).
[2728] SLUZEWSKA, L.: Roczn. Panstw. Zakl. Hig., **21**, 169 (1970).
[2729] TURBAK: (Tee-Pak, Inc.), US-Pat. 3442663 (1969); C. A., **71**, 21069k (1969).
[2730] WEIDENTHAL, D. T.: Arch. Ophthalmol., **86**, 726 (1971).

13. Stickstoffhaltige karbofunktionelle Derivate der Siliziumkohlenwasserstoffe

Die toxische Wirkung der Siliziumkohlenwasserstoffe (mit Ausnahme einiger Tetraalkylsilane R_4Si und Trialkylsilane R_3SiH, die sich als wenig toxisch erwiesen) ist bislang noch nicht untersucht worden.

Tabelle 22

Toxizität siliziumorganischer Amine (für weiße Mäuse) und die Dosis, die bei intraperitonealer Injektion die Bewegungskoordination stört.
(Es bedeuten: C_4H_3O—2—Furyl-, NC_4H_8—Pyrrolidino-, NC_5H_{10}—Piperidino-, NC_4H_8O—Morpholino-, NC_4H_8S—Thiamorpholino-, $NC_4H_8NCH_3$—N-Methylpiperazino-)

Verbindung	LD_{50} (mg/kg)	ED_{50} (mg/kg)	Literatur
$CH_3(C_2H_5)_2SiCH_2NH_2$	140	—	
$(CH_3)_2C_6H_5SiCH(CH_3)NH_2 \cdot HCl$	109	—	[818]
$(CH_3)_3SiCH_2CH_2CH_2NH_2$	155	76	[147]
$CH_3(C_2H_5)_2SiCH_2CH_2CH_2NH_2$	47	—	[147]
$CH_3(C_2H_5O)_2SiCH_2CH_2CH_2NH_2$	40	42	[147]
$(C_2H_5)_3SiCH_2CH_2CH_2NH_2$	90	64	[147]
$C_6H_5(C_2H_5)_2SiCH_2CH_2CH_2NH_2$	140	62,5	[147]
$C_2H_5(C_6H_5)_2SiCH_2CH_2CH_2NH_2$	120	100	[147]
$C_2H_5(C_2H_5O)_2SiCH_2CH_2CH_2NH_2$	215	130	[147]
$(C_2H_5O)_3SiCH_2CH_2CH_2NH_2$	260	140	[147]
$(n\text{-}C_3H_7)_3SiCH_2CH_2CH_2NH_2$	75	70	[147]
$[(CH_3)_2SiCH_2CH_2CH_2NH_2]_2O$	80	60	[54]
$[(CH_3)_2SiCH_2CH_2CH_2NH_2]_2C_6H_4\text{-}p$	74	10	[54]
$(C_2H_5)_3SiCH_2CH_2CH_2NHCH_2C_4H_3O$	185	280	[147]
$(CH_3)_3SiC{\equiv}CCH_2NC_4H_8 \cdot HCl$	120	—	
$(CH_3)_3SiCH_2NC_5H_{10} \cdot HCl$	75	50	[151]
$CH_3(C_2H_5)_2SiCH_2NC_5H_{10} \cdot HCl$	63	28	[151]
$CH_3(n\text{-}C_3H_7)_2SiCH_2NC_5H_{10} \cdot HCl$	45	—	[151]
$(C_2H_5)_3SiCH_2NC_5H_{10} \cdot HCl$	60	35	[151]
$(C_2H_5)_3SiCH_2NC_5H_{10} \cdot CH_3J$	52	—	[2393]
$CH_3(C_2H_5)_2Si(CH_2)_2NC_5H_{10} \cdot HCl$	60	7,3	[151]
$CH_3(C_6H_5)_2Si(CH_2)_2NC_5H_{10} \cdot HCl$	90	22	[2393]
$(C_2H_5)_3Si(CH_2)_2NC_5H_{10} \cdot HCl$	88	14	[151]
$CH_3(C_2H_5)_2Si(CH_2)_3NC_5H_{10} \cdot HCl$	95	37	[2393]
$CH_3(C_2H_5)_2Si(CH_2)_3NC_5H_{10} \cdot CH_3J$	41	22	[2393]
$CH_3(C_2H_5O)_2Si(CH_2)_3NC_5H_{10}$	6,6	8	[147]
$(C_2H_5)_3Si(CH_2)_3NC_5H_{10}$	47	47	[147]

Tabelle 22 (Fortsetzung)

Verbindung	LD_{50} (mg/kg)	ED_{50} (mg/kg)	Literatur
$(C_2H_5)_3Si(CH_2)_3NC_5H_{10} \cdot HCl$	120	16,5	[54]
$(C_2H_5)_3Si(CH_2)_3NC_5H_{10} \cdot CH_3J$	41	38	[2393]
$(C_2H_5)_3SiCH{=}CHCH_2NC_5H_{10} \cdot HCl$	110	31	[150a]
$(C_2H_5)_3SiC{\equiv}CCH_2NC_5H_{10} \cdot HCl$	195	80	[150a]
$CH_3(C_2H_5)_2SiCH_2NC_4H_8O \cdot HCl$	260	—	[151]
$CH_3(C_2H_5)_2Si(CH_2)_3NC_4H_8O \cdot HCl$	> 300	—	
$CH_3(C_2H_5O)_2Si(CH_2)_3NC_4H_8O$	86	40	[147]
$CH_3(C_2H_5O)_2Si(CH_2)_3NC_4H_8S$	470	360	[147]
$CH_3(C_2H_5O)_2Si(CH_2)_3NC_4H_8NCH_3$	400	105	[147]
$CH_3(C_2H_5)_2Si(CH_2)_3CHCH_2N(C_2H_5)_2 \cdot HCl$ $\vert$ $COCH_3$	321	—	[235]
$(C_2H_5)_3SiCH_2CHCH_2N(C_2H_5)_2 \cdot HCl$ $\vert$ $COCH_3$	244	—	[235]

Tabelle 23

Toxizität siliziumorganischer Carbamate und Amide (für weiße Mäuse) und die Dosis, die bei intraperitonealer Injektion die Bewegungskoordination („Drehstabtest") stört

Verbindung	LD_{50} (mg/kg)	ED_{50} (mg/kg)	Literatur
$(CH_3)_3SiCH_2OCONH_2$	400	92	[819]
$C_2H_5(CH_3)_2SiCH_2OCONH_2$	600	59	[819]
$C_3H_7(CH_3)_2SiCH_2OCONH_2$	400	70	[819]
n-$C_4H_9(CH_3)_2SiCH_2OCONH_2$	560	110	[819]
$C_6H_5(CH_3)_2SiCH_2OCONH_2$	400	111	[820]
$C_6H_5(CH_3)_2CH_2SiCH_2OCONH_2$	> 1000	318	[820]
$C_6H_5(CH_3)_2CH_2CH_2SiCH_2OCONH_2$	> 1000	308	[820]
$(CH_3)_2Si(CH_2OCONH_2)_2$	> 1000	500	[819]
$CH_3(C_2H_5)Si(CH_2OCONH_2)_2$	> 1000	339	[819]
$CH_3(n$-$C_3H_7)Si(CH_2OCONH_2)_2$	> 1000	158	[819]
$CH_3(n$-$C_4H_9)Si(CH_2OCONH_2)_2$	900	203	[819]
$(CH_3)_3SiCH_2CH_2OCONH_2$	450	69	[819]
$(CH_3)_3SiCH_2CH_2CH_2OCONH_2$	470	61	[819]
$CH_3(C_2H_5)_2SiCH_2CH_2CH_2OCONH_2$	1000	340	
$(CH_3)_2Si(CH_2OCONH_2)CH_2CH_2CH_2OCONH_2$	> 1000	238	[819]
$[(CH_3)_2SiCH_2CH_2CH_2OCONH_2]_2O$	250	80	
$[(CH_3)_2SiCH_2CH_2CH_2OCON(CH_3)_2]_2O$	> 2000	380	
$(CH_3)_3SiCH_2CH_2CH_2CH_2OCONH_2$	420	118	[819]
$CH_3(C_2H_5)_2SiCH_2NHCOOC_2H_5$	920	275	
$[(CH_3)_2SiCH_2NHCOOCH_3]_2O$	270	75	
$[(CH_3)_2SiCH_2CH_2CH_2NHCOOC_2H_5]_2O$	1050	—	
$[(CH_3)_2SiCH_2CH_2CH_2CONH_2]_2O$	1850	150	
$[(CH_3)_2SiCH_2CH_2CH_2CONHC_2H_5]_2O$	350	75	

Tabelle 24

Toxizität siliziumorganischer Spirobarbiturate (für weiße Mäuse) und die Dosis, die bei intraperitonealer Injektion die Bewegungskoordination stört [822]

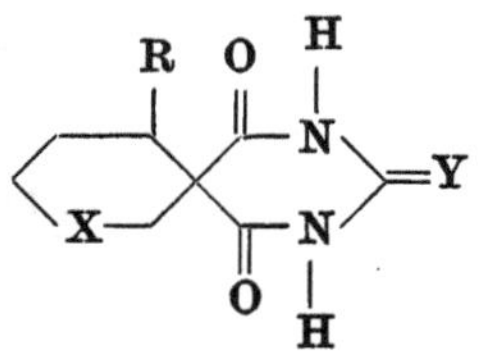

X	*Y*	*R*	LD_{50} (mg/kg)	ED_{50} (mg/kg)
CH_2	O	H	1000	> 1000
$Si(CH_3)_2$	O	H	1000	670
$Si(CH_3)_2$	S	H	230	140
$Si(CH_3)_2$	O	CH_3	230	190
$Si(CH_3)_2$	O	C_2H_5	450	240
$CH_2Si(CH_3)_2$	O	H	670	230
$CH_2Si(CH_3)_2$	S	H	140	—

Tabelle 25

Biologische Aktivität siliziumorganischer Cholinderivate

Verbindung	Cholinolytische Aktivität (EC_{50}) (am geraden Bauchmuskel — musculus abdominis — des Frosches)	Ganglienblockierende Wirkung (ED_{30}) (bei Katzen) (mg/kg)	Hypotensive Wirkung (ED_{30}) (bei Katzen) (mg/kg)	mittlere tödliche Dosis (LD_{50}) (für weiße Mäuse bei intraperitonealer Injektion) (mg/kg)
$[(CH_3)_3SiCH_2N(CH_3)_2CH_2CH_2OH]J$	$8{,}0 \cdot 10^{-4}$	0,56	2,5	266
$[(C_2H_5)_3SiCH_2N(CH_3)_2CH_2CH_2OH]J$	$4{,}9 \cdot 10^{-6}$	0,85	3,6	53
$[(CH_3)_3SiCH_2N(CH_3)_2CH_2CH_2Cl]J$	$9{,}1 \cdot 10^{-5}$	0,50	0,86	124
$[CH_3(C_2H_5)_2SiCH_2N(CH_3)_2CH_2CH_2Cl]J$	$3{,}2 \cdot 10^{-6}$	0,35	1,69	71
$[(CH_3)_3SiCH_2N(CH_3)_2CH_2CH_2J]J$	$2{,}5 \cdot 10^{-5}$	0,69	0,25	40
$[(CH_3)_3SiCH_2N(CH_3)_2CH_2CH_2OCOCH_3]J$	$2{,}4 \cdot 10^{-4}$	0,62	0,7	328
$[(CH_3)_3SiCH_2N(CH_3)_2CH_2CH_2OCOC_6H_5]J$	$2{,}3 \cdot 10^{-5}$	1,26	3,1	465
$[(CH_3)_3SiOCH_2CH_2N(CH_3)_3]J$	$4{,}5 \cdot 10^{-4}$	—	—	238
$[(CH_3)_3SiCH_2NH(CH_3)CH_2CH_2Cl]Cl$	$1{,}3 \cdot 10^{-5}$	—	—	137

Die Toxizität stickstoffhaltiger karbofunktioneller Derivate der Siliziumkohlenwasserstoffe wurde dagegen eingehend studiert. Dabei wurde die akute Toxizität einer Reihe siliziumorganischer Amine [147, 150a, 151, 818, 2393] und Aminoketone [235], (Tab. 22), Carbamate [819, 820] und Amide (Tab. 23), Spirobarbiturate [822], (Tab. 24) und siliziumorganischer Derivate des Cholins [54, 101, 146], (Tab. 25) bestimmt. Die bislang bekannten Daten reichen jedoch noch nicht aus, um endgültige Aussagen über die Zusammenhänge zwischen der Toxizität siliziumorganischer Amine und ihrer Struktur zu machen. Man konnte lediglich feststellen, daß die toxische Wirkung von Triorganyl(aminoalkyl)silanen und Triorganyl(piperidinoalkyl)silanen in gewissem Maße von der Entfernung des Stickstoffatoms vom Siliziumatom, dagegen nur wenig von der Natur der Alkylgruppen am Siliziumatom abhängt. Hydrochloride sind im allgemeinen weniger toxisch als die freien Basen und die Jodmethylate toxischer als die Hydrochloride. Siliziumorganische Amide, Carbamate und Spirobarbiturate sind weniger toxisch als die siliziumorganischen Amine, deren Toxizität in gewissem Maße auch von ihrer Basizität bestimmt wird.

Eine intraperitoneale Injektion von toxischen Dosen siliziumorganischer Cholinderivate des Typs $[(R_3SiCH_2N(CH_3)_2CH_2CH_2X]J$ ruft bei weißen Mäusen Atemnot, Bewegungshemmung und nachfolgend klonische Krämpfe hervor. Beim Übergang von den Cholinderivaten ($X = OH$) zu ihren Chlor- ($X = Cl$) und Jodanaloga ($X = J$) nimmt die akute Toxizität der Verbindungen zu. Zu dem gleichen Effekt führt auch der Austausch der Methylgruppen am Silizium durch Äthylreste. Durch Acylierung ($X = OCOCH_3$) oder Benzoylierung ($X = OCOC_6H_5$) der Hydroxylgruppe wird die Toxizität der siliziumorganischen Cholinderivate dagegen herabgesetzt [101].

14. Andere organische Derivate des Siliziums

(Methyldiphenylsilyl)difluorphosphat wirkt stark ätzend auf die Haut ein. Bei Kaninchen ruft es in Dosen von 50—100 mg/kg nach Penetration der Haut schwere Vergiftungen mit tödlichem Ausgang hervor. Analog wirkt (Methyldiphenylsilyl)difluorphosphat bei intravenöser Injektion. Die letale Dosis (LD_{50}) beträgt für Mäuse bei intraperitonealer Injektion 183 mg/kg, bei peroraler Gabe 50 mg/kg [118].

Triorganylthiosilane $(RS)_3SiH$ wirken hypnotisch und rufen Kopfschmerzen und Augenreizungen hervor [2344].

Siliziumorganische Dibrom- und Tetrabromketone ($R_3SiCBr = CBrCOCH_3$ und $R_3SiCBr_2CBr_2COCH_3$) reizen die Haut stark [234] und Äthoxychlordisilane $(C_2H_5O)_nSi_2Cl_{6-n}$ führen zu schweren Verätzungen [1471a].

Weiterhin gibt es Hinweise auf eine hohe Toxizität der siliziumorganischen Verbindungen mit $SiOCH_2CH_2F$- oder SiCN-Gruppierungen, die jedoch vermutlich auf der Wirkung der Hydrolyseprodukte ($HOCH_2CH_2F$, HCN) beruht [47, 48, 54].

Lösungen von Methylsilanolen, die durch Neutralisation von Alkalimethylsilikonaten mit Salzsäure gewonnen wurden, sind wenig toxisch. So überstehen Mäuse intravenöse Injektionen mit Natriummethylsilikonatlösungen, die unmittelbar vor der Injektion mit HCl neutralisiert wurden, in Dosen bis zu 0,6 g/kg befriedigend [1045a].

Wäßrige Lösungen von Natriumalkylsilikonaten (Natriummethylsilikonat MSG-9 und GKZh-11, Natriumäthylsilikonat GKZh-10 u. a.) sind stark basisch. Sie können schwere Schädigungen der Augen und Verätzungen der Haut verursachen. Deshalb ist es unbedingt notwendig, beim Arbeiten mit Alkalimetallsilikonaten Gummihandschuhe zu benutzen und die Augen mit einer Brille zu schützen. Wenn Tröpfchen dieser Flüssigkeiten auf die Haut oder in die Augen gelangen, sollte man mit viel Wasser spülen [54a, 166a, 2388].

[2731] Андрианов, К. А, Васильева, Т. В., Фоминых, Е. С.: ЖОХ, **42**, 850 (1972).
[2732] Красовский, Г. Н., Фридлянд, С. А.: В сб.: Промышленные загрязнения водоемов, **9**. М., **1969**, стр. 38.
[2733] Крешков, А. П., Дроздов, В. А., Орлова, Н. Ю.: ЖОХ, **36**, 307 (1966).

Kapitel VII

BIOLOGISCH AKTIVE SILIZIUMORGANISCHE VERBINDUNGEN

> Rastlos strebend Tag um Tag
> euer Forschergeist erhellt
> was bislang im Dunkeln lag:
> Wert und Schönheit unsrer Welt.
>
> *M. W. Lomonosov*

[2734] Воронков, М. Г.: За науку в Сибири, 1971, № 11.
[2735] Воронков, М. Г.: Вестн. АН СССР, **1972**, № 11, 58.
[2736] Воронков, М. Г., Платонова, А. Т.: Химия и жизнь, **1973**, № 2, 16.
[2737] Лукевиц, Э.: Исследования в области биологически активных азотсодержащих кремнеорганических соединений. Автореф. докт. дисс., Рига, 1973.
[2738] Лукевиц, Э., Пестунович, А. Е.: Успехи химии, **41**, 1994 (1972).
[2739] Bien, E.: Pharmazie, **26**, 577 (1971).
[2740] Garson, L. R., Kirchner, L. K.: J. Pharm. Sc., **60**, 1113 (1971).

1. Struktur und pharmakologische Eigenschaften

Bei der Suche nach physiologisch aktiven siliziumorganischen Verbindungen war man zunächst im wesentlichen bestrebt, die Siliziumanaloga bereits eingeführter Arzneipräparate oder anderer organischer Stoffe mit bekannter, eindeutiger und deutlich ausgeprägter Wirkung auf den Organismus zu gewinnen. Diesen Bemühungen lag ein Prinzip zugrunde, das man als die pharmako-chemische Variante, der zu ihrer Zeit ziemlich populären „Analogie-Hypothese" von Wöhler, Ladenburg und Friedel bezeichnen kann. Die Anhänger dieser Hypothese postulierten, daß der Ersatz von einem oder von mehreren Kohlenstoffatomen einer beliebigen organischen Verbindung durch Siliziumatome (d. h. der Übergang zu den „Silaanalogen") keine wesentliche Änderung der physikalischen und chemischen Eigenschaften mit sich bringt. Obwohl diese „Analogie-Hypothese" heute abgelehnt wird, trifft sie doch bis zu einem gewissen Grade bei den siliziumorganischen Verbindungen zu, die keine mit dem Siliziumatom direkt verbundenen funktionellen Gruppen und auf gar keinen Fall hydrolytisch leicht abspaltbare Substituenten enthalten.

Die folgenden Paare isostruktureller Verbindungen könnte man durchaus als Beispiele für die Anwendbarkeit dieser Hypothese auf dem Gebiet der biologischen Aktivität ansehen.

$(4\text{-}HOC_6H_4)_2M(CH_3)_2$ I

$C_6H_5(CH_3)_2MCH(CH_3)NH_2 \cdot HCl$ II

$R(CH_3)_2M(CH_2)_nOCONH_2$ III

$R(CH_3)M[(CH_2)_nOCONH_2]CH_2OCONH_2$ IV

$(CH_3)_3MCH_2CH_2OCOCH_3$ V $\quad M = C$ (a), Si (b)

So verursachen die Verbindungen Ia ($M = C$) und Ib ($M = Si$) die gleiche allergische Reaktion [872]. Das siliziumorganische Analogon (IIb) des bekannten adrenergisch wirkenden Arzneimittels (IIa) ist diesem sowohl in seiner biologischen Aktivität als auch in der Toxizität ähnlich [818]. Organische (IIIa, IVa) und analog gebaute siliziumorganische (IIIb, IVb) Karbamate besitzen vergleichbare Toxizitäten [819]. Die Azetate von 2-(Trimethylmethyl)äthanol (Va) und 2-(Trimethylsilyl)äthanol (Vb) zeigen die gleiche cholinergische und spasmolytische Wirkung [1060].

Diese Analogien in der biologischen Aktivität isostruktureller organischer und siliziumorganischer Verbindungen sind ohne Zweifel bei der Entwicklung neuer Arzneipräparate, Pestizide und anderer Typen biologisch aktiver Stoffe schon allein deswegen von Interesse, weil die entsprechenden Siliziumverbindungen oft synthetisch bequemer zugänglich und billiger sind.

Jedoch gibt es auch eine Reihe von Fällen, in denen sich die physiologisch aktiven Siliziumverbindungen in der Wirkung auf den Organismus mehr oder weniger von ihren C-Analogen unterscheiden. Selbstverständlich können diese Unterschiede ebenso mit Erfolg bei der Entwicklung neuer Arzneimittel und Pestizide ausgenutzt werden.

So üben z. B. der bekannte Tranquilizer Meprobamat $CH_3CH_2CH_2(CH_3)M(CH_2OCONH_2)_2$ ($M = C$) und sein Silaanalogon ($M = Si$) zwar einen vergleichbaren Einfluß auf die motorische Aktivität von Tieren aus: beide inhibieren die Dihydronikotinamiddinukleotidoxydase [819]. In anderer Hinsicht jedoch sind ihre physiologischen Aktivitäten keineswegs gleich. So ist die Wirkungsdauer beim Meprobamat viermal so groß wie beim Silameprobamat, das außerdem bei oraler Einführung inaktiver als Meprobamat ist, obwohl es genau so aufgenommen und mit dem Harn wieder aus dem Organismus ausgeschieden wird. Das deutet darauf hin, daß das metabolische Schicksal der beiden Analoga im Organismus verschieden ist. Während Meprobamat bei der Oxydation im Organismus in ein Hydroxyderivat (VIa) übergeht und in dieser Form ausgeschieden wird, wandelt sich beim Silameprobamat das in einem identischen Oxydationsprozeß gebildete VIb offenbar unter Abspaltung einer Propylgruppe in das Disiloxan VII um [817]. Das konnte eindeutig bei dem Monokarbamat nachgewiesen werden,

$CH_3CH(OH)CH_2(CH_3)M(CH_2OCONH_2)_2$ VI $\quad M = C$ (a), Si (b)

$[CH_3(H_2NCOOCH_2)_2Si]_2O$ VII

da es gelang, das entsprechende Dealkylierungsprodukt $[H_2NCOOCH_2(CH_3)_2Si]_2O$ als Stoffwechselendprodukt des Karbamates $CH_3CH_2CH_2(CH_3)_2SiCH_2OCONH_2$ zu isolieren [817]*). Somit kann ein verschiedenes metabolisches Schicksal analoger physiologisch aktiver Kohlenstoff- und Silizium-Verbindungen den Charakter und die Dauer ihrer Wirkung wesentlich beeinflussen.**)

Die Karbamate des 3,3-Dimethylbutanol-1 (VIIIa) und seines Siliziumanalogen (VIIIb) unterscheiden sich in ihrer allgemeinen physiologischen Wirkung besonders drastisch, was möglicherweise auf einem Einfluß des in der Siliziumchemie bekannten β-Effektes beruht.

$$(CH_3)_3MCH_2CH_2OCONH_2 \qquad M = C\ (a),\ Si\ (b)$$

VIII

Die Verbindung VIIIa ist zehnmal so toxisch wie ihr Silaanalogon (VIIIb). Das Letztere ist ein schnell wirkendes Muskelrelaxans, das keine Nebenwirkungen besitzt. VIIIa dagegen weist keine derartige Aktivität auf, statt dessen ruft es Krämpfe hervor [819]. Dabei zeigen beide Verbindungen bei einer Injektion in den Hypothalamus-Anhang eine lang anhaltende cholinergische Wirkung. Wie in Versuchen am Dünndarm von Meerschweinchen beobachtet werden konnte [823], sind VIIIa und VIIIb außerdem stark wirkende Antagonisten von Substanzen mit muskarinähnlicher Wirkung, wie z. B. Azetylcholin und Carbachol (Karbaminoylcholin).

Die letzten Beispiele machen deutlich, daß die „Analogie-Hypothese“ auf dem Gebiet der physiologischen Aktivität selbst im Fall der karbofunktionellen Verbindungen nicht immer zutrifft. Das wird verständlich, wenn man berücksichtigt, daß sich das Siliziumatom durch eine bedeutend geringere Elektronegativität, einen 1,5mal so großen Kovalenzradius und die Anwesenheit freier 3d-Orbitale doch wesentlich vom Kohlenstoffatom unterscheidet. Aufgrund dieser Unterschiede kann man von den Silaanalogen in einer Reihe von Fällen sicher vollkommen andere Wirkungen auf den lebenden Organismus erwarten, als sie die ihnen entsprechenden physiologisch aktiven Kohlenstoffverbindungen ausüben. Im Zusammenhang mit diesen Überlegungen sind weitere Untersuchungen von „Silaanaloga“ sicher vielversprechend und voller Perspektiven.

Ein anderes Prinzip zur Entwicklung biologisch aktiver siliziumorganischer Verbindungen besteht in der Modifizierung von biologisch aktiven organischen Verbindungen durch Einführung von Triorganylsilyl- und anderen siliziumhaltigen

*) Vor diesen Untersuchungen wußte man kaum etwas über den Metabolismus siliziumorganischer Verbindungen im Organismus. Es war lediglich bekannt, daß $(CH_3)_3 \cdot Si(CH_2)_{15}CH_3$ und $(CH_3)_3Si(CH_2)_{11}COOCH_3$ in den Gastrointestinaltrakt aufgenommen werden [1729] und daß ^{14}C-haltiges Polydimethylsiloxan weder mit dem Harn [2462] noch mit der ausgeatmeten Luft (in Form von $^{14}CO_2$) aus dem Organismus ausgeschieden wird [1728].

**) Kürzlich wurde noch gefunden, daß sich auch der Metabolismus des Trimethylphenylsilan von dem des Tertiärbutylbenzol unterscheidet [2438].

Gruppen in das Grundmolekül. Dabei ersetzen die Triorganylsilyl- und anderen Gruppen ein oder mehrere Wasserstoffatome, die mit Kohlenstoff-, Sauerstoff-, Stickstoff- oder Schwefelatomen verbunden waren. Zu Verbindungen dieses Typs gehören z. B. die C- und O-Trialkylsilylderivate des Cholins ($R_3SiCH_2NR'_2 \cdot CH_2CH_2X$)J bzw. (($(CH_3)_3NCH_2CH_2OSiR_3$)J [146]. Alle Verbindungen dieser Reihe zeigen eine N-cholinolytische Aktivität (siehe Tab. 25), [101]. Die in dieser Hinsicht wirksamsten Verbindungen hemmen außerdem die parasympathischen Herzganglien (Ganglienblocker). Die hypotensive Wirkung siliziumorganischer Cholinderivate ist besonders stark bei den Derivaten mit $R = R' = CH_3$ und $X = OCOCH_3$ (70—90 mm Hg bei einer Dosis von 1 mg/kg) oder $X = J$ (50 bis 60 mm Hg) ausgeprägt. Bei Katzen rufen diese Verbindungen neben einer Senkung des Blutdrucks eine Verstärkung der Atmung hervor.

Cholintrimethylsilylester besitzen praktisch keine ganglienblockierende Wirkung. Bei Katzen tritt nach einer Injektion dieser Substanzen in Dosen von 2—10 mg/kg statt einer Erniedrigung eine ausgeprägte Erhöhung des Blutdruckes auf. Die Erhaltung dieses Effektes bei Katzen, deren Vagus durchtrennt wurde und deren Nebennieren aus dem Blutkreislauf ausgeschaltet waren, sowie seine Hemmung mit Hilfe von Hexameton (Hexan-1.6-bis-(trimethylammoniumhydroxid)) sprechen dafür, daß der Trimethylsilylcholinester eine stimulierende Wirkung auf vegetative Ganglien, besonders auf die sympathischen, besitzt.

Die physiologische Aktivität bekannter Arzneimittel und anderer Stoffe mit stark ausgeprägter biologischer Wirkung kann durch die Einführung einer Trialkylsilylgruppe merklich verändert werden. In einigen Fällen zeigt das Silylderivat sogar Eigenschaften, die die organische Ausgangsverbindung nicht besaß. So ist zum Beispiel der p-Trimethylsilylphenylacetylharnstoff ein stärker und länger wirkendes Antikonvulsivum als der Phenylacetylharnstoff selbst [386]. Weiterhin ist bekannt, daß o- und m-Trialkylsilylphenäthylamin ebenso wie das Phenäthylamin selbst den Blutdruck bei Katzen erhöhen, das entsprechende p-Trialkylsilylderivat ihn dagegen senkt [860]. Das p-Trimethylsilylderivat des Heilmittels Cyclopentolat (β-Dimethylaminoäthyl-(1-hydroxyzyklopentyl)-phenylazetat) ruft wie Atropin eine Erweiterung der Pupillen hervor, besitzt jedoch eine wesentlich geringere Wirkung [385]. Die 2-Dialkylaminoäthylester der α-(p-Trimethylsilylphenyl)-β-oxypropionsäure schließlich zeigen einen gewissen Schutzeffekt gegen Tetraäthylpyrophosphatvergiftungen [385].

Ähnliche Beobachtungen wurden auch bei den O-Triorganylsilylderivaten biologisch aktiver Verbindungen gemacht. So ist z. B. die androgene und myotrope Wirkung der Organyltestosteroxysilane $R_{4-n}Si(OTs)_n$ (wenn $R = CH_3$ und $n = 2$ oder 3 oder $R = C_6H_5$ und $n = 1$ bis 3 ist) im Vergleich zu der des Testosterons relativ gering. Das Trimethyltestosteroxysilan dagegen ist wesentlich aktiver als das Testosteron selbst [554]. Dieser Effekt kann damit erklärt werden, daß das Silylderivat die Lipoidbarriere leichter durchdringt als das Testosteron, das anschließend durch hydrolytische Spaltung des Trimethyltestosteroxysilans zurückgebildet wird. In analoger Weise wird die Bewegungskoordination bei weißen Mäusen durch eine Reihe von Aminoalkoxysilanen wirksamer beeinflußt als durch die zugrunde liegenden Aminoalkohole, z. B. wirken Verbindungen des Typs $(CH_3)_{4-n}Si[OCH_2CH_2N(C_2H_5)_2]_n$ (mit $n = 1$ oder 2) bei Mäusen schon in Dosen von 50 bis 60 mg/kg auf die Bewegungskoordination ein. Das ist nur etwa ein Fünftel der mittleren effektiven Dosis von 2-(Diäthylamino)-äthanol bzw. ein Elftel bis ein Dreizehntel der mittleren letalen Dosis [144, 148].

Auf diese Weise kann man durch einen „siliziumorganischen Schutz" (die Silylierung) die Fähigkeit bekannter Arzneimittel zum Durchdringen der Zellmembran erhöhen, ihre Wirkung verlängern oder verstärken, ihre Geschmackseigenschaften verändern oder ihre pharmakodynamischen Eigenschaften in irgendeiner anderen Hinsicht verbessern.

Die interessanteste Variante zur Entwicklung physiologisch aktiver siliziumorganischer Verbindungen ist jedoch ohne Zweifel die Untersuchung von Siliziumverbindungen, zu denen noch keine C-organischen Analoga existieren, und die eine Wirkung zeigen, die gerade eben durch die Anwesenheit des Siliziumatoms (oder mehrerer Siliziumatome) im Molekül verursacht wird. Zu dieser Klasse von Verbindungen gehören unbedingt die Silatrane, deren 1-Arylderivate eine ausgesprochene biologische Wirksamkeit gegenüber Warmblütern besitzen (vgl. Abschn. 10. des Kapitels VI). So ruft z. B. 1-Phenylsilatran in Dosen, die unterhalb der letalen liegen (0,2—0,25 mg/kg), bei Tieren motorische Unruhe und Atemverstärkung hervor [49, 86]. Dazu gehören auch zahlreiche stickstoffhaltige siliziumorganische Verbindungen, wie z. B. Methyldiäthyl-(2-piperidinoäthyl)-silan, Triäthyl-(2-piperidinoäthyl)-silan, Triäthyl-(3-piperidinopropyl)-silan [2393] und p-Bis-[dimethyl-(3-aminopropyl)-silyl]-benzol, die stark auf die Bewegungskoordination einwirken. Das zuletzt genannte Di-amino-alkylsilyl-benzol vermag außerdem, in Dosen von 4,8 mg/kg die Körpertemperatur um 3° zu erniedrigen [54].

Im Rahmen der ersten Studien, die in Verfolgung der drei heuristischen Prinzipien anliefen, wurde die biologische Aktivität einer nun schon relativ großen Zahl siliziumorganischer Verbindungen untersucht (Tab. 26). Trotzdem bislang keine einzige dieser Verbindungen eine praktische Anwendung gefunden hat, sind die Arbeiten auf diesem Gebiet ohne Zweifel höchst interessant und aussichtsreich. Der größte Wert der in der Tab. 26 zusammengefaßten Arbeiten besteht darin, daß sie eine erste Grundlage für die „Biosiliziumorganische Chemie" geschaffen haben, eine neue Wissenschaft, die der Menschheit ganz sicher noch hervorragende Arzneimittel, Pestizide, Substanzen, die einen biologischen Schutz verleihen, und andere Typen physiologisch wirksamer Verbindungen bringen wird.

Tabelle 26

Zusammenfassung der Untersuchungen auf dem Gebiet der physiologisch aktiven siliziumorganischen Verbindungen

Charakter der Wirkung	Untersuchte Verbindung	Literatur
1	2	3
Störung der Bewegungskoordination	siliziumorganische Amine	
	$R_3SiCH_2CH_2CH_2NH_2$	[147]
	p-$C_6H_4[Si(CH_3)_2CH_2CH_2CH_2NH_2]_2$	[54]
	$R_3Si(CH_2)_nN(CH_2)_4CH_2 \cdot HCl$ ($n = 1-3$)	[54]
	$R_3SiCH{=}CHCH_2N(CH_2)_4CH_2 \cdot HCl$	[54]
	$R_3SiC{\equiv}CCH_2N(CH_2)_4CH_2 \cdot HCl$	[54]
	$R_3Si(CH_2)_nC_6H_4CHR'CHR''NH_2$ ($n = 0,1$)	[860]
	2-Aminoalkoxysilane	[144, 148]
	$R_{4-n}Si(OCH_2CH_2NR'_2)_n$	
	$(R_3SiOCH_2CH_2)_2NH$	
	$[R_3SiOCH_2CH_2)_3N$	
	Silatrane und 2-Carbasilatrane	[19, 47—50 52, 53, 86]
	$RSi(OCHR'CH_2)_3N$ (N→Si)	
	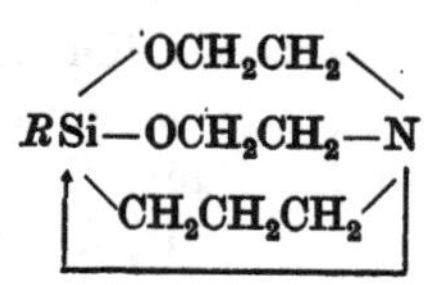	[149, 150]
	Amide siliziumhaltiger Karbonsäuren	
	$[R_2Si(CH_2)_nCONHR']_2O$	
	Spirobarbiturate	[822]
	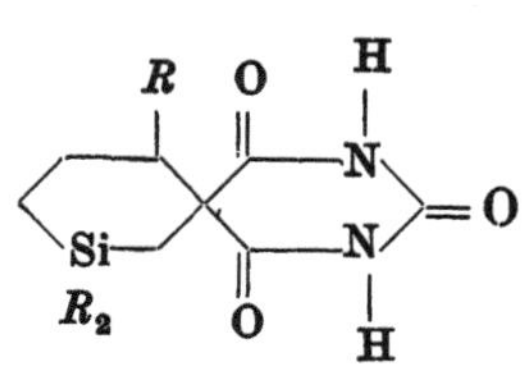	

Tabelle 26 (Fortsetzung)

Charakter der Wirkung	Untersuchte Verbindung	Literatur
1	2	3
Muskelrelaxantien, Antikonvulsiva	siliziumorganische Karbamate	
	$C_6H_5(CH_2)_nSi(CH_3)_2CH_2OCONH_2$	[820]
	$(CH_3)_3SiCH_2CH_2OCONH_2$	[294, 819]
	Amide siliziumhaltiger Karbonsäuren	
	$(CH_3)_3SiC_6H_4CONHC_6H_4OCH_3$	[386, 386a]
	$(CH_3)_3SiC_6H_4CONHC_6H_4COOC_2H_5$	[386, 386a]
	Harnstoffderivate	
	$(CH_3)_3SiC_6H_4CONHCONH_2$	[386]
	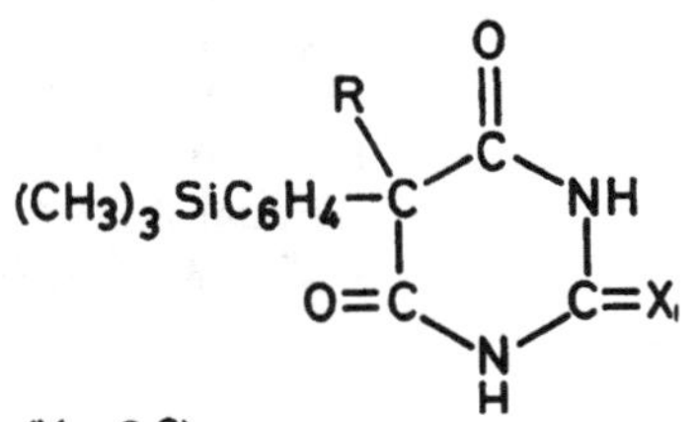 (X=O,S)	[383]
	N-Trimethylsilylpyrrolidon-2 $(CH_3)_3SiNCH_2CH_2CH_2CO$ (Ring)	[396]
Antagonisten von Stoffen mit muskarinähnlicher Wirkung (wie Acetylcholin und Carbachol)	siliziumorganische Karbamate	
	$(CH_3)_3SiCH_2CH_2OCONH_2$	[823]
Cholinergische und anticholinergische Wirkung	Ester siliziumhaltiger Alkohole	
	$(CH_3)_3SiCH_2CH_2OOCCH_3$	[1060]
	$(CH_3)_3SiCH_2OOCC(OH)(C_6H_5)_2$	[1060]
	Aminoalkylester siliziumhaltiger Oxykarbonsäuren	
	$(CH_3)_3SiC_6H_4CH(COH R'_2)COOCH_2CH_2NR_2 \cdot HCl$	[384, 385]
Blutdrucksenkende Mittel	siliziumorganische Harnstoffderivate	
	$(CH_3)_3SiC_6H_4CONHCONH_2$	[386]
	Aminoalkylester siliziumhaltiger Oxykarbonsäuren	
	$(CH_3)_3SiC_6H_4CH(COH R_2')COOCH_2CH_2NR_2 \cdot HCl$	[385]
	Triorganylsilylphenäthylamine	
	$R_3Si(CH_2)_nC_6H_4CH_2CH_2NH_2$ $(n = 0,1)$	[860]

Tabelle 26 (Fortsetzung)

Charakter der Wirkung	Untersuchte Verbindung	Literatur
1	2	3
	siliziumorganische Cholinderivate $[R_3SiCH_2N(CH_3)_2CH_2CH_2X]J$ (X = OH, Cl, J, OOCR')	[101]
	siliziumorganische Acetylenalkohole $R_3SiC{\equiv}CC(OH)R'R''$	[90]
Atemanaleptika	1-Arylsilatrane $RSi(OCH_2CH_2)_3N$ (N→Si)	[47—50]
	siliziumorganische Cholinderivate $[R_3SiCH_2N(CH_3)_2CH_2CH_2X]J$ (X = OH, Cl, J, OOCR')	[101]
	$[(CH_3)_3NCH_2CH_2OSi(CH_3)_3]J$	[101]
	siliziumhaltige Aminoketone $R_3SiCH_2CH(COCH_3)CH_2N(C_2H_5)_2$	[235]
	siliziumorganische Acetylenalkohole $R_3SiC{\equiv}CC(OH)R'R''$	[90]
Lokalanästhetika	Dialkylaminoalkylester siliziumhaltiger Karbonsäuren $R_3SiC_6H_4COOCH_2CH_2NR'_2 \cdot HCl$	[547]
Hypnotika	Triäthylsilanol $(C_2H_5)_3SiOH$	[2392]
	Triäthylisocyanatosilan $(C_2H_5)_3SiNCO$	[2392]
	N-Trimethylsilylpyrrolidon-2 $(CH_3)_3SiNCH_2CH_2CH_2CO$ (Ring N–CO)	[396]
anabole, androgene, östrogene und antiöstrogene Wirkung	C- und O-Triorganylsilylderivate von Steroiden:	
	Testosteron	[554]
	Androstan	[760 a]
	Androsten	[494]
	Pregnan	[760 a, 2022 a]
	Pregnenin	[495]
Inhibierung der NAD-H_2-Oxydase	siliziumorganische Karbamate $C_3H_7(CH_3)Si(CH_2OCONH_2)_2$	[819]
Aktivierung der Carboxypeptidase A	Salze der 3-Trimethylsilylpropansulfonsäure $(CH_3)_3Si(CH_2)_3SO_3Na$	[2435]

[2741] Воронков, М. Г., Григалинович, Г. А., Зелчан, Г. И.: ДАН СССР, **200**, 967 (1971).
[2742] Львова, Ф. П.: Автореф. канд. дисс., Иркутск, 1971.
[2743] Огибин, Ю. Н., Никишин, Г. И.: ЖОХ, **41**, 1277 (1971).
[2744] [Anon.]: — New Scientist, **46**, 463 (1970).
[2745] Babcock, J. C., Campbell, J. A.: (Upjohn Co.), US-Pat. 3627894 (1971); C. A., **77**, 24822k (1972).
[2746] Barcza, S.: (Sandoz Ltd.), DT-Pat. 2100967 (1971); C. A., **75**, 130018w (1971).
[2747] Barcza, S.: (Sandoz-Wander Inc.), US-Pat. 3529005 (1970); C. A., **73**, 120818b (1970).
[2748] Barcza, S.: (Sandoz-Wander Inc.), US-Pat. 3585228 (1971); C. A., **75**, 49312r (1971).
[2749] Barcza, S.: (Sandoz-Wander Inc.), US-Pat. 3636025 (1972); C. A., **76**, 85915u (1972).
[2750] Barcza, S.: (Sandoz-Wander Inc.), US-Pat. 3637735 (1972); C. A., **76**, 85914t (1972).
[2751] Barcza, S., Hidalgo, M. G.: Third Int. Symp. Organosilicon Chem. Madison, Abstr. of Papers, 1972, 20.
[2752] Barnikol-Oettler, K., Teichmüller, G.: (VEB Jenapharm), DT-Pat. 2161767 (1972); C. A., **77**, 152455e (1972).
[2753] Barnikol-Oettler, K., Teichmüller, G., Hartmann, W.: (VEB Jenapharm), GB-Pat. 1244143 (1971); C. A., **75**, 118465g (1971).
[2754] Bennett, D. R., Gorzinski, S. J., LeBeau, J. E.: Toxicol. Appl. Pharm., **21**, 55 (1972).
[2755] Bennett, D. R., LeBeau, J. E., Gorzinski, S. J., Statt, W. H.: Third Int. Symp. Organosilicon Chem., Madison, Abstr. of Papers, 1972, 4.
[2756] Bennett, D. R., McHard, J. A.: (Dow Corning Corp.), DT-Pat. 1933111 (1970); C. A., **72**, 118227u (1970).
[2757] Bennett, D. R., McHard, J. A., Hampton, J. F., Chapman, D. R.: (Dow Corning Corp.), DT-Pat. 1933110 (1970); C. A., **72**, 103722c (1970).
[2758] Brown, E. A.: (G. D. Searle and Co), US-Pat. 3513163 (1970); C. A., **73**, 25760t (1970).
[2759] Cereghetti, M., Fuerst, A., Vecchi, M., Vetter, W.: (Hoffmann-La Roche), FR-Pat. 2002495 (1969); C. A., **72**, 79321y (1970).
[2760] Edwards, L. H.: Diss. Abstr., **30B**, 4970 (1970).
[2761] Hampton, J. F.: (Dow Corning Corp.), US-Pat 3555065 (1971); C. A., **74**, 112209j (1971).
[2762] Hampton, J. F., Lacefield, C. W.: (Dow Corning Corp.), DT-Pat. 2036687 (1971); C. A., **74**, 142053w (1971).
[2763] Hartmann, W., Barnikol-Oettler, K., Teichmüller, G.: (VEB Jenapharm), GB-Pat. 1229511 (1971); C. A., **75**, 36485z (1971).
[2764] Hartmann, W., Barnikol-Oettler, K., Teichmüller, G.: (VEB Jenapharm), DT-Pat. 2004516 (1970); C. A., **73**, 109977g (1970).
[2765] Hayden, J. F., Barlow, S. A.: Toxicol. Appl. Pharmacol., **21**, 68 (1972).
[2766] Hobbs, E. J., Fancher, O. E., Calandra, J. C.: Toxicol. Appl. Pharmacol., **21**, 45 (1972).
[2767] Houtman, R. L.: (Upjohn Co), FR-M 7096 (1969); C. A., **74**, 100216w (1971).
[2768] Lacefield, C. W.: (Dow Corning Corp.), US-Pat. 3590064 (1971); РЖХим. 7 Н 123П (1971).

[2769] LeFevre, R., Coulston, F., Golberg, L.: Toxicol. Appl. Pharmacol., **21**, 29 (1972).
[2770] LeVier, R. R., Jankowiak, M. E.: Toxicol. Appl. Pharmacol., **21**, 80 (1972).
[2771] LeVier, R. R., Jankowiak, M. E.: Biol. Reprod., **7**, 260 (1972).
[2772] LeVier, R. R., Jankowiak, M. E., Spielvogel, D. E.: Third Internat. Symp. Organosilicon Chem., Madison, 1972, 41.
[2773] Meyer, R. F.: (Parke, Davis and Co.), US-Pat. 3639401 (1972); C. A., **76**, 113241s (1972).
[2774] Olson, K. J.: Toxicol. Appl. Pharmacol., **21**, 12 (1972).
[2775] Post, H. W.: J. Med. (Basel), **1**, 242 (1970).
[2776] Teichmüller, G., Barnikol-Oettler, K., Hartmann, W.: DL-Pat. 74032 (1970); C. A., **74**, 100296x (1971).
[2777] Teichmüller, G., Barnikol-Oettler, K.: (VEB Jenapharm), DT-Pat. 2161766 (1972); C. A., **77**, 152458r (1972).
[2778] Yissum Research Development Co., FR-M 5678 (1968); C. A., **71**, 102006q (1969).

2. Insektizide

Die insektizide Wirkung einiger anorganischer Siliziumverbindungen (Fluorsilikate von Alkali- und Erdalkalimetallen und Zink) ist schon lange bekannt. Die genannten Salze der Hexafluorkieselsäure fanden Anwendung im Kampf gegen die Schädlinge von Getreide-, Bohnen-, Gemüse- und Citrus-, Klee-, Luzerne-, Zuckerrüben- und Baumwollkulturen [1, 32, 56, 78, 154, 166, 342, 842, 864, 1034, 1450, 1451, 1453, 1454, 1682, 2089] sowie zur Vernichtung von Mücken [1452], Motten [2351] und Fliegen [32]. Die insektiziden Eigenschaften des Silikagel wurden bereits erwähnt (siehe Abschnitt 6., Kapitel VI).

In neuester Zeit wurde nun gefunden, daß zahlreiche Klassen siliziumorganischer Verbindungen, wie siliziumhaltige Karbamate $(CH_3)_3SiC_6H_4OCONHCH_3$ [1532] und Sulfamide $(C_2H_5O)_3Si(CH_2)_3NHSO_2R$ [344, 1266], Trialkylsilylester der Phosphonsäuren $R_3SiOSiR_2CH_2P(O)(OC_2H_5)_2$ [925] und $(CH_3O)_2P(O)CH \cdot (CCl_3)OSiR_3$ (Akarizid) [2005], Kupfersalze siliziumhaltiger Dithiocarbaminsäuren $R_3Si(CH_2)_nNHCSSH$ [1588], kupferhaltige Polyorganosiloxane [2107], Bis-(trimethylsilyl)-diazetylen $(CH_3)_3SiC{\equiv}CC{\equiv}CSi(CH_3)_3$ [1042], N-Trimethylsilylpyrrolidon-2 $(CH_3)_3S\underline{iN(CH_2)_3C}O$ [396], zyklische siliziumorganische Derivate ungesättigter Diole $R_2S\underline{iOCH_2CH{=}CHCH_2}O$ (Parasitizid) [2133, 2134], siliziumorganische DDT-Analoga $(p\text{-}ClC_6H_4)_3SiCCl_3$, $(p\text{-}ClC_6H_4)_2Si(CH_3)CH_2Cl$, $(p\text{-}ClC_6H_4)_4Si$ [1866], Isothiozyanatosilane $R_{4-n}Si(NCS)_n$ [154], Organofluorsilane R_nSiF_{4-n} [2326], Trialkyl-(trialkylsiloxy)-stannane [113], Trialkyl(3-piperidinopropyl)silane sowie feindisperse Polysiloxanöle [2091] eine insektizide Wirkung ausüben können.

Dabei wurde jedoch zugleich festgestellt, daß die untersuchten siliziumorganischen DDT-Analoga bedeutend weniger aktiv als DDT selbst sind [1866]. Weiterhin wurde gefunden, daß die Inhibitorwirkung des m-Trimethylsilylphenyl-(N-methyl)-karbamats gegenüber der Cholinesterase der Stubenfliege nur 4/7 der

Wirkung des isosteren m-tert.Butylphenyl-(N-methyl)-karbamats beträgt. Trotzdem ist seine Aktivität noch 285mal so groß wie die des nicht silylierten Phenyl-(N-methyl)-karbamats. Ein Vergleich der insektiziden Wirkung von o-, m- und p-trimethylsilylsubstituierten Phenyl-(N-methyl)-karbamaten ergab, daß gegenüber dem Moskito *Culex pipiens quinquefasciatus Say* das m-Isomere die höchste insektizide Aktivität besitzt, dagegen ist das o-Isomere besonders toxisch für die Stubenfliege *Musca domestica L.* [1532].

Als Sprühmittel besonders wirksam ist das Dimethyldiisothiozyanotosilan. Bei *Eurygaster integriceps Put.* führt schon ein 6—15stündiger Aufenthalt in einer Atmosphäre mit einer relativ niedrigen Konzentration an $(CH_3)_2Si(NCS)_2$-Dampf zum Tod [154].

Triäthyl-piperidinomethyl-silanhydrochlorid setzt in einer Konzentration von 0,06% die Fertilität der Getreidemotte *Sitotroga cerealella Oliv.* um 84% herab. Eine etwas geringere chemosterilisierende Wirkung gegenüber den Getreidemotten besitzen 1-Chlor-3-trimethylsilylpropin-2 und Methyldiäthyl-(3-chlorpropyl)-silan. Tributyl-(3-aminopropyl)-silan garantiert in einer Konzentration von 0,5—2% beim Speisebohnenkäfer *Acanthoscelides obtectus* eine völlige Sterilität.

[2779] Кочкин, Д. А.: В сб.: Проблемы биологических повреждений и обрастений материалов, изделий и сооружений. М., 1972, стр. 233.

[2780] Dear, R. E. A.: (Allied Chemical Corp.), US-Pat. 3536745 (1970); C. A., 74, 12601n (1971).

[2781] Patient, H. F. G., Bush, R. P.: (Midland Silicones Ltd.), GB-Pat. 1241897 (1971); C. A., 75, 118400g (1971).

3. Insect-Repellents

Als Abschreckungsmittel (Insect-Repellents) gegen blutsaugende Gliederfüßler wurden N-Äthyl-N-trialkylsilylmethylamide der Essigsäure $RR'_2SiCH_2N(C_2H_5)\cdot COCH_3$ eingesetzt [155]. Gewebe, das mit einer alkoholischen Lösung dieser Verbindungen in Dosen von 40 g/m² behandelt wurde, schreckt Insekten über 14 Tage lang ab (dabei war $R' = C_3H_7$ oder C_4H_9). Die insektenabstoßende Wirkung von Verbindungen mit $R' = CH_3$ oder C_2H_5 hält dagegen viel weniger lange an (unter gleichen Bedingungen 2 bzw. 6 Tage).

Als Insect-Repellents wirken auch Alkoxy-(dialkylaminomethyl)-silane $R_2NCH_2\cdot Si(CH_3)(OR')_2$ [54] und zyklische Glykolester von Alkylsilantriolen [2443].

[2782] Barry, A. J.: Klosowski, J. M.: (Dow Corning Corp.), DT-Pat. 2123343 (1971); C. A., 76, 72650d (1972).

[2783] Frye, C. L., Weyenberg, D. R., Klosowski, J. M.: (Dow Corning Corp.) DT-Pat. 2123345 (1971); C. A., 76, 85918x (1972).

[2784] Kauppi, T. A.: (Dow Corning Corp.), US-Pat. 2681878 (1954); C. A., 48, 10290f (1954).

[2785] Klosowski, J. M.: (Dow Corning Corp.), DT-Pat. 2123344 (1971); C. A., 76, 72649k (1972).

4. Fungistatika

Eine Reihe siliziumorganischer Verbindungen zeigt eine beträchtliche fungistatische Aktivität. Dazu gehören siliziumhaltige Amide von Karbonsäuren [51], Sulfamide $(C_2H_5O)_3Si(CH_2)_3NHSO_2R$ [344], Isothiocyanate R_3SiCH_2SCN [1546], Zyklosilthiane $(R_2SiS)_n$ [1580], Phenyläthinyl- und Butyläthinylsilane $R_3SiC{\equiv}CR'$ [1523], Isothiocyanatosilane $R_{4-n}Si(NCS)_n$ [154], Pentachlorphenoxysilane $(C_6Cl_5O)_nSi(OC_2H_5)_{4-n}$ [708a], Kupfersalze siliziumhaltiger Dithiokarbaminsäuren [1588] 1-(Triorganylsiloxy)-titanatrane [599]; kupfer- [2107] und quecksilberhaltige Polyorganosiloxane [1186, 1479], 2-(p-Trimethylsilylmethylphenyl)-äthylamin [860] und 3-Aminopropylsilane [14, 51].

Der Zusatz von 0,3–1,0% $C_4H_9Si(NCS)_3$, $(CH_3)_2Si(NCS)_2$, $(C_2H_5)_2Si(NCS)_2$ oder $(C_2H_5)_3SiNCS$ zu einer Nährlösung, die mit Schimmelkulturen von *Macrosporium* oder *Cladosporium* infiziert war, führte zu einer deutlichen Hemmung der Kulturen oder sogar zu einem völligen Abbruch ihrer Entwicklung, wobei die Wirkung bis zu einem Jahr anhielt. Auch die Entstehung eines neuen Schimmel- oder Bakterienbefalls aus der Luft wurde völlig unterbunden. Beziehungen zwischen der Struktur (insbesondere der Anzahl der NCS-Gruppen im Molekül) und der fungistatischen Wirkung der Isothiocyanatosilane konnten bislang noch nicht aufgefunden werden. Die fungistatische Wirkung von Isothiocyanatosilanen kann jedoch auf keinen Fall ausschließlich, wie man zunächst annahm, von der Toxizität der bei ihrer Hydrolyse entstehenden HSCN abhängen, da die am leichtesten hydrolysierenden Verbindungen Methyltriisocyanatosilan und Äthyltriisocyanatosilan am wenigsten wirksam sind. Auch die besonders hydrolysebeständigen Verbindungen Tributylisothiocyanatosilan und Dibutyldiisothiocyanatosilan sind nicht sehr toxisch. Die fungistatische Aktivität der Alkylisothiocyanatosilane ist grundsätzlich geringer als die ihrer kohlenstofforganischen Analoga wie zum Beispiel $CH_2(SCN)_2$. Die Alkylisocyanatosilane $R_{4-n}Si(NCO)_4$, die den Isothiocyanatosilanen strukturell doch sehr ähnlich sind, besitzen nicht die geringste fungizide Wirkung [154].

Isothiocyanatosilane zeigen auch im Gaszustand eine beträchtliche fungizide Aktivität. So unterdrücken Dimethyldiisothiocyanatosilan und Diäthyldiisothiocyanatosilan schon bei einer Konzentration von 0,2 g/l Luft das Wachstum der Schimmelpilze *Cladosporium*, *Macrosporium* und *Torula* [154].

Einige siliziumorganische Amine und Amide besitzen eine relativ hohe fungistatische Wirkung gegenüber *Epidermophyton* Kaufmann-Wolf und *Trichophyton gypseum* (Tab. 27) [51]. So ist z. B. die Aktivität des Tributyl-(3-aminopropyl)-silans und die des Amides der 2-Dimethyl-(chlormethyl)-silylisobuttersäure nur um ein weniges kleiner als die Aktivität des in der klinischen Praxis häufig angewendeten Antibiotikums Nystatin, und das 1,3-Bis-[dimethyl-(3-aminopropyl)-silyl]-propan ist ihm sogar etwa wirkungsgleich. Auf *Candida albicans* ist die Wirkung der drei siliziumorganischen Verbindungen jedoch viel geringer als die des Nystatins.

Die fungistatische Aktivität der Salze von Triäthyl-(piperidinoalkyl)-silanen

$(C_2H_5)_3Si(CH_2)_nNC_5H_{10} \cdot HX$ ($n = 1$ bis 3) hängt von der Anzahl der Methylengruppen zwischen Silizium- und Stickstoffatom und von der Natur des Anions X ab. Die höchste Aktivität besitzt das Hydrobromid des 3-Piperidinopropylderivates ($n = 3$, $X = Br$). Die entsprechenden Propenyl- und Propinylderivate zeigen eine geringere Wirkung.

Eine besondere Bedeutung hat die Verwendung siliziumorganischer Fungizide zum Schutz optischer Geräte gegen die Zerstörung durch Schimmelpilze unter tropischen Klimabedingungen erlangt. Dabei wird die Materialoberfläche mit einem Polyorganosiloxanfilm überzogen, der fungistatische Eigenschaften besitzt. Die fungistatische Aktivität des Films beruht auf der Anwesenheit aktiver Gruppen in den mit dem Siliziumatom verbundenen organischen Radikalen. Zur Herstellung derartiger Filme gibt es zwei Methoden:

Die erste besteht in der Behandlung optischer Geräte mit Organochlorsilanen, die im organischen Radikal Fluoratome enthalten, wie z. B. (3,3,3-Trifluorpropyl)-trichlorsilan, Bis-(3,3,3-trifluorpropyl)-dichlorsilan oder Methyl-(octafluorbutyl)-dichlorsilan. Mit dieser Methode konnten auf Materialoberflächen Fluororgano-

Tabelle 27

Minimalkonzentrationen (in mkg/ml) stickstoffhaltiger siliziumorganischer Verbindungen, die das Wachstum pathogener Pilze unterdrücken

Verbindung	Stämme der pathogenen Pilze		
	Candida albicans 67/846	*Epidermophyton* KAUFMANN-WOLF 41	*Trichophyton gypseum* 4/3
$(C_2H_5)_3SiCH_2CH_2CH_2NH_2$	> 83,3	> 83,3	> 83,3
$(C_3H_7)_3SiCH_2CH_2CH_2NH_2$	41,7	13,8	13,8
$(C_4H_9)_3SiCH_2CH_2CH_2NH_2$	15,6	10,4	5,2
$CH_2[Si(CH_3)_2CH_2CH_2CH_2NH_2]_2$	200	50	50
$(CH_2)_2[Si(CH_3)_2CH_2CH_2CH_2NH_2]_2$	200	100	50
$(CH_2)_3[Si(CH_3)_2CH_2CH_2CH_2NH_2]_2$	16,7	6,2	6,2
p-$C_6H_4[Si(CH_3)_2CH_2CH_2CH_2NH_2]_2 \cdot HCl$	100	66,7	100
$(C_2H_5)_3SiCH_2NC_5H_{10} \cdot HCl$	> 200	> 200	> 200
$(C_2H_5)_3Si(CH_2)_2NC_5H_{10} \cdot HCl$	> 500	> 500	333
$(C_2H_5)_3Si(CH_2)_3NC_5H_{10} \cdot HCl$	> 200	66,7	66,7
$(C_2H_5)_3Si(CH_2)_3NC_5H_{10} \cdot HF$	133	25	50
$(C_2H_5)_3Si(CH_2)_3NC_5H_{10} \cdot HBr$	133	25	33,3
$(C_2H_5)_3Si(CH_2)_3NC_5H_{10} \cdot CH_3J$	> 200	> 200	133
$(C_2H_5)_3SiCH{=}CHCH_2NC_5H_{10} \cdot HCl$	133	66,7	66,7
$(C_2H_5)_3SiC{\equiv}CCH_2NC_5H_{10} \cdot HCl$	> 83,3	83,3	83,3
$(CH_3)_2Si(CH_2Cl)CH_2CH(CH_3)CONH_2$	> 83,3	6,9	13,8
Nystatin	3,5	6,9	6,9

siloxanfilme erzeugt werden, die das Wachstum von Schimmelpilzsporen 4 Monate lang (unter Laborbedingungen) und in einigen Fällen länger als 1,5 Jahre (unter subtropischen Bedingungen) verhinderten (17).

Bei der zweiten Methode wird die Glasoberfläche mit einer Polyorganosiloxanschicht überzogen, die funktionelle Gruppen (Mehrfachbindungen, Amino-, Cyano- oder Epoxygruppen) enthält, die in der Lage sind, mit entsprechenden organischen, elementorganischen oder anorganischen Verbindungen unter Bildung fungistatisch wirksamer Filme zu reagieren. So kann ein Polysiloxanfilm, der Arsen enthält und der während 3—6 Monaten nicht von Schimmelpilzen befallen wird, nach einer Primärbehandlung der Glasoberfläche mit 3-(Oxiranylmethoxy)-propyl-(triäthoxy)-silan [17] nach dem folgenden Schema gewonnen werden:

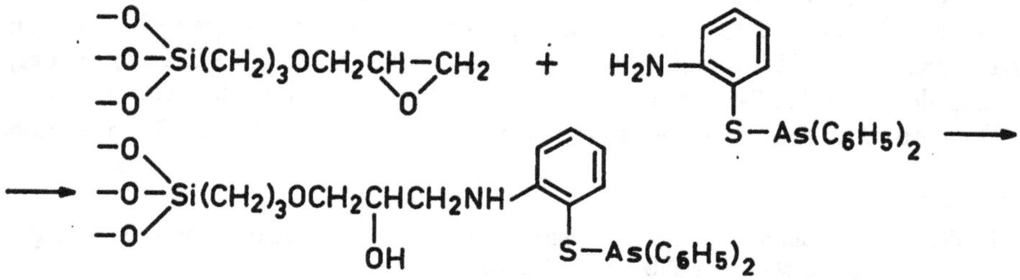

Die bei der Einwirkung von Joddämpfen auf ein mit Vinyltrichlorsilan behandeltes Glas gebildete Schicht verhindert einen Schimmelbefall ebenfalls 3—5 Monate lang [17, 18].

Besonders zuverlässig wirken β-Methoxy-α-acetoxyquecksilberäthylsiloxan- und β-Methoxy-γ-acetoxyquecksilberpropylsiloxanfilme, die durch Einwirkung methanolischer Lösungen von Quecksilberacetat auf ein mit Vinyl- oder Allyltrichlorsilan behandeltes Glas gewonnen werden. Sie beeinflussen weder die optischen Eigenschaften des Glases noch den Aufhellungs- und Feuchtigkeitsschutz und werden von Schimmelpilzen sowohl unter Bedingungen, bei denen der Feuchtigkeitsschutz angegriffen wird, als auch unter natürlichen subtropischen Bedingungen im Laufe von 1,5 Jahren nicht befallen [17]. Derartige Schichten können entsprechend dem folgenden Schema erzeugt werden:

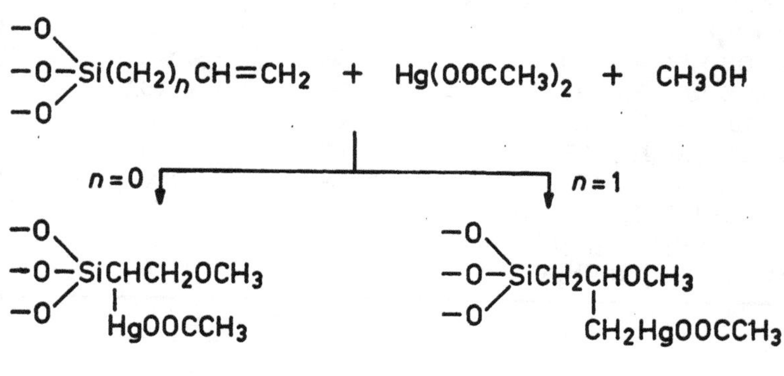

Zur Gewinnung beständiger fungistatischer Filme kann man anstelle des Vinyl- oder Allyltrichlorsilans auch 2-(Cyclopropyl)-propyltrichlorsilan einsetzen.

[2786] Лукевиц, Э., Либерт, Л. И.: ЖОХ, **43**, 778 (1973).
[2787] Лукевиц, Э., Либерт, Л. И., Воронков, М. Г.: Изв. АН Латв. ССР, сер. хим., **1972**, 451.
[2788] Лукевиц, Э., Пестунович, А. Е., Зиле, А. Я., Воронков, М. Г.: Абт. свид. СССР 320500 (1970); Откр., **1971**, № 34, 72.
[2789] Удре, В. Э., Лукевиц, Э.: ХГС, **1973**, 493.
[2790] Dynamit Nobel A.-G., GB-Pat. 1189435 (1970); C. A., **73**, 25122m (1970).
[2791] Ismail, R. M.: (Dynamit Nobel A.-G.), DT-Pat. 1806758 (1970); C. A., **73**, 66727 (1970).
[2792] Kotzsch, H. J., Ismail, R.: (Dynamit Nobel A.-G.), GB-Pat. 1179515 (1970); C. A., **72**, 100874t (1970).
[2793] Viventi, R. V.: (General Electric Co), US-Pat. 3532726 (1970); C. A., **74**, 3728g (1971).

5. Bakteriostatika

Einige siliziumorganische Verbindungen besitzen eine deutliche bakteriostatische Aktivität. Zu ihnen gehören Dimethyl-bis-(2,4-dihydroxyphenyl)-silan $(CH_3)_2Si(C_6H_3(OH)_2)_2$ [2102], Trimethyl-(hydroxymethyl)-silan $(CH_3)_3SiCH_2OH$ [726], Trimethyl-(butyläthinyl)-silan und Trimethyl-(phenyläthinyl)-silan $(CH_3)_3 \cdot SiC{\equiv}CR$ ($R = C_4H_9$, C_6H_5) [1523], Dialkylaminoalkylester siliziumhaltiger Karbonsäuren $R_3SiC_6H_4COOCH_2CH_2NR_2 \cdot HCl$ [547], siliziumhaltige Ester der

Tabelle 28

Antibakterielle Aktivität von 3-Aminopropylsilanen (minimale Inhibierungskonzentration in mkg/ml)

Verbindung	Testmikroben		
	Staphylococcus aureus haemol. 209	*Bac. mycoides* 537	*Escherichia coli* 675
$(C_3H_7)_3SiCH_2CH_2CH_2NH_2$	70,0	14,0	100,0
$(C_4H_9)_3SiCH_2CH_2CH_2NH_2$	333,3	333,3	—
$CH_3(C_6H_5)_2SiCH_2CH_2CH_2NH_2$	10,4	20,8	—
$CH_3(C_2H_5O)_2SiCH_2CH_2CH_2NH_2$	666,0	166,0	10,4
$(C_2H_5)_3SiCH_2CH_2CH_2NHC_4H_3O$*)	10,4	10,4	100,0
$CH_2[Si(CH_3)_2CH_2CH_2CH_2NH_2 \cdot HCl]_2$	0,52	> 320	—
$(CH_2)_2[Si(CH_3)_2CH_2CH_2CH_2NH_2 \cdot HCl]_2$	0,13	> 320	—
$(CH_2)_3[Si(CH_3)_2CH_2CH_2CH_2NH_2 \cdot HCl]_2$	0,26	> 320	—
p-$C_6H_4[Si(CH_3)_2CH_2CH_2CH_2NH_2 \cdot HCl]_2$	0,26	> 320	—

*) C_4H_3O — 2-Furyl

N-Aziridinylkarbonsäuren $(RO)_3Si(CH_2)_3OOCCH_2CH_2NCH_2CH_2$ [1021], 3-Aminopropylsilan [51], Trialkylsilylphenäthylamine $R_3Si(CH_2)_nC_6H_4CH_2CH_2NH_2$ ($n = 0, 1$) [860], Zyklosilthiane $(R_2SiS)_n$ [1580], quecksilberhaltige Polyorganosiloxane [1479] und siliziumorganische Chloramphenikol- [1119a, 2243], Penicillin- [46, 2095] und Linkomycinderivate [2465, 2466].

Die Einführung von Organosilylgruppen in die Moleküle organischer Verbindungen erhöht in einer Reihe von Fällen deren bakteriostatische Aktivität. So zeigen z. B. die Bis-(oxyphenyl)-dialkylsilane eine größere bakteriostatische Wirksamkeit gegenüber *S. aureus* als Phenol [2109]. Die Einführung einer Trimethylsilyl- oder Trimethylsilylmethylgruppe in p-Stellung des Phenyläthylamins erhöht dessen Aktivität gegenüber *S. aureus* und *E. coli* (die bakteriostatische Wirkung bleibt jedoch insgesamt trotzdem gering — die effektiven Dosen übersteigen 100 mkg/ml) [860].

Eine bedeutend größere bakteriostatische Aktivität gegenüber *S. aureus* besitzen die Hydrochloride von Bis-(3-aminopropyl)-silanen des Typs $R[(CH_3)_2 \cdot SiCH_2CH_2CH_2NH_2 \cdot HCl]_2$, wobei $R = (CH_2)_n$ mit $n = 1$ bis 3 oder C_6H_4 ist. So beträgt die zu einer Inhibierung ausreichende Minimalkonzentration beim 1,2-Bis-(3-aminopropyldimethylsilyl)-äthan nur 0,13 mkg/ml und beim analogen 1,3-Propanderivat 0,26 mkg/ml (Tab. 28). Gegenüber *Bac. mycoides* sind jedoch alle diese Verbindungen völlig inaktiv. Eine gewisse bakteriostatische Wirkung gegenüber dem genannten *Bac.* besitzen Triäthyl-[γ-(2-furfurylamino)-propyl]-silan und Tripropyl-(3-aminopropyl)-silan [51].

Gegenüber gramnegativen Bakterien sind siliziumorganische Verbindungen im allgemeinen weniger wirksam. Eine Ausnahme bildet das Methyl-(3-aminopropyl)-diäthoxysilan, dessen Minimalkonzentration zur Inhibierung von *E. coli* nur 10,4 mkg/ml beträgt [51].

Eine große Anzahl der bislang untersuchten siliziumorganischen α-, β- und γ-Amine, Aminoalkohole, Phthalimide, Harnstoffe, Isozyanate, Karbamate und Aminosäuren zeigt nicht die geringste bakteriostatische Aktivität [51, 1808, 2442].

[2794] Ганин, В. С., Хунданов, Л. Е., Урбанович, Л. Я., Воронков, М. Г.: Докл. Иркутск. противочумного инст., 9, 109 (1971).

[2795] Калитов, К.: Автореф. канд. дисс., Алма-Ата, 1971.

[2796] Лукевиц, Э., Зиле, А. Я., Крузметра, Л. В., Пестунович, А. Е., Воронков, М. Г.: Изв. АН Латв. ССР, 1973.

[2797] Лукевиц, Э., Пестунович, А. Е., Крузметра, Л. В., Воронков, М. Г.; Авт. свид. СССР 334222 (1970); Откр., 1972, № 12, 92.

[2798] Пестунович, А. Е.: Автореф. канд. дисс., Рига, 1971.

[2799] Isquith, A. J., Abbott, E. A., Walters, P. A., Malek, J. R.: Third Int. Symp. Organosilicon Chem., Madison, Abstr. of Papers, 1972, 34.

[2800] Dennis, W. E., Vogel, G. E., Speier, J. L.: Third Internat. Symp. Organosilicon Chem., Madison, 1972, 34.

[2801] Yetter, J. J.: (Procter and Gamble Co.), US-Pat 3624120 (1971); C. A., 76, 59734q (1972).

6. Wachstumsregulatoren

Methyl-(halogenmethyl)-dialkoxysilane und Methyl-(chlormethyl)-dihalogensilane $X_nCH_{3-n}(CH_3)SiY_2$, wobei X = Cl, Br oder Jod und Y = CH_3O, C_2H_5O, i-C_3H_7O, Cl oder F sein kann, zeigen gegenüber Mono- und Dikotyledonen sowohl bei der Behandlung des Bodens vor dem Keimen der Samen als auch beim Besprühen der Pflanzen eine starke Herbizidwirkung [1320—1324, 2490]. In der Reihe dieser Verbindungen sind die Chlormethylderivate (X = Cl) am wirksamsten, während die Jod- und Bromderivate weniger aktiv sind. Die Natur der mit dem Siliziumatom verbundenen Substituenten Y beeinflußt die Herbizidwirkung kaum. Das ist verständlich, da die Hydrolyse im Boden unabhängig von der Natur des Restes Y zu den gleichen Silanolen oder wasserlöslichen Oligomeren $HO[XCH_2Si(CH_3)O]_nH$ (wobei vermutlich $n = 1$ bis 3 ist) führt, die wahrscheinlich für die Herbizidaktivität verantwortlich sind (die entsprechenden Polysiloxane üben nämlich auf die Pflanzen praktisch keine Wirkung aus).

Bei einer Behandlung des Bodens mit Methyl-(chlormethyl)-diäthoxysilan keimen die Samen von Dikotyledonen normal aus. Auch die ersten Blätter werden gebildet. Sie werden jedoch bald braun, verkümmern oder fallen ab. Beim Besprengen von Dikotyledonen mit in Wasser dispergiertem Methyl-(chlormethyl)-diäthoxysilan gibt es die gleichen Effekte: der Pflanzenwuchs wird gehemmt, die Blätter werden gelb und fallen ab. In einigen Fällen gehen die Pflanzen ein. Auch Monokotyledonen (Gras, Gerste, Weizen) zeigen die gleiche Wirkung: die Pflanzen werden nach der Behandlung gelb und ihr Wachstum wird gehemmt.

Chlormethylderivate mit einer ungeraden Zahl von Alkoxygruppen (1 oder 3) besitzen keine herbizide Wirkung. Ebenso inaktiv sind 3-Chlorpropyltrimethoxysilan, Methyl-(1,2-dichloräthyl)-dimethoxysilan, Methyltrimethoxysilan, Methyltrichlor- und Dimethyldichlorsilan [1324].

Eine merkliche Herbizidwirkung zeigen dagegen das Trimethyläthinylsilan $(CH_3)_3SiC{\equiv}CH$ und die Trimethylsilylpropiolsäure $(CH_3)_3SiC{\equiv}C{-}COOH$ [393].

Einige Alkoxysilane vermögen die Entwicklung des Phytoplanktons (das „Blühen" der Gewässer) wirksam zu unterdrücken. Tetraäthoxysilan, Vinyltriäthoxysilan und 3,3,3-Trifluorpropenyl-1-methyldiäthoxysilan setzen in einer Konzentration von 0,01 mg/l die Vermehrung der Grünalgen *Scenedesmus quadricauda* und *Chlorella vulgaris* 15 Tage lang auf 4—7% herab. Danach nimmt die Zahl der Algenzellen wieder zu. Das Wachstum erreicht jedoch nicht wieder den ursprünglichen Wert.

Im Gegensatz zu vielen anderen Algiziden üben die genannten gegen das „Blühen" von Gewässern einsetzbaren Alkoxysilane in Konzentrationen von 0,01—1 mg/l keinen Einfluß auf das Zooplankton (*Daphnia magna*) und die Mollusken (*Limnae stagnalis*) aus. Das ist von großem Vorteil bei der Regulierung des Verhältnisses von Zoo- zu Phytoplankton in den Gewässern [209].

Bei dieser Gelegenheit sollte noch bemerkt werden, daß die Diatomee *Navicula pelliculosa* auf Tetraäthoxysilan, das in diesem Fall ihre einzige Siliziumquelle ist, kultiviert werden kann [949a].

[2802] Строганов, Н. С., Ховотьев, В. Г., Колосова, Л. В.: В сб.: Вопросы водной токсикологии. М., 1970, стр. 66.
[2803] Foery, W., Fischer, H. P.: (Agripat S. A.), DT-Pat. 2149680 (1972); C. A., 77, 5605a (1972).
[2804] Haluska, L. A., Rasmussen: (Dow Corning Corp.), DT-Pat. 1950380 (1970); C. A., 73, 13418z (1970).
[2805] Owen, W. J.: (Midland Silicone Ltd.), GB-Pat. 1233704 (1971); РЖХим, 1Н86П (1972).
[2806] Owen, W. J.: (Midland Silicones Ltd.), GB-Pat. 1234410 (1971); C. A., 75, 88754f (1971).
[2807] Owen, W. J.: (Midland Silicones Ltd.), US-Pat. 3542829 (1970); C. A., 74, 142051u (1971).
[2808] Parkinson, K. J.: J. Exp. Bot., 21, 566 (1970).
[2809] Scharr, J. L., Weesner, W. E.: (Monsanto Research Corp.), US-Pat. 3517041 (1970); C. A., 73, 56228e (1970).
[2810] Weesner, W. E., Scharr, J. L.: (Monsanto Research Corp.), US-Pat. 3529004 (1970); C. A., 73, 109894c (1970).
[2811] Weesner, W. E., Scharr, J. L.: (Monsanto Research Corp.), US-Pat. 3542786 (1970); C. A., 74, 125838p (1971).

Kapitel VIII

DIE THERAPEUTISCHE ANWENDUNG VON SILIZIUMVERBINDUNGEN

Alea jacta est.

Caesar

In der Volksmedizin wurden schon seit langer Zeit Dekokte von Pflanzen, die relativ große Siliziummengen enthalten (Schachtelhalm, Schafgarbe und andere) als harntreibende Mittel bei Herz- und anderen Erkrankungen, die von Stauungserscheinungen (Stasen) begleitet werden, sowie bei Gerinnungsstörungen des Blutes angewendet [97, 158, 178, 1292, 1859a, 2298].

Präparate, die aus Schachtelhalm und anderen „Siliziumpflanzen“ gewonnen wurden, gingen dann auch in die pharmazeutische Praxis ein [178, 559, 951, 952, 1102, 1519, 1520, 1576, 1577, 2253, 2298]. Sie wurden bei der Behandlung von Erkrankungen der Atemwege [858, 1213], bei Entzündungen des Zahnfleisches und der Haut [858] sowie als harntreibende Mittel [1292, 1884] verwendet. Man nimmt allgemein an, daß der Heileffekt dieser Präparate hauptsächlich auf ihrem hohen Gehalt an verschiedenen biologisch aktiven organischen Verbindungen beruht [158, 1859a]. Es ist jedoch nicht weniger wahrscheinlich, daß in diesen Präparaten auch Siliziumverbindungen, die möglicherweise organischer Natur sind, eine bedeutungsvolle Rolle spielen. Im Vergleich zu den anorganischen werden ja organische Siliziumverbindungen viel leichter vom menschlichen Organismus aufgenommen [54, 1577].

Im Laufe der Jahrhunderte wurden von Zeit zu Zeit auch anorganische Verbindungen des Siliziums zur Behandlung von Erkrankungen eingesetzt. So ist z. B. die Kieselerde seit langem ein fester Bestandteil der homöopathischen Praxis [31, 129, 1291, 1414, 1838, 2017, 2138a, 2248, 2275]. Man glaubt, daß in einer Reihe von Fällen schon die geringen homöopathischen Kieselsäuredosen zur Reorganisation eines gestörten Siliziumstoffwechsels und zur Reaktivierung der Funktionen des Bindegewebes ausreichen. So wird Kieselerde bei verschiedenen eitrigen Prozessen im subakuten und chronischen Stadium bei Neuritiden, bei Ohrenerkrankungen (chronische Otitis und Mastoititis), bei Erkrankungen der Atmungsorgane (Rhinitis, Pharyngitis und chronische Bronchitis), bei Rachitis, lymphatischer Diathese, bei Magengeschwüren und einer Reihe anderer Erkrankungen angewendet.

Seit langem finden an löslichen Siliziumverbindungen reiche Mineralwässer (40–80 mg/l SiO_2) Anwendung in der Balneotherapie der Kurorte [140, 207, 1330, 1391]. In der SU gehören zu diesen Mineralwässern Borschomi (Georgische

SSR), das 46 mg/l SiO_2 enthält, Avadchara (Abchasische ASSR) mit 58 mg/l und Dsau-Suar (Südossetische ASSR) mit 66 mg/l SiO_2. Diese Mineralwässer werden bei funktionellen Magenstörungen, chronischen Gastritiden, bei Ulkusleiden und bei chronischen Colitiden verordnet. Das Mineralwasser Dzhermuk (Armenische SSR), das sich durch einen besonders hohen SiO_2-Gehalt auszeichnet (bis 112 mg/l), wird bei verschiedenen Stoffwechselstörungen, bei Diabetes mellitus und bei Fettsucht empfohlen.

Es hat eine Reihe von Versuchen gegeben, auch andere anorganische Siliziumverbindungen für therapeutische Zwecke einzusetzen: Kolloide Kieselsäure und ihre Komplexe (unter verschiedenen Handelsnamen wie Siliquid, Colisil, Silicol, Silacid und Siccolan), an SiO_2 adsorbiertes Silberchlorid (Silargel), Natrium-, Kalzium- (Calsil, Gastrosil), Magnesium- (Silicetta und Silandin) und Aluminiumsilikat (Neutralon) sowie deren Komplexe mit Proteinen und Kasein.

Kieselsäure und Natriumsilikat sowie deren Komplexe wurden bei der Behandlung von Tuberkulose [177, 203—305, 281, 282, 284, 287, 491, 559, 879, 999, 1014, 1074, 1075, 1181, 1183a, 1271, 1287, 1288, 1487, 1519, 1770, 2129, 2210, 2211, 2352, 3372, 2373, 2375], Arteriosklerose [282, 285, 1075, 1076, 1289, 1521, 1859a, 2149, 2352], Hauterkrankungen [283, 1075, 1573, 2098], Gelenkerkrankungen [283, 1390a, 2376], Entzündungen der Atemwege [1070, 1102, 1105, 2098], Anämien [1518], Spasmophilien bei Erwachsenen [1859a], Bronchialasthma [1289, 2374] und anderen allergischen Erkrankungen [284], verschiedenen Entzündungsprozessen [1343], sowie von Infektionskrankheiten (insb. von Typhus) [2017a, 2210, 2211] und anderen Erkrankungen [74, 374, 446, 476, 561, 678, 747, 758, 1068, 1141, 1157, 1253, 1263, 1290, 1410, 1484, 1517, 1522, 2012, 2018, 2371] erprobt. Anwendung als adsorbierende und schmerzstillende Mittel (Analgetika) bei erhöhter Magensekretion, bei Gastritis und Magen- oder Zwölffingerdarmgeschwüren fanden Magnesium-, Kalzium- und Aluminiumsilikate [1859a]. Der Einsatz dieser anorganischen Siliziumverbindungen verlief jedoch nicht immer erfolgreich, da sich durch die Einwirkungen der Magensäure unlösliche Kieselsäuren bildeten.

In der heutigen medizinischen und pharmazeutischen Praxis werden aus der Reihe der anorganischen Siliziumverbindungen nur noch die amorphe Kieselsäure [7a, 188, 592, 660, 660a, 660b, 751, 936, 997, 998, 1190, 1252, 1262, 1262a, 1625, 1667, 1805, 1881a, 1881b, 2212a] (hauptsächlich als Bestandteil verschiedener Pasten [592, 751, 1252, 1667, 1805], Cremes oder Puder [660, 936, 997, 1190, 1252, 1262]) und einige Silikate (Magnesiumtrisilikat, Aluminiumsilikat und Talk) verwendet. Magnesiumtrisilikat $Mg_2Si_3O_8 \cdot nH_2O$ wird als adsorbierendes und eine Schutzschicht bildendes Mittel, sowie als Antacidum bei Superacidität des Magens, bei Ulcera des Magens und des Zwölffingerdarms sowie bei anderen Erkrankungen des Magen-Darm-Traktes eingesetzt [158, 313, 678, 1048, 1201, 1270, 1272, 1444, 1638—1640, 1703, 1894, 2222, 2355]. Für das gleiche Anwendungsgebiet wurde auch Attapulgit (ein Magnesium-Aluminium-Silikat) empfohlen [536, 605, 1578, 2303]. Aluminiumsilikate mit geringen Beimengungen an Kalzium- und Magnesiumsilikat (Bolus alba), die abdeckende und adsorbierende Eigenschaften besitzen, werden extern (äußerlich) in Form von Pudern, Pasten und Salben bei Hauterkrankungen, Geschwüren, Intertrigo („Wolf") und Verbrennungen sowie peroral bei Magen-Darm-Infektionen verordnet [158]. Talk ($3SiO \cdot 3MgO \cdot H_2O$) wird als Bestandteil von Pudern und als Füllstoff bei der Herstellung verschiedener Tabletten verwendet [158].

Die breiteste Anwendung von allen anorganischen Siliziumverbindungen fanden in der Medizin und insbesondere in der zahnärztlichen Praxis (als Plombenmaterial) die Silikatzemente [245, 278, 299, 374a, 439, 440, 444, 448, 450, 475, 552, 634, 710, 717a, 733, 765, 766, 770, 772, 859, 873, 885, 928, 1111, 1166, 1167, 1169, 1170, 1174, 1267, 1273, 1282, 1303, 1368, 1372, 1415, 1477, 1478, 1530, 1562, 1563, 1698, 1707, 1761, 1771, 1874, 1920, 1956, 2069, 2076, 2159, 2166, 2172, 2173, 2269, 2333, 2334, 2422, 2471—2475, 2479, 2480, 2482, 2486, 2493, 2538, 2541, 2561—2564]. Es wurde versucht, auch Tetramethoxysilan („Radisan") [21, 192, 193] in der Stomatologie einzusetzen. Die Versuche mußten jedoch wegen der Toxizität dieser Substanz bald wieder eingestellt werden [194].

In den 30er bis 40er Jahren unseres Jahrhunderts wurde kolloidale Kieselsäure und auch eine Reihe siliziumorganischer Verbindungen zur Behandlung der Tuberkulose empfohlen [1074, 1859a, 2375]. Unter anderem gehörten dazu die Orthokieselsäureester des Glykols (Silistren) [280, 839, 879, 1232, 1483, 1756, 2345, 2370], des Äthylrizinates (Silogran) [286, 1077, 1078, 1481, 1530, 1823] und anderer Hydroxykarbonsäuren [1195—1197]. Diese Präparate rufen jedoch nur eine gewisse Festigung des Lungengewebes und eine Einkapselung der Tuberkelbakterien hervor, beeinflussen jedoch in keiner Weise deren Virulenz. Deshalb kann man die Anwendung organischer Siliziumverbindungen bei der Behandlung der Tuberkulose heute höchstens als zusätzliches Hilfsmittel betrachten, die Hauptrolle spielen selbstverständlich die neuzeitlichen chemisch-therapeutischen Präparate [1393].

In der Literatur gibt es eine Reihe weiterer Hinweise auf die medizinische Anwendung von organischen Siliziumverbindungen oder von Komplexen anorganischer Siliziumverbindungen mit organischen Stoffen, wie z. B. den Reaktionsprodukten aus $SiCl_4$ und Harnstoff [920, 1013, 1331, 2322].

In der zweiten Hälfte unseres Jahrhunderts wurden Komplexe von Kaliummethylsilikonat mit Salizyl-, Zitronen-, Ascorbin-, Heparin-, Penicillin- oder Desoxyribonucleinsäure bei akuten und chronischen Gelenkerkrankungen, bei durch Staphylokokken hervorgerufenen Hauterkrankungen, bei Hypertonien, Sklerosen, Arteriitiden der unteren Extremitäten, bei Kapillarerkrankungen, atrophischen Erscheinungen, Störungen der Zellmitose und bei einer ganzen Reihe anderer Erkrankungen empfohlen [1002].

Als besonders erfolgreich erwies sich der Einsatz von Siliziumverbindungen bei der Behandlung der Arteriosklerose. Wie bekannt ist, nimmt bei dieser Erkrankung der Siliziumgehalt in den Geweben stark ab [913, 1384—1390]. Die Gabe von Natriumsilikat [1386, 1388], Organopolysiloxanen [658, 949, 1525] oder Komplexen des Natriummethylsilikonats mit Salizyl- [913, 1386] oder Zitronensäure [1002, 1003, 1386], beugt nicht nur der Entstehung experimenteller Arteriosklerosen vor, sondern übt auch einen heilenden Einfluß aus. Die Verwendung von Komplexen des Kaliummethylsilikonats mit organischen Säuren, die mit Hilfe einer gesteuerten Ionophorese appliziert wurden, konnte wegen der besonderen Leichtigkeit, mit der sie dabei durch die Haut in den Organismus eindringen [1004], wegen ihrer entzündungshemmenden und antisklerotischen Wirkung sowie wegen des stimulierenden Einflusses auf die Synthese von Binde- und elastischen Geweben [1386] zu einer besonders wirksamen Methode bei der Behandlung von Koronarerkrankungen ausgebaut werden [1824, 1825]. Eine derartige Ionotherapie mit Komplexen aus Kaliummethylsilikonat und Zitronen- oder Heparinsäure wird gegenwärtig bei der Behandlung von chronischer Herzinsuffizienz (auch nach 1–2 Myokard-Infarkten), von arteriellen Hypertonien und von Verschlußkrankheiten der unteren Extremitäten angewendet. Im Verlauf von sieben Jahren wurde diese Behandlungsmethode an über 500 Patienten klinisch erprobt. Daß dabei in 80% der Fälle ein voller Heilerfolg erzielt werden konnte, spricht für die Wirksamkeit dieser Methode [1824, 1825].

Komplexe des Kaliummethylsilikonats mit organischen Säuren wurden auch bei der Behandlung einer Reihe von Krebserkrankungen (Knochen-, Lungen- und Prostatakrebs) erprobt. In vielen Fällen, vor allem bei der Behandlung sich schnell entwickelnder Geschwülste, wurden gute Resultate erzielt [1154].

Ein Komplex aus Kaliummethylsilikonat und Benzylpenicillin ist bei der Behandlung der Viruserkrankung Myxomatose, die weder durch Kaliummethylsilikonat noch durch Benzylpenicillin allein beeinflußt werden kann, von starker Wirkung [1155]. Ebenso kann der Anwendungsbereich des Penicillins durch seinen Einsatz in Form eines Komplexes mit Kaliummethylsilikonat erweitert werden. Sicher ist die Annahme berechtigt, daß das auch für andere Antibiotika gilt.

[2812] Аноним: Химия и жизнь, **1972**, № 3, 21.
[2813] Ковалева, Н. Г.: Лечение растениями. М., 1971, стр. 243.
[2814] Apostolopoulos, A. X., Digenis, G. A.: Arch. Oral Biol., **16**, 233 (1971).
[2815] Barlotta, C., Manfredi, M., Roccia, G. M.: Minerva Stomat., **19**, 65 (1970).
[2816] Bartelt, I.: Dtsch. Zahnärztl. Z., **26**, 620 (1971).
[2817] Bechhold, H., Keiner, L.: Z. Ges. exp. Med., **56**, 543 (1927).
[2818] Birkmayer, W., Rosmanith, H.: Münch. med. Wochenschr., **113**, 387 (1971).
[2819] Bock, B.: Dtsch. Zahnärztl. Z., **26**, 665 (1971).
[2820] Borenstein, B., Jahns, F. W.: (Hoffmann La Roche Inc.), US-Pat. 3497589 (1970); C. A., **72**, 110011y (1970).
[2821] Brännstrom, M., Nyborg, H.: J. Dent. Res., **50**, 90 (1971).
[2822] Carlisle, E. M.: Science, **167**, 279 (1970).
[2823] Carlisle, E. M.: Science, **178**, 619 (1972).
[2824] Canto, F.: Cronica méd. (Valensia), **36**, 787 (1932); C. A., **28**, 4484 (1934).
[2825] Eriksson, S. E.: Odontol. Rev., **21**, 309 (1970).
[2826] Eriksson, S. E., Stralfors, A.: Odontol. Rev., **21**, 199 (1970).
[2827] Eriksson, S. E., Stralfors, A.: Odontol. Rev., **21**, 433 (1970).
[2828] Eriksson, S. E., Stralfors, A., Lindh, A.: Odont. T., **77**, 211 (1969).
[2829] Fischer, F. J., Jones, P. A., Wilson, H. J.: Dent. Pract., **22**, 73 (1971).
[2830] Franciscis, P. de, Falconi, C., Oliviero, G.: Rass. Med. Sper., **17**, 24 (1970).

[2831] Geissler, H.: Tierärztl. Rundschau, **11**, 252 (1956).
[2832] Gendre, P.: Compt. rend. Soc. biol., **163**, 1373 (1969).
[2833] Gendre, P.: Compt. rend. Soc. biol., **163**, 2570 (1969).
[2834] Gendre, P.: Thèse Sciences, Bordeaux, 1970.
[2835] Gendre, P.: Congr. internat. Athérosclerose, Florence, 1970.
[2836] Gendre, P.: Proc. IV-e Congr. Coll. Fr. Pathol. Vascul., 1971, 307.
[2837] Hansen, H. P., Bruun, C.: Scand. J. Dent. Res., **79**, 422 (1971).
[2838] Hehmann-Rümchen, R.: Dtsch. Zahnärztl. Z., **26**, 624 (1971).
[2839] Janet, J., Duffaut, N.: Proc. Soc. Sc. Phys. Nat. Bordeaux, **1971**, 11.
[2840] Jørgensen, K. D.: Tandlaegebladet, **75**, 290 (1971).
[2841] Kalani, K. D.: Ind. Med. J., **66**, N 3, 43 (1972).
[2842] Kent, B. E., Lewis, B. G., Wilson, A. D.: J. Dent. Res., **50**, 393 (1971).
[2843] Kent, B. E., Lewis, B. G., Wilson, A. D.: J. Dent. Res., **50**, 400 (1971).
[2844] Kent, B. E., Wilson, A. D.: J. Dent. Res., **50**, 1616 (1971).
[2845] Klinger, J., Klinger, A.: ZWR, **80**, 332 (1971).
[2846] Kohler, E.: Dtsch. Zahnärztl. Z., **26**, 640 (1971).
[2847] Larato, D. C.: J. Prosthet. Dent., **26**, 186 (1971).
[2848] Loeper, Jacques, Loeper, Jacqueline, Beurlet, J.: Arch. mal. coeur, **61**, Suppl. 1, 78 (1968).
[2849] Loeper, Jacqueline: Thèse Sciences, Univ. Paris, 1965.
[2850] Mader, P.: Dtsch. Stomatol., **22**, 272 (1972).
[2861] Mars, G., Beulcke, G.: Arch. Sci. Med. (Torino), **126**, 956 (1969).
[2852] McLean, J. W.: Ann. R. Coll. Surg. Engl., **48**, 34 (1971).
[2853] Menegale, C.: J. Prosthet. Dent., **27**, 39 (1972).
[2854] Menke, W.: Z. Hyg. Infektionskr., **110**, 681 (1929).
[2855] Messner, J.: Pharm. Monatsh., **3**, 82 (1922).
[2856] Meyer, E.: Dtsch. Zahnärztl. Z., **26**, 677 (1971).
[2857] Mitchem, J. C.: J. Prosthet. Dent., **27**, 172 (1972).
[2858] Musikant, S.: J. Biomed. Mater. Res., **5**, 225 (1971).
[2859] Nishimura, F.: J. Jap. Stomat. Soc., **37**, 58 (1970).
[2860] Paul, U., Binus, W.: Dtsch. Stomatol., **21**, 297 (1971).
[2861] Pistorius, G.: Dtsch. Zahnärztl. Z., **26**, 630 (1971).
[2862] Pulver, J. C., Rossington, D. R.: J. Dent. Res., **49**, Suppl., 1530 (1970).
[2863] Sasaki, I.: Bull. Tokyo Med. Dent. Univ., **19**, 123 (1972).
[2864] Schröder, G.: Beitr. Klin. Tuberk., **88**, 248 (1936).
[2865] Schwarz, K., Milne, D. B.: Nature, **239**, 333 (1972).
[2866] Stacha, I., Svehla, K.: Veterinarstvi, **14**, 556 (1964).
[2867] Stralfors, A., Eriksson, S. E.: Odont. T., **77**, 185 (1969).
[2868] Torrence, J. L., Bauer, G. E.: Endocrinology, **88**, 790 (1971).
[2869] Updegraff, D. M., Chang, R. W. H., Joos, R. W.: J. Dent. Res., **50**, Pt. 2, 382 (1971).
[2870] Weichardt, W.: Klin. Wochenschr., 8, 362 (1929).
[2871] Wilson, A. D., Batchelor, R. F.: Brit. Dent. J., **130**, 143 (1971).

Daneben gibt es noch ein völlig anderes Gebiet der Nutzung siliziumorganischer Verbindungen in der Medizin: die ständig zunehmende Anwendung von Polyorganosiloxanflüssigkeiten, -harzen und -gummi in der Therapie von Erkrankungen des Magens, der Augen und der Atemwege, in der Chirurgie, der Hämatologie, der Dermatologie, der zahnärztlichen Praxis und der Veterinärmedizin. In diesen

Fällen beruht die Anwendung jedoch hauptsächlich auf den spezifischen physikalischen Eigenschaften der Polyorganosiloxane (Hydrophobie, antiadhäsives Verhalten, Antischaumwirkung usw.), ihrer hohen chemischen Beständigkeit und ihrer ausgeprägten physiologischen Indifferenz. Eine vollständige und ins einzelne gehende Behandlung aller dieser Fragen ist nicht das Anliegen der vorliegenden Monographie. In Anbetracht der besonderen Bedeutung dieses Problemkreises soll jedoch eine Bibliographie der wichtigsten Arbeiten über die Verwendung von siliziumorganischen Polymeren in der Medizin gegeben werden.

Polyorganosiloxane werden bei der Behandlung von Magengeschwüren [369, 431, 721, 734, 743, 877, 1096, 1660, 1661], bei Magenblutungen [902, 1749] und bei Verdauungsstörungen [930, 1311, 2296] angewendet. Die Antischaumwirkung dieser Verbindungen wird bei der Gastroskopie zur Brechung des Schaumes, der normalerweise die Untersuchung der Magenschleimhaut stört [220, 332, 661, 907, 909, 1094, 1095, 2239, 2402], bei Meteorismus, bei postoperativen Schmerzen im Magen und bei anderen ähnlichen Erkrankungen, die durch Gasansammlungen im Magen und im Darm hervorgerufen werden [296, 404, 521, 525, 598, 615, 682, 698, 720, 746, 786, 807, 813, 866, 931, 1100, 1112, 1142, 1219, 1364, 1396, 1463, 1488, 1678, 1679, 1696, 1735, 1779, 1832, 1857, 1858, 1862, 1868—1872, 1887, 1916, 1947, 2070, 2077, 2096, 2158, 2285, 2310, 2327, 2340a, 2502, 2558] ausgenutzt. Auch in der Veterinärmedizin werden Polysiloxane zur schnellen Schaumbrechung, z. B. im Magen von Rindern, eingesetzt [333, 474, 600, 789, 809, 1133, 1822, 2075].

Die Verwendung der Polyorganosiloxane bei der Behandlung des Lungenödems, einer schweren Komplikation, die nicht selten bei Herzgefäß- (kardiovaskulären), neurogenen und anderen Erkrankungen auftritt, beruht ebenfalls auf ihrer schaumbrechenden Wirkung. Die beim Lungenödem bisweilen beobachtete rasche und intensive Schaumbildung führt oft in wenigen Minuten zur Asphyxie und zum Tod. In solchen Fällen kann allein eine schnelle Vernichtung des gebildeten Schaums die Rettung des Kranken ermöglichen. Man löst dieses Problem heute durch Inhalation, intravenöse oder intratracheale Injektion von Polyorganosiloxan-Antischaummitteln [88, 89, 219, 349, 350, 355, 388, 389, 1063, 1064, 1407—1409, 1505, 1564, 1662, 1680, 1726, 1814, 1818, 1905, 2401].

Eine nicht weniger wichtige Rolle spielen Polyorganosiloxan-Antischaummittel in Apparaturen für einen künstlichen Blutkreislauf, in denen sie die Schaumbildung völlig verhindern, die normalerweise bei der Anreicherung des Blutes mit Sauerstoff eintritt [220, 400, 509, 586—589, 626, 724, 768, 792, 1056, 1058, 1194, 1347, 1366, 1502, 1515, 1556, 2048, 2319]. In derartigen Apparaturen (Herz-Lungen-Maschine) sowie in allen Geräten, Instrumenten und Gefäßen, die bei Bluttransfusionen verwendet werden, imprägniert man heute zudem alle Oberflächen, die mit dem Blut in Berührung kommen, mit Polyorganosiloxanen, weil dadurch die Blutkoagulation beträchtlich herabgesetzt wird [69, 243, 420, 426, 427, 457, 463, 590, 629, 647, 664, 676, 681, 704, 730a, 750, 808, 835, 843, 861, 871, 976, 1022, 1091, 1092, 1101, 1151, 1160, 1306, 1337, 1344, 1375, 1456, 1457, 1493, 1508, 1568, 1589, 1727, 1776, 1813a, 1820, 1821, 1834, 1836, 1864, 1903,

1951, 1965, 2078, 2144, 2190, 2237, 2299, 2332, 2338, 2378, 2415, 2416, 2429, 2488, 2501, 2506, 2545, 2550—2552].

Die antiadhäsive Wirkung von Polyorganosiloxanen, ihre Temperaturbeständigkeit, die eine Sterilisation im Autoklaven ermöglicht, ihre Beständigkeit gegenüber biologischen Flüssigkeiten und ihre Alterungsbeständigkeit gestatten es, sie zur Herstellung oder Imprägnierung von medizinischen Instrumenten und Apparaten zu verwenden [301, 331, 368, 412, 428, 459, 846, 848, 851, 852, 887, 934, 935, 974, 981, 1017. 1097, 1294, 1357, 1359, 1637, 1859, 1879, 1919, 2009, 2044, 2088, 2150, 2190, 2227, 2247, 2267, 2380, 2555]. Die genannten Eigenschaften der Polyorganosiloxanöle erlauben in Verbindung mit ihrer geringen Flüchtigkeit auch ihre Verwendung bei der Sterilisierung chirurgischer Instrumente und von Nahtmaterial (Seide)*) [10, 69, 240, 241, 292, 306, 367, 441, 565, 566, 644, 645, 675, 724, 769, 857, 1351, 1804, 1957, 2113, 2249, 2293] sowie zur Herstellung verschiedener medizinischer und chirurgischer Hilfsmaterialien [244, 358, 455, 460, 462, 509a, 979, 1093, 1489, 1837, 2001, 2122, 2124, 2308]. Polymethylsiloxanschläuche werden zum Transport von Blut und bei Bluttransfusionen, zum Transport oder zur Entfernung anderer biologischer Flüssigkeiten (Lymphflüssigkeit, Tränen, Harn, Gallenflüssigkeit, Magensaft und Absonderungen bei Ödemen) sowie zur Herstellung von Kathetern, Drainage-, Tracheotomie-, Dekompressions- und anderen Röhrchen in großem Umfang verwendet [272, 276, 424, 461, 527—530, 539, 613, 636, 638, 679, 722, 730, 829, 850a, 929, 1008, 1018, 1029, 1035, 1073, 1132, 1150a, 1185, 1258, 1268, 1317, 1318, 1402, 1436, 1442, 1443, 1495, 1555, 1579, 1582, 1595, 1598, 1599, 1644, 1675, 1686, 1691, 1816, 1835, 1855, 1856, 1861, 1867, 1942, 1945, 1950, 1952, 2021, 2049, 2064, 2065, 2079, 2137, 2161, 2191, 2206, 2307, 2421, 2527, 2533, 2543].

In den letzten 10 Jahren begann man, Polyorganosiloxane in der plastischen und wiederherstellenden Chirurgie zu verwenden [76, 248, 253, 258, 325, 371, 387, 419, 434, 435, 443, 465, 466, 471, 496—503, 513, 557, 612, 691, 694, 705, 706, 723 bis 725, 732, 771, 837, 869, 956, 1016, 1115, 1129, 1148, 1182, 1239, 1265, 1314, 1338, 1362a, 1377, 1440, 1473, 1476, 1590, 1629—1633, 1636, 1687, 1694, 1842, 1933, 2000, 2032, 2038, 2106, 2110, 2367, 2404, 2418, 2487, 2505, 2543, 2544]. Voraussetzung hierfür war wiederum ihre Alterungsbeständigkeit, ihr antiadhäsives Verhalten, die Möglichkeit der Sterilisierung im Autoklaven und die geringe Reaktion der Gewebe auf das implantierte Polysiloxan, das speziell für medizinische Zwecke hergestellt wurde (z. B. Silastic R 372, Silastic R RTV 382 und andere). Derartige Materialien wurden u. a. bei der Ergänzung von Gesichtsdefekten [260, 322, 325, 465, 523, 531, 582, 583, 802, 853, 870, 1038, 1533, 1840, 1841, 2130, 2525], Defekten der Nase [379, 380, 394, 1198, 1217, 1471, 1480, 1551, 1684, 1695, 1720, 1721, 1863, 1881, 1936, 2238, 2356], des Kinns [382, 1179, 1180, 1715, 1769, 1893, 1936, 2534], der Kiefer [445, 472, 497, 702, 1968, 2071, 2268] und des Halses [869, 1632] sowie bei der Rekonstruktion und Behandlung von Ohren-

*) Dabei wird zugleich das Anhaften von Geweben und Absonderungen des Organismus an den Instrumenten und Materialien herabgesetzt.

verletzungen [639, 641, 718, 849, 1162, 1710, 1722, 1880, 2043, 2354, 2427, 2432, 2433, 2446], bei plastischen Operationen am Schädel [635] und am Schläfenbein [1904] eingesetzt. In steigendem Maße werden Polyorganosiloxane zur Herstellung künstlicher Organe verwendet, z. B. Herzen [256, 257, 259, 299a, 442, 511, 967, 1228, 1264, 1376, 1561, 1589, 1674, 1763, 2228, 2229], Nieren [1394, 2067, 2543], Speiseröhren [888], Luftröhren [323, 562, 973, 1828, 2483] sowie Blutgefäße [329, 330, 633, 761, 762, 814, 815, 1278, 1319, 1374a, 1583, 1709, 1766, 1804, 2015a, 2039, 2099, 2100, 2226, 2265, 2343, 2495, 2499], Aortaklappen [643, 827a, 960, 1127, 1670a] und Herzklappen [432, 476a, 533, 642, 643, 723, 724, 790, 1080, 1128, 1429, 1435, 1764, 1765, 1827, 1954, 1955, 2027, 2125, 2426, 2432, 2529].

Auch in der plastischen Brustchirurgie, meist bei Entfernung der Brustdrüse, manchmal jedoch auch mit dem Ziel der Vergrößerung der Brust oder der Verleihung einer gewünschten Form, haben sich Implantate aus Silikongummi, die mit Polysiloxangel gefüllt sind, bewährt. In anderen Fällen wurden zu dem gleichen Zweck Polysiloxanflüssigkeiten injiziert [297, 309, 324, 465, 488, 591, 640, 693, 865, 868, 917, 961a, 1007, 1040, 1113, 1114, 1126, 1191a, 1202, 1361, 1557, 1559, 1673, 1706, 1845, 1851, 1852, 2000, 2176, 2193, 2205, 2268, 2289, 2339, 2368, 2449, 2451, 2470, 2507, 2508, 2520, 2549]. Über die möglicherweise schädlichen Folgen der zuletzt genannten Methode siehe Abschnitt 12. im Kapitel VI.

Weiterhin wurden Polyorganosiloxane bei der Anfertigung von Prothesen für Beinteile [1025, 1172, 1342, 2168, 2330] sowie bei der Herstellung von künstlichen Sehnen [326, 327, 337, 338, 540, 893, 1015, 1135, 1657, 1664] und Gelenken [478, 490, 840, 1043, 1051, 1692, 1872a, 1892, 2169, 2170, 2424, 2454, 2457, 2546, 2547] verwendet. Nicht selten sind Polyorganosiloxane auch bei der Behandlung und Prothetisierung der Harnblase [279, 324, 883, 1053, 1310, 1494, 1574, 1757, 1810, 1909, 1911, 1913, 2019, 2434, 2556], des Harnleiters [942, 1260, 1261, 1360, 2411, 2484], der Harnröhre (Urogenitalsystem) [423, 425, 680, 695, 1052, 1099, 1663, 1948, 2301] und der Gallenblase [458, 1301, 1946] genutzt worden.

Auch in der Augenchirurgie (besonders bei der operativen Behandlung von Netzhautablösungen) werden Polyorganosiloxane entweder in Form von intraskleralen Polysiloxan-Implantaten oder in Form von Polysiloxanflüssigkeiten, die in den Glaskörper injiziert werden, in breitestem Umfang angewendet [84, 224, 310–312, 370, 381, 395, 413, 433, 451, 452, 480, 504–506, 548, 577–581, 584, 585, 611, 659, 662, 663, 689, 711–717, 743, 744, 795, 797, 862, 923, 950, 1030, 1086–1088, 1098, 1116, 1122, 1138–1140, 1164, 1214, 1229, 1231, 1293, 1305, 1345, 1348, 1352, 1362, 1365, 1369–1371, 1378, 1379, 1424, 1445, 1446, 1472, 1474, 1475, 1496, 1527, 1552, 1560, 1565, 1584–1587, 1593, 1622, 1665, 1666, 1688–1690, 1708, 1723, 1727, 1737, 1831, 1849, 1908, 1925, 1932, 1971, 1972, 2023, 2037, 2042, 2081, 2092, 2123, 2131, 2145, 2147, 2148, 2157, 2200, 2201, 2209, 2223, 2244, 2245, 2290, 2305, 2306, 2341, 2423, 2467, 2468, 2494, 2496, 2498, 2516–2518, 2531, 2537, 2540, 2553].

Eine Bedeutung besitzen Polysiloxane auch in der Neurochirurgie [526, 740,

741, 793, 867, 961, 1090, 1150, 1332, 1543–1545, 1596, 1767, 2186, 2202, 2203], bei der Behandlung von Rachenerkrankungen [417, 418], von Entzündungen der Nasenschleimhaut [405, 1506, 2320] und von Dysphonien [315, 719, 1039, 1417, 1922, 1923]. Weiterhin wurden sie zur Verhütung von Verwachsungen in Darm, Bauch und Brustfell [242, 767, 880, 1430, 1483, 1751, 1812, 1818, 1902, 2361, 2519], zur Füllung von Kavernen nach Lungenoperationen [895, 1286, 1753, 2014], zur besseren Verteilung des Bariumsulfats bei Röntgenuntersuchungen [604, 1200], bei der Diagnostik im Nasen-Rachen-Raum [623], bei Erkrankungen des Dickdarms [266, 293, 614, 617–622, 1910, 1912, 2111], in der Gynäkologie [397, 398, 685, 686, 926, 1013, 1049, 1628, 1829, 2016, 2031, 2053] sowie in anderen Gebieten der Medizin [389a, 472a, 568, 595, 597, 632, 683, 749, 785, 804, 875, 876, 878, 897, 910, 914a, 978, 1149, 1313, 1383, 1497, 1591, 1655, 1732, 1830, 1850, 1942a, 2051, 2060, 2082, 2104, 2135, 2266, 2291, 2304, 2350, 2377, 2458, 2503, 2512, 2514] eingesetzt.

Verschiedene Polymethylsiloxancremes dienen zum Schutz der Haut vor Verletzungen, die durch Salz-, Säure-, Lauge- und Seifen-Einwirkung oder durch synthetische Waschmittel hervorgerufen werden. Sie werden auch zur Prophylaxe gegen Wundliegen bei ans Bett gefesselten Patienten, zur Prophylaxe gegen Ausschlag bei Kindern und bei Hautverletzungen angewendet [4–9, 29, 164, 170, 206, 246, 265, 271, 357, 373, 401, 402, 406, 408, 410, 411, 477, 515, 543, 624, 625, 654, 655, 677, 692, 696, 731, 773, 774, 827b, 828, 833, 841, 856, 898, 932, 954, 965, 1071, 1072, 1121, 1131, 1132a, 1137, 1158, 1183, 1188, 1189, 1205, 1235, 1251a, 1296, 1296a, 1304a, 1315, 1325–1327, 1395, 1397, 1399, 1400, 1425, 1434, 1458, 1514, 1516, 1547, 1572, 1597, 1601, 1624, 1658, 1670, 1681, 1704, 1760, 1768, 1772 bis 1775, 1854, 1885, 1886, 1937, 1938, 1953, 1966, 1967, 1997–1999a, 2002, 2004, 2041, 2054–2056, 2074, 2106, 2114, 2164, 2165, 2167, 2182, 2182a, 2192, 2195, 2199, 2204, 2252, 2264, 2270, 2297, 2316, 2320a, 2329, 2340, 2379, 2412, 2548].

Polysiloxanflüssigkeiten schützen die Haut wirksam vor der Einwirkung aggressiver Agentien. Sie brachten auch gute Erfolge bei der Behandlung von Verbrennungen [247, 250–252, 372, 416, 729, 916, 918, 1165, 1553, 1554, 2108, 2109, 2315, 2448] und verschiedenen Dermatosen [91, 352, 422, 508, 690, 1037, 1158, 1199, 1398, 1943, 1944].

In der zahnärztlichen Praxis werden Polysiloxane zur Herstellung von Füllungen und Prothesen benutzt sowie zu deren Imprägnierung mit einem dünnen Schutzfilm, der das Festkleben von Nahrungsmittelresten verhindert [119, 319, 320, 356, 361–366, 399, 449, 454, 456, 524, 549, 560, 656, 757, 760b, 889, 890a, 943, 955, 959, 966, 980, 999, 1019, 1020, 1044, 1047, 1062a, 1104, 1237, 1269, 1279, 1284, 1285, 1507, 1507a, 1602, 1669, 1713, 1718, 1731, 1748, 1755, 1759, 1807, 1815, 1826, 1891, 1924, 1960, 1961, 2003, 2031a, 2073, 2090, 2138, 2194, 2246, 2321, 2342, 2353, 2381, 2432, 2436, 2447, 2450, 2478, 2485, 2489]. Auch als Träger für Antibiotikapasten, die man in die Pulpa einführt, werden Polysiloxane verwendet [993, 994, 1982, 2132].

Polysiloxankapseln, durch deren Wände Arzneimittel langsam diffundieren können, werden als Depot für die allmähliche Zuführung verschiedener Steroide, Antibiotika, Impfstoffe (Vakzine) und Anästhetika verwendet [371, 627, 754, 755, 847—850, 852, 906a, 1581, 1809, 2162, 2359, 2441, 2510, 2526, 2530].

Das in diesem Kapitel zusammengetragene Material zeigt deutlich, daß heute außer den anorganischen Siliziumverbindungen, die schon seit einem Jahrhundert in der Medizin verwendet wurden, auch die organischen Derivate des Siliziums immer größere therapeutische Bedeutung erlangen. Dabei verdienen die französischen Erfolge bei der Behandlung von Herzgefäßkrankheiten mit siliziumorganischen Komplexverbindungen eine besondere Beachtung. Die Ergebnisse dieser Arbeiten müssen gründlich studiert, überprüft und im Falle einer Bestätigung im breitesten Umfang weiterentwickelt werden.

Die siliziumorganischen Polymeren sind heute aus der medizinischen Praxis nicht mehr wegzudenken. Der Bereich ihrer Anwendung erweitert sich ständig und die Zahl der mit ihrer Hilfe geheilten Patienten vergrößert sich rasch und stetig.

Sicher ist die Hoffnung nicht unberechtigt, daß in der näheren Zukunft auch zahlreiche monomere siliziumorganische Präparate als Chemotherapeutika eines vollkommen neuen Typs in das Arsenal der Ärzte im Kampf gegen die Krankheiten aufgenommen werden können.

[2872] Гиллер, Л. И., Андрианов, К. А., Дойников, А. И., Гуль, В. Е., Миндлин, Я. И., Хананашвили, Л. М., Раевский, В. Г.: Тезисы докладов IV конф. по хим. и практ. примен. кремнийорг. соед., Тбилиси, 1968, стр. 152.

[2873] Гиндорова, Р. А., Бордюгова, Г. Г.: Офтальм. ж., **26**, 88 (1971).

[2874] Давыдов, А. Б.: Пласт. массы. **1972**, № 6, 71.

[2875] Иодкайте, Г. Ю.: Офтальм. ж., **26**, 98 (1971).

[2876] Иодкайте, Г. Ю.: Офтальм. ж., **26**, 596 (1971).

[2877] Муратова, Д. И.: Офтальм. ж., **26**, 95 (1971).

[2878] Сало, Д. П., Алюшин, М. Т., Барбероше, И. Е.: авт. свид. СССР 336019 (1972); Откр., **1972**, № 14, 8.

[2879] Успенский, А. Н., Барабаш, В. И., Нильцов, Н. З.: Животноводство, **4**, 45 (1968).

[2880] Adamson, J. E., Horton, C. E., Mladik, R. A.: Surg. Forum, **21**, 502 (1970).

[2881] Alsop, J. A.: Nurs. Times, **66**, 1617 (1970).

[2882] Amber, M. H.: N. Y. State Dental J., **37**, 13 (1971).

[2883] Anderl, H.: Plast. Reconstr. Surg., **49**, 156 (1972).

[2884] Angel, I., Chang, C., Rudel, H., Kincl, F.: J. Steroid. Biochem., **1**, 315 (1970).

[2885] Artz, W.: Biomed. Eng., **5**, 300 (1970).

[2886] Ashley, F. L.: Plast. Reconstr. Surg., **45**, 421 (1970).

[2887] Ashley, F. L.: Plast. Reconstr. Surg., **49**, 414 (1972).

[2888] Ashley, F. L., Thompson, D. P., Henderson, T.: Plast. Reconstr. Surg., **51**, 8 (1973).

[2889] Aterman, K., Lau, H., Gillis, D. A.: J. Pediatr. Surg., **6**, 413 (1971).

[2890] Bader, K., Curtin, J. W.: Plast. Reconstr. Surg., **47**, 576 (1971).

[2891] Bartal, A. D., Heibronn, Y. D., Plashkes, Y. Y.: Plast. Reconstr. Surg., **47**, 87 (1971).

[2892] Bartál, A., Schiffer, J., Vodovotz, D.: Neurochirurgia, **18**, 45 (1970).
[2893] Bartels, R., O'Malley, J., Douglas, W., Wilson, R.: Plast. Reconstr. Surg., **44**, 500 (1969).
[2894] Bartlett, S. O., Pineda, L. Y., Moore, D. J.: J. Prosthet. Dent. **25**, 69 (1971).
[2895] Beisner, D.: Arch. Ophthalmol., **83**, 195 (1970).
[2896] Belin, R., Koster, J. K., Bryant, L., Griffen, W.: Surg. Gynecol. Obstet., **134**, 491 (1972).
[2897] Benagiano, G., Ermini, M., Chang, C., Sundaram, K., Kincl, F.: Acta Endocrinol., **63**, 29 (1970).
[2898] Ben-Hur, N.: Europ. Surg. Res., **2**, 73 (1970).
[2899] Beyer, C. K.: Trans. Amer. Acad. Ophthalmol. Otolaryngol., **74**, 1311 (1970).
[2900] Bhute, R. S.: J. Sci. Ind. Res., **30**, 241 (1971).
[2901] Binder, C., Gonick, P., Ciavarra, V.: J. Urol., **106**, 499 (1971).
[2902] Black, H. C., Hawk, J. C., Rambo, W. M.: Am. Surg., **37**, 198 (1971).
[2903] Borrie, J., Redshaw, N. R.: J. Thor. Cardiovasc. Surg., **60**, 829 (1970).
[2904] Bowers, D., Radlauer, C.: Plast. Reconstr. Surg., **44**, 541 (1969).
[2905] Boyd, C. L., Hanselka, D. V.: J. Am. Vet. Med. Assoc., **161**, 275 (1972).
[2906] Braley, S. A.: J. Macromol. Sc. Chem., **4 A**, 529 (1970).
[2907] Braley, S. A.: In: Modern Trends in Biomechanics, ed. D. C. Simpson, Butterworths, Vol. 1, 1970, p. 25.
[2908] Braley, S. A.: Plast. Reconstr. Surg., **47**, 192 (1971).
[2909] Braley, S. A.: Plast. Reconstr. Surg., **47**, 343 (1971).
[2910] Braley, S. A.: Plast. Reconstr. Surg., **51**, 280 (1973).
[2911] Burns, N., Melrose, D.: Mech. Devices Cardiopulmonary Assist. Proc. Symp., 1971, p. 58.
[2912] Burns, R. P., Roberts, H., Rich, L. F.: Am. J. Ophthalmol., **71**, 486 (1971).
[2913] Carmen, R., Mutha, S. C.: J. Biomed. Mater. Res., **6**, 327 (1972).
[2914] Caronnie, P.: Plast. Reconstr. Surg., **50**, 338 (1972).
[2915] Carstam, N., Eiken, O.: Scand. J. Plast. Reconstr. Surg., **5**, 57 (1971).
[2916] Casas, J. H., Chang, M. C.: Biol. Reprod., **2**, 315 (1970).
[2917] Chand, G.: FR-M 4656 (1967); C. A., **71**, 94788d (1970).
[2918] Chang, C., Kincl, F.: Steroids, **12**, 689 (1968).
[2919] Chang, C., Kincl, F.: Fertil. and Steril., **21**, 134 (1970).
[2920] Chang, M. C., Casas, J. H., Hunt, D. M.: Nature, **226**, 1262 (1970).
[2921] Chawla, H. B.: Trans. Ophthalmol. Soc. UK, **90**, 893 (1970).
[2922] Chin, H. P., Harrison, E. C., Blankenhorn, D. H., Moacanin, J.: Circulation, **43**, Suppl. 1, 51 (1971).
[2923] Chisolm, G. M., Gainer, J. L.: J. Appl. Physiol., **31**, 313 (1971).
[2924] Cholnoky, T. de: J. Plast. Reconstr. Surg., **45**, 573 (1970).
[2925] Chrostowski, T.: Med. Weter., **22**, 226 (1966).
[2926] Clark, R. F.: US-Pat. 3662765 (1972); C. A., **77**, 123957q (1972).
[2927] Cockerham, W. D., Shepens, C. L., Freeman, H. M.: Arch. Ophthalmol., **83**, 704 (1970).
[2928] Collins, J. J., Berg, E. J., Harken, D. E.: Ann. Thorac. Surg., **6**, 546 (1968).
[2927] Colman, B. H.: Acta Otolaryngol., **73**, 296 (1972).
[2930] Conway, H., Smith, J. W., Elliott, M. P.: Plast. Reconstr. Surg., **46**, 582 (1970)
[2931] Cortell, S.: J. Appl. Physiol., **26**, 158 (1969).

[2932] Coutinho, E. M., Mattos, C. E. R., Sant'Anna, A. R. S., Filho, J. A., Silva, M. C., Tatum, H. J.: Contraception, **2**, 313 (1970).
[2933] Craig, R. S.: (General Electric Co.), US-Pat. 3515734 (1970); C. A., **73**, 45703e (1970).
[2934] Cronin, T. D., Greenberg, R. L.: Plast. Reconstr. Surg., **46**, 1 (1970).
[2935] Cudmore, R. E., Zachary, R. B., Lister, J.: Lancet, **2**, 266 (1970).
[2936] Dean, E. E., Schumann, R. E., Tomlinson, J. J., Tomplinson, W. M.: J. Appl. Physiol., **29**, 111 (1970).
[2937] Donahue, W. C., Nosanchuk, J. S., Kaufer, H.: Clin. Orthop., **77**, 305 (1971).
[2938] Doppman, J. L., Zapol, W., Pierce, J.: Invest. Radiol., **6**, 304 (1971).
[2939] Dounoucos, A., Pierce, E. C., Dibelius, N. R., Mathewson, W. F.: US Clearinghouse Fed. Sci. Tech. Inform., PB Rep., 1970, N 195418; C. A., **75**, 31024p (1971).
[2940] Dufour, B., Auvert, J.: J. Urol. Nephrol., **77**, 441 (1971).
[2941] Duke, P.: Trans. Aust. Coll. Ophthalmol., **2**, 76 (1970).
[2942] Edmunds, L. H., Rudy, L. W., Heymann, M. A., Boucher, J. K.: Trans. Am. Soc. Artif. Int. Organs, XVIII, 1972.
[2943] Edwards, L.: Brit. J. Urol., **43**, 733 (1971).
[2944] Enger, C. C., Rhinelander, F. W.: J. Biochem. Res. Symp., **1**, 149 (1971).
[2945] Enger, C. C., Rhinelander, F. W.: J. Biomed. Mater. Res., **5**, 149 (1971).
[2946] Ersek, R. A., Sako, Y., Lillehei, R. C.: Surg. Gynecol. Obstet., **132**, 1067 (1971).
[2947] Estabrooks, L. N., Murnane, T. W., Doku, H. C.: Oral Surg. **34**, 2 (1972).
[2948] Everett, W. G.: Trans. Amer. Ophthalmol. Soc., **68**, 137 (1970).
[2949] Fiorella, R., Cervellera, G.: Boll. soc. ital. biol. sper., **47**, 58 (1971).
[2950] Firtell, D. N., Bartlett, S. O.: J. Prosthet. Dent., **22**, 247 (1969).
[2951] Flynn, G. L., Roseman, T. J.: J. Pharm. Sci., **60**, 1788 (1971).
[2952] Fradin, S.: Arch. Ophthalmol., **86**, 58 (1971).
[2953] François, P., Constantinides, G., Madelain, F.: Bull. soc. ophthalmol. Fr., **71**, 908 (1971).
[2954] François, P., Khoury, J., Blervacque, A.: Bull. soc. ophthalmol. Fr., **70**, 593 (1970).
[2955] Freeman, B. S.: Plast. Reconstr. Surg., **44**, 401 (1969).
[2956] Freeman, B. S.: Plast. Reconstr. Surg., **50**, 107 (1972).
[2957] Friedman, S., Koide, S., Kincl, F.: Steroids, **15**, 679 (1970).
[2958] Frisch, E., Blanchard, F.: Nat. Hear Aid J., **23**, 8 (1969).
[2959] Frymire, L.: Obstet. Gynecol., **38**, 239 (1971).
[2960] Fukuda, H.: J. Otolaryngol. Jap., **73**, 1506 (1970).
[2961] Gabra, G., Guidon, R., Awad, J.: Vie Med. Can. Fr., **1**, 842 (1972).
[2962] Gelhardt, I., Gomory, P., Lengyel, P., Pazmanyi, G.: HU-Pat. 150947 (1963); C. A., **60**, 8214c (1964).
[2963] Geha, A. S., Salaymeh, T., Dawis, G. L., Bave, A. E.: J. Thor. Cardiovasc. Surg., **60**, 661 (1970).
[2964] Gibor, Y., Seshadri, B., Scommegna, A.: Fertil. and Steril., **22**, 671 (1971).
[2965] Gilbaugh, J., Utz, D., Wakim, K.: Invest. Urol., **7**, 41 (1969).
[2966] Glod, Z., Lawicka, K.: Farm. Pol., **28**, 437 (1972).
[2967] Goube de Laforest, P.: Compt. rend., D **271**, 2001 (1970).
[2968] Goube de Laforest, P., Voisin, J., Mormishe, M. F., Beaure d'Augeres, C., Vial, M.: Exp. Cell. Res., **66**, 267 (1971).
[2969] Grode, G. A., Falb, R. D., Crowley, J. P.: J. Biomed. Mater. Res., **6**, 77 (1972).

[2970] Gupta, S., Dandapat, R., Maitra, T.: J. Thoracic. Cardiovasc. Surg., **63**, 714 (1972).
[2971] Haas, E.: Z. Laryngol. Rhinol. Otol., **50**, 751 (1971).
[2972] Hagert, C. G.: Nord Med., **86**, 1090 (1971).
[2973] Haleblian, J., Runkel, R., Mueller, N., Christopherson, J.: J. Pharm. Sc., **60**, 541 (1971).
[2974] Haller, J. A., Talbert, J. L.: Ann. Surg., **171**, 915 (1970).
[2975] Hamilton, R. S., Morris, W. R.: Eye, Ear, Nose, Throat Monthly, **50**, 472 (1971).
[2976] Hannah, C. M., Smith, D. C.: J. Prost. Dent., **26**, 314 (1971).
[2977] Hargest, T. S., Derrick, F.: Trans. Am. Soc. Artif. Int. Organs, **17**, 132 (1971).
[2978] Hauschild, W. A.: Brit. J. Plast Surg., **23**, 54 (1970).
[2979] Helal, B.: Brit. Med. J., **2**, 654 (1971).
[2980] Helal, B., Cozen, L., Kramer, L.: Int. Surg., **54**, 317 (1970).
[2981] Hirayama, T., Ikuta, Y.: Hiroshima J. Med. Sci., **20**, 47 (1971).
[2982] Horton, C., Adamson, J., Meadick, R., Taddeo, R.: Brit. J. Plast. Surg., **23**, 161 (1970).
[2983] Hughes, L. E., Wilkey, I.: Med. J. Austr., **2**, 578 (1970).
[2984] Hunter, J. M., Salisbury, R.: Plast. Reconstr. Surg., **45**, 564 (1970).
[2985] Hwang, S. T., Shea, R. J., Moon, K. H., Bunge, R. G.: Invest. Urol., **8**, 239 (1970).
[2986] Hwang, S. T., Shea, R. J., Moon, K. H., Bunge, R. G.: Invest. Urol., **8**, 245 (1970).
[2987] Hylen, J. C., Hodam, R. P., Kloster, F. E.: Ann. Thorac. Surg., **13**, 324 (1972).
[2988] Ingemanson, C. A.: Lakartidningen, **68**, 5928 (1971).
[2989] Ito, K., Kuwahara, Y.: Acta Soc. Ophthal. Jap., **74**, 725 (1970).
[2990] Jakubowski, S.: Beitr. Orthop. Traumatol., **18**, 148 (1971).
[2991] Jüttner, A.: Diss., Med. Fak. Würzburg, 1958.
[2992] Kanter, J. C.: J. Prosthet. Dent., **24**, 646 (1970).
[2993] Kessler, F. B.: Plast. Reconstr. Surg., **49**, 439 (1972).
[2994] Kessler, I., Axer, A., Plast. Reconstr. Surg., **47**, 252 (1971).
[2995] Kincl, F., Angel, I., Chang, C., Rudel, H.: Acta Endocrinol., **64**, 508 (1970).
[2996] Kirsch, W., Newkirk, J., Predecki, P.: J. Neurosurg., **32**, 258 (1970).
[2997] Kolobow, T., Zapol, W.: Adv. Cardiol., **6**, 112 (1971).
[2998] Kolobow, T., Zapol, W., Sigman, R., Pierce, J.: J. Thor. Cardiovasc. Surg., **60**, 781 (1970).
[2999] Kraicer, P. F.: Steroidologia, **2**, 257 (1972).
[3000] Krause, J., Crikelair, G., Cosman, B.: Plast. Reconstr. Surg., **44**, 536 (1969).
[3001] Landé, A., Fillmore, S., Subramanian, V., Tiedemann, R., Carlson, R., Block, J., Lillehei, C.: Trans. Am. Soc. Artif. Int. Organs, **15**, 181 (1969).
[3002] Langer, K.: (C. F. Asche Co.), DT-Pat. 1467745 (1962); РЖХим. 1972, Н 346 П.
[3003] Laš, J., Borucka, J., Paradystal, T.: Chir. Narzadow Ruhu Ortop. Pol., **35**, 801 (1970).
[3004] LaTorre, E., Pollicita, A., Cantore, G. P.: Minerva Neurochir., **13**, 172 (1969).
[3005] Laub, D., Spohn, W., Lash, H., Webber, J., Chase, R.: J. Trauma, **10**, 472 (1970).
[3006] Leek, A. J. van der: Arch. Chir. Neerl., **22**, 127 (1970).
[3007] Leininger, B., Peacock, H., Neville, W.: Surg., **64**, 468 (1970).
[3008] Lejour, M., Matton, G.: Acta Chir. Belg., **70**, 245 (1971).
[3009] Liesenhoff, H.: Klin. Monatsbl. Augenheilk., **158**, 307 (1971).
[3010] Lifchez, A., Scommegna, A.: Fertil. and Steril., **21**, 426 (1970).
[3011] Llorens, S. V.: Rev. Esp. Enferm. Apar. Dig., **27**, 1053 (1968).
[3012] Lu, M.: Plast. Reconstr. Surg., **46**, 597 (1970).

[3013] LUEDINGHAUSEN, M. VON, REFIOR, H. J., ZENKER, H.: Münch. Med. Wochenschr., **114**, 1767 (1972).

[3014] LUGINBUHL, C. B.: Def. Publ., US Pat. Off. 880002 (1970); C. A., **74**, 41428s (1971).

[3015] LYON, E., ELLIS, J., BORDEN, T., FRIED, F., GILL, W., WONG, R.: J. Urol., **104**, 821 (1970).

[3016] MARAN, A. G., GEISSLER, P. R.: J. Laryngol. Otol., **84**, 1147 (1970).

[3017] MARINELLI, L. F., TRIPODI, D.: Valsalva, **44**, Suppl. 1, 198 (1968).

[3018] MARMAR, J. L.: J. Urol., **104**, 386 (1970).

[3019] MASSON, J. K., PAYNE, W. S., GONZALEZ, J. B.: Plast. Reconstr. Surg., **46**, 399 (1970).

[3020] MCCARTY, R. M.: (Dow Corning Corp.), FR-Pat. 1518231 (1968); C. A., **77**, 6357h (1972).

[3021] MCDEVITT, J. J., MURPHY, J. J.: Surg. Gynecol. Obstet., **135**, 99 (1972).

[3022] MCDOWELL, C. L.: Clin. Orthop., **80**, 21 (1971).

[3023] MCHENRY, M., SMELOFF, E., FONG, W., MILLER, G., RYAN, P.: J. Thoracic. Cardiovasc. Surg., **59**, 413 (1970).

[3024] MCQUILLAN, W.: The Hand, **2**, 19 (1970).

[3025] MEULEN, J. C. VAN DER: Brit. J. Plast. Surg., **24**, 166 (1971).

[3026] MILLER, D., SETHI, G.: Ann. Surg., **171**, 283 (1970).

[3027] MILWARD, T. M.: Brit. J. Plast. Surg. **25**, 276 (1972).

[3028] MISHELL, D. R., TALAS, M., PARLOW, A., MOYER, D.: Amer. J. Obstet. Gynec., **107**, 100 (1970).

[3029] MONROE, C. W.: Plast. Reconstr. Surg., **49**, 428 (1972).

[3030] MONTGOMERY, W. W., GAMBLE, J. E.: Arch. Otolaryngol., **92**, 560 (1970).

[3031] MOST, C. F.: J. Biomed. Mater. Res., **6**, N 2, 3 (1972).

[3032] MUKAI, N.: Brain, Nerve (Tokyo), **23**, 793 (1971).

[3033] MURPHY, D. A., NORRIS, K., MARTIN, M.: Trans. Am. Soc. Artif. Int. Organs, **17**, 337 (1971).

[3034] MUSOLF, M. C.: (Dow Corning Corp.), FR-Pat. 1533503 (1968); C. A., **71**, 94688w (1969).

[3035] MUSOLF, M. C., HULCE, V. D., BENNETT, D. R., RAMOS, M.: Trans. Amer. Soc. Arlif. Intern. Org., **15**, 18 (1969).

[3036] NEIL, G. L., SCHEIDT, L. G., KUENTZEL, S. L., MOXLEY, T. E.: Chemotherapy, **18**, 27 (1972).

[3037] NEWMAN, N. M., PREDICKI, P. K., NEWKIRK, J. B.: Trans. Am. Soc. Artif. Int. Organs, **17**, 299 (1971).

[3038] NICOLLE, F. V.: Brit. J. Plast. Surg., **22**, 224 (1969).

[3039] NINIKOSKI, J., HUNT, T. K.: Surgery, **71**, 22 (1972).

[3040] NOVOTNY, Z.: Acta Otorinolaring. Iber. Amer., **21**, 19 (1970).

[3041] NYILAS, E.: J. Biomed. Mater. Res., **6**, 97 (1972).

[3042] NYILAS, E., KUPSKI, E. L., BURNETT, P., HAAG, R. M.: J. Biomed. Mater. Res., **4**, 369 (1970).

[3043] OBATA, W. G.: Amer. J. Roentgenol., **115**, 275 (1972).

[3044] O'CONNOR, P. R.: Trans. Amer. Acad. Ophthalmol. Otolaryngol., **75**, 649 (1971).

[3045] ORIKASA, S., FURTURA, K., NAKANOYA, Y., TSUJI, T.: J. Urol., **100**, 852 (1971).

[3046] ORMSBEE, H. S., RYAN, C. F.: Third Internat. Symp. Organosilicon Chem., Madison, 1972, 48.

[3047] ORTIZ-MONASTERIO, F., TRIGOS, I.: Plast. Reconstr. Surg., **50**, 42 (1972).

[3048] PEARMAN, R. O.: J. Urol., **107**, 802 (1972).
[3049] PECH, A., JAUSSERAN, M.: Ann. Chir. Plast., **15**, 38 (1970).
[3050] PERRIN, E.: Plast. Reconstr. Surg., **43**, 583 (1969).
[3051] PORTNOY, H.: J. Neurosurg., **34**, 702 (1971).
[3052] RADIN, E. L., PAUL, I. L., WEISSER, P. A.: Arthritis Rheum.,.**14**, 126 (1971).
[3053] RAND, R. W., MOSSO, J. A.: Bull. Los Angeles Neural. Soc., **37**, 67 (1972).
[3054] REA, W. J., EBERLE, J. W., WATSON, J. T., ECKER, R. R., SUGG, W. L.: Surg. Forum, **22**, 188 (1971).
[3055] REGINATO, L. E., BELDA, W.: Rev. Paul. Med., **73**, 99 (1968).
[3056] REISBICK, M. H.: J. Prosthet. Dent., **26**, 382 (1971).
[3057] RHODES, K., JEFFS, J. V., SCOTT, J. T.: Ann. Rheum. Dis., **31**, 103 (1972).
[3058] ROBERTS, A. C.: Dent. Practic., **21**, 276 (1971).
[3059] ROBERTS, A. C.: Facial Prosthesis. H. Kimpton Publ., London, 1971.
[3060] ROBERTS, W. C., LEVINSON, G. E., MORROW, A. G.: Arch. Intern. Med., **126**, 517 (1970).
[3061] ROBINSON, M.: Arch. Otolaryngol., **95**, 30 (1972).
[3062] ROSEMAN, T. J.: J. Pharm. Sci., **61**, 46 (1972).
[3063] RÖSNER, K., TAUCHERT, A.: Z. ges. inn. Med., **25**, 904 (1970).
[3064] ROSOFF, S.: J. Amer. Podiatr, Assoc., **60**, 313 (1970).
[3065] ROUCHY, J. P.: Ann. Ocul. (Paris), **204**, 55 (1971).
[3066] ROUSSO, M.: Ann. Chir., **25**, 951 (1971).
[3067] RUSSO, C. E., RUIZ, R. S.: Arch. Ophthalmol., **85**, 647 (1971).
[3068] SACHDEVA, H. S., GUTIERREZ, L. V., COX, A. G.: Brit. J. Surg., **58**, 382 (1971).
[3069] SCHAAF, N. G.: J. Prosth. Dent., **24**, 198 (1970).
[3070] SCHEPENS, C. L.: Ann. Ther. Clin. Ophthalmol., **20**, 57 (1969).
[3071] SCHMIDT, V., ZAPOL, W., PRENSKY, W., WONDERS, T., WODINSKY, I., KITZ, R.: Trans. Am. Soc. Artif. Int. Organs, 1972.
[3072] SCHNEIDER, P. G., KOWALSKI, J., MÜLLER, R.: Z. Orthop., **108**, 507 (1970).
[3073] SCHUHMANN, R., TAUBERT, H. D.: Acta Biol. Med. Germ., **24**, 897 (1970).
[3074] SCHUMACHER, E.: Schweiz. Arch. Tierheilk., **100**, 98 (1958).
[3075] SERSON, D.: Plast. Reconstr. Surg., **46**, 406 (1970).
[3076] SHIPPY, R. L.: Diss. Abstr., **32B**, Pt. 1, 6998 (1972).
[3077] SHIRAI, M., CHIBA, R.: Jap. J. Urol., **62**, 156 (1971).
[3078] SHIRES, T. K., TRIAS, F. G., COOPER, F., ALBERS, D. D.: Invest. Urol., **7**, 290 (1970).
[3079] SILVA, Y., WALT, A.: Canad. J. Surg., **14**, 66 (1971).
[3080] SILVERSTEIN, H.: Arch. Otolaryng., **91**, 313 (1970).
[3081] SNYDERMAN, R. K.: JAMA, **215**, 303 (1971).
[3082] SNYDERMAN, R. K., GUTHRIE, R. H.: Plast. Reconstr. Surg., **47**, 565 (1971).
[3083] SOICHET, S.: Obst. Gynec., **36**, 69 (1970).
[3084] SOLL, D. B.: Amer. J. Ophthalmol., **71**, 763 (1971).
[3085] SONCK, W. A., COCKRELL, J. L., KOEPKE, G. H.: Arch. Phys. Med., Rehabil., **51**, 666 (1970).
[3086] SOUBIRAN, J. M., GUILBERT, F., LEFEBORE, Y.: Rev. Stomatol. Chir. Maxillofac., **71**, 634 (1970).
[3087] SPARKS, C. H.: Amer. J. Surg., **124**, 244 (1972).
[3088] SPENCER, F., MALETTE, W.: J. Cardiovasc. Surg., **39**, 562 (1969).
[3089] SPIRA, M., GEROW, F. J., HARDY, S. B.: Plast. Reconstr. Surg., **46**, 201 (1970).

[3090] Spooner, T. R.: Laryngoscope, **81**, 1132 (1971).
[3091] Stanford, W., Bowers, D., Lindberg, E., Armstrong, R., Finger, E., Dibbell, D.: Ann. Thorac. Surg., **13**, 529 (1972).
[3092] Stanley, J. A., Hebert, S. W.: Arch. Ophthalmol., **85**, 90 (1971).
[3093] Stanley, T. H., Lattimer, J. K.: J. Biomed. Mater., Res., **6**, 533 (1972).
[3094] Strampelli, B., Marchi, V.: Ann. ottalmol. clin. ocul., **94**, 451 (1968).
[3095] Swanson, A. B.: Orthop. Clin. North. Amer., **1**, 299 (1970).
[3096] Swanson, A. B., Biddulph, S., Hogert, C.: Interclinic Inf. Bull., **10**, 7 (1971).
[3097] Szepietowski, T., Kurbiel, A., Kaplicki, M.: Pol. Med. J., **9**, 445 (1970).
[3098] Takeda: Chem. Ind. Ltd., GB-Pat. 1179473 (1970); C. A., **72**, 99392a (1970).
[3099] Talbot, J. M., Meade, B. W.: Lancet, **1**, 1292 (1971).
[3100] Tatooles, C. J.: Surg. Gynecol. Obstet., **133**, 105 (1971).
[3101] Tatum, H. J.: Contraception, **1**, 253 (1970).
[3102] Tatum, H. J., Coutinho, E. M., Filho, J. A., Sant'Anna, A. R. S.: Amer. J. Obstet. Gynec., **105**, 1139 (1969).
[3103] Taubert, H., Schuhmann, R.: Symp. Dtsch. Ges. Endokrin., **15**, 441 (1969).
[3104] Tenckhoff, H. A.: Surgery, **69**, 70 (1971).
[3105] Thompson, L. W., Gosling, C., Hayes, J. E.: Plast. Reconstr. Surg., **49**, 190 (1972)
[3106] Törnquist, R.: Acta Ophthalmol., **48**, 1171 (1970).
[3107] Tripodi, D.: Valsalva, **44**, Suppl. **1**, 23 (1968).
[3108] Tubiana, R., Achach, P., Rousso, M.: Chirurgie, **96**, 1000 (1970).
[3109] Vérin, P., Michelet, F. X.: Bull. soc. ophthalmol. Fr., **70**, 588 (1970).
[3110] Vérin, P., Michelet, F. X.: Bull. mem. soc. Fr. ophthalmol., **83**, 390 (1970).
[3111] Vos, A.: Arch. Chir. Neerl., **22**, 143 (1970).
[3112] Vrebos, J.: Acta Chir. Belg., **70**, 300 (1971).
[3113] Vrebos, J.: Ann. Chir. Plast., **17**, 114 (1972).
[3114] Wagenknecht, L. V.: Urologe, **10**, 317 (1971).
[3115] Wasilewski, J.: Medyc. Weterynar., **24**, 78 (1968).
[3116] Watanabe, K., Mark, J. B.: Amer. J. Surg., **121**, 238 (1971).
[3117] Weightman, B., Simon, S., Rose, R., Paul, I., Radin, E.: J. Biomed. Mater. Res. Symp., **3**, 15 (1972).
[3118] Weinberg, S., Pagovich, B.: J. Urol., **102**, 434 (1969).
[3119] White, R. H., Shannon, G. M., Yassin, J.: Arch. Ophthalmol., **87**, 652 (1972).
[3120] Williams, C. W., Dickie, W. R., Colville, J.: The Hand, **4**, 273 (1972).
[3121] Williams, J. E.: Plast. Reconstr. Surg., **49**, 253 (1972).
[3122] Wise, H. A., Engel, R. M. E., Whitaker, R. H.: J. Urol., **107**, 269 (1972).
[3123] Wright, V., Haslock, D. I., Dowson, D., Seller, P. C., Reeves, B.: Brit. Med. J., **2**, 370 (1971).
[3124] Zbuzkova, V., Kincl, F.: Steroids, **16**, 447 (1970).
[3125] Zbuzkova, V., Kincl, F.: Endocrinol. Exp., **4**, 215 (1970).
[3126] Zellweger, J. P., Chapuis, G., Mirkovitch, V.: Virchow's Arch., **350**, 22 (1970).
[3127] Zenk, H.: Dtsch. Gesundheitsw., **25**, 710 (1970).

Literatur zum zweiten Teil

[1] Абрамова, Ж. И.: В кн.: Вредные вещества в промышленности, ч. 2. Л., 1965, стр. 60.

[2] Абрамова, Ж. И., Лыхина, Е. Т.: В кн.: Вредные вещества в промышленности, ч. 2. Л., 1965, стр. 284.

[3] Алюшин, М. Т.: Консультационные материалы, вып. 4. М., 1962, стр. 3.

[4] Алюшин, М. Т.: Вестн. дерматол. венерол., 38, № 10, 36 (1964).

[5] Алюшин, М. Т.: Аптечное дело, 14, № 4, 69 (1965).

[6] Алюшин, М. Т.: Гигиена труда и проф. заболев., 1967, № 9, 54.

[7] Алюшин, М. Т.: Фарм. Ж. (Киев), 23, № 1, 49 (1968).

[7a] Алюшин, М. Т., Астраханова, М. М.: Фармация, 17, № 6, 73 (1968).

[8] Алюшин, М. Т., Иевлева, Е. А.: Вестн. дерматол. и венерол., 38, № 6, 29 (1964).

[9] Алюшин, М. Т., Лебедев, Б. М., Сальников Е. Т.: Сборник научных трудов Центр. аптечн. НИИ, 5. М., 1964, стр. 15.

[10] Ананьев, М. Г., Яшин, В. Н.: Медицинская пром. СССР, 12, № 3, 34 (1958).

[11] Аронова, Г. В.: В сб.: Профессиональные болезни пылевой этиологии. Свердловск, 1967, стр. 50.

[11a] Аронова, Г. В., Величковский, Б. Т., Булатов, М. А., Белобрагина, Г. В.: Гигиена труда и проф. заболев., 1969, № 5, 4.

[12] Аронова, Г. В., Величковский, Б. Т., Кацнельсон, Б. А., Белобрагина, Г. В., Старков, П. С., Беззаботнова, Л. В.: Гигиена и санит., 32, № 3, 12 (1967).

[13] Архангельская, Л. Н.: Гигиена и санит., 29, № 3, 24 (1964).

[14] Атаре, З., Воронков, М. Г., Гутберга, С., Зелчан, Г., Зиле, А., Кименис, А., Крузметра, Л., Лукевиц, Э.: Труды совещ. „Кремнийорганические соединения", 4, М., 1966, стр. 25.

[15] Афанасьева, Л. В.: В сб.: Борьба с силикозом, вып. 4. М., 1959, стр. 128.

[16] Бабушкина, Л. Г.: В кн.: Профессиональные болезни пылевой этиологии. Свердловск, 1967, стр. 56.

[17] Байгожин, А.: Разработка и исследование химических методов защиты оптических деталей и смазочных материалов приборов от микробиологических обрастаний. Автореф. канд. дисс. Л., 1969.

[18] Байгожин, А., Панфиленок, Е. И., Родионова, М. С., Березниковская, Л. В., Суйковская, Н. В.: Авт. свид. СССР, 233190 (1967); Откр., изобр., пром. обр., тов. зн., 1969, № 2, 79.

[19] Балткайс, Я., Воронков, М., Зелчан, Г.: Изв. АН ЛатвССР, 1964, № 2, 102.

[20] Барышников, А. С., Неверов, Г. А., Удилова, Н. Н.: Пробл. туберк., 1954, № 5, 57.

[21] Башкина, С. Ю., Мирская, Н. Л., Розенталь, Ф. И., Рубинштейн, И. Е.: Труды III Всесоюзн. одонтол. съезда. М., 1929, стр. 188.

[22] Беглова, З. К., Алексеева, А. И.: Вестн. АН КазССР, 10, № 7, 89 (1953).

[23] Беленков, Д. А., Петри, В. Н., Фокина, А. Г.: Труды ин-та биол. УФ АН СССР, 15, Свердловск, 1960, стр. 129.

[24] Белобрагина, Г. В.: Бюлл. эксп. биол. мед., 43, № 2, 114 (1957).

[25] Белова, С. Ф., Корлякова, Е. А.: Гигиена и санит., **23**, № 9, 72 (1958).
[26] Борисенкова, Р. В.: Гигиена и санит., **19**, № 5, 23 (1954).
[27] Борьба с силикозом (информационно-библиографический бюллетень). Новосибирск, 1963—1969.
[28] Борьба с силикозом (сб. статей), т. 1—5. М., 1953—1962.
[29] Бруевич, Т. С.: Гигиена труда и проф. заболев., **1964**, № 8, 45.
[30] Бумейстере, А. В.: В сб.: Ревматизм. Рига, 1966, стр. 163.
[31] Вавилова, Н. М.: Гомеопатическая фармакодинамика, ч. 1. М., 1962.
[32] Вашков, В. И., Сухова, М. Н., Кербабаев, Э. Б., Шнайдер, Е. В.: Инсектициды и их применение в медицинской практике. М., 1965, стр. 188.
[33] Величковский, Б. Т.: Труды юбилейной научной сессии, посвященной 30 — летию деятельности института (1924—1954). Л., 1957, стр. 299.
[34] Величковский, Б. Т.: Гигиена и санит., **26**, № 8, 76 (1961).
[35] Величковский, Б. Т., Кацнельсон, Б. А.: Этиология и патогенез силикоза. М., 1964.
[36] Величковский, Б. Т., Кацнельсон, Б. А.: В сб.: Профессиональные болезни пылевой этиологии. Свердловск, 1967, стр. 3.
[37] Веретинская, А. Г.: Вопр. мед. хим., **13**, 271 (1967).
[38] Вигдорчик, Н. А.: Силикоз. Л., 1948.
[39] Вигдорчик, Н. А.: Учение о силикозе. М., 1954.
[40] Власова, В. Н.: Материалы 8-й научн. сессии Свердловского НИИ гиг. труда и профпатологии. Свердловск, 1958, стр. 72.
[41] Вопросы борьбы с силикозом. Орджоникидзе, 1957.
[42] Вопросы пневмокониоза. Киев, 1958.
[43] Вопросы пневмокониоза. Киев, 1963.
[44] Вопросы силикоза. М.—Л., 1955.
[45] Войнар, А. О., Галахова, В. Н.: В сб.: Вопросы пневмокониоза. Киев, 1958, стр. 7.
[46] Воронкина, Т. М., Струков, И. Т., Шостаковский, М. Ф.: ЖОХ, **34**, 1464 (1964).
[47] Воронков, М. Г.: Pure Appl.. Chem., **13**, 35 (1966).
[48] Воронков, М. Г.: Химия и жизнь, **2**, № 6, 69 (1966); Problemy (Polska), **23**, 667 (1967).
[49] Воронков, М. Г.: Вестн. АН СССР, **1968**, № 10, 48.
[50] Воронков, М. Г.: Pure Appl. Chem., **19**, 399 (1969).
[51] Воронков, М. Г., Алексеева, Л. Н., Бризга, Б., Зиле, А., Крузметра, Л., Козюков, В. П., Лукевиц, Э., Ляшенко, И. Н., Миронов, В. Ф., Федотов, Н. С.: Хим. фарм. ж., **1967**, № 5, 26.
[52] Воронков, М. Г., Зелчан, Г. И.: Рефераты докл. и сообщ. IX Менделеевского съезда по общ. и прикл. хим. (секц. хим. и техн. лекарств. вещ.). М., 1965, стр. 10.
[53] Воронков, М. Г., Зелчан, Г. И., Лапсина, А., Пестунович, В. А.: Z. Chem., **8**, 214 (1968).
[54] Воронков, М. Г., Лукевиц, Э.: Успехи химии, **38**, 2173 (1969).
[54а] Воронков, М. Г., Шорохов, Н. В.: Водоотталкивающие покрытия. Рига, 1963; стр. 171.
[55] Галениеце, А. П., Заке, И. Ф.: В сб.: Ревматизм. Рига, 1966, стр. 157.
[56] Гар, К. А., Пестов, Н. Е.: Хим. пром., **1946**, № 15, 15.

[57] Гельфон, И. А., Федорова, В. И.: Арх. патол., **25**, № 6, 45 (1963).
[58] Генкин, С. М.: Клиника силикоза. М., 1948.
[59] Говорчук, Р. Ю.: В сб.: Борьба с силикозом. М., 1953, стр. 309.
[60] Голдин, М. М.: Антисептическая защита деревянных конструкций. М., 1951.
[61] Голубев, А. А.: В кн.: Промышленная токсикология и клиника профессиональных заболеваний химической этиологии. М., 1962, стр. 76.
[62] Голубев, А. А.: Гигиена труда и проф. заболев., 1965, № 9, 27.
[63] Голубев, А. А.: В кн.: Вредные вещества в промышленности, ч. 2. М.—Л., 1965, стр. 325.
[63a] Голубев, А. А.: Тезисы II совещ. по хим. практ. примен. кремнийорг. соед. Л., 1969, стр. 26.
[64] Горшин, С. Н., Черняцов, И. А.: Полигонные испытания антисептиков. М., 1966.
[64a] Грубина, А. Ю., Ежова, Е. Н., Крйко, Е. А., Масленикова, Е. М., Разумов, М. И., Сергеева, М. А., Скирко, Б. К.: Вопр. питания, **20**, № 6, 40 (1961).
[65] Грубина, А. Ю., Крайко, Е. А., Масленикова, Е. М., Разумов, М. И., Сергеева, М. А., Скирко, Б. К., Шишова, О. А.: Вопр. питания, **20**, № 3, 41 (1961).
[66] Гуревич, И. Я., Розенцвейг, П. Е.: Аптечное дело, **11**, № 4, 22 (1962).
[67] Гусев, Г.: Силикагель как средство борьбы с амбарными вредителями. М., 1948.
[68] Давтиан, Н. К.: Пробл. эндокр. и гормонотер., **6**, 26 (1960).
[69] Данильченко, Е. П., Гумилевская, М. И.: Пробл. гематол., **6**, № 5, 48 (1961).
[70] Движков, П. П.: Арх. патол., **15**, № 1, 33 (1953).
[71] Движков, П. П.: Пневмокониозы. М., 1965.
[72] Демидова, З. А.: Труды ин-та биол. УФ АН СССР, **15**. Свердловск, 1960, стр. 27.
[73] Демидова, З. А.: Труды ин-та биол. УФ АН СССР, **15**. Свердловск, 1960, стр. 55.
[74] Долгов, Б. Н.: Химия кремнеорганических соединений. Л., 1933, стр. 183.
[75] Дровиз, Ф. Д.: Сборник работ по силикозу, 2. Свердловск, 1960, стр. 213.
[75a] Дубовик, Б. В., Шадурский, К. С., Этлис, В. С.: Фармакол. и токсикол., **32**, 226 (1969).
[76] Дыхно, Ю. А.: Экспер. хир., 1968, № 2, 43.
[77] Евгенова, М. В.: Силикоз и его клинико-функциональная патология. Автореф. докт. дисс., М., 1961.
[78] Ефимов, А. Л.: Краткий справочник по применению ядов для борьбы с вредителями и болезнями растений. М., 1958.
[79] Жангозин, Ш. Ж.: Изв. АН КазССР (физиология, медиц.), **2**, 50 (1959).
[80] Запалкевич, И. Ф., Кулагина, Н. К., Кочеткова, Т. А., Муравьева, С. И., Поляков, Е. И.: Тезисы докладов IV конф. по хим. и практ. примен. кремнийорг. соед. М., 1968, стр. 73.
[81] Запалкевич, И. Ф., Муравьева, С. И.: Гигиена труда и проф. заболев., 1963, № 11, 35.
[82] Запалкевич, И. Ф., Муравьева, С. И.: Гигиена труда и проф. заболев., 1967, № 2, 12.

[83] Засыпкина, П. С., Белозерова, О. П., Горнец, Л. В., Миндлин, Я. И., Андрианов, К. А.: Мед. пром. СССР, **13**, № 2, 27 (1959).
[84] Захаров, В. Д., Федоров, С. Н., Бедило, В. Я.: Вестн. офтальм., **1965**, № 5, 83.
[85] Зеленева, Н. И., Кацнельсон, Б. А., Кедров, Б. Д., Лемясев, М. Ф., Ярош, З. П.: Гигиена и санит., **31**, № 1, 30 (1966).
[86] Зелчан, Г. И.: Силатраны. Автореф. канд. дисс., Рига, 1967.
[87] Зислин, Д. М., Гольдельман, А. Г.: Гигиена труда и проф. заболев., **1963**, № 8, 39.
[88] Зыско, А. П., Руда, М. Я.: Кардиология, **8**, № 2, 27 (1968).
[89] Зыско, А. П., Руда, М. Я., Руднева, О. Б., Трубецкой, А. В.: Терапевт. архив, **38**, № 3, 47 (1966).
[90] Игнатьева, М. А., Кузнецов, И. Г.: В сб.: Химия ацетилена. М., 1968, стр. 435.
[91] Изюмов, Б. Д., Пахомов, В. И.: Мед. пром. СССР, **10**, № 1 (1956).
[92] Казанцева, Т. И.: Материалы 8-й научн. сессии Свердловского НИИ гиг. труда и профпатологии. Свердловск, 1958, стр. 76.
[93] Казанцева, Т. И.: Сборник работ по силикозу, 2. Свердловск, 1960, стр. 217.
[94] Казанцева, Т. И.: Сборник работ по силикозу, 2. Свердловск, 1960, стр. 225.
[95] Казанцева, Т. И.: Вопросы гигиены, физиол. труда, профпатол., пром. токсикол., 6. Свердловск, 1961, стр. 52.
[96] Казанцева, Т. И., Жукова, Е. В.: Труды симпозиума по проблеме пневмокониозов. М., 1959, стр. 50.
[97] Калвелис, А. Д., Зиле, М. А.: В сб.: Ревматизм. Рига, 1966, стр. 167.
[98] Калныньш, А. Я.: Консервирование древесины. М., 1962.
[99] Канаревская, А. А.: В сб.: Токсикол. новых пром. хим. вещ., **3**. М., 1961, стр. 5.
[100] Кацнельсон, Б. А.: Гигиена труда и проф. заболев., **1962**, № 4, 41.
[101] Кименис, А., Витолинь, Р., Лукевиц, Э., Либерт, Л. И., Воронков, М. Г.: Изв. АН ЛатвССР, **1969**, № 12, 108.
[102] Клящицкая, А. Л., Елховская, Е. С.: Токсикологическая характеристика мономерных кремнийорганических соединений и эпоксидных смол. М., 1966.
[103] Клящицкая, А. Л., Красовский, Г. Н., Фридлянд, С. А.: Тезисы докладов IV конф. по хим. и практ. примен. кремнийорг. соед. М., 1968, стр. 105.
[104] Ковнацкий, М. А.: Гигиена и санит., **21**, № 8, 13 (1956).
[105] Ковнацкий, М. А.: Силикатозы. Л., 1957.
[106] Ковнацкий, М. А.: Клиника пневмокониозов. Л., 1963.
[107] Кожевникова, Е. П.: Пат. физиол. эксп. тер., **3**, 51 (1959).
[108] Кондратьев, С. Ф., Садовникова, Т. А.: Защита древесины. Киев, 1959.
[109] Корбакова, А. И.: Вестн. АМН СССР, **19**, № 7, 17 (1964).
[110] Корлякова, Е. А.: В сб.: Токсикол. новых пром. хим. вещ., **3**. М., 1961, стр. 23.
[111] Короткова, Ю. К.: Сборник научных работ Ярославского мед. ин-та, 21. Ярославль, 1959, стр. 59.
[112] Короткова, Ю. К.: В сб.: Промышленная токсикология. М., 1960, стр. 141.
[113] Кочкин, Д. А., Азербаев, И. Н.: Олово- и свинецорганические мономеры и полимеры. Алма-Ата, 1968, стр. 175.

[114] Кочукова, В. А.: Материалы научн. сессии, посвящ. итогам работы Криворожского ин-та гиг. труда и профзабол. за 1961—1962 г. Киев, 1963, стр. 31.

[115] Краснопеева, Л. Ф., Цуккер, И. И.: Вестн. дерматол. венерол., **63**, № 5, 47 (1962).

[116] Крейшман, К. К.: Защита деревянных конструкций от гниения, древоточцев и огня. Л., 1967.

[117] Кремнева, С. Н.: В сб.: Токсикол. новых хим. вещ., **3**. М., 1961, стр. 18.

[118] Крешков, А. П., Дроздов, В. А., Орлова, И. Ю.: ЖОХ, **36**, 525 (1966).

[119] Крылов, С. В., Живухин, С. М., Волосов, Ю. В.: Авт. свид. СССР 209128 (1968). Изобр., пром. обр., тов. зн., **1968**, № 4, 149.

[120] Кулагина, Н. К.: В сб.: Токсикол. новых пром. хим вещ., **3** М., 1961. стр. 73.

[121] Кулагина, Н. К., Коробакова, А. И.: В сб.: Промышленная токсикология. М., 1960, стр. 106.

[122] Кулагина, Н. К., Корбакова, А. И.: В сб.: Токсикол. новых пром. хим. вещ., **3**. М., 1961, стр. 33.

[123] Кулагина, Н. К., Корбакова, А. И.: В сб.: Токсикол. новых пром. хим. вещ., **3**. М., 1961, стр. 48.

[124] Кулагина, Н. К., Корбакова, А. И.: В сб.: Токсикол. новых пром. хим. вещ., **3**. М., 1961, стр. 61.

[125] Кулагина, Н. К., Корбакова, А. И., Корлякова, Е. А.: В сб.: Токсикол. новых пром. хим. вещ., **3**. М., 1961, стр. 10.

[126] Кулагина, Н. К., Корбакова, А. И., Кочеткова, Т. А.: В сб.: Токсикол. новых пром. хим. вещ., **3**. М., 1961, стр. 81.

[127] Кулагина, Н. К., Кочеткова, Т. А.: В сб.: Промышленная токсикология и клиника профессиональных заболеваний химической этиологии. М., 1962, стр. 74.

[128] Кулагина, Н. К., Кочеткова, Т. А.: В сб.: Токсикол. новых пром. хим. вещ., **5**. М., 1963, стр. 149.

[129] Кулагина, Н. К., Кочеткова, Т. А.: В сб.: Токсикол. новых пром. хим. вещ., **5**. М., 1963, стр. 165.

[130] Кулагина, Н. К., Кочеткова, Т. А.: В сб.: Токсикол. новых пром. хим. вещ., **5**. М., 1963, стр. 173.

[131] Кулагина, Н. К., Кочеткова, Т. А.: В сб.: Токсикол. новых пром. хим. вещ., **5**. М., 1963, стр. 182.

[132] Кулагина, Н. К., Кочеткова, Т. А.: В сб.: Токсикол. новых пром. хим. вещ., **5**. М., 1963, стр. 192.

[133] Кулагина, Н. К., Кочеткова, Т. А.: В сб.: Токсикол. новых пром. хим. вещ., **5**. М., 1963, стр. 214.

[134] Кулагина, Н. К., Кочеткова, Т. А.: В сб.: Токсикол. новых пром. хим. вещ., **6**. М., 1964, стр. 95.

[135] Кулагина, Н. К., Кочеткова, Т. А.: В сб.: Токсикол. новых пром. хим. вещ., **6**. М., 1964, стр. 109.

[136] Кулагина, Н. К., Кочеткова, Т. А.: Материалы II конф. по токсикол. и гигиене высоком. соед. и хим. сырья, использ. для их синтеза. Л., 1964, стр. 61.

[137] Кулагина, Н. К., Кочеткова, Т. А., Лосев, В. Б.: Техн. эконом. информ. Министерства хим. пром. СССР (сер. „Охрана труда и техн. безопасн., очистка сточных вод и отходн. газов в хим. пром.“), **2**, 15 (1966).

[138] Кулагина, Н. К., Кочеткова, Т. А., Лосев, В. Б.: Гигиена труда и проф. заболев., **1968**, № 5, 42.

[139] Кулагина, Н. К., Лосев, В. Б.: Пласт. массы, **1968**, № 10, 51.

[140] Куркудым, Ф. Е.: В сб.: Лечебные минеральные воды и грязи УССР. Киев, 1965, стр. 18.

[141] Кюпман, Л. Ю.: Труды первой биох конф. Прибалтийских республик и Белоруссии, посвящ. 20-летию Латв., Лит. и Эст. ССР. Тарту, 1960, стр. 469.

[142] Лагутин, А. А.: Гигиена труда и проф. заболев., **1968**, № 5, 39.

[143] Латушкина, В. Б.: Гигиена труда и проф. заболев., **1960**, № 7, 49.

[144] Либерт, Л. И.: Кремнеорганические производные аминоспиртов. Автореф. канд. дисс. Рига, 1969.

[145] Лосев, В. Б.: Синтез и исследование некоторых кремнийорганических азотсодержащих соединений. Автореф. канд. дисс. М., 1969.

[146] Лукевиц, Э., Воронков, М. Г.: ЖОХ, 38, 2325 (1968).

[147] Лукевиц, Э. Я., Воронков, М. Г., Пестунович, А. Е., Кименис, А. А., Гутберга, С. З., Атаре, З. А.: Изв. АН ЛатвССР, **1968**, № 4, 93.

[148] Лукевиц, Э., Гутберга, С. З., Либерт, Л. И., Кименис, А. А., Воронков, М. Г.: Изв. АН ЛатвССР, **1969**, № 8, 60.

[149] Лукевиц, Э., Либерт, Л. И., Воронков, М. Г.: II Symposium international sur la chimie des composes du silicium, Résumés des Communications, Bordeaux, 1968, 123.

[150] Лукевиц, Э., Либерт, Л. И., Воронков, М. Г.: ЖОХ, **39**, 1784 (1969).

[150a] Лукевиц, Э., Пестунович, А. Е., Пестунович, В. А., Воронков, М. Г.: ЖОХ, **40**, 624 (1970).

[151] Лукевиц, Э., Пестунович, А. Е., Решетилова, Э. А., Воронков, М. Г.: Тезисы докл. IV конф. по хим. и практ. примен. кремнийорг. соед. М., 1968, стр. 48.

[152] Любецкий, Х. З., Тилис, А. Ю.: Труды симпозиума по проблеме пневмокониозов. М., 1959, стр. 256.

[153] Люблина, Е. И.: Материалы научн. сессии ГНИИ гигиены труда и профзаболеваний, посвящ. итогам работы ин-та за 1959—1960 гг. Л., 1961, стр. 107.

[154] Марова, М. Я., Воронков, М. Г., Долгов, Б. Н.: ЖПХ, **30**, 650 (1957).

[155] Маслий, Л. К., Осипян, В. Т., Александров, Б. В., Каждан, В. Б., Развегаева, Т. П.: Авт. свид. СССР 180015 (1963). Бюлл. изобр., **1966**, № 6, 107.

[156] Матошин, В. М.: Арх. патол., **22**, № 8, 45 (1960).

[157] Матусевич, В. Ф.: Силикоз сельскохозяйственных животных. Хмельницкий, 1958.

[158] Машковский, М. Д.: Лекарственные средства, ч. 1. М., 1967.

[158a] Медне, И. Т.: Влияние кремния на некоторые показатели мукоидного и липидного обмена. Автореф. канд. дисс., Рига, 1968.

[158b] Минова, К. Ф.: Гигиена труда и проф. заболев., **1968**, № 8, 50.

[159] Могилевская, О. Я.: Гигиена и санит., **26**, № 9, 18 (1961).

[160] Молоканов, К. П.: Основы рентгенодиагностики силикоза и других пневмокониозов. М., 1956.

[161] Мошковский, И. И.: Силикоз и силикотуберкулез. М., 1960.

[162] Навроцкий, В. К.: Врачебное дело, **1960**, № 4, 391.

[163] Новые комбинированные антисептики на основе кремнефтористого натрия. Свердловск, 1960.

[164] Носек, Я., Милик, Д.: Гигиена и санит., **25**, № 8, 101 (1960).
[165] Окунь, М. И.: Материалы XIV пленума республ. ком. по борьбе с силикозом АН УССР, Киев, 1962, стр. 7.
[166] Орлов, В. И.: Хим. пром., **1945**, № 11, 23.
[166a] Орлов, Н. Ф., Андросова, М. В., Введенский, Н. В.: Кремнийорганисоединения в текстильной и легкой промышленности. М., 1966, стр. 220.
[167] Павлова, И. В.: Вопр. мед. хим., **4**, 359 (1958).
[168] Павлова, М. В.: В сб.: Исследования по гигиене труда и профессиональной патологии. Л., 1963, стр. 163.
[169] Перегуд, Е. А., Бойкина, Б. С.: Гигиена и санит., **23**, № 8, 66 (1958).
[170] Петрунь, Н. М., Алюшин, М. Т.: Вестн. дерматол. и венерол., **38**, № 8, 15 (1964).
[171] Пик, Ц. Д.: Силикоз и его профилактика в горнорудной промышленности. М., 1949.
[172] Письменный, В. А., Сомин, В. И.: Лаб. дело, **1962**, № 2, 53.
[173] Пневмокониоз: Киев, 1954.
[174] Пневмокониоз: (библиографический указатель отечественной литературы за 1918—1954 гг.). Харьков, 1955.
[175] Померанцева, Е. Н.: Инструкция по оказанию первой помощи при острых интоксикациях алкил (арил-)хлорсиланами и три- и тетраэтоксисиланами. М., 1961.
[176] Померанцева, Е. Н., Бокун, К. П.: Гигиена труда и проф. заболев., **1968**, № 11, 50.
[177] Пономарев, И. Ф.: Сообщ. ВХО, **2**, 21 (1946).
[178] Попов, А. П.: Лекарственные растения в народной медицине. Киев, 1967.
[179] Попов, П. В.: Справочник по ядохимикатам. М., 1956.
[180] Предельно допустимые концентрации газов, паров и пыли в воздухе рабочих помещений. Инструкция № 27959, утвержденная ГСИ СССР 10 января 1959 г.
[181] Производство кремнефтористого аммония и его применение для предохранения древесины от гниения. Рига, 1962.
[182] Профессиональные болезни пылевой этиологии. Свердловск, 1967.
[183] Рагольская, Ф. С.: Материалы 12-й научн. сессии Свердловского НИИ гигиены труда и профпатологии. Свердловск, 1962, стр. 142.
[184] Разумов, М. И., Скирко, Б. К., Грубина, А. Ю: Арх. патол., **23**, № 8, 55 (1961).
[185] Разумов, М. И., Скирко, Б. К., Грубина, А. Ю., Ежова, Е. Н.: Арх. патол., **22**, № 2, 38 (1960).
[186] Разумовская, Н. А.: Сборник работ по силикозу УФ АН СССР. Свердловск, **1960**, № 2, 203.
[187] Ранние стадии силикоза. Л., 1968.
[188] Рахманов, В. А., Калантырская, М. А.: Вестн. дерматол. и венерол., **38**, № 6, 34 (1964).
[189] Родкина, Б. С.: Укр. биохим. ж., **33**, 745 (1961).
[190] Родкина, Б. С.: Материалы XIV пленума республ. ком. по борьбе с силикозом АН УССР. Киев, 1962, стр. 16.
[191] Розенцвейг, П. Э., Гуревич, И. Я.: Аптечное дело, **9**, № 5, 64 (1960).
[191a] Розина, Г. Ю.: Тезисы II совещ. по хим. и практ. примен. кремнийорг. соед. Л., 1969, стр. 26.

[192] Романова, К. А.: Труды III Всесоюзн. одонтологич. съезда. М., **1929**, стр. **196**.
[193] Романова, К. А.: Одонтология, **4**, № 1, 21 (1929).
[194] Рубинштейн, И. Е.: Труды одонтологич. клиники МГУ, **2**. М., **1929**, стр. **55**.
[195] Рылова, М. Л.: Фармакол. и токсикол., **15**, № 5, **46** (1952).
[196] Садковская, Н. И.: Гигиена и санит., **21**, № 8, 53 (1956).
[197] Самойлова, Л. М.: Арх. патол., **26**, № 4, 45 (1964).
[198] Саноцкий, И. В.: В сб.: Токсикол. новых пром. хим. вещ., **2**. М., 1961, стр. 75.
[199] Свинкина, Н. В.: Гигиена труда и проф. заболев., **1966**, № 5, 20.
[200] Серов, С. Ф.: Патологическая анатомия силикоза. Алма-Ата, 1958.
[201] Силикоз. М., 1951.
[202] Силикоз. М., 1956.
[203] Скардс, И. В.: В сб.: Ревматизм. Рига, 1966, стр. 135.
[204] Скардс, И. В.: В сб.: Ревматизм. Рига, 1966, стр. 145.
[205] Скардс, И. В.: В сб.: Ревматизм. Рига, 1966, стр. 151.
[206] Скрипкин, Ю. К., Сомов, Б. А., Хаймовский, Г. Д.: Вестн. дерматол. и венерол., **39**, № 7, 72 (1965).
[207] Смирнов-Каменский, Е. А., Блох, Р. Л., Дерявина, В. М.: Лечебные минеральные воды и их внутреннее применение. М., 1968.
[208] Соломина, В. Ф.: Изв. АН КазССР (сер. медиц. физиол.), **2**, 55 (1961).
[209] Строганов, Н. С., Хоботьев, В. Г., Колосова, Л. В., Кадина, М. А.: ДАН СССР, **181**, 1257 (1968).
[210] Сыровадко О. Н.: Тезисы докл. конф. молодых научн. работн. Л., 1957, стр. 3.
[211] Сыровадко, О. Н.: Гигиена труда и проф. заболев., **1962**, № 4, 22.
[212] Сыровадко, О. Н., Кочеткова, Т. А.: Гигиена труда и проф. заболев., **1961**, № 5, 13.
[213] Татаренко, В. А.: Судебно-медицинская экспертиза, **6**, № 2, 52 (1963).
[214] Тезиков, А. И.: Клинич. мед., **3**, 186 (1925).
[215] Тилис, А. Ю., Китаев, М. И., Шурыгин, А. Я.: Сборник научн. работ Киргизского НИИ туберкулеза, **1**, 229 (1961).
[216] Тилис, А. Ю., Любецкий, Х. З.: В кн.: Силикоз и борьба с ним. Ташкент, 1959, стр. 140.
[217] Тилис, А. Ю., Любецкий, Х. З., Венгерская, Е. Я.: Пат. физиол. эксп. терап., **3**, № 3, 67 (1959).
[218] Титкова, В. А.: Арх. патол., **29**, № 6, 71 (1967).
[219] Тополянский, В. Д.: Фармакол. и токсикол., **31**, 309 (1968).
[220] Трубецкой, А. В., Миндлин, Я. И.: Эксперим. хир., **4**, № 4, 36 (1959).
[221] Тукаюте, Э.: Sveikatos apsauga, **1961**, № 4, 43.
[222] Украинская республиканская комиссия по борьбе с силикозом. Материалы XIV—XIX пленумов. Киев, 1962—1968.
[223] Успенский, В. И.: Арх. патол., **12**, № 6, 26 (1950).
[224] Федоров, С. Н., Бедило, В. Я., Захаров, В. Д.: Офтальм. ж., **1965**, 527.
[225] Федорова, В. И.: Арх. патол., **15**, № 1, 41 (1953).
[226] Флюри, Ф., Церных, Ф.: Вредные газы. М., 1938.
[227] Фрумина, Л. М.: Гигиена труда и техн. безоп., **1935**, № 1, 81.
[228] Хаджикочева, З. Х., Крушков, И.: Съврем. медиц. (София), **13**, № 9, 35 (1962).
[229] Хухрина, Е. В.: Гигиена и санит., **21**, № 1, 31 (1956).

[230] Хухрина, Е. В., Ткачев, В. В.: Пневмокониозы и их профилактика. М., 1969.
[231] Шахбазян, Ф. А.: Ж. микробиол., 33, № 6, 119 (1962).
[232] Швецов, Л. А.: Труды Ленингр. Санитарно-гиг. мед. инст., 71, Л., (1961), стр. 77.
[233] Шнайдман, И. М.: Арх. патол., 27, № 11, 34 (1965).
[234] Шостаковский, М. Ф., Комаров, Н. В., Пухнаревич, В. Б., Лангваген, Г. Р.: Изв. АН СССР (сер. хим.), 1969, 425.
[235] Шостаковский, М. Ф., Комаров, Н. В., Роман, В. К., Игнатьева, М. А.: Изв. АН СССР (сер. хим.), 1968, 209.
[236] Щербатская, В. А.: Сборник работ по силикозу УФ АН СССР, 2. Свердловск, 1960, стр. 197.
[237] Эфраим, Ф.: Неорганическая химия, ч. 2. Л., 1933.
[238] Явлоков, Д. Д.: Клиника силикоза и силикотуберкулеза. Томск, 1962.
[239] Яновская, Б. И.: В кн.: Промышленная токсикология и клиника профессиональных заболеваний этиологии. М., 1962, стр. 122.
[240] Яшин, В. Н., Супко, Н. С.: Тезисы докл. 2-й научн. сессии НИИ экспериментальной хирургической аппаратуры и инструментов. М., 1958, стр. 21.
[241] Яшин, В. Н., Топоров, Ю. П.: Мед. пром. СССР, 16, № 4, 38 (1962).
[242] Aboulafia Y., Polishuk W. Z.: Arch. Surg., 94, 384 (1967).
[243] Abrahamson, E. M.: Am. J. Clin. Pathol., 22, 603 (1952).
[244] Accart, R.: J. méd. Lyon, 38, 727 (1957).
[245] Acuña Ortiz, R., de Mayo Ergas, E., Mac Pherson, G.: Zahnärztl. Welt, 69, 39 (1968).
[246] Acuto, G.: Boll. chim. farm., 99, 136 (1960).
[247] Acuto, G.: Minerva farm., 9, 38 (1960).
[248] Adamczak, T., Kasprzycka, I., Maciejczyk, S., Sadowski, J.: Polski tygodn. lekar., 16, 1061 (1961).
[249] Adamczak, T., Kasprzycka, I., Maciejczyk, S., Sadowski, J., Zareba, J.: Polski tygodn. lekar., 15, 659 (1960).
[250] Adamczak, T., Maciejczyk, S.: Acta chir. plast. (Praha), 3, 49 (1961).
[251] Adamczak, T., Maciejczyk, S.: Polski tygodn. lekar., 19, 1489 (1964).
[252] Adamczak, T., Maciejczyk, S.: Bull. Dow Corning Center Aid Med. Res., 7, 2 (1965).
[253] Agnew, W. F., Todd, E. M., Richmond, H., Chronister, W. S.: J. Surg. Res. 2, 357 (1962).
[254] Akazaki, K., Inagaki, Y.: Tohoku J. Exp. Med., 71, 195 (1959).
[255] Akazaki, K., Matsuoka, M.: Tohoku J. Exp. Med., 71, 183 (1959).
[256] Akutsu, T., Kantrowitz, A.: J. Biomed. Mater. Res., 1, 33 (1967).
[257] Akutsu, T., Mirkovitch, V., Topaz, S. R., Kolff, W. J.: Trans. Am. Soc. Artif. Int. Organs, 9, 281 (1963).
[258] Akutsu, T., Mirkovitch, V., Topaz, S. R., Sen Gupta, A.: Ann. Surg., 161, 365 (1965).
[259] Akutsu, T., Topaz, S., Mirkovitch, V., Panayotopoulos, E., Kolff, W.: Trans. Am. Soc. Artif. Int. Organs, 10, 162 (1964).
[260] Albert, D.: J. Am. Dental Assoc., 74, 1241 (1967).
[261] Alexander, A. G.: J. Agr. Univ. Puerto Rico, 52, 218 (1968); C. A., 69, 34828r (1968).
[262] Allison, A. C.: Proc. Roy. Soc. London, 171B, 19 (1968).

[263] Allison, A. C.: Europ. J. Cancer, **3**, 481 (1968).
[264] Allison, A. C., Harington, J. S., Birbeck, M.: J. Exp. Med., **124**, 141 (1968).
[265] Amado, R.: Arch. malad. profess., **15**, 288 (1954).
[266] Amberg, J. R.: Am. J. Roentgenol., **99**, 96 (1967).
[267] American Conference of Governmental Industrial Hygienists, Am. Ind. Hyg. Assoc. J., **22**, 325 (1961).
[268] American Med. Assoc. Council Repts, JAMA, **160**, 118 (1956).
[269] American Med. Assoc. Council Repts, JAMA, **160**, 389 (1956).
[270] American Med., Assoc. Council Repts, JAMA, **160**, 467 (1956).
[271] American Med. Assoc. Council Repts, JAMA, **161**, 970 (1956).
[272] Ames, R. H.: Bull. Dow Corning Center Aid Med. Res., **2**, 13 (1960).
[273] Ammon, R.: Beitr. Silikose-Forsch., Sonderband, Grundfr., **2**, 405 (1957).
[274] Amor, A.: The Chemical Aspects of Silicosis. London, 1942.
[275] Amor, A. J.: An X-Ray Atlas of Silicosis. London, 1943.
[276] Anderson, F. M.: J. Neurosurg., **16**, 551 (1959).
[277] Andrews, J. M.: Plast. Reconstr. Surg., **38**, 581 (1966).
[278] Anholcer, H.: Czasop. stomatol., **19**, 1289 (1966).
[279] Annis, D.: Brit. J. Surg., **55**, 870 (1968).
[280] [Anon.]: Pharm. Ztg, **66**, 1012 (1921); Cbl., **1922**, II, 417.
[281] [Anon.]: Chem. Ztg, **45**, 249 (1921).
[282] [Anon.]: Arch. Pharm., **263**, 150 (1925).
[283] [Anon.]: Pharm. Zentralhalle, **67**, 264 (1926).
[284] [Anon.] Pharm. Zentralhalle, **67**, 281 (1926).
[285] [Anon.] Pharm. Ztg, **75**, 1466 (1930).
[286] [Anon.]: Pharm. Ztg, **80**, 1331 (1935); Cbl., **1936**, I, 3174.
[287] [Anon.]: Süddtsch. Apotheker-Ztg, **78**, 141 (1938).
[288] [Anon.]: JAMA (Queries and Minor Notes), **118**, 857 (1942).
[289] [Anon.]: JAMA, **124**, 268 (1944).
[290] [Anon.]: J. Ind. Hyg. Toxicol., **26**, 118 (1944).
[291] [Anon.]: Farmaco, ed. prat., **9**, 413 (1954).
[292] [Anon.]: Brit. Med. J., **1957**, No. 5043, 536.
[293] [Anon.]: JAMA, **183**, 56 (1963).
[294] [Anon.]: Chem. Engng News, **42**, 37, 60 (1964).
[295] [Anon.]: Chem. Engng News, **43**, No. 51, 31 (1965).
[296] [Anon.]: Med. Lett. Drugs Ther., **7**, 15 (1965).
[297] [Anon.]: JAMA, **195**, 863 (1966).
[298] [Anon.]: Brit. Med. J., **2**, 481 (1968).
[299] [Anon.]: Brit. Dental J., **124**, 375 (1968).
[299a] [Anon.]: Chem. Week, **104**, No. 16, 81 (1969).
[300] Anselme, C.: Phytiatrie-Phytopharm., **7**, 3 (1958); C. A., **52**, 16679 (1958).
[301] Anstädt, G., Blakemore, W., Baue, A.: Circulation, **31**, Suppl. II, 43 (1965).
[302] Antweiler, H.: Arch. Hyg., Bakteriol., **139**, 341 (1955).
[303] Antweiler, H.: Z. ges. exp. Med., **126**, 353 (1955).
[304] Antweiler, H.: Beitr. Silikose-Forsch., Sonderband, Grundfr., **5**, 153 (1963).
[305] Antweiler, H., Hirsch, E.: Arch. Gewerbepathol., Gewerbehyg., **14**, 678 (1956).
[306] Appleton, J. D.: Pharm. J., **169**, 82 (1952).
[306a] Application of silicones (Shirikon no oyo). Tokyo, 1961, 312.

[307] Ardelean, I., Cucu, M., Andronache, E., Bodurian, S.: Fiziol. norm. patol., **13**, 385 (1967); Rom. Med. Rev., **12**, 3 (1968).

[308] Ardoino, L. A., Caputo V., Greco, M.: Med. lavoro, **52**, 601 (1961).

[309] Arion, H. G.: US-Pat. 3416160 (1968); RAPRA Abstr., **4**, 2307P (1969).

[310] Armaly, M. F.: Arch. Ophthalmol., **68**, 390 (1962).

[311] Armaly, M. F.: Bull. Dow Corning Center Aid Med. Res., **4**, 5 (1962).

[312] Armaly, M. F.: EENT Digest, **26**, 51 (1964).

[313] Armstrong, J., Beidas, A. S., Craik, D. J., Stephenson, W. H.: J. Pharm. Pharmacol., **7**, 862 (1955).

[314] Arnborger, K.: Farm. revy, **53**, 50 (1954).

[315] Arndt, D., Irmscher, G.: Dtsch. Gesundheitswesen, **22**, 145 (1967).

[316] Arnold, G. E.: J. Mississippi Med. Assoc., **7**, 685 (1966).

[317] Arnold, J.: Untersuchungen über Staubinhalation und Staubmetastase. Leipzig, 1885.

[318] Arnold, M., Sasse, D., Strecker, F. J.: Beitr. Silikose-Forsch., Sonderband, Grundfr., **4**, 87 (1960).

[319] Arnold, M., Wenzel, W.: Czasop stomatol., **19**, 555 (1966).

[320] Arnold, M., Wenzel, W.: Dtsch. Stomatol., **16**, 781 (1966).

[321] Aroch, M., Bobis, L., Kovač, S.: CS-Pat. 118379 (1966); C. A., **68**, 2125x (1968).

[322] Aronsohn, R. B.: Arch. Otolaryngol., **82**, 191 (1965).

[323] Aronstam, E. M., Nims, R. M., Winn, D. F.: J. Surg. Res., **1**, 108 (1961).

[324] Ashkar, L., Heller, E.: J. Urol., **98**, 679 (1968).

[325] Ashley, F. L., Braley, S., Rees, T. D., Goulian, D., Ballantyne, D. L.: Plast. Reconstr. Surg., **39**, 411 (1967).

[326] Ashley, F. L., McConnell, D. V., Polak, T., Stone, R. S., Marmor, L.: Plast. Reconstr. Surg., **33**, 522 (1964).

[327] Ashley, F. L., Polak, T., Stone, R. S., Marmor, L.: Bull. Dow Corning Center Aid Med. Res., **4**, 9 (1962).

[328] Ashley, F. L., Rees, T. D., Ballantyne, D. L., Galloway, D. V., Machida, R. C., Grazer, F. M., McConnell, D. V., Edgington, T., Kiskaden, W.: Plast. Reconstr. Surg., **35**, 640 (1965).

[329] Ashton, F., Lightwood, R., Hardman, J.: Brit. J. Surg., **54**, 709 (1967).

[330] Assefi, I., Parsonnet, V.: J. Newark Beth Israel Hosp., **15**, 161 (1964).

[331] Auchincloss, J. H., Gilbert, R., Mullison, E.: Am. Rev. Resp. Dis., **97**, 706 (1968).

[332] Auguste, C., Debray, C., Housset, P.: Arch. malad. appar. digest. malad. nutr., **45**, 409 (1956).

[333] Austin, J. A., Ratcliff, K. A.: (Jensen-Salsbery Labs Inc.), US-Pat. 2635981 (1953); C. A., **47**, 9574 (1953).

[334] Autian, J.: J. Pharm. Sci., **52**, 1 (1963).

[335] Autio, L., Turunen, M.: Ann. med. exp. biol. fenn., **42**, 132 (1964).

[336] Autio, L., Turunen, M., Lahtiharju, A.: Ann. med. exp. biol. fenn., **42**, 173 (1964).

[337] Bader, K. F., Curtin, J. W.: Arch. Surg., **97**, 406 (1968).

[338] Bader, K. F., Sethi, G., Curtin, J. W.: Plast. Reconstr. Surg., **41**, 157 (1968).

[339] Badinand, A.: Bull. trav. Soc. pharm. Bordeaux, **90**, 298 (1952).

[340] Badinand, A., Barlier, M.: Arch. malad. profess., **9**, 558 (1948).

[341] Badura, R., Buczek, A., Kotz, J., Utzig, J., Wasilewski, J.: Med. weteryn. (Polska), **24**, 151 (1968).

[342] BAERG, W. J.: Arkansas Agr. Exp. Sta. Ann. Repts, **44**, 41 (1932).
[343] BAILEY, C. B.: Science, **155**, 696 (1967).
[344] BAILEY, D. L., PIKE, R. M.: (Union Carbide Corp.), US-Pat. 2957781 (1960); C. A., **55**, 5426 (1961).
[345] BAILEY, P., KILROE-SMITH, T. A., HARINGTON, J. S.: Arch. Environm. Health, **8**, 547 (1964).
[346] BAIRATI, A., CASTANO, P.: Med. lavoro, **59**, 81 (1968).
[347] BAIRATI, A., CLERICI, E., ESPOSITO, G.: Med. lavoro, **52**, 338 (1961).
[348] BAKAL, S. M.: Bombay Technologist, **9**, 39 (1958/1959); C. A., **54**, 3854 (1960).
[349] BALAGOT, R. C., REYES, R. M., SADOVE, M. S.: JAMA, **168**, 630 (1957).
[350] BALAGOT, R. C., REYES, R. M., SADOVE, M. S.: Anesth. Analg. (Cleveland), **39**, 197 (1960).
[351] BALKE, E.: KRISCH, K.: Z. physiol. Chem., **327**, 21 (1962).
[352] BALKIN, S. W.: J. Am. Podiatry Assoc., **56**, 1 (1966).
[353] BALLANTYNE, D. L., REES, T. D., SEIDMAN, I.: Plast. Reconstr. Surg., **36**, 330 (1965).
[354] BARBASO, E., STRAMIGNONI, A.: Reumatismo, **14**, 347 (1962).
[355] BARIÉTY, M., BARBE, M.: Compt. rend. Soc. biol., **150**, 2145 (1956).
[356] BARKER, B. C., PARSONS, K.: Austral. Dental J., **10**, 392 (1965).
[357] BARNA, B.: (British Drug Houses Ltd.), CA-Pat. 619284 (1961); C. A., **55**, 27796 (1961).
[358] BARNARD, C., GOOSEN, C., HOLMGREN, L.: Lancet, **1962**, 1087.
[359] BARNES, J. M.: Lancet, **258**, 463 (1950).
[360] BARNES, J. M., MAGOS, L.: Organomet. Chem. Revs, **3 A**, 137 (1967).
[361] BARNHART, G. W.: J. Dental Res., **39**, 836 (1960).
[362] BARNHART, G. W.: J. Dental Res., **39**, 1077 (1960).
[363] BARNHART, G. W.: Bull. Dow Corning Center Aid Med. Res., **4**, 8 (1962).
[364] BARNHART, G. W.: Dental Progr., **3**, 246 (1963).
[365] BARNHART, G. W.: J. Dental Res., **43**, 118 (1964).
[366] BARNHART, G. W., ROBINSON, J. E.: J. Dental Res., **37**, 948 (1958).
[367] BARONDES, R. R., JUDGE, W. D., TOWNE, C. G., BAXTER, M. L.: Milit. Surgeon, **106**, 379 (1950).
[368] BARR, I., YERUSHALMI, S., BLIEDEN, L., FREI, E., NEUFELD, H.: J. Thoracic Cardiovasc. Surg., **53**, 668 (1967).
[369] BARRE, J. L.: Bruxelles méd., **43**, 511 (1963).
[370] BARTLETT, R. E.: Am. J. Ophthalmol., **61**, 68 (1966).
[371] BASS, P., PURDON, R. A., WILEY, J. N.: Nature, **208**, 591 (1965).
[372] BATDORF, J. W., CAMMACK, K. V., COLQUITT, R. D.: Arch. Surg., **98**, 469 (1969).
[373] BATEMAN, F. J.: Brit. Med. J., **1956**, 554.
[374] BAUER, A.: Zbl. allgem. Pathol., pathol. Anat., **86**, 67 (1950).
[374a] BAUMANN, E., BEHAM, G.: Zahnärztl. Welt, **78**, 361 (1969).
[375] BAUMANN, H.: Hoppe-Seyler's Z. physiol. Chem., **320**, 11 (1960).
[376] BAUMANN, H.: Beitr. Silikose-Forsch., Sonderband, Grundfr., **4**, 19 (1960).
[376a] BAŽANT, V., CHVALOVSKY, V., RATHOUSKY, J.: Silikony. Praha, 1954; русский передов: БАЖАНТ, В., ХВАЛОВСКИ, В., РАТОУСКИ, И.: Силиконы. М., 1960, 401.
[376b] BAŽANT, V., CHVALOVSKY, V., RATHOUSKY, J.: Technické použiti silikonu. Praha, 1959.

[377] BECK, E. G., SANTER, A., BRUCH, J., BROCKHAUS, A.: Z. Naturforsch., **19b**, 606 (1964).
[378] BECK, E. G., SCHLIPKÖTER, H. W.: Med. Welt, **49**, 2596 (1960).
[379] BEEKHUIS, G. J.: Laryngoscope, **74**, 405 (1964).
[380] BEEKHUIS, G. J.: Arch. Otolaryngol., **86**, 88 (1967).
[381] BELAU, P., DYER, J., OGLE, K., HENDERSON, J.: Arch. Ophthalmol., **72**, 541 (1964).
[382] BELL, W. H.: J. Oral Surg., **27**, 110 (1969).
[383] BELSKY, I., GERTNER, D., ZILKHA, A.: J. Med. Chem., **11**, 92 (1968).
[384] BELSKY, I., GERTNER, D., ZILKHA, A.: (Yissum Research Development Co of the Hebrew University of Jerusalem), GB-Pat. 1123846 (1968); C. A., **69**, 87171c (1968).
[385] BELSKY, I., GERTNER, D., ZILKHA, A.: J. Med. Chem., **11**, 448 (1968).
[386] BELSKY, I., GERTNER, D., ZILKHA, A.: J. Med. Chem., **11**, 451 (1968).
[386a] BELSKY, I., GERTNER, D., ZILKHA, A.: (Yissum Research Development Co of the Hebrew University of Jerusalem), GB-Pat. 1125695 (1968); C. A., **70**, 20213v (1969).
[387] BENCINI, A., GALLI, P., SALVANESCHI, S.: Biol. latina (Milano), **11**, 123 (1958).
[388] BENCINI, A., GALLI, P., TIBERIO, G.: Biol. latina (Milano), **11**, 182 (1958).
[389] BENCINI, A., GALLI, P., TIBERIO, G.: Biol. latina (Milano), **13**, 61 (1960).
[389a] BENFIELD, J. R., BARNHORT, G. W.: GB-Pat. 1155042 (1969); RAPRA Abstr., **4**, 4814P (1969).
[390] BEN-HUR, N., BALLANTYNE, D. L., REES, T. D., SEIDMAN, I.: Plast. Reconstr. Surg., **39**, 423 (1967).
[391] BEN-HUR, N., NEUMAN, Z.: Israel Med. J., **22**, 15 (1963).
[392] BEN-HUR, N., NEUMAN, Z.: Plast. Reconstr. Surg., **36**, 629 (1965).
[393] BENNET, G. E., LEE, W. W.: (Monsanto Chem. Co), US-Pat. 2887371 (1959); C. A., **53**, 19883 (1959).
[394] BENNET, T.: Bull. Dow Corning Center Aid Med. Res., **5**, 3 (1963).
[395] BENNET, T.: Arch. Otolaryngol., **77**, 415 (1963).
[396] BENNEVILLE, P. L. DE, HURWITZ, M. J.: (Rohm & Haas Co), US-Pat. 2876209 (1959); C. A., **53**, 12321 (1959).
[397] BENNOUN, J. R.: Compt. rend. Soc. franç. gynécol., **28**, 139 (1958).
[398] BENNOUN, J. R.: Gynecol. prat., **9**, 105 (1958).
[399] BENOIST, M., COUMEL, C., LEYDIER, J., LECACHEUX, B., APAP, G.: Rev. stomatol., **68**, 508 (1967).
[400] BERGAGNA, L.: Tempo, **13**, 34 (1951).
[401] BERGER, R. A.: N. Y. State J. Med., **66**, 2523 (1966).
[402] BERGSTEIN, L.: Am. Prof. Pharm., **22**, 523 (1956).
[403] BERKA, I., BLAŽKOVÁ, M., KAMENIKOVÁ, J., KLHUFKOVÁ, E.: Prac. lék., **9**, 187 (1957).
[404] BERKOWITZ, D., RASANSKY, H., ROSNER, K.: Am. J. Gastroenterol., **37**, 70 (1962).
[405] BERKSTEIN, A.: J. Laryngol., Otol., **80**, 634 (1966).
[406] BERRES, H. H.: Arch. Dermatol., **194**, 259 (1952).
[407] BERTKE, E. M.: Toxicol. Appl. Pharmacol., **6**, 284 (1964).
[408] BERTONI, G.: Med. lavoro, **47**, 551 (1956).
[409] BETANCOURT, V. M.: Medicina (México), **45**, 596 (1965).

[410] BETTLEY, F. R.: Brit. Med. J., **1960**, 1467.
[411] BICKMORE, J., PLEIN, E. M.: Univ. Washington, Master's Thesis, 1951.
[412] BILGUTAY, A. M., WINGROVE, R. C., SIMMONS, R. L., DAHLSTROM, I. J., LILLEHEI, C. W.: Trans. Am. Soc. Artif. Int. Organs, **10**, 387 (1964).
[413] BISHOP, D. W.: Southern Med. J., **59**, 1279 (1966).
[414] BLANPIN, O., BRETAUDEAUX, J., CHENIEUX, J.: Thérapie, **18**, 1405 (1963).
[415] BLANPIN, O., LAURRE, M., GARCET, S.: Compt. rend. Soc. biol., **157**, 631 (1963).
[416] BLOCKER, T.: Bull. Dow Corning Center Aid Med. Res., 8, 7 (1966).
[417] BLOCKSMA, R.: Plast. Reconstr. Surg., **31**, 268 (1963).
[418] BLOCKSMA, R.: Cleft Palate J., **1**, 72 (1964).
[419] BLOCKSMA, R., BRALEY, S.: Plast. Reconstr. Surg., **35**, 366 (1965).
[420] Blood Transf. Assoc. Chem. Engng News, **28**, 493 (1950).
[421] BLOOM, G., SWENSSON, Å.: Acta med. scand., **162**, 423 (1958).
[422] BLUEFARB, S. M.: Ann. Allergy, **13**, 398 (1955).
[423] BLUM, J.: Surg. Forum, **13**, 501 (1962).
[424] BLUM, J.: J. Urol., **96**, 976 (1966).
[425] BLUM, J., SKEMP, C., REISER, M.: J. Urol., **90**, 276 (1963).
[426] BODELL, B., HEAD, J., HEAD, L., FORMOLO, A.: Quart. Bull. Northwestern Univ. Med. School, Chicago, **36**, 94 (1962).
[427] BODELL, B., HEAD, J., HEAD, L., FORMOLO, A.: JAMA, **191**, 301 (1965).
[428] BOEN, S. T., MULINARI, A. S., DILLARD, D. H., SCRIBNER, B. H.: Trans. Am. Soc. Artif. Int. Organs, **8**, 236 (1962).
[429] BOGAERT, A. VAN, DUFFEL, J. VAN, ROSETTIR, J., GENABCEK, A. VAN, ARNOLDY, M., VANDAEL, J., DE MOOR, J.: Arch. malad. coeur et vaisseaux, **53**, 1223 (1960).
[430] BOHLIG, H., JACOB, G., MÜLLER, H.: Die Asbestose. Stuttgart, 1960.
[431] BOLT, R. J., HIRSCHOWITZ, B. I., POLLARD, H. M.: Am. J. Digest. Dis., **5**, 135 (1960).
[432] BONNABEAU, R., LILLEHEI, C. W.: J. Thoracic Cardiovasc. Surg., **56**, 258 (1968).
[433] BONNET, I.: Bull. Soc. ophthalmol. France, **64**, 451 (1964).
[434] BOONE, J. L.: Med. Res. Engng, **5**, 34 (1966).
[435] BOONE, J. L., BRALEY, S.: Bull. Dow Corning Center Aid Med. Res., 8, 10 (1966).
[436] BOOSE, C., KLOSTERKÖTTER, W., ROBOCK, K.: Med. lavoro, **56**, 462 (1965).
[437] BOOTH, H. S., SCHWARTZ, A. A.: J. Am. Chem. Soc., **68**, 2662 (1946).
[438] BOOTH, H. S., SWINEHART, C. F.: J. Am. Chem. Soc., **54**, 4750 (1932).
[439] BORSOTTI, G.: Dent. cadmos, **33**, 465 (1965).
[440] BORSOTTI, G.: Dent. cadmos, **33**, 927 (1965).
[441] BORTHWICK, W. M.: Lancet, **1951**, 225.
[442] BOSIO, R.: Mater. Plast. Elast., **35**, No. 2, 132 (1969).
[443] BOUCHER, L. J.: J. Prosth. Dent., **15**, 73 (1965).
[444] BOUCHER, L. J., ELLINGER, C., LUTES, M., HICKEY, J. C.: J. Prosth. Dent., **19**, 581 (1968).
[445] BOUCHER, L. J., HEUPEL, E. M.: J. Prosth. Dent., **16**, 154 (1966).
[446] BOUDARD, J. La silice, son rôle biologique, ses applications thérapeutiques. Thèse. Toulouse, 1919.
[447] BOVEE, H. H., SCHUBERT, J. E.: Am. Ind. Hyg. Assoc. J., **24**, 168 (1963).
[448] BOWEN, R. L.: J. Am. Dental Assoc., **74**, 439 (1967).
[449] BOWEN, R. L.: J. Am. Dental. Assoc., **66**, 57 (1963).

[450] BOWEN, R. L., PAFFENBARGER, G. C., MILLINEAUX, A. L.: J. Prosth. Dent., **20**, 426 (1968).
[451] BOWEN, S. F., DYER, J. A.: Invest. Ophthalmol., **1**, 579 (1962).
[452] BOWEN, S., DYER, J., OGLE, K., NEAULT, R.: Surv. Ophthalmol., **7**, 378 (1962).
[453] BOYD, I. A., PATHAK, C. L.: Scottish Med. J., **9**, 345 (1964).
[454] BOYERS, C., SHAW, J., ROSENTHAL, E., GIORDANO, R.: J. Dental. Res., **42**, 1517 (1963).
[455] BRACEY, D. W.: Brit. Med. J., **2**, 388 (1960).
[456] BRADEN, M., ELLIOTT, J. C.: J. Dental Res., **45**, 1016 (1966).
[457] BRADHAM, G., WALSH, N.: J. S. Caroline Med. Assoc., **61**, 165 (1965).
[458] BRADLEY, B., VINEYARD, G., DEFALCO, A., LAWSON, D., HAYES, J.: Am. J. Surg., **113**, 501 (1967).
[459] BRADLEY, W., WITTMERS, L., CHOU, S.: J. Urol., **90**, 575 (1963).
[460] BRALEY, S. A.: Bull. Dow Corning Center Aid Med. Res., **1**, 4 (1959).
[461] BRALEY, S. A.: Bull. Dow Corning Center Aid Med. Res., **2**, 4 (1960).
[462] BRALEY, S. A.: Bull. Dow Corning Center Aid Med. Res., **2**, 8 (1960).
[463] BRALEY, S. A.: Bull. Dow Corning Center Aid Med. Res., **3**, 8 (1961).
[464] BRALEY, S. A.: Bull. Dow Corning Center Aid Med. Res., **5**, 9 (1963).
[465] BRALEY, S. A.: Arch. Otolaryngol., **78**, 669 (1963).
[466] BRALEY, S. A.: Plast. Reconstr. Surg., **34**, 632 (1964).
[467] BRALEY, S. A.: Trans. Am. Soc. Artif. Int. Organs, **10**, 240 (1964).
[468] BRALEY, S. A.: Am. Chem. Soc. Div. Org. Coatings, Plastics Chem., Preprints, **24**, 189 (1964); C. A., **64**, 12896 (1966).
[469] BRALEY, S. A.: Med. Electron. Biol. Engng, **3**, 127 (1965).
[470] BRALEY, S. A.: Trans. Penn. Acad. Ophthalmol., **18**, 73 (1965).
[471] BRALEY, S. A.: Ann. N. Y. Acad. Sci., **146**, 148 (1968).
[472] BRALEY, S. A.: Laryngoscope, **78**, 549 (1968).
[472a] BRALEY, S. A., HELMER, J. D.: (Dow Corning Corp.), US-Pat. 3422813 (1969).
[473] BRANDT, A.: Die individuelle Disposition zur Silikose und die Folgerung für die praktische Silikosebekämpfung. Berlin, 1962.
[474] BRATT, M. H., MELANCON, J. L.: Southwest. Veter., **6**, 238 (1953).
[475] BRAUER, F. J.: J. Am. Dental Assoc., **51**, 713 (1955).
[476] BRAUN, H.: Süddtsch. Apotheker -Ztg, **79**, 786 (1939).
[476a] BRAUNWALD, N. S., DETMER, D. E.: Progr. Cardiovasc. Dis., **11**, 113 (1968).
[477] BRAY, R.: Austral. J. Pharm., **1960**, 901.
[478] BRECK, L.: Bull. Dow Corning Center Aid Med. Res., **9**, 6 (1967).
[479] BREEST, F.: Biochem. Z., **108**, 309 (1920).
[480] BRESLIN, H. J.: Arch. Ophthalmol., **69**, 290 (1963).
[481] BREWER, J. H.: Bull. Parenteral Drug Assoc., **22**, 71 (1968).
[482] BREYER, M. G., KILROE-SMITH, T. A.: Enzymologia, **28**, 263 (1965).
[483] BREYER, M. G., KILROE-SMITH, T. A., PRINSLOO, H.: Brit. J. Ind. Med., **21**, 32 (1964).
[484] BRIEGER, H., GROSS, P.: Beitr. Silikose-Forsch., **81**, 43 (1964).
[485] BRIEGER, H., GROSS, P.: Arch. Environm. Health, **13**, 38 (1966).
[486] BRIEGER, H., GROSS, P.: Arch. Environm. Health, **14**, 299 (1967).
[487] BRIEGER, H., GROSS, P.: Arch. Environm. Health, **15**, 751 (1967).
[488] BROADBENT, T., WOOLF, R.: Plast. Reconstr. Surg., **40**, 517 (1967).
[489] BRODY, G. L., FREY, C. F.: Arch. Surg., **96**, 237 (1968).

[490] Brody, G. S., White, W. L.: Plast. Reconstr. Surg., **32**, 11 (1963).
[491] Broman, J. R.: Am. Rev. Tuberc., 8, 337 (1923).
[492] Brosbe, E. A., Sugihara, P. T., Smith, C. R., Hoyt, A.: Am. Rev. Resp. Dis., **86**, 265 (1962).
[493] Brown, A. W.: Insect Control by Chemicals. New York, 1951, p. 707.
[494] Brown, E. A., Laos, I.: (G. D. Searle & Co), BE-Pat. 668903 (1966); C. A., **65**, 7238 (1966).
[495] Brown, E. A., Mikulec, R. A.: (G. D. Searle & Co), US-Pat. 3300523 (1967).
[496] Brown, J. B.: Plast. Reconstr. Surg., **28**, 86 (1961).
[497] Brown, J. B., Fryer, M. P., Kollias, P., Ohlwiler, D. A., Templeton, J.: Ann. Surg., **157**, 932 (1963).
[498] Brown, J. B., Fryer, M. P., Lu, M.: A. M. A. Arch. Surg., **68**, 744 (1954).
[499] Brown, J. B., Fryer, M. P., Ohlwiler, D. A.: Plast. Reconstr. Surg., **26**, 264 (1960).
[500] Brown, J. B., Fryer, M. P., Ohlwiler, D. A., Kollias, P.: Am. Surg., **28**, 146 (1962).
[501] Brown, J. B., Fryer, M. P., Randall, P., Lu, M.: Plast. Reconstr. Surg., **12**, 374 (1953).
[502] Brown, J. B., Ohlwiler, D. A.: Bull. Dow Corning Center Aid Med. Res., **2**, 1 (1960).
[503] Brown, J. B.: Ohlwiler, D. A., Fryer, M. P.: Ann. Surg., **152**, 334 (1960).
[504] Brown, S. I., Dohlman, C. H.: Arch. Ophthalmol., **73**, 635 (1965).
[505] Browning, C.: Am. J. Ophthalmol., **63**, 955 (1967).
[506] Browning, C., Walker, R.: Am. J. Ophthalmol., **60**, 684 (1965).
[507] Brudenell, J. M.: Lancet, **266**, 517 (1954).
[508] Brusca, D. D.: N. Y. State J. Med., **56**, 894 (1956).
[509] Buettner, L., Russell, R., Holdefer, W., Lupton, C.: Am. J. Med. Sci., **254**, 72 (1967).
[509a] Burda, C. J.: (Dow Corning Corp.), US-Pat. 3439676 (1969); RAPRA Abstr., **4**, 4812P (1969).
[510] Burkhard, C. A., Rochow, E. G., Booth, H. S., Hartt, J.: Chem. Revs, **41**, 97 (1947).
[511] Burns, W., Loubier, R., Bergstedt, R.: Trans. Am. Soc. Artif. Int. Organs, **11**, 265 (1965).
[512] Bryant, J. C., Evans, V. J., Schilling, E. L., Earle, W. R.: J. Nat. Cancer Inst., **26**, 239 (1961).
[513] Bryson, D. D.: Trans. Assoc. Ind. Med. Officers, **15**, 107 (1965).
[514] Bryson, G., Bischoff, F.: Progr. Exp. Tumor Res., **9**, 77 (1967).
[515] Buckels, L. J., Gill, K. A., Anderson, G. T.: JAMA, **200**, 681, 716 (1967).
[516] Burlage, H. M., Hall, E. J. W., Jones, M. E.: Drug Standards, **22**, 7 (1954); C. A., **48**, 8479 (1954).
[517] Byczkowski, S., Piękoś, R., Radecki, A., Mincer, T., Wrześniowa, K.: Poznańskie Tow. przyjaciol nauk, Wydz. lek. Prace Komisji farmac., **4**, 141 (1966).
[518] Byers, P. D., Gage, J. C.: Brit. J. Ind. Med., **18**, 295 (1961).
[519] Cabre, J.: Minerva med., **54**, 1065 (1963).
[520] Cadman, C. H.: Plant Dis. Rep., **47**, 459 (1963).
[521] Caffier, J.: Pédiatrie, **19**, 631 (1964).

[522] CALDERON, O. H., STAFFELDT, E. E.: Int. Biodeterioration Bull., **1**, 33 (1965); C. A., **65**, 15629 (1966).
[523] CALDERWOOD, R.: J. Oral Surg., **26**, 33 (1968).
[524] CALDWELL, R. C.: Ind. Engng Chem., **51**, 37 A (1959).
[525] CALLOWAY, D. H., BURROUGHS, S. E.: Gut (London), **10**, 180 (1969).
[526] CAMPBELL, J. B., LUZIO, J.: Trans. Am. Acad. Ophthalmol. Otolaryngol., **1964**, 1068.
[527] CANTOR, M. O.: Am. J. Surg., **100**, 584 (1960).
[528] CANTOR, M. O.: Grace Hosp. Bull., **39**, 83 (1961).
[529] CANTOR, M. O.: Am. J. Surg., **103**, 232 (1962).
[530] CANTOR, M. O.: Am. J. Surg., **107**, 666 (1964).
[531] CANTOR, R., CURTIS, T., ROZEN, R.: J. Prosth. Dent., **20**, 361 (1968).
[532] CAPPER, K. R., SMITH, G., BULLIVANT, J. M.: Pharm. J., **189**, 527 (1962).
[533] CARMEN, R., KAHN, P.: J. Biomed. Mater. Res., **2**, 457 (1968).
[534] CARMINATI, V.: Tumori, **27**, 83 (1951); C. A., **45**, 6756 (1951).
[535] CARMINATI, V., CHIRICO, M.: Atti Soc. Lombarda sci. med. biol., **7**, 400 (1952).
[536] CAROLI, J., PLESSIER, J.: Semaine thérap., **40**, 489 (1964).
[537] CARPENTER, C. P., SMYTH, H. F., POZZANI, U. C.: J. Ind. Hyg. Toxicol., **31**, 343 (1949).
[538] CARRERO, J. G.: Pharm. acta helv., **38**, 529 (1963).
[539] CARRINGTON, K. W.: J. Michigan State Med. Soc., **1959**, 373.
[540] CARROL, R. E., BASSETT, C. A. L.: Bull. Dow Corning Center Aid Med. Res., **6**, 5 (1964).
[541] CARSON, S., WEINBERG, M. S., OSER, B. L.: Proc. Sci. Sect. Toilet Goods Assoc., **45**, 8 (1966); C. A., **65**, 7858 (1966).
[542] CARSTENS, M.: Probleme der Pneumokoniosen. Leipzig, **1961**.
[543] CARTHER, B. N., SHERMAN, R. T.: A. M. A., Arch. Surg., **75**, 116 (1957).
[544] CARTOUZOU, G., DUPLAY, J.: Compt. rend. Soc. biol., **154**, 1459 (1960).
[545] CASADIO, S., TIMBAL, M. T.: Boll. chim. farm., **95**, 419 (1956).
[546] CASELLI, P.: Lavoro umano, **13**, 521 (1961).
[547] CASON, L. F., RHONE, J. R.: (Tuskegee Inst.), US-Pat. 2789122 (1957); РЖХ, **1959**, 58141 P.
[548] CASTRÉN, J. A.: Ann. med. exp. biol. fenn., **42**, 1 (1964).
[549] CAVADINI, P. E.: Dental Digest, **72**, 498 (1966).
[550] CAVAGNA, G., AMANTE, L., FINULLI, M.: Med. lavoro, **53**, 714 (1962).
[551] CAVAGNA, G., NICHELATTI, T.: Med. lavoro, **54**, 621 (1963).
[552] CECHOVÁ, L.: Československ. stomatol., **69**, 8 (1969).
[553] CEPPELLINI, R., PERNIS, B.: Nature, **181**, 55 (1958).
[554] CHANG, E., JAIN, V. K.: J. Med. Chem., **9**, 433 (1966).
[555] CHARACHE, P., MACLEOD, C. M., WHITE, P.: J. Gen. Physiol., **45**, 1117 (1962).
[556] CHARBONNIER, J., COLLET, A., LEBOUFFANT, L., DANIEL-MOUSSARD, H., DURIF, S.: Compt. rend. Acad. sci., **248**, 3066 (1959).
[557] CHARDACK, W. M., DAY, C. E., FAZEKAS, G., MINSLEY, N.: J. Trauma, **1**, 54 (1961).
[558] CHARKIN, L.: Drug and Cosmetic Ind., **75**, 565 (1954).
[559] CHARNOT, A.: Maroc. méd., **32**, 589, 597 (1953).
[560] CHARON, L. F.: Bull. group. int. rech. sci. stomatol., **8**, 51 (1965).
[561] Chemische Fabrik Promonta GmbH. DT-Pat. 496382 (1930); Cbl., **1930**, II, 93.
[562] CHENG, W., TAKAGI, H., AKUTSU, T.: Surgery, **65**, 462 (1969).
[563] CHIARIELLO, L., ARIENZO, R.: Folia med., **51**, 753 (1968).

[564] Child, G. P., Paquin, H. O., Deichmann, W. B.: Arch. Ind. Hyg. Occup. Med., **3**, 479 (1951).

[565] Christensen, L.: JAMA, **203**, 524 (1968).

[566] Christensen, L.: Arch. Ophthalmol., **79**, 359 (1968).

[567] Christiani, H., Chausse, P.: Compt. rend. Soc. biol., **96**, 842 (1927).

[568] Chung, C. M., Johnston, W. J., Blais, R.: Arch. Otolaryngol., **80**, 106 (1964).

[569] Chvapil, M.: Prac. lék., **8**, 250 (1956).

[570] Chvapil, M.: Prac. lék., **9**, 180 (1957).

[571] Chvapil, M.: Arch. Gewerbepathol., Gewerbehyg., **15**, 377 (1957).

[572] Chvapil, M.: Beitr. Silikose-Forsch., **64**, 1 (1960).

[573] Chvapil, M.: Arch. Gewerbepathol., Gewerbehyg., **18**, 556 (1961).

[574] Chvapil, M.: Prac. lék., **17**, 289 (1965).

[575] Chvapil, M.: Environm. Res., **1**, 89 (1967).

[576] Chvapil, M., Holuša, R.: Int. Arch. Gewerbepathol., **21**, 369 (1965).

[576a] Chvapil, M., Hurych, J., Rokosová-Cmuchalová, B., Holuša, R., Ehrlichová, E.: Environm. Res., **1**, 89 (1967).

[577] Cibis, P. A.: Trans. Am. Acad. Ophthalmol. Otolaryngol., **68**, 983 (1964).

[578] Cibis, P. A.: Trans. Ophthalmol. Soc. U. K., **85**, 111 (1965).

[579] Cibis, P. A.: Ber. Dtsch. ophthalmol. Ges., **66**, 433 (1965).

[580] Cibis, P. A., Becker, B., Okun, E., Canaan, S.: Bull. Dow Corning Center Aid Med. Res., **4**, 13 (1962).

[581] Cibis, P. A., Becker, B., Okun, E., Canaan, S.: Arch. Ophthalmol., **68**, 590 (1962).

[582] Cipcic, J. A.: Laryngoscope, **78**, 565 (1968).

[583] Cipcic, J. A., Tiu, W. A.: Trans. Penn. Acad. Ophthalmol., **21**, 28 (1968).

[584] Clark, G.: Bull. Dow Corning Center Aid Med. Res., **5**, 3 (1963).

[585] Clark, G.: Trans. Am. Acad. Ophthalmol. Otolaryngol., **68**, 932 (1964).

[586] Clark, L. C.: Antioch. College News, **2**, 4 (1952).

[587] Clark, L. C., Gollan, F., Gupta, V. B.: Science, **111**, 85 (1950).

[588] Clark, L. C., Gollan, F., Gupta, V. B.: Proc. Soc. Exp. Biol. Med., **74**, 268 (1950).

[589] Clark, L. C., Hooven, F., Gollan, F.: Rev. Sci. Instrum., **23**, 748 (1952).

[590] Clarke, R. L., Cliffton, E. E., Draper, J. W.: Am. J. Med. Sci., **250**, 437 (1965).

[591] Clarkson, P., Jeffs, J.: Brit. J. Plast. Surg., **20**, 297 (1967).

[592] Clemow, P. R., Harry, R. G., Franklin, K. J.: GB-Pat. 999857 (1965); C. A., **63**, 11272 (1965).

[593] Clore, E. E., Wille, T.: J. Am. Vet. Med. Assoc., **130**, 495 (1957).

[594] Close, A. S., Stusek, W. L., Meade, R. C., Lepley, D., Ellison, E. H.: Surg. Forum, **10**, 581 (1959).

[595] Clyman, M.: Fertil. and Steril., **19**, 537 (1968).

[596] Cogan, H. D., Sotterstram, C. A.: Chem. Engng News, **1946**, 2499.

[597] Cogan, M. I.: J. Oral Surg., **26**, 99 (1968).

[598] Cohen, F., Belsky, M.: Clin. Med., **73**, 63 (1966).

[599] Cohen, H. J.: (Glidden Co), US-Pat. 3334119 (1967).

[600] Cole, H. H., Dougherthy, R. W., Huffman, C. F., Hungate, R. E., Kleiber, M., Maclay, W. D.: Nat. Acad. Sci., Nat. Res. Council, Publ. 388 (1956).

[601] Collet, A.: Beitr. Silikose-Forsch., Sonderband, Grundfr., **6**, 293 (1965).

[602] Collet, A., Daniel-Moussard, H.: Compt. rend. Soc. biol., **152**, 322 (1958).

[603] Collet, A., Daniel-Moussard, H.: Arch. int. pharmacodyn., **118**, 189 (1959).

[604] COLOMER, J., TORRE, J. DE LA, SERES, I., VILARDELL, F.: Med. Clin. N. Am., **42**, 41 (1964).
[605] COLSON, J. A.: Gaz. méd. France, **72**, 1510 (1965).
[606] COMOLLI, R.: Experientia, **21**, 543 (1965).
[607] COMOLLI, R.: J. Pathol. Bacteriol., **93**, 241 (1967).
[608] COMOLLI, R.: Experientia, **24**, 23 (1968).
[609] COMOLLI, R., PERIN, A.: Med. lavoro, **54**, 329 (1963).
[610] COMOLLI, R., PERIN, A.: Med. lavoro, **54**, 790 (1963).
[611] CONVERSE, J., SMITH, B., OBEAR, M., WOOD-SMITH, D.: Plast. Reconstr. Surg., **39**, 20 (1967).
[612] CONWAY, H., GOULIAN, D.: Plast. Reconstr. Surg., **32**, 294 (1963).
[613] CONWAY, J.: Bull. Dow Corning Center Aid Med. Res., **8**, 16 (1966).
[614] COOK, G. B.: Dis. Colon, Rectum, **7**, 195 (1964).
[615] COOK, G. B.: Am. J. Gastroenterol., **41**, 619 (1964).
[616] COOK, G. B., BUTCHER, H. R.: Surgery, **55**, 268 (1964).
[617] COOK, G. B., MARGULIS, A. R.: Surg. Forum, **12**, 309 (1961).
[618] COOK, G. B., MARGULIS, A. R.: Surgery, **50**, 513 (1961).
[619] COOK, G. B., MARGULIS, A. R.: Surgery, **50**, 519 (1961).
[620] COOK, G. B., MARGULIS, A. R.: Am. J. Roentgenol., **87**, 633 (1962).
[621] COOK, G. B., MARGULIS, A. R.: Cancer J. Clin., **13**, 11 (1963).
[622] COOK, G. B., MARGULIS, A. R.: JAMA, **183**, 66 (1963).
[623] COOK, G. B., SPRATT, J. S.: Am. J. Surg., **108**, 539 (1964).
[624] COOK, M. K.: Drug and Cosmetic Ind., **84**, 32 (1959).
[625] COOK, R. P., RAJAGOPOLAN, S.: Brit. Med. J., **1956**, 1235.
[626] COOLEY, D. A., LATSON, J. R., KEATS, A. S.: Surgery, **43**, 214 (1958).
[627] COOPER, M. S., DANIELSON, I. S., KROLL, H. M.: (American Cyanamide Co), US-Pat. 3378443 (1968).
[628] COOPER, W. C., CRALLEY, L. J.: U. S. Public Health Serv. Bull., **1948**, 601.
[629] COPLEY, A. L.: Nature, **1958**, 551.
[630] COPPOCK, J. B. M.: J. Sci. Food Agr., **1**, 125 (1950).
[631] COPPOCK, J. B. M., HULSE, H., URIE, A.: Brit. Med. J., **2**, 597 (1949).
[632] CORTELL, S.: J. Appl. Physiol., **26**, 158 (1969).
[633] CORTOPASSI, V. E.: Bull. Dow Corning Center Aid Med. Res., **3**, 13 (1961).
[634] Council on Dental Research: J. Am. Dental Assoc., **66**, 727 (1963).
[635] COURTEMANCHE, A. D., THOMPSON, G. B.: Plast. Reconstr. Surg., **41**, 165 (1968).
[636] COX, W., GILLESBY, W.: Am. J. Surg., **113**, 298 (1967).
[637] CRACIUN, E. C., BOLINTINEANU, A., ZAHARIA, M., BOLINTINEANU, G., GEORGESCU, L., TASCA, C., RADULESCU, N.: Studii şi cercet. med. int., **3**, 119 (1962).
[638] CRESSWELL, T. A.: Bull. Dow Corning Center Aid Med. Res., **4**, 11 (1962).
[639] CRONIN, T. D.: Plast. Reconstr. Surg., **37**, 399 (1966).
[640] CRONIN, T. D., GEROW, F. J.: Trans. 3rd Int. Congr. Plastic Surg. Amsterdam, 1964, p. 41.
[641] CRONIN, T. D., GREENBERG, R. L., BRAUER, R. O.: Plast Reconstr. Surg., **42**, 522 (1968).
[642] CROSS, F. S., GEREIN, A. N., JONES, R. D.: J. Thoracic Cardiovasc. Surg., **46**, 719 (1963).
[643] CROSS, F. S., JONES, R. D.: Circulation, **32**, Suppl. II, 72 (1965).
[644] CROWE, F. W.: JAMA, **149**, 1464 (1952).

[645] Crowley, M., Ostrander, F. D.: Science, **108**, 542 (1948).

[646] Cruickshank, C. N. D., Hooper, C., Lewis, H. B. M., MacDougall, J. D. B.: J. Clin. Pathol., **13**, 42 (1960).

[647] Crystal, D., Day, S., Wagner, C., Martinis, A., Owen, J., Walker, P.: Arch. Surg., **88**, 122 (1964).

[648] Cummins, S. L.: Brit. J. Exp. Pathol., **3**, 237 (1922).

[649] Cummins, S. L.: Brit. J. Exp. Pathol., **3**, 260 (1922).

[650] Cummins, S. L., Weatherall, C.: Brit. J. Exp. Pathol., **12**, 245 (1931).

[651] Curran, R. C.: J. Pathol. Bacteriol., **66**, 271 (1953).

[652] Curran, R. C., Ager, J. A.: J. Pathol. Bacteriol., **83**, 1 (1962).

[653] Curran, R. C., Rowsell, E. V.: J. Pathol. Bacteriol., **76**, 561 (1958).

[654] Currie, C. C.: Arch. Ind. Hyg. Occup. Med., **10**, 254 (1954).

[655] Currie, C. C., Gergle, R. C.: Drug and Cosmetic Ind., **78**, 35 (1956).

[656] Custer, F., Updegrove, L., Ward, M.: J. Prosth. Dent., **14**, 1115 (1964).

[657] Cuthbert, J.: Rev. clin. esp., **105**, 468 (1967).

[658] Cutting, W. C.: Stanford Med. Bull., **10**, 21 (1952).

[659] Czerwinska, W.: Klin. oczna, **37**, 903 (1967).

[660] Czetsch-Lindenwald, H. von: Pharmazie, **12**, 589 (1957).

[660a] Czetsch-Lindenwald, H. von: Pharmazie, **12**, 810 (1957).

[660b] Czetsch-Lindenwald, H. von: Pharm. Ind., **27**, 300 (1965).

[660c] Daikin Ind. Co Ltd.: JA-Pat. 6222 (1965); Derw. Jap. Pat. Rep., **4**, No. 13, 5 (1965).

[661] Dailey, M. E., Rider, J. A.: JAMA, **155**, 859 (1954).

[662] Dalgleish, R.: Trans. Ophthalmol. Soc. U. K., **84**, 531 (1964).

[663] Dalgleish, R.: Brit. J. Ophthalmol., **50**, 245 (1966).

[664] Dalton, M. D., Hardaway, R. M.: J. Thoracic Cardiovasc. Surg., **49**, 574 (1965).

[665] Danek, A.: Polski tygodn. lekar., **11**, 1887 (1956).

[666] Daniel-Moussard, H.: Compt. rend. Soc. biol., **149**, 505 (1955).

[667] Daniel-Moussard, H.: Bull. Soc. chim. biol., **39**, 1183 (1957).

[668] Daniel-Moussard, H.: Bull. Soc. chim. biol., **39**, 1191 (1957).

[669] Daniel-Moussard, H.: Compt. rend. Soc. biol., **155**, 699 (1961).

[670] Daniel-Moussard, H.: Compt. rend. Soc. biol., **155**, 1000 (1961).

[671] Daniel-Moussard, H., Collet, A.: Rev. franç. études clin. biol., **4**, 710 (1959).

[672] Daniel-Moussard, H., Collet, A.: Rev. franç. études clin. biol., **5**, 291 (1960).

[673] Daniello, L.: Silicoza şi silicotuberculoza. Bucureşti, 1953.

[674] Daniello, L., Barhad, B.: Ftiziologia, **10**, 97 (1961).

[675] Darling, G. H., Spencer, J. G. S.: Brit. Med. J., **1951**, 301.

[676] Darte, J. M., Wright, T. A., Mustard, W. T.: Lancet, **1958**, 1157.

[677] Datovo, L.: Minerva dermatol., **30**, 93 (1955).

[678] Dauer, H. J.: Medizinische (Stuttgart), **1955**, 689.

[679] Davidson, J. B.: (Dow Corning Corp.), US-Pat. 3434869 (1969); RAPRA Abstr., **4**, 4813P (1969).

[680] Davis, D. M.: J. Urol., **97**, 845 (1967).

[681] Day, S., Crystal, D., Wagner, C., Koreski, W., Kranz, J.: Trans. Am. Soc. Artif. Int. Organs, **10**, 69 (1964).

[682] Debray, C., Veyne, S., Laurre, M.: Semaine hôp. Paris, **38**, 2667 (1962).

[683] Dedo, H., Sooy, F.: Ann. Otolaryngol., **77**, 435 (1968).

[684] De Duve, C.: Fed. Proc., **23**, 1045 (1964).

[685] DEEN, D. C.: Bull. Dow Corning Center Aid Med. Res., **10**, 6 (1968).
[686] DEEN, D. C.: Am. J. Obstetr. Gynecol., **103**, 930 (1969).
[687] DEGOS, R., CIVATTE, J.: Hautarzt, **10**, 106 (1959).
[688] DEGOS, R., COTTENOT, F., CIVATTE, J.: Bull. Soc. franç. dermatol. et syphiligr., **65**, 272 (1958).
[689] DEITZ, M. R., MELDRUM, D. F.: Am. J. Ophthalmol., **59**, 101 (1965).
[690] DELMOTTE, A.: Arch. belges méd. soc., **23**, 163 (1965).
[691] DEMERGIAN, V.: Surg. Clin. N. Am., **43**, 1313 (1963).
[692] DEMIS, D. J., BRIM, J.: J. Invest. Dermatol., **45**, 324 (1965).
[693] DEMPSEY, W. C., LATHAM, W. D.: Plast. Reconstr. Surg., **42**, 515 (1968).
[694] DENES, A., YASARGIL, E. C.: Thoraxchirurgie, **12**, 456 (1965).
[695] DE NICOLA, R. R.: J. Urol., **63**, 168 (1950).
[696] DENTON, C. R., BIRMINGHAM, D. J., PERONE, V. B.: A. M. A. Arch. Dermatol., **72**, 7 (1955).
[697] DEPAOLI, M., ALBERTAZZI, F., MARTEN, P. R.: Minerva dermatol., **36**, 276 (1961).
[698] DERAGNA, S., ZUCCO, V., DE CAMILLIS, A.: Minerva pediatr., **18**, 2232 (1966).
[699] DERNEHL, C. U., NAU, C. A., FRANK, T. M., NEIDHARDT, H. W.: J. Ind. Hyg. Toxicol., **31**, 32 (1949).
[700] DERUBSKA, B.: Arch. immunol. et therap. exp., **15**, 204 (1967).
[701] DESAI, C. H., BURKMAN, A., SALISBURY, R.: J. Am. Pharm. Assoc., **47**, 589 (1958).
[702] DESPREZ, J. D., KIEHN, C. L., MAGID, A.: Plast. Reconstr. Surg., **34**, 483 (1964).
[703] DIAS, M. S. C. G. S.: Rev. portug. farm., **16**, No. 1, 12 (1966); C. A., **65**, 2063 (1966).
[704] DIETHRICH, E. B.: Bull. Dow Corning Center Aid Med. Res., **5**, 6 (1963).
[705] DIMANT, S.: Lancet, **267**, 533 (1954).
[706] DIMANT, S.: Lancet, **269**, 727 (1955).
[707] DINA, M. A., COSTANZI, G., POZZUOLI, R.: Boll. Soc. ital. biol. sper., **44**, 246 (1968).
[708] Distillers Co Ltd.: GB-Pat. 631507 (1949); C. A., **44**, 5526 (1950).
[708a] DITTRICH, W., KRINGS, W.: (Dynamit Nobel AG), DT-Pat. 1277548 (1968); C. A., **70**, 67167y (1969).
[709] DJACZENKO, W., MAGGINI, P., GAMMARROTA, V.: Ann. Ist. „Carlo Forlanini“, **27**, 137 (1967).
[710] DOCKING, A. R.: Austral. Dental J., **10**, 227 (1965).
[711] DOHLMAN, C. H., AHMAD, B.: Arch. Ophthalmol., **27**, 747 (1967).
[712] DOHLMAN, C. H., BORUCHOFF, S., SULLIVAN, G.: Arch. Ophthalmol., **77**, 519 (1967).
[713] DOHLMAN, C. H., BROWN, S. I.: Trans. Am. Acad. Ophthalmol. Otolaryngol., **70**, 267 (1966).
[714] DOHLMAN, C. H., BROWN, S. I., MARTOLA, E. L.: Arch. Ophthalmol., **75**, 453 (1966).
[715] DOHLMAN, C. H., DUBÉ, I.: Arch. Ophthalmol., **79**, 150 (1968).
[716] DOHLMAN, C. H., FREEMAN, H. M.: Docum. Ophthalmol., **25**, 1 (1968).
[717] DOHLMAN, C. H., REFOJO, M.: Bull. Dow Corning Center Aid Med. Res., **7**, 13 (1965).
[717a] DOLDER, E.: In: Die Zahn-, Mund- und Kieferheilkunde, Bd. V. München—Berlin, 1955, S. 734.
[717b] DOLGNER, R., BROCKHAUS, A., SCHLIPKÖTER, H.-W.: Beitr. Silikose-Forsch., Sonderband, Grundfr., **6**, 213 (1965).
[718] DONALDSON, J. A.: Bull. Dow Corning Center Aid Med. Res., **7**, 2 (1965).
[719] DONNELLAN, W. L., GABRIEL, W., MAURIZI, D. G., HOLINGER, P. H.: Ann. Otol., **75**, 646 (1966).

[720] Dornier, R.: Ann. méd. Nancy, **4**, 196 (1965).
[721] Dornier, R.: Gaz. méd. France, **72**, 4191 (1965).
[722] Dotter, C. T., Straube, K. R.: Am. J. Roentgenol., **88**, 27 (1962).
[723] Dow Corning Center for Aid to Medical Research (Midland, Michigan): Rubber World, **143**, 67 (1961).
[724] Dow Corning Center for Aid to Medical Research: Rubber and Plast. Age, **42**, 292 (1961).
[725] Dow Corning Center for Aid to Medical Research: Bulletin, **1959—1969** (quarterly).
[726] Dow Corning Corp.: GB-Pat. 630952 (1949); C. A., **44**, 4491 (1949).
[727] Dow Corning Corp.: GB-Pat. 998706 (1965); C. A., **63**, 8118 (1965).
[728] Dow Corning Corp.: GB-Pat. 999222 (1965); C. A., **63**, 8118 (1965).
[729] Dow Corning Corp.: GB-Pat. 1136664 (1968); RAPRA Abstr., **3**, 4874P (1969).
[730a] Dow Corning Corp.: GB-Pat. 1153824 (1969).
[731] Downing, J. G.: Practitioner, **177**, 411 (1956).
[732] Dressler, D., Skornik, W., Soroff, H.: Surg. Forum, **18**, 512 (1967).
[733] Dressler, H.: Dtsch. zahnärztl. Z., **21**, 1363 (1966).
[734] Drèze, C.: Rev. méd. Liège, **20**, 664 (1965).
[735] Dreyer, M. S., Abel, P. E., Bachmann, A.: Prensa méd. argent., **43**, 118 (1956).
[736] Dror, K.: Dapim refuiim (Tel-Aviv), **24**, 357 (1965).
[737] Drost, J.: Pharm. Zentralhalle, **69**, 385 (1928).
[738] Druckrey, H., Schmähl, D.: Acta. Unio int. contra cancrum, **12**, 119 (1954).
[739] Druckrey, H., Schmähl, D.: Naturwiss., **41**, 534 (1954).
[740] Ducker, T., Hayes, G.: Bull. Dow Corning Center Aid Med. Res., **9**, 13 (1967).
[741] Ducker, T., Hayes, G.: J. Neurosurg., **28**, 582 (1968).
[742] Duda, H.: Pharm. Praxis, Beil. Pharmazie, **1959**, Nr. 8, 106.
[743] Dufour, P.: J. franç. oto-rhino-laryngol., **16**, 613 (1967).
[744] Dufour, R.: Ophthalmologica, **147**, 160 (1964).
[745] Dufour, R.: Bull. Dow Corning Center Aid Med. Res., **6**, 11 (1964).
[746] Dugger, J. A., Inchaustegui, S. R.: J. Michigan State Med. Soc., **62**, 46 (1963).
[747] Düll, W.: Dtsch. med. Wochenschr., **49**, 820 (1923).
[748] Duluc, J., Guenard, C.: Rev. Corps santé armées, **8**, 91 (1967).
[749] Dunlap, E.: Arch. Ophthalmol., **80**, 249 (1968).
[750] Dunley, E.: AORN J., **6**, 63 (1967).
[751] Duro-Dont GmbH: FR-Pat. 1130627 (1955); Cbl., **1957**, 8887.
[752] Dworski, M.: A. M. A. Arch. Ind. Health, **12**, 229 (1955).
[753] Dyrenfurth, F., Kipper, F.: Med. Klin., **21**, 846 (1925).
[754] Dziuk, P. J., Cook, B.: Endocrinology, **78**, 208 (1966).
[755] Dziuk, P. J., Cook, B., Niswender, G., Kaltenbach, C., Doane, B.: Am. J. Vet. Res., **29**, 2415 (1968).
[756] Eaborn, C.: Organosilicon Compounds. London, 1960.
[757] Eberle, W.: Dental Surv., **41**, 51 (1965).
[758] Eberly, N. E.: (S. S. White Dental Mf. Co), US-Pat. 1671104 (1928); Cbl., **1928**, II, 1235.
[759] Ebina, T., Tatahashi, J., Hasuike, T.: Am. Rev. Resp. Dis., **82**, 516 (1960).
[760] Eden, K. C., Herbert-Burns, J.: Brit. J. Surg., **24**, 346 (1936).
[760a] Edwards, J. A.: (Syntex Corp.), US-Pat. 3412087 (1968); C. A., **70**, 38003m (1969).
[760b] Effinger, A.: Dtsch. zahnärztl. Z., **13**, 256 (1958).

[761] EGDAHL, R. H.: Naval Med. Res. Inst., Mem. Rept 55-4, 333 (1955).
[762] EGDAHL, R. H.: A. M. A. Arch. Surg., **71**, 694 (1955).
[763] EGER, W., CANALIS, S. DA: Beitr. Silikose-Forsch., **81**, 11 (1964).
[764] EICHLER, W.: Z. ges. Hyg., **13**, 746 (1967).
[765] EICHNER, K.: Dtsch. zahnärztl. Z., **20**, 541 (1965).
[766] EICHNER, K.: Dtsch. zahnärztl. Z., **23**, 1457 (1968).
[767] EISEMAN, B.: Am. Surg., **31**, 336 (1965).
[768] EISEMAN, B.; BAXTER, B. J., PRACHUABMOH, K.: Ann. Surg., **149**, 374 (1959).
[769] ELIAS, W. F.: Bull. Parenteral Drug Assoc., **22**, 70 (1968).
[770] EL-KAFRAWY, A. H., MITCHELL, D. F.: J. Dental Res., **42**, 874 (1963).
[771] ELLIS, R. A., COYLE, J. J.: Am. J. Ophthalmol., **59**, 241 (1965).
[772] ELSEY, H. J.: Brit. Dental J., **122**, 508 (1967).
[773] ELSON, W. O.: (Kendall Co), US-Pat. 2614962 (1952); C. A., **47**, 3527 (1953).
[774] EMBRING, G., HERMANSSON, I., SÖDERHJELM, L.: Svenska läkartidn., **52**, 1769 (1955).
[775] EMRICH, H.: Schweiz. Monatsschr. Zahnheilk., **76**, 516 (1966).
[776] ENDRASZKA, J., FIEBIG, A., WASIAK, H., JANICKI, S., PIĘKOŠ, R., RADECKI, A.: Diss. pharm., **16**, 4, 519 (1964).
[777] ENDRASZKA, J., PIĘKOŠ, R.: Farm. polska, **15**, Nr. 9, 157 (1959).
[778] ENGELBRECHT, F. M.: S. African Med. J., **39**, 1020 (1965).
[779] ENGELBRECHT, F. M., BURGER, F. J.: S. African J. Lab. Clin. Med., **6**, 37 (1960).
[780] ENGELBRECHT, F. M., BURGER, F. J.: S. African J. Lab. Clin. Med., **7**, 16 (1961).
[781] ENGELBRECHT, F. M., BURGER, F. J.: S. African J. Lab. Clin. Med., **7**, 22 (1961).
[782] ENGELBRECHT, F. M., BURGER, F. J.: S. African Med. J., **36**, 416 (1962).
[783] ENGELBRECHT, F. M., BURGER, F. J.: S. African Med. J., **40**, 974 (1966).
[784] ENGELBRECHT, F. M., YOGANATHAN, M., KING, E. J., NAGELSCHMIDT, G.: A. M. A. Arch. Ind. Health, **17**, 287 (1958).
[785] ENNA, C.: Int. J. Leprosy, **34**, 30 (1966).
[786] ENTINE, J. H.: J. Abdom. Surg., **4**, 123 (1962).
[787] EPSTEIN, E.: A. M. A. Arch. Dermatol., **71**, 24 (1955).
[788] EPSTEIN, W. L., SKAHEN, J. R., KRASNOBROD, H.: Am. J. Pathol., **43**, 391 (1963).
[789] ERDHEIM, M.: Vet. Med., **51**, 451 (1956).
[790] ERNST, R. W., STOKES, H. D.: J. Thoracic Cardiovasc. Surg., **46**, 737 (1963).
[791] ESBER, H. J., BURREL, R.: Environm. Res., **1**, 171 (1967).
[792] ESMOND, W. G., DIBELIUS, N. R.: Trans. Am. Soc. Artif. Int. Organs, **11**, 325 (1965).
[793] EVANS, L. H., CAMPBELL, J. B., PINNER-POOLE, B., JENNY, J.: J. Am. Vet. Med. Assoc., **153**, 313 (1968).
[794] EVANS, W. D.: Trans. Instn Mining Engrs, **119**, pt 11, 658 (1959—1960); C. A., **55**, 20191 (1961).
[795] EVERETL, W. G., SHARRER, M. C.: Trans. Am. Acad. Ophthalmol. Otolaryngol., **65**, 197 (1961).
[796] EYQUEM, A., JEANNIN, C. G.: Protides Biol. Fluids, Proc. Colloq., **8**, 180 (1960); C. A., **61**, 7523 (1964).
[797] FABBRI, S., PANSINI, T., LIGORIO, A.: Ann. ottalmol., **89**, 995 (1963).
[798] FABER, J. H.: Arch. pharm. chem., **58**, 537 (1951).
[799] FABER, J. H.: Arch. pharm. chem., **60**, 1001 (1953).
[800] FABRONI, F.: Med. lavoro, **57**, 87 (1966).

[801] Fairhall, L. T.: Ann. Rev. Med., 3, 265 (1952).
[802] Farrior, R.: Laryngoscope, 76, 934 (1966).
[803] Fasset, D. W.: In: Industrial Hygiene and Toxicology, 2. New York, 1962, p. 1933.
[804] Favier, Jarret, Sabourin: Presse méd., 69, 1654 (1961).
[805] Federal Register, 30, 8334 (1965); C. A., 63, 7562 (1965).
[806] Feinsilver, L., Perregrino, J., Ross, M. A., Yevich, P. P., Stoufer, R. M., Oberst, F. W.: Am. Ind. Hyg. Assoc., 22, 14 (1961).
[807] Feinstone, W. H.: (Plough Labs Inc.), US-Pat. 2951011 (1960).
[808] Felix, W., Groll, W.: Z. Biol., 106, 208 (1953).
[809] Ferguson, W. S., Terry, R. A.: J. Agr. Sci., 46, II, 257 (1955).
[810] Ferin, J.: Arch. Gewerbepathol., Gewerbehyg., 18, 220 (1960).
[811] Ferin, J., Vlčková, A.: Prac. lék., 17, 26 (1965).
[812] Ferina, F., Matracia, S., Caradonna, D.: Med. lavoro, 52, 494 (1961).
[813] Ferraz, W. G., Wafae, N.: Hospital (Rio de Janeiro), 68, 1385 (1965).
[814] Ferreira, D.: Lyon chir., 54, 249 (1958).
[815] Ferreira, D., Dores, S., Galhordas, A.: J. méd. (Porto), 31, 83 (1956).
[816] Ferruti, P., Marchisio, M. A.: Med. lavoro, 57, 481 (1966).
[817] Fessenden, R. J., Ahlfors, C.: J. Med. Chem., 10, 810 (1967).
[818] Fessenden, R. J., Coon, M. D.: J. Med. Chem. 7, 561 (1964).
[819] Fessenden, R. J., Coon, M. D.: J. Med. Chem., 8, 604 (1965).
[820] Fessenden, R. J., Coon, M. D.: J. Med. Chem., 9, 262 (1966).
[821] Fessenden, R. J., Fessenden, J. S.: Adv. Drug Res., 4, 95 (1967).
[822] Fessenden, R. J., Larsen, J. G., Coon, M. D., Fessenden, J. S.: J. Med. Chem., 7, 695 (1964).
[823] Fessenden, R. J., Rittenhouse, R.: J. Med. Chem., 11, 1070 (1968).
[824] Fiebig, A., Ludwikowska, K., Endraszka, J., Piękoś, R., Radecki, A.: Diss. pharm., 17, 3, 351 (1965).
[825] Fiebig, A., Stożkowska, W., Endraszka, J., Radecki, A., Piękoś, R.: Diss. pharm., 17, 1, 67 (1965).
[826] Fiebig, A., Stożkowska, W., Piękoś, R., Radecki, A., Endraszka, J.: Diss. pharm., 19, 1, 109 (1967).
[827] Fiebig, A., Stożkowska, W., Radecki, A., Endraszka, J., Piękoś, R.: Diss. pharm., 18, 6, 631 (1966).
[827a] Fiegenberg, D. S., De Colli, J. A., Lisan, P. R.: Am. J. Cardiol., 23, 458 (1969).
[827b] Finke, L.: Therap. Ber., 29, 225 (1957).
[828] Finnerty, E. F.: Ind. Med. Surg., 23, 156 (1954).
[829] Fish, J., Sarles, H., Remmers, A., Williams, R.: JAMA, 203, 98 (1968).
[830] Fischer, H.: Dtsch. Z. ges. gerichtl. Med., 1, 401 (1922).
[831] Fischer, H.: Z. Haut-, Geschlechtskr., 37, 218 (1964).
[832] Fishburn, A. G.: J. Pharm. Pharmacol., 7, 819 (1955).
[833] Fishburn, A. G.: Pharm. J., 173, 519 (1954).
[834] Fishburn, A. G.: Austral. J. Pharm., 1955, 1165.
[835] Fisher, L. M., Jaques, L. B.: J. Appl. Physiol., 13, 527 (1958).
[836] Fitzgerald, J. B., Malette, W. G.: J. Surg. Res., 1, 104 (1961).
[837] Fitzpatrick, B.: Austral. Dental J., 13, 360 (1968).
[838] Flahaut, J.: Prod. pharm., 12, 633 (1957).
[839] Flaskämper, A.: Z. Tuberk., 39, 257 (1924).

[840] FLATT, A. E.: Bull. Dow Corning Center Aid Med. Res., **6**, 3 (1964).
[841] FLEGEL, H.: Dtsch. Gesundheitswesen, **11**, 523 (1956).
[842] FLEMING, W. E.: J. Econ. Entomol., **20**, 685 (1927).
[843] FLETCHER, R. F.: Lancet, **270**, 509 (1956).
[844] FLORANGE, W.: Arch. Gewerbepathol., Gewerbehyg., **15**, 127 (1956).
[845] FLORANGE, W., HÖER, P. W., SCHOENGEN, G.: Ann. Univ. saraviensis, med. (Saarbrücken), **6**, 12 (1958).
[846] FOLKMAN, J., LONG, D. M.: Bull. Dow Corning Center Aid Med. Res., **5**, 9 (1963).
[847] FOLKMAN, J., LONG, D. M.: J. Surg. Res., **4**, 139 (1964).
[848] FOLKMAN, J., LONG, D. M., ROSENBAUM, R.: Science, **154**, 148 (1966).
[849] FOLKMAN, J., MARK, V. H.: Trans. N. Y. Acad. Sci., **30**, 1187 (1968).
[850] FOLKMAN, J., MARK, V. H., ERVIN, F., SUEMATSU, K., HAGIWARA, R.: Anesthesiology, **29**, 419 (1968).
[850a] FOLKMAN, J., WINSEY, H. S., COHEN, B.: Trans. Am. Soc. Artif. Int. Organs, **13**, 350 (1967).
[851] FOLKMAN, J., WINSEY, H. S., KELLY, L.: Surg. Forum, **18**, 201 (1967).
[852] FOLKMAN, J., WINSEY, H. S., MOGHUL, T.: Anesthesiology, **29**, 410 (1968).
[853] FOMON, S., BELL, J. W.: Arch. Otolaryngol., **84**, 514 (1966).
[853a] FORDHAM, S.: Silicones. London, 1960.
[854] FORMAN, L., SHUTTLEWORTH, C. W.: Proc. Roy. Soc. Med., **49**, 815 (1956).
[855] FORMAN, S. A., WHITING, F., CONELL, R.: Can. J. Comp. Med., **23**, 157 (1959).
[856] FORSMAN, A., NILZÉN, A., WIKSTRÖM, K.: Svenska läkartidn., **52**, 3153 (1955).
[857] FOWLER, P. J.: Pharm. J., **170**, 14 (1953).
[858] FOX, B.: Hippokrates, **33**, 947 (1962).
[859] FRAJNDLICH, M.: Rev. gaucha odontol., **9**, 22 (1961).
[860] FRANKEL, M., BROZE, M., GERTNER, D., ROTMAN, A., SHENHAR, A., ZILKHA, A.: J. Med. Chem., **11**, 857 (1968).
[861] FRASHER, W.: J. Appl. Physiol., **22**, 348 (1967).
[862] FRAUNFELDER, F., POTTS, A.: Am. J. Ophthalmol., **62**, 561 (1966).
[863] FRAZER, A. C.: Report on a Study of the Biological Effects of Silicones (Antifoam A and DC 703) and Certain Organosilicon Compounds, November, 1959; цит. по [1219].
[864] FREAR, D. E. H.: Chemistry of Insecticides and Fungicides. New York, 1945; русский перевод: ФРИР, Д.: Химия инсектицидов и фунгицидов. М., 1948.
[865] FREDERICKS, S.: Bull. Dow Corning Center Aid Med. Res., **9**, 15 (1967).
[866] FREEDMAN, M. J., MULLIGAN, H. F.: Aerospace Med., **34**, 342 (1963).
[867] FREEMAN, B. S.: Plast. Reconstr. Surg., **35**, 167 (1965).
[868] FREEMAN, B. S.: Southern Med., **60**, 1277 (1967).
[869] FREEMAN, B. S., BIGELOW, E. L., BRALEY, S. A.: Am. J. Surg., **112**, 534 (1966).
[870] FREEMAN, B. S., BIGGS, T. M., BEAL, A. C.: Bull. Dow Corning Center Aid Med. Res., **6**, 11 (1964).
[871] FREEMAN, G. C., NOAD, R. B.: Rubber and Plast. Age, **38**, 517 (1957).
[871a] FREEMAN, G. G.: Silicones. London, 1962, p. 99.
[872] FREGERT, S., RORSMAN, H.: Nature, **192**, 989 (1963).
[873] FREITAS, J. F. DE: Austral. Dental J., **13**, 129 (1968).
[874] FRÉOUR, P., MAGIMEL, R., SERISÉ, M., PLANTIÉ, J.: Rev. tuberc., **20**, 1153 (1956).
[875] FRÉOUR, P., MAGIMEL, R., SERISÉ, M., PLANTIÉ, J.: J. méd. Bordeaux, **133**, 1198 (1956).

[876] Fréour, P., Magimel, R., Serisé, M., Plantié, J.: J. franç. méd. et chir. thorac., **11**, 45 (1957).
[877] Fréour, P., Magimel-Pelonnier, R., Serisé, M., Plantié, J., Durquety, M.: Compt. rend. Soc. biol., **152**, 61 (1958).
[878] Fréour, P., Magimel, R., Serisé, M., Woné, C., Plantié, J.: Compt. rend. Soc. biol., **151**, 714 (1957).
[879] Freund, A.: Therap. Gegenw., **65**, Sept. (1924); Cbl., **1925**, I, 551.
[880] Frey, C. F., Thorpe, C., Brody, G.: Arch. Surg., **95**, 253 (1967).
[881] Freytag, H.: (Wella AG), DT-Pat. 1030517 (1958); C. A., **54**, 14595 (1960).
[882] Freytag, H.: (Wella AG), DT-Pat. 1046259 (1958); C. A., **54**, 23211 (1960).
[883] Friedman, B., Smith, D. R., Finkle, A. L.: Invest. Urol., **1**, 323 (1964).
[884] Frits, T., Gabor, S., Anca, Z.: Med. lavoro, **57**, 360 (1966).
[885] Fritz, W., Ketterl, W.: Dtsch. zahnärztl. Z., **21**, 794 (1966).
[886] Fritze, E.: Beitr. Silikose-Forsch., Sonderband, Grundfr., **6**, 301 (1965).
[887] Fromm, E.: Bioscience, **18**, 225 (1968).
[888] Fryfogle, J. D., Cyrowski, G. A., Rothwell, D., Rheault, G., Clark, T.: Dis. Chest, **43**, 464 (1963).
[889] Fuchs, P.: Dtsch. zahnärztl. Z., **21**, 163 (1966).
[890] Führer, H., Blume, W.: Medizinische Toxikologie. Leipzig, 1947, S. 41.
[890a] Fulde, H.: Zahnärztl. Praxis, **10**, 68 (1959).
[891] Furman, S., Denize, A.: Surgery, **60**, 733 (1966).
[892] Furukawa, T.: Jap. J. Exp. Med., **30**, 279 (1960).
[893] Gaisford, J., Hanna, D., Richardson, G.: Plast. Reconstr. Surg., **38**, 302 (1966).
[894] Gajatto, S.: Studi sassaresi, **22**, 27 (1944); C. A., **45**, 2102 (1951).
[895] Gale, J. W., Curreri, A. R., Young, W. P., Diecki, H. A.: J. Thoracic Surg., **24**, 587 (1952).
[896] Gallego, I.: Neue Gedanken über Aetiologie und Pathogenese der Silikose. I. Int. Kongr. für Arbeitsmedizin. London, 1948.
[897] Galletti, P. M., Hopf, M. A., Pierce, E. C.: Trans. Am. Soc. Artif. Int. Organs, **9**, 47 (1963).
[898] Galli, P.: Riforma med. (Napoli), **69**, 486 (1955).
[899] Gancberg, A.: Ind. chim. belge, **24**, 1486 (1959).
[900] Gancberg, A.: J. pharm. Belgique, **18**, 321 (1963).
[901] Gabor, S., Frits, T., Anca, Z.: Med. lavoro, **59**, 14 (1968).
[902] Garcet, S., Laurre, M., Veyne, S., Vu-Ngoc-Huyen: Thérapie, **17**, 629 (1962).
[903] Gardner, L. U.: Am. Rev. Tuberc., **4**, 344 (1923).
[904] Gardner, L. U.: Nat. Tuberc. Assoc. Trans., **25**, 210 (1929).
[905] Gardner, L. U.: Am. Rev. Tuberc., **25**, 577 (1932).
[906] Gardner, L. U.: Am. Inst. Mining, Metall., Petrol. Engrs, Techn. Publ. No. 929 (1938); C. A., **32**, 5916 (1938).
[906a] Garrett, E. R., Chemburkar, P. B.: J. Pharm. Sci., **57**, 1401 (1968).
[907] Garry, M. W.: Am. J. Gastroenterol., **26**, 733 (1956).
[908] Gärtner, H.: Arch. Hyg. Bakteriol., **136**, 451 (1952).
[909] Gasster, M., Westwater, J. O., Molle, W. E.: Gastroenterology, **27**, 652 (1954).
[910] Gatewood, J. B.: J. Oral Surg., **26**, 441 (1968).
[911] Gedigk, P., Pioch, W.: Virchow's Arch. pathol. Anat., **328**, 513 (1956).
[912] Gellerstedt, H.: Dtsch. Z. ges. gerichtl. Med., **19**, 475 (1932).
[913] Gendre, P.: Compt. rend. Soc. biol., **161**, 2177 (1967).

[914] General Electric Co: Silicone Polymer Toxicological Data Sheet AD-28 B (1953).
[914a] General Electric Co: GB-Pat. 1150294 (1969).
[915] Gernez-Rieux, C., Voisin, C., Aerts, C.: Beitr. Silikose-Forsch., Sonderband, Grundfr., **6**, 115 (1963).
[916] Gerow, F. J., Spira, M., Hardy, S. B., Law, S.: Proc. 3rd Int. Congr. Plastic Surgery, Washington, October 1963.
[917] Gerow, F. J., Spira, M., Moore, J., Hardy, S.: Bull. Dow Corning Center Aid Med. Res., **10**, 3 (1968).
[918] Gerow, F. J., Weeder, R. S.: Bull. Geisinger Med. Center, **16**, No. 1, 17 (1964).
[919] Gershow, J., Pribilla, O.: Arch. Toxikol., **15**, 34 (1954).
[920] Gesellschaft chem. Industrie, Basel: CH-Pat. 107202 (1924); Cbl., **1925**, 1, 1130.
[921] Ghiringhelli, L., Pernis, B.: Med. lavoro, **49**, 665 (1958).
[922] Gianhelli, S., Molthan, M. F., Best, R. J., Dull, J. A., Kirby, C. K.: J. Thoracic Surg., **34**, 563 (1957).
[923] Gibbs, D. C.: Brit. J. Ophthalmol., **51**, 198 (1967).
[924] Giese, W.: Klin. Wochenschr., **19**, 558 (1940).
[925] Gilbert, A. R.: (General Electric Co), US-Pat. 2768193 (1956); C. A., **51**, 5816 (1957).
[926] Gilbert, M., Mencia, L., Brown, W., Linn, B.: J. Pediatr. Surg., **3**, 702 (1968).
[927] Gill, K. A.: US Naval Med. Field Res. Lab., **17**, 1 (1967).
[928] Gilmore, H. W.: Dental Clin. N. Am., **1967**, 203.
[929] Girard, L.: Arch. Ophthalmol., **77**, 387 (1967).
[930] Girard, M., Chabanon, R.: J. méd. Lyon, **45**, 2127 (1964).
[931] Girard, M., Fraisse, H., Guillermet, J., Chabaud, M.: Lyon. méd., **89**, 586 (1957).
[932] Giraudeau, R., Amado, R.: Bull. Soc. franç. dermatol. et syphiligr., **61**, 137 (1954)
[933] Giuliano, V., Lucania, L., Pecchiai, L.: Ann. med. Sondalo, **35**, 211 (1959).
[934] Glass, H. I., Shaw, G., Smith, G.: Am. Heart J., **67**, 137 (1964).
[935] Glenn, W., Hageman, J., Mauro, A., Eisenberg, L., Flanigan, S., Harvard, M.: Ann. Surg., **160**, 338 (1964).
[936] Glimm, G.: Zbl. Chir., **77**, 1187 (1952).
[937] Glömme, J., Holmquist, C. E., Swensson, Å.: A. M. A. Arch. Ind. Health, **17**, 204 (1958).
[938] Glömme, J., Petrovič, L., Swensson, Å.: Glasn. Srpska akad. nauk (med.), **18**, 151 (1965).
[939] Glömme, J., Swensson, Å.: Acta med. scand., **158**, 387 (1957).
[940] Gloxhuber, C., Hecht, G.: Arzneimittel-Forsch., **5**, 10 (1955).
[941] Gmelins Handbuch der anorganischen Chemie, Nr. 15. Silicium, Teil B. Weinheim, 1959, S. 130.
[942] Gold, F.: Invest. Urol., **5**, 288 (1967).
[943] Goldfarb, G.: J. Prosth. Dent., **15**, 25 (1965).
[944] Golding, F. D.: Bull. Entomol. Res., **18**, 449 (1932); C. A. **27**, 2245 (1933).
[945] Goldman, R.: (Premo Pharmaceutical Labs Inc.), US-Pat. 2504482 (1950); C. A., **44**, 5552 (1950).
[946] Goldman, R.: Pharm. Ind., **10**, 19 (1956).
[947] Goldschmidt, M. C., Koffler, H.: Ind. Engng Chem., **42**, 1819 (1950).
[948] Goldstein, B., Webster, I.: Brit. J. Ind. Med., **23**, 71 (1966).
[949] Gollan, F.: Proc. Soc. Exp. Biol. Med., **107**, 442 (1961).

[949a] GOLTERMAN, H. L.: Chem. Environm. Aquatic Habital Proc. IBP-Symp., 1966, 56; C. A., 70, 65449t (1969).

[950] GÓMEZ, M. A., FERRER, A. A., POLACK, F. M.: Arch. oftalmol. (Buenos Aires), 40, 325 (1965).

[951] GONNERMANN, M.: Z. physiol. Chem., 99, 255 (1917).

[952] GONNERMANN, M.: J. Chem. Soc., 112, 494 (1917).

[953] GONZALEZ, C. J.: Rev. clín. esp., 91, 133 (1963).

[954] GONZÁLEZ, G. E.: Prensa méd. argent., 42, 2639 (1955).

[955] GONZALEZ, J., LANEY, W.: J. Prosth. Dent., 16, 438 (1966).

[956] GONZALEZ-ULLOA, M., STEVENS, E., LOEWE, P., CRUZ, J. DE LA, NOBLE, G.: Brit. J. Plast. Surg., 20, 424 (1967).

[957] GOODMAN, H.: Am. Profess. Pharmacist, 21, 129 (1955).

[958] GOODMAN, H.: Am. Profess. Pharmacist, 21, 172 (1955).

[959] GOROSTIAGA, A. E.: Odontoiatria (Madrid), 19, 75 (1955).

[960] GOTT, V., DAGGETT, R., WHIFFEN, J., KOEPKE, D., ROWE, G., YOUNG, W.: J. Thoracic Cardiovasc. Surg., 48, 713 (1964).

[961] GOULD, R., DESAUTELS, R.: J. Urol., 99, 713 (1968).

[961a] GOULIAN, D., CONWAY, H.: Plast. Reconstr. Surg., 43, 478 (1969).

[962] GOVERNA, M., CALVI, A.: Pathologica, 58, 291 (1966).

[963] GOVERNA, M., MOLLO, F., CITATI, C., DELLEPIANE, M.: Arch. sci. med. (Torino), 118, 167 (1964).

[964] GOVERNA, M., MOLLO, F., PERNIS, B.: Med. lavoro, 52, 359 (1961).

[965] GRABENSTETTER, J.: Am. J. Nurs., 68, 1521 (1968).

[966] GRABOWSKI, A.: Czasop. stomatol., 18, 1323 (1965).

[967] GRADEL, F., AKUTSU, T., CHAPTAL, P., KANTROWITZ, A.: Trans. Am. Soc. Artif. Int. Organs, 11, 277 (1965).

[968] GRANDJEAN, E., TURRIAN, H., NICOD, J. L.: A. M. A. Arch. Ind. Health, 14, 426 (1956).

[969] GRASS, G. M., MACDONNELL, D. R.: (Smith Kline & French Labs), US-Pat. 3382150 (1968); C. A., 69, 12928w (1968).

[970] GRASSO, P., FAIRWEATHER, F. A., GOLBERG, L.: Food Cosmet. Toxicol., 3, 263 (1965).

[971] GRASSO, P., GOLBERG, L., FAIRWEATHER, F.: Lancet, 2, 96 (1964).

[972] GRAZIANI, G., GUARINO, A.: Folia med., 39, 15 (1956).

[973] GRAZIANO, J., SPINAZZOLA, A., NEVILLE, W.: Ann. Thoracic Surg., 4, 1 (1967).

[974] GREATBATCH, W., CHARDACK, W. M., GAGE, A. A.: Bull. Dow Corning Center Aid Med. Res., 3, 1 (1961).

[975] GREEN, E. D.: Thesis San Jose State Coll., California, 1965.

[976] GREENWALT, T. J.: Am. J. Clin. Pathol., 19, 695 (1949).

[977] GREENWOOD, D. A.: Physiol. Revs, 20, 582 (1940).

[978] GREGERSEN, E., JEPSEN, O. L.: Ugeskr. laeger, 130, 1960 (1968).

[979] GRIEM, M. L., BARNHART, G. W.: Radiology, 79, 856 (1962).

[980] GRIEM, M. L., ROBINSON, J. E., BARNHART, G. W.: Radiology, 82, 320 (1964).

[981] GRIEVE, J.: Lancet, 261, 431 (1951).

[981a] GRIMALDI, M. G.: Reumatismo, 19, 188 (1967).

[981b] GROSS, P., DE TREVILLE, R. T. P.: Arch. Environm. Health, 17, 720 (1968).

[982] GROSS, P., DE VILLIERS, A. J., DE TREVILLE, R. T.: Arch. Pathol., 84, 87 (1967).

[983] GROSS, P., MCNERNEY, J. M., BABYAK, M. A.: Am. Ind. Hyg. Assoc. Quart., **23**, 379 (1962).
[984] GROSS, P., MCNERNEY, J. M., BABYAK, M. A.: Dis. Chest, **43**, 113 (1963).
[985] GROSS, P., WESTRICK, M. L., MCNERNEY, J. M.: Lab. Invest., **7**, 348 (1958).
[986] GROSS, P., WESTRICK, M. L., MCNERNEY, J. M.: Am. Ind. Hyg. Assoc. J., **19**, 201 (1958).
[987] GROSS, P., WESTRICK, M. L., MCNERNEY, J. M.: A. M. A. Arch. Ind. Health, **18**, 374 (1958).
[988] GROSS, P., WESTRICK, M. L., MCNERNEY, J. M.: A. M. A. Arch. Ind. Health, **19**, 320 (1959).
[989] GROSS, P., WESTRICK, M. L., MCNERNEY, J. M.: Dis. Chest, **37**, 35 (1960).
[990] GROSS, P., WESTRICK, M. L., MCNERNEY, J. M.: Am. Rev. Resp. Dis., **83**, 510 (1961).
[991] GROSS, P., WESTRICK, M. L., MCNERNEY, J. M., SCHRENK, H. H., SRSIC, R. P.: A. M. A. Arch. Ind. Health, **16**, 317 (1957).
[992] GROSS, P., WESTRICK, M. L., SCHRENK, H. H., MCNERNEY, J. M.: A. M. A. Arch. Ind. Health, **13**, 161 (1956).
[993] GROSSMAN, L. I.: J. Am. Dental Assoc., **43**, 265 (1951).
[994] GROSSMAN, L. I.: Brit. Dental J., **1953**, 281.
[995] GRÜMBERG, J.: Arch. Gewerbepathol., Gewerbehyg., **16**, 592 (1958).
[996] Grundfragen aus der Silikose-Forschung, Bd. 1—6. Bochum, 1955—1965.
[997] GRUNDMANN, G.: Zbl. Chir., **75**, 158 (1950); C. A., **46**, 11444 (1952).
[998] GSTIRNER, F., KNIPP, Z.: Pharm. Ind. **24**, 475 (1962).
[999] GUENOT, J.: Chir. dent. France, **36**, 111 (1966).
[1000] GUENTHER, F.: Dtsch. tierärztl. Wochenschr., **54**, 222 (1947).
[1001] GUETHERT, H., SCHANZENBACH, H., POLLAK, K., SCHAEFER, L.: Arch. Gewerbepathol., Gewerbehyg., **18**, 511 (1961).
[1002] GUEYNE, C. H. J., DUFFAUT, M. I.: FR-Pat. 1234213 (1959); C. A., **57**, 4698 (1962).
[1003] GUEYNE, C. H. J., DUFFAUT, M. I.: FR-M 1069 (1962); C. A., **59**, 12911 (1963).
[1004] GUEYNE, C. H. J., DUFFAUT, N., QUILICHINI, R.: Thérapie, **17**, 549 (1962).
[1005] GULINATI, G.: Boll. Soc. ital. biol. sper., **31**, 1546 (1955).
[1006] GULINATI, G.: Boll. Soc. ital. biol. sper., **31**, 1549 (1955).
[1007] GURDIN, M., CARLIN, G.: Plast. Reconstr. Surg., **40**, 530 (1967).
[1008] GUTCH, C., STEVENS, S.: Trans. Am. Soc. Artif. Int. Organs, **12**, 106 (1966).
[1009] GYE, W. E., KETTLE, E. H.: Brit. J. Exp. Pathol., **3**, 241 (1922).
[1010] GYE, W. E., PURDY, W. J.: Brit. J. Exp. Pathol., **3**, 75 (1922).
[1011] GYE, W. E., PURDY, W. J.: Brit. J. Exp. Pathol., **3**, 86 (1922).
[1012] GYE, W. E., PURDY, W. J.: Brit. J. Exp. Pathol., **5**, 238 (1924).
[1013] HABIB, H. N.: Southern Med. J., **62**, 339 (1969).
[1014] HAHN, B. V.: Zbl. inn. Med., **46**, 1002 (1925).
[1015] HALL, C. W., EPPRIGHT, R., ENGEN, T., LIOTTA, D.: Trans. Am. Soc. Artif. Int. Organs, **13**, 329 (1967).
[1016] HALL, C. W., LIOTTA, D., DE BAKEY, M.: Trans. Am. Soc. Artif. Int. Organs, **12**, 340 (1966).
[1017] HALL, C. W., LIOTTA, D., HENLY, W., CRAWFORD, E., DE BAKEY, M.: Am. J. Surg., **108**, 685 (1964).

[1018] Haller, J. A., Crisler, C., Brawley, R., Cameron, J., Rowe, R.: Ann. Thoracic Surg., **7**, 212 (1969).

[1019] Halpern, B. D.: Ann. N. Y. Acad. Sci., **146**, 106 (1968).

[1020] Halpern, B. D., Semmelman, J. O.: (Dentists' Supply Co, New York), US-Pat. 3369297 (1968); C. A., **68**, 81426x (1968).

[1021] Ham, G. E.: (Dow Chemical Co), US-Pat. 3243429 (1966); C. A., **65**, 3908 (1966).

[1022] Hamilton, R.: J. Appl. Physiol., **20**, 555 (1965).

[1023] Hammarsten, G.: Opuscula med., **3**, 19 (1958).

[1024] Hammarsten, G., Helldorf, I., Magnusson, W., Rilton, T.: Svenska läkartidn., **50**, 1242 (1953).

[1025] Hampton, F.: Bull. Dow Corning Center Aid Med. Res., **5**, 8 (1963).

[1026] Hanna, C., Shibley, S.: Am. J. Ophthalmol., **60**, 323 (1965).

[1027] Harding, H. E., McLaughlin, A. I. G.: Brit. J. Ind. Med., **12**, 92 (1955).

[1028] Hardy, H. L.: Trans. Assoc. Am. Phys., **78**, 204 (1965).

[1029] Hargest, T., Williams, A., Wrangell, C. von, Sarles, H., Remmers, A., Fish, J.: Trans. Am. Soc. Artif. Int. Organs, **13**, 341 (1967).

[1030] Hargiss, J. L.: Arch. Ophthalmol., **74**, 527 (1965).

[1031] Harington, J. S.: Thorax, **16**, 120 (1961).

[1032] Harington, J. S.: S. African Med. J., **37**, 451 (1963).

[1033] Harington, J. S.: Med. lavoro, **54**, 769 (1963).

[1034] Harington, J. S., Allison, A. C.: Med. lavoro, **56**, 471 (1965).

[1035] Harkins, G. A.: J. Thoracic Cardiovasc. Surg., **40**, 549 (1960).

[1036] Harley, J. D., Margolis, J.: Nature, **189**, 1010 (1961).

[1037] Harou, Liegault, Sierra: Arch. malad. profess., **21**, 148 (1960).

[1038] Harris, H.: Plast. Reconstr. Surg., **34**, 419 (1964).

[1039] Harris, H. H., Carleton, J. S.: Trans. Am. Acad. Ophthalmol. Otolaryngol., **70**, 48 (1966).

[1040] Harris, H. I.: J. Int. Coll. Surg., **43**, 201 (1965).

[1041] Harrison, C. V., King, E. J., Dale, J. C., Sichel, R.: Brit. J. Ind. Med., **9**, 165 (1952).

[1042] Hartmann, H.: DT-Pat. 1061322 (1959); C. A., **55**, 6500 (1961).

[1043] Hashikura, K., Nishi, H., Kimura, T. et al.: J. Jap. Orthop. Assoc., **38**, 556 (1964); Index med., **6**, s-1160 (1965).

[1044] Hattemer, A. J.: Zahnärztl. Welt, **66**, 499 (1965).

[1045] Hauger, R., Krisch, K., Staudinger, H.: Beitr. Silikose-Forsch., Sonderband, Grundfr., **5**, 69 (1963).

[1045a] Hecht, G.: Arzneimittel-Forsch., **5**, 10 (1955).

[1046] Hecht-Poinar, E. I., Yarwood, C. E.: Virology, **29**, 351 (1966).

[1047] Hedegard, B.: Int. Dental J., **15**, 381 (1965).

[1048] Heffner, R. R., Page, R. C., Frey, A.: Am. J. Digest. Dis., **8**, 219 (1941).

[1049] Hefnawi, F., Fuchs, A. R., Laurence, K. A.: Am. J. Obstetr. Gynecol., **99**, 421 (1967).

[1050] Helal, B.: Brit. Med. J., **3**, 184 (1968).

[1051] Helal, B., Karadi, B. S.: Ann. Phys. Med., **9**, 334 (1968).

[1052] Heller, E.: Bull. Dow Corning Center Aid Med. Res., **7**, 10 (1965).

[1053] Heller, E.: J. Urol., **94**, 576 (1965).

[1054] HELLER, K.: Beitr. Klin. Erforsch. Tuberk., **138**, 143 (1968).

[1055] HELLSTRÖM, K. E., NILSSON, O.: Experientia, **13**, 125 (1957).

[1056] HELMSWORTH, J. A., CLARK, L. C., KAPLAN, S., SHERMAN, R. T., LARGENT, T.: J. Thoracic Surg., **24**, 117 (1952).

[1057] HELMSWORTH, J. A., CLARK, L. C., KAPLAN, S., SHERMAN, R. T., LARGENT, T.: J. Thoracic Surg., **24**, 151 (1952).

[1058] HELMSWORTH, J. A., GALL, E. A., PERRIN, E. V., BRALEY, S. A., FLEGE, J. B., KAPLAN, S., KEIRLE, A. M.: Surgery, **53**, 177 (1963).

[1059] HELMSWORTH, J. A., GALL, E. A., PERRIN, E. V., BRALEY, S. A., FLEGE, J. B., KAPLAN, S., KEIRLE, A. M., DE FOREST, D.: Bull. Dow Corning Center Aid Med. Res., **5**, 7 (1963).

[1060] HENDERSON, P. T., ARIËNS, E. J., ELLENBROEK, B. W. J., SIMONIS, A. M.: J. Pharm. Pharmacol., **20**, 26 (1968).

[1061] HENDERSON, Y., HAGGARD, H. W.: Noxious Gases. 1943, p. 99.

[1062] HENGEN, A.: Münch. tierärztl. Wochenschr., **78**, 464 (1927).

[1062a] HENNICKE, A.: Dtsch. Zahnärztebl., **12**, 833 (1958).

[1063] HENSCHLER, D.: Arch. exp. Pathol., Pharmakol., **236**, 197 (1959).

[1064] HENSCHLER, D., AMEND, F., JUETNER, J.: Arch. exp. Pathol., Pharmakol., **239**, 288 (1960).

[1065] HEPPLESTON, A. G.: Nature, **213**, 199 (1967).

[1066] HEPPLESTON, A. G., MORRIS, T. G.: Am. J. Pathol., **46**, 945 (1965).

[1067] HEPPLESTON, A. G., STYLES, J. A.: Nature, **214**, 521 (1967).

[1068] HERFELD, A., RIEDE, G.: Z. Haut-, Geschlechtskr., **15**, 163 (1953).

[1069] HERMAN, J. R., GOLDBERG, A. S.: JAMA, **174**, 1206 (1960).

[1070] HERRMANN, E.: Pharm. Ztg, **78**, 832 (1933).

[1071] HERRMANN, W. A.: Acta dermato-venerol., **37**, 276 (1957).

[1072] HERRMANN, W. A.: Nederl. tijdschr. geneesk., **101**, 574 (1957).

[1073] HESSBURG, P.: Am. J. Ophthalmol., **61**, 1, 896 (1966).

[1074] HESSE, E.: Münch. med. Wochenschr., **83**, 1317 (1936).

[1075] HESSE, E.: Fortschr. Therap., **13**, Nr. 6, 324 (1937).

[1076] HESSE, E.: Klin. Wochenschr., **18**, 502 (1939).

[1077] HESSE, E., MEISSNER, G.: Klin. Wochenschr., **14**, 1464 (1935).

[1078] HESSE, E., MEISSNER, G.: Dtsch. med. Wochenschr., **66**, 407 (1940).

[1079] HESSE, E., MEISSNER, G., SEBELIN, M., MÜLLER, H.: Arch. exp. Pathol., Pharmakol., **179**, 296 (1935).

[1080] HESSEL, E., ANDERSON, H., MERENDINO, K.: Ann. Surg., **164**, 1013 (1966).

[1081] HESSEN, I.: Nordisk med., **69**, 424 (1963).

[1082] HEYDRICH, B.: Z. klin. Med., **135**, 268 (1938).

[1083] HEYROTH, F. F.: In: Industrial Hygiene and Toxicology, 2. New York—London, 1963, p. 844.

[1084] HIGASHI, K., TSUKUMA, S., NAITO, M.: Am. Rev. Resp. Dis., **85**, 392 (1962).

[1085] HILFENHAUS, J., SCHMITT, W., EINBRODT, H. J.: Arch. Hyg., Bakteriol., **153**, 9 (1969).

[1086] HILL, J. C., RADFORD, C. J.: Am. J. Ophthalmol., **60**, 487 (1965).

[1087] HILL, R. M.: J. Am. Optometr. Assoc., **37**, 1119 (1966).

[1088] HILL, R. M., SCHOESSLER, J.: J. Am. Optometr. Assoc., **38**, 480 (1967).

[1089] HIR, M. LE: Maroc méd., **34**, 1015 (1955).

[1090] HIRASAWA, Y., MARMOR, L.: J. Neurosurg., **27**, 401 (1967).

[1091] HIRSCH, E. O., DAMESHEK, W.: Arch. Int. Med., **88**, 70, (1951).
[1092] HIRSCH, E. O., FAVRE-GILLY, J., DAMESHEK, W.: Blood, **5**, 568 (1950).
[1093] HIRSCHHORN, R. C.: J. Urol., **92**, 206 (1964).
[1094] HIRSCHOWITZ, B. I.: Lancet, **1961**, 1074.
[1095] HIRSCHOWITZ, B. I., BOLT, R. J., POLLARD, H. M.: Gastroenterology, **27**, 649 (1954).
[1096] HIRSCHOWITZ, B. I., HAMMOND, J. B., FRIEND, C., BOLT, R. J.: Am. J. Digest. Dis., **5**, 140 (1960).
[1097] HITTMAIR, A.: Strahlentherapie, **135**, 748 (1968).
[1098] HITZ, J. B., O'DELL, L., HILL, C. W.: Arch. Ophthalmol., **73**, 721 (1965).
[1099] HOBART, J. H.: Bull. Dow Corning Center Aid Med. Res., **8**, 5 (1966).
[1100] HOCK, C. W.: Med. Times, **90**, 290 (1962).
[1101] HÖFFLER, D., KALTENBACH, T., QUELLHORST, E., SCHELER, F., WIGGER, W.: Dtsch. med. Wochenschr., **90**, 1824 (1965).
[1102] HOFFMANN, R.: Therap. Gegenw., **91**, 186 (1952).
[1103] HOHNJEE, S., ŽLOF, B.: Farm. glasnik, **18**, 107 (1962).
[1104] HOLLENBACK, G.: J. Am. Dental Assoc., **71**, 640 (1965).
[1105] HOLLNSTEINER, H.: Wien. med. Wochenschr., **86**, 1422 (1936).
[1106] HOLSTEIN, E.: 14th Int. Congr. Occup. Health, Madrid, 1963, 841; C. A., **64**, 20510 (1966).
[1107] HOLT, P. F.: Brit. J. Ind. Med., **7**, 12 (1950).
[1108] HOLT, P. F., LINDSAY, H., NASRALLAH, E. T.: Nature, **216**, 611 (1967).
[1109] HOLT, P. F., OSBORNE, S. G.: Nature, **171**, 892 (1953).
[1110] HOLT, P. F., YATES, D. M.: Biochem. J., **54**, 300 (1953).
[1111] HOLTZENDOROFF, L. C.: J. Prosth. Dent., **16**, 756 (1966).
[1111a] HOLUŠA, R.: Prac. lék., **21**, 1 (1969).
[1111b] HOLZAPFEL, L.: Z. Ver. dtsch. Ing., **87**, 37, 605 (1943).
[1112] HOON, J. R.: Ind. Med. Surg., **36**, 321 (1967).
[1113] HOOPES, J. E., EDGERTON, M. T., SHELLEY, W.: Plast. Reconstr. Surg., **39**, 263 (1967).
[1114] HOOPES, J. E., EDGERTON, M. T., SHELLEY, W.: Bull. Dow Corning Center Aid Med. Res., **9**, 3 (1967).
[1115] HOOPES, J. E., WEBB, W. R.: Arch. Surg., **88**, 421 (1964).
[1116] HÖPPING, W.: Ber. Dtsch. ophthalmol. Ges., **66**, 336 (1965).
[1117] HORN, H. J., KILIAN, D. J., SMITH, R. A.: A. M. A. Arch. Ind. Health, **15**, 63 (1957).
[1118] HORSCH, W., SINGER, D.: Pharm. Praxis, **1959**, Nr. 5, 61.
[1119] HORSCH, W., ROSSNER, F.: Pharm. Praxis, **1963**, Nr. 1, 5.
[1119a] HOUTMAN, R. L.: FR-Pat. 1561944 (1969); Bull. offic. propr. ind., **10**, 4490 (1969).
[1120] HOUZEL, R. G. G.: FR-Pat. 1300329 (1962); C. A., **58**, 1300 (1963).
[1121] HOWARD, G. M.: Research (London), **1961**, 409.
[1122] HUDOMEL, J., KELEMEN, V.: Orv. hetilap, **107**, 207 (1966).
[1123] HUEPER, W. C.: J. Nat. Cancer Inst., **15**, 113 (1954).
[1124] HUEPER, W. C.: A. M. A. Arch. Pathol., **67**, 589 (1959).
[1125] HUEPER, W. C.: J. Nat. Cancer Inst., **33**, 1005 (1964).
[1126] HUFFSTADT, A. J.: Nederl. tijdschr. geneesk., **111**, 394 (1967).
[1127] HUFNAGEL, C. A., CONRAD, P. W.: Ann. Surg., **167**, 791 (1968).

[1128] HUFNAGEL, C. A., CONRAD, P. W., GILLESPIE, J. F., PIFARRE, R., ILANO, A., YOKOYAMA, T.: Surgery, **61**, 11 (1967).
[1129] HUGHES, J. F., LONTZ, J. F.: Delaware Med. J., **36**, 29 (1964).
[1130] HUGHES, J. P. W.: J. Ind. Nurses, March, 1957.
[1131] HUGHES, J. P., WIGLEY, G. S.: Brit. Med. J., **2**, 153 (1962).
[1132] HULL, M.: Am. J. Vet. Res., **28**, 1915 (1967).
[1132a] HUMPERDINCK, K.: Med. Klin., **48**, 15 (1953).
[1133] HUNGATE, R. E., FLETCHER, D. W., DOUGHERTY, R. W., BARRENTINE, B. F.: Appl. Microbiol., **3**, 161 (1955).
[1134] HUNT, G. M., GARRATT, G. A.: Wood Preservation. 1953; русский перевод: ХУНТ, M., ГЭРРАТТ, A.: Консервирование древесины. M.—Л., 1961.
[1135] HUNTER, J.: Am. J. Surg., **109**, 325 (1965).
[1136] HURWITZ, C., BRAUN, C. B., PEABODY, R. A.: J. Bacteriol., **90**, 1692 (1965).
[1137] HUSSONG, J.: Medizinische (Stuttgart), **1955**, 1477.
[1138] ICHIKASHI, K., TAKEYASU, K., BESSYO, T.: Folia ophthalmol. jap., **18**, 655 (1967).
[1139] ILIFF, C.: Arch. Ophthalmol., **78**, 742 (1967).
[1140] IMRE, G., PÁL, M.: Acta med. Acad. scient. hung., **25**, 97 (1968).
[1141] INABA, K.: JA-Pat. 79145 (1927); Cbl., **1929**, 1, 2797.
[1142] INDOVINA, D., VACCARINO, A.: Minerva med., **53**, 2051 (1962).
[1143] INGRAHAM, H. S., FLOOD, A. J.: N. Y. State J. Med., **49**, 41 (1943).
[1144] International Labour Office: Occup. and Health (Geneva), **2**, 841 (1934).
[1145] IRMSCHER, G., SCHULZ, G.: Arch. Gewerbepathol., Gewerbehyg., **18**, 422 (1961).
[1146] ISELIN, P.: Compt. rend. Soc. biol., **148**, 1981 (1954).
[1147] ISHIZAKA, O., ENDO, H.: Nagoya Shiritsu Daigaku Yakugakubu Kiyo, **10**, 49 (1963); C. A., **59**, 13192 (1963).
[1148] ITO, J.: Jap. J. Plast. Reconstr. Surg., **8**, 41 (1965).
[1149] IVALDI, C.: Rass. int. stomatol. prat., **16**, 231 (1965).
[1150] JACKSON, F., HEGERTY, E.: AORN J., **4**, 43 (1966).
[1150a] JACKSON, R. R., THOMPSON, R. H., EKENGREN, L. E., MORONI, E. J.: JAMA, **208**, 1704 (1969).
[1151] JACQUES, L. B., FIDLAR, E., FELSTEAD, E. T., MACDONALD, A. G.: Can. Med. J., **55**, 26 (1946).
[1152] JAMES, D. M., MARKS, J.: J. Hyg., **54**, 342 (1956).
[1153] JAMES, D. M., MORRIS, T. G., MARKS, J.: Brit. J. Ind. Med., **17**, 36 (1960).
[1154] JANET, J.: Soc. sci. phys. nat. Bordeaux, P.-V., **1967**, 143.
[1155] JANET, J.: Soc. sci. phys. nat. Bordeaux, P.-V., **1964**, 163.
[1156] JANOWIEC, M., ŠLOPEK, S.: Med. pracy, **6**, 303 (1955).
[1157] JARETZKY, R., BREITWIESER, K., NEUWALD, F.: Arch. Pharm. Ber. Dtsch. pharm. Ges., **276**, 552 (1938).
[1158] JÄRNECKE, H.: Dtsch. med. Wochenschr., **80**, 755 (1955).
[1159] JAROSS, W.: Dtsch. Gesundheitswesen, **21**, 1141 (1966).
[1160] JARRETT, W. F. H.: Vet. Rec., **64**, 429 (1952).
[1161] JAUSION, H., KOUCHNER, G.: Rev. pathol. gén. physiol. clin., **57**, 689 (1957); C. A., **51**, 12293 (1957).
[1162] JAYAPATHY, B.: Bull. Dow Corning Center Aid Med. Res., **2**, 9 (1960).
[1163] JENDRASSIK, L.: Arch. néerl. physiol., **9**, 449 (1924).
[1164] JESBERG, D. O.: Trans. Pacif. Coast Otoophthalmol. Soc., **46**, 169 (1965).
[1165] JEŽEK, M.: Vojenské zdrav. listy, **34**, 132 (1965).

[1166] JOÃO, M.: Rev. brasil. odontol., **25**, 170 (1966).
[1167] JOÃO, M.: Rev. brasil. odontol., **25**, 367 (1966).
[1168] JOHNSTONE, R. T., MILLER, S. E.: Occupational Diseases and Industrial Medicine. Philadelphia, 1960.
[1169] JONES, D. W.: Brit. Dental J., **122**, 146 (1967).
[1170] JONES, D. W.: Brit. Dental J., **122**, 489 (1967).
[1171] JONES, J. H., HEPPLESTONE, A. G.: Nature, **191**, 1212 (1961).
[1172] JONES, T.: Current Pediatry, **1967**, No. 6, 7.
[1173] JORDI, A.: Ärztl. Monatsh., **5**, 159 (1949).
[1174] JØRGENSEN, K. D.: Tandlaegebladet, **70**, 577 (1966).
[1175] JÖTTEN, K. W., KLOSTERKÖTTER, W.: Arch. Hyg., Bakteriol., **136**, 1 (1952).
[1176] JÖTTEN, K. W., KLOSTERKÖTTER, W.: Medizinische (Stuttgart), **1956**, 1076.
[1177] JOUGLARD, J., VERSINO, A., MOSINGER, M.: Arch. malad. profess., **28**, 813 (1967).
[1178] JUNGE-HÜLSING, G., WAGNER, H., EINBRODT, H. J.: Beitr. Silikose-Forsch., **94**, 41 [1968).
[1179] JUNGHANS, J.: USAF Med. Serv. Digest, **18**, 10 (1967).
[1180] JUNGHANS, J. A.: Am. J. Orthodontics, **53**, 217 (1967).
[1181] KADISCH, E.: Beitr. Klin., Erforsch. Tuberk., **53**, 111 (1922).
[1182] KAGAN, H. D.: Arch. Otolaryngol., **78**, 663 (1963).
[1183] KAHAN, H., SCHWARTZMAN, J., SAWICKY, H. H.: Arch. Pediatrics, **73**, 125 (1956).
[1183a] KAHLE, H., RÖSSLE: Münch. med. Wochenschr., **61**, 752 (1914).
[1184] KAISER, G.: Dtsch. Gesundheitswesen, **12**, 830 (1957).
[1185] KALAMBAHETI, K.: Am. J. Surg., **110**, 935 (1965).
[1186] KALLER, A.: DL-Pat. 45885 (1966); C. A., **65**, 9661 (1966).
[1187] KALZ, C.: Zur Toxikologie des Silikochloroforms. Diss. Berlin, 1964.
[1188] KAMINSKY, A.: Prensa méd. argent., **41**, 1217 (1954).
[1189] KAMINSKY, A.: Día médico (Buenos Aires), **27**, 351 (1955).
[1190] KAMP, H. F., WATTS, J. C.: S. African Med. J., **41**, 651 (1967).
[1191] KARFIK, V., SMAHEL, J.: Acta chir. plast. (Praha), **10**, 328 (1968).
[1191a] KARI, P.: Maroc méd., **49**, 103 (1969).
[1192] KASPER, J. A., McCORD, C. P., FREDRICK, W. G.: Bur. Ind. Hyg., Bur. Labs, Dept Health, Detroit, 1937; C. A., **32**, 243 (1938).
[1193] KASPER, J. A., McCORD, C. P., FREDRICK, W. G.: Ind. Med. Surg., **6**, 660 (1937).
[1193a] KASPERCZYK, A., KUCZYNSKI, E., PORADOWSKI, S., ZACZYNSKI, Z., BOCZAR, B.: PO-Pat. 53584 (1967); C. A., **70**, 59009h (1969).
[1194] KATSUHARA, K., YOKOSUKA, T., SAKAKIBARA, S.: J. Surg. Res., **8**, 245 (1968).
[1195] KAUFMANN, H. P.: DT-Pat. 528988 (1928); C. A., **25**, 5177 (1931).
[1196] KAUFMANN, H. P.: Klin. Wochenschr., **14**, 1420 (1935).
[1197] KAUFMANN, H. P.: DT-Pat. 641075 (1936); Cbl., **1937**, I, 2817.
[1198] KAWAKITA, Y. O., MATSUMOTO, S. K.: JA-Pat. 3349 (1955).
[1199] KAY, W. W.: Brit. Med. J., **1956**, 1487.
[1200] KEATS, T. E., WHITROCK, R. M.: Radiology, **65**, 578 (1955).
[1201] KEELER, R. F., LOVELACE, S. A.: J. Exp. Med., **109**, 601 (1959).
[1202] KELLY, A. P., JACOBSON, H. S., FOX, J. I., JENNY, H.: Plast. Reconstr. Surg., **37**, 438 (1966).
[1203] KELLY, T. S.: Brit. J. Ophthalmol., **52**, 350 (1968).
[1204] KEMPSON-JONES, G.: Manufact. Chem. Aerosol News, **26**, 166 (1955).
[1205] KENNEL, J. VON: Kosmet. Monatsschr., **1**, 7 (1952).

[1206] KEŘKA, J., POKORNÝ, F., PICHA, F.: Prac. lék., **7**, 102 (1955).
[1207] KERN, K.: Arch. Gewerbepathol., Gewerbehyg., **17**, 108 (1959).
[1208] KERN, S. F., ANDERSON, R. C., HARRIS, P. N.: J. Am. Pharm. Assoc., **38**, 575 (1949).
[1209] KERSTEN, W., KRISCH, K., STAUDINGER, H.: Z. physiol. Chem., **313**, 109 (1958).
[1210] KERSTEN, W., STAUDINGER, H.: Beitr. Silikose-Forsch., Sonderband, Grundfr., **2**, 353 (1956).
[1211] KESSEL, R. W. I., MONACO, L., MARCHISIO, M. A.: Brit. J. Exp. Pathol., **44**, 351 (1963).
[1212] KESSEL, R. W., MONACO, L., MARCHISIO, M. A.: Med. lavoro, **54**, 323 (1963).
[1213] KESSELER, A.: Dtsch. med. Wochenschr., **46**, 239 (1920).
[1214] KESSLER, J.: Arch. Ophthalmol., **76**, 596 (1966).
[1215] KETTLE, E. H.: Brit. J. Exp. Pathol., **5**, 158 (1924).
[1216] KETTLITZ, V., SCHOEN, G.: Farm. chilena, **26**, 531 (1952); C. A., **47**, 6092 (1953).
[1217] KHOO, B. C.: Plast. Reconstr. Surg., **34**, 81 (1964).
[1218] KILROE-SMITH, T. A., BREYER, M. G., PRINSLOO, H.: Brit. J. Ind. Med., **21**, 35 (1964).
[1219] KIMURA, K. K., TREON, J. F., BENSON, F. R.: Current Therap. Res., **6**, 202 (1964).
[1220] KING, E. J.: Occup. Med., **4**, 26 (1947).
[1221] KING, E. J.: In: Die Staublungenerkrankungen. Darmstadt, **1954**, S. 197.
[1222] KING, E. J., BELT, T. H.: Physiol. Revs, **18**, 329 (1938).
[1223] KING, E. J., MOHANTY, G. P., HARRISON, C. V., NAGELSCHMIDT, G.: Brit. J. Ind. Med., **10**, 9 (1953).
[1224] KING, E. J., SCHMIDT, E., ROMAN, W., KIND, P. R.: Enzymologia, **17**, 341 (1956).
[1225] KING, E. J., STANTIAL, H.: Biochem. J., **32**, 426 (1938).
[1226] KING, E. J., YOGANATHAN, M., HARRISON, C. V., MITCHISON, D. A.: Arch. Ind. Health, **16**, 380 (1957).
[1227] KING, E. J., ZAIDI, S. H., NAGELSCHMIDT, G.: Arch. Ind. Health, **13**, 2 (1956).
[1228] KIRBY, C., PIERCE, W., BURNEY, R., ROGERS, A., WILLIAMS, K., JOHNSON, J.: Surgery, **56**, 719 (1964).
[1229] KIRKEGAARD, V. G.: Surv. Ophthalmol., **9**, 465 (1964).
[1230] KISHIMOTO, M.: Folia ophthalmol. jap., **19**, 819 (1968).
[1231] KISHIMOTO, M., MORI, S.: Folia ophthalmol. jap., **17**, 71 (1966).
[1232] KLARE, K., BUDDE, O.: Münch. med. Wochenschr., **69**, 741 (1922).
[1233] KLAUDER, J. V.: Arch. Environm. Health, **1**, 407 (1960).
[1234] KLEIN, G., NIENBURG, H.: (IG-Farbenindustrie AG). DT-Pat. 637532 (1936); Cbl., **1937**, I, 1014.
[1235] KLEINE-NATROP, H. E.: Fette, Seifen, Anstrichmittel, **54**, 675 (1952).
[1236] KLEINFELD, M. D., MESSITE, J.: Arch. Environm. Health, **1**, 428 (1960).
[1237] KLEMM, T.: Dtsch. Zahnärztebl., **19**, 406 (1965).
[1238] KLIMESCH, E.: Wien. klin. Wochenschr., **36**, 799 (1923).
[1239] KLOPPER, P. J.: Nederl. tijdschr. geneesk., **112**, 985 (1968).
[1240] KLOSTERKÖTTER, W.: Arch. Hyg., Bakteriol., **136**, 188 (1952).
[1241] KLOSTERKÖTTER, W.: Arch. Hyg., Bakteriol., **137**, 308 (1953).
[1242] KLOSTERKÖTTER, W.: Arch. Hyg., Bakteriol., **141**, 258 (1957).
[1243] KLOSTERKÖTTER, W.: Arch. Hyg., Bakteriol., **149**, 577 (1965).
[1244] KLOSTERKÖTTER, W.: Arch. Hyg., Bakteriol., **150**, 542 (1966).
[1245] KLOSTERKÖTTER, W.: Arch. Hyg., Bakteriol., **152**, 7 (1968).

[1246] KLOSTERKÖTTER, W., EINBRODT, H. J.: Arch. Hyg., Bakteriol., **149**, 367 (1965).
[1247] KLOSTERKÖTTER, W., JÖTTEN, K. W.: Arch. Hyg., Bakteriol., **137**, 625 (1953).
[1248] KNAKE, E.: Beitr. Silikose-Forsch., Sonderband, Grundfr., **2**, 363 (1956).
[1249] KNAKE, E., PETER, H.: Beitr. Silikose-Forsch., **68**, 37 (1960).
[1250] KNIERIEM, H. J., REIF, E.: Beitr. pathol. Anat., **132**, 57 (1965).
[1251] KNIGHT, C.: Brit. J. Plast. Surg., **15**, 213 (1962).
[1251a] KNIPE, P.: Brit. Med. J., **1956**, I, 1044.
[1252] KOBER, B.: Münch. med. Wochenschr., **97**, 767 (1955).
[1253] KOBERT, R.: Über Kieselsäurehaltige Heilmittel. Rostock, 1918.
[1254] KOBRLE, V., CHVAPIL, M.: Arch. Gewerbepathol., Gewerbehyg., **16**, 526 (1958).
[1255] KOCH, W.: Frankfurter Z. Pathol., **60**, 58 (1949).
[1256] KOELSCH, F.: Handbuch der Berufskrankheiten. Jena, 1959.
[1257] KOEPNICK, H., DELFS, D., SIMMLER, W.: (Farbenfabriken Bayer AG), DT-Pat. 1108917 (1959); C. A., **56**, 2576 (1962).
[1258] KOHATSU, S., UPSHER, M., OBERHELMAN, H.: Am. J. Surg., **115**, 430 (1968).
[1259] KOHGAMI, K.: Jap. Med. World, **5**, 127 (1924); C. A., **18**, 2921 (1924).
[1260] KOHLER, F. P.: Invest. Urol., **4**, 211 (1966).
[1261] KOHLER, F. P., MURPHY, J. J.: Surg. Gynecol. Obstetr., **109**, 703 (1959).
[1262] KÖHLER, G., SCHLOTTHAUER, E. W.: Therap. Gegenw., **1950**, 23.
[1262a] KÖHLER, H.: Dtsch. Apotheker-Ztg, **99**, 803 (1959).
[1263] KOHLER, K.: Münch. med. Wochenschr., **98**, 312 (1956).
[1264] KOLFF, W. J.: Scient. Am., **213**, 39 (1965).
[1265] KOPF, E. H.: Rocky Mountain Med. J., **63**, 34 (1966).
[1266] KORNICKER, W. A.: (Monsanto Co), US-Pat. 3318932 (1967); C. A., **67**, 64541 t (1967).
[1267] KORTHALS, E.: Czasop. stomatol., **18**, 763 (1965).
[1268] KOUNTZ, S., COHN, R.: Surg. Forum, **18**, 251 (1967).
[1269] KOVACS, V.: Mondo odontostomatol., **10**, 110 (1968).
[1270] KRAEMER, M., AARON, B.: Am. J. Digest. Dis., **7**, 57 (1940).
[1271] KRAMER, S. P.: Kolloid-Z., **31**, 149 (1922).
[1272] KRANTZ, J. C., CARR, C. J.: The Pharmacological Principles of Medical Practice. Baltimore, 1961.
[1273] KRETER, F.: Dtsch. zahnärztl. Z., **22**, 1057 (1967).
[1274] KRISCH, K.: Z. physiol. Chem., **314**, 211 (1959).
[1275] KRISCH, K.: Z. physiol. Chem., **320**, 258 (1960).
[1276] KRISCH, K.: Beitr. Silikose-Forsch., Sonderband, Grundfr., **4**, 33 (1960).
[1277] KRISHNAKUMARI, M. K., MAJUMDER, S. K.: Nature, **193**, 1310 (1962).
[1278] KROKOSKY, E. M., KROUSKOP, T.: J. Biomed. Mater. Res., **2**, 357 (1968).
[1279] KROLL, A. J.: Illinois Dental J., **34**, 18 (1965).
[1280] KRUG, O.: Z. Fleisch-, Milchhyg., **37**, 88 (1927).
[1281] KRÜMMEL, H.: Beitr. Silikose-Forsch., **57**, 1 (1958).
[1282] KRYST, L.: Czasop. stomatol., **20**, 21 (1967).
[1283] KRZYMIEN, H., WOLSKA, E.: Polskie arch. med. wewnętr., **31**, 663 (1961).
[1284] KUCK, M.: Dtsch. zahnärztl. Z., **9**, 1352 (1954).
[1285] KUCK, M.: Zahnärztl. Welt, **10**, 148 (1955).
[1286] KUGEL, K..E.: Arch. klin. Chir., **282**, 998 (1955).
[1287] KÜHN, A.: Z. Tuberk., **32**, 320 (1920).
[1288] KÜHN, A.: Münch. med. Wochenschr., **67**, 253 (1920).

[1289] Kühn, A.: Münch. med. Wochenschr., **68**, 1612 (1921).
[1290] Kühn, A.: Med. Klin., **18**, 9 (1922).
[1291] Kühn, A.: Pharm. Ztg, **73**, 1589 (1928).
[1292] Kühn, A.: Süddtsch. Apotheker-Ztg, 78, 142 (1938).
[1293] Kurz, G. H., Ezrow, L.: Arch. Ophthalmol., **73**, 183 (1965).
[1294] Kusserow, B., Clapp, J.: Trans. Am. Soc. Artif. Int. Organs, **10**, 74 (1964).
[1295] Kutzer, E.: Dtsch. tierärztl. Wochenschr., **72**, 15 (1965).
[1296] Kutzim, H.: Kosmet. Monatsschr. **1**, 7 (1952).
[1296a] Kwoczek, I., Schaefer, R.: Dermatol. Wochenschr., **7**, 177 (1958).
[1297] Kyral, V., Svehla, K., Faix, Z.: Časop. lék. českých, **105**, 310 (1966).
[1298] Labat, M. J.-A.: Bull. Soc. chim. biol., **14**, 1222 (1932).
[1299] Laboratorio Martin Cuatrecasas, S. A. ES-Pat 335473 (1967); C. A., **68**, 81412q (1968).
[1300] Lagergren, C.: J. Urol., **87**, 994 (1962).
[1301] Lahey, F.: N. Engl. J. Med., **240**, 161 (1949).
[1302] Lamina, J., Kruner, N.: Dtsch. tierärztl. Wochenschr., **73**, 124 (1966).
[1303] Langeland, L. K., Guttuso, J., Jerome, D. R., Langeland, K.: J. Am. Dental Assoc., **72**, 373 (1966).
[1304] Langendorf, G.: Handbuch für den Holzschutz. Leipzig, 1961.
[1304a] Langner, F.: Therap. Ber., **29**, 278 (1957).
[1305] Langston, R., Lincoff, H. A., McLean, J. M.: Arch. Ophthalmol., **74**, 665 (1965).
[1306] Lansing, A.: Surg. Gynecol. Obstetr., **125**, 775 (1967).
[1307] Lantz, H.: Penn. Dental J., **34**, 134 (1967).
[1308] Lanza, A. J.: Silicosis and Asbestosis. London—New York—Toronto, 1938.
[1309] Lanza, A. J., Goldberg, J. A.: Industrial Hygiene. New York, 1939, p. 508.
[1310] Lapides, J., Zierdt, D., Costello, R., Konnak, J., Hall, J.: J. Urol., **100**, 744 (1968).
[1311] Laprand, J., Garcet, S., Laurre, M.: Thérapie, **18**, 981 (1963).
[1312] Largent, E., Blackstone, M., Roth, J.: USAF Med. Serv. Repts, 1950.
[1313] Lash, H.: J. Urol., **100**, 709 (1968).
[1314] Lash, H., Zimmerman, D. C., Loeffler, R. A.: Plast. Reconstr. Surg., **34**, 75 (1964).
[1315] Laumanns, M.: Therap. Gegenw., **97**, 109 (1958).
[1316] Lavallee, G.: Farmaco, ed. prat., **11**, 71 (1956).
[1317] Lavender, A., Forland, M., Rams, J.: JAMA, **203**, 261 (1968).
[1318] Lavender, A., Forland, M., Rams, J., Thompson, J., Russe, H., Spargo, B.: JAMA, **203**, 265 (1968).
[1319] Leandri, J., Piwnica, A., Cachera, J. P.: Ann. chir. thorac. et cardio-vasc., **4**, 154 (1965).
[1320] Leasure, J. K., Mussell, D. R.: (Dow Chemical Co), US-Pat. 3183076 (1965); C. A., **63**, 3558 (1965).
[1321] Leasure, J. K., Mussell, D. R.: (Dow Chemical Co), US-Pat. 3390976 (1968); C. A., **69**, 51120w (1968).
[1322] Leasure, J. K., Mussell, D. R.: (Dow Chemical Co), US-Pat 3390777 (1968); C. A., **69**, 51119c (1968).
[1323] Leasure, J. K., Mussell, D. R.: (Dow Chemical Co), US-Pat. 3390978 (1968); C. A., **69**, 58531q (1968).
[1324] Leasure, J. K., Speier, J. L.: J. Med. Chem., **9**, 949 (1966).
[1325] Leberl, O.: Kosmetik—Parfum—Drogen-Rundschau, **2**, 45 (1954).

[1326] LEBERL, O.: Kosmetik—Parfum—Drogen-Rundschau, **4**, 57, 85, 113, 147 (1957).
[1327] LEBERL, O.: Kosmetik—Parfum—Drogen-Rundschau, **5**, Nr. 7/8 (1958).
[1327a] LEBERL, O.: Kosmetik—Parfum—Drogen-Rundschau, **7**, 3, 42, 74 (1960).
[1328] LEBERL, O.: Kosmetik—Parfum—Drogen-Rundschau, **13**, 99, 101 (1966).
[1329] LECHAT, P.: Thérapie, **11**, 948 (1956).
[1330] LECINWERK Dr. E. LAVES: DT-Pat. 350247 (1922); Cbl., **1922**, 11, 1181.
[1331] LECINWERK Dr. E. LAVES: DT-Pat. 323596 (1920), 337796 (1922), 348411 (1923), 349384 (1923), 351732 (1923), 351734 (1923).
[1332] LEE, J., ODOM, G., TINDALL, G.: J. Neurosurg., **27**, 558 (1967).
[1333] LEGERLOTZ, C.: Beitr. Silikose-Forsch., **36**, 29 (1955).
[1334] LEGGE, R. T., ROSENCRANTZ, E.: Am. J. Public Health, **20**, 1055 (1932).
[1335] LEHMAN, A. J.: Bull. Assoc. Food Drug Offic. US, **14**, 82 (1950).
[1336] LEHMANN, H.: Schweiz. Apotheker-Ztg, **93**, 459 (1955).
[1337] LEININGER, R. I., COOPER, C. W., FALB, R. D., GRODE, G. A.: Science, **152**, 1625 (1966).
[1338] LEININGER, R. I., MIRKOVITCH, V., PETERS, A., HAWKS, W.: Bull. Dow Corning Center Aid Med. Res., **6**, 10 (1964).
[1339] LEISS, F., PETER, K. H.: Arzneimittel-Forsch., **4**, 571 (1954).
[1340] LEISS, F., PETER, K. H.: Arzneimittel-Forsch., **4**, 614 (1954).
[1341] LEISS, F., PETER, K. H.: Arzneimittel-Forsch., **4**, 664 (1954).
[1342] LENNOX, W. M.: Leprosy Rev., **36**, 109 (1965).
[1343] LEO, H., CARNAP, H. VON, HESSE, W.: Arch. exp. Pathol., Pharmakol., **96**, 133 (1923).
[1344] LEPP, E.: Can. J. Med. Technol., **11**, 64 (1949).
[1345] LEPRI, G., TOTA, G.: Ann. ottalmol., **93**, 188 (1967).
[1346] LESSER, M. A.: Drug and Cosmetic Ind., **72**, 616, 688 (1953).
[1347] LESSLAUER, W.: Helv. chir. acta, **31**, 493 (1964).
[1348] LEVENSON, D. S., STOCKER, F. W., GEORGIADE, N. G.: Arch. Ophthalmol., **73**, 90 (1965).
[1349] LEVIN, H. L.: Milit. Med., **121**, 397 (1957).
[1350] LEVIN, R.: Manufact. Chem. Aerosol News, **26**, 157 (1955).
[1351] LEVIN, R.: Pharmacy of Silicones and their Use in Medicine. London, 1958.
[1352] LEVINE, A.: Eye, Ear, Nose, Throat Monthly, **43**, 55 (1964).
[1353] LEVINE, A. M., ELLIS, R. A.: Am. J. Ophthalmol., **55**, 939 (1963).
[1354] LEVIS, F., RICCIO, A.: Med. lavoro, **49**, 89 (1958).
[1355] LEVIS, F., TOMATIS, L.: Med. lavoro, **48**, 84 (1957).
[1356] LEVY, B. M., HIGGINS, G. M.: Am. Ind. Hyg. Assoc. J., **26**, 227 (1965).
[1357] LEWIN, G., MYERS, G., PARSONNET, V., RAMAN, K.: Trans. Am. Soc. Artif. Int. Organs, **14**, 215 (1968).
[1358] LEWIN, L.: Gifte und Vergiftungen, Berlin 1929, S. 220.
[1359] LEWIS, H. Y., RETAN, J. W.: Trans. Am. Soc. Artif. Int. Organs, **9**, 62 (1963).
[1360] LEWIS, H., SHERWOOD, N., PIERCE, J.: J. Urol., **95**, 700 (1966).
[1361] LEWIS, J. R.: Plast. Reconstr. Surg., **35**, 51 (1964).
[1362] LEWIS, S., ARONS, M., LYNCH, J., BLOCKER, T.: Plast. Reconstr. Surg., **39**, 271 (1967).
[1362a] LHOTSKY, B.: Z. Therap., **7**, 135 (1969).
[1363] LIEB, W. A., GEERAETS, W. J., GUERRY, D., DICKERSON, T.: Eye, Ear, Nose, Throat Monthly, **38**, 210, 303, 321 (1959).

[1364] LIEBERTHAL, M. M., FRANK, H. D.: Conn. med., **27**, 548 (1963).
[1365] LIESENHOFF, H.: Klin. Monatsbl. Augenheilk., **152**, 658 (1968).
[1366] LILLEHEI, C. W., DE WALL, R. A., READ, R. C., WARDEN, H. E., VARCO, R. L.: Dis. Chest, **29**, 1 (1956).
[1367] LILJESTRAND, G.: Fühner-Wielands Sammlung von Vergiftungsfällen (Berlin), **18**, 65 (1934); цит. по [2292].
[1368] LIMA, R. C. DE, CHEVITARESE, O.: Rev. brasil. odontol., **25**, 123 (1966).
[1369] LINCOFF, H., BARAS, I., MCLEAN, J.: Arch. Ophthalmol., **73**, 160 (1965).
[1370] LINCOFF, H., MCLEAN, J. M.: Am. J. Ophthalmol., **64**, 877 (1967).
[1371] LINCOFF, H. A., MCLEAN, J. M., NANO, H.: Arch. Ophthalmol., **74**, 641 (1965).
[1372] LIND, V., WENNERHOLM, G., NYSTRÖM, S.: Acta odontol. scand., **22**, 333 (1964).
[1373] LINDBERG, D. A.: Southern Med. J., **54**, 654 (1961).
[1374] LINDBERG, D. A., LUCAS, F. V., SHEAGREN, J., MALM, J. R.: Am. J. Pathol., **39**, 129 (1961).
[1374a] LINDSTRÖM, B. L., LARMI, T. K. I.: Acta chir. scand., **134**, 195 (1968).
[1375] LIOTTA, D., HALL, C. W., VILLANUEVA, A., O'NEAL, R., DE BAKEY, M.: Cardiovasc. Res. Center Bull., **4**, 69 (1966).
[1376] LIOTTA, D., MANESS, J., BOURLAND, H., RODWELL, D., HALL, C., DE BAKEY, M.: Trans. Am. Soc. Artif. Int. Organs, **11**, 284 (1965).
[1377] LIPSHUTZ, H.: Plast. Reconstr. Surg., **37**, 249 (1966).
[1378] LIPSHUTZ, H., ARDIZONE, R. A.: J. Trauma, **3**, 563 (1963).
[1379] LIPSHUTZ, H., ARDIZONE, R. A.: J. Trauma, **5**, 617 (1965).
[1380] LIPWORTH, E., BLOOMBERG, B. M., REID, F. P.: S. African Med. J., **38**, 50 (1964).
[1381] LITTLE, K., PARKHOUSE, J.: Lancet, **2**, 857 (1962).
[1382] LÖBLICH, H. J., WERKLE, K.: Beitr. Silikose-Forsch., **73**, 37 (1961).
[1383] LOCKWOOD, K., BORGESKOV, S.: Ugeskr. laeger, **129**, 943 (1967).
[1384] LOEPER, Jacques, LOEPER, Jacqueline: Compt. rend. Soc. biol., **152**, 563 (1958).
[1385] LOEPER, Jacques, LOEPER, Jacqueline: Compt. rend. Soc. biol., **155**, 468 (1961).
[1386] LOEPER, Jacques, LOEPER, Jacqueline: Compt. rend. Soc. biol. **161**, 589 (1967).
[1387] LOEPER, Jacques, LOEPER, Jacqueline, BEURLET, J.: Rev. atheroscler. (Paris), **10**, 78 (1968).
[1388] LOEPER, Jacques, LOEPER, Jacqueline, LEMAIRE, A.: Presse méd., **74**, 865 (1966).
[1389] LOEPER, Jacques, LOEPER, Jacqueline, LEMAIRE, A.: Clin. Med., **47**, 595 (1966).
[1390] LOEPER, J., POLE, C.: Compt. rend. Soc. biol., **151**, 263 (1957).
[1390a] LÖFFLER, H.: Med. Monatsschr., **6**, 179 (1952).
[1391] LOHMANN, W.: Dtsch. Mineralwasser-Ztg, **42**, 759 (1938).
[1392] LONG, D. M., FOLKMAN, M. J.: FR-Pat. 1381318 (1964); C. A., **62**, 14430 (1965).
[1393] LONG, E. R.: The Chemistry and Chemotherapy of Tuberculosis. Baltimore, 1958, p. 302.
[1394] LONGMORE, D. B.: Lancet, **2**, 527 (1960).
[1395] LOWRY, A.: Practitioner, **193**, 206 (1964).
[1396] LÜBKEN, W.: Dtsch. Z. Verdauungs-, Stoffwechselkrankh., **16**, 111 (1956).
[1397] LUBOWE, I. I.: J. Soc. Cosmet. Chem., **6**, 19 (1955).
[1398] LUBOWE, I. I.: Ind. Med. Surg., **24**, 500 (1955).
[1399] LUBOWE, I. I.: Proc. Sci. Sect. Toilet Goods Assoc., No. 23 (1955).
[1400] LUBOWE, I. I.: Soap, Perfumery, Cosmetics, **28**, 1003 (1955).
[1401] LÜCHTRATH, H., FRIEBEL, H., GRAEVENITZ, A. VON: Arch. Gewerbepathol., Gewerbehyg., **16**, 361 (1958).

[1402] Luessenhop, A., Velasquez, A.: J. Neurosurg., **21**, 85 (1964).
[1403] Lühning, W.: Beitr. Silikose-Forsch., **28**, 31 (1954).
[1404] Lührig, H.: Chemiker-Ztg, **48**, 613 (1924).
[1405] Lührig, H.: Chemiker-Ztg, **49**, 805 (1925).
[1406] Lührig, H.: Chemiker-Ztg, **50**, 593 (1926).
[1407] Luisada, A. A., Cardi, L.: Circul. Res., **3**, 510 (1955).
[1408] Luisada, A. A., Cardi, L.: Circulation, **13**, 113 (1965).
[1409] Luisada, A. A., Rosa, L. M.: Treatment of Cardiovascular Emergencies. New York—Toronto—London, 1960; русский перевод: А. А. Луизада, Л. М. Роша: Лечение острых сердечно-сосудистых нарушений. М., 1964.
[1410] Luithlen, F.: Wien. klin. Wochenschr., **35**, 394 (1922).
[1411] Lüning, O.: Chemiker-Ztg, **46**, 73 (1922).
[1412] Lusskin, R., Thompson, W., Pena, A., Sanwal, S.: Inter-Clin. Inform. Bull., **8**, 7 (1968).
[1413] Luton, P., Champeix, R. M., Volland, A.: Arch. malad. profess., **17**, 125 (1956).
[1414] Lutze, A.: Lehrbuch der Hemöopathie. 1871.
[1415] Lyon, H. W., Cosca, L. J.: J. Am. Dental Assoc., **75**, 129 (1967).
[1416] Lyons, A. S., Beck, A. R., Lester, L. J.: J.Surg. Res., **2**, 110 (1962).
[1417] Lyons, G. D.: J. Louisiana State Med. Soc., **120**, 239 (1968).
[1418] MacDougall, J. D. B.: Nature, **172**, 124 (1953).
[1419] Mackie, D. B., Jacobsen, W. C., Carter, W. B.: Calif. Dept. Agr., Monthly Bull., **23**, 192 (1934); C. A., **29**, 4889 (1935).
[1420] MacLeod, C. M., Charache, P., White, P.: Trans. Am. Clin. Climat. Assoc., **71**, 150 (1959).
[1421] MacLeod, C. M., Roe, A. S.: J. Exp. Med., **103**, 453 (1956).
[1422] MacNab, G., Harington, J. S.: Nature, **214**, 522 (1967).
[1423] MacNab, G. M., Webster, I.: Immunology, **5**, 461 (1962).
[1424] Madroskiewicz, M.: Klin. oczna, **38**, 485 (1968).
[1425] Madsen, A.: Acta dermato-venerol., **32**, 213 (1952.).
[1426] Maggini, P., Gammarrota, V.: Ann. Ist. „Carlo Forlanini", **27**, 151 (1967).
[1427] Magimel, R.: J. méd. Bordeaux, **133**, 1191 (1956).
[1428] Magimel, R., Freour, P., Serisé, M., Plantié, J.: J. méd. Bordeaux, **133**, 1196 (1956).
[1429] Magovern, G. J., Cromie, H. W.: J. Thoracic Cardiovasc. Surg., **46**, 726 (1963).
[1430] Malette, W. G., Eiseman, B.: Am. Surg., **31**, 336 (1965).
[1431] Malette, W. G., Fitzgerald, J. B., Eiseman, B.: USAF Sch. Aviat. Med., **60—62**, 1 (1960).
[1432] Malinak, L. R., Derbes, V. J., Lienhard, W. F.: J. Invest. Dermatol., **36**, 183 (1961).
[1433] Malis, B.: Kožarstvi, **14**, 289 (1964).
[1434] Malloch, M. M.: Pharm. J., **173**, 140 (1954).
[1435] Malowney, R., Paton, B.: Circulation, **28**, 761 (1963).
[1436] Manchester Royal Infirmary, Dunlop Gaz., **37**, 27 (1957).
[1437] Mancino, D., Arienzo, R.: Boll. Soc. ital. biol. sper., **43**, 1752 (1967).
[1438] Mancino, D., Arienzo, R.: Boll. Soc. ital. biol. sper., **43**, 1754 (1967).
[1439] Mancino, D., Caselli, P.: Folia med., **49**, 85 (1966).
[1440] Mangaraj, D., Tripathi, S.: J. Inst. Engrs, Gen. Engng Div. (India), **49**, 38 (1968).
[1441] Mangelson, N. L., Cockett, A. T.: Surg. Forum, **18**, 531 (1967).

[1442] Mangelson, N. L., Kado, R. T., Cockett, A. T.: J. Urol., **100**, 573 (1968).
[1443] Mangelson, N. L., Kado, R. T., Cockett, A. T.: Am. Surg., **34**, 170 (1968).
[1444] Mann, W. N.: Guy's Hosp. Repts, **87**, 151 (1937); C. A., **31**, 6737 (1937).
[1445] Manuelli, G. F., Caffi, M.: Ann. ottalmol., **92**, 451 (1966).
[1446] Marchi, V.: Ann. ottalmol., **93**, 761 (1967).
[1447] Marchisio, M. A., Comolli, R.: Med. lavoro, **55**, 401 (1964).
[1448] Marchisio, M. A., Pernis, B.: Beitr. Silikose-Forsch., Sonderband, Grundfr., **6**, 245 (1965).
[1449] Marchisio, M. A., Sbertoli, C., Farina, G.: Med. lavoro, **59**, 136 (1968).
[1450] Marcovitch, S.: Ind. Engng Chem., **16**, 1249 (1924).
[1451] Marcovitch, S.: Tenn. Agr. Exp. Sta. Bull., **131**, 1 (1924).
[1452] Marcovitch, S.: J. Pharm. Exp. Therap., **34**, 179 (1928).
[1453] Marcovitch, S.: Tenn. Agr. Exp. Sta. Bull., **139**, 1 (1928).
[1454] Marcovitch, S., Stanley, W. W.: Ind. Engng Chem., **22**, 121 (1930).
[1455] Margolis, J.: Austral. J. Exp. Biol. Med. Sci., **39**, 249 (1961).
[1456] Margulies, H., Barker, N. W.: Am. J. Med. Sci., **218**, 42 (1949).
[1457] Margulies, H., Barker, N. W.: Am. J. Med. Sci., **218**, 52 (1949).
[1458] Marin, L. A., Puhali, N.: Rass. giuliana med., **14**, 254 (1958).
[1459] Marino, C., Lapi, A. M., Nozzoli, F.: Arch. De Vecchi, anat. patol., **40**, 389 (1963).
[1460] Mark, H. F.: Pure Appl. Chem., **16**, 201 (1968).
[1461] Markovic, B., Lebedev, S.: Presse méd., **73**, 401 (1965).
[1462] Marks, G. S., Marasas, L. W.: Brit. J. Ind. Med., **17**, 31 (1960).
[1463] Marks, I. N., Bank, S., Groll, A.: S. African Med. J., **39**, 476 (1965).
[1464] Marks, J.: Brit. J. Ind. Med., **14**, 81 (1957).
[1465] Marks, J.: Brit. J. Ind. Med., **16**, 166 (1959).
[1466] Marks, J., James, D. M.: J. Pathol. Bacteriol., **77**, 401 (1959).
[1467] Marks, J., James, D. M., Morris, T. G.: Brit. J. Ind. Med., **15**, 1 (1958).
[1468] Marks, J., Mason, M. A.: Brit. J. Ind. Med., **13**, 192 (1956).
[1469] Marks, J., Mason, M. A., Nagelschmidt, G.: Brit. J. Ind. Med., **13**, 187 (1956).
[1470] Marks, J., Nagelschmidt, G.: Arch. Ind. Health, **20**, 383 (1959).
[1471] Marshall, A.: Eye, Ear, Nose, Throat Monthly, **47**, 187 (1968).
[1471a] Martin, G.: J. Chem. Soc., **105**, 2860 (1914).
[1472] Martinez, M.: Arch. Ophthalmol., **79**, 357 (1968).
[1473] Martins, F. M. G.: Rev. brasil. lepr., **32**, 47 (1964).
[1474] Martola, E. L., Copenhaver, R. M.: Am. J. Ophthalmol., **57**, 567 (1964).
[1475] Martola, E. L., Dohlman, C. H.: Acta ophthalmol., **41**, 75 (1963).
[1476] Marzoni, F. A., Upchurch, S. E., Lambert, C. J.: Plast. Reconstr. Surg., **24**, 600 (1959).
[1477] Masi, P. L., Benini, A.: Riv. ital. stomatol., **21**, 916 (1966).
[1478] Masler, M.: Dental Clin. N. Am., **1965**, 131.
[1479] Mason, E. A.: (Imperial Chemical Ind. Ltd), GB-Pat. **964182** (1964); C. A., **61**, 9366 (1964).
[1480] Matalon, V., Rahn, A. O., Drane, J. B.: J. Prosth. Dent., **19**, 304 (1968).
[1481] Matheja, W.: Fortschr. Therap., **13**, 327 (1937).
[1482] Matsumoto, J.: J. Showa Med. Assoc. (Tokyo), **24**, 22 (1964).
[1483] Mattausch, F.: Wien. med. Wochenschr., **72**, 1670 (1922).
[1484] Mattausch, F.: Münch. med. Wochenschr., **1940**, 1037.
[1485] Maupin, B.: J. physiol. (Paris), **50**, 410 (1958).

[1486] MAUPIN, B., LEROUX, M.: Biol. méd., **46**, 473 (1957).
[1487] MAVER, M. E., WELLS, H. G.: Am. Rev. Tuberc., **8**, 318 (1923).
[1488] MAY, W. C.: (Dow Corning Corp.), US-Pat. 2934472 (1960).
[1489] MAZUJI, M. K.. LETT, J. C.: Arch. Surg., **87**, 446 (1963).
[1490] MCCARTY, L. P.: J. Appl. Physiol., **20**, 542 (1965).
[1491] MCCLENDON, J. F., GERSHON-COHEN, J., BRODY, H.: Proc. Soc. Exp. Biol. Med., **97**, 330 (1958).
[1492] MCCONNELL, D. J., BECKER, E. L.: Brit. J. Exp. Pathol., **47**, 135 (1966).
[1493] MCCORD, C. P., FREDRICK, W. G., STOLZ, S.: J. Lab. Clin. Med., **23**, 278 (1937).
[1494] MCCREA, L. E.: J. Urol., **85**, 1006 (1961).
[1495] MCDONALD, H., GERBER, N., MISHRA, D., WOLIN, L., PENG, B., WATERHOUSE, K.: Trans. Am. Soc. Artif. Int. Organs, **14**, 176 (1968).
[1496] MCDONALD, R. K., PIERCE, H. F.: Am. J. Ophthalmol., **59**, 635 (1965).
[1497] MCDONALD, T. P., LANGE, R. D.: J. Lab. Clin. Med., **70**, 48 (1967).
[1498] MCDONALD, W. E., LANIER, G. E., DEICHMANN, W. B.: A. M. A. Arch. Ind. Health, **21**, 514 (1960).
[1499] MCFEE, D. R., TYE, R.: J. Occup. Med., **7**, 269 (1965).
[1500] MCGREGOR, R. R.: Silicones in Medicine and Surgery. Midland (Michigan), 1957.
[1501] MCGREGOR, R. R.: Silicones and their Use. New York, 1954, p. 79.
[1502] MCGREGOR, R. R.: Bull. Dow Corning Center Aid Med. Res., **2**, 6 (1960).
[1503] MCGREGOR, R. R.: Bull. Dow Corning Center Aid Med. Res., **2**, 15 (1960).
[1504] MCGREGOR, R. R.: Bull. Dow Corning Center Aid Med. Res., **3**, 1 (1961).
[1505] MCGREGOR, R. R.: Bull. Dow Corning Center Aid Med. Res., **3**, 9 (1961).
[1506] MCLAURIN, J. W., RAGGIO, T. P.: Eye, Ear, Nose, Throat Monthly, **35**, 641 (1956).
[1507] MCLEAN, J. W.: Rubber and Plast. Age, **1957**, 155.
[1507a] MCLEAN, J. W.: Brit. Dental J., **104**, 441 (1958).
[1508] MCLEERY, R. S., YARBOROUGH, J. A., WEIDNER, M. G.: Surgery, **31**, 28 (1952).
[1509] MCNAMARA, P. B., MCKAY, E. A., GUILLE, M. M.: Fed. Proc., **9**, 301 (1950).
[1510] MEALS, R. N.: Ann. N. Y. Acad. Sci., **125**, 137 (1965).
[1511] MEIJST, M.: Pharm. weekbl., **90**, 869 (1955).
[1512] MELICHAR, B., WILLOMITZER, J.: Sci. Pharm., Proc. 25th., **1965**, London, 1966; **2**, 589 (1966); C. A., **69**, 75906h (1968).
[1513] MELICHAR, B., WILLOMITZER, J., VLCEK, J.: Veterinařstvi, **8**, 2 (1964).
[1514] MELKI, G. R.: Bull. Soc. franç. dermatol. et syphiligr., **1955**, 333.
[1515] MELROSE, D. G.: Brit. Med. J., **1953**, 57.
[1516] MENEGHINI, C. L., CHISLANDI, E.: Med. lavoro, **52**, 144 (1961).
[1517] MENTZEL, H.: Pharm. Zentralhalle, **62**, 552 (1921).
[1518] MENTZEL, H.: Pharm. Zbl., **63**, 579 (1922).
[1519] MENTZEL, H.: Pharm. Zentralhalle, **66**, 55 (1925).
[1520] MENTZEL, H.: Pharm. Zentralhalle, **66**, 103 (1925).
[1521] MENTZEL, H.: Apotheker-Ztg, **40**, 144 (1925).
[1522] MERCK, E.: Wiss. Abhandl. Geb. Pharm., Pharmazie, **1922**, Nr. 34; Cbl., **1923**, I, 173.
[1523] MERKER, R. L.: (Dow Corning Corp.), FR-Pat. 1403705 (1965); C. A., **63**, 13973 (1965).
[1524] MERKLEN, P.: Presse méd., **65**, 1740 (1957).
[1525] MERRILL, M., GOLLAND, F.: Circulation, **18**, 488 (1958).

[1526] MERRILL, R. C.: (Philadelphia Quartz Co), US-Pat. 2689245 (1954); C. A., **49**, 14796 (1955).
[1527] MERZ, M., CZERWINSKA, W.: Brit. J. Ophthalmol., **53**, 46 (1969).
[1528] MERZ, W.: Deutsche Apotheker-Ztg, **98**, 223 (1958).
[1529] MERZ, W.: Pharm. Ind., **21**, 497 (1959).
[1530] MESSER, H.: Dtsch. med. Wochenschr., **63**, 1123 (1937).
[1531] MESTRES, D. J. M.: Quimia (Barcelona), **1965**, No. 139, 27; C. A., **63**, 17793 (1965).
[1532] METCALF, R. L., FUKUTO, T. R.: J. Econ. Entomol., **58**, 1151 (1965).
[1533] MEYER, R. A., GEHRIG, J. D., FUNK, E. C., BEDER, O. E.: Oral Surg., **24**, 598 (1967).
[1534] MICHALOVÁ, C.: Prac. lék., **6**, 236 (1954).
[1535] MICHALOVÁ, C.: Prac. lék., **8**, 422 (1956).
[1536] MICHALOVÁ, C.: Арх. патол., **19**, 11 (1957).
[1537] MICHALOVÁ, C.: Prac. lék., **9**, 393 (1957).
[1538] MICHALOVÁ, C.: Prac. lék., **9**, 397 (1957).
[1539] MICHALOVÁ, C.: Acta physiol. Acad. scient. hung., **14**, 79 (1958).
[1540] MICHON, R., CHEMLA, M.: Compt. rend., **249**, 1832 (1959).
[1541] MICHON, R., CHEMLA, M.: Compt. rend., **250**, 238 (1960).
[1542] MICHON, R., SÜE, P., MERINIS, J.: Compt. rend., **243**, 2194 (1956).
[1543] MIDGLEY, R. D., WOOLHOUSE, F. M.: Can. Med. Assoc. J., **98**, 550 (1968).
[1544] MIDGLEY, R. D., WOOLHOUSE, F. M.: Surg. Forum, **19**, 519 (1968).
[1545] MIDGLEY, R. D., WOOLHOUSE, F. M.: Surg. Clin. N. Am., **48**, 1149 (1968).
[1546] Midland Silicones Ltd.: GB-Pat. 778272 (1957); C. A., **52**, 429 (1958).
[1547] Midland Silicones Ltd.: GB-Pat. 825906 (1959); C. A., **55**, 12785 (1961).
[1548] Midland Silicones Ltd.: Silicones for Use in Medicine, London, 1962.
[1549] Miles Laboratories Inc., Netherl. Appl. 6412016 (1965); C. A., **63**, 8118 (1965).
[1550] MILLARD, D. R., MAISELS, D. O.: Am. J. Surg., **112**, 119 (1966).
[1551] MILLARD, R.: Plast. Reconstr. Surg., **40**, 337 (1967).
[1552] MILLER, D., DOHLMAN, C.: Am. J. Ophthalmol., **66**, 633 (1968).
[1553] MILLER, J. E., HARDY, S. B., SPIRA, M.: J. Bone Joint Surg., **47 A**, 938 (1965).
[1554] MILLER, J. E., HARDY, S. B., SPIRA, M.: J. Occup. Med., **9**, 183 (1967).
[1555] MILLS, L., SIMMONS, D.: J. Appl. Physiol., **23**, 285 (1967).
[1556] MILNES, R. F., WOUDE, R. VAN DER, MORRIS, J. D., SLOAN, H.: Surgery, **42**, 986 (1957).
[1557] MINAGI, H., YOUKER, J. E., KNUDSON, H. W.: Radiology, **90**, 57 (1968).
[1558] MINCU, P., PODORIAN, S., PAMBUCCIAN, G.: Igienă (București), **11**, 125 (1962).
[1559] MINERVINI, F., MARINO, B.: J. méd. liban., **21**, 19 (1968).
[1560] MIRABILE, T. J., TUCKER, C.: Arch. Ophthalmol., **74**, 235 (1965).
[1561] MIRKOVITCH, V., TOPAZ, S. R., KOLFF, W. J.: Trans. Am. Soc. Artif. Int. Organs, **9**, 281 (1963).
[1562] MITCHELL, D. F., BUONOCORE, M. G., SHAZER, S.: J. Dental Res., **41**, 591 (1962).
[1563] MITCHEM, J. C.: J. Prosth. Dent., **18**, 168 (1967).
[1564] MITTLER, S.: Ind. Med. Surg., **27**, 43 (1958).
[1565] MIZUNO, K.: Folia ophthalmol. jap., **17**, 580 (1966).
[1566] MODELL, W., SALZMAN, C.: J. Lab. Clin. Med., **26**, 774 (1941).
[1567] MODI, I., SZABO, I., CHIKI, I.: Бюлл. эксп. биол. мед., **52**. № 10, 60 (1961).
[1568] MOE, G. K., MALTON, S. D., RENNICK, B. R., FREYBURGER, W. A.: J. Pharmacol. Exp. Therap., **94**, 319 (1948).

[1569] Mohn, G.: Beitr. Silikose-Forsch., Sonderband, Grundfr., **5**, 133 (1963).
[1570] Mohn, G.: Beitr. Silikose-Forsch., **94**, 11 (1968).
[1571] Mohn, G.: Beitr. Silikose-Forsch., **94**, 25 (1968).
[1572] Mohr, H. J., Zahedi, A. G.: Münch. med. Wochenschr., **108**, 114 (1966).
[1573] Mohrmann, B. H. U.: Dtsch. med. Wochenschr., **53**, 660 (1927).
[1574] Molina, P. J.: Prensa méd. argent., **42**, 752 (1955).
[1575] Mollet, M.: Rev. franç. études. clin. et biol., **7**, 320 (1962).
[1576] Monceaux, R. H.: Semaine thérap., **35**, 148 (1959).
[1577] Monceaux, R. H.: Prod. pharm., **15**, 99 (1960).
[1578] Monges, H., Legré, M.: Semaine thérap., **41**, 531 (1965).
[1579] Montgomery, W.: Arch. Otolaryngol., **82**, 320 (1965).
[1580] Moody, L. S.: (General Electric Co), US-Pat. 2567742 (1951); C. A., **47**, 145 (1953).
[1581] Moon, K., Bunge, R.: Invest. Urol., **6**, 329 (1968).
[1582] Moore, O.: Am. J. Surg., **114**, 551 (1967).
[1583] Moore, T. C., Riberi, A.: Surgery, **43**, 245 (1958).
[1584] Morales, A. G., Polack, F. M., Arata, A. F.: Brit. J. Ophthalmol., **50**, 235 (1966).
[1585] Moreau, P. G.: Bull. Soc. ophthalmol. France, **64**, 130 (1964).
[1586] Moreau, P. G.: Trans. Ophthalmol. Soc. U. K., **84**, 167 (1964).
[1587] Moreau, P. G.: Ann. oculist., **200**, 257 (1967).
[1588] Morehouse, E. L.: (Union Carbide Corp.), US-Pat. 2938046 (1961); C. A., **55**, 1066 (1961).
[1589] Morel, P. H.: Rev. gén. caout., **29**, 868 (1952).
[1590] Morel, P. H.: Chimia, **7**, 25 (1953).
[1591] Morgan, J. F., Hill, J. C.: Am. J. Ophthalmol., **58**, 767 (1964).
[1592] Morgan, M. C., Szafir, J. J.: Blood, **18**, 89 (1961).
[1593] Mori, S.: Folia ophthalmol. jap., **16**, 827 (1965).
[1594] Mori, T.: Jap. J. Hyg., **22**, 460 (1967).
[1595] Morin, L. J., Albert, D. J.: J. Urol., **100**, 109 (1968).
[1596] Morotomi, T., Okazaki, S., Mizuta, S.: Int. Surg., **48**, 164 (1967).
[1597] Morris, G. E.: Arch. Ind. Hyg. Occup. Med., **9**, 194 (1954).
[1598] Morris, J.: Bull. Dow Corning Center Aid Med. Res., **8**, 15 (1966).
[1599] Morris, J. H.: J. Florida Med. Assoc., **53**, 936 (1966).
[1600] Morrow, C. S., Wartonick, W.: Biochem. Clin., **4**, 201 (1964).
[1601] Morrow, G.: Calif. Med., **80**, 21 (1954).
[1602] Morrow, R. M., Reiner, P. R., Feldmann, E. E., Rudd, K.: J. Prosth. Dent., **19**, 219 (1968).
[1603] Mosebach, K. O.: Z. physiol. Chem., **314**, 62 (1959).
[1604] Mosinger, M.: Compt. rend., **244**, 1418 (1957).
[1605] Mosinger, M.: Med. lavoro, **54**, 413 (1963).
[1606] Mosinger, M., Cartouzou, G.: Compt. rend. Soc. biol., **153**, 647 (1959).
[1607] Mosinger, M., Fiorentini, H.: Ann. méd. légale et criminol., **38**, 342 (1958).
[1608] Mosinger, M., Fiorentini, H., El Feki, M.: Arch. malad. profess., **18**, 593 (1957).
[1609] Mosinger, M., Fiorentini, H., El Feki, M.: Arch. malad. profess., **18**, 601 (1957).
[1610] Mosinger, M., Fiorentini, H., El Feki, M., Cartouzou, G.: Arch. malad. profess., **18**, 781 (1957).
[1611] Mosinger, M., Fiorentini, H., El Feki, M., Cartouzou, G.: Arch. malad. profess., **18**, 802 (1957).

[1612] Mosinger, M., Fiorentini, H., El Feki, M., Cartouzou, G.: Ann. méd. légale et criminol., **37**, 197 (1957); C. A., **55**, 15723 (1961).

[1613] Mosinger, M., Fiorentini, H., El Feki, M., Cartouzou, G., Bouissin, Gras, A., Bischop, G. de: Arch. malad. profess., **19**, 549 (1958).

[1614] Mosinger, M., Fiorentini, H., Gras, A., Garcin, C., El Feki, M., Cartouzou, G.: Arch. malad. profess., **22**, 5 (1961).

[1615] Mosinger, M., Fiorentini, H., Gras, A., Garcin, C., Courbier, M., El Feki, M., Cartouzou, G.: Arch. malad. profess., **21**, 362 (1960).

[1616] Mosinger, M., Gras, A., Fiorentini, H.: Ann. méd. légale et criminol., **41**, 550 (1961).

[1617] Mosinger, M., Jouglard-Duplay, J., Versino, A., Granier, C.: Arch. malad. profess., **24**, 503 (1963).

[1618] Mosinger, M., Lissitzky, S., Cartouzou, G., Souchon, C., Reynaud, J., Miranda, F.: Compt. rend. Soc. biol., **153**, 650 (1959).

[1619] Mosinger, M., Versino, A., Jouglard-Duplay, J., Fondarai, J.: Arch. malad. profess., **24**, 881 (1963).

[1620] Mottura, G.: Med. lavoro, **49**, 13 (1958).

[1621] Mottura, G., Levis, F.: Arch. De Vecchi anat. patol., **32**, 707 (1960).

[1622] Moura, R. A., Freeman, H. M., Schepens, C. L., Galas, S. M., Silver, B.: Am. J. Ophthalmol., **65**, 112 (1968).

[1622a] Moxey, P.: Manufact. Chem. Aerosol News, **40**, No. 5, 39 (1969).

[1623] Muehlberger, C. W.: J. Pharmacol. Exp. Therap., **39**, 246 (1930).

[1624] Mühlig, W. G.: Med. Welt, **21**, 1333 (1967).

[1625] Müller, F.: Pharm. Ind., **24**, 275 (1962).

[1626] Müller, R.: Pharmazie, **9**, 949 (1954).

[1627] Müller, W., Bock, K. D.: Med. Klin., **53**, 502 (1958).

[1628] Mulligan, W. J.: Int. J. Fertility, **11**, 424 (1966).

[1629] Mullison, E. G.: Ann. N. Y. Acad. Sci., **120**, 540 (1964).

[1630] Mullison, E. G.: Arch. Otolaryngol., **81**, 264 (1965).

[1631] Mullison, E. G.: Arch. Otolaryngol., **83**, 85 (1966).

[1632] Mullison, E. G.: Arch. Otolaryngol., **84**, 91 (1966).

[1633] Mumaw, E. D.: US-Pat. 3372484 (1968); RAPRA Abstr., **3**, 806P (1968).

[1634] Munder, P. G., Modolell, M., Ferber, E., Fisher, H.: Biochem. Z., **344**, 310 (1966).

[1635] Murgia, A.: Minerva chir., **9**, 1132 (1954).

[1636] Murray, J. E.: Plast. Reconstr. Surg., **39**, 427 (1967).

[1637] Mushin, W. W.: Brit. Med. J., **1958**, 455.

[1638] Mutch, N.: Brit. Med. J., **1936**, 143.

[1639] Mutch, N.: Brit. Med. J., **1936**, 205.

[1640] Mutch, N.: Brit. Med. J., **1936**, 254.

[1641] Nadudvary, G., Böhm, B.: Int. Arch. Gewerbepathol., Gewerbehyg., **24**, 169 (1967).

[1642] Nagelschmidt, G.: In: Symposium on Industrial Diseases. London, 1960, p. 59.

[1643] Nagelschmidt, G., Nelson, E. S., King, E. J., Attygalle, D., Yoganathan, M.: A. M. A. Arch. Ind. Health, **16**, 188 (1957).

[1644] Nagy, S., Tarnoky, K., Petri, G.: Acta physiol. Acad. scient. hung., **31**, 83 (1967).

[1645] Nanetti, L.: Minerva medicoleg., **85**, 132 (1965).

[1646] Nanetti, L.: Minerva medicoleg., **85**, 173 (1965).

[1647] NANETTI, L.: Minerva medicoleg., **85**, 179 (1965).
[1648] NANETTI, L.: Minerva medicoleg., **85**, 250 (1965).
[1649] NASH, P.: Lancet, **258**, 519 (1950).
[1650] NASH, T., ALLISON, A. C., HARINGTON, J. S.: Nature, **210**, 259 (1966).
[1651] NEDELMAN, C.: J. Biomed. Mater. Res., **2**, 131 (1968).
[1652] NERADILOVÁ, M.: Českosl. gastroenterol. výž., **15**, 229 (1961).
[1653] NERADILOVÁ, M.: Českosl. gastroenterol. výž., **15**, 294 (1961).
[1654] NERADILOVÁ, M.: Českosl. gastroenterol. výž., **15**, 528 (1961).
[1655] NEUGEBAUER, J.: Medizinische (Stuttgart), **1958**, 723.
[1656] NEUHOFF, E. W.: Pharm. Ind., **20**, 548 (1958).
[1657] NEUMAN, Z., BEN-HUR, N., TRITSCH, I.: Brit. J. Plast. Surg., **19**, 313 (1966).
[1658] NEUWALD, F., ADAMS, K. H.: Dtsch. Apotheker-Ztg., **96**, 131 (1956).
[1659] NICOD, J. L.: Schweiz. med. Wochenschr., **97**, 365 (1967).
[1660] NICKERSON, M., BOLT, R. J., HIRSCHOWITZ, B. I., CURRY, C. F.: Fed. Proc., **13**, 391 (1954).
[1661] NICKERSON, M., CURRY, C. F.: Fed. Proc., **12**, 354 (1953).
[1662] NICKERSON, M., CURRY, C. F.: J. Pharmacol. Exp. Therap., **114**, 138 (1955).
[1663] NICOLA, R. R. DE: J. Urol., **63**, 168 (1950).
[1664] NICOLLE, F. V.: Bull. Dow Corning Center Aid Med. Res., **8**, 9 (1966).
[1665] NIEDERMEIER, S.: Klin. Monatsbl. Augenheilk., **153**, 188 (1968).
[1666] NIESEL, P., FANKHAUSER, F.: Ophthalmologica (Basel), **147**, 167 (1964).
[1667] NIKOLICS, K., WELTLER, J.: Gyógyszerészet, **10**, 53 (1966); C. A., **65**, 2071 (1966).
[1668] NISHIZAWA, N.: J. Jap. Biochem. Soc., **37**, 794 (1965).
[1669] NITZSCHE, S., WIEK, M.: (Wacker-Chemie GmbH), US-Pat. **3082526** (1963); C. A., **59**, 5334 (1963).
[1670] NOBLES, W. L.: Drug and Cosmetic Ind., **77**, 178 (1955).
[1670a] NOLAN, S. P., STEWART, P., FOGARTY, T. J., MORROW, A. G.: Arch. Surg., **97**, 969 (1968).
[1671] NOLL, W.: Chemie und Technologie der Silicone. Weinheim, **1968**, S. 448, 535.
[1672] NOSANCHUK, J. S.: Plast. Reconstr. Surg., **42**, 562 (1968).
[1673] NOSANCHUK, J. S.: Arch. Surg., **97**, 583 (1968).
[1674] NOSE, Y.: J. Biomed. Mater. Res., **1**, 151 (1967).
[1675] NOSE, Y., SCHAMAUN, M., KANTROWITZ, A.: Trans. Am. Soc. Artif. Int. Organs, **9**, 269 (1963).
[1676] NOVÁK, J.: Časop. lék. českých, **96**, 1016 (1957).
[1677] NOVI, C.: Riv. Ist. sieroterap. ital., **41**, 352 (1966).
[1678] NURI, M.: Münch. med. Wochenschr., **110**, 1330 (1968).
[1679] NUSSER, E., DONATH, H.: Med. Welt, **51**, 2765 (1964).
[1680] OBENOUR, R. A., SALTZMAN, H. A., SIEKER, H. O.: Circulation, **28**, 888 (1963).
[1681] ODEGAARD, K.: Tidsskr. norske laegefören., **77**, 333 (1957).
[1682] OHL, F.: Seifensieder-Ztg, **66**, 732 (1939).
[1683] OHL, F.: Seifensieder-Ztg, **66**, 765 (1939).
[1684] OHL, F.: Düngermarkt, **1**, 205 (1939).
[1685] OHMORI, S.: Plast. Reconstr. Surg., **36**, 117 (1965).
[1686] OJEMANN, R.: J. Neurosurg., **28**, 283 (1968).
[1687] OKADA, M., HASHIMOTO, H.: Jap. J. Plast. Reconstr. Surg., **8**, 44 (1965).
[1688] OKAMURA, I. D., Schepens, C. L., BROCKHURST, R. J., REGAN, C. D. J., MCMEEL, J. W.: Arch. Ophthalmol., **72**, 297 (1964).

[1689] Okamura, I. D., Schepens, C. L., Brockhurst, R. J., Regan, C. D. J., McMeel, J. W.: Arch. Ophthalmol., **75**, 615 (1966).
[1690] Okun, E.: Trans. Pacif. Coast Otoophthalmol. Soc., **52**, 141 (1968).
[1691] Ommaya, A. K.: Lancet, **1963**, 983.
[1692] Ondrouch, A., Ruppert, J., Schlupek, A.: Acta chir. orthop. traumatol. cechosl., **34**, 187 (1967).
[1693] Oppenheimer, B. S., Oppenheimer, E., Stout, A. P.: Proc. Soc. Exp. Biol. Med., **79**, 366 (1952).
[1694] Ore, S., Sebestyen, J. G., Stone, W.: Surgery, **52**, 385 (1962).
[1695] Osada, M., Hashimoto, K., Akiyama, T.: Jap. J. Plast. Reconstr. Surg., **11**, 191 (1968).
[1696] Oswald, W. J.: Current Therap. Res., **3**, 443 (1961).
[1697] Otto, H., Erhardt, W.: Beitr. pathol. Anat., **116**, 71 (1956).
[1698] Otto, R.: DT-Pat. 950750 (1956); C. A., **1957**, 2815.
[1699] Ottowicz, J.: Folia morphol., **5**, 177 (1954).
[1700] Ottowicz, J.: Patol. polska, **10**, 325 (1959).
[1701] Ottowicz, J., Leballeur, G.: Ann. Occup. Hyg., **7**, 137 (1964).
[1702] Ottowicz, J., Zajusz, K., Nowak, B., Paradowski, Z.: Arch. Immun. Therap. Exp., **15**, 191 (1967).
[1703] Page, R. C., Heffner, R. R., Frey, A.: Am. J. Digest. Dis., **8**, 13 (1941).
[1704] Pail, D., Todd, C. W.: Am. Perfumer, Cosmet., **77**, No. 1, 62 (1962).
[1705] Palm, A., Sandell, E.: Svensk farm. tidskr., **60**, 617 (1956).
[1706] Pangman, W. J.: J. Int. Coll. Surg., **44**, 515 (1965).
[1707] Pankiewicz, H.: Czasop. stomatol., **20**, 133 (1967).
[1708] Pannarale, M. R., Santillo, C.: Bibl. ophthalmol., **75**, 292 (1968).
[1709] Papadimitriou, M., Carroll, R. N., Kulatilane, A. E.: Brit. Med. J., **2**, 15 (1969).
[1710] Paparella, M. M., Sugiura, S.: J. Laryngol. Otol., **82**, 29 (1968).
[1710a] Parazzi, E., Secchi, G. C., Pernis, B., Vigliani, E.: Arch. Environm. Health, **17**, 850 (1968).
[1711] Parke, G. L.: US Naval Med. Bull., **45**, 955 (1945).
[1712] Parke, R. F., Sperandino, G. J.: Drug Standards, **27**, 9 (1959).
[1713] Parker, H. M.: J. Prosth. Dent., **16**, 227 (1966).
[1714] Parker, J. R., Schweis, G. G.: J. Econ. Entomol., **37**, 309 (1944).
[1715] Parkes, M. L.: Arch. Otolaryngol., **75**, 429 (1962).
[1716] Parkin, E. A., Scott, E. I. C., Varley, E. R.: Colon. Plant Animal Prod., **5**, 201 (1955); C. A., **51**, 2222 (1957).
[1717] Parsons, T. R., Denstedt, O. F.: Can. J. Biochem., **39**, 1515 (1961).
[1718] Patrick, R. L., Kaplan, C. M., Beaver, E. R.: US Govt Res. Developm. Repts, **68**, No. 16, 45 (1968); RAPRA Abstr., **3**, 1324 (1969).
[1719] Patsch, J.: Beitr. Klin. Erforsch. Tuberk., **138**, 154 (1968).
[1720] Patterson, C. N.: Bull. Dow Corning Center Aid Med. Res., **8**, 10 (1966).
[1721] Patterson, C. N.: Arch. Otolaryngol., **84**, 457 (1966).
[1722] Patterson, C. N.: Laryngoscope, **78**, 759 (1968).
[1723] Patterson, C. N.: Arch. Otolaryngol., **89**, 609 (1969).
[1724] Patterson, C. S., Sampey, J. R.: Am. J. Pharm., **129**, 434 (1957).
[1725] Pattle, R. E.: Nature, **175**, 1125 (1955).
[1726] Pattle, R. E.: J. Pathol. Bacteriol., **72**, 203 (1956).
[1727] Patton, T. B., Ware, A. G., Seegers, W. H.: Blood, **3**, 656 (1948).

[1728] PAUL, J., POVER, W. F. R.: J. Ind. Med., **17**, 149 (1960).
[1729] PAUL, J., POVER, W. F. R.: Arch. Biochem. Biophys., **87**, 312 (1960).
[1730] PAWLIKOWSKI, T., NIEBRÓJ, T., ZAJUSZ: Patol. polska, **10**, 61 (1959).
[1731] PAYNTER, K. J., NIKIFORUK, G., WOOD, A. W. S.: J. Dental Res., **34**, 718 (1955).
[1732] PEARMAN, R.: Bull. Dow Corning Center Aid Med. Res., **9**, 15 (1967).
[1733] PEARSALL, N. N., WEISER, R. S.: J. Reticuloendothel. Soc., **5**, 107 (1968).
[1734] PEEL, N. S.: Soap, Perfumery, Cosmetics, **28**, 1006 (1955).
[1735] PELLEGRINO, P. C., SILBERNER, H. B.: Am. J. Gastroenterol., **36**, 450 (1961).
[1735a] PENNINGTON, S. N., BROWN, H. D., PATEL, A. B., CHATTOPADHYAY, S. K.: J. Biomed. Mater. Res., **2**, 443 (1968).
[1736] PENRY, J. K., CORDELL, A. R., JOHNSTON, F. R., NETSKY, M. G.: J. Thoracic Surg., **37**, 342 (1959).
[1737] PÉRÈZ, H. A.: Arch. oftalmol. (Buenos Aires), **41**, 251 (1966).
[1738] PERNIS, B.: Med. lavoro, **46**, 665 (1955).
[1739] PERNIS, B.: Med. lavoro, **49**, 6 (1958).
[1740] PERNIS, B., BATTIGELLI, M.: Med. lavoro, **46**, 1 (1955).
[1741] PERNIS, B., MAGISTRETTI, M., BOLIS, L.: Med. lavoro, **50**, 412 (1959).
[1742] PERNIS, B., PARONETTO, F.: Proc. Soc. Exp. Biol. Med., **110**, 390 (1962).
[1743] PERNIS, B., PECCHIAI, L.: Med. lavoro, **45**, 205 (1954).
[1744] PERNIS, B., PECCHIAI, L.: Med. lavoro, **46**, 533 (1955).
[1745] PERNIS, B., SAFFIOTTI, U., TOMMASINI, D. A.: Med. lavoro, **49**, 405 (1958).
[1746] PERNIS, B., VIGLIANI, E. C.: Med. lavoro, **51**, 427 (1960).
[1747] PERNIS, B., VIGLIANI, E. C., MONACO, L.: Med. lavoro, **51**, 3 (1960).
[1748] PERNOD, A., BILLIEUX, J.: Ann. odontostomatol., **25**, 201 (1968).
[1749] PERRAULT, M., DORMARD, Y.: Thérapie, **20**, 1059 (1965).
[1750] PERREAU, P.: Ann. Inst. Pasteur, **101**, 977 (1961).
[1751] PERRIARD, M., MIRKOVITCH, V.: Helv. chir. acta, **33**, 536 (1966).
[1752] PERTOFT, H.: Exp. Cell Res., **46**, 621 (1967).
[1753] PETER, K. H.: Med.-Markt, **3**, 338 (1955).
[1754] PEYRE, P.: Le fluor et les composées fluores in les noisetiers et loudviers. Paris, 1945; цит. по [2292].
[1755] PEYTON, F. A.: Dental Clin. N. Am., **1965**, 213.
[1756] PFALZ, G. J.: Med. Klin., **1926**, Nr. 28; Cbl., **1926**, II, 2200.
[1757] PFAU, R.: Z. Urol., **47**, 426 (1954).
[1758] PFEFFERKORN, G.: Arch. Hyg., Bakteriol., **132**, 299 (1950).
[1759] PHATAK, N., SAVARA, B., DEMENT, J.: J. Dental Res., **34**, 788 (1955).
[1760] PHILLIPS, G. L.: Bull. Am. Soc. Hosp. Pharm., **9**, 449 (1953).
[1761] PHILLIPS, R. W.: Dental Clin. N. Am., **1965**, 159.
[1762] PIĘKOŠ, R.: Farm. polska, **1961**, No. 17, 349.
[1763] PIERCE, W., MORRIS, L., GARDINER, B., BURNEY, R., LEPPIK, I., MALMUD, L., DANIELSON, G.: Trans. Am. Soc. Artif. Int. Organs, **11**, 271 (1965).
[1764] PIERIE, W. R., HANCOCK, W. D., KOORAJIAN, S., STARR, A.: Ann. N. Y. Acad. Sci., **146**, 345 (1968).
[1765] PIERIE, W. R., RAIBLE, G., SIPOSS, G., EDWARDS, M. L., STARR, A.: Circulation, **32**, Suppl. II, 171 (1965).
[1766] PIMENTEL, J. C.: J. med. (Porto), **43**, 369 (1960).
[1767] PINNER-POOLE, B., TOMASULA, J., CAMPBELL, J.: Trans. 10th Congr. Soc. Int. Chir. Orthop. Traumatol., **1966**, 782; Bull. Dow Corning Center Aid Med. Res., **10**, 11 (1968).

[1768] PIREAP, S. A.: Netherl. Appl. 6509803 (1966); C. A., **65**, 568 (1966).
[1769] PITANGUY, I.: Plast. Reconstr. Surg., **42**, 460 (1968).
[1770] PITHÁ, K., BERAN, K.: Wien. med. Wochenschr., **81**, 583 (1931).
[1771] PLATHNER, C. H., BINUS, W.: Dtsch. Stomatol., **16**, 99 (1966).
[1772] PLEIN, J. B., PLEIN, E. M.: J. Am. Pharm. Assoc. Sci. Ed., **42**, 79 (1953).
[1773] PLEIN, J. B., PLEIN, E. M.: Drug Standards, **22**, 228 (1954).
[1774] PLEIN, J. B., PLEIN E. M.: Bull. Am. Soc. Hosp. Pharm., **13**, 38 (1956).
[1775] PLEIN, J. B., PLEIN, E. M.: J. Am. Pharm. Assoc. Sci. Ed., **46**, 705 (1957).
[1776] PLENTL, A.: J. Appl. Physiol., **21**, 338 (1967).
[1777] POLEMANN, G.: Klin. Wochenschr., **33**, 1011 (1955).
[1778] POLEMANN, G., FROITZHEIM, G.: Arzneimittel-Forsch., **3**, 457 (1953).
[1779] POLETTI, G., ROATTA, L.: Minerva gastroenterol., **10**, 190 (1964).
[1780] POLICARD, A.: Experientia, **4**, 113 (1948).
[1781] POLICARD, A.: Méd. usine, **12**, 207 (1950).
[1782] POLICARD, A., CHARBONNIER, J., COLLET, A., DANIEL-MOUSSARD, H.: Beitr. Silikose-Forsch., **73**, 1 (1961).
[1783] POLICARD, A., COLLET, A.: Arch. malad. profess., 18, 508 (1957).
[1784] POLICARD, A., COLLET, A.: Compt. rend. Soc. biol., **151**, 821 (1957).
[1785] POLICARD, A., COLLET, A.: Rev. hématol., **13**, 286 (1958).
[1786] POLICARD, A., COLLET, A., DANIEL-MOUSSARD, H., PRÉGERMAIN, S.: J. urol., méd. et chir., **66**, 585 (1960).
[1787] POLICARD, A., COLLET, A., DANIEL-MOUSSARD, H., PRÉGERMAIN, S.: Compt. rend., **251**, 17 (1960).
[1788] POLICARD, A., COLLET, A., DANIEL-MOUSSARD, H., PRÉGERMAIN, S.: Compt. rend., **251**, 314 (1960).
[1789] POLICARD, A., COLLET, A., DANIEL-MOUSSARD, H., PRÉGERMAIN, S.: J. Biophys. Biochem. Cytol., **9**, 236 (1961).
[1790] POLICARD, A., COLLET, A., DANIEL-MOUSSARD, H., PRÉGERMAIN, S., REUET, C.: J. urol., méd. et chir., **65**, 585 (1960).
[1791] POLICARD, A., COLLET, A., GILTAIRE-RALYTE, L.: Compt. rend., **238**, 2478 (1954).
[1792] POLICARD, A., COLLET, A., GILTAIRE-RALYTE, L.: Rev. hématol., **9**, 403 (1954).
[1793] POLICARD, A., COLLET, A., GILTAIRE-RALYTE, L.: Compt. rend., **239**, 1449 (1954).
[1794] POLICARD, A., COLLET, A., GILTAIRE-RALYTE, L.: Compt. rend., **240**, 2473 (1955).
[1795] POLICARD, A., COLLET, A., GILTAIRE-RALYTE, L., REUET, C., DESFOSSE, C.: Presse méd., **63**, 1775 (1955).
[1796] POLICARD, A., COLLET, A., PRÉGERMAIN, S.: Presse méd., **65**, 121 (1957).
[1797] POLICARD, A., COLLET, A., PRÉGERMAIN, S.: Presse méd., **65**, 1685 (1957).
[1798] POLICARD, A., COLLET, A., PRÉGERMAIN, S.: Z. Zellforsch., **46**, 147 (1957).
[1799] POLICARD, A., COLLET, A., PRÉGERMAIN, S.: Compt. rend., **244**, 2458 (1957).
[1800] POLICARD, A., COLLET, A., PRÉGERMAIN, S., REUET, C., PELANE, Y., POMES, P.: Pathol. et biol., **7**, 2041 (1959).
[1801] POLICARD, A., COLLET, A., REY, L.: Compt. rend., **249**, 16 (1959).
[1802] POLICARD, A., LETORT, M., CHARBONNIER, J., MARTIN, J.-CH., DANIEL-MOUSSARD, H.: Compt. rend., **D 263**, 696 (1966).
[1803] POLLARD, H. M.: Oral Toxicity of DC 151; цит. по [1219].
[1804] POLLARD, H. S., DERRICK, J. R.: Texas Repts Biol. Med., **18**, 271 (1960).
[1805] PONTE, D.: Boll. chim. farm., **78**, 89 (1939).
[1806] PORTER, T. H., SHIVE, W.: J. Med. Chem., **11**, 402 (1968).

[1807] Posthumus, G., Holmquist, O.: Dent. Lab. Rev., **43**, 18 (1968).

[1808] Pott, F., Schlipköter, H. W., Brockhaus, A.: Dtsch. med. Wochenschr., **93**, 2479 (1968).

[1809] Powers, K.: J. Parasitol., **51**, 53 (1965).

[1810] Poynter, J. H., Dean, C. M., Miller, G. M.: J. Urol., **92**, 653 (1964).

[1811] Pozzani, U. C., Carpenter, C. P.: Arch. Ind. Hyg. Occup. Med., **4**, 465 (1951).

[1812] Prachuabmoh, K., Eiseman, B.: J. Med. Assoc. Thailand, **47**, 1 (1964).

[1813] Prentiss, R., Boatwright, D., Pennington, R., Hohn, W., Schwartz, M.: J. Urol., **90**, 208 (1963).

[1813a] Pribilla, W.: Medizinische (Stuttgart), **1953**, 928.

[1814] Princiotto, J. V., Howell, W. L., Morgan, C. F.: Am. J. Physiol., **171**, 758 (1952).

[1815] Pruski, J., Zyss, R.: Czasop. stomatol., **18**, 1077 (1965).

[1816] Pudenz, R. H., Russell, F. E., Hurd, A. H., Shelden, C. H.: J. Neurosurg., **14**, 171 (1957).

[1817] Pujo, D. E., Macchi, R. L., Gamber, S. L.: Rev. Asoc. odont. argent., **54**, 290 (1966).

[1818] Punnoose, K. J., Sachdeva, H. S.: Am. Surg., **34**, 665 (1968).

[1819] Punte, C. L., Owens, E. J.: Ind. Med. Surg., **27**, 313 (1958).

[1820] Quick, A. J., Stefanini, M.: J. Lab. Clin. Med., **1949**, 1203.

[1821] Quick, A. J., Stefanini, M.: J. Lab. Clin. Med., **1949**, 1739.

[1822] Quin, A. H., Austin, J. A., Ratcliff, K.: J. Am. Vet. Med. Assoc., **114**, 313 (1949).

[1823] Raab, H.: Med. Klin., **34**, 1531 (1938).

[1824] Rager, C. R.: Urgence méd. chir., **2**, 443 (1965).

[1825] Rager, C. R.: Agressologie, 8, 69 (1967).

[1826] Rahn, A., Matalon, V., Drane, J.: J. Prosth. Dent., **19**, 174 (1968).

[1827] Raible, D., Keller, D., Pierie, W., Koorajian, S., Partridge, E.: Bull. Dow Corning Center Aid Med. Res., **8**, 12 (1966).

[1828] Rainer, W. G., Newby, J., Kelble, D.: Dis. Chest, **53**, 765 (1968).

[1829] Rakshit, B.: J. Obstetr. Gynaecol., **1968**, No. 4, 18.

[1830] Rakshit, B.: Calcutta Med. J., **65**, 90 (1968).

[1831] Raman, V., Basu, P., Thompson, G.: Can. J. Ophthalmol., **1**, 308 (1966).

[1832] Ramel, C.: Praxis, **55**, 1302 (1966).

[1833] Rambousek, J.: Gewerbliche Vergiftungen. Leipzig, 1911.

[1834] Rappaport, A. M., Graham, R. K., Kendrick, W. W.: Can. Med. Assoc., J., **72**, 698 (1955).

[1835] Rastelli, G., Titus, J., McGoon, D.: J. Thoracic Cardiovasc. Surg., **56**, 879 (1968).

[1836] Ratan, R., Bennett, G., Bollin, P., McAlpine, W., Selman, M.: J. Thoracic Cardiovasc. Surg., **53**, 519 (1967).

[1837] Ray, C. D.: Am J. Med. Electronics, **4**, 100 (1965).

[1838] Reed, H. E.: J. Am. Inst. Homeopathy, **59**, 142 (1966).

[1839] Reed, W. A., Kittle, C. F.: A. M. A. Arch. Surg., **78**, 220 (1959).

[1840] Rees, T. D., Ashley, F. L.: Am. J. Surg., **111**, 531 (1966).

[1841] Rees, T. D., Ashley, F. L.: J. Pediatric Surg., **2**, 347 (1967).

[1842] Rees, T. D., Ballantyne, D. L., Hawthorne, G. A., Nathan, A.: Plast. Reconstr. Surg., **42**, 339 (1968).

[1843] Rees, T. D., Ballantyne, D. L., Hawthorne, G. A., Seidman, I.: Plast. Reconstr. Surg., **41**, 153 (1968).

[1844] REES, T. D., BALLANTYNE, D. L., SEIDMAN, I., HAWTHORNE, G. A.: Plast. Reconstr. Surg., **39**, 402 (1967).
[1845] REES, T. D., DUPUIS, C.: Plast. Reconstr. Surg., **41**, 307 (1968).
[1846] REES, T. D., PLATT, J., BALLANTYNE, D. L.: Bull. Dow Corning Center Aid Med. Res., **6**, 9 (1964).
[1847] REES, T. D., PLATT, J., BALLANTYNE, D. L.: Plast. Reconstr. Surg., **35**, 131 (1965).
[1848] REFVEM, O.: Acta med. scand., **149**, 1 (1954).
[1849] REGAN, C. D., SCHEPENS, C. L., OKAMURA, I. D., BROCKHURST, R. J., MCMEEL, J. W.: Arch. Ophthalmol., **68**, 313 (1962).
[1850] REGINATO, L. E., BELDA, W.: Rev. brasil. lepr., **32**, 49 (1964).
[1851] REGNAULT, P.: Plast. Reconstr. Surg., **37**, 31 (1966).
[1852] REGNAULT, P.: Plast. Reconstr. Surg., **40**, 524 (1967).
[1853] REIF, E., WELLER, W., ULMER, W. T.: Int. Arch. Gewerbepathol., Gewerbehyg., **21**, 211 (1965).
[1854] REIN, C. R., KIMMELMAN, J. A.: Repts 12th Annual Meeting Am. Acad. Dermatol.
[1855] REINECKE, R. D., CARROLL, J. M.: Bull. Dow Corning Center Aid Med. Res., **11**, 3 (1969).
[1856] REINECKE, R. D., CARROLL, J. M.: Trans. Am. Acad. Ophthalmol. Otolaryngol., **73**, 85 (1969).
[1857] REINHARDT, W. I.: Med. Times, **89**, 1099 (1961).
[1858] REINHARDT, W. I.: Geriatrics Digest, **5**, 32 (1968).
[1859] REININGER, E., HINCHEY, E.: J. Appl. Physiol., **24**, 580 (1968).
[1959a] RENCIS, E.: Farmakoloģija ar toksikoloģiju un receptūru. Rīgā, **1942**, 140. lpp.
[1860] REUTHER, H.: Pharm. Zentralhalle, **100**, 265 (1961).
[1861] REYNOLDS, G., RICHIE, R., FOSTER, J.: Surgery, **58**, 938 (1965).
[1862] RAZAK, M.: J. Pharm. Sci., **55**, 538 (1966).
[1863] RHODES, R.: Plast. Reconstr. Surg., **43**, 201 (1969).
[1864] RICE, W. G.: Am. J. Clin. Pathol., **18**, 752 (1948).
[1865] RICHARD, A.: Ind. parfum., **12**, 85 (1957); C. A., **51**, 10008 (1957).
[1866] RICHARDSON, C. H., DU CHANOIS, F. R.: J. Econ. Entomol., **44**, 997 (1951).
[1867] RICKHAM, P. P.: Developm. Med. Child Neurol., **14**, 6 (1968).
[1868] RIDER, J. A.: Am. Pract. Digest. Treatm., **11**, 52 (1960).
[1869] RIDER, J. A.: CA-Pat. 639057 (1962).
[1870] RIDER, J. A.: Modern Treatm., **2**, 976 (1965).
[1871] RIDER, J. A.: Ann. N. Y. Acad. Sci., **150**, 170 (1968).
[1872] RIDER, J. A., MOELLER, H. C.: JAMA, **174**, 2052 (1960).
[1872a] RIDDLE, W. E., WHEAT, J. D.: J. Am. Vet. Med. Assoc., **155**, 1367 (1969).
[1873] RIECHEN, F.: Z. Untersuch. Nahrungs-, Genußmittel, **44**, 93 (1922); Cbl., **1922**, III, 1144.
[1874] RIETHE, P., SCHULZ, A.: Zahnärztl. Welt, **66**, 178 (1965).
[1875] RIFFKIN, C.: Bull. Parenteral Drug Assoc., **22**, 66 (1968).
[1876] RILEY, I. H., WINNER, H. I.: J. Pharm. Pharmacol., **13**, 111 (1961).
[1877] RILKE, F., KESSEL, R. W.: Med. lavoro, **54**, 161 (1963).
[1878] RILKE, F., PERNIS, B.: Med. lavoro, **52**, 321 (1961).
[1879] RINGENBERG, J. C.: Laryngoscope, **1963**, 1493.
[1880] RINGENBERG, J. C.: Trans. Am. Acad. Ophthalmol. Otolaryngol., **72**, 796 (1968).
[1881] RISE, E. N., HUFFMAN, W. C., VERVAIS, P.: Plast. Reconstr. Surg., **36**, 231 (1965).

[1881a] RITSCHEL, W. A.: Pharm. Ind., **23**, 162 (1961).
[1881b] RITSCHEL, W. A.: Pharm. Ind., **23**, 275 (1961).
[1882] ROBB, W. L.: Ann. N. Y. Acad. Sci., **146**, 119 (1968).
[1883] ROBBERS, H.: Samml. Vergiftungsf., **8A**, 159 (1937); C. A., **1938**, I, 3360.
[1884] ROBERG, M.: Pharm. Zentralhalle, **84**, 196 (1943).
[1885] ROBERTS, G. W.: Lancet, **1962**, 110.
[1886] ROBERTS, G. W.: Nursing Mirror, **1962**, 347.
[1887] ROBERTS, M., SETTEL, E., ARLEN, M., FRIEDMAN, H. P.: JAMA, **183**, 595 (1963).
[1888] ROBERTS, W. C.: J. Occup. Med., **7**, 30 (1965).
[1889] ROBERTS, W. C.: J. Occup. Med., **7**, 71 (1965).
[1890] ROBERTS, W. C., MORROW, A. G.: Am. J. Cardiol., **22**, 614 (1968).
[1891] ROBINSON, J., BARNHART, G.: Dental Digest, **70**, 362 (1964).
[1892] ROBINSON, M.: Bull. Dow Corning Center Aid Med. Res., **10**, 2 (1968).
[1893] ROBINSON, M., SHUKEN, R.: J. Oral Surg., **27**, 116 (1969).
[1894] ROBINSON, T. N., ROBINSON, W. W.: Milit. Med., **130**, 1082 (1965).
[1895] ROBOCK, K., KLOSTERKÖTTER, W.: Fortschr. Staublungenforsch., **2**, 115 (1968).
[1896] ROCHE, L., MINETTE, A., BARON, J.: Arch. malad. profess., **16**, 348 (1955).
[1897] ROCHOW, E. G.: Introduction to the Chemistry of the Silicones. New York, 1949, p. 60.
[1898] ROE, B., KELLY, P., MYERS, J.: Circulation, **32**, Suppl. II, 180 (1965).
[1899] ROE, B. B., OWSLEY, J. W., BOUDOURES, P. C.: J. Thoracic Surg., **36**, 563 (1958).
[1900] ROHOLM, K.: Fluorine Intoxication: a Clinical Hygienic Study. London, 1937.
[1901] ROHOLM, K.: Dtsch. Z. ges. gerichtl. Med., **27**, 174 (1937).
[1902] ROSARIO, V. C. DEL, PRATER, G. H., GARVEY, J. M.: Am. Surg., **32**, 638 (1966).
[1902a] ROSCISZEWSKI, P.: Zastosowanie silikonow. Warszawa, 1964.
[1903] ROSE, J. C., BROIDA, H. P.: Proc. Soc. Exp. Biol. Med., **86**, 384 (1954).
[1904] ROSENBLUT, B., AHLVIN, R. C., CARR, C. D.: Ann. Otolaryngol., **75**, 889 (1966).
[1905] ROSENBLUTH, M. B., EPSTEIN, F. H., FELDMAN, D. J.: Proc. Soc. Exp. Biol. Med., **80**, 691 (1952).
[1906] ROSNER, I.: Wien. klin. Wochenschr., **21**, 750 (1908).
[1907] ROSS, P., TREVILLE, R. T. DE: Arch. Environm. Health, **17**, 720 (1968).
[1908] ROTH, N.: Am. J. Ophthalmol., **62**, 760 (1966).
[1909] ROWAN, R. L., HOWLEY, T. F.: N. Y. State J. Med., **63**, 1357 (1963).
[1910] ROWAN, R. L., HOWLEY, T. F.: Dis. Colon Rectum, **6**, 442 (1963).
[1911] ROWAN, R. L., ROWAN, Y.: US-Pat. 3239414 (1966); C. A., **64**, 14038 (1966).
[1912] ROWAN, R. L., ROWAN, Y.: US-Pat. 3275509 (1966); C. A., **66**, 5780z (1967).
[1913] ROWAN, R. L., ROWAN, Y.: US-Pat. 3378440 (1968); C. A., **69**, 1740c (1968).
[1914] ROWE, V. K., SPENCER, H. C., BASS, S. L.: J. Ind. Hyg. Toxicol., **30**, 332 (1948).
[1915] ROWE, V. K., SPENCER, H. C., BASS, S. L.: Arch. Ind. Hyg., **1**, 539 (1950).
[1916] ROWEN, M. J.: Med. Times, **94**, 974 (1966).
[1917] ROWSELL, E. V., LEONARD, R. A.: Biochem. J., **66**, 3P (1957).
[1918] ROWSELL, E. V., LEONARD, R. A.: Biochem. J., **70**, 57 (1958).
[1919] ROY, O. Z.: Med. Biol. Engng. **6**, 443 (1968).
[1920] ROYDHOUSE, R. H.: J. Am. Dental Assoc., **62**, 670 (1961).
[1921] RUBIN, B. A.: Science, **110**, 425 (1949).
[1922] RUBIN, H. J.: Arch. Otolaryngol., **81**, 604 (1965).
[1923] RUBIN, H. J.: Calif. Med., **102**, 105 (1965).
[1924] RUBINSTEIN, J.: J. Am. Dental Assoc., **59**, 948 (1959).

[1925] Ruedemann, A. D.: Am. J. Ophthalmol., **54**, 868 (1962).
[1926] Russel, F. E., Simmers, M. H., Hirst, A. E., Pudenz, R. H.: J. Nat. Cancer Inst., **28**, 305 (1959).
[1927] Rüst, E., Ebert, A.: Unfälle bei chemischen Arbeiten. Zürich, **1948**, S. 116.
[1928] Rüttner, J. R., Bovet, P., Aufdermaur, M.: Dtsch. med. Wochenschr., **77**, 1413 (1952).
[1929] Rüttner, J. R., Isler, K. M.: Schweiz. med. Wochenschr., **86**, 63 (1956).
[1930] Rüttner, J. R., Mauerhofer, R. F.: Med. exp., **8**, 55 (1963).
[1931] Rüttner, J. R., Willy, W., Baumann, A.: Schweiz. Z. allgem. Pathol., **17**, 352 (1954).
[1931a] Ryan, J. W.: (Dow Corning Corp.), FR-Pat 1512256 (1966); C. A., **70**, 68495r (1969).
[1932] Rycroft, P. V.: Bull. Dow Corning Center Aid Med. Res., **7**, 15 (1965).
[1933] Rycroft, P. V.: Proc. Roy. Soc. Med., **58**, 736 (1965).
[1934] Saffiotti, U., Tommasini, D. A.: Med. lavoro, **49**, 347 (1958).
[1935] Saffiotti, U., Tommasini, D. A., Mayer, L.: Med. lavoro, **51**, 518 (1960).
[1936] Safian, J.: Plast. Reconstr. Surg., **37**, 446 (1966).
[1937] Saigo, S.: JA-Pat. 1100 (1955); C. A., **50**, 17348 (1956).
[1938] Saigo, S.: JA-Pat. 1250 (1955); C. A., **50**, 17348 (1956).
[1939] Saiko, O.: Österr. Apotheker-Ztg, **9**, 361 (1955).
[1940] Sakabe, H., Koshi, K.: Ind. Health (Japan), **5**, 181 (1967); C. A., **69**, 12763p (1968).
[1941] Sakabe, H., Ono, T.: Gann, **48**, 101 (1957).
[1942] Sako, Y., Rude, W. J.: Surgery, **60**, 802 (1966).
[1942a] Sakurabayashi, M.: Acta obstetr. et gynaecol. jap., **16**, 56 (1969).
[1943] Salomon, J. L., Bausone, L., Scheunemann, M., Ryan, J.: Ind. Med. Surg., **26**, 474 (1957).
[1944] Sampayo, R. L., Abeyá, O. A., Cosin, A.: Semana méd., **106**, 73 (1955).
[1945] Sanislow, C. A.: Bull. Dow Corning Center Aid Med. Res., **5**, 7 (1963).
[1946] Sanislow, C. A., Zuidema, G. D.: J. Surg. Res., **3**, 497 (1963).
[1947] San Juan, F.: Hospital (Rio de Janeiro), **66**, 1193 (1964).
[1948] Sankey, N. E., Heller, E.: J. Urol., **97**, 309 (1967).
[1949] Santi, L., Novelli, A., Marinari, U. M.: Cancro, **17**, 545 (1964).
[1950] Santos, O. A., Hastings, F. W., Mazuji, M. K.: Arch. Surg., **84**, 643 (1962).
[1951] Sarin, C., Sen Gupta, A., Taylor, H., Kolff, W.: Surgery, **60**, 754 (1966).
[1952] Sarles, H., Remmers, A., Hargest, T., Smith, G., Artz, C.: N. Engl. J. Med., **273**, 79 (1965).
[1953] Sármány, J., Rácz, I.: Népegészségügy, **37**, 74 (1956).
[1954] Sarnoff, S. J.: Plastics World, **13**, No. 11, 24 (1955).
[1955] Sarnoff, S. J.: Plastics, **21**, 84 (1956).
[1956] Sarrazin, R., Bieske, H., Moszyk, W.: Czasop. stomatol., **18**, 831 (1965).
[1957] Sato, K., Ito, N., Oka, M.: Eisei Kagaku, **13**, 281 (1967); C. A., **68**, 39860e (1968).
[1958] Sato, S.: Jap. J. Urol., **58**, 1237 (1967).
[1959] Sauer, F., Laughland, D. H., Davidson, W. M.: Can. J. Biochem. Physiol., **37**, 183 (1959).
[1960] Sauer, J. L.: Michigan State Dental Assoc., **46**, 101 (1964).
[1961] Sauer, J. L.: J. Prosth. Dent., **16**, 650 (1966).
[1962] Sax, N. I.: Handbook of Dangerous Materials. New York, 1951.

[1963] SAX, N. I.: Dangerous Properties of Industrial Materials. New York, 1965.
[1964] SAYERS, R. R.: Am. J. Publ. Health, **17**, 208 (1927).
[1965] SCARBOROUGH, D., MASON, R., DALLDORF, F., BRINKHOUS, K.: Lab. Invest., **20**, 164 (1969).
[1966] SCHAAF, F., GROSS, F.: Dermatologica, **106**, 170 (1953).
[1967] SCHAAF, F., GROSS, F.: Dermatologica, **106**, 357 (1953).
[1968] SCHECTER, L. M., PORIES, W. J.: Am. J. Surg., **113**, 846 (1967).
[1969] SCHEEL, L. D., SMITH, J., RIPER, J. VON, FLEISCHER, E.: Arch. Ind. Hyg. Occup. Med., **9**, 29 (1954).
[1970] SCHELL, L. D., LANE, W. C., COLEMAN, W. E.: Am. Ind. Hyg. Assoc. J., **29**, 41 (1968).
[1971] SCHEPENS, C. L.: Trans. Am. Acad. Ophthalmol. Otolaryngol., **68**, 959 (1964).
[1972] SCHEPENS, C. L., OKAMURA, I. D., BROCKHURST, R. J., REGAN, C. D.: A. M. A. Arch. Ophthalmol., **64**, 868 (1960).
[1973] SCHEPERS, G. W.: Toxicol. Appl. Pharmacol., **1**, 487 (1959).
[1974] SCHEPERS, G. W.: Arc.h. Environm. Health, **5**, 278 (1962).
[1975] SCHEPERS, G. W.: Ind Med. Surg., **33**, 381 (1964).
[1976] SCHEPERS, G. W., DELAHANT, A. B.: A. M. A. Arch. Ind. Health, **12**, 109 (1955).
[1977] SCHEPERS, G. W., DELAHANT, A. B., BAILEY, D. A., GOCKELER, E. L., GAY, W. C.: A. M. A. Arch. Ind. Health, **16**, 499 (1957).
[1978] SCHEPERS, G. W., DELAHANT, A. B., SCHMIDT, J. G., VONWECHELN, J. C., CREEDON, F. T., CLARK, R. W.: A. M. A. Arch. Ind. Health, **16**, 280 (1957).
[1979] SCHEPERS, G. W., DURKAN, T. M., DELAHANT, A. B.: A. M. A. Arch. Ind. Health, **12**, 348 (1955)
[1980] SCHEPERS, G. W., DURKAN, T. M., DELAHANT, A. B., CREEDON, F. T., REDLIN, A. J.: A. M. A. Arch. Ind. Health, **16**, 125 (1957).
[1981] SCHEPERS, G. W., DURKAN, T. M., DELAHANT, A. B., CREEDON, F. T., REDLIN, A. J.: A. M. A. Arch. Ind. Health, **16**, 203 (1957).
[1982] SCHILDER, H., AMSTERDAM, M.: Oral Surg., Oral Med., Oral Pathol., **12**, 211 (1959).
[1983] SCHILLER, E.: Brit. J. Ind. Med., **10**, 1 (1953).
[1984] SCHILLER, E.: Arch. Gewerbepathol., Gewerbehyg., **14**, 203 (1956).
[1985] SCHLIPKÖTER, H. W.: Klin. Wochenschr., **39**, 315 (1961).
[1986] SCHLIPKÖTER, H. W.: Med. lavoro, **54**, 405 (1963).
[1986a] SCHLIPKÖTER, H. W.: Zbl. Arbeitsmed., **16**, 21 (1966).
[1986b] SCHLIPKÖTER, H. W.: Arbeitsmed.-Sozialmed.-Arbeitshyg., **2**, 133 (1967).
[1987] SCHLIPKÖTER, H. W., BECK, E. G.: Med. lavoro, **56**, 485 (1965).
[1988] SCHLIPKÖTER, H. W., BROCKHAUS, A.: Dtsch. med. Wochenschr., **85**, 920 (1960).
[1989] SCHLIPKÖTER, H. W., BROCKHAUS, A.: Klin. Wochenschr., **39**, 1182 (1961).
[1990] SCHLIPKÖTER, H. W., DOLGNER, R.: Z. Hyg. Infektionskr., **145**, 92 (1959).
[1991] SCHLIPKÖTER, H. W., DOLGNER, R., BROCKHAUS, A.: Dtsch. med. Wochenschr., 88, 1895 (1963).
[1991a] SCHLIPKÖTER, H. W., LINDER, H.: Beitr. Silikose-Forsch., Sonderband, Grundfr., **3**, 93 (1958).
[1991b] SCHLIPKÖTER, H. W., LINDER, H.: Z. Hyg., Infektionskr., **145**, 574 (1959).
[1992] SCHLIPKÖTER, H. W., LINDNER, E.: Z. Hyg., Infektionskr., **147**, 287 (1961).
[1993] SCHLIPKÖTER, H. W., ROTHES, I.: Z. Hyg., Infektionskr., **142**, 487 (1956).
[1994] SCHLIPKÖTER, H. W., ROTHES, I., DEFESCHE, A. J.: Z. Hyg. Infektionskr., **143**, 533 (1957).

[1995] SCHLIPKÖTER, H. W., SCHNEIDERS, H.: Beitr. Silikose-Forsch., Sonderband, Grundfr., **5**, 51 (1963).

[1996] SCHMIDT, D., FICHLER, H. J., SCHUH, D.: Zbl. Chir., **92**, 2255 (1967).

[1997] SCHMIDT, H. W.: Z. ges. inn. Med., **13**, 241 (1958).

[1998] SCHMIDT, H. W.: Z. Haut-, Geschlechtskr., **24**, 178 (1958).

[1999] SCHMIDT, H. W.: Z. Unfallmed., Berufskr., **53**, 237 (1960).

[1999a] SCHMIDT, H. W.: Dtsch. tierärztl. Wochenschr., **70**, 525 (1963).

[2000] SCHMIDT-TINTEMANN, U.: Langenbeck's Arch. klin. Chir., **304**, 951 (1963).

[2001] SCHNEIDER, C. F., LEYVA, S.: J. Med. Assoc. Alabama, **33**, 185 (1964).

[2002] SCHNEIDER, W.: Dtsch. med. Wochenschr., **93**, 261 (1968).

[2003] SCHOENMAKERS, H. P.: Nederl. tijdschr. tandheelk., **72**, 620 (1965).

[2004] SCHOOG, M.: Arzneimittel-Forsch., **1**, 167 (1951).

[2005] SCHRADER, G., HAMMAN, I.: GB-Pat. 1106634 (1968); C. A., **68**, 105360z (1968).

[2006] SCHRÖDTER, S., SAITMACHER, H.: Arch. Hyg., Infektionskr., **142**, 471 (1958).

[2007] SCHRÖDTER, S., STRIETZEL, G.: Frankfurter Z. Pathol., **67**, 538 (1956).

[2008] SCHUBAUER, F.: Biochem. Z., **108**, 304 (1920).

[2009] SCHUDER, J. C., STOECKLE, H.: Trans. Am. Soc. Artif. Int. Organs, **8**, 344 (1962).

[2010] SCHUHMACHERS, R.: Hautarzt, **16**, 458 (1965).

[2011] SCHUHMACHERS, R.: Arch. klin., exp. Dermatol., **227**, 322 (1966).

[2012] SCHULZ, H.: Münch. med. Wochenschr., **49**, 440 (1902).

[2013] SCHULZ, H.: Folia haematol., **5**, 195 (1961).

[2014] SCHULZ-BRUEGGEMANN, W.: Beitr. Klin., Erforsch. Tuberk., **121**, 669 (1960).

[2015] SCHUMACHER, H.: Medizinische (Stuttgart), **1954**, 1761.

[2015a] SCHUMACHER, H. B., KAJIKURI, H., GRICE, P., RODRIGUEZ, R., RIBERI, A., MOORE, T. C., SIDERYS, H.: Surgery, **41**, 943 (1957).

[2016] SCHUSTER, S.: Surg. Gynecol. Obstetr., **125**, 837 (1967).

[2017] SCHWABE, W.: Гомеопатические лекарственные средства. M., 1967.

[2017a] SCHWARZ, R.: Münch. med. Wochenschr., **42**, 1786 (1925).

[2018] SCHWARZ, R.: Fortschr. Therap., **16**, 182 (1940).

[2019] SCOTT, F. B.: Bull. Dow Corning Center Aid Med. Res., **7**, 2 (1965).

[2020] SCOTT, H. W., HANLON, C. R., OLSON, B. J., FITE, G. L., MATTERN, C. F.: Surg. Forum, **6**, 279 (1956).

[2021] SEABURY, J. C., BOYARSKY, S.: J. Urol., **100**, 90 (1968).

[2022] SEAL, S. H.: Cancer, **12**, 590 (1959).

[2022a] G. D. SEARLE and Co.: GB-Pat. 1135560 (1968); C. A., **70**, 47707w (1969).

[2023] SEARS, M. L.: Conn. Med., **28**, 592 (1964).

[2024] SECCHI, G. C.: Med. lavoro, **58**, 412 (1967).

[2025] SECCHI, G. C.: Med. lavoro, **59**, 294 (1968).

[2026] SEGARRA, J. M.: Techn. Bull. Regist. Med. Techn., **33**, 191 (1963).

[2027] SEIDEL, W., LEITZ, K.: Langenbeck's Arch. klin. Chir., **314**, 25, (1966).

[2028] SEIFERLE, E. J., ADAMS, J. A., NAGEL, C. M., HO, W. C.: J. Econ. Entomol., **31**, 55 (1938).

[2029] SEIFERT, H.: Wiss. Forschungsber. Naturwiss., **6**, 3 (1958).

[2030] SEIFERT, H.: Beitr. Silikose-Forsch., **82**, 1 (1964).

[2031] SELVE, A. LA, CHARTON, Y., VILLEMAGNE, Y.: Gynécol. et obstétr., **11**, 371 (1959).

[2031a] SEMMELMAN, J. O., HALPERN, B. D.: (Dentist's Supply Co), US-Pat. 3423828 (1969); RAPRA Abstr., **4**, 4820P (1969).

[2032] SERSON, D.: Rev. latino-am. cir. plast., **9**, 193 (1965).
[2033] SETO, Y.: Nippon Yakurigaku Zasshi, **56**, 547 (1960); C. A., **55**, 25045 (1961).
[2034] SETTLE, W. R., SAUER, F.: Am. J. Vet. Res., **21**, 709 (1960).
[2035] SEVC, J.: Prac. lék., **17**, 177 (1965).
[2036] SEVC, J., KARÁSEK, R.: Prac. lék., **16**, 268 (1964).
[2037] SHAFER, D. M.: Trans. Am. Acad. Ophthalmol. Otolaryngol., **68**, 953 (1964).
[2038] SHANNON, G. M., COYLE, J. J.: Arch. Ophthalmol., **74**, 811 (1965).
[2039] SHARP, W., GARDNER, D., ANDERSEN, G.: Trans. Am. Soc. Artif. Int. Organs, **11**, 336 (1965).
[2040] SHATTOCK, S. G.: Proc. Roy. Soc. Med., **10**, 6 (1916—1917).
[2041] SHAW, J. M., CROWE, F. M.: A. M. A. Arch. Dermatol., **71**, 379 (1955).
[2042] SHEA, M.: Trans. Can. Ophthalmol. Soc., **26**, 63 (1963).
[2043] SHEEHY, J., PATTERSON, M.: Laryngoscope, **77**, 1502 (1967).
[2044] SHELDEN, C., PUDENZ, R., DOYLE, J.: Am. J. Surg., **114**, 209 (1967).
[2045] SHELLEY, W. B., HURLEY, H. J.: J. Invest. Dermatol., **34**, 107 (1960).
[2046] SHELLEY, W. B., HURLEY, H. J., MAYOCK, P. L., CLOSE, H. P., CATHCART, R. T.: J. Invest. Dermatol., **31**, 301 (1958).
[2047] SHELLEY, W. B., PILLSBURY, D. M.: JAMA, **170**, 1779 (1959).
[2048] SHEPHERD, M. P., ZINGG, W., MUSTARD, W. T.: Can. J. Surg., **10**, 489 (1967).
[2049] SHERWOOD, N.: J. Urol., **93**, 307 (1965).
[2050] SHIBATA, T., MAEDA, A., UGAKI, M., WATARI, A., KURIYAMA, J.: Saishin Igaku, **19**, 1978 (1964); C. A., **61**, 4496 (1964).
[2051] SHIELDS, M. N., WARD, J. R.: Phys. Therap., **48**, 1083 (1968).
[2052] SHIMAMOTO, O., YAMAMOTO, T., MORO, T.: Iryo, **15**, 437 (1961).
[2053] SHUBECK, F.: Obstetr. Gynecol., **25**, 724 (1965).
[2054] SIBOULET, A.: Bull. Soc. franç. dermatol. et syphiligr., **61**, 535 (1954).
[2055] SIBOULET, A.: Bull. Soc. franç. dermatol. et syphiligr., **62**, 108 (1955).
[2056] SIBOULET, A.: Bull. Soc. franç. dermatol. et syphiligr., **64**, 283 (1957).
[2057] SIEBERT, G.: Medizinische (Stuttgart), **21**, 1631 (1952).
[2058] SIEGMUND, H.: Arch. Gewerbepathol., Gewerbehyg., **6**, 1 (1935).
[2059] SIEHOFF, F., ANTWEILER, H.: Arch. Gewerbepathol., Gewerbehyg., **15**, 158 (1956).
[2060] SILVERMAN, L. F., POLLACK, H. G.: J. Am. Podiatry. Assoc., **52**, 205 (1962).
[2061] SIMAZAKI, Y.: J. Oriental Med., **33**, 1339 (1940); C. A., **35**, 7548 (1941).
[2062] SIMMERS, M. H., AGNEW, W. F., PUDENZ, R. H.: Bol. Inst. estud. méd. biol., **22**, 1 (1963).
[2063] SIMONIN, P., PIERRON, A.: Compt. rend. Soc. biol., **124**, 669 (1937).
[2064] SIMONS, J.: Plast. Reconstr. Surg., **43**, 78 (1969).
[2065] SIMPSON, J., BULLOCH, R., CAMPBELL, G.: Bull. Dow Corning Center Aid Med. Res., **10**, 9 (1968).
[2066] SISSONS, H. A.: Acta. Unio int. contra cancrum, **7**, 171 (1950).
[2067] SKEGGS, L. T., LEONARDS, J. R.: Science, **108**, 212 (1948).
[2068] SKLENSKÝ, B.: Гигиена труда и проф. заболев., **1969**, № 6, 22.
[2069] SKUBELLA: Dtsch. Stomatol., **4**, 85 (1954).
[2070] SLANGER, A.: Med. Times, **94**, 244 (1966).
[2071] SMALL, I., BROWN, S., KOBERNICK, S.: J. Oral. Surg., **22**, 377 (1964).
[2072] SMART, R., ANDERSON, W. H.: Ind. Med. Surg., **56**, 214 (1956).
[2073] SMIECHOWSKA, W.: Czasop. stomatol., **20**, 1 (1967).
[2074] SMITH, C. C., DAY, T. L., ZIMMERMAN, E. H.: J. Invest. Dermatol., **21**, 111 (1953).

[2075] Smith, C. K., Brunner, J. R., Hoffman, C. F., Duncan, C. W.: J. Animal Sci., **12**, 932 (1953).
[2076] Smith, D. C.: Brit. Dental J., **122**, 382 (1967).
[2077] Smith Kline and French Laboratories: GB-Pat. 1129260 (1968); C. A., **70**, 14421v (1969).
[2078] Smith, M.: Am. Surg., **32**, 531 (1966).
[2079] Smith, M., Lattimer, J.: Surg. Gynecol., Obstetr., **123**, 1015 (1966).
[2080] Smith, M. C., Leverton, R. M.: Ind. Engng Chem., **26**, 761 (1934).
[2081] Smith, M. E., Zimmerman, L. E.: Arch. Ophthalmol., **73**, 618 (1965).
[2082] Smith, R. O., Sands, C. J., Goldberg, E. M., Massey, R. R., Gay, J. R.: Neurology, **17**, 1217 (1967).
[2083] Smith, W. T.: J. Pathol. Bacteriol., **80**, 9 (1960).
[2084] Smyth, H. F., Carpenter, C. P., Weil, C. S.: J. Ind. Hyg. Toxicol., **31**, 60 (1949).
[2085] Smyth, H. F., Carpenter, C. P., Weil, C. S., Pozzani, U. C.: A. M. A. Arch. Ind. Hyg., **10**, 61 (1954).
[2086] Smyth, H. F., Carpenter, C. P., Weil, C. S., Pozzani, U. C., Striegel, J. A.: Am. Ind. Hyg. Assoc. J., **23**, 95 (1962).
[2087] Smyth, H. F., Seaton, J. J.: J. Ind. Hyg. Toxicol., **22**, 288 (1940).
[2088] Smyth, E., Hirsch, E., Brecher, I., Betancourt, R., Keller, J.: Ann. Thoracic Surg., **3**, 119 (1967).
[2089] Snapp, O. I., Thomson, J. R.: J. Econ. Entomol., **25**, 811 (1932).
[2090] Sobel, S. L.: J. Am. Dental Assoc., **77**, 116 (1968).
[2091] Société d'études et de recherches techniques. FR-Pat. 1131217 (1957); C. A., **54**, 11368 (1960).
[2092] Soll, D.: Bull. Dow Corning Center Aid Med. Res., **10**, 13 (1968).
[2093] Sommelet, M.: Bull. sci. pharm., **30**, 211 (1923).
[2094] Sommerville, J., Milne, J. A.: Brit. J. Dermatol., **62**, 105 (1950).
[2095] Soper, Q. F., Whitehead, C. W., Behrens, O. K., Corse, J. J., Jones, R. G.: J. Am. Chem. Soc., **70**, 2849 (1948).
[2096] Sorbini, E.: Clin. terap., **31**, 561 (1964).
[2097] Spaeth, E.: Pharm. Zentralhalle, **58**, 599 (1917).
[2098] Spang, K.: Taschenbuch der Therapie. Leipzig, **1961**.
[2099] Sparks, C. H.: Surg. Forum, **16**, 130 (1965).
[2100] Sparks, C. H.: Ann. Thoracic Surg., **2**, 585 (1966).
[2101] Spector, W. S.: Handbook of Toxicology, 1. Philadelphia, 1956.
[2102] Speier, J. L.: (Dow Corning Corp.), US-Pat. 2611776 (1952); C. A., **47**, 11244 (1953).
[2103] Speirs, A. C., Blocksma, R.: Plast. Reconstr. Surg., **31**, 166 (1963).
[2104] Spence, W.: Clin. Med., **74**, 25 (1967).
[2105] Sperber, P. A.: J. Am. Geriatr. Soc., **12**, 8 (1964).
[2106] Sperber, P. A.: J. Am. Geriatr. Soc., **12**, 594 (1964).
[2107] Spinka, J.: CS-Pat. 117991 (1966); C. A., **66**, 20028f (1967).
[2108] Spira, M., Gerow, F. J., Hardy, S. B.: Trans. 2nd Int. Congr. Res. Burns. Baltimore, 1967.
[2109] Spira, M., Miller, J., Hardy, S. B., Gerow, F. J.: Plast. Reconstr. Surg., **39**, 357 (1967).
[2110] Spitalny, L., Pilkerton, A. R., Baverman, S. P.: Eye, Ear, Nose, Throat Monthly, **46**, 1261 (1967).

[2111] SPJUT, H. J., MARGULIS, A. R., COOK, G. B.: Acta cytol., **7**, 79 (1963).
[2112] SPRINGER, R., HERZINGER, R.: Arch. Pharm., **287**, 204 (1954).
[2113] STAFFORD, E. S., GSTALDER, R. J.: Arch. Surg., **90**, 899 (1965).
[2114] STALAND, B.: Acta chir. scand., **109**, 126 (1955).
[2115] STALDER, K.: Beitr. Silikose-Forsch., **86**, 1 (1965).
[2116] STALDER, K.: Naturwiss., **53**, 706 (1966).
[2117] STALDER, K.: Proc. Int. Congr. Occup. Health, Wien, A, III, 125 (1966).
[2118] STALDER, K.: Fortschr. Staublungenforsch., **2**, 151 (1968).
[2119] STALDER, K.: Klin. Wochenschr., **46**, 457 (1968).
[2120] STALDER, K.: Int. Arch. Gewerbepathol., Gewerbehyg., **24**, 238 (1968).
[2121] STALDER, K., STÖBER, W.: Nature, **207**, 874 (1965).
[2122] STALEY, R. N., BARNHART, G. W.: Am. J. Phys. Anthropol., **25**, 325 (1966).
[2123] STANWORTH, A., SETHI, B. P.: Brit. J. Ophthalmol., **50**, 731 (1966).
[2124] STARR, A., EDWARDS, M. L.: Ann. Surg., **154**, 726 (1961).
[2125] STARR, A., PIERIE, W., RAIBLE, D., EDWARDS, M. L., SIPOSS, G., HANCOCK, W.: Bull. Dow Corning Center Aid Med. Res., 8, 6 (1966).
[2126] Staublungenerkrankungen, Bd. 1—3. Darmstadt, 1950—1958.
[2127] Staublungenerkrankungen. Leipzig, 1958.
[2128] STEIGER, K., DOLDER, R.: Pharm. acta helv., **29**, 341 (1954).
[2129] STEJSKAL, K.: Wien. med. Wochenschr., **93**, 402 (1943).
[2130] STELLMACH, R.: Fortschr. Kiefer-, Gesichtschir., **12**, 141 (1967).
[2131] STENSTROM, S., SUNDMARK, E.: Plast. Reconstr. Surg., **38**, 567 (1966).
[2132] STEPHENS, R. R.: Brit. Dental J., **97**, 148 (1954).
[2133] STERLING, G. B., PAWLOSKI, C. E.: (Dow Chemical Co), US-Pat. 3256308 (1966); C. A., **65**, 7217 (1966).
[2134] STERLING, G. B., PAWLOSKI, C. E.: (Dow Chemical Co), US-Pat. 3337598 (1967); C. A., **68**, 95950a (1968).
[2135] STERN, W.: J. Int. Coll. Surg., **44**, 668 (1965).
[2136] STERNBERG, T. H., ASHLEY, F. L., WINER, L. H., LEHMAN, R.: Hautarzt, **15**, 281 (1964).
[2137] STEWART, R. D., SANISLOW, C.: N. Engl. J. Med., **265**, 1283 (1961).
[2138] STICH, H.: Zahnärztl. Welt, **5**, 384 (1950).
[2138a] STIEGELE, K.: Homöopatische Arzneimittellehre. Stuttgart, 1949.
[2139] STÖBER, W.: Beitr. Silikose-Forsch., **89**, 1 (1966).
[2140] STÖBER, W.: Med. Welt, **1966**, 2313.
[2141] STÖBER, W., BRIEGER, H.: Arch. Environm. Health, **16**, 706 (1968).
[2142] STÖBER, W., BAUER, G.: In: Die Staublungenerkrankungen, Bd. 3. Darmstadt, 1958, S. 3.
[2143] STOCK, A., SOMIESKI, C.: Ber., **49**, 57, 145 (1916).
[2144] STOFER, R. C.: Bull. Dow Corning Center Aid Med. Res., **5**, 8 (1963).
[2145] STONE, W.: N. Engl. J. Med., **258**, 486 (1958).
[2146] STRAMIGNONI, A.: Arch. sci. med., **117**, 173 (1964).
[2147] STRAMPELLI, B., RESTIVO, M. L. M.: Ann. ottalmol., **92**, 415 (1966).
[2148] STRANC, M.: Proc. Roy. Soc. Med., **61**, 494 (1968).
[2149] STRAUSS, L. H.: Z. ges. exp. Med., **98**, 603 (1936).
[2150] STRAW, R., MITCHELL, C.: J. Appl. Physiol., **21**, 712 (1966).
[2151] STRECKER, F. J.: Beitr. Silikose-Forsch., Sonderband, Grundfr., **1**, 61 (1956).
[2152] STRECKER, F. J.: Beitr. Silikose-Forsch., Sonderband, Grundfr., **2**, 343 (1956).

[2153] STRECKER, F. J.: In: Die Staublungenerkrankungen, Bd. 3. Darmstadt, 1958, S. 226.

[2154] STRECKER, F. J.: Beitr. Silikose-Forsch., Sonderband, Grundfr., **4**, 121 (1960).

[2155] STRECKER, F. J.: Beitr. Silikose-Forsch., Sonderband, Grundfr., **6**, 55 (1965).

[2156] STRECKER, F. J.: Proc. Int. Congr. Occup. Health, Wien, A, III, 127 (1966).

[2157] STREETEN, B., BELKOWITZ, M.: Arch. Ophthalmol., **78**, 503 (1967).

[2158] Stuart Co: GB-Pat. 939446 (1963); C. A., **60**, 3956 (1964).

[2159] STÜBEN, J.: Dtsch. Zahnärztebl., **20**, 225 (1966).

[2160] SÜE, P., MICHON, R., MÉRINIS, J.: Compt. rend., **243**, 1809 (1956).

[2161] SUGIOKA, K.: Bull. Dow Corning Center Aid Med. Res., **3**, 15 (1961).

[2162] SUNDARAM, K., KINCL, F.: Steroids, **12**, 517 (1968).

[2163] SUSANNA, V.: Arch. fisiol., **24**, 2 (1926).

[2164] SUSKIND, R. R.: Ind. Med. Surg., **24**, 413 (1955).

[2165] SUSKIND, R. R.: Arch. Ind. Hyg. Occup. Med., **9**, 101 (1954).

[2166] SVARE, C. W., MEYER, M. W.: J. Am. Dental Assoc., **70**, 354 (1965).

[2167] SVEHLA, K., FAIX, Z.: Průmysl potravin, **17**, 78 (1966); C. A., **65**, 16787 (1966).

[2168] SWANSON, A. B.: Inter-Clin. Inform. Bull., **5**, 1 (1966).

[2169] SWANSON, A. B.: Inter-Clin. Inform. Bull., **6**, 16 (1966).

[2170] SWANSON, A. B.: Surg. Clin. N. Am., **48**, 1113 (1968).

[2171] SWANSON, A. B.: Inter-Clin. Inform. Bull., 8, 9 (1969).

[2172] SWARTZ, M. L.: Dental Clin. N. Am., **1965**, 169.

[2173] SWARTZ, M. L., NIBLACK, B. F., ALTER, E. A., NORMAN, R. D., PHILLIPS, R. W.: J. Am. Dental Assoc., **76**, 573 (1968).

[2174] SWENSSON, Å., GLÖMME, J., BLOOM, G.: A. M. A. Arch. Ind. Health, **14**, 482 (1956).

[2175] SWIETLIKOWSKI, M.: Wiadom parazytol., **7** (2), 337 (1961).

[2176] SYMMERS, W. S.: Brit. Med. J., **3**, 19 (1968).

[2177] SZABÓ, I., DEZSI, Z., VASS, J., GYERGYAY, F.: Патол., физиол., эксп. терап., **5**, № **3**, 76 (1961).

[2178] SZABÓ, I., MÓDY, J.: Orv. szemle, **6**, 198 (1958); C. A., **53**, 6437 (1959).

[2179] SZABÓ, I., MÓDY, J., SZEKELY, J.: Патол., физиол., эксп. терап., **5**, № **3**, 74 (1961).

[2180] SZABÓ, I., SZEKELY, J., GYERGYAY, F., MÓDY, J.: Fiziol. norm. patol., **7**, 259 (1961); C. A., **57**, 11742 (1962).

[2181] SZABÓ, S., LAPOHOS, E., SZILÁGYI, D.: Rev. medico-chir. Iaşi, **68**, 143 (1964).

[2182] SZAMA, H.: Prensa méd. argent., **41**, 2594 (1954).

[2182a] SZARMACH, H., STOŽKOWSKA, W., SZYMKOWIAK, J.: Polish Med. J., **8**, 515 (1969)

[2183] SZYMCZYKIEWICZ, K.: Med. pracy, **12**, 165 (1961).

[2184] SZYMCZYKIEWICZ, K., WOŽNIAK, H.: Med. pracy, **17**, 185 (1966).

[2185] TACQUET, A., TISON, F., CLAYES, C., QUINOT, E.: Rev. tuberc. et pneumol., **27**, 533 (1963).

[2186] TAHERI, Z. E.: Bull Dow Corning Center Aid Med. Res., **5**, 4 (1963).

[2187] TAJKOWSKY, E. G., REILLY, T. H.: Drug and Cosmetic Ind., **74**, 190 (1954).

[2188] TAJKOWSKY, E. G., REILLY, T. H.: Drug and Cosmetic Ind., **74**, 282 (1954).

[2189] TAKAHASHI, Y.: Sci. Repts Res. Inst. Tohoku Univ., **9 C**, 322 (1960); C. A., **58**, 4959 (1963).

[2190] TALBERT, J., HALLER, J.: J. Surg. Res., **6**, 502 (1966).

[2191] TALBERT, J., HALLER, J.: J. Pediatr. Surg., **3**, 382 (1968).

[2192] TALBOT, J. R., MCGREGOR, J. K., CROWE, F. W.: J. Invest. Dermatol., **17**, 125 (1951).

[2193] Tange, I., Akiyama, T.: Jap. J. Plast. Reconstr. Surg., **11**, 158 (1968).
[2194] Tanzer, G.: Zahnärztl. Welt, **67**, 41 (1966).
[2195] Taplin, D., Zaias, N.: Milit. Med., **131**, 814 (1966).
[2196] Tarshis, I. B.: Proc. Animal Care, **12**, 217 (1962).
[2197] Tarshis, I. B.: Am. J. Trop. Med. Hyg., **12**, 96 (1963).
[2198] Tarshis, I. B.: Proc. Animal Care, **14**, 167 (1964).
[2199] Tas, J.: J. Invest. Dermatol., **29**, 223 (1957).
[2200] Tassman, W.: Trans. Penn. Acad. Ophthalmol., **18**, 99 (1965).
[2201] Tassman, W. S.: Am. J. Ophthalmol., **62**, 574 (1966).
[2202] Tauras, A., Frackelton, W. H.: Bull. Dow Corning Center Aid Med. Res., **9**, 13 (1967).
[2203] Tauras, A., Frackelton, W. H.: Surg. Forum, **18**, 504 (1967).
[2204] Taverner, D.: Lancet, **2**, 671 (1960).
[2205] Taylor, B.: Bull. Dow Corning Center Aid Med. Res., **9**, 15 (1967).
[2206] Taylor, C.: Bull. Dow Corning Center Aid Med. Res., **7**, 15 (1965).
[2207] Taylor, H.: Brit. Med. Bull., **7**, 15 (1950).
[2208] Tebbens, B. D., Beard, R. R.: A. M. A. Arch. Ind. Health, **17**, 55 (1957).
[2209] Tester, M.: Med. J. Austral., **2**, 325 (1967).
[2210] Thoma, E.: Dtsch. Arch. klin. Med., **141**, 175 (1922).
[2211] Thoma, E.: Münch. med. Wochenschr., **69**, 1603 (1922).
[2212] Thoma, K., Ullmann, E., Wolfersedeb, E.: Pharm. acta helv., **41**, 467 (1966).
[2212a] Thoma, K., Ullmann, E., Wolfersedeb, E.: Sci. Pharm., Proc. 25th, 1965. London, 1966; C. A., **70**, 50457v (1969).
[2213] Thomann, G., Kuhnen, F.: (Sandoz Ltd), CH-Pat. 456232 (1968); C. A., **70**, 4277p (1969).
[2214] Thomas, D. M. E.: Alchemist, **1954**, 21.
[2215] Thomas, K.: Schweiz. med. Wochenschr., **94**, 213 (1964).
[2216] Thomas, K.: Dtsch. Z. Verdauungs-, Stoffwechselkrankh., **25**, 260 (1965).
[2217] Thomas, K., Einbrodt, H. J., Schoedel, W.: Beitr. Silikose-Forsch., Sonderband, Grundfr., **4**, 9 (1960).
[2218] Thomas, K., Einbrodt, H. J., Schoedel, W.: Beitr. Silikose-Forsch., Sonderband, Grundfr., **6**, 13 (1963).
[2219] Thomas, K., Stöber, W.: Naturwiss., **55**, 22 (1968).
[2220] Thomassen, R. W., Howbert, J. P., Thompson, S. W.: J. Histochem. Cytochem., **8**, 2 (1960).
[2221] Thomassen, R. W., Howbert, J. P., Winn, D. F., Thompson, S. W.: J. Thoracic Cardiovasc. Surg., **41**, 611 (1961).
[2222] Tidmarsh, C. J., Baxter, R. G.: Can. Med. Assoc. J., **39**, 358 (1938).
[2223] Tillett, C. W., Tillett, G. M.: Am. J. Ophthalmol., **62**, 521 (1966).
[2224] Timár, M.: Гигиена и санит., **20**, № 7, 25 (1955).
[2225] Timm, F.: Beitr. Silikose-Forsch., Sonderband, Grundfr., **4**, 99 (1960).
[2226] Tjonneland, S., Okura, T., Kantrowitz, A.: Trans. Am. Soc. Artif. Int. Organs, **13**, 306 (1967).
[2227] Todd, E. M., Shelden, C. H., Crue, B. L., Pudenz, R. H., Agnew, W. F.: JAMA, **179**, 935 (1962).
[2228] Topaz, S. R.: Cleveland Clin. Quart., **31**, 49 (1964).
[2229] Topaz, S. R., Ameli, M., Morovati, S., Valiathan, S., Brown, B., Gott, V.: Trans. Am. Soc. Artif. Int. Organs, **13**, 294 (1967).

[2230] Treon, J. F., Cleveland, F. P., Cappel, J., Larson, E. E.: Wright Air Development Center Techn. Repts, 54—301, 60 (1954); C. A., **49**, 16208 (1955).
[2231] Treon, J. F., Dutra, F. R., Shaffer, F. E., Gahegan, T.: USAF Med. Serv., 1951.
[2232] Tripsha, R.: J. Hyg. Epidemiol. (Prague), **7**, 404 (1963).
[2233] Tripşha, R.: Гигиена труда и проф. заболев., **1964**, № 8, 18.
[2234] Tsukuma, S., Imoto, G., Naito, M.: Am. Rev. Resp. Dis., **91**, 758 (1965).
[2235] Turnbull, R. T.: Bull. Dow Corning Center Aid Med. Res., **9**, 2 (1967).
[2236] Turnbull, R. T., Avis, K. E.: J. Pharm. Sci., **57**, 1409 (1968).
[2237] Turner, R. D., Lawless, M. C., Cleary, E., French, E. M.: Am. J. Clin. Pathol., **19**, 296 (1949).
[2238] Uchida, J. A.: Plast. Reconstr. Surg., **33**, 485 (1964).
[2239] Ueda, I., Murayama, H., Mizuno, O. et al.: J. Tokyo Med. Coll., **22**, 121 (1964); Ind. Med., **6**, No. 8, S-3297 (1965).
[2240] Ulrich, L.: Ann. Occup. Hyg., **6**, 235 (1963).
[2241] Union Carbide Corp.: Chem. Engng News, **24**, 1690 (1946).
[2242] Union Carbide Corp., Silicon Div.: Bull. X 1901, 1902.
[2243] Upjohn Co: GB-Pat. 1129240 (1968); C. A., **70**, 29050x (1969).
[2244] Urayama, A., Morimoto, M.: Folia ophthalmol. jap., **19**, 531 (1968).
[2245] Urayama, A., Morimoto, M.: Ophthalmology (Tokyo), **10**, 228 (1968).
[2246] Vacek, M.: Dtsch. Stomatol., **15**, 355 (1965).
[2247] Vasko, K., Rawson, R.: Trans. Am. Soc. Artif. Int. Organs, **13**, 143 (1967).
[2248] Vaumier, L.: Homéop. franç., **26**, 502 (1950).
[2249] Vegan, N. T.: Medd. Norske farm. selskap., **23**, 169 (1961); C. A., **56**, 14406 (1962).
[2250] Velican, C., Latis, G., Popa, G.: Probl. terap. Acad. Rep. Popul. Romîne, Inst. terap., **7**, 113 (1957); C. A., **55**, 27599 (1961).
[2251] Vessman, J.: Acta pharm. suecica, **2**, 73 (1965).
[2252] Vickers, H. R.: Practitioner, **173**, 377 (1954).
[2253] Viehoever, A., Prusky, S. C.: Am. J. Pharm., **110**, 99 (1938).
[2254] Vigliani, E. C.: Med. lavoro, **49**, 1 (1958).
[2255] Vigliani, E. C.: 14th Int. Congr. Occup. Health, Madrid, 1963, 126; C. A., **63**, 4859 (1965).
[2256] Vigliani, E. C.: Med. lavoro, **58**, 407 (1967).
[2257] Vigliani, E. C., Mottura, G.: Brit. J. Ind. Med., **5**, 148 (1948).
[2258] Vigliani, E. C., Pecchiani, L.: Med. lavoro, **40**, 33 (1949).
[2259] Vigliani, E. C., Pernis, B.: Brit. J. Ind. Med., **15**, 8 (1958).
[2260] Vigliani, E. C., Pernis, B.: J. Occup. Med., **1**, 319 (1959).
[2261] Vigliani, E. C., Pernis, B.: Int. Arch. Gewerbepathol., Gewerbehyg., **19**, 507 (1962).
[2262] Vigliani, E. C., Pernis, B., Bolis, L.: Med. lavoro, **51**, 575 (1960).
[2263] Vigliani, E. C., Pernis, B., Monaco, L.: In: Inhaled Particles and Vapours, 1. Oxford, 1961, p. 348.
[2264] Viglioglia, P. A., Demarchi, B. T.: Día médico (Buenos Aires), **27**, 2618 (1955).
[2265] Villegas, L. D. de: Surg., Gynecol., Obstetr., **112**, 409 (1961).
[2266] Villegas, M. R.: Rev. asoc. dental mex., **23**, 55 (1966).
[2267] Villiers, R. de, Nose, Y., Meier, W., Kantrowitz, A.: Bull. Dow Corning Center Aid Med. Res., **6**, 9 (1964).
[2268] Vinas, J. C.: Bull. Dow Corning Center Aid Med. Res., **6**, 7 (1964).

[2269] Viohl, J.: Dtsch. zahnärztl. Z., **22**, 307 (1967).
[2270] Vogt, H.: Pharm. Zentralhalle, **94**, 166 (1955).
[2271] Voisin, G. A., Collet, A., Martin, J. C., Daniel-Moussard, H., Toullet, F.: Rev. franç. études clin. et biol., **9**, 819 (1964).
[2272] Volk, H.: Arch. Environm. Health, **1**, 125 (1960).
[2273] Volo, S.: Boll. chim. farm., **94**, 27 (1955).
[2274] Kennel, J. von: DT-Pat. 1074218 (1960); C. A., **56**, 15617 (1962).
[2275] Voorhoeve, J.: Homöopathie in der Praxis, Leipzig.
[2276] Vorwald, A. J., Delahant, A. B.: Am. Rev. Tuberc., **38**, 347 (1938).
[2277] Vorwald, A. J., Dworski, M., Pratt, P. C., Delahant, A. B.: Am. Rev. Tuberc., **62**, 455 (1950).
[2278] Vrba, J.: Prac. lék., **8**, 210 (1956).
[2279] Vrba, J.: Prac. lék., **8**, 291 (1956).
[2280] Vyskočil, J.: Prac. lék., **7**, 75 (1955).
[2281] Vyskočil, J.: Prac. lék., **8**, 242 (1956).
[2282] Vyskočil, J.: Prac. lék., **8**, 245 (1956).
[2283] Vyskočil, J.: Brit. J. Ind. Med., **14**, 30 (1957).
[2284] Vyskočil, J., Kadlec, K.: Rev. Czech. Med., **4**, 20 (1958).
[2285] Wafae, N.: Hospital (Rio de Janeiro), **67**, 543 (1965).
[2286] Wagner, C., Sleggs, C. A., Marchand, P.: Brit. J. Ind. Med., **17**, 260 (1960).
[2287] Wagner, G.: Pharmazie, **14**, 173 (1959).
[2288] Wagner, J. C.: Brit. J. Ind. Med., **20**, 1 (1963).
[2289] Wagner, K., Pories, W., Smith, J.: Bull. Dow Corning Center Aid Med. Res., **8**, 14 (1966).
[2290] Wainstock, M. A., Metz, H. H.: J. Int. Coll. Surg., **44**, 289 (1965).
[2291] Waite, J. H.: Surgery, **60**, 817 (1966).
[2292] Waldbott, G. L.: Acta med. scand., Suppl. 400 (1963).
[2293] Walker, H. P., Shea, T. E.: Trans. Am. Inst. Electr. Engrs, **67**, 1232 (1948).
[2294] Walker, W., Neligan, G. A.: Brit. Med. J., **1955**, 681.
[2295] Wallace, J. R.: J. Am. Dental Assoc., **75**, 172 (1967).
[2296] Waltham-Weeks, C. D.: Ann. Phys. Med., **7**, 229 (1964).
[2297] Ward, J.: Nurs. Times, **59**, 1303 (1963).
[2298] Warning, H.: Hippokrates, **20**, 522 (1949).
[2299] Warrick, E. L.: (Dow Corning Corp.), US-Pat. 3015331 (1962).
[2300] Watanabe, K.: Tohoku J. Exp. Med., **63**, 251 (1956).
[2301] Watkins, J. K., Straffon, R. A., Poutasse, E. F.: Cleveland Clin. Quart., **31**, 157 (1964).
[2302] Watson, T. W.: J. Soc. Cosmet. Chem., **8**, 25 (1957).
[2303] Watson, W. B.: Clin. Chem., **11**, 575 (1965).
[2304] Watzke, R. C.: Am. J. Ophthalmol., **54**, 297 (1962).
[2305] Watzke, R. C.: Arch. Ophthalmol., **77**, 185 (1967).
[2306] Watzke, R. C.: Survey Ophthalmol., **12**, 333 (1967).
[2307] Waugh, T. R., Stinchfield, F. E.: J. Bone Joint Surg., **43 A**, 939 (1961).
[2308] Weatherill, F. H.: Am. J. Occup. Therap., **19**, 269 (1965).
[2309] Weber, H. H., Engelhardt, W. E.: Z. Gewerbepathol., Gewerbehyg., **10**, 41 (1933).
[2310] Weber, W.: Münch. med. Wochenschr., **104**, 2466 (1962).
[2311] Webster, I., Henderson, C. I., Marasas, L. W., Keegan, D. J.: Proc. 2nd Int. Symp. Inhaled Particles Vap., 1965, Cambridge, **1967**, 111.

[2312] Webster, I., Marasas, L.: S. African Council Sci. Ind. Res., 9th Ann. Rept., **1965**, 22.
[2313] Webster, I., Melamed, M., Munday, D. E.: Med. lavoro, **52**, 481 (1961).
[2314] Webster, S. H.: J. Ind. Hyg. Toxicol., **28**, No. 5, 167 (1946).
[2315] Weeder, R. S., Brooks, H. W., Boyer, A. S.: Plast. Reconstr. Surg., **39**, 256 (1967).
[2316] Weigel, K.: Seifen—Öle—Fette—Wachse, **81**, 213 (1955).
[2317] Weiner, S. R., Slade, M. S.: (J. B. Williams Co Inc.), FR-Pat. 1428054 (1966); C. A., **65**, 16788 (1966).
[2318] Weiss, A.: Beitr. Silikose-Forsch., Sonderband, Grundfr., **4**, 51 (1960).
[2319] Wells, R., Bygdeman, M., Shahriari, A., Matloff, J.: Circulation, **37**, 638 (1968).
[2320] Werner, R.: Z. Laryngol., Rhinol., Otol., **46**, 488 (1967).
[2320a] Wessel, A.: Therap. Ber., **30**, 100 (1958).
[2321] West, W.: Dental Progr., **3**, 125 (1963).
[2322] Weyland, H.: DT-Pat. 272338 (1914); C. A., **1914**, I, 1385.
[2323] Wheatley, R.: Research (London), **10**, 76 (1957).
[2324] White, R. P.: The Dermatergoses or Occupational Affections of the Skin. London, 1934.
[2325] Whiting, F., Conell, R., Forman, S. A.: Can. J. Comp. Med., **22**, 332 (1958).
[2326] Whitney, W. K.: (Dow Chemical Co), US-Pat. 3375163 (1968); C. A., **69**, 26296a (1968).
[2327] Wiegand, G.: Med. Klin., **58**, 1152 (1963).
[2328] Wieland, H., Kurtzahn, G.: Arch. exp. Pathol., Pharm., **97**, 489 (1923).
[2329] Wigley, J. E. M., Calnan, C. D., Meara, R. H., Seville, R. H.: Practitioner, **169**, 354 (1952).
[2330] Wigney, W. A.: Med. J. Austral., **1**, 852 (1965).
[2331] Wilbourn, R. L., Bairrington, J. B.: Am. J. Med. Technol., **33**, 525 (1967).
[2332] Wilkinson, J. F., Freeman, G. G., New, N., Noad, R. B.: Lancet, **271**, 621 (1956).
[2333] Wilson, A. D.: J. Dental Res., **47**, 1133 (1968).
[2334] Wilson, A. D., Batchelor, R. F.: J. Dental Res., **46**, 1075 (1967).
[2335] Wilson, A. D., Kent, B. E.: J. Dental Res., **47**, 463 (1968).
[2336] Wilson, J. W.: J. Nat. Cancer Inst., **14**, 65 (1953).
[2337] Wilson, J. W.: Ann. N. Y. Acad. Sci., **57**, 678 (1954).
[2338] Wilson, R., Shepley, D., Llewellyn-Thomas, E.: Can. J. Surg., **8**, 308 (1965).
[2339] Winer, L. H., Sternberg, T. H., Lehman, R., Ashley, F. L.: Arch. Dermatol., **90**, 588 (1964).
[2340] Winer, M. N.: N. Y. State J. Med., **54**, 2591 (1954).
[2340a] Wischniewski, M., Pfanz, H.: ZA-Pat. 4097 (1968); C. A., **70**, 50482z (1969).
[2341] Witmer, R.: Dtsch. med. Wochenschr., **90**, 2332 (1965).
[2342] Woelfel, J. B., Paffenbarger, G. C.: J. Am. Dental Assoc., **76**, 582 (1968).
[2343] Wolfe, K. B.: Am. J. Med. Technol., **32**, 211 (1966).
[2344] Wolinski, L., Tieckelmann, H., Post, H. W.: J. Org. Chem., **16**, 395 (1951).
[2345] Worth, G.: Tuberkulosearzt, **6**, 149 (1952).
[2346] Worth, G.: Med. Monatsschr., **18**, 58 (1964).
[2347] Worth, G.: Radiologe, **5**, 118 (1965).
[2348] Worth, G., Schiller, E.: Die Pneumokoniosen, Köln, 1954.
[2349] Worth, G., Stahlmann, W.: Radiologe, **5**, 136 (1965).
[2350] Wright, J. G. E.: (General Electric Co), US-Pat. 2541851 (1951); C. A., **45**, 4485 (1951).

[2351] Wright, J. H.: Ind. Engng Chem., **21**, 1187 (1929).

[2352] Wülfing, J. A.: DT-Pat. 439043 (1927); Cbl., **1927**, I, 1750.

[2353] Wupper, H.: Dtsch. Zahnärztebl., **20**, 76 (1966).

[2354] Wurster, R. D.: Pflügers' Arch., **302**, 275 (1968).

[2355] Wyllie, D.: Edinburgh Med. J., **47**, 336 (1940).

[2356] Wynn, S. K.: Wisconsin Med. J., **65**, 179 (1966).

[2357] Yarwood, C. E.: Virology, **28**, 459 (1966).

[2358] Yasue, Y.: Science (Japan), **16**, 40 (1946); C. A., **45**, 10468 (1951).

[2359] Yen, E. C., Stirn, F. E.: (American Cyanamid Co), US-Pat. 2512192 (1950); C. A., **44**, 8067 (1950).

[2360] Yoritaka, T., Matsuura, T., Matsuda, G., Nishioka, Y., Okumura, Y.: Nagasaki Igakkai Zasshi, **29**, 404 (1954); C. A., **48**, 11653 (1954).

[2361] Youmans, C. R., White, J., Derrick, J. R.: J. Thoracic Cardiovasc. Surg., **55**, 383 (1968).

[2362] Zaidi, S. H., Harrison, C. V., King, E. J., Mitchison, D. A.: Brit. J. Exp. Pathol., **36**, 539 (1955).

[2363] Zaidi, S. H., King, E. J., Harrison, C. V., Nagelschmidt, G.: A. M. A. Arch. Ind. Health, **13**, 112 (1956).

[2364] Zaidi, S. H., King, E. J., Harrison, C. V., Nagelschmidt, G.: A. M. A. Arch. Ind. Health, **13**, 122 (1956).

[2365] Zajusz, K.: Gruźlica i chor. płuc, **33**, 759 (1965).

[2365a] Zajusz, K., Paradowski, Z., Dudziak, Z.: Med. pracy, **19**, 26 (1968).

[2366] Zalay, L., Gebhardt, I., Kiss, I., Vaghy, T., Inezefi, I.: Zbl. Bakteriol., Parasitenk., **197**, 1118 (1965).

[2367] Zarem, H. A.: Surg. Clin. N. Am., **48**, 129 (1968).

[2368] Zbylski, J., Parsons, R.: Plast. Reconstr. Surg., **37**, 38 (1966).

[2369] Zeglio, P.: Med. lavoro, **33**, 184 (1942).

[2370] Zeller, H.: Therap. Gegenw., **1922**, Nr. 1; Cbl., **1922**, I, 892.

[2371] Zellmann, R.: (Chemische Fabrik von Heyden AG), US-Pat. 1920492 (1933).

[2372] Zelter, H. G.: Med. Welt, **3**, 732 (1929).

[2373] Zickgraf, G.: Zbl. inn. Med., **46**, 725 (1925).

[2374] Zickgraf, G.: Münch. med. Wochenschr., **73**, 1477 (1926).

[2375] Zickgraf, G.: Münch. med. Wochenschr., **83**, 875 (1936).

[2376] Zimmer, G.: Münch. med. Wochenschr., **70**, 233 (1923).

[2377] Zimskind, P. D., Fetter, T. R., Wilkerson, J. L.: J. Urol., **97**, 840 (1967).

[2378] Zingg, W.: Trans. Am. Soc. Artif. Int. Organs, **13**, 334 (1967).

[2379] Zingscheim, M., Lange, R.: Strahlentherapie, **90**, 638 (1953).

[2380] Zoll, P. M., Frank, H. A., Zarsky, L. R., Linenthal, A. J., Belgard, A. H.: Ann. Surg., **154**, 330 (1961).

[2381] Zöllich, R.: Zahnärztl. Welt, zahnärztl. Reform, **60**, 369 (1959).

[2382] Архангельская, Л. Н.: В сб.: Новые данные по токсикологии редких металлов и их соединений. М., 1967, стр. 181.

[2383] Брахнова, И. Т., Самсонов, Г. В.: Гигиена и санит., **35**, № 1, 42 (1970).

[2384] Голубев, А. А.: Вопросы токсикологии кремнийорганических соединений и других промышленных ядов, обладающих раздражающим действием. Автореф. докт. дисс., Л., 1969.

[2385] Испуганов, И. М.: Журнал ушных, носовых и горл. болезн., **27**, 91 (1967).

[2386] Караев, С. Ф.: Исследование в области синтеза и превращений некоторых хлорсодержащих ацетиленовых спиртов и их органических и элементоорганических производных. Автореф. канд. дисс., Баку, 1970.

[2387] Кацнельсон, Б. А., Бабушкина, Л. Г., Аронова, Г. В., Старикова, С. К., Погашев, Е. Н., Шнайдман, И. М., Постовский, И. Я., Бородулина, С. Н., Маляренко, И. С.: Гигиена и санит., 35, № 10, 20 (1970).

[2388] Клящицкая, А. Л., Красовский, Г. Н., Фридлянд, С. А.: Гигиена и санит., **35**, № 1, 28 (1970).

[2389] Кулагина, Н. К.: В сб.: Токсикол. новых пром. хим. вещ., 11. М., 1969, стр. 66.

[2390] Кулагина, Н. К., Кочеткова, Т. А.: В сб.: Токсикол. новых пром. хим. вещ., 10. Л., 1968, стр. 82.

[2391] Кулагина, Н. К., Кочеткова, Т. А.: В сб.: Токсикол. новых пром. хим. вещ., 11. М., 1969, стр. 118.

[2392] Лукевиц, Э., Кименис, А. А., Воронков, М. Г.: Изв. АН ЛатвССР, 1970, № 11, 142.

[2393] Лукевиц, Э., Кименис, А. А., Решетилова, Э. А., Пестунович, А. Е., Воронков, М. Г.: Изв. АН ЛатвССР, 1970, № 11, 143.

[2394] Мезенцева, Н. В.: В сб.: Новые данные по токсикологии редких металлов и их соединений. М., 1967, стр. 172.

[2395] Могилевская, О. Я.: В сб.: Новые данные по токсикологии редких металлов и их соединений. М., 1967, стр. 175.

[2396] Павлова, И. В., Васильева, Г. Н., Гельфон, И. А., Веретинская, А. Г.: Гигиена труда и проф. забол., **1970**, № 8, 25.

[2397] Рябина, В. П.: Журнал ушных, носовых и горл. болезн., **27**, 59 (1967).

[2398] Саноцкий, И. В.: В сб.: Токсикол. новых пром. хим. вещ., 11, М., 1969, стр. 6.

[2398 a] Сопоставительные обзоры по отдельным производствам химической промышленности, вып. 15, М., стр. 39.

[2399] Старикова, С. К., Кацнельсон, Б. А.: Гигиена труда и проф. забол., **1970**, № 10, 48.

[2400] Тимченко, А. Н.: Врачебное дело, **1969**, № 5, 96.

[2401] Тополянский, В. Д.: Сов мед., **1968**, № 5, 59.

[2402] Тополянский, В. Д., Жаворонкова, Л. Ю., Соколов, Л. К.: Клин. мед., **47**, № 6, 135 (1969).

[2403] Adams, P. B.: New Scientist, **41**, 25 (1969); C. A., **70**, 64468m (1969).

[2404] [Anon.]: Nature, **224**, 301 (1969).

[2405] Antweiler, H.: Beitr. Silikose-Forsch., **29**, 17 (1954).

[2406] Arienzo, R., Bresciano, E.: Boll. Soc. ital. biol. sper., **44**, 1685 (1968).

[2407] Arienzo, R., Bresciano, E.: Boll. Soc. ital. biol. sper., **44**, 1972 (1968).

[2408] Arslan, S., Charnot, Y., Pérès, G.: J. physiol. (Paris), **60**, [2], 387 (1968).

[2409] Ashbaugh, D. G., Waddell, W. R.: J. Thoracic Cardiovasc. Surg., **59**, 352 (1970),

[2410] Attygalle, D., King, E. J., Harrison, C. V., Nagelschmidt, G.: Brit. J. Ind. Med., **13**, 41 (1956).

[2411] Auvert, J., Verri, A., Benchekroun, A.: J. urol., néphrol., **75**, 221 (1969).

[2412] Banerjee, B. N., Chakrabarty, J.: Indian J. Dermatol., **14**, 133 (1969).

[2413] Beck, E. G., Antweiler, H., Schiller, E.: Beitr. Silikose-Forsch., Sonderband, Grundfr., **6**, 233 (1965).

[2414] BECK, E. G., BRUCH, J., BROCKHAUS, A.: Z. Zellforsch., mikrosk. Anat., **59**, 568 (1963).
[2415] BENNETT, D. R., STARK, F. O., VOGEL, G. E.: (Dow Corning Corp.), US-Pat. 3453194 (1969); C. A., **71**, 79707h (1969).
[2416] BRADLEY, C. G.: Diss. Abstrs, **30B**, 1649 (1969).
[2417] BRALEY, S.: Plast. Reconstr. Surg., **45**, 288 (1970).
[2418] BURNS, N.: Biomed. Engng, **4**, 356 (1969).
[2419] CHARBONNIER, J., COLLET, A., DANIEL-MOUSSARD, H., MARTIN, J. C.: Beitr. Silikose-Forsch., Sonderband, Grundfr., **6**, 85 (1965).
[2420] CHARNOT, Y., MARTIN, Y., PÉRÈS, G.: Compt. rend. Soc. biol., **162**, 2129 (1968).
[2421] CHÁVEZ-PEÓN, F., GONZALEZ, E., MALT, R. A.: Surgery, **67**, 694 (1970).
[2422] CHOSACK, A.: Israel J. Med. Sci., **5**, 352 (1969).
[2423] COCKERHAM, W., SCHEPENS, C. L., FREEMAN, H. M.: Bibl. ophthalmol., **79**, 525 (1969).
[2424] CORBETT, M., SEIFERT, M. H., HACKING, C., WEBB, S.: Brit. Med. J., **1**, 24 (1970).
[2425] COMOLLI, R.: Experientia, **25**, 1245 (1969).
[2426] CROMIE, H. W.: GB-Pat. 1181032 (1970); RAPRA Abstr., **6**, 848P (1970).
[2427] CURTIN, J. W., BADER, K. F.: Plast. Reconstr. Surg., **44**, 372 (1969).
[2428] D'AVERSA, A.: Omnia med. therap., **46**, 885 (1968); C. A., **71**, 28822j (1969).
[2429] DE NICOLA, P., GIBELLA, A., GIAROLA, P.: Actes 6th Congr. nat. transfus. sang, **1968**, 2, 795; C. A., **70**, 94684w (1969).
[2430] DENNY, J. J., ROBSON, W. D., IRWIN, D. A.: Can. Med. Assoc. J., **37**, 1 (1937).
[2431] DENNY, J. J., ROBSON, W. D., IRWIN, D. A.: Can. Med. Assoc. J., **40**, 213 (1939).
[2432] Dow Corning Corp.: GB-Pat. 1149415 (1969); C. A., 42274p (1969).
[2433] Dow Corning Corp.: GB-Pat. 1191022 (1970); RAPRA Abstr., **6**, 2927P (1970).
[2434] DRESSLER, D. P., MANY, M.: Trans. Am. Soc. Artif. Int. Organs, **15**, 25 (1969).
[2435] EPSTEIN, M., NAVON, G.: Biochem. Biophys. Res. Comm., **36**, 126 (1969).
[2436] FELDMANN, E. E., MORROW, R. M., JAMESON, W. S.: J. Prosth. Dent., **23**, 387 (1970).
[2437] FERRUTI, P.: Corsi semin. chim., **1968**, 315; C. A., **72**, 30097 (1970).
[2438] FESSENDEN, R. J., HARTMAN, R. A.: J. Med. Chem., **13**, 52 (1970).
[2439] FITSCHEN, W., WEBSTER, I.: Med. lavoro, **59**, 161 (1968).
[2440] FITSCHEN, W., WEBSTER, I.: Med. lavoro, **59**, 168 (1968).
[2441] FOLKMAN, J., REILING, W., WILLIAMS, G.: Surgery, **66**, 194 (1969).
[2442] FRANKEL, M., SHENHAR, A., GERTNER, D., ZILKHA, A.: Israel J. Chem., **6**, 921 (1968).
[2443] FRYE, C. L.: (Dow Corning Corp.), US-Pat. 3465020 (1969); C. A., **71**, 124636x (1969).
[2444] GABOR, S., FRITS, T., ANCA, Z.: Arch. malad. profess., **30**, 413 (1969).
[2445] GAMMARROTA, V., MAGGINI, P.: Minerva med., **60**, 2769 (1969).
[2446] GAUDIN, E.: Arch. klin. exp. Ohren-, Nasen-, Kehlkopfheilk., **192**, 351 (1968).
[2447] GEHRE, G., HÄSSLER, C., KAPLAN, P.: Dtsch. Stomatol., **19**, 729 (1969).
[2448] GEROW, F. J.: US-Pat. 3402243 (1968); Offic. Gaz., **854**, No. 3, 779, (1968).
[2449] GOLDWYN, R. M.: Brit. J. Plast. Surg., **22**, 167 (1969).
[2450] GÖMÖRY, P., PAZMANYI, G.: Fogorv. szemle, **63**, 7 (1970).
[2451] GONZÁLEZ-ULLOA, U. M., STEVENS, E.: Cir. cir., **35**, 579 (1967).
[2452] GOVERNA, M., RISSO, A., SULSI, R.: Med. lavoro, **60**, 525 (1969).
[2453] GRUNDMANN, E., SCHLIPKÖTER, H. W.: Verhandl. Dtsch. Ges. Pathol., **53**, 367 (1969).

[2454] GSCHWEND, N.: Ann. Rheum. Dis., **28**, Suppl., 104 (1969).
[2455] GUEYNE, C. H., PAUMONT, M. I.: FR-Pat. 1234313 (1968); Bull. offic. propr. ind., **9**, No. 42, 14404 (1968).
[2456] GÜNTHER, G., SCHUCHARD, E.: Dtsch. med. Wochenschr., **95**, 467 (1970).
[2457] HABBI, I., MURNANE, T. W., DOKU, H. C.: J. Oral Surg., **28**, 267 (1970).
[2458] HASSON, H. M.: (Hollister Inc.), US-Pat. 3467089 (1969), RAPRA Abstr., **5**, 2519P (1970).
[2459] HELFENHAUS, J., SCHMITT, W., EINBRODT, H. J.: Arch. Hyg. Bakteriol., **153**, 9 (1969).
[2460] HEPPLESTON, A. G.: Brit. Med. Bull., **25**, 282 (1969).
[2461] HIGUCHI, T., TANIMOTO, T.: Kyushu Yakugakkai Kaiho, **1968**, No. 22, 27; C. A., **71**, 33357r (1969).
[2462] HINE, C. H., ELLIOTT, H. W., WRIGHT, R. R., CAVALLI, R. D., PORTER, C. D.: Toxicol. Appl. Pharmacol., **15**, 566 (1969).
[2463] HOLT, P. F., LINDSAY, H., BECK, E. G.: Brit. J. Pharmacol., **38**, 192 (1970).
[2464] HOLT, P. F., WENT, C. W.: Brit. J. Ind. Med., **17**, 25 (1960).
[2465] HOUTMAN, R. L.: (Upjohn Co), US-Pat. 3418414 (1968); Offic. Gaz., **857**, No. 4, 1258 (1968).
[2466] HOUTMAN, R. L.: (Upjohn Co), ZA-Pat. 6703991 (1968); C. A., **71**, 81697y (1969).
[2467] HRUBY, K.: Bibl. ophthalmol., **79**, 128 (1969).
[2468] INOUE, T.: Folia ophthalmol. jap., **20**, 925 (1969).
[2469] JAULMES, P., HAMELLE, G.: Méd. lég. et domm. corp. (Paris), **1**, 214 (1968).
[2470] JOHNSON, H. A.: Plast. Reconstr. Surg., **44**, 588 (1969).
[2471] JØRGENSEN, K. D.: Tandlaegebladet, **73**, 362 (1969).
[2472] JØRGENSEN, K. D.: Acta odontol. scand., **28**, 117 (1970).
[2473] JØRGENSEN, K. D., IWAKU, M.: Tandlaegebladet, **73**, 173 (1969).
[2474] JØRGENSEN, K. D., IWAKU, M.: Acta odontol. scand., **27**, 321 (1969).
[2475] JØRGENSEN, K. D., IWAKU, M., WAKUMOTO, S.: Acta odontol. scand., **27**, 453 (1969).
[2476] KADEN, R.: Ästhet. Med., **17**, 217 (1968).
[2477] KANN, J.: Keram. Z., **21**, 492 (1969).
[2478] KEMÉNY, I., SZONDY, I.: Fogorv. szemle, **63**, 1 (1970).
[2479] KENT, B. E., FLETCHER, K. E., WILSON, A. D.: J. Dental Res., **49**, 86 (1970).
[2480] KENT, B. E., WILSON, A. D.: J. Dental Res., **48**, 412 (1969).
[2481] KETTLE, E. H.: J. Pathol. Bacteriol., **35**, 395 (1932).
[2482] KLEČATSKÝ, E.: Českosl. stomatol., **69**, 214 (1969).
[2483] KLOPPER, P. J.: Arch. chir. néerl., **21**, 293 (1969).
[2484] KLOPPER, P. J., HASPELS, A. A.: Arch. chir. néerl., **21**, 243 (1969).
[2485] KOJIMA, K., TARUMI, N., HOTTA, H., NAKAGAWA, K., MASUHARA, E.: Iyo Kizai Kenkyusho Hokoku, **2**, 44 (1968); C. A., **71**, 13643c (1969).
[2486] KOMATSU, J.: Rev. brasil. odontol., **26**, 149 (1969).
[2487] KRAHNKE, R. H.: (Dow Corning Corp.), US-Pat. 3508959 (1970); RAPRA Abstr., **6**, 2913P (1970).
[2488] KRAHNKE, R. H., STEBLETON, L. F.: (Dow Corning Corp.), FR-Pat. 1529637 (1968); C. A., **71**, 4595m (1969).
[2489] KRYSINSKI, Z.: Czasop. stomatol., **23**, 115 (1970).

[2490] LEASURE, J. K., MUSSELL, D. R.: (Dow Chem. Comp.), US-Pat. 3421881 (1969); C. A., **70**, 86505y (1969).
[2491] LENZINI, L., QUERCI, V., BARNABE, R.: Folia allergol., **16**, 120 (1969).
[2492] LEVENE, C. I., BYE, I., SAFFIOTTI, U.: Brit. J. Exp. Pathol., **49**, 152 (1968).
[2493] LIATUKAS, E. L.: J. Prosth. Dent., **23**, 560 (1970).
[2494] LIESENHOFF, H., SCHMITT, J.: Ber. Dtsch. ophthalmol. Ges., **69**, 643 (1969).
[2495] LIGHTWOOD, R., SUTHERLAND, A.: (University of Birmingham, J. Lucas Ind. Ltd), US-Pat. 3490975 (1970); RAPRA Abstr., **5**, 7278P (1970).
[2496] LUND, O. E.: Ber. Dtsch. ophthalmol. Ges., **68**, 166 (1968).
[2497] MARENGHI, B., ROTA, L.: A. M. A. Arch. Ind. Hyg., **9**, 315 (1954).
[2498] MASING, H., MAUCH, P.: Z. Laryngol., Rhinol., Otol., **49**, 26 (1970).
[2499] MCCAUGHAM, J. S.: Surgery, **66**, 375 (1969).
[2500] MCINTOSH, C. S., PETRIE, J. C., MACLEOD, M.: Brit. Med. J., **4**, 717 (1969).
[2501] MERKER, R. L., ELYASH, L. J., WANG, J. Y. C., WITTMANN, J. W.: US Clearinghouse Fed. Sci. Techn. Inform. PB 182745 (1968); C. A., **71**, 51043q (1969).
[2502] MICHALIK, E. B.: Therap. Gegenw., **106**. 941 (1967).
[2503] MISHELL, D. R., LUMKIN, M. E.: Fertil. and Steril., **21**, 99 (1970).
[2504] MOSINGER, M.: Bull. Acad. nat. méd., **153**, 384 (1969).
[2505] MOST, C. F.: J. Appl. Polymer Sci., **14**, 1019 (1970).
[2506] MOUZAS, G. L., SMITH, G.: Int. Surg., **51**, 495 (1969).
[2507] MUGGENTHALER, H.: Z. allgem. Med., **45**, 916 (1969).
[2508] MUTOY, Y.: Brit. J. Plast. Surg., **23**, 58 (1970).
[2509] NAGELSCHMIDT, G.: Brit. J. Ind. Med., **17**, 247 (1960).
[2510] NAKANO, M., PATEL, N. K.: J. Pharm. Sci., **59**, 77 (1970).
[2511] NEDELMAN, C. I.: J. Prosth. Dent., **23**, 25 (1970).
[2512] NELSON, P. J.: J. Appl. Physiol., **27**, 763 (1969).
[2513] NEWBERNE, P. M., WILSON, R. B.: Proc. Nat. Acad. Sci. USA, **65**, 872 (1970).
[2514] NIEBAUER, J. J., SHAW, J. L., DOREN, W. W.: Ann. Rheum. Dis., **28**, Suppl., 56 (1969).
[2515] NOVELLI, A., MARINARI, U. M., SANTI, L., COLTALASSO, D., VITI, I.: Pathologica, **60**, 121 (1968).
[2516] OKUN, E.: Ber. Dtsch. ophthalmol. Ges., **68**, 145 (1968).
[2517] OKUN, E.: Trans. Pacif. Coast Otoophthalmol. Soc., **49**, 301 (1968).
[2518] OKUN, E.: Trans. Pacif. Coast Otoophthalmol. Soc., **49**, 141 (1968).
[2519] O'LEARY, J. A., TURNER, A. F., FELDMAN, M. A.: Am. Surg., **35**, 622 (1969).
[2520] PEREL, L.: Panminerva med., **11**, 144 (1969).
[2521] PERNIS, B.: Med. lavoro, **54**, 354 (1963).
[2522] POPA, V.: J. franç. méd. et chir. thorac., **24**, 5 (1970).
[2523] POTT, F., DEHNEN, W., BROCKHAUS, A.: Beitr. Klin., Erforsch. Tuberk., **140**, 259 (1970).
[2524] POTT, F., SCHLIPKÖTER, H. W., BROCKHAUS, A.: German Med. Monthly, **14**, 337 (1969).
[2525] QUELLETTE, J. E.: J. Prosth. Dent., **22**, 271 (1969).
[2526] RAPER, D.: (Dow Corning Corp.), FR-Pat. 2007452 (1970); RAPRA Abstr., **6**, 1716P (1970).
[2527] RATHJEN, A. H.: (Dow Corning Corp.), US-Pat. 3499450 (1970); RAPRA Abstr., **6**, 1619P (1970).
[2528] RESL, V., WIERER, A.: Československ dermatol., **44**, 267 (1969).

[2529] ROE, B. B.: J. Thoracic Cardiovasc. Surg., **58**, 59 (1969).
[2530] ROSEMAN, T. J., HIGUCHI, W. I.: J. Pharm. Sci., **50**, 353 (1970).
[2531] ROSENGREN, B.: Acta ophthalmol., **47**, 757 (1969).
[2532] ROSS, H. F., KING, E. J., YOGANATHAN, M., NAGELSCHMIDT, G.: Ann. Occup. Hyg., **5**, 149 (1962).
[2533] RUSCH, W.: FR-Pat. 2007538 (1970); RAPRA Abstr., **6**, 1772P (1970).
[2534] SCHEUNEMANN, H.: Zahnärztl. Welt, **79**, 100 (1970).
[2535] SCHLIPKÖTER, H. W.: Can. Mining J., **90**, 72 (1969).
[2536] SESSA, T.: Folia med. (Napoli), **52**, 235 (1969).
[2537] SHERIDAN, B. B.: Angiology, **20**, 670 (1969).
[2538] SLACK, F. A.: Dental Digest, **76**, 140 (1970).
[2539] SMYTH, H. F., CARPENTER, C. P., WEIL, C. S., POZZANI, U. C., STRIEGEL, J. A., NYCUM, J. S.: Am. Ind. Hyg. Assoc. J., **30**, 470 (1969).
[2540] SOLL, D. B.: Arch. Ophthalmol., **82**, 218 (1969).
[2541] SOTRES, L. S., HUYSEN, G. VAN, GILMORE, H. W.: J. Periodontol., **40**, 543 (1969).
[2542] STALDER, K., STRECKER, F. J.: Beitr. Silikose-Forsch., Sonderband, Grundfr., **6**, 161 (1965).
[2543] STEBLETON, L. F.: (Dow Corning Corp.), US-Pat. 3460975 (1969); RAPRA Abstr., **5**, 5061P (1970).
[2544] STOUGH, D. B.: J. Arkansas Med. Soc., **66**, 203 (1969).
[2545] STUART-BLACK, K. T.: Bibl. ophthalmol., **79**, 577 (1969).
[2546] SWANSON, A. B.: Ann. Rheum. Dis., **28**, Suppl., 47 (1969).
[2547] SWANSON, A. B.: (Dow Corning Corp.), US-Pat. 3462765 (1969); RAPRA Abstr., **5**, 2516P (1970).
[2548] SZARMACH, H., STOŻKOWSKA, W., SZYMKOWIAK, J.: Przegl. dermatol., **56**, 45 (1969).
[2549] TABARI, K.: Plast. Reconstr. Surg., **44**, 468 (1969).
[2550] TERADA, H., ISHII, T.: Jap. J. Clin. Pathol., **17**, 571 (1969).
[2551] UY, S.: Diss. Abstrs, **30B**, 632 (1969).
[2552] UY, S., KAMMERMEYER, K.: J. Biomed. Mater. Res., **3**, 587 (1969).
[2553] VALLOTTON, W. W., WARD, J. V.: Southern Med. J., **63**, 20 (1970).
[2554] VOISIN, C., AERTS, C., WATTEL, F., TONNEL, A. B., KEMP, E.: Ann. Inst. Pasteur, **20**, 183 (1969).
[2555] VONDERSCHMITT, H. P., MOYAT, P. E.: US-Pat. 3498309 (1970); RAPRA Abstr., **6**, 1769P (1970).
[2556] VRIND, S. H., KLOPPER, P. J.: Arch. chir. néerl., **21**, 235 (1969).
[2557] WAGNER, R.: Arbeitsschutz, **1969**, Nr. 8, 192.
[2558] WEISS, J.: Med. Times, **97**, 137 (1969).
[2559] WERNER, D.: Ber. Dtsch. bot. Ges., **81**, 425 (1968).
[2560] WIEDMEIER, V. T., JOHNSON, S. A., SIEGESMUND, K. A., SMITH, J. J.: J. Reticuloendothel. Soc., **6**, 202 (1969).
[2561] WILSON, A. D., BATCHELOR, R. F., LEWIS, B. G.: Brit. Dental J., **127**, 399 (1969).
[2562] WILSON, A. D., KENT, B. E.: J. Dental Res., **49**, 7 (1970).
[2563] WILSON, A. D., KENT, B. E.: J. Dental Res., **49**, 21 (1970).
[2564] WISNIEWSKI, H., WELLER, R. O., TERRY, R. D.: J. Neurosurg., **31**, 10 (1969).

NACHWORT

> Um es mit den Worten Bacons zu sagen: im Augenblick ist es nicht so wichtig, eine Aufgabe zu lösen, wie neue Aufgaben zu stellen; und diese Arbeit erfordert von uns energisches und koordiniertes Suchen in den verschiedensten Richtungen.*)
>
> *J. D. Bernal*

> Der Fortschritt der Wissenschaften wird in der heutigen Zeit nicht so sehr durch die Erfolge einzelner genialer Gelehrter, wie durch eine planmäßige Zusammenarbeit vieler Forscher gesichert.*)
>
> *E. Fischer*

Wir sind der Meinung, daß dieses Buch noch lange nicht abgeschlossen ist, und die letzten Zeilen sind nichts weniger als ein Epilog. Sie sind eher als Prolog zu einer neuen Entwicklung gedacht, die in Gang kommen wird, wenn es uns gelungen ist, die Leser zur engagierten Beschäftigung mit den behandelten Problemkreisen anzuregen.

Bei der Betrachtung der zahlreichen, aber noch völlig isolierten Untersuchungen, deren Zusammenfassung und Systematisierung ein Hauptanliegen unseres Buches war, drängt sich die Schlußfolgerung auf, daß hier, selbst von den Spezialisten nahezu unbemerkt, ein neuer Zweig der Siliziumchemie geboren wurde und sich zu entwickeln begann. Wir haben ihn „Biosiliziumorganische Chemie" genannt und in den Kreis der in diesem Zusammenhang zu betrachtenden Fragen die Chemie, Biochemie und Pharmakochemie biologisch aktiver Siliziumverbindungen eingeschlossen. Die in die Tausende gehende Zahl der bibliographischen Hinweise, auf denen das in dieser Monographie dargelegte Material beruht, zeigt anschaulich, wie umfangreich die Informationen, die auf dem Gebiet der Biosiliziumorganischen Chemie bisher gesammelt wurden, heute doch schon sind.

Trotzdem würde es heute (in zehn Jahren mag das schon anders aussehen) niemand wagen, ein Lehrbuch der Biosiliziumorganischen Chemie zu schreiben. Tatsächlich sind ja auch die Hauptinhalte dieses Faches noch unerschlossen. Die zukünftigen Bearbeiter dieses neuen Wissensgebietes werden die Rolle des Siliziums im Stoffwechselgeschehen der Organismen sowie die Mechanismen der physiologischen Prozesse, einschließlich der pathologischen und gerontologischen Veränderungen, die unter Beteiligung des Siliziums ablaufen, bis ins kleinste Detail zu untersuchen haben. Ihre Aufgabe wird es weiterhin sein, Verbindungen dieses Elementes zu entwickeln, die eine hohe und spezifische biologische Aktivität be-

*) Rückübersetzung aus dem Russischen.

sitzen sowie nach Möglichkeiten zu suchen, wie diese Verbindungen als Arzneimittel oder Pestizide in der Medizin, der Landwirtschaft oder in anderen Bereichen der menschlichen Tätigkeit praktisch angewendet werden können.

Wir glauben, daß die Lösung der folgenden Probleme für die rasche Weiterentwicklung der Biosiliziumorganischen Chemie eine besondere Bedeutung besitzt:

1. Die Erweiterung der Kenntnisse über den Siliziumgehalt lebender Organismen sowie ihrer einzelnen Organe und Gewebe — das bezieht sich besonders auf die niederen Tiere, unter denen vielleicht neue „Silizium-Organismen" gefunden werden können — und die Gewinnung zusätzlicher Daten bzw. die Präzisierung einer Reihe früherer Analysen für viele Vertreter der Pflanzenwelt. Von besonderem Interesse erscheint dabei die Bestimmung des Siliziumgehaltes der Mikroorganismen, die in heißen Quellen leben.
2. Die Ermittlung der Natur und Struktur der Siliziumverbindungen, die in lebenden Organismen vorkommen sowie ihre Isolierung und Identifizierung.
3. Die Erforschung des Mechanismus der autotrophen Assimilation und Akkumulation von Silizium durch Bakterien, Pflanzen und niedere Tiere aus dem umgebenden Milieu.
4. Die Untersuchung der metabolischen Prozesse von Siliziumverbindungen in lebenden Organismen — das betrifft sowohl diejenigen, die in den Organismen normalerweise enthalten sind, als auch diejenigen, die speziell eingeführt werden.
5. Die Aufklärung der Rolle des Siliziums bei einigen pathologischen Prozessen, die im Organismus des Menschen und der Tiere ablaufen (Arteriosklerose, Krebs, Tuberkulose, Kropf u. a.) sowie beim Altern.
6. Die Entwicklung neuer biologisch aktiver siliziumorganischer Verbindungen, die Untersuchung der Beziehungen zwischen ihrer Wirkung auf den Organismus und ihrer chemischen Struktur, sowie die Konzipierung und Synthese neuer Arzneimittel und Pestizide auf der Grundlage der dabei gewonnenen Erkenntnisse.

Das Ende des 20. und der Anfang des 21. Jahrhunderts werden zweifellos eine Epoche der Biologie sein, eine Epoche der wachsenden Erkenntnisse über das Wesen der Lebensprozesse und über die Möglichkeiten zu ihrer bewußten und zielgerichteten Beeinflussung. Dabei kann kein Zweifel daran bestehen, daß nicht allzu viele Jahre vergehen werden, bis durch die gemeinsamen Bemühungen von Chemikern, Biochemikern, Biologen, Pharmakologen, Ärzten und Agronomen die Phänomene aufgeklärt sein werden, die durch eine Vielzahl neuer, synthetischer und natürlicher physiologisch aktiver Siliziumverbindungen hervorgerufen werden, die dann genauso nützlich und notwendig für die Menschheit sein werden, wie es heute schon die Silikate und die Silikone sind. Wir stehen unmittelbar vor dem Beginn einer neuen Epoche der Wechselbeziehungen zwischen den Verbindungen des Siliziums und dem Leben.

ANHANG

NEUERE ERGEBNISSE AUF DEM GEBIET DER CHEMIE BIOLOGISCH AKTIVER SILIZIUMORGANISCHER VERBINDUNGEN*)

Wir leben in einer Welt des Siliziums, denn Silizium ist das Hauptelement der unbelebten Natur unserer Erde [1]. Siliziumverbindungen sowohl anorganischer (wie z. B. die silikatischen Baustoffe, die Gläser und die keramischen Materialien) als auch organischer Natur (wie z. B. die Silikone) werden in allen Bereichen der menschlichen Tätigkeit genutzt. Aus diesem Grunde sind wir ständig der Einwirkung von Siliziumverbindungen ausgesetzt, die mit dem Trinkwasser (in löslicher Form) oder mit der aufgenommenen Atemluft (als kleinste Partikelchen siliziumhaltigen Staubes) auch unmittelbar in unseren Körper gelangen. Darüber hinaus nimmt der Mensch täglich im Durchschnitt etwa 0,5 g Silizium mit der Nahrung zu sich (Silizium kommt in allen Nahrungsmitteln vor, in besonders großen Mengen in denen pflanzlichen Ursprungs) [2]. Ähnliches gilt für die höherentwickelten Tiere, wobei die Pflanzenfresser mit der Nahrung einige zehnmal größere Mengen Silizium aufnehmen als die Fleischfresser [2]. Trotzdem scheint das Silizium im Organismus nicht gespeichert zu werden (sein Gehalt im Körper überschreitet wenige Gramm nicht) und auch keinerlei Wirkung auf ihn auszuüben. Daraus wurde geschlossen, daß Silizium biologisch völlig inert und ohne Nutzen für den Organismus sei, und diese Vermutung fand sich dann in zahlreichen Lehrbüchern und klassischen Handbüchern wieder. Stellvertretend für viele soll hier der nicht unbekannte englische Wissenschaftler H. Sherman zitiert werden: „Bislang sind, wenn überhaupt, nur schädigende Einflüsse dieser Elemente (Silizium und Fluor) bekannt. Daß sie ständig im Organismus vorhanden sind, hat allein den Grund, daß sie mit der Nahrung laufend zugeführt werden [3].

Mit dieser weitverbreiteten Meinung völlig unvereinbar waren jedoch die in den letzten Jahren in unserem Laboratorium erzielten Arbeitsergebnisse. Schon vor 10 Jahren konnten wir nachweisen, daß die Vertreter einer zur damaligen Zeit noch kaum untersuchten Klasse siliziumorganischer Verbindungen mit der allgemeinen Formel $R\mathrm{Si(OCH_2CH_2)_3N}$, die von uns „Silatrane" genannt wurde, außerordentlich hohe und ganz spezifische physiologische Wirkungen hervorrufen [1, 6—9].

*) Gekürzt nach einem Plenarvortrag anläßlich des 24. JUPAC-Kongresses in Hamburg (1973). Der vollständige englische Originaltext ist in Pure appl. chem. im Druck.

Das betrifft vor allem die Arylsilatrane (R = aromatischer Rest), die eine starke analeptische Aktivität besitzen und für Warmblüter hochtoxisch sind (für einige von ihnen beträgt die letale Dosis LD_{50} 0,1 bis 1 mg/kg [1]). Dabei wirken gerade die toxischsten Verbindungen besonders selektiv. Zum Beispiel ist p-Chlorphenylsilatran für Sperlinge 50mal so giftig wie für Affen [5].

Weiterhin fanden wir, daß nicht nur die 1-Aryl- sondern auch einige 1-Aralkyl- und in der 1-Stellung heterozyklisch substituierte Silatrane sowie einige karbofunktionelle Derivate der 1-Alkylsilatrane wirksam sind (Tabelle 1).

Tabelle 29

Die Toxizität einiger Silatrane ($RSi(OCH_2CH_2)_3N$) für weiße Mäuse (intraperitoneal)*)

R	LD_{50} (in mg/kg)	R	LD_{50} (in mg/kg)
$p\text{-}CH_3C_6H_4$	0,20	$BrCH_2$	400
C_6H_5	0,33	$p\text{-}O_2NC_6H_4O$	700
$\alpha\text{-}C_4H_3S$	0,75	$p\text{-}ClC_6H_4O$	1050
$p\text{-}ClC_6H_4$	1,7	$C_6H_5CH_2$	1120
$m\text{-}ClC_6H_4$	4,4	CH_3O	2100
$C_2H_5SCH_2$	16	$5'\text{-}CH_3\text{-}2'\text{-}(CH_3)_2CHC_6H_3O$	4000
H	100	C_2H_5O	3000
C_6H_5O	200	Alkyl	3000
$CH_2(CH_2)_4CH$ (ringförmig verbunden)	150	$CH_2{=}CH$	3000

*) Für 3,5-Dimethyl-1-phenylsilatran bzw. 1-Phenyl-2-carbosilatran beträgt die LD_{50} 14,7 bzw. 8,1 mg/kg.

Die hohe Toxizität der 1-Arylsilatrane wurde später von einer ganzen Reihe Laboratorien in der UdSSR, der DDR [4] und den USA [5] bestätigt. Die amerikanische Gesellschaft „M & T Chemicals, Inc.“ [5] hat inwischen das 1-(p-Chlorphenyl)silatran als Rodenticid auf den Markt gebracht. Dabei ist von besonderer Bedeutung, daß die Substanz im Organismus der vergifteten Nagetiere rasch und vollständig inaktiviert wird. Die Folge davon ist, daß die Leichen vergifteter Tiere von anderen ohne Schaden gefressen werden können.

Bemerkenswert erscheint uns, daß feste 1-Arylsilatrane auf der menschlichen Haut in keiner Weise toxisch wirken. Dafür wurde gefunden, daß 1-Arylsilatrane die allgemeine bioelektrische Aktivität der Hirnrinde und einiger subkortikaler Bereiche erhöhen.

Im weiteren wurde von uns auch eine Reihe von Silatranen mit geringerer Toxizität hergestellt, die narkotische, Depressor- und andere physiologische Wirkungen zeigen.

Die weitgespannte biologische Aktivität der Silatrane hängt hauptsächlich von der Natur des Substituenten R am Siliziumatom ab, daneben jedoch auch von ihrem hohen Penetrationsvermögen, das seinerseits wiederum von dem hohen

Dipolmoment und von der räumlichen Struktur des Silatransystems beeinflußt wird. Aus diesem Grunde werden die Silatrane sicher auch in der Zukunft vielversprechende Studienobjekte für pharmakologische und biochemische Untersuchungen bleiben.

Der Vortrag begann nicht ohne Grund mit der biologischen Aktivität der Silatrane, denn die Entdeckung ihrer Wirksamkeit im Jahre 1963 rechtfertigte erstmalig unsere Überzeugung, daß viele Siliziumverbindungen spezifische biologische Wirksamkeiten besitzen müßten, und daß eine Reihe von Verbindungen dieses Elements möglicherweise eine bedeutungsvolle Rolle in den Lebensprozessen spielen könnte. Die Silatranarbeiten gaben somit den letzten Anstoß zu ausführlichen experimentellen Untersuchungen auf diesem Gebiet, die schließlich unsere Hypothese in vollem Umfang bestätigen konnten. Eine Zusammenfassung der ersten Ergebnisse ist in dieser Monographie niedergelegt worden [1].

Neuere Gesichtspunkte zur Mitwirkung von Siliziumverbindungen bei der Entstehung und Entwicklung des Lebens auf der Erde finden sich in den Arbeiten 2, 6, 7 und 10—15

Im Zusammenhang mit der Annahme, daß der in der lebenden Materie enthaltene Phosphor in der präbiologischen Epoche unter der Einwirkung harter Strahlung entsprechend der Gleichung

$$^{30}Si \xrightarrow{n,\gamma} {}^{31}Si \xrightarrow{\beta^-} {}^{31}P$$

aus Silizium entstanden sein könnte, erscheint uns bemerkenswert, daß einige Bakterien und selbst einige Pflanzen in der Lage sind, den normalerweise im Organismus enthaltenen Phosphor durch Silizium zu ersetzen. Auf dieser Grundlage könnte man die Hypothese von der Möglichkeit eines „Lebens ohne Phosphor“ aufstellen, in dessen Rahmen die Erbinformationen mit Hilfe von Siliziumanaloga der DNA oder RNA gespeichert und weitergegeben werden. Das würde verlangen, daß die Kieselsäure in der Lage wäre, die Phosphorsäure in den Nukleinsäuren, die ja sowohl bei der Eiweißbiosynthese als auch bei der Übertragung der Erbeigenschaften eine Hauptrolle spielen, weitgehend zu ersetzen [6, 7]. Zur Zeit wird eingehend untersucht, ob teilweise silifizierte Nucleinsäuren in der Natur vorkommen und ob sie eine Bedeutung für die Lebensprozesse haben. Dabei konnte zunächst gezeigt werden, daß alle DNA-Präparate merkliche Mengen Silizium enthalten. In die Hypothese eines „Lebens ohne Phosphor“ möchten wir auch die Existenz von Siliziumanaloga des Adenosintriphosphates mit einschließen, das als Akkumulator und Spender biochemischer Energie für alle lebenden Organismen von höchster Bedeutung ist.

Auf das Vorkommen von Silizium in Pflanzen und Tieren sowie auf die Rolle, die Siliziumverbindungen im Stoffwechsel dieser Lebewesen spielen, soll nicht näher eingegangen werden, da alle wesentlichen Beiträge zu diesen Problemkreisen schon in unserem Buch „Silizium und Leben“ abgehandelt wurden.

Etwas ausführlicher sollen jedoch der Stoffwechsel der Siliziumverbindungen und ihre Bedeutung für die Lebensprozesse im menschlichen Organismus dargestellt werden, da diese Wechselbeziehungen die Grundlage für eine therapeutische Anwendung von Siliziumverbindungen bilden.

Die Hauptmenge des Siliziums, das mit der Nahrung aufgenommen wird, durchläuft den Verdauungstrakt und wird mit dem Kot wieder ausgeschieden. Ein Teil jedoch wird durch die Darmwand absorbiert und geht ins Blut über. Die Konzentration des Siliziums im Blut wird von der Niere auf einem nahezu konstanten Wert gehalten, was andererseits starke Schwankungen des Siliziumgehaltes im Harn mit sich bringt. Kleine Siliziummengen werden auch mit der Gallenflüssigkeit ausgeschieden [16—18].

Die Tatsache, daß der Siliziumgehalt des Blutes, das aus der Leber kommt, höher ist als der des Blutes, das in die Leber einströmt [16], spricht dafür, daß die für die Lebensprozesse wichtigen siliziumorganischen Verbindungen in der Leber aus von außen her aufgenommenen Siliziumverbindungen synthetisiert werden.

Der Metabolismus des Siliziums im Organismus wird durch das endokrine [26] und das Nervensystem [16] gesteuert. So nimmt der Siliziumgehalt des vom Gehirn abfließenden Blutes zu, wenn das Nervensystem angeregt wird. Umgekehrt nimmt die Siliziumkonzentration im Gehirnblut ab, wenn man das Nervensystem dämpft. Daraus könnte man eine gewisse Hoffnung ableiten, unter den Siliziumverbindungen auch Psychopharmaka aufzufinden.

Interessant ist weiterhin, daß es Anzeichen für eine Beteiligung des Siliziums an der Weiterleitung und Verstärkung von Signalen durch die Nervenfasern gibt [16]. (Möglicherweise hängt damit auch die hohe Toxizität der Arylsilatrane zusammen.) Die beobachtete altersbedingte Anreicherung des Siliziums im Gewebe der optischen Nerven ist möglicherweise ein Adaptationsmechanismus, der die durch Lichtstrahlen im Inneren des Auges optisch induzierte Energie, die in Geweben älterer Personen abgeschwächt ist, wieder verstärkt. Diese Ergebnisse würden die Hoffnung zulassen, Siliziumpräparate zu finden, die bei Augenkrankheiten eingesetzt werden können.

Auch die Steroid- und Thyreoidhormone beteiligen sich an der Steuerung des Siliziumstoffwechsels [26]. Ihre Wirksamkeit ist jedoch stark vom Geschlecht und vom Alter abhängig. Die gleichen Hormone beeinflussen offenbar auch die Absorption des Siliziums durch den Darm. Das zeigt sich darin, daß sterilisierte Weibchen einen geringeren Siliziumgehalt im Blut besitzen und weniger Silizium durch den Darm aufnehmen als normale Tiere. Der Siliziumstoffwechsel der Tiere wird auch durch die Sekrete der Nebennieren, der Schilddrüse und der Bauchspeicheldrüse beeinflußt. Das Zurückgehen der Hormonaktivität im Alter scheint mit einem allgemeinen Absinken des Siliziumgehaltes im Organismus verbunden zu sein. Sollten hier echte Wechselwirkungen bestehen, wäre es nicht ausgeschlossen, in der Zukunft siliziumorganische Verbindungen zu finden, die die hormonal gesteuerten Stoffwechselprozesse aktivieren oder hemmen können. Mit ziemlicher Sicherheit kann man auch erwarten, daß die Fähigkeit des Siliziums, die Metabolismen von Kalzium und anderen Elementen (J, Cl, F, Na, S, Al, Mo, Co) sowie den Lipidstoffwechsel zu beeinflussen, in der Medizin und der Landwirtschaft ausgenutzt werden kann.

Im Verlauf der Stoffwechselprozesse des Siliziums wird Kieselsäure freigesetzt, die physiologisch bedeutungsvolle Kationen (Mg, Cu, Fe usw.) unter Bildung unlöslicher Silikate binden kann. Dieser Vorgang könnte ebenfalls einer der Prozesse sein, auf denen die physiologische Aktivität der Siliziumverbindungen beruht. Außerdem könnte mit ihm die Einwirkung des Siliziums auf eine Reihe von Enzymsystemen im Organismus der Pflanzen und Tiere (die man heute schon sicher abschätzen kann), zusammenhängen.

Von besonderer Bedeutung für eine zukünftige therapeutische Anwendung von Siliziumverbindungen scheint uns die Beobachtung zu sein, daß Silizium für die normale Funktionstüchtigkeit des Epithel- und Bindegewebes unbedingt notwendig ist. Durch geeignete Siliziumverbindungen werden die Keratin- und Kollagenmakromoleküle miteinander verknüpft, wodurch das Gewebe an Festigkeit, Elastizität und Undurchlässigkeit gewinnt. In den Adern verhindert Silizium, das hauptsächlich im Elastin und nur in geringerem Maße im Kollagen vorkommt, das Absetzen von Lipiden. Auch hier beeinflußt es weiterhin die Durchlässigkeit der Wände und erhöht ihre Elastizität.

Ganz offensichtlich spielen diese Wechselwirkungen bei zahlreichen physiologischen, immunologischen, pathologischen und gerontologischen Prozessen eine bedeutende Rolle. Beispielsweise regt Silizium die Biosynthese von Kollagen und die Bildung von Knochengewebe an. Interessanterweise reichert sich Silizium dabei besonders an den Stellen an, an denen Kalzifizierungsprozesse ablaufen. Silizium fördert auch die Entwicklung von knochenbildenden Geweben. Bei Knochenbrüchen erhöht sich der Siliziumgehalt in den Bereichen der Bildung von Kollagenfibrillen und des intensiven Zellwachstums auf mehr als das Fünfzigfache. Diese Befunde lassen uns hoffen, siliziumorganische Verbindungen aufzufinden, die bei der Heilung von Knochenfrakturen eingesetzt werden können.

In der gleichen Weise sind Siliziumverbindungen für das Wachstum der Haare und der Nägel beim Menschen, der Haare, Hörner und Hufe bei Tieren und der Federn der Vögel von Bedeutung.

Weiterhin gibt es Anhaltspunkte dafür, daß Siliziumverbindungen die Stabilität der Zellmembranen erhöhen, Lysosome beeinflussen [24, 25] und in Mitochondrien gespeichert werden.

Störungen des Siliziumstoffwechsels treten in Verbindung mit einer Reihe von Erkrankungen wie Arteriosklerose, Krebs [26], Lepra, Tuberkulose, Diabetes, Hepatitis, Hirnhautentzündung [16] Kropf, einigen Dermatitiden und Hautkrankheiten usw. auf [1, 21]. So ist z. B. bei bösartigen Geschwülsten der Siliziumgehalt des Tumors wesentlich höher als der des gesunden Gewebes, wobei das Silizium aus anderen Organen, die dabei selbst an Silizium verarmen, in den Tumorbereich transportiert wird [1, 16, 20–22]. Die Leberproteine von Krebspatienten zeigen eine gesteigerte Fähigkeit, Silizium zu binden [23]. In diesem Zusammenhang erscheinen Studien über die Anwendung siliziumorganischer Verbindungen bei der Chemotherapie dieser Erkrankungen lohnend [1, 9, [31–33].

Bei der Arteriosklerose sinkt der Siliziumgehalt im Bindegewebe drastisch ab.

Da der Elastingehalt in gleichem Maße zurückgeht, verringert sich auch die Elastizität der Arterienwände, und ihre Durchlässigkeit für Lipide steigt an.

Offenbar sind auch die Alterungsprozesse ursächlich mit Veränderungen im Siliziumstoffwechsel verknüpft. So verringert sich der Siliziumgehalt der Haut, der Arterien und des Knochengewebes mit dem Alter stark, und auch die Fähigkeit des Organismus, Silizium aufzunehmen, geht zurück (besonders deutlich ist das bei Frauen zu beobachten). Dagegen nimmt der extrazelluläre Siliziumgehalt und der Gehalt des Plasmas an Silizium mit dem Alter zu [26]. Extrem hoch ist die Konzentration von Silizium im Blut von Schwangeren, stillenden Müttern und neugeborenen Kindern.

Siliziummangel im Organismus (ein Mensch nimmt täglich etwa 20—30 mg Silizium in seinen Stoffwechsel auf) ist die Ursache der silikotischen Anämien, wie sie bei Rachitis, Skrophulose, Lymphadnopathien u. ä. beobachtet wurden. Der Siliziummangel kann durch einen erhöhten Kalziumgehalt im Trinkwasser (Kalzium ist ein Antagonist des Siliziums) hervorgerufen werden oder mit einem Mangel an aufnehmbarem Silizium in der Nahrung, besonders bei hochgereinigten Nahrungsmitteln, zusammenhängen. Andererseits wurde gefunden, daß sich die Verordnung siliziumreicher Mineralwässer (z. B. des gut bekannten ‚Dzhermukwassers“) besonders bei älteren Menschen, die an Erkrankungen des Darmtraktes, an Diabetes oder an Stoffwechselstörungen leiden, gesundheitsfördernd auswirkt.

Kücken, die zwei Wochen lang mit einer siliziumfreien Diät ernährt wurden, blieben in der Entwicklung der Federn und des Skeletts stark zurück. Die Zugabe von nur 0,003% Silizium zu der Diät erhöhte das Wachstum der Kücken um mehr als das Fünfunddreißigfache und normalisierte die Entwicklung der Federn und des Skeletts [27]. Der bemerkenswert günstige Einfluß löslicher Kieselsäure auf das Wachstum von Kücken wurde auch von anderen Autoren beobachtet [28].

Die Zugabe von löslicher Kieselsäure in Konzentrationen von 800 mg SiO_2/l zum Trinkwasser erhöht die Gewichtszunahme männlicher Lämmchen und auch die Ausnutzung des Futters [29]. Die Gewichtszunahme junger männlicher Ratten konnte bei analogen Experimenten um etwa 6% gesteigert werden, die Gewichtszunahme weiblicher Ratten dagegen sank um 5% ab [30].

Das alles beweist, daß die Zugabe leicht aufnehmbarer Siliziumpräparate zu Nahrung und Trinkwasser nicht nur für Jungvieh, Schwangere, stillende Mütter oder rachitische Kinder von großer Bedeutung ist, sondern auch für Gesunde, besonders in höherem Alter.

Die Zahl der Beispiele, die auf eine biologische Bedeutung des Siliziums hinweisen, könnte beliebig vergrößert werden, aber schon die zitierten sollten ausreichen, um dringend eingehendere Untersuchungen (unter anderem auch im molekularen Bereich) über die Rolle dieses Elementes im lebenden Organismus zu fordern und die Suche nach neuen Anwendungsmöglichkeiten für Siliziumverbindung in der Therapie und Prophylaxe vieler Krankheiten und Verletzungen und zur Hemmung der Alterungsprozesse zu forcieren.

Schon im Jahre 1878 schrieb Louis PASTEUR in einem Brief *„die therapeutische Anwendung des SiO_2 besitzt eine große Zukunft“*. Heute zeigt es sich nun, daß diese

Worte durchaus prophetischen Charakter hatten. Es gibt eine Menge Gründe, die dafür sprechen, daß in der nächsten Zukunft sowohl die Verbindungen des Siliziums, die im Organismus normalerweise vorkommen, als auch synthetische Präparate (hauptsächlich siliziumorganische Verbindungen) in hohem Maße als Heilmittel Anwendung finden werden.

Die ersten Versuche, Siliziumverbindungen (oder Pflanzen mit einem hohen Siliziumgehalt wie z. B. Schachtelhalm) in der Medizin anzuwenden (insbesondere zur Behandlung der Tuberkulose) sind schon alten Datums. Sie waren jedoch nicht besonders erfolgreich. Das hat sich in den letzten Jahren grundlegend gewandelt. Pionierarbeiten wurden in Frankreich von Prof. DUFFAUT durchgeführt. Gemeinsam mit den Ärzten J. LOEPER, J. JANET und C. RAGER wurden überzeugende Erfolge mit einer „Siliziumtherapie" erzielt. Im wesentlichen wurden zwei Siliziumpräparate, die inzwischen schon in die französische Pharmakopoe aufgenommen wurden, angewendet, das „DNR" (ein Komplex von Kaliummethylsilikonat mit Salizyl- und anderen Hydroxycarbonsäuren) und „RDN" (zyklische Äther des Dimethylsilandiol mit Glyzerin).

$$CH_3Si(OH)_2OK \cdot n\,RCOOH \cdot m\,K_2O$$

DNR

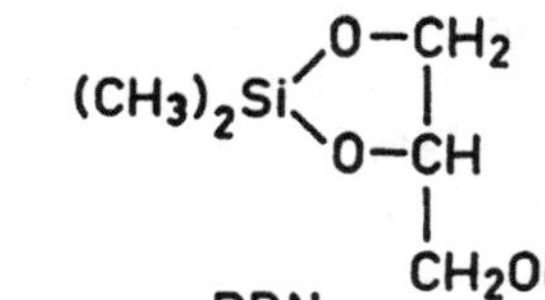

RDN

Beide Präparate wurden mit gutem Erfolg bei der Behandlung von Herzkrankheiten, Krebs und Virusinfektionen angewendet. So wurde während einer siebenjährigen klinischen Erprobung von Jonophoresepräparaten des DNR-Typs an 500 Patienten in 80 Prozent der Fälle eine völlige Heilung der chronischen Herzkrankheiten erzielt. Zufriedenstellende Ergebnisse zeitigte auch die Behandlung sich rasch entwickelnder Tumoren (Osteosarkome, Lungen- und Prostatakrebs). Im Verlauf dieser Untersuchungen wurden innerhalb von 8 Jahren 400 Patienten geheilt. Ein Komplex des Kaliummethylsilikonates mit Penicillin D, der bei der Behandlung der Myxomatose eingesetzt wurde, führte in 85 Prozent der Fälle zu einer vollständigen Heilung (die beiden Bestandteile einzeln oder getrennt gegeben, zeigen nicht die geringste therapeutische Wirkung).

Auch bei der Behandlung von Diabetes, von Augenkatarakten und anderen Krankheiten zeitigten die genannten Präparate Erfolge.

Im Verlaufe von Untersuchungen, die in der UdSSR durchgeführt wurden, erwiesen sich diese Präparate jedoch bei Injektionen als nicht genügend wirksam und zudem als ziemlich toxisch.

Durch unsere Forschungsgruppen am Institut für Organische Synthese der Akademie der Wissenschaften der Lettischen SSR in Riga und am Irkutsker Institut für Organische Chemie der Sibirischen Abteilung der Akademie der Wissenschaften der UdSSR wurde intensiv auf dem Gebiet der biologisch aktiven siliziumorganischen Verbindungen gearbeitet. Unsere Untersuchungen führten zur Auffindung von Siliziumderivaten mit antiblastischer, antisklerotischer, antikoagulierender, analeptischer, narkotischer, psychotroper, antipyretischer, ganglienblockierender, bakterizider, fungizider, zoozider, insektizider und chemosterilisierender Wirkung sowie von Insect-Repellents und von Substanzen, die das Wachstum von Bindegewebe und von Haaren in erstaunlichem Maße fördern [59].

Von besonderem Interesse sind die völlig ungiftigen siliziumorganischen Verbindungen „Mival" und „Migugen", die eine spezifische und besonders hohe Wirksamkeit gegenüber Tumoren gezeigt haben [31]. Der Mechanismus der antiblastischen Aktivität dieser Verbindungen unterscheidet sich grundlegend von dem aller bisher bekannten Krebspräparate. Die neuen siliziumorganischen Verbindungen regen die Schutzreaktion des Körpers an. Sie verursachen eine streng lokalisierte Bildung von Kollagen und beschleunigen damit die Entwicklung eines Bindegewebsgerüstes, das eine weitere Entwicklung des Tumorparenchyms verhindert.

Abb. 1 macht die antiblastische Wirkung des Migugen (MGG-2) deutlich. Dabei zeigt a das Tumorgewebe eines Walker Karzinoms vor und b, c und d das gleiche Gewebe nach Zugabe von Migugen (bei b sind Lymphozyten, Fibroblasten und Kollagenblöcke zu sehen, bei c ausgedehnte Kollagenbereiche und bei d hat das Bindegewebe die Krebszellen, die bereits erste Anzeichen einer pyknotischen Degeneration zeigen, eingekapselt.

Besonders interessant scheint uns, daß Migugen und Mival die Wirksamkeit bekannter Antitumorpräparate um das Zweifache zu steigern vermögen, wenn sie gemeinsam mit ihnen angewendet werden.

Abb. 2 zeigt die Entwicklung experimenteller Tumoren (Sarkom 180) bei weißen Mäusen. Die obere Reihe (Kontrolle) gibt die Entwicklung der Tumoren ohne, die mittlere und untere Reihe nach Behandlung mit Mival wieder. Das Präparat wurde 10 Tage lang peroral gegeben, wobei die Behandlung 48 Stunden nach Transplantation des Tumors begann. Eine zweimalige Gabe von 150 mg/kg pro Tag führte zu einer 99,3%igen Hemmung (Reihe I). Wurde die gleiche Gesamtdosis auf einmal gegeben (300 mg/kg pro Tag) so erhielt man nur eine 90%ige Hemmung (Reihe II). Die Wirkung des gleichen Präparates ist auch in Abb. 3 (a vor und b nach der Behandlung mit Mival) zu sehen. Die Aktivierung von Immunisierungsreaktionen des Körpers durch die oben erwähnten Präparate läßt neue Hoffnungen auf die Heilung bösartiger Tumoren zu, d. h. auf eine Chemotherapie des Krebses. Es ist heute jedoch noch schwer vorherzusagen, ob sich diese Hoffnungen erfüllen werden. Die endgültige Beantwortung dieser Frage kann noch Jahre angestrengtester und sorgfältigster Untersuchungen erfordern.

Vielversprechende Ergebnisse konnten wir bei der Beeinflussung des Haarwuchses von Tieren durch Siliziumpräparate erzielen [59]. Abb. 4 zeigt ein Meerschweinchen, dessen langes Haar als Folge der Einwirkung von Mival entstand. Besonders bemerkenswert ist, daß auch die Nachkommen dieses langhaarigen

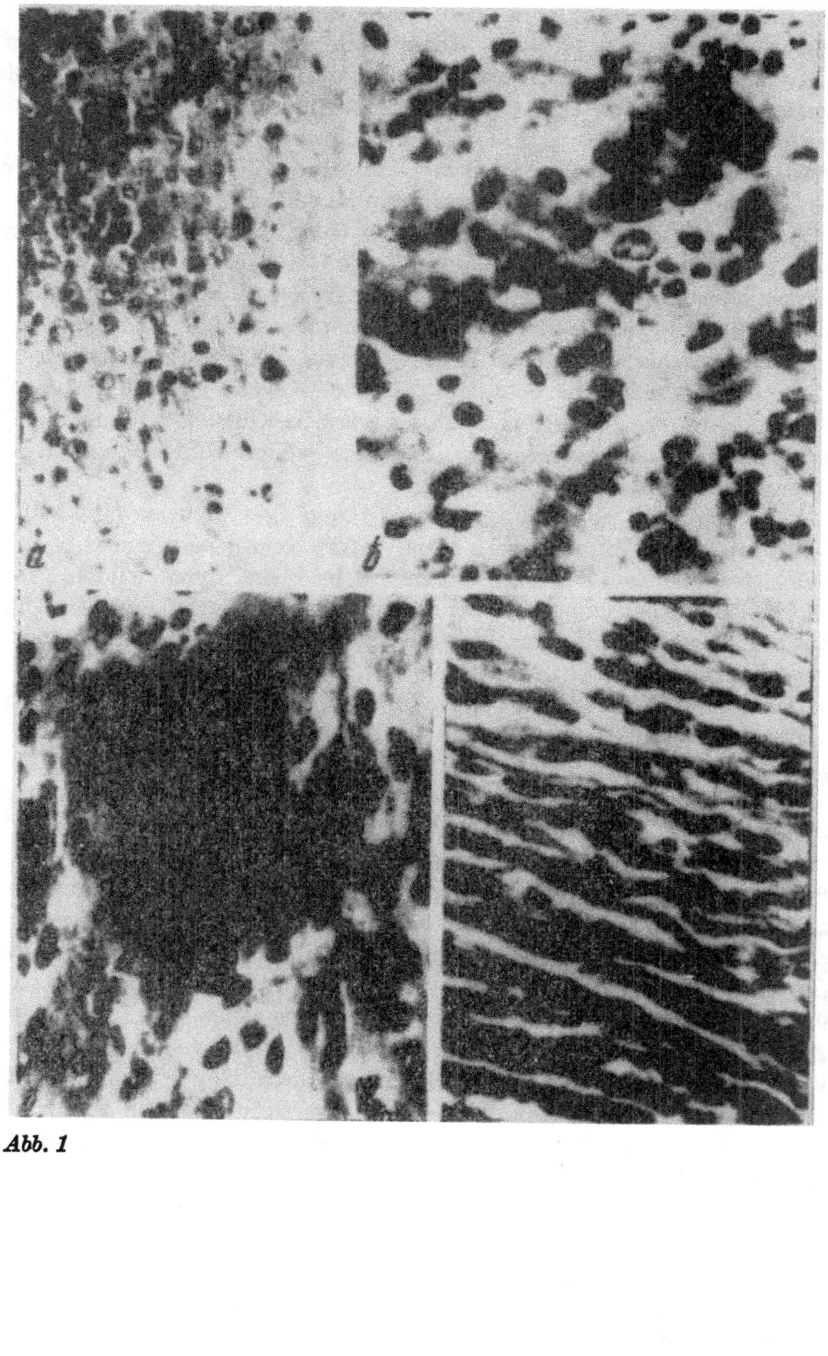

Abb. 1

Tieres lange und dicke Haare haben (in diesem Fall ohne die Einwirkung von Mival). Diese „Vererbung einer erworbenen Eigenschaft" beruht wahrscheinlich auf einem höheren Siliziumgehalt im Organismus des Muttertieres. In diesem Zusammenhang scheint die Umwandlung von Hauskatzen in sibirische oder Angorakatzen oder die Umwandlung englischer Doggen in Neufundländer gar nicht mehr so sehr phantastisch. Wir hoffen, daß unsere Untersuchungen mit der Gewinnung siliziumorganischer Verbindungen abgeschlossen werden können, die wegen der Beschleunigung des Haarwuchses eine ökonomische Bedeutung bei

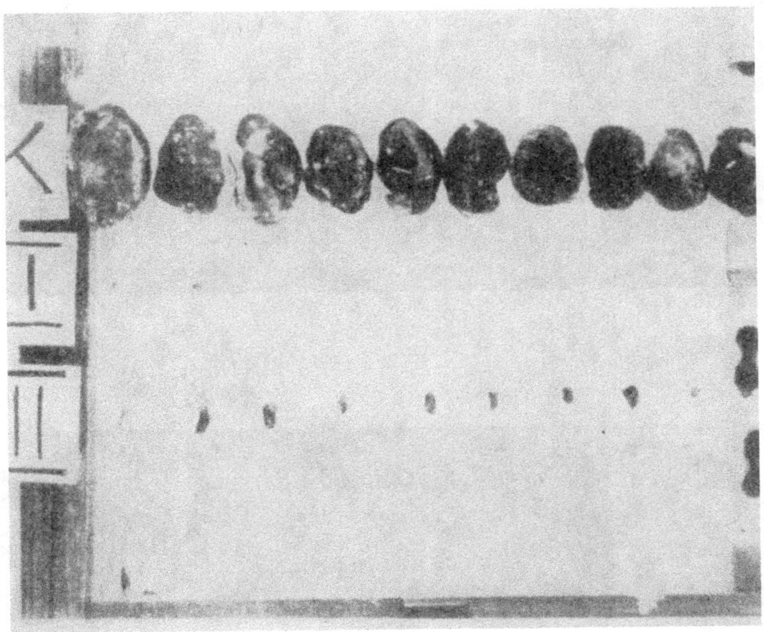

Abb. 2

der Zucht von Schafen und anderen felltragenden Tieren besitzen. Auch die Behandlung des Haarausfalls beim Menschen ist bereits in der klinischen Erprobung.

Im Augenblick suchen wir nach siliziumorganischen Verbindungen, die besonders auf den Metabolismus des Kalziums und der Lipide einwirken, und die bei der Prophylaxe und Therapie der Arteriosklerose eingesetzt werden können. Die Anwendung siliziumhaltiger Präparate bei der Behandlung der Arteriomatose scheint nach den Untersuchungen, die in letzter Zeit durch andere Autoren durchgeführt wurden, ebenfalls recht vielversprechend [39].

Zu den von uns synthetisierten Verbindungen gehören auch siliziumorganische Substanzen mit antimikrobieller Wirkung (XYZSiCH$_2$CH$_2$CH$_2$$NRR'$), die sich durch ihre biologische Aktivität auf vielen Gebieten auszeichnen, und die patho-

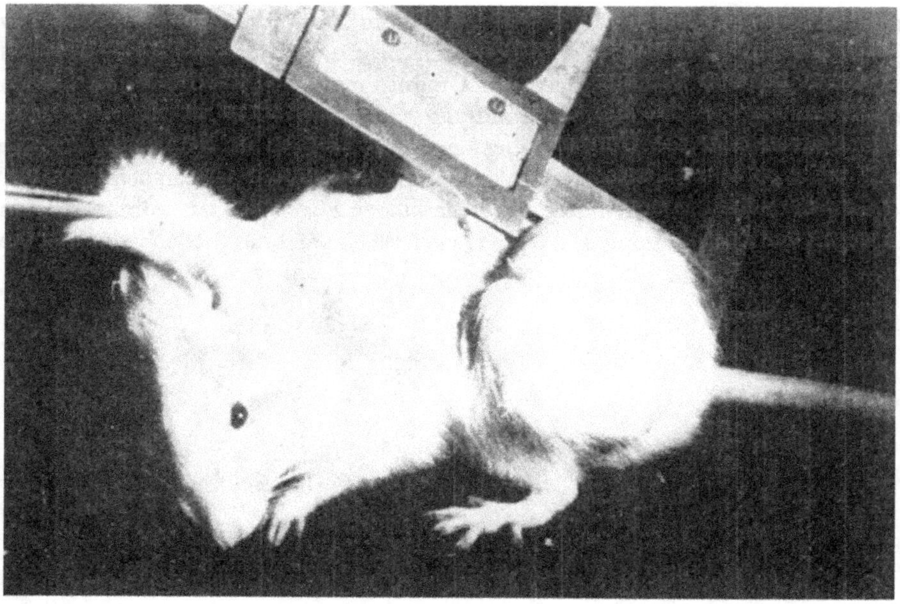

Abb. 3a

Abb. 3b

gene Mikroorganismen (unter anderem Choleravibrionen) wirksam inhibieren [54]. Einige Vertreter dieser Verbindungsklasse sind wesentlich wirksamer als die zur Zeit angewendeten Antibiotika, wie z. B. Streptomyzin oder Nystatin. Von besonderem Vorteil ist, daß sie auch gegen Stämme pathogener Mikroorganismen wirken, die gegenüber den heute gewöhnlich angewendeten Antibiotika resistent geworden sind.

Auf der Grundlage von Verbindungen dieses Typs, die zwei oder drei hydrolytisch leicht abspaltbare Substituenten am Siliziumatom enthalten, haben wir

Abb. 4

[8] und später auch amerikanische Wissenschaftler von der Dow Corning Corp. [35] Präparate entwickelt, die auf der Oberfläche der verschiedensten Materialien stabile antimikrobiell wirksame Schichten ausbilden können.

Unter den Verbindungen vom Typ $RR'NCH_2Si(OR'')_3$ wurden von uns wirksame Insect-Repellents gefunden, die nach Applikation blutsaugende Insekten länger als einen Monat abwehren. Im letzten Jahr wurde gefunden, daß auch das 1,3,5,7-Tetrasilaadamantan als Insekt-Repellent (speziell gegen Moskitos) wirkt [40].

Weiterhin fanden wir, daß einige Triorganylsilanole und Triorganylisozyanatosilane sowie einige Silatranderivate eine dämpfende (narkotische) Wirkung zeigen [57].

Schließlich wurden siliziumorganische Verbindungen entwickelt, die die Koagulation des Blutes fördern und andere, die die normale Koagulation des Blutes verhindern [7]. Besonders interessant ist die Wirkung dieser Präparate auf den Koagulationsfaktor 12 (HAGEMANN-Faktor). Wir haben berechtigte Gründe zur Annahme, daß unsere Präparate die Oberfläche biologischer Membranen beeinflussen. Von anderen Arbeitskreisen wurde auch über die koagulationshemmende Wirkung anorganischer Siliziumverbindungen berichtet [41, 42].

Die Mehrzahl unserer Untersuchungen befindet sich zur Zeit noch in voller Entwicklung und hat die Mauern unseres Institutes noch nicht verlassen. Wir hoffen jedoch, daß einige unserer Präparate, die zur Zeit klinisch erprobt werden, alle Tests bestehen und in der Zukunft einen guten Platz unter den Therapeutika einnehmen werden. Aus diesem Grunde erhebt sich jedoch die Frage, ob es nicht zu zeitig ist, die Ergebnisse unserer Untersuchungen zu veröffentlichen, da sie noch so weit von einer Vollendung entfernt sind. Wir glauben jedoch, daß das nicht der Fall ist. Das Ziel dieses Vortrages ist es, die Aufmerksamkeit breiter Kreise von Wissenschaftlern auf das Problem „Silizium und Leben" zu richten. Und es ist für unser eigenes Forschungskollektiv (obgleich es nicht gerade klein ist) einfach unmöglich, alle die anstehenden komplizierten, aber unserer Meinung nach außerordentlich wichtigen Probleme zu lösen.

Beim Studium der beiden Übersichtsartikel [4, 36] und der über 300 Mitteilungen, die nach der Herausgabe unseres Buches auf diesem Gebiet veröffentlicht wurden, zeigt sich deutlich, daß das Interesse an biologisch aktiven Siliziumverbindungen und dem Problem „Silizium und Leben" in der Welt beträchtlich zugenommen hat.

Unter den in der letzten Zeit von anderen Arbeitskreisen durchgeführten Untersuchungen erscheint uns eine in den Vereinigten Staaten gemachte Entdeckung besonders bemerkenswert: die deutliche Inhibierung der Fortpflanzungsfähigkeit von Säugetieren durch methylphenylsubstituierte Silane und Siloxane (insbesondere durch Heptamethylphenyl- und Hexamethyl-2,6-cis-diphenylzyklotetrasiloxan) [37, 38]. Diese Befunde weisen nachdrücklich darauf hin, daß die Annahme einer biologischen Indifferenz der Polyorganylsiloxane nicht generell gerechtfertigt ist und bestätigen einmal mehr die Tatsache, daß man nach siliziumorganischen Verbindungen mit hoher biologischer Aktivität besonders unter den Si-aryl-Verbindungen suchen sollte.

Diese Ergebnisse [37, 38] werden durch eine Mitteilung französischer Autoren ergänzt [30], die zeigen konnten, daß durch die perorale Gabe wäßriger Natriumsilikatlösungen die Geschwindigkeit der Vermehrung bei Ratten um 70—80% reduziert wird. Es sollte demnach durchaus möglich sein, unter diesen siliziumorganischen Verbindungen wirksame und unschädliche Antikonzeptiva zu finden. Außerdem sollte diese Beobachtung ein Hinweis darauf sein, daß die allgemein geübte Praxis, Waschmitteln Natriumsilikat zuzusetzen, sicher nicht unbedenklich ist und genau überprüft werden sollte.

Großes Interesse wird heute auch der Synthese siliziumorganischer Derivate der Steroide geschenkt [43, 44]. Es handelt sich dabei um Trialkylsilyl- oder

Trialkylsilylmethyläther bzw. um Verbindungen, die Siliziumatome in einem der Ringe enthalten.

Weiterhin wurden in der letzten Zeit neue siliziumorganische Derivate des Cholesterins synthetisiert [45] (der Orthokieselsäureester des Cholesterins war bekanntlich das erste organische Siliziumderivat, das aus dem Organismus von Tieren oder Menschen isoliert werden konnte) und weitere siliziumorganische Strahlenschutzmittel [46], Mittel zur Erweiterung der Herzkranzgefäße (vom Typ $R_3Si(CH_2)_nONO_2$) [47] entzündungshemmende Mittel und Analgetika (Trialkylsilylmethylisothiuronium- oder -guanidiniumsalze) [48] und Insektizide (substituierte Trisilylamine des Typs $(R_3Si)_nN(SiR_2CH_2X)_{3-n}$) [49] etc. entwickelt.

Kürzlich konnte gezeigt werden [50], daß die Silikowolframsäure das Wachstum kanzerogener Viren inhibiert.

Jedoch sollte man angesichts dieser Angaben über die antikanzerogene Wirkung einer Reihe von Siliziumverbindungen die lang bekannte Tatsache nicht vergessen, daß flüssige Polyorganylsiloxane kanzerogen wirken [51, 52]. Auch dieser Befund spricht gegen die Annahme einer absoluten biologischen Indifferenz der Silikone.

Von großer Bedeutung für die Einführung neuer siliziumhaltiger medizinischer Präparate in die Klinik oder für die Aufklärung der Wirkungsmechanismen dieser Stoffe sind die Untersuchungen amerikanischer Autoren über den Metabolismus siliziumorganischer Verbindungen [53—56]. Die an den untersuchten Verbindungen aufgefundenen Abbaumechanismen erwiesen sich im wesentlichen als biologische Oxydationen bzw. oxydative Dealkylierungen [53].

$$\equiv Si-H \rightarrow \equiv Si-O-H \rightarrow \equiv Si-O-Si\equiv$$

$$\equiv Si-CH_3 \rightarrow \equiv Si-CH_2-O-H$$

$$\equiv Si-C_6H_5 \rightarrow \equiv Si-C_6H_4-O-H$$

$$\equiv Si(CH_2)_nCH_3 \rightarrow \equiv Si-O-Si\equiv$$

Die Geschwindigkeit der ersten drei Reaktionen nimmt von oben nach unten ab. In allen bisher untersuchten Fällen erfolgte keine Oxydation zu CO_2.

Trimethylsilanol und Hexamethyldisiloxan werden sowohl bei peroraler als auch intravenöser Gabe von Ratten und Affen ohne Nebenwirkung aufgenommen, jedoch im Laufe von 24 Stunden nahezu vollständig vom Organismus wieder ausgeschieden (bei Trimethylsilanol werden 70—85% mit dem Harn, 1% mit dem Kot und 10—30% mit der Atemluft abgeführt). Dimethylsilandiol wird fast vollständig mit dem Harn ausgeschieden. Eine Ausscheidung mit der Atemluft konnte hierbei nicht beobachtet werden. Studien über den Metabolismus von oral eingeführtem Octamethylzyklotetrasiloxan bzw. 2,6-cis-Diphenylhexamethylzyklotetrasiloxan [56] ergaben, daß 80% der aufgenommenen Menge innerhalb der ersten 48 Stunden wieder ausgeschieden werden (60 bis 65% mit dem Urin, 28—20% mit dem Kot, 3,3—2,8% mit der Atemluft). Diese Befunde zeigen, daß auch bei einer kontinuierlichen Zuführung siliziumorganischer medizinischer Präparate eine Anreicherung im Körper wenig zu befürchten ist.

Es besteht heute kein Zweifel mehr daran, daß unter den siliziumorganischen medizinischen Präparaten der Zukunft neben den siliziumorganischen Verbindungen (unter denen möglicherweise Präparate sind, die im lebenden Organismus vorkommen), die keine Analoga unter den C-organischen Verbindungen besitzen, auch Verbindungen sein werden, deren Struktur der wohlbekannter biologisch aktiver Kohlenstoffverbindungen entspricht. Auch diese Präparate können neue Wege für die Entwicklung wirksamer Therapeutika und Schädlingsbekämpfungsmittel eröffnen, da die biologischen Aktivitäten gleichstrukturierter organischer bzw. siliziumorganischer Verbindungen von Fall zu Fall ähnlich, aber auch ganz verschieden sein können, und selbst wenn die Wirkungen gleich oder ähnlich sind, weil die siliziumorganischen Analoga häufig viel einfacher zu synthetisieren und damit billiger sind als ihre organischen Analoga.

Wir sind Zeugen der Geburt eines neuen Zweiges der siliziumorganischen Chemie, nämlich der Chemie, Biochemie und Pharmakologie der biologisch aktiven Siliziumverbindungen: d. h. der Biosiliziumorganischen Chemie.

Die erfolgreiche Weiterentwicklung dieses neuen Wissengebietes wird nicht nur unsere Vorstellungen über den Mechanismus der Lebensprozesse und die Struktur der lebenden Gewebe erweitern, sie wird auch neue Möglichkeiten für den Kampf um die Gesundheit und ein langes Leben der Menschen eröffnen. Sie wird weiterhin die Entwicklung der industriellen Produktion einer Vielzahl neuer, synthetischer wie natürlicher biologisch aktiver Siliziumverbindungen fördern, die sich ebenso nützlich für die Menschheit erweisen werden, wie die heute in weitestem Maße angewendeten Silikate und Silikone.

Literatur

[1] Voronkov, M. G., Zelchan, G. I., Lukevits, E. J.: Silicon and Life. Publishing House „Zinatne“, Riga, 1971 und vorliegende deutschsprachige Fassung.

[2] Underwood, E. J.: Trace Elements in Human and Animal Nutrition, 3rd Ed., Academic Press, N. Y., 1972.

[3] Sherman, H.: Chemistry of Food and Nutrition, London, 1933.

[4] Bien, E.: Pharmazie, **26**, 224, 577 (1971).

[5] Beiter, C. B., Schwarcz, M., Crabtree, G.: Soap Chem. Specialties, **1970**, April, 38; M & T Chemicals, Inc. Bulletin, 8 pp., 1971; D. R. Bennett, private communication.

[6] Voronkov, M. G.: Vestn. AN SSSR, **41**, No. 11, 58 (1972); Za nauku v Sibiri, No. 11, 6 (1971).

[7] Voronkov, M. G., Platonova, A. T.: Khimia i zhizn’, **9**, No. **2**, 16 (1973).

[8] Voronkov, M. G.: Pure Appl. Chem., **13**, 35 (1966); **19**, 399 (1969).

[9] Voronkov, M. G.: Chemistry in Britain (1973); Kagaku, **28**, 213 (1973).

[10] Goldanskij, V. I., Ignatovich, T. N., Kosygin, M. Yu., Yampolsky, P. A.: DAN, 207 (1972).

[11] Akaboshi, M., Kawai, K., Waki, A.: Biochem. Biophys. Acta, **238**, 5 (1971); **246**, 194 (1971); Radioisotopes, **21** 506 (1972); Tampahushitsu Kahosan Koso, Bessatsu, 99 (1972).

[12] Aleksandrov, V. G., Ternovskaya, M. I.: Silikatnye bakterii — effektivnye udobreniya, izd. BINTISKh, M., (1968).
[13] Van Soest, P. J., Lovelace, F. E.: J. Anim. Sci., **29**, 182 (1969).
[14] Smith, G. S., Nelson, A. B., Boggino, E. J. A.: J. Anim. Sci., **33**, 466 (1971).
[15] Van Soest, P. J., Jones, H. P.: J. Dairy Sci., **51**, 1644 (1968).
[16] Kortev, A. I., Dontsov, G. N., Lyasheva, A. P.: Bioelementy i patologiya cheloveka, Sredne-Uralsk. knizhn. izd., Sverdlovsk, 1972, str. 165—175.
[17] Kolomijtseva, M. G., Gabovich, R. D.: Mikroelementy v meditsine, „Meditsina", M., 1970.
[18] Babenko, G. A., Reshetnikova, L. P.: Primeneniye mikroelementov v meditsine, Kiev, 1971.
[19] Carlisle, E. M.: Science, **167**, 279 (1970).
[20] Kas'yanenko, I. V., Kulskaya, O. A.: Mikroelementy u bolnykh rakom i predopukholevymi zabolevaniyami vnutrennikh organov, „Naukova dumka", Kiev, 1972.
[21] Delova, V. A.: Tr. Donetskogo gos. med. in-ta, **23**, 17 (1963).
[22] Ivanova, E. N.: V kn. Mikroelementy v eksperimente i klinike, Drogobychsk. gos. ped. in-t, Drogobych, 1959, str. 233.
[23] Vojnar, A. O.: V kn. Mikroelementy v eksperimente i klinike, Drogobychsk. gos. ped. in-t, Drogobych, 1959, str. 4.
[24] Grishko, N. S.: V. kn. Biologicheskaya rol mikroelementov i ikh primenenie v sel'skom khozyajstve i meditsine, L., 1970, str. 2.
[25] Parazzi, E., Secchi, G. C.: Archiv Environ. Health, **17**, 850 (1968).
[26] Charnot, G., Pérès, G.: Ann. Endocrinol., **32**, 397 (1971); Lion Medical, **226**, 85 (1971).
[27] Carlisle, E. M.: Science, **178**, 619 (1972).
[28] Smith, G. S., Robertson, R. H.: J. Anim. Sci., **31**, 218 (1970).
[29] Smith, G. S., Neumann, A. L., Nelson, A. B., Roy, E. E.: J. Anim. Sci., **34**, 839 (1972).
[30] Smith, G. S., Neumann, A. L., Glendhill, V. H., Arzola, C. A.: J. Anim. Sci., **36**, 271 (1973).
[31] Voronkov, M. G., Grigalinovich, G. A., Zelchan, G. I.: DAN, **200**, 967 (1971).
[32] Chem. Eng. News, **50**, No 46 (1972).
[33] Wannagat, U.: Mitt. Techn. Univ. Carolo-Wilhelmina, Braunschweig, **6**, No II/III (1971).
[34] Ganin, V. S., Khundakov, L. E., Urbanovich, L. Ya., Voronkov, M. G.: Dokl. Irkutsk. protivochumn. in-ta, **9**, 109 (1971).
[35] Isquith, A. J., Abbott, E. A., Walters, P. A., Malek, J. R., Dennis, W. E., Vogel, G. F., Speier, J. L.: Third International Symposium on Organosilicon Chemistry, Madison, 1972, Abstract of Papers, p. 34.
[36] Garson, L. G., Kirchner, L. K.: J. Pharmaceut. Sci., **60**, 1113 (1971).
[37] Dow Corning Corp. Toxicol. Appl. Pharmacol., **21**, 12, 15, 29, 45, 55, 68, 80 (1972).
[38] Le Vier, E. R., Jankowiak, M. E.: Biol. Reprod., **7**, 260 (1972).
[39] Charnot, Y., Desmaris-Belecraz, D., Pérès, G.: C. r. Soc. biol., **166**, 996 (1972).
[40] Klosowski, J. M. e. a.: DT-Pat. 2123343-5 (1971); C. A., **76**, 72649, 72650, 85918 (1972).
[41] Yudeles, A. L., Kazantseva, T. I.: Sb. Bor'ba s silikozom izd-vo AMN SSSR, M., 1953, t. I, str. 301.
[42] Baizakova, S. S.: Sov. zdravookhranenie Kirgizii, No 3, 30 (1956).

[43] HARTMANN, W., TEICHMÜLLER, G.: DT-Pat. 2004516 (1970); DL-Pat. 74032 (1970); GB-Pat. 1229511, 1241443 (1971); C. A., **73**, 109977 (1970); **74**, 10296; **75**, 36485, 118465 (1971).

[44] BARCZA, S.: US-Pat. 3529005 (1970); DT-Pat. 2100967 (1971); C. A., **73**, 120818 (1970); **75**, 130018 (1971).

45] LIU, S-I., YANG, M.-H.: J. Chin. Chem. Soc., **18**, 61 [1971).

[46] EDWARDS, L. H.: Mechanistic and Synthetic Studies of Organosilicon Containing Derivatives of Potential Antiradiation Agents, Ph. D., Univ. S. Mississippi, 1969.

[47] BARCZA, S.: US-Pat. 3585228 (1969); C. A., **75**, 49312 (1971); Third International Symposium on Organosilicon Chemistry, Madison, 1972, Abstracts of Papers, p. 20.

[48] BARCZA, S.: US-Patente 3636024, 3637735; C. A., **76**, 85914, 85915 (1972).

[49] PATIENT, H. F. G., BUSH, R. P.: GB-Pat. 1241897 (1971).

[50] RAYNAUD, M., SHERMAN, J.-C., PLATA, F., JASMIN, C., MATHE, G.: C. r., 272, 347 (1971).

[51] MAEDA, J.: Shika Igaku, **34**, 390 (1971).

[52] SAKAHI, T., TSURUMI, N., MAEDA, J., HONDA, T.: JANN, **63**, 167 (1972).

[53] FESSENDEN, R. J., HARTMAN, R. A.: J. Med. Chem., **13**, 52 (1970).

[54] BENNETT, D. R., LE BEAU, J. E., GORZINSKI, S. J., STATT, W. H., STARK, F. O., LACEFIELD, R. M., VOGEL, G. E.: Third International Symposium on Organosilicon Chemistry, Madison, 1972, Abstracts of Papers, p. 4.

[55] BENNETT, D. R., STATT, W. H.: 12th Ann. Meeting Soc. Toxicol., N. Y., 1973, Abstracts of Papers.

[56] LE BEAU, J. E., GORZINSKI, S. J.: 12th Ann. Meeting Soc. Toxicol., N. Y., 1973, Abstracts of Papers.

[57] LUKEVITS, E. J., KIMENIS, A. A., VORONKOV, M. G.: Izv. AN Latv. SSR, No 11, 142 (1970).

[58] ZELCHAN, G. I., VORONKOV, M. G.: Tezisy dokladov i soobshchenij Vsesoyuznoj konferentsii „Rezultaty nauchno-issledovatelskikh rabot po sozdaniyu novykh pestitsidov, vnedrenie ikh v proizvodstvo i promenenie vselskom khozyajstve“, M., 1972, str. 3—4.

59] Za nauku v Sibiri, N. **31**, 3 (1973); Vostochno-Sibirskaya Pravda, N **172**, 4 (1973).

www.ingramcontent.com/pod-product-compliance
Lightning Source LLC
LaVergne TN
LVHW060629300926
849162LV00008B/1741